Lecture Notes in Mathematics

Edited by A. Dold and B. Eckmann

740

Séminaire d'Algèbre Paul Dubreil

Proceedings, Paris 1977–78
(31ème Année)

Edité par M. P. Malliavin

Springer-Verlag
Berlin Heidelberg New York 1979

Editeur

Marie-Paule Malliavin
Université Pierre et Marie Curie
10, rue Saint Louis en l'Ile
F-75004 Paris

avec le concours de
Jean-Etienne Bertin
Université de Caen

AMS Subject Classifications (1970): 02HXX, 13D10, 13D99, 13F05, 13H10, 14LXX, 16A02, 16A26, 16A46, 16A50, 16A52, 16A72, 16B35, 18G15, 18H20, 20D10, 20E25, 20F05.

ISBN 3-540-09537-3 Springer-Verlag Berlin Heidelberg New York
ISBN 0-387-09537-3 Springer-Verlag New York Heidelberg Berlin

CIP-Kurztitelaufnahme der Deutschen Bibliothek
Séminaire d'Algèbre Paul Dubreil <31, 1977 - 1978, Paris>:
Proceedings / Séminaire d'Algèbre Paul Dubreil : Paris 1977 - 78 (31. année) / éd. par M. P. Malliavin. - Berlin, Heidelberg, New York : Springer, 1979.
(Lecture notes in mathematics; Vol. 740)
ISBN 3-540-09537-3 (Berlin, Heidelberg, New York)
ISBN 0-387-09537-3 (New York, Heidelberg, Berlin)
NE: Malliavin, Marie P. [Hrsg.]

2141/3140-543210

Liste des Auteurs

TABLE DES MATIERES

JOURNEES D'ALGEBRES DE CAEN

(Organisateur J.E. Bertin*)

---

* IN MEMORIAM

Jean-Etienne BERTIN vient de disparaître accidentellement à l'âge de 40 ans. Depuis cinq ans, il animait de façon constante ce séminaire ; il y avait notamment apporté de nombreux travaux de ses élèves : F. Couchot (Lecture Note 641 p.198-208 et ce Lecture Note p.170-183). M. Paugam (Lecture Note 641 p.298-338) H. Rahbar-Rochandel (Lecture Note 641 p.339-357 et ce Lecture Note p.205 à 212).

FINITELY PRESENTED SOLUBLE GROUPS

Robert BIERI

(Report on joint work with Ralph Strebel)

1. Introduction

1.1. Let $A < \mathbb{Q}$ be the additive group of all rational numbers of the form

$$A = \mathbb{Z}[\tfrac{1}{6}] = \left\{ \frac{m}{2^r 3^s} \mid m, r, s \in \mathbb{Z} \right\}.$$

Let x and y be generators of two infinite cyclic groups acting on A by multiplication with 6 and with $2/3$, respectively, and consider the split extensions $G_1 = A \rtimes \langle x \rangle$, $G_2 = A \rtimes \langle y \rangle$. Then it is easy to see that G_1 has the 1-relator presentation $G_1 = \langle a, x\ ;\ a^x = a^6 \rangle$, $a^x = x^{-1}ax$. G_2, too, is generated by two elements but, in contrast to G_1, has no presentation with a finite number of definig relations (cf. [4]).

Ralph Strebel and I got attracted by the spectaoularly different behavour of the somehow similar looking groups G_1 and G_2, and therefore started to worry about the general problèm : what is the structural condition which makes a soluble (or metabelian) group finitely presented ? I shall report on our joint work.

1.2. Before I start let me make one thing perfectly clear : one should not think that finitely presented soluble groups are in any way close to polycyclic groups ! Gilbert Baumslag [2] has shown that the group

$$G = \langle a, x, y\ ;\ aa^x a^y = 1,\ [a, a^x] = 1, [x,y] = 1 \rangle$$

(where $[u,v] = u^{-1}v^{-1}uv$) is metabelian and the commutator subgroup G' is free-Abelian of rank $\aleph_0$. So finitely presented metabelian groups need not be of finite rank. More importantly, G. Baumslag [3] has also proved that <u>every</u> finitely generated metabelian group occurs as a subgroup in a finitely presented metabélian group ; and Michael Thomson [8] has extended this result to the class of all linear soluble groups. So, in a sense, the finitely presented soluble groups are no nicer than the finitely generated ones.

1.3. We call a group G of type $(FP)_2$,[5], if the trivial G-module $\mathbb{Z}$ admits a projective resolution which is finitely generated in dimensions 0, 1, and 2. It is well known that all finitely presented groups are of type $(FP)_2$, but it is still open whether every group of type $(FP)_2$ is in fact finitely presented. In any case, for two reasons it seems worth proving results on finitely presented groups G under the weaker condition that G be of type $(FP)_2$: firstly, one might be able to find generalizations concerning type $(FP)_n$ (cf. [5]), and secondly, there are situations where groups of type $(FP)_2$ crop up which are not, a priori, known to be finitely presented.

The following criterion is usually the easiest to work with :

Lemma 1 ([6], 2.1.) G is of type $(FP)_2$ if and only if there is a short exact sequence of groups $S \rightarrowtail H \twoheadrightarrow G$ such that H is finitely presented and S is perfect (i.e., $S = S'$).

2. Tame modules

2.1. Let Q be a free-Abelian group of finite rank $n > 0$. We embedd Q as a discrete subgroup in the additive group of the Euclidian space $\mathbb{R}^n$ (e.g. $Q \cong \mathbb{Z}^n \subset \mathbb{R}^n$). $\mathbb{R}^n$ is endowed with the standard scalar product $\langle , \rangle$ and we write S^{n-1} for the unit sphere $\{u \in \mathbb{R}^n \mid \|u\| = 1\}$. For every $u \in S^{n-1}$ let

$$Q_u = \{q \in Q \mid \langle q,u \rangle \geqslant 0\} .$$

Thus Q_u is the set of all integral lattice points contained in a closed half space bounded by the hyperplane orthogonal to u. It is obvious that Q_u is a submonoid of Q and $Q_u \cup Q_{-u} = Q$.

If A is a finitely generated Q-module then A may or may not be finitely generated over the monoid ring $\mathbb{Z}Q_u$. This leads to consider the set

$$\Sigma_A = \{u \in S^{n-1} \mid A \text{ is f.g. over } Q_u\}$$

Σ is a map which assigns to each Q-module A an (open) subset $\Sigma_A \subset S^{n-1}$, and one is tempted to classify the modules A by topological properties of Σ_A. As an example we mention the result that A is finitely generated as an Abelian group if and only if $\Sigma_A = S^{n-1}$

2.2. Definition. We call a Q-module A tame if $\Sigma_A \cup -\Sigma_A = S^{n-1}$, in other words, if, for every $u \in S^{n-1}$, A is finitely generated either as a Q_u-module or as a Q_{-u}-module (or both).

Theoreme A. Let G be a group and $N \trianglelefteq G$ a normal subgroup such that $Q = G/N$ is free-Abelian. If G is of type $(FP)_2$ and N contains no free subgroup of rank 2 then the Q-module N/N' is tame.

2.3. I shall briefly sketch the proof of Theorem A. We have the short exact sequence $S \rightarrowtail H \twoheadrightarrow G$ of Lemma 1, take a finite presentation $H = \langle X ; R \rangle$ and its Cayley complex $\tilde{\Gamma}$. This is a 2-dimensional CW-complex with vertices H, edges $H \times X$ ((h,x) runs from $h \in H$ to $hx \in H$), and faces $H \times R$. It is obvious that H acts on $\tilde{\Gamma}$ from the left, and if M denotes the full preimage of N in H we can form the quotient complex $\Gamma = M \backslash \tilde{\Gamma} = (Q, Q \times X, Q \times R)$. It is easy to see that the canonical projection $\tilde{\Gamma} \twoheadrightarrow \Gamma$ is actually the universal covering of Γ, so that $M \cong \pi_1(\Gamma)$.

It is important that we know precisely how the 1-skeleton of Γ looks like. Therefore we choose a particularly adapted presentation $\langle X ; R \rangle$: we assume that the first n generators represent a basis of $Q \cong H/M$, whereas the remaining ones represent elements in M. Then the 1-skeleton Γ^1 looks like this

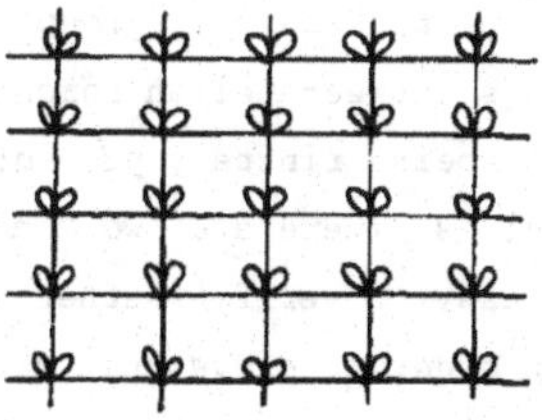

where the straight intervals represent edges $(q,x) \in Q \times X$, with x one of the first n generators, and the loops represent the remaining ones.

Now, let $u \in S^{n-1}$, consider the subset $Q_u \subset Q = \Gamma^0$, and let $\Gamma_u \subset \Gamma$ be the full subcomplex generated by Q_u. By a close look at the 1-skeleton Γ^1 and using the fact that the set R is finite one can the prove that:

(i) $\Gamma_u \cap q\Gamma_{-u}$ is connected,

(ii) $\Gamma_u \cup q\Gamma_{-u} = \Gamma$,

for every $q \in Q$ such that $\langle q,u \rangle$ is sufficiently large. In other words, we have veryfied the assumptions of the Seifert-van Kampen-Theorem. This yields a decomposition of M as an amalgamated product. Since S is a perfect normal subgroup this decomposition carries over to $N \cong M/S$. Now, recall that amalgamated free products tend to contain free subgroups of rank 2, whereas we have assumed that N does not ! Therefore the deçomposition of N is either trivial, i.e., N coincides with one of the factors, or the amalgamated part has index 2 in both factors. On can show that his second possibility is reduced to the first one if we increase $\langle q,u \rangle \gg 0$ just a bit further, so that we finally obtain : there is an element $q \in Q$ such that either $N = \alpha \iota_* \pi_1(\Gamma_u)$ or $N = \alpha \iota_* \pi_1(q\Gamma_{-u})$, where ι stands for the embedding of a subcomplex in Γ, and α for the projection $M \twoheadrightarrow N$. But $\iota_* \pi_1(q\Gamma_{-u})$ and $\iota_* \pi_1(\Gamma_{-u})$ are conjugate in H, so that we actually have proved that there is always a sign $\varepsilon = \pm 1$, such that the composite map

$$\pi_1(\Gamma_{\varepsilon u}) \xrightarrow{\iota_*} \pi_1(\Gamma) = M \overset{\alpha}{\twoheadrightarrow} N$$

is surjective. By passing to homology we obtain that the composite map

$$H_1(\Gamma_{\varepsilon u}) \xrightarrow{\iota_*} H_1(\Gamma) = M/M' \overset{\alpha_*}{\twoheadrightarrow} N/N'$$

is surjective. Since both ι_* and α_* are Q_u-module homomorphisms it remains to prove that $H_1(\Gamma_u)$ is finitely generated as a Q_u-module for every $u \in S^{n-1}$. This is, in a sense, the crux of the argument. It is, once again, obtained by a carefull analysis of the 1-skeleton of Γ.

3. Metabelian groups

3.1. If G is a finitely generated infinite soluble group then there is always a subgroup of finite index which has a free-Abelian homomorphic image of rank > 0. Since neither type $(FP)_2$ nor being finitely presented is affected by a jump of finite index, Theorem A applies. There are two kinds of applications : firstly, it is in general rather easy to verify whether a given module is tame, so that Theorem A can be used in order to prove that certain soluble groups are not finitely presented. More importantly, one also obtains some positive results ; this hinges on the fact that in the metabelian case there is a strong converse of Theorem A.

Theorem B. *If Q is a finitely generated free-Abelian group and A is a tame Q-module then every extension of A by Q is finitely presented.*

3.2. Theorems A and B immediately yield a necessary and sufficient condition for a metabelian groupe G to be finitely presented. Somewhat surprisingly this condition does not involve the extension class $[G' \rightarrowtail G \twoheadrightarrow G/G'] \in H^2(G/G' ; G')$, so that we have.

Corollary 2. A metabelian group G is finitely presented if and only if the split extension $G' \rtimes G/G'$ is finitely presented.

And another immediate consequence fo Theorems A and B is

Corollary 3. Every metabelian group of type $(FP)_2$ is finitely presented.

3.3. The proof of Theorem B is slightly technical and I shall merely indicate the methods we use by considering a simple example. Let Q be the free-Abelian group on two generators x,y and let A be the cyclic Q-module $A = \mathbb{Z}Q/\mathbb{Z}Q(1+x+y)$. We visualize the defining relation $1+x+y$ of A by considering the convex hull of its support in the plane $\mathbb{R}^2 \supset Q$. This is a triangle Δ ; then we label the vertices of Δ with the corresponding coefficients $\in \mathbb{Z}$ (cf. figure).

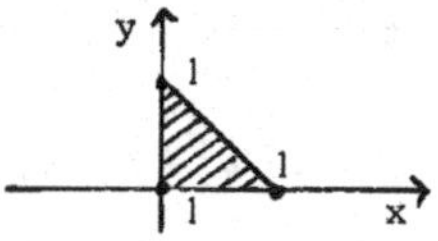

It is now very easy to check that the Q-module A is tame : let $u \in S^1$ be an arbitrary unit vector and let l be the straight line throuhg the origin and orthogonal to u. Then at least one of the closed half-planes bounded by l has the property that it contains a parallel shifted copy of the triangle Δ which intersects l in a single vertex (with label ± 1). Because parallel shifted triangles correspond to annihilators $\lambda(1+x+y)$, $\lambda \in \mathbb{Z}Q$, this has the effect that there is a sign $\varepsilon = \pm 1$ such that all elements of A represented by lattice points outside $Q_{\varepsilon u}$ but close to the boundary l are in fact expressable as a sum of elements represented by lattice points in $Q_{\varepsilon u}$. And, of course, this can be iterated. We obtain that A is generated, as an Abelian group, by the elements of $Q_{\varepsilon u}$, and hence A is cyclic as a $\mathbb{Z}Q_{\varepsilon u}$-module.

The argument above shows not only that the Q-module A is tame, but also that the annihilator $1+x+y$ alone is, in a sense, responsable for its tameness. It is a crucial step in the proof of Theorem B that, using compactness of S^{n-1}, one can always find a finite number of annihilators of A which are responsable for its tameness.

Now let $G = A \rtimes Q$. Then G has the presentation

$$G = \langle a,x,y \ ; \ [x,y] = 1,\ aa^x a^y = 1,\ R_{ij} = [a^{x^i y^j}, a] = 1 \quad (i, j \in \mathbb{Z}) \rangle .$$

and we have to show that all except a finite number of the relations $R_{ij} = 1$ are redundant. For this we note

$$\begin{aligned} 1 &= [aa^x a^y , a^{x^{-i} y^{-j}}] \\ &= [a, a^{x^{-i} y^{-j}}]^u \, [a^x, a^{x^{-i} y^{-j}}]^v \, [a^y, a^{x^{-i} y^{-j}}]^w \\ &= (R_{ij})^{x^{-i} y^{-j} u} \, (R_{i+1 j})^{x^{-i} y^{-j} v} \, (R_{i j+1})^{x^{-i} y^{-j} w} , \end{aligned}$$

where u,v, and w are words in $\{a, x, y\}$ which need not concern us. It follows that any of the occuring relation is a consequence of the two other ones. Now we can systematically deduce new relations of the forme $R_{ij} = 1$ from given ones as follows : assume that $R_{ij} = 1$ holds for all (i,j) in some finite set $M \subset \mathbb{Z}^2$; take a parallel shifted copy of our triangle Δ with the property that two of its vertices coincide with points in M ; then the third vertex leads to a new relation. A similar calculation, starting with

$$1 = [a^{x^i y^j}, aa^x a^y] = \dots ,$$

shows that the reflected triangle $-\Delta$, too, can be used to deduce new relations in the above procedure. It has now become obvious that all relations $R_{ij} = 1$ can be deduced from $R_{01} = 1$ (and $R_{00} = 1$), hence G is in fact G. Baumslag's group mentionned in Section 1.2.

I have sketched the proof of Theorem B in a simple special situation. In the general case, and particularly if the extension is not split, one needs more subtle commutator calculations and a few elementary geometric arguments in order to keep track of the consequences of given relations.

4. Further applications

4.1. The more general character of Theorem A allows a few applications beyond the metabelian case. Let $\varphi : G \twoheadrightarrow \bar{G}$ be an epimorphism between two soluble groups. If G is of type $(FP)_2$ then, by Theorem A, G'/G" is tame as a module over some subgroup of finite index in G/G'. Being tame is clearly inherited by homomorphic images, hence the same holds in $\bar{G}$. If $\bar{G}$ is metabelian this makes it finitely presented by Theorem B. In particular we have :

Corollary 4. If a soluble groupe G is finitely presented, so is every metabelian homomorphic image of G.

4.2. This has an interesting consequence for groups in the variety $\mathfrak{N}_2\mathfrak{A}$, i.e., for groups G containing a nilpotent normal subgroup of class 2, $N \trianglelefteq G$, such that Q = G/N is Abelian

Corollary 5. If G is a finitely presented group in $\mathfrak{N}_2\mathfrak{A}$ then
(i) every homomorphic image of G is finitely presented.
(ii) G is residually finite.

Proof. (i) Let Z be the centre of N. Then G/Z is metabelian and hence finitely presented. This shows that Z is a finitely generated G/Z-module. But Z is, in fact, a module over the Noetherian group ring $\mathbb{Z}Q$, hence every submodule of Z is finitely generated. Now, let $H \triangleleft G$ be an arbitrary normal subgroup. Then $H \cap Z$ is a finitely generated Q-module. On the other hand $G/HZ \cong (G/Z)/(HZ/Z)$ is finitely presented and hence $HZ/Z \cong H/H \cap Z$, too is finitely generated as a G-operator group. Therefore H is finitely generated as a normal subgroup and G/H is finitely presented.

(ii) By using P. Hall's well known result one is reduced to the case where Z is finite and central in G. In this situation J. Groves [7] has recently shown that G is Abelian-by-polycyclic and the assertion follows from the Roseblade-Jategaonkar extension of Hall's result.

4.3. Remark. Let $\Lambda = \mathbb{Z}[\frac{1}{2}]$ be the subring of $\mathbb{Q}$ generated by $\frac{1}{2}$. It has been proved by Herbert Abels [1] that the subgroup $G < GL_4(\Lambda)$ consisting of all matrices (a_{ij}) with

$$a_{ij} = 0 \ , \quad i > j \ ,$$

$$a_{11} = 1 = a_{44} \ ,$$

$$a_{22} \text{ and } a_{33} > 0 \ ,$$

is finitely presented. One observes that $G \in \mathfrak{N}_3\mathfrak{A}$ and that the centre Z of G consists of all matrices $(\delta_{ij} + b_{ij})$, where $b_{ij} = 0$ for $(i,j) \neq (1,4)$. Thus Z is isomorphic to the additive group of Λ and hence is ot finitely generated. It follows that G/Z is not finitely presented. Moreover, the quotients of G modulo infinite cyclic central subgroups contain the Prüfer group $\mathbb{Z}(2^\infty)$ and hence are not residually finite. This shows that the statements of Corollaries 4 and 5 are sharp.

5. References

1 H. Abels : An example of a finitely presented solvable group. Preprint, Universität Bielefeld, Germany.

2 G. Baumslag : A finitely presented metabelien group with a free abelian commutator subgroup of infinite rank. Proc. Amer. Math. Soc. 35 (1972), 61-62.

3 G. Baumslag : Subgroups of finitely presented metabelian groups. J. Austral. Math. Soc. 16 (1973), 98-110.

4 G. Baumslag and R. Strebel : Some finitely generated, infinitely related groups with trivial multiplicator. J. of Algebra 40 (1976), 46-62

5 R. Bieri : Homological dimension of discrete groups. Queen Mary College Math. Notes, Queen Mary Coll., London 1976.

6 R. Bieri and R. Strebel : Almost finitely presented soluble groups. Comment. Math. Helv., to appear.

7 J.R.J. Groves : Finitely presented centre-by-metabelian groups. Preprint, University of Melbourne, Australia.

8 M. Thomson : Subgroups of finitely presented solvable linear groups. Transact. Amer. Math. Soc. 231 (1977), 133-142.

Manuscrit remis le
3 Avril 1978

Mathematisches Institut
Universität Freiburg
Albertstrasse 23 b
7800 Freiburg I. Brg
Germany

ACTIONS DE GROUPES

Annie PAGE

On va tenter de donner un bref aperçu des résultats qui ont pu être obtenus en théorie des actions de groupes finis. Cet exposé et la bibliographie à laquelle il fait référence, sont loin d'être complets : on n'y traite que d'un petit nombre de problèmes qui, dans bien des cas, ont donné lieu à de nombreux et intéressants travaux. Seules quelques démonstrations sont esquissées, dans le but de mettre en évidence certaines des méthodes utilisées. Enfin on établit ici quelques résultats tantôt permettant de donner une nouvelle présentation de propriétés déjà connues, tantôt répondant à des questions posées dans les articles cités en référence.

§.O. INTRODUCTION ET NOTATIONS.

On étudie la situation suivante : R est un anneau qu'on supposera unitaire, G un groupe fini d'automorphismes de R, R^G l'anneau des points fixes

$$R^G = (x;\ x \in R, x^g = x \quad \text{quel que soit} \quad g \in G)\ ;$$

$|G|$ sera l'ordre de G ; pour $x \in R$ on posera $\operatorname{tr} x = \sum_G x^g$.

Lorsque R est un corps commutatif F, on sait que F^G est un corps et que le degré $(F:F^G)$ est égal à $|G|$ (4, §.10). Si $R = \mathcal{F}$ est un corps gauche, F^G est encore un corps, mais les automorphismes intérieurs non triviaux contenus dans G peuvent pertuber les dimensions à droite et à gauche $(F:F^G)_r$ et $(F:F^G)_\ell$ qui sont alors inférieures ou égales à $|G|$ (4, §.7, ex.2). Le §.1. sera consacré à des exemples ; on verra que la situation peut être beaucoup plus complexe pour les anneaux simples en général (ex. 1-1 : R est simple, R^G ne l'est pas ; ex. 1-2 : R est simple, R^G n'est même pas semi-premier). On peut attribuer la pathologie présentée par les exemples 1-1 et 1-2 aux faits que :

1°) Dans chacun des cas G est constitué d'automorphismes intérieurs.

2°) Dans l'exemple 2, R admet de la $|G|$-torsion -i.e. il existe $x \in R/O$ tel que $|G|x = 0$.

On a en effet les résultats suivants :

Théorème 0.1.* (1) Soient R un anneau simple et G un groupe fini d'automorphismes de R ne contenant pas d'automorphismes intérieurs $\neq 1$; alors :

(a) L'anneau des points fixes R^G est simple.

(b) Les dimensions à droite $(R : R^G)_r$ et à gauche $(R : R^G)_\ell$ sont égales à $|G|$.

Théorème 0.2. (8) Soient R un anneau semi-simple et G un groupe fini d'automorphismes de R tel que $|G|$ soit inversible dans R ; alors :

(a) L'anneau des points fixes R^G est semi-simple.

(b) R est un R^G-module à droite de type fini.

C'est une technique due à V. Kharchenko (15) qui a récemment permis à R. Farkas et R. Snider d'établir la deuxième partie de ce théorème dont on conçoit la grande importance. Signalons que les résultats subsistent si l'on suppose que R est un produit de corps non nécessairement commutatifs, avec ou sans $|G|$-torsion ; R admet alors un système de $|G|$ générateurs sur R^G.

Les mathématiciens qui se sont intéressés à la théorie ont bien sûr dépassé le cadre des anneaux simples ou semi-simples. Dans ce qui va suivre on va voir que beaucoup de propriétés proviennent de deux théorèmes "clefs" exprimant, sous certaines hypothèses, l'influence qu'exerce R^G sur R.

Théorème 0.3. (G. Bergman et I. Isaacs, 2) Soit R un anneau et soit G un groupe fini d'automorphismes de R tel que R soit sans $|G|$-torsion. Si I est un idéal (bilatère ou non) G-invariant, il est nilpotent dès que $I \cap R^G$ l'est.

Théorème 0.4. (V. Kharchenko, 16) Soit R un anneau réduit (i.e. sans éléments nilpotents), et soit G un groupe fini d'automorphismes de R. Si I est un idéal (bilatère ou non) G-invariant, $\neq 0$, on a $I \cap R^G \neq 0$.

§.1. EXEMPLES : les exemples suivants seront évoqués dans le texte.

1-1. Soient F un corps commutatif, $R = M_2(F)$, s l'automorphisme de R :

$$\begin{pmatrix} a & b \\ c & d \end{pmatrix} \longrightarrow \begin{pmatrix} a & -b \\ -c & d \end{pmatrix} ;$$

On a $R^{(s)} \simeq F \times F$

* On entend par anneau quasi-simple un anneau R dont les seuls idéaux bilatères sont 0 et R, par anneau simple un anneau quasi-simple artinien, par anneau semi-simple un produit fini d'anneaux simples. Le cas des anneaux quasi-simples a été étudié par J. Osterburg (22).

1-2. Soient F un corps commutatif de caractéristique 2, $R = M_2(F)$, s l'automorphisme intérieur de R défini par $x = \begin{pmatrix} 1 & 1 \\ 0 & 1 \end{pmatrix}$; on a $R^{(s)^2} \simeq F[X]/(X^2)$.

1-3. Soient F un corps commutatif de caractéristique $p > 2$, A l'anneau de polynômes à deux indéterminées non commutatives x et y, $R = M_2(A)$; on pose

$$a = \begin{pmatrix} 1 & 0 \\ 0 & -1 \end{pmatrix}, \quad b = \begin{pmatrix} 1 & 1 \\ 0 & 1 \end{pmatrix}, \quad c = \begin{pmatrix} 1 & x \\ 0 & 1 \end{pmatrix}, \quad d = \begin{pmatrix} 1 & y \\ 0 & 1 \end{pmatrix} ;$$

les automorphismes intérieurs définis par a,b,c,d, engendrent un groupe fini G pour lequel $R^G = F$. Ce qui précède est inspiré d'un exemple de R. Farkas et R. Snider (8).

1-4. Soient A un anneau quelconque, $R = \begin{pmatrix} A & A \\ 0 & A \end{pmatrix}$, s l'automorphismes de R :

$$\begin{pmatrix} a & b \\ 0 & c \end{pmatrix} \longrightarrow \begin{pmatrix} a & -b \\ 0 & c \end{pmatrix} ;$$

on a $R^{(s)} \simeq A \times A$.

1-5. Soit $\mathbb{Z}_{(p)} = \mathrm{Hom}_{\mathbb{Z}}(\mathbb{Z}_{p^\infty}, \mathbb{Z}_{p^\infty})$ où p est un nombre premier ; on munit $R = \mathbb{Z}_{(p)} \times \mathbb{Z}_{p^\infty}$ d'une structure d'anneau en posant $(\lambda,x)(\lambda',x') = (\lambda\lambda',\lambda x'+\lambda' x)$. Si s est l'automorphismes $(\lambda,x) \longrightarrow (\lambda,-x)$, on a pour $G = (s)$, $R^G \simeq \mathbb{Z}_{(p)}$.

1-6. (14) Soient F un corps commutatif de caractéristique 2, muni d'une dérivation D telle que F soit de degré infini sur le corps des constantes F_0, $R = F[X]/(X^2) = F[x]$. On définit un automorphisme s de R en posant

$$s(k) = k+D(k)x, \ k \in F \ ; \ s(x) = x.$$

On a $R^{(s)} = F_0+Fx$.

1-7. Soient $R = \begin{pmatrix} \mathbb{Q} & \mathbb{R} \\ 0 & \mathbb{R} \end{pmatrix}$, $s : \begin{pmatrix} a & b \\ 0 & c \end{pmatrix} \longrightarrow \begin{pmatrix} a & -b \\ 0 & c \end{pmatrix}$; on a $R^{(s)} \simeq \mathbb{Q} \times \mathbb{R}$

1-8. (9) Soient V un $\mathbb{Q}$-espace vectoriel, $R = \mathbb{Q} \times V$ avec :

$$(q,x)(q',x') = (qq',qx'+q'x) ;$$

si s est l'automorphisme $(q,x) \rightarrow (q,-x)$, on a $R^{(s)} \simeq \mathbb{Q}$.

1-9. Soient A un anneau quelconque, $R = M_2(A)$, s l'automorphisme intérieur défini par $x = \begin{pmatrix} 0 & 1 \\ 1 & 0 \end{pmatrix}$; s' l'automorphisme intérieur défini par

$$x' = \begin{pmatrix} 1 & 0 \\ 0 & -1 \end{pmatrix} \quad : \quad s\begin{pmatrix} a & b \\ c & d \end{pmatrix} = \begin{pmatrix} d & c \\ b & a \end{pmatrix} \quad ; \quad s'\begin{pmatrix} a & b \\ c & d \end{pmatrix} = \begin{pmatrix} a & -b \\ -c & d \end{pmatrix}.$$

a) si $G = (s)$ on a $R^G \simeq A[X]/X^2-1$

b) si $H = (s's)$ on a $R^H \simeq A[X]/X^2+1$.

1-10. Soient A un sous-anneau du corps $\mathbb{Q}$ des rationnels, $R = A[i]$, s la conjugaison : $a+ib \to a-ib$. On a $R^{(s)} = A$.

1-11. Soit $R = \mathbb{R}[X,Y]/(XY) = \mathbb{R}[x,y]$ et s défini par $s(x) = y$, $s(y) = x$, on a $R^{(s)} = \mathbb{R}[x+y]$.

1-12. Soit A le localisé de $\mathbb{Z}$ en $S = \{2^n, n \in \mathbb{N}\}$ et soit $R = A+3A\sqrt{5}$. Si $s(a+3b\sqrt{5}) = a-3b\sqrt{5}$, on a $R^{(s)} = A$.

§.2. DENSITE DES POINTS FIXES.

Considérons le cas où R est commutatif ; soit $x \in R$, le polynôme

$$F(X) = \prod_G (X-x^g) = X^{|G|} + \sum_{i=0}^{|G|-1} a_i X^i \quad \text{est tel que}$$

- $F(x) = 0$
- pour $i = 0,\dots,|G|-1$, $a_i \in R^G$.

Ceci montre que R est entier sur R^G ; si de plus I est un idéal G-invariant, la relation $I \cap R^G = 0$ entraîne $I^{|G|} = 0$. On en déduit, et c'est un cas particulier du théorème 0.4., que si R est réduit, tout idéal G-invariant $\neq 0$ contient des points fixes $\neq 0$. De façon plus précise on peut montrer la :

Proposition 2.1. Si R est un anneau commutatif réduit, pour tout idéal G-invariant $I \neq 0$ il existe une famille $(x_i)_{i \in J}$ d'éléments de $I \cap R^G$, telle que la somme $S = \sum_J Rx_i$ soit directe et essentielle dans I (i.e. pour tout $x \in I/0$, $S \cap Rx \neq 0$; on écrit $S < I$).

Cette propriété se généralise au cas où R est semi-premier à identité polynomiale (en abrégé : "à i.p.") : soit I un idéal $\neq 0$, bilatère G-invariant, ou un idéal à gauche essentiel (on peut alors, quitte à le remplacer par $\bigcap_G I^g$, le supposer G-invariant) ; on sait d'après les résultats de L. Rowen (25) que l'intersection de I avec le centre C de R est $\neq 0$. On a par suite $I \cap C^G \neq 0$ (d'où $I \cap R^G \neq 0$). Ici encore on en déduit aisément la :

Proposition 2.2. Si R est semi-premier à i.p., pour tout idéal $I \neq 0$ bilatère G-invariant, ou essentiel à gauche, il existe une famille $(x_i)_{i \in J}$ d'éléments centraux G-invariants, telle que la somme $S = \sum_J Rx_i$ soit directe et essentielle dans I.

Dans le cas où R ne contient pas suffisamment d'éléments centraux, on dispose outre le th. 0.4., d'un corollaire immédiat du th. 0.3. :

Théorème 2.3. Soient R un anneau semi-premier, G un groupe fini d'automorphismes de R tel que R soit sans $|G|$-torsion ; tout idéal G-invariant $I \neq 0$, bilatère ou non, est tel que $I \cap R^G \neq 0$.

Remarques :

1) L'exemple 1-3 montre que ce dernier résultat ne subsiste pas toujours si R présente de la $|G|$-torsion : dans cet exemple il existe des idéaux $I \neq 0$, bilatères et donc G-invariants, essentiels et propres. Or comme R^G est un corps, on a $I \cap R^G = 0$, pour tout idéal propre I.
2) Dans le cas où R n'est pas semi-premier, on n'a pas non plus de résultat analogue, cf. ex. 1-4 avec A semi-premier, $I = \begin{pmatrix} 0 & A \\ 0 & 0 \end{pmatrix}$.
3) De façon plus générale, on établira l'analogue de la prop. 2.2. pour les anneaux semi-premiers à idéal singulier à droite nul sans $|G|$-torsion (3-7).

§.3. ANNEAUX INJECTIFS, ANNEAUX DE GOLDIE.

Nous allons d'abord traiter le transfert de l'injectivité.

Lemme 3.1. Soient R semi-premier sans $|G|$-torsion, I un idéal à droite de R^G ; tout R^G-homomorphisme f de I dans R^G se prolonge en un R-homomorphisme de IR dans R.

Soient $x_1,\dots,x_n \in I$; on pose pour tout i, $y_i = f(x_i)$, et

$$J = (\sum_{i=1}^{n} y_i a_i \ ; \ \sum_i x_i a_i = 0,\ a_1,\dots,a_n \in R) \ ;$$

J est un idéal à droite G-invariant et par suite si $J \neq 0$, il existe (th. 2.3.) $y = \sum_i y_i a_i \in (J \cap R^G)/0$. On a $0 \neq |G| y = \mathrm{tr}\ y = \sum_{i=1}^{n} y_i . \mathrm{tr}\ a_i = f(\sum_{i=1}^{n} x_i . \mathrm{tr}\ a_i) = 0$, d'où la contradiction.

On peut donc prolonger f à IR en posant

$$f(\sum_{i=1}^{n} x_i a_i) = \sum_{i=1}^{n} f(x_i) a_i, \quad \text{pour } a_1,\dots,a_n \in R,\ x_1,\dots,x_n \in I.$$

Théorème 3.2. Soient R un anneau semi-premier auto-injectif à droite et G un groupe fini d'automorphismes de R dont l'ordre est inversible dans R. Alors l'anneau des points fixes R^G est auto-injectif à droite.

Soient I et f comme dans le lemme 3.1.
Comme R est auto-injectif à droite, il existe $a \in R$ tel que $f(x) = ax$ pour tout $x \in IR$. On a $f(x) = (\mathrm{tr}\ a/|G|)x$ pour tout $x \in I$.

<u>Remarques</u> :

1) Une technique analogue permet de montrer que si R est un V-anneau à droite (i.e. tout module à droite simple est injectif) et si $|G|^{-1} \in R$, alors R^G est un V-anneau à droite.
2) Supposons que R soit un R^G-module à gauche plat, sans autres hypothèses, alors si I et f sont comme dans le lemme 3.1. l'idéal J introduit dans la démonstration de ce lemme est encore nul, et la conclusion subsiste donc. On en déduit alors aisément la :

<u>Proposition 3.3.</u> <u>Si</u> R <u>est auto-injectif à droite et si c'est un</u> R^G<u>-module à gauche plat, alors si</u> $|G|^{-1} \in R$, R^G <u>est auto-injectif à droite.</u>

Si maintenant R est régulier au sens de Von Neumann, pour tout $x \in R^G$ on a : $x = xax$, $a \in R$, et si de plus $|G|^{-1} \in R$ ceci entraîne $x = x(\mathrm{tr}.a|G|^{-1})x$: R^G est donc régulier. On a alors en vertu du th. 3.2. ou de la prop. 3.3. le théorème suivant évoqué pas S. Jøndrup (14) :

<u>Théorème 3.4.</u> <u>Soient</u> R <u>un anneau régulier au sens de Von Neumann, auto-injectif à droite, et</u> G <u>un groupe fini d'automorphismes de</u> R <u>tel que</u> $|G|$ <u>soit inversible dans</u> R. <u>Alors</u> R^G <u>est un anneau régulier auto-injectif à droite.</u>

L'hypothèse "$|G|^{-1} \in R$" peut être remplacée par "R réduit" ou "R^G central" : en reprenant une technique utilisée par S. Jøndrup (14), R. Diop a montré le :

<u>Théorème 3.5.</u> (7)<u>Soient</u> R <u>un anneau régulier, auto-injectif à droite,</u> G <u>un groupe fini d'automorphismes de</u> R ; R^G <u>est régulier auto-injectif dans chacun des cas suivants :</u>

(a) R <u>est réduit.</u>
(b) R^G <u>est central.</u>

<u>Remarques</u> :

1) Dans l'ex. 1.2., R est semi-simple à i.p., R^G est commutatif, auto-injectif, non régulier : $|G|$ est nul dans R.
2) (J.M. Goursaud, A. Page, J.L. Pascaud). Dans l'exemple 1-5, R est un anneau auto-injectif (21) alors que $R^G \simeq \mathbb{Z}_{(p)}$ ne l'est pas. Ici cependant si on prend $p \neq 2$, $|G|$ est inversible dans R : on voit donc que si R n'est pas semi-premier, R peut être auto-injectif sans que

R^G le soit, même si $|G|^{-1} \in R$. On ne sait si lorsque R est quasi-Frobeniusien et $|G|^{-1} \in R$, R^G est quasi-Frobeniusien. L'exemple 1-6 dû à S.Jøndrup montre que l'hypothèse $|G|^{-1} \in R$ est nécessaire.

Questions : 1) Si R est régulierauto-injectif à droite, R^G est-il auto-injectif à droite ?

2) Même question avec R^G réduit.

Pour $x \in R$ on note $r_R(x)$ (ou plus simplement $r(x)$) l'annulateur de x dans R. L'idéal singulier à droite de R est l'ensemble des $x \in R$ tels que $r(x) < R$; on le notera $Z(R)$. Si $Z(R) = 0$, R_R admet pour enveloppe injective un anneau régulier auto-injectif à droite $\hat{R}$.

Théorème 3.6. Soient R un anneau à idéal singulier à droite nul, $\hat{R}$ l'enveloppe injective de R_R, G un groupe fini d'automorphismes de R. Alors

(a) G s'étend canoniquement à $\hat{R}$.

(b) Si R est semi-premier sans $|G|$-torsion, $(\hat{R})^G$ est l'enveloppe injective à droite de R^G.

(a) Soit $g \in G$; on munit $\hat{R}$ d'une structure de R-module à droite en posant pour $a \in R, x \in \hat{R}$, $x_\circ a = x.g(a)$; $\hat{R}$ est à sous-R-module singulier nul et on peut donc étendre cette structure en une structure de $\hat{R}$-module à droite. On pose pour $b \in \hat{R}$, $\hat{g}(b) = 1_\circ b$. On vérifie sans difficulté que

- $\hat{g} \in \text{Aut } \hat{R}$.
- $(\hat{g} ; g \in G)$ est un groupe
- le prolongement à $\hat{R}$ de $g \in \text{Aut } R$ est unique

(b) $(\hat{R})^G$ est un anneau régulier, auto-injectif à droite (th. 3.4.), qui contient R^G. Il suffit donc de montrer que R^G est un sous-module à droite essentiel dans $(\hat{R})^G$: soit $x \in (\hat{R})^G$; il existe un idéal à droite J, qu'on peut supposer G-invariant, $J < R$, tel que $xJ \subset R$, $xJ \neq 0$. L'idéal G-invariant xJ contient $xa \in R^G/0$; on a

$$|G|xa = tr(xa) = x tr\, a \in R^G/0, \text{ d'où le résultat.}$$

Corollaire 3.7. Soit R semi-premier tel que $Z(R_R) = 0$, sans $|G|$-torsion, et soit I un idéal à gauche G-invariant non nul ; alors

(a) Il existe une famille $(x_i)_{i \in J}$ d'éléments de R^G telle que la somme $S = \sum_J x_i R$ soit directe et essentielle dans I.

(b) I admet un complément G-invariant (1).

(1) Un complément de I est un idéal à droite K maximal pour la propriété $I \cap K = 0$.

(a) Soit $(x_i)_{i \in J}$ une famille indépendante maximale de $I \cap R^G$; on pose $S = \oplus_J x_i R$ et on considère les enveloppes injectives $e\hat{R}$ et $f\hat{R}$ de I et S respectivement $(e = e^2,\ f = f^2,\ \hat{R}$ est l'enveloppe injective de R_R). Il est immédiat de constater que $e\hat{R}$ et $f\hat{R}$ sont G-invariants, par suite $e' = tr\ e/|G|$, $f' = tr\ f/|G|$ sont des idempotents G-invariants tels que $e'\hat{R} = e\hat{R}$, $f'\hat{R} = f\hat{R}$. Supposons $f'\hat{R} \neq e'\hat{R}$, on a alors $e'-f'e' \neq 0$, et $(e'-f'e')\hat{R} \cap I$ est un idéal G-invariant $\neq 0$. Il contient donc $x \in R^G/0$ qui vérifie $S \cap xR = 0$, d'où la contradiction. Par suite $f'\hat{R} = e'\hat{R}$ et $S < I$.

(b) $(1-e')\hat{R} \cap R$ est un idéal à droite G-invariant complément de I.

<u>Corollaire 3.8.</u> (15 th. 2, 9 th. 1.1, 1.2) <u>Soit</u> R <u>un anneau semi-premier sans</u> <u>$|G|$-torsion ; les conditions suivantes sont équivalentes :</u>

(i) R <u>est un anneau de Goldie à droite.</u>

(ii) R^G <u>est un anneau de Goldie à droite.</u>

<u>De plus dans ces conditions si</u> Q <u>est l'anneau total de fractions à droite de</u> R, G <u>se prolonge à</u> Q <u>et</u> Q^G <u>est l'anneau total de fractions à droite de</u> R^G.

(i) $\Rightarrow$ (ii). On a $Z(R) = 0$ et l'enveloppe injective $\hat{R} = Q$ de R_R est son anneau total de fractions à droite : c'est un anneau semi-simple. Q^G est semi-simple (th. 0.2. (a)) et comme c'est l'enveloppe injective de R^G, R^G est bien un anneau de Goldie à droite.

(ii) $\Rightarrow$ (i). Ici $(\hat{R})^G = \hat{R}^G$ est un anneau semi-simple ; la conclusion provient du lemme facile suivant :

<u>Lemme 3.9. Si</u> R <u>est semi-premier sans</u> <u>$|G|$-torsion et si</u> R^G <u>est semi-simple,</u> R <u>est semi-simple.</u>

<u>Questions et remarques</u> : La conclusion b) du théorème 3.6. reste-t-elle valable si R est réduit avec $|G|$-torsion. On ne sait si R^G est encore essentiel dans $\hat{R}^G$, et on ne sait pas si $\hat{R}^G$ est régulier auto-injectif. Cependant G. Renault a montré que si R est réduit et si R^G vérifie la condition

$$\text{(c)} \quad x,y \in R^G,\ xR^G \cap yR^G = 0 \Rightarrow xy = 0,$$

il en est de même de R. Par suite sous cette hypothèse. $\hat{R}$ est réduit (6) et $\hat{R}^G$ est donc régulier auto-injectif (th. 3.5). On peut alors en déduire que les conclusions du corollaire 3.8. subsistent lorsque R est réduit avec $|G|$-torsion : c'est un théorème de V.K. Kharchenko (16, th. 3).

Soit R un anneau réduit de Goldie et Q l'anneau total de fractions de R ; Q est un produit de corps et (§. O) c'est un Q^G-module à droite admettant un système de $|G|$ générateurs. Si l'on suppose que de plus, R^G satisfait une i.p. de degré d on sait que son anneau total de fractions Q^G satisfait l'identité standard de degré d. Comme Q est un Q^G-module à $|G|$ générateurs il satisfait $S_{|G|d}$ (24), et il en est de même de R. En fait on a les résultats beaucoup plus généraux suivants :

Théorème 3.10. (V. Kharchenko, 16) Soient R un anneau réduit et G un groupe fini d'automorphismes de R. Si R^G satisfait une identité polynomiale de degré d, R satisfait l'identité standard de degré $|G|d$.

Théorème 3.11. (V. Kharchenko, 15) Soient R un anneau et G un groupe fini d'automorphismes de R, tel que R soit sans $|G|$-torsion. On suppose que R^G satisfait une identité polynomiale de degré d, alors :

(a) R satisfait une puissance de l'identité standard $S_{|G|d}$.

(b) Si de plus R est semi-premier, il satisfait l'identité standard $S_{|G|d}$.

§.4. CONDITIONS DE CHAINE

I - Condition noethérienne.

Les principaux résultats concernant le transfert de la condition noethérienne de R^G à R sont résumés dans l'énoncé suivant.

Théorème 4.1. Soient R un anneau semi-premier et G un groupe fini d'automorphismes de R ; on suppose que R^G est noethérien à droite ; alors R est noethérien à droite dans chacun des cas suivants :

(a) R est réduit ;

(b) R est sans $|G|$-torsion ;

(c) R est à identité polynomiale.

Les (a) et (b) sont dûs à R. Farkas et R. Snider (8), ils sont conséquences immédiates de la :

Proposition 4.2. (8) Si R est réduit ou semi-premier sans $|G|$-torsion, et si c'est un anneau de Goldie, c'est un sous-R^G-module d'un R^G-module à droite de type fini.

Cette proposition repose sur une étude du cas semi-simple (§.O.). Dans le cas commutatif le (a) du th. 4.1. a également été obtenu par J. Brewer et E. Rutter (5).

Le (c) a été démontré par D. Handelman, J. Lawrence, W. Schelter lorsque R est premier ou sans $|G|$-torsion (12) ; ces derniers ne disposaient pas de la proposition 4.2., qui dans le cas commutatif, leur aurait suffi -comme ils en font la remarque- pour conclure au (c) du th. 4.1., sans hypothèses supplémentaires sur R.

Remarques :

1) Dans l'exemple 1-3, R est semi-premier, non noethérien, alors que R^G est noethérien.
2) Dans les exemples 1-7 et 1-8, R est sans $|G|$-torsion, non noethérien, alors que R^G est noethérien ; de plus dans 1-8, R est commutatif.

Il est facile de voir que si $|G|^{-1} \in R$, pour tout idéal à droite I de R^G, on a $IR \cap R^G = I$, d'où :

Proposition 4.3. Si $|G|^{-1} \in R$ et si R est noethérien à droite, R^G est noethérien à droite.

Il existe des anneaux commutatifs intègres noethériens (23), munis d'une involution s telle que R^s ne soit pas noethérien. Cependant, dans les exemples que nous connaissons, R est de caractéristique 2 ; d'où la :

Question : Si R est noethérien à droite sans $|G|$-torsion, R^G est-il noethérien à droite ?

II - Condition artinienne.

Le cas semi-premier c'est-à-dire semi-simple a déjà été étudié ; dans le cas général, on ne peut espérer de résultat satisfaisant : ex. 1-7, 1-8. On va étudier la situation où le quotient de R^G (resp. R) par son radical premier est semi-simple. On utilisera le résultat suivant :

Théorème 4.4. (19) Soient R un anneau semi-premier, et G un groupe fini d'automorphismes de R tel que R soit sans $|G|$-torsion. Les radicaux premiers vérifient $\text{rad}\, R^G = \text{rad}\, R \cap R^G$.

Si $|G|^{-1} \in R$, la propriété est vraie (10) ; si R est sans $|G|$-torsion, en rendant $|G|$ inversible par localisation, on montre facilement que $|G|.\text{rad}\, R^G \subset \text{rad}\, R \cap R^G \subset \text{rad}\, R$ (la dernière inclusion étant classique). La conclusion provient alors du lemme suivant :

Lemme 4.5. (G. Renault) Soient R un anneau et n un entier > 0 tel que R soit sans n-torsion ; alors la relation $x \in R$, $nx \in \text{rad}\, R$, entraîne $x \in \text{rad}\, R$.

On considère un ensemble semi-multiplicatif $S \subset R$ contenant x ; on pose $S' = \bigcup_{k \geq 0} n^k x$. S' est un ensemble semi-multiplicatif contenant nx ; on a donc $0 \in S'$, d'où $0 \in S$.

On va déduire de ce qui précède la :

Proposition 4.6. Si R est sans $|G|$-torsion les propriétés suivantes sont équivalentes :

(i) $R^G/\text{rad } R^G$ est semi-simple.

(ii) $R/\text{rad } R$ est semi-simple.

(i) $\Rightarrow$ (ii). $R^G/\text{rad } R^G$ est sans $|G|$-torsion (lemme 4.5.), $|G|$ est donc inversible modulo $\text{rad } R^G$, c'est-à-dire inversible dans R. G opère par automorphismes sur $R/\text{rad } R$ et on constate sans difficulté que

$$(R/\text{rad } R)^G = (R^G/\text{rad } R \cap R^G) = (R^G/\text{rad } R^G).$$

On conclut à l'aide du lemme 3.9.

(ii) $\Rightarrow$ (i). On le montre de façon analogue en utilisant le th. 0.2., (a).

En vertu des th. 0.3. et 4.4., si R est sans $|G|$-torsion, il est équivalent de dire que $\text{rad } R^G$ est nilpotent ou que $\text{rad } R$ est nilpotent. Par suite :

Théorème 4.7. (10) Soient R un anneau, G un groupe fini d'automorphismes de R tel que R soit sans $|G|$-torsion. Les assertions suivantes sont équivalentes :

(i) R^G est semi-primaire.

(ii) R est semi-primaire. [1]

(1) rad R est nilpotent et R/rad R est semi-simple.

Un anneau R est parfait à droite si rad R est T-nilpotent (i.e. pour toute suite (x_n) d'éléments de rad R, il existe n_o tel que $x_{n_o} \ldots x_1 x_o = 0$) et si $R/\text{rad } R$ est semi-simple. Il est évident que si R est parfait à droite sans $|G|$-torsion, il en est de même de R^G. Le problème de la réciproque est posée par J. Fisher et J. Osterburg (10) ; ces derniers demandent de façon plus précise si le théorème de G. Bergman et I. Isaacs (th. 0.3.) reste valable si on remplace la nilpotence par la T-nilpotence. On a les résultats partiels ;

Proposition 4.8. (10) Si R est sans $|G|$-torsion et si R^G est central parfait, R est parfait.

Proposition 4.9. (7) Si R est sans $|G|$-torsion et si R^G est parfait à droite, R est semi-parfait [1].

(1) Le quotient de R par son radical de Jacobson J(R) est semi-simple et tout idempotent de R/J(R) se relève en un idempotent de R.

On a ici $J(R^G) = \text{rad } R^G$, et $R/\text{rad } R$ est donc semi-simple (prop. 4.6.), par suite $J(R)$ est égal au nilidéal rad R, d'où le résultat.

Proposition 4.10. (Z. Maoulaoui) Si R est commutatif semi-parfait (avec ou sans $|G|$-torsion), R^G est semi-parfait.

Soit $x \in R^G$ tel que $x^2 - x \in J(R^G)$, comme R est commutatif, il est entier sur R^G, on a donc $J(R^G) = J(R) \cap R^G$. Par suite x est idempotent modulo J(R) et il existe donc $e = e^2 \in R$ tel que $x - e \in J(R)$. On a pour $g \in G$, $g(x-e) = x - g(e) \in J(R)$ d'où $e - g(e) \in J(R)$; on en déduit que l'idempotent $e(1-g(e))$ est dans J(R), on a alors $e = eg(e)$, de même $g(e) = g(e)e = eg(e)$, d'où $e \in R^G$.

On établit aisèment que $R^G/J(R^G)$ est semi-simple.

Remarques :

1) W.S. Martindale (18) a montré sur un exemple que l'on a pas nécessairement $J(R) \cap R^G = J(R^G)$ même si R est sans $|G|$-torsion. On peut aussi le montrer à l'aide de l'exemple 1.9.a) : prenons pour A l'anneau des rationnels à dénominateur impair ; $|G| = 2$ n'est pas inversible dans R qui est cependant sans 2-torsion, $J(R^G)$ est l'ensemble des $\begin{pmatrix} a & b \\ b & a \end{pmatrix}$ tels que $(a-b) \in 2A$; en particulier $\begin{pmatrix} 1 & 1 \\ 1 & 1 \end{pmatrix}$ est dans $J(R^G)$ et n'est pas dans J(R). Cependant si $|G|^{-1} \in R$, les résultats du th. 4.4. et la prop. 4.6. subsistent si l'on remplace rad par J (voir en particulier 20).

Les remarques suivantes sont dues à J.L. Pascaud et J. Valette :

2) On n'a pas nécessairement :

$$R \text{ semi-parfait} \Rightarrow R^G \text{ semi-parfait},$$

même si $|G|^{-1} \in R$: dans l'exemple 1.9.b) si on prend pour A le localisé de $\mathbb{Z}$ en $S = \mathbb{Z} - 5\mathbb{Z}$, R est semi-parfait alors que $R^G \simeq A[i]$ ne l'est pas : c'est un anneau intègre non local.

3) On n'a pas nécessairement :

$$R^G \text{ semi-parfait} \Rightarrow R \text{ semi-parfait},$$

même si $|G|^{-1} \in R$: dans l'exemple 1.10., on prend pour A le même anneau que précédemment.

Pour terminer ce paragraphe signalons un résultat dû à C. Jensen et S. Jøndrup :

Proposition 4.11. (13) Si R est commutatif artinien, et si c'est un R^G-module plat, R^G est artinien.

On a également l'analogue de la prop. 4.3. lorsqu'on remplace la condition noethérienne par la condition artinienne.

§.5. SOCLE ET IDEAUX SINGULIERS

J. Fischer et J. Osterburg (10) ont posé la question de savoir si lorsque R est semi-premier sans $|G|$-torsion la trace sur R^G du socle droit de R noté soc R (resp. $Z(R)$) est égale à soc R^G (resp. à $Z(R^G)$). La réponse est affirmative.

Théorème 5.1. (7) Soient R un anneau semi-premier, G un groupe fini d'automorphismes de R tel que R soit sans $|G|$-torsion, on a :

(a) $\text{soc } R \cap R^G = \text{soc } R^G$

(b) $Z(R) \cap R^G = Z(R^G)$.

La démonstration découlera du lemme suivant :

Lemme 5.2. Si R est semi-premier sans $|G|$-torsion ; pour tout idéal à droite $I < R^G$, il existe un idéal à droite $J < R$ tel que $J \cap R^G$ soit inclus dans I.

Soit K un idéal à droite complément de IR dans R ; on pose $J = IR \oplus K$, et on considère $x \in J \cap R^G$. On a

$$x = \sum_{i=1}^{n} x_i \alpha_i + k, \quad x_i \in I, \quad \alpha_i \in R, \quad k \in K, \quad \text{d'où}$$

$$|G|x = \text{tr } x = \sum_{i=1}^{n} x_i \ \text{tr}\alpha_i + \text{tr } k.$$

Si $\text{tr } k \neq 0$, il existe $\alpha \in R^G/0$ tel que $(\text{tr } k)\alpha \in I/0$; on a alors $|G|x\alpha \in I$, d'où $|G|k\alpha = 0$. Ceci entraîne $k\alpha = 0$, soit la contradiction $(\text{tr } k)\alpha = 0$. Par suite $\text{tr } k = 0$ et $|G|x \in I$. On a donc

$$|G|(J \cap R^G) \subset I \qquad \text{soit} \quad |G|J \cap R^G \subset I.$$

d'où le résultat puisque $|G|J < R$.

Revenons à la démonstration du th. 5.1. : on montre facilement les inclusions $\text{soc } R^G \subset \text{soc } R \cap R^G$, $Z(R^G) \supset Z(R) \cap R^G$

(a) Soit $x \in \text{soc } R \cap R^G$; on va montrer que $x \in \text{soc } R^G$ en prouvant qu'il appartient à tout idéal à droite $I < R^G$. D'après le lemme 5.2., il existe un idéal à droite $J < R$ tel que $J \cap R^G \subset I$. On a

$$x \in \text{soc } R \Rightarrow x \in J \Rightarrow x \in I.$$

(b) Soit $x \in Z(R^G)$. Comme $r(x) < R^G$, il existe un idéal à droite $J < R$ qu'on peut supposer G-invariant tel que $J \cap R^G \subset r(x)$. On a les relations $\alpha \in J$, $x\alpha \in J \cap R^G \Rightarrow |G|x\alpha = \text{tr}(x\alpha) = x(\text{tr } \alpha) = 0$ puisque $\text{tr}\alpha \in J \cap R^G$, et $x\alpha = 0$. Par suite $xJ \cap R^G = 0$ et comme xJ est G-invariant, ceci entraîne $xJ = 0$ d'où $x \in Z(R)$.

Remarque : M. Lorenz (17) a établi l'égalité $\text{Soc } R^G = \text{Soc } R \cap R^G$ lorsque $|G|^{-1} \in R$. Signalons que l'article de M. Lorenz comporte une étude détaillée des idéaux primitifs, l'un des résultats les plus importants étant "Si $|G|^{-1} \in R$ et si tout idéal primitif de R est maximal tout idéal primitif de R^G est maximal".

§.6. SUR LES IDEMPOTENTS

Rappelons qu'un anneau R est <u>héréditaire</u> (resp. <u>semi-héréditaire</u>) à droite si tout idéal à droite (resp. de type fini) est projectif ; R est un anneau de <u>Rickart à droite</u>, si tout idéal à droite monogène est projectif ; R est un anneau de Baer si l'annulateur à droite (ou à gauche, c'est équivalent) de tout sous-ensemble est engendré par un idempotent.

On introduit de façon naturelle les notions d'anneau héréditaire, semi-héréditaire, de Rickart.

Dans l'exemple 1.9.a) prenons $A = \mathbb{Z}$; $R = M_2(\mathbb{Z})$ est alors héréditaire, et c'est de plus un anneau de Baer. Cependant on constate aisèment que R^G n'est un anneau de Rickart ni à droite ni à gauche. Ici cependant R est sans $|G|$-torsion et l'on voit donc la nécessité d'imposer des hypothèses très fortes, pour établir le transfert de R à R^G de propriétés relatives aux idempotents et aux projectifs.

<u>Théorème 6.1.</u> (7) <u>Soient R un anneau, G un groupe fini d'automorphismes de R. On suppose que R est un anneau de Rickart à gauche (resp. de Baer) alors R^G est un anneau de Rickart à gauche (resp. de Baer) dans chacun des cas suivants :</u>

a) <u>$|G|$ est inversible dans R.</u>

b) <u>R^G est central.</u>

c) <u>R est réduit.</u>

On pourra consulter (14) pour le cas commutatif.

<u>Remarque</u> : L'exemple 1.11. dû à G. Renault montre que la réciproque est fausse : R est commutatif réduit, $|G|^{-1} \in R$, R n'est ni de Baer ni de Rickart, alors que R^G vérifie ces deux hypothèses.

<u>Théorème 6.2.</u> (3,7) <u>Soient R un anneau, G un groupe fini d'automorphismes de R. On suppose que R est un anneau semi-héréditaire (resp. héréditaire) à gauche, alors R^G est semi-héréditaire (resp. héréditaire) à gauche dans chacun des cas suivants :</u>

a) <u>$|G|$ est inversible dans R.</u>

b) <u>R est commutatif.</u>

L'exemple 1.12 dû à G. Renault montre que la réciproque est fausse en général : dans cet exemple R^G est héréditaire, alors que R commutatif intègre n'est pas intégralement clos, et n'est donc pas héréditaire ; on a $|G|^{-1} \in R$.

BIBLIOGRAPHIE

1. G. Azumaya, "New Foundations of the theory of simple rings", Proc. of the Japan Academy, 22 (1946), 325-332.

2. G.M. Bergman et I.M. Isaacs, "Rings with fixed-point-free group actions", Proc. London Math. Soc., 27 (1973), 69-87.

3. G.M. Bergman, "Hereditary commutative rings and centres of hereditary rings", Proc. London Math. Soc., 23 (1971), 214-236.

4. N. Bourbaki, Algèbre, ch. V. Hermann.

5. J.W. Brewer et E.A. Rutter, "Must R be noetherian if R^G is noetherian", Communications in Algebra, 5 (1977), 969-979.

6. A. Cailleau et G. Renault, "Sur l'enveloppe injective des anneau semi-premiers à idéal singulier nul", J. of Algebra, 45 (1970), 133-141.

7. R. Diop, Thèse de 3ème cycle, Poitiers, 1978.

8. D.R. Farkas et R.L. Snider, "Noetherian fixed rings", Pacific J. of Math., 69 (1977), 347-353.

9. J.W. Fischer et J. Osterburg, "Semi-prime ideals in rings with finite group actions", J. of Algebra, 50 (1978), 488-502.

10. J.W. Fischer et J. Osterburg, "Some results on rings with finite group actions", Lecture Notes in Mathematics, 25 (1976), Marcel Dekker.

11. E. Formanek, "Noetherian P.I. rings", Communication in Algebra, 1 (1974) 79-86.

12. D. Handelman, J. Lawrence, W. Schelter, "Skew Group Rings", à paraître.

13. C.U. Jensen et S. Jøndrup, "Centres and fixed-point rings of artinian rings", Math. Z., 130 (1973), 189-197.

14. S. Jøndrup, "Groups acting on rings", J. London Math. Soc., 8 (1974),483-486.

15. V.K. Kharchenko, "Galois extensions and quotient rings", Algebra and Logic, Nov. 1975, 265-281.

16. V.K. Kharchenko, "Generalized identities with automorphism", Algebra and Logic, Mars 1976, 132-148.

17. M. Lorenz, "Primitive ideals in crossed products and rings with finite group actions", à paraître.

18. W.S. Martindale, "Fixed rings of automorphisms and the Jacobson radical". J. London Math. Soc., 17 (1978), 42-46.

19. W.S. Martingale et S. Montgomery, "Fixed elements of Jordan automorphisms of associative rings", Pacific J. of Math., 72 (1977), 181-196.

20. S. Montgomery, "The Jacobson radical and fixed ring of automorphisms", Communications in Algebra, 4 (1976), 459-465.

21. B.L. Osofsky, "A generalisation of quasi-Frobenius rings", of Algebra, 4 (1966), 373-387.

22. J. Osterburg, "Fixed rings of simple rings", à paraître (Comm. in Algebra)

23. K. Nagarayan, "Group acting on noetherian rings", Neuw Archief voor Wiskunde, 16 (1968), 25-29.

24. C. Procesi et L.W. Small, "Endomorphism rings of modules over P.I. Algebras", Math. Z., 106 (1968), 178-180.

25. L. Rowen, "Some results on the center of a ring with polynomial identity", Bull. Amer. Math. Soc., 79 (1973), 219-223.

Notes :

1) Dans un travail récent (Group actions on Q.F. rings, à paraître) J.L. Pascaud et J. Valette ont apporté une réponse négative à la question posée page 7 :

$$R \text{ quasi-frobeniusien, } |G|^{-1} \in R \Rightarrow R^G \text{ quasi-frobeniusien ?}$$

2) J. Osterburg nous a signalé que C.L. Chuang et P.H. Lee (Chinese J. of Math., 5 (1977), 15-19) avaient donné l'exemple d'un anneau noethérien R pour lequel il existe un groupe fini d'automorphismes G tel que R soit sans $|G|$-torsion et tel que R^G ne soit pas noethérien. Ceci répond négativement à une question posée page 10.

Manuscrit remis le 30 janvier 1978,
sous forme complétée le 3 juin 1978.

A. PAGE
Université de Poitiers
Faculté des Sciences
Mathématiques
40, Avenue du Recteur Pineau
86022 POITIERS

Théorème d'induction de Brauer et application au calcul des caractères modulaires

Huguette RUMEUR

Le but de cet exposé est de généraliser, sous des hypothèses convenables, un théorème d'Atiyah [1] concernant les caractères complexes des groupes finis. Le résultat fera intervenir des matrices de Cartan. Un calcul explicite dans le cas d'un produit direct de groupes élémentaires termine l'exposé.

A. Groupe de Grothendieck d'une catégorie additive de modules.

§.I. Introduction et notations :

Soit G un groupe fini, A un anneau commutatif unitaire. Soit $\mathcal{C}$ l'une des catégories suivantes :

- la catégorie des AG-modules de type fini
- la catégorie des AG-modules de type fini qui sont A-projectifs.
- la catégorie des AG-modules projectifs de type fini.

Le groupe de Grothendieck associé à $\mathcal{C}$ l'est de la manière suivante. Soit P l'ensemble des classes d'isomorphisme $\overline{M}$ des objets de $\mathcal{C}$ muni de l'addition définie par $\overline{M} + \overline{M'} = \overline{M \oplus M'}$. On obtient ainsi un semi-groupe commutatif qu'on plonge dans un groupe commutatif $\mathcal{L}_{\mathcal{C}}$. Soit $(\mathcal{S}\mathcal{E})_{\mathcal{C}}$ le sous groupe engendré par les éléments de

$\{\overline{M}-\overline{M'}-\overline{M''}$; $M,M',M''\in\mathcal{C}$ $, 0 \longrightarrow \overline{M'} \longrightarrow \overline{M} \longrightarrow \overline{M''} \longrightarrow 0$ suite exacte$\}$. Alors $\mathcal{L}_{\mathcal{C}}/(\mathcal{S}\mathcal{E})_{\mathcal{C}}$ est le groupe de Grothendieck associé à $\mathcal{C}$. La classe dans le groupe de Grothendieck de $\mathcal{C}$ d'un élément M de $\mathcal{C}$ sera notée [M] . Les groupes de Grothendieck associés aux trois catégories précédentes seront notés respectivement K(G,A), KP(G,A) et P(G,A).

Il est immédiat que P(G,A) est isomorphe au groupe additif engendré par les classes d'isomorphisme $\overline{P}$ des AG-modules projectifs de type fini.

On identifiera ces deux groupes. Tout élément de $P(G,A)$ sera donc de la forme $\bar{P}-\bar{Q}$ où P et Q sont des AG-modules projectifs de type fini.

<u>Définition</u> : Soit $C_G : P(G,A) \longrightarrow K(G,A)$

$$\bar{P}-\bar{Q} \longmapsto [P] - [Q].$$

Cet homomorphisme est appelé <u>homomorphisme de Cartan</u> associé à G. Sa matrice par rapport à des bases de $P(G,A)$ et $K(G,A)$ s'appelle la <u>matrice de Cartan</u> associée à ces bases.

Rappelons (cf.[5])

<u>Lemme 1</u> : <u>Si</u> A <u>est un anneau commutatif unitaire noethérien de dimension homologique globale finie et</u> G <u>un groupe fini, pour tout</u> AG-<u>module de type fini</u> M, <u>il existe un entier</u> n <u>et une suite exacte</u>

$$0 \longrightarrow L_n \xrightarrow{\lambda_n} L_{n-1} \xrightarrow{\lambda_{n-1}} \cdots \longrightarrow L_0 \xrightarrow{\lambda_0} M \longrightarrow 0$$

<u>où les</u> L_i <u>sont des</u> AG-<u>modules dont les A-modules sous jacents sont projectifs de type fini</u> (<u>pour</u> $0 \leq i \leq n$).

On trouve le résultat suivant dans Bass, Heller et Swan [2] :

<u>Lemme 2</u> : <u>Si</u> $\mathcal{A}$ <u>est une catégorie abélienne, si</u> $\mathcal{N} \subset \mathcal{M}$ <u>sont des sous catégories pleines de</u> $\mathcal{A}$ <u>satisfaisant aux conditions suivantes</u> :

a) $\mathcal{M}$ <u>et</u> $\mathcal{N}$ <u>sont fermées pour les sommes directes finies</u>.

b) <u>Si</u> $0 \longrightarrow M' \longrightarrow M \longrightarrow M'' \longrightarrow 0$ <u>est une suite exacte dans</u> $\mathcal{A}$ <u>et si</u> $M, M'' \in \mathcal{M}$ <u>alors</u> $M' \in \mathcal{M}$.

c) <u>Si</u> M <u>est un objet de</u> $\mathcal{M}$, <u>il existe une suite exacte</u>

$$0 \longrightarrow N_\lambda \longrightarrow \cdots \longrightarrow N_0 \longrightarrow M \longrightarrow 0 \quad \text{où les } N_i \in \mathcal{N}.$$

<u>Alors l'inclusion</u> $\mathcal{N} \subset \mathcal{M}$ <u>induit un isomorphisme du groupe de Grothendieck associé à</u> $\mathcal{N}$ <u>sur le groupe de Grothendieck associé à</u> $\mathcal{M}$.

D'où la proposition :

<u>Proposition 1</u> : <u>Si</u> A <u>est un anneau de Dedekind, l'homomorphisme canonique</u>

$$j : KP(G,A) \longrightarrow K(G,A) \quad \text{est un isomorphisme}$$

$$[M] - [N] \longmapsto [M] - [N]$$

<u>Proposition 2</u> : <u>Soit</u> G <u>un groupe fini et</u> Λ <u>un anneau de Dedekind. Il existe une structure d'anneau commutatif unitaire sur</u> $KP(G,\Lambda)$ <u>et une seule telle que, quelque soit</u> $[M] \in KP(G,\Lambda)$, $[N] \in KP(G,\Lambda)$, <u>on a</u> : $[M][N] = [M \otimes_\Lambda N]$. <u>Si</u> Λ <u>est le</u> ΛG-<u>module trivial</u>, $[\Lambda]$ <u>est élément neutre dans</u> $KP(G,\Lambda)$. <u>Soit</u> j <u>l'</u>

isomorphisme canonique de $KP(G,\Lambda)$ sur $K(G,\Lambda)$. On définit une structure d'anneau commutatif unitaire sur $K(G,\Lambda)$ en posant $x.y = j(j^{-1}(x).j^{-1}(y))$, pour $x,y \in K(G,\Lambda)$

Proposition 3 : Soient G un groupe fini, Λ un anneau de Dedekind et A une Λ-algèbre commutative unitaire. On définit une structure de $K(G,\Lambda)$-module sur $K(G,A)$ (resp. sur $KP(G,A)$, resp. sur $P(G,A)$) en posant $[M][N] = [M \otimes_\Lambda N]$ lorsque M est un ΛG-module de type fini Λ-projectif et N un AG-module de type fini (resp. N un AG-module de type fini A-projectif, resp. un AG-module projectif de type fini).

Si M,G et G' sont des groupes tels que $H \subset G \subset G'$, on notera les différentes applications d'inductions et de restrictions par :

$$\mathrm{Res}_H^G : K(G,A) \longrightarrow K(H,A) \quad ; \quad \mathrm{Ind}_H^G : K(H,A) \longrightarrow K(G,A)$$
$$[M]-[N] \longmapsto [M_{|H}]-[N_{|H}] \qquad [M]-[N] \longmapsto [\mathrm{Ind}_H^G M] - [\mathrm{Ind}_H^G N]$$

$$\mathrm{pRes}_H^G : KP(G,A) \longrightarrow KP(H,A) \quad ; \quad \mathrm{pInd}_H^G : KP(H,A) \longrightarrow KP(G,A)$$
$$[M]-[N] \longmapsto [M_{|H}]-[N_{|H}] \qquad [M]-[N] \longmapsto [\mathrm{Ind}_H^G M] - [\mathrm{Ind}_H^G N]$$

$$\mathrm{PRes}_H^G : P(G,A) \longrightarrow P(H,A) \quad ; \quad \mathrm{PInd}_H^G : P(H,A) \longrightarrow P(G,A)$$
$$\bar{P}-\bar{Q} \longmapsto \overline{P_{|H}}-\overline{Q_{|H}} \qquad [M]-[N] \longmapsto [\mathrm{Ind}_H^G M] - [\mathrm{Ind}_H^G N].$$

Proposition 4 : Soient G un groupe fini, H un sous groupe de G, Λ un anneau de Dedekind et A une Λ-algèbre commutative unitaire. Considérons $K(G,A)$ et $P(G,A)$ munis des structures de $K(G,\Lambda)$-modules définies dans la prpposition 3, alors :

(i) pour tout $a \in K(G,\Lambda)$ on a :

$$\mathrm{Res}_H^G(a.x) = (\mathrm{Res}_H^G a)(\mathrm{Res}_H^G x) \quad \text{si} \quad x \in K(G,A)$$
$$\mathrm{pRes}_H^G(a.y) = (\mathrm{Res}_H^G a)(\mathrm{pRes}_H^G y) \quad \text{si} \quad y \in P(G,A)$$
$$\mathrm{PRes}_H^G(a.z) = (\mathrm{Res}_H^G a)(\mathrm{PRes}_H^G z) \quad \text{si} \quad z \in P(G,A)$$

(ii) pour tout $b \in K(H,\Lambda)$ on a :

$$\mathrm{Ind}_H^G(b.\mathrm{Res}_H^G x) = (\mathrm{Ind}_H^G b).x \quad \text{si} \quad x \in K(G,A)$$
$$\mathrm{pInd}_H^G(b.\mathrm{pRes}_H^G y) = (\mathrm{Ind}_H^G b).y \quad \text{si} \quad y \in KP(G,A)$$
$$\mathrm{PInd}_H^G(b.\mathrm{PRes}_H^G z) = (\mathrm{Ind}_H^G b).z \quad \text{si} \quad z \in P(G,A)$$

§.2. Groupe de Grothendieck et théorème de Brauer :

Définition : On dit que H est un groupe élémentaire s'il existe un nombre premier p, un groupe cyclique p-régulier C et un p-groupe P tel que $H = C \times P$. On dit que H est un groupe hyperélémentaire s'il existe un nombre premier p et un sous groupe cyclique p-régulier C tel que G/C soit un p-groupe. (alors $G = C.P$ où P est un p-groupe).

Le théorème de Brauer a été énoncé dans Swan [7] sous la forme suivante :

Proposition 1 : Soient G un groupe fini d'exposant m ; E l'ensemble des sous groupes élémentaires de G, $\mathcal{H}$ l'ensemble des sous-groupes hyperélémentaires de G.

(i) Si Λ est un anneau commutatif unitaire, la suite

$$\bigoplus_{H\in\mathcal{H}} K(H,\Lambda) \xrightarrow{\bigoplus_{H\in\mathcal{H}} \mathrm{Ind}_H^G} K(G,\Lambda) \longrightarrow 0 \quad \text{est exacte}$$

(ii) Si Λ est un anneau commutatif unitaire contenant les racines de l'unité d'ordre m, la suite

$$\bigoplus_{H\in E} K(H,\Lambda) \xrightarrow{\bigoplus_{H\in E} \mathrm{Ind}_H^G} K(G,\Lambda) \longrightarrow 0 \quad \text{est exacte.}$$

La structure de $K(G,\Lambda)$-module de $K(G,A)$, $KP(G,A)$ et $P(G,A)$ permet d'énoncer le théorème de Swan en utilisant des restrictions de modules :

Théorème 1 : Si Λ est un anneau de Dedekind, A une Λ algèbre commutative unitaire et si l'une des deux conditions suivantes est réalisée :

(i) $X = \mathcal{H}$ ou

(ii) $X = E$ et Λ contient les racines de l'unité d'ordre m où m est l'exposant de G alors :

1) l'application :

$$K(G,A) \xrightarrow{\bigoplus_{H\in X} \mathrm{Res}_H^G} \bigoplus_{H\in X} K(H,A) \quad \text{est une injection directe}$$

c'est-à-dire qu'il existe $\psi : \bigoplus_{H\in X} K(H,A) \longrightarrow K(G,A)$ telle que

$$\psi \circ (\bigoplus_{H\in X} \mathrm{Res}_H^G) = \mathrm{id}_{K(G,A)} .$$

2) les applications :

$$KP(G,A) \xrightarrow[\underset{H\in X}{\oplus} pRes_H^G]{} \underset{H\in X}{\oplus} KP(G,A)$$

$$P(G,A) \xrightarrow[\underset{H\in X}{\oplus} PRes_H^G]{} \underset{H\in X}{\oplus} P(H,A)$$

sont des injectives directes.

Démonstration : Si Λ désigne le ΛG-module trivial, il existe d'après la proposition 1, $\sum_{H\in X} u_H$ dans $\sum_{H\in X} K(H,\Lambda)$ tel que $[\Lambda] = \sum_{H\in X} Ind_H^G(u_H)$.

Considérons $K(G,A)$ munie de la structure de $K(G,\Lambda)$ module définie précédemment. Si $v \in K(G,A)$, $v = [\Lambda].v = \sum_{H\in X} (Ind_H^G u_H) v = \sum_{H\in X} Ind_H^G(u_H . Res_H^G v)$ d'après la proposition 4. du §.1.

Soit $\Psi : \underset{H\in X}{\oplus} K(H,A) \longrightarrow K(G,A)$

$$\sum_{H\in X} v_H \longrightarrow \sum_{H\in X} Ind_H^G(u_H . v_H)$$

alors $v = \Psi(\sum_{H\in X} Res_H^G(v)) = (\Psi \circ \sum_{H\in X} Res_H^G)(v)$

$$\Psi \circ \sum_{H\in X} Res_H^G = id_{K(G,A)} ,$$

ce qui prouve que $\underset{H\in X}{\oplus} Res_H^G$ est une injection directe. Les deux autres propriétés se démontrent de la même manière.

Dans le cas des caractères complexes Atiyah [1] a déterminé les familles de $\mathbb{C}H$ caractères qui proviennent par restriction de $\mathbb{C}G$ caractères. Ce résultat peut être généralisé.

Théorème 2 : Soit G un groupe fini d'exposant m, Λ un anneau de Dedekind, A une Λ algèbre commutative unitaire. Le diagramme suivant $(\mathcal{D})$ est commutatif. Si l'on suppose de plus qu'on est dans l'un des cas suivants :

(i) $X = \mathcal{H}$

(ii) $X = E$ et Λ contient les racines de l'unité d'ordre m ; alors les lignes de $(\mathcal{D})$ sont des suites exactes

$$(\mathcal{D})\qquad \begin{array}{ccccccc}
0 \longrightarrow & P(G,A) & \xrightarrow{\bigoplus_{H\in X} PRes^G_H} & \bigoplus_{H\in X} P(H,A) & \xrightarrow{PA^X} & \bigoplus_{(H,H')\in X\times X} P(H\cap H',A) \oplus \bigoplus_{H\in X}\bigoplus_{\sigma\in AI} P(\sigma(H),A) \\
 & \downarrow C_G & & \downarrow \bigoplus_{H\in X} C_H & & \downarrow \bigoplus_{(H,H')\in X\times X} C_{H\cap H'} \oplus \bigoplus_{H\in X}\bigoplus_{\sigma\in AI} C_{\sigma(H)} \\
0 \longrightarrow & K(G,A) & \xrightarrow[\bigoplus_{H\in X} Res^G_H]{} & \bigoplus_{H\in X} K(H,A) & \xrightarrow[A^X]{} & \bigoplus_{(H,H')\in X\times X} K(H\cap H',A) \oplus \bigoplus_{H\in X}\bigoplus_{\sigma\in AI} K(\sigma(H),A)
\end{array}$$

où AI désigne les automorphismes intérieurs de G. Si $g\in G$ et $\sigma_g : G \to G$, $\sigma_g(a) = aga^{-1}$, on pose $\sigma_g^*([M] - [N]) = [g \otimes M] - [g \otimes N]$

Les applications PA^X et A^X sont définies par :

si $\sum_{H\in X} u_H \in \bigoplus_{H\in X} P(H,A)$:

$$PA^X(\sum_{H\in X} u_H) = \sum_{(H,H')\in X\times X} PRes^H_{H\cap H'}(u_H) - PRes^{H'}_{H\cap H'}(u_{H'}) + \sum_{H\in X}\sum_{\sigma\in AI} \sigma^*(u_H) - u_{\sigma(H)}$$

si $\sum_{H\in X} u_H \in \bigoplus_{H\in X} K(H,A)$:

$$A^X(\sum_{H\in X} u_H) = \sum_{(H,H')\in X\times X} Res^H_{H\cap H'}(u_H) - Res^{H'}_{H\cap H'}(u_{H'}) + \sum_{H\in X}\sum_{\sigma\in AI} \sigma^*(u_H) - u_{\sigma(H)}$$

Démonstration : On a déjà vu que $\bigoplus_{H\in X} Res^G_H$ est une injection directe. Déterminons son image. La composante de $A^X(\sum_{H\in X} v_H)$ sur $K(H\cap H',A)$ est $Res^H_{H\cap H'}(v_H) - Res^{H'}_{H\cap H'}(v_{H'})$. Sa composante sur $K(\sigma(H),A)$ est $\sigma^*(v_H) - v_{(\sigma(H))}$.
Pour que $\sum_{H\in X} v_H \in Ker\, A^X$ il faut et il suffit que
$Res^H_{H\cap H'}(v_H) = Res^{H'}_{H\cap H'}(v_{H'})$ et $v_{\sigma(H)} = \sigma^*(v_{(H)})$ pour tout élément de X et pour tout automorphisme intérieur σ de G.
On en déduit immédiatement que $Im(\bigoplus_{H\in X} Res^G_H) \subset Ker\, A^X$. Pour montrer l'inclusion inverse on utilisera le théorème de Mackey (cf Curtis-Reiner [3]):

Théorème : Soient G un groupe fini, H et H' deux sous groupes de G, A un anneau commutatif unitaire. Si $G = \bigcup_{i=1}^{n} H'a_iH$ est une décomposition de G en $(H'-H)$- classes doubles et si M est un AH-modules alors :

$$Res^G_{H'}\, Ind^G_H(M) \simeq \bigoplus_{i=1}^{n} Ind^{H'}_{\sigma_{a_i}(H)\cap H'}\; Res^{\sigma_{a_i}(H)}_{\sigma_{a_i}(H)\cap H'} \cdot (\sigma^*_{a_i}(M))$$

Reprenons la démonstration du théorème 2 :

Soit $\sum_{H\in X} v_H \in \bigoplus_{H\in X} K(H,A)$; montrons qu'il appartient à $\mathrm{Im}(\bigoplus_{H\in X} \mathrm{Res}_H^G)$ donc qu'il existe v dans K(G,A) tel que $\sum_{H\in X} v_H = \sum_{H\in X} \mathrm{Res}_H^G v$.

Reprenons les notations de la démonstration de la proposition 1 : on a alors

$$\psi(\sum_{H\in X} v_H) = \psi(\sum_{H\in X} \mathrm{Res}_H^G v) \quad \text{donc} \quad v = \psi(\sum_{H\in X} v_H)$$

et $\sum_{H\in X} \mathrm{Res}_H^G v = \sum_{H\in X} \mathrm{Res}_H^G (\sum_{H'\in X} \mathrm{Ind}_{H'}^G\, u_{H'}.v_{H'}))$ avec

$[\wedge] = \sum_{H\in X} \mathrm{Ind}_H^G (u_H)$. Il suffit donc de montrer que

$\sum_{H\in X} v_H = \sum_{H\in X} \mathrm{Res}_H^G (\sum_{H'\in X} \mathrm{Ind}_{H'}^G\, u_{H'}. v_{H'})$. Si $\{a_1,\dots,a_n\}$ est un ensemble de représentants des (H-H') - classes doubles de G , on a d'après le théorème de Mackey , si $\sigma_i(g) = a_i g a_i^{-1}$:

$$(1)\quad \mathrm{Res}_H^G \mathrm{Ind}_{H'}^G (u_{H'} v_{H'}) = \sum_{i=1}^n \mathrm{Ind}^H_{a_iH'a_i^{-1}\cap H} \mathrm{Res}^{a_iH'a_i^{-1}}_{a_iH'a_i^{-1}\cap H} \sigma_i^*(u_{H'}.v_{H'})$$

$$\mathrm{Res}^{a_iH'a_i^{-1}}_{a_iH'a_i^{-1}\cap H} \sigma_i^*(u_{H'} v_{H'}) = \mathrm{Res}^{a_iH'a_i^{-1}}_{a_iH'a_i^{-1}\cap H} \sigma_i^*(u_{H'})\, \mathrm{Res}^{a_iH'a_i^{-1}}_{a_iH'a_i^{-1}\cap H} \sigma_i^*(v_{H'})$$

Si $a\in G$ posons $\sigma = \sigma_a$; alors :

$\mathrm{Res}^{aHa^{-1}}_{aH'a^{-1}\cap H} \sigma(v_{H'}) = \mathrm{Res}^{aH'a^{-1}}_{aH'a^{-1}\cap H} v_{aH'a^{-1}}$, car $\sum_{H\in X} v_H \in \mathrm{Ker}\, A^X$

$\mathrm{Res}^{aH'a^{-1}}_{aH'a^{-1}\cap H} v_{aH'a^{-1}} = \mathrm{Res}^{H}_{aH'a^{-1}\cap H} v_H$ car $\sum_{H\in X} v_H \in \mathrm{Ker}\, A^X$

donc $\mathrm{Res}^{aH'a^{-1}}_{aH'a^{-1}\cap H} \sigma(v_{H'}) = \mathrm{Res}^{H}_{aH'a^{-1}\cap H} v_H$.

Revenons à l'égalité (1)

$$\begin{aligned}\mathrm{Res}_H^G \mathrm{Ind}_{H'}^G (u_{H'} v_{H'}) &= \sum_{i=1}^n \mathrm{Ind}^H_{a_iH'a_i^{-1}\cap H} (\mathrm{Res}^{a_iH'a_i^{-1}}_{a_iH'a_i^{-1}\cap H} \sigma_i^*(u_{H'}) \mathrm{Res}^H_{a_iH'a_i^{-1}\cap H} v_H) \\ &= \sum_{i=1}^n (\mathrm{Ind}^H_{a_iH'a_i^{-1}\cap H} \mathrm{Res}^{a_iH'a_i^{-1}}_{a_iH'a_i^{-1}\cap H} \sigma_i^*(u_{H'}))\, v_H \\ &= (\mathrm{Res}_H^G \mathrm{Ind}_{H'}^G\, u_{H'})\, v_H\end{aligned}$$

donc $\sum_{H\in X} \sum_{H'\in X} \mathrm{Res}_H^G \mathrm{Ind}_{H'}^G\, u_{H'}\, v_{H'} = \sum_{H\in X} \sum_{H'\in X} (\mathrm{Res}_H^G \mathrm{Ind}_{H'}^G\, u_{H'})\, v_H$

$$= \sum_{H \in X} (\mathrm{Res}_H^G (\sum_{H' \in X} \mathrm{Ind}_{H'}^G\, u_{H'}))\, v_H = \sum_{H \in X} (\mathrm{Res}_H^G [\Lambda])\, v_H = \sum_{H \in X} v_H$$

on a donc

$$\sum_{H \in X} \sum_{H' \in X} \mathrm{Res}_H^G\ \mathrm{Ind}_{H'}^G\, u_{H'}\, v_{H'} = \sum_{H \in X} v_H$$ ce qui prouve que

$\mathrm{Ker}\, A^X \subset \mathrm{Im}(\bigoplus_{H \in X} \mathrm{Res}_H^G)$. En utilisant la structure de $K(G,\Lambda)$-module de $P(G,A)$ on montre de même que :

$$\mathrm{Im}(\bigoplus_{H \in X} \mathrm{PRes}_H^G) = \mathrm{Ker}(PA^X)$$

§.3. Cas particulier où A est un corps :

Dans toute la suite on gardera les notations suivantes. Soit G un groupe fini d'exposant m. Soit K un corps de nombres algébriques contenant les racines de l'unité d'ordre m, soit R l'anneau des entiers algébriques de K, P un idéal premier, p l'unique nombre premier appartenant à P, ν_P la valuation "additive" associée à P, $R_P = \{\alpha \in K \; ; \nu_P(\alpha) \geq 0\}$. Il existe un unique idéal maximal dans R_P, il est de la forme πR_P et $R_P/\pi R_P \simeq R/P \simeq k$, corps fini de caractéristique p.

Théorème : Il existe un unique homomorphisme de groupe d_G qui fait commuter le diagramme suivant :

$$\begin{array}{ccc} K(G,R_P) & \xrightarrow{\ r\ } & K(G,K) \\ {\scriptstyle s}\downarrow & \swarrow {\scriptstyle d_G} & \\ K(G,k) & & \end{array}$$

avec $r[M] = [K \otimes_{R_P} M]$

$s[M] = [k \otimes_{R_P} M]$

On notera $k \otimes_{R_P} M$ par $\bar{\bar{M}}$.

Définition : L'homomorphisme d_G précédent est appelé homomorphisme de décomposition. Sa matrice par rapport à une base de $K(G,K)$ et une base de $K(G,k)$ est appelée matrice de décomposition par rapport à ces bases.

Théorème : Le diagramme suivant est commutatif et les suites sont exactes.

$$\begin{array}{ccccc}
0 \longrightarrow K(G,K) & \xrightarrow{\bigoplus_{H\in E}(\mathrm{Res}^G_H)_K} & \bigoplus_{H\in E} K(H,K) & \xrightarrow{(A^X)_K} & \bigoplus_{(H,H')\in E\times E} K(H\cap H',K) \oplus \bigoplus_{H\in E}\bigoplus_{\sigma\in AI} K(\sigma(H),K) \\
\Big\downarrow d_G & & \Big\downarrow \bigoplus_{H\in E} d_H & & \Big\downarrow \bigoplus_{(H,H')\in E\times E} d_{H\cap H'} \oplus \bigoplus_{H\in E}\bigoplus_{\sigma\in AI} d_{\sigma(H)} \\
0 \longrightarrow K(G,k) & \xrightarrow[\bigoplus_{H\in E}(\mathrm{Res}^G_H)_k]{} & \bigoplus_{H\in E} K(H,k) & \xrightarrow[(A^X)_k]{} & \bigoplus_{(H,H')\in E\times E} K(H\cap H',k) \oplus \bigoplus_{H\in E}\bigoplus_{\sigma\in AI} K(\sigma(H),k)
\end{array}$$

Les injections considérées étant des injections directes, si on connait les restrictions aux sous-groupes élémentaires H de G d'un KG-module, on peut, du moins théoriquement, reconstituer ce module. Dans la partie suivante on va donc s'intéresser aux kH-modules quand H est un sous-groupe élémentaire de G.

B. kH-modules dans le cas où H est un sous-groupe élémentaire de G.

On remarque que tout groupe élémentaire est de la forme $H = S \times P$ où S est un groupe p-régulier et P un p-groupe.

§.I. Cas où la caractéristique de k ne divise pas l'ordre de H :

Si H est un ensemble fini, $|H|$ désignera le nombre d'éléments de H. Rappelons (cf. [3].15.6).

Théorème 1 : Tout kH-module est complètement réductible et projectif. Les kH-modules projectifs indécomposables sont les kH-modules irréductibles ; $P(H,k) \simeq K(H,k)$. Il existe donc des bases de $P(H,k)$ et $K(H,k)$ dans lesquelles la matrice de Cartan est la matrice I_s où s est le nombre maximal de kH-modules irréductibles deux à deux non isomorphes

Théorème 2 : Le nombre maximal de KH-modules irréductibles deux à deux non isomorphes est égal à s ; si $\{Z_1,\ldots,Z_s\}$ (resp. $\{E_1,\ldots,E_s\}$) est un ensemble maximal de KH-modules (resp. de kH-modules) irréductibles deux à deux non isomorphes alors la restriction à $\{[Z_1],\ldots,[Z_s]\}$ de l'homomorphisme de décomposition est une bijection sur $\{[E_1],\ldots,[E_s]\}$.

La démonstration résulte immédiatement du théorème 1 et de Curtis-Reiner [3] (§ 83.9).

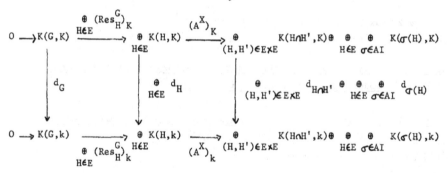

§.2. Cas où H est un p-groupe d'ordre p^e :

Rappelons (cf. [6] corollaire du théorème 14 et [8] §83.3):

Théorème 1 : Tout kH-module irréductible est isomorphe au module trivial k ; tout kH-module indécomposable est isomorphe à kH.

Théorème 2 : La matrice de Cartan est la matrice (p^e), l'homomorphisme de décomposition est tel que, si $[M] - [N] \in K(H,K)$ alors $d([M] - [N]) = (\dim M - \dim N)\,[k]$

§.3. Cas où $H = P \times S$, S p-régulier et P est un p-groupe.

Soient M un kS-module, N un kP module ; on notera $M \# N$ le $k(S \times P)$ module dont l'espace vectoriel sous jacent est $M \otimes_k N$ et tel que $xy(m \otimes n) = xm \otimes yn$ si $x \in S$, $y \in P$, $n \in M$ et $n \in N$.

Théorème 1 : Si M est un kS-module irréductible et N un kP-module irréductible, $M \# N$ est un $k(S \times P)$-module irréductible et tout $k(S \times P)$-module irréductible est de cette forme.

Démonstration : cf. [4] §(3.7)

Théorème 2 : Soit $\{U_1, \ldots, U_r\}$ un ensemble maximal de kP-modules irréductibles deux à deux non isomorphes, $\{\omega_1, \ldots, \omega_s\}$ un ensemble maximal kS-modules irréductibles deux à deux non isomorphes tels que $\omega_i \simeq K \otimes_{R_P} V_i$ alors par rapport aux bases :

$$\{[U_1 \# \omega_1], \ldots, [U_1 \# \omega_s], \ldots, [U_r \# \omega_1], \ldots [U_r \# \omega_s]\}$$ de $K(H,K)$,

$$\{[k \# \bar{V}_1], \ldots, [k \# \bar{V}_s]\}$$ de $K(H,k)$, la matrice de décomposition est la matrice

$$\left.\begin{pmatrix} \underbrace{\begin{matrix} \dim U_1 & & \\ & \dim U_1 & \\ & & \ddots \\ & & & \dim U_1 \end{matrix}}_{s} & \underbrace{\begin{matrix} \dim U_2 & & \\ & \dim U_2 & \\ & & \ddots \\ & & & \dim U_2 \end{matrix}}_{s} & \cdots & \underbrace{\begin{matrix} \dim U_r & & \\ & \dim U_r & \\ & & \ddots \\ & & & \dim U_r \end{matrix}}_{s} \end{pmatrix}\right\} s$$

Démonstration : Puisque K contient les racines d'ordre m, K est corps décomposant de P et de S. Tout KH-module irréductible est isomorphe à un module $V_i \# \omega_j$ avec $1 \leq i \leq r$, $1 \leq j \leq s$. Si $U_i \# \omega_j \simeq U_{i'} \# \omega_{j'}$ alors $\mathrm{Res}_P^{P \times S}(U_i \# \omega_j) \simeq \mathrm{Res}_P^{P \times S}(U_{i'} \# \omega_{j'})$ et $U_i \oplus \ldots \oplus {}_i \simeq U_{i'} \oplus \ldots \oplus U_{i'}$ comme KP-modules. On a donc:

$U_i \simeq U_{i'}$ donc $i = i'$. On montre de même que $j = j'$. Il en résulte que $\{U_1 \# \omega_1, U_1 \# \omega_2, \ldots, U_1 \# \omega_s, U_2 \# \omega_1, \ldots, U_2 \# \omega_s, \ldots, U_r \# \omega_1, \ldots, U_r \# \omega_s\}$ est un ensemble maximal de kH-modules irréductibles deux à deux non isomorphes. De même $\{k \# \bar{\bar{V}}_1, \ldots, k \# \bar{\bar{V}}_s\}$ est un ensemble maximal de kH-modules irréductibles deux à deux non isomorphes. On a :

$d[U_i \# \omega_j] = d[(K \otimes_{R_p} U_i') \# (K \otimes V_j)]$ si $U_i \simeq K \otimes_{R_p} U_i'$

$d[U_i \# \omega_j] = d[k \otimes_{R_p} (U_i' \# V_j)] = [k \otimes_{R_p} (U_i' \# V_j)] = [k \otimes_{R_p} U_i') \# (k \otimes_{R_p} V_j)] =$ $(\dim U_i)\,[k \# \bar{\bar{V}}_j]$. D'où $d[U_i \# \omega_j] = (\dim U_i)\,[k \# \bar{\bar{V}}_j]$ et ceci achève la démonstration.

<u>Théorème 3</u> : <u>Si</u> k <u>est un corps de caractéristique</u> p, <u>décomposant pour</u> S, <u>si</u> M <u>est un</u> kP-<u>module indécomposable et</u> N <u>un</u> kS-<u>module irréductible</u>, $M \# N$ <u>est un</u> $k(P \times S)$-<u>module indécomposable et tout</u> $k(P \times S)$-<u>module indécomposable est isomorphe à un module de ce type</u>.

<u>Démonstration</u> : Tout module indécomposable N est facteur direct d'un module produit $M \# U$ où M est un kP-module indécomposable et U un kS-module irréductible : en effet $N_{|P} \simeq M_1 \oplus \ldots \oplus M_r$ où les M_i sont des kP-modules indécomposables donc $(N_{|P})^H \simeq M_1^H \oplus \ldots \oplus M_r^H$. D'après [3] (63.8), N est facteur direct de $(N_{|P})^H$ et il existe des kP-modules indécomposables M_i $1 \leq i \leq r$ tels que N soit facteur direct de M_i^H donc de $M_i \# kS$. En décomposant kS en somme de kS-modules irréductibles et en utilisant le théorème de Krull on voit qu'il existe un kS-module irréductible U tel que N soit facteur direct de $M \# U$; $N_{|S} \simeq m_1 \otimes U \oplus \ldots \oplus m_r \otimes U$ où $\{m_1, \ldots, m_r\}$ est une base de M comme k espace vectoriel. $N_{|S}$ est donc un kS-module isotypique ; on en déduit, comme dans la démonstration du théorème 1 (cf. [4] (§.3.7)), que tout $k(P \times S)$-module indécomposable N est isomorphe à un module $\omega \# U$ où ω est un kP-module indécomposable et U un kS-module irréductible. Réciproquement si M est un kP-module indécomposable et U un kS-module irréductible, il existe des kP-modules indécomposables $M_1, \ldots, M_r$ et des kS-modules irréductibles $U_1, \ldots, U_r$ tels que $M \# U \simeq M_1 \# U_1 \oplus \ldots \oplus M_r \# U_r$. Donc $(M \# U)_{|P} \simeq (M_1 \# U_1)_{|P} \oplus \ldots \oplus (M_r \# U_r)_{|P}$ et $M \oplus \ldots \oplus M \simeq M_1 \oplus \ldots \oplus M_1 \oplus \ldots \oplus M_r \oplus \ldots \oplus M_r$. D'après le théorème de Krull on a $M \simeq M_1 \simeq \ldots \simeq M_r$. On voit de même que $U \simeq U_1 \simeq \ldots \simeq U_r$, comme kS-module, donc $r = 1$ et $M \# U$ est indécomposable.

Le théorème 1 et le théorème 3 implique :

Théorème 4 : Si $H = P \rtimes S$ et $|H| = p^e$, la matrice de Cartan est la matrice $p^e I_s$ où s est le nombre maximal de kS-modules irréductible deux à deux non isomorphes.

C. Exemple :

Sur cet exemple on va voir comment la considération des sous-groupes élémentaires de G peut servir dans le cas où G n'est pas élémentaire. On suppose $G = (S_1 \times P_1)\ (S_2 \times P_2)$, produit semi-direct, $(S_1 \times P_1) \Delta G$, que S_1 et S_2 sont des groupes commutatifs p-réguliers et P_1 et P_2 sont des p-groupes. Enfin on suppose K algébriquement clos. On se propose de déterminer les $k(S_1 \times P_1)(S_2 \times P_2)$-modules irréductibles.

Si E est un kG-module irréductible P_1 agit trivialement sur E puisque P_1 est un p-sous-groupe distingué de G.
Si M est un $kS_1(S_2 \times P_2)$-module, on peut définit sur M, puisque P_1 est un sous groupe distingué de G, une structure de kG-module en posant $y_1 x_1 x_2 y_2 m = x_1 x_2 y_2 m$ pour tout m de M, y_1 de P_1, x_1 de S_1, x_2 de S_2 et y_2 de P_2. (Le deuxième membre représente le produit pour la structure de $kS_1(S_2 \times P_2)$ module de M). On notera Ex(M) le kG-module ainsi obtenu. On a alors $E \simeq Ex(Res^G_{S_1(S_2 \times P_2)} E)$.
Il est clair que si $\{M_1,\ldots,M_r\}$ est un ensemble maximal de $kS_1(S_2 \times P_2)$-modules irréductibles deux à deux non isomorphes, $\{Ex(M_1),\ldots,Ex(M_r)\}$ est un ensemble maximal de kG-modules irréductibles deux à deux non isomorphes.

a) Pour déterminer les kG-modules irréductibles il suffit donc de déterminer les $kS_1(S_2 \times P_2)$-modules irréductibles.

Définition : Un groupe G est dit p-résoluble s'il admet une suite de composition dont les facteurs sont soit des p-groupes, soit des groupes p-réguliers.

On vérifie immédiatement que si U et V sont des groupes p-résolubles, tout produit semi-direct U.V est p-résoluble, donc $S_1(S_2 \times P_2)$ est p-résoluble.
D'après le théorème de Fong-Swan (cf. [6] théorème 38) puisque $S_1(S_2 \times P_2)$ est p-résoluble et puisque K est algébriquement clos, pour tout $kS_1(S_2 \times P_2)$ module irréductible M, il existe un $KS_1(S_2 \times P_2)$-module irréductible M'

tel que $[M] = d_{S_1(S_2 \times P_2)}\,[M']$.

Pour déterminer les $kS_1(S_2 \times P_2)$- modules irrédutibles on va donc déterminer les $KS_1(S_2 \times P_2)$- modules irréductibles. Soit $\{L_1,\ldots,L_r\}$ un ensemble maximal de KS_1- modules irréductibles tels que tout KS_1- module irréductible est isomorphe au conjugué de l'un des L_i $(1 \leq i \leq r)$ et tel que si L_i est isomorphe à un conjugué de L_j alors $i = j$. Puisque K est un corps de caractéristique zéro contenant les racines de l'unité d'ordre m et puisque S_1 est commutatif ; les L_i $(1 \leq i \leq r)$ sont des k-espaces vectoriels de dimension 1. Soit $S_2^i = \{x \in S_2 \quad x \otimes L_i \simeq L_i\}$ alors $S_2^i = \{x \in S_2 ;\ \forall h \in S_1 \quad x^{-1}hx.m_i = hm_i\}$ si m_i est un élément non nul de L_i. De même soit $P_2^i = \{y \in P_2 , y \otimes L_i \simeq L_i\}$; alors $P_2^i = \{y \in P_2 ;\ \forall h \in S_1 \quad (y^{-1}hy).m_i = hm_i\}$. On définit une structure de $KS_1(S_2^i \times P_2^i)$ module sur L_i en posant $xym = xm$ pour tout x de S_1, y de $S_2^i \times P_2^i$ et pour tout m de L_i . (Le deuxième membre représente le produit pour la structure de KS_1-module). On notera $Ex(L_i)$ le $KS_1(S_2^i \times P_2^i)$-module ainsi obtenu. Il est irréductible. Soit N_j^i un $K(S_2^i \times P_2^i)$- module irréductible. Puisque $S_1 \triangleleft S_1(S_2^i \times P_2^i)$, on définit une structure de $KS_1(S_2^i \times P_2^i)$-module sur N_j^i en posant $xyn = yn$ pour tout n de N_j^i , x de X_1 et y de $S_2^i \times P_2^i$. (Le deuxième membre représente le produit pour la structure de $K(S_2^i \times P_2^i)$ module de N_j^i) . Notons $Ex(N_j^i)$ le $KS_1(S_2^i \times P_2^i)$- module ainsi obtenu. Le $KS_1(S_2^i \times P_2^i)$ module $Ex(L_i) \otimes Ex(N_j^i)$ est irréductible (sinon, puisque K est un corps de caractéristique zéro, il existerait des $KS_1(S_2^i \times P_2^i)$ modules M et N tels que $Ex(L_i) \otimes Ex(N_j^i) = M \oplus N$ donc

$$\mathrm{Res}^{S_1(S_2^i \times P_2^i)}_{S_2^i \times P_2^i} (Ex(L_i) \otimes Ex(N_j^i)) = \mathrm{Res}^{S_1(S_2^i \times P_2^i)}_{S_2^i \times P_2^i} M \oplus \mathrm{Res}^{S_1(S_2^i \times P_2^i)}_{S_2^i \times P_2^i} N$$

et comme le premier membre est isomorphe à N_j^i , on en déduirait que N_j^i n'est pas irréductible contrairement à l'hypothèse). Puisque K est un corps algébriquement clos de caractéristique zéro, on sait (cf. [6] proposition 25) que :

(i) $\mathrm{Ind}^{S_1(S_2 \times P_2)}_{S_1(S_2^i \times P_2^i)} (Ex(N_i) \otimes Ex(N_j^i))$ est irréductible

(ii) Tout $KS_1(S_2 \times P_2)$ module irréductible est isomorphe à un module :

$$\mathrm{Ind}_{S_1(S_2^i \times P_2^i)}^{S_1(S_2 \times P_2)} (Ex(L_i) \boxtimes Ex(N_j^i))$$

Puisque $S_2^i \times P_2^i$ est un produit direct, tout $K(S_2^i \times P_2^i)$-module irréductible est de la forme $U_j^i \# V_{j'}^i$, où U_j^i est un KS_2^i-module irréductible $(1 \leq j \leq |S_2^i|)$ où $|S_2^i|$ est le nombre d'éléments S_2^i et $V_{j'}^i$, est un KP_2^i module irréductible $(1 \leq j \leq r_i$ où r_i est le nombre maximal de KP_2^i-modules irréductibles deux à deux non isomorphes). Puisque $S_1 \triangleleft S_1(S_2^i \times P_2^i)$ on peut considérer le $KS_1(S_2^i \times P_2^i)$-module $Ex(U_j^i \# V_{j'}^i)$ obtenu en faisant agir trivialement S_1 sur $U_j^i \# V_{j'}^i$.

<u>Tout</u> $KS_1(S_2 \times P_2)$ <u>module irréductible est isomorphe à un</u> :

$\mathrm{Ind}_{S_1(S_2^i \times P_2^i)}^{S_1(S_2 \times P_2)} (Ex(L_i) \boxtimes Ex(U_j^i \# V_{j'}^i))$ <u>et ces modules sont deux à deux non isomorphes</u>.

D'après le théorème de Fong-Swan, pour tout $kS_1(S_2 \times P_2)$-module irréductible E, il existe un entier i, $1 \leq i \leq r$, un KS_2^i-module irréductible U_j^i $1 \leq j \leq |S_2^i|$, un KP_2^i module irréductible $V_{j'}^i$, pour $1 \leq j' \leq r_i$ tels que

$$[E] = d_{S_1(S_2 \times P_2)} \left[\mathrm{Ind}_{S_1(S_2^i \times P_2^i)}^{S_1(S_2 \times P_2)} Ex(L_i) \boxtimes Ex(U_j^i \# V_{j'}^i)\right]$$

dans $K(S_1(S_2 \times P_2);k)$

$$[E] = d_{S_1(S_2^i \times P_2^i)}^{S_1(S_2 \times P_2)} \; d_{S_1(S_2^i \times P_2^i)} [Ex(L_i) \boxtimes Ex(U_j^i \# V_{j'}^i)]$$

Soient L_i', $(U_j^i)'$, $(V_{j'}^i)'$ des R_pS_1, $R_pS_2^i$, $R_pP_2^i$- modules tels que $L_i \simeq K \boxtimes_{R_p} L_i'$, $U_j^i \simeq K \boxtimes_{R_p} (U_j^i)'$ $V_{j'}^i \simeq K \boxtimes_{R_p} (V_{j'}^i)'$

on voit que :

$\overline{\overline{Ex(L_i') \boxtimes Ex((U_j^i)' \# (V_{j'}^i)'}} \simeq Ex(\overline{\overline{L_i}}) \boxtimes Ex(\overline{\overline{(U_j^i)' \# (V_{j'}^i)'}})$.

Soit m un élément non nul de L_i', $\overline{\overline{m}}$ sa lcasse dans $\overline{\overline{L_i}}'$.

$\forall x,y \in S_2^i \times P_2^i$ $\forall h \in S_1$ $y^{-1}x^{-1}hxy.\overline{\overline{m}} = \overline{\overline{y^{-1}x^{-1}hxy.m}} = \overline{\overline{hm}} = h.\overline{\overline{m}}$;

on peut donc définir une structure de $kS_1(S_2^i \times P_2^i)$-module sur $\overline{\overline{L_i'}}$ en posant $(xy)\overline{\overline{m}} = x\overline{\overline{m}}$ pour tout x de S_1, y de $S_2^i \times P_2^i$ et pour tout $\overline{\overline{m}}$ de $\overline{\overline{L_i'}}$.

(Le deuxième membre représente le produit pour la structure de kS_1-module).
On notera $\overline{\overline{Ex(L_i')}}$ le $kS_1(S_2^i \times P_2^i)$-module ainsi obtenu.

De même puisque $S_1 \triangleleft S_1(S_2^i \times P_2^i)$, on définit une structure de $kS_1(S_2^i \times P_2^i)$-module sur $(U_j^i)' \# (V_{j'}^i)'$ en posant $xyn = yn$ pour tout x de S_1, y de $S_2^i \times P_2^i$ et n de $(U_j^i)' \# (V_{j'}^i)'$. On notera $Ex((U_j^i)' \# (V_{j'}^i)')$ le $kS_1(S_2^i \times P_2^i)$-module ainsi obtenu.

On voit immédiatement que :

$$\overline{\overline{Ex(L_i')}} \otimes \overline{\overline{Ex((U_j^i)' \# (V_{j'}^i)')}} \simeq \overline{\overline{Ex((L_i)')}} \otimes \overline{\overline{Ex((U_j^i)' \# (V_{j'}^i)')}}$$

et $\quad Ex((U_j^i)' \# (V_{j'}^i)') \simeq Ex((\overline{\overline{U_j^i}})' \# \overline{\overline{(V_{j'}^i)}}')$.

On a donc l'égalité dans $K(S_1(S_2^i \times P_2^i),k)$

$$[E] = \mathrm{Ind}_{S_1(S_2^i \times P_2^i)}^{S_1(S_2 \times P_2)} (Ex(L_i)' \otimes Ex(\overline{\overline{U_j^i}}' \# \overline{\overline{(V_{j'}^i)}}')) .$$

Puisque la caractéristique de k ne divise pas l'ordre de S_1, d'après le théorème 2 §.1.B, $\{\overline{\overline{L_1'}},\dots,\overline{\overline{L_r'}}\}$ est un ensemble de kS_1-modules irréductibles tel que tout kS_1-module irréductible est isomorphe à un conjugué d'un $\overline{\overline{L_i'}}$ $1 \leq i \leq r$ et tel que $\overline{\overline{L_i'}}$ n'est isomorphe à un conjugué de L_j' que si $i = j$. De même si $\{U_1^i,\dots,U_{|S_2^i|}^i\}$ est un ensemble maximal de KS_2^i-modules irréductibles deux à deux isomorphes, $\{\overline{\overline{U_1^i}},\dots,\overline{\overline{U_{|S_2^i|}^i}}\}$ est un ensemble maximal de KS_2^i-modules irréductibles deux à deux non isomorphes.

Posons $(L_i)' = T_i$, $(\overline{\overline{U_j^i}})' = R_j^i$, $(V_{j'}^i)' = S_{j'}^i$,

$$[E] = \left[\mathrm{Ind}_{S_1(S_2^i \times P_2^i)}^{S_1(S_2 \times P_2)} (Ex(T_i) \otimes Ex(R_j^i \# S_j^i))\right] .$$

Puisque E est un $kS_1(S_2 \times P_2)$ module irréductible ,

$$E \simeq \mathrm{Ind}_{S_1(S_2^i \times P_2^i)}^{S_1(S_2 \times P_2)} (Ex(T_i) \otimes Ex(R_j^i \# S_{j'}^i)) .$$

Puisque E est irréductible, on peut supposer que $S_{j'}^i$ est un kP_2-module irréductible donc isomorphe au kP_2-module trivial, de sorte que :

$$E \simeq \mathrm{Ind}_{S_1(S_2^i \times P_2^i)}^{S_1(S_2 \times P_2)} (Ex(T_i) \otimes Ex(R_j^i \# k)) .$$

Puisque $S_1 \triangleleft S_1(S_2^i \times P_2^i)$ et puisque tout élément de S_2^i commute avec tout élément de P_2^i ; on définit une structure de $kS_1(S_2^i \times P_2^i)$-module sur l'espace vectoriel R_j^i en posant :

$$(\forall h_1 \in S_1)\ (\forall h_2 \in S_2^i)\ (\forall y_2 \in P_2^i)\ (\forall m \in R_j^i)\quad (h_1 \times h_2 y_2)\ m = h_2 m$$

où le deuxième membre représente le produit pour la structure de kS_2^i-module.

Le $kS_1(S_2^i \times P_2^i)$ module ainsi obtenu sera noté $Ex(R_j^i)$; il est isomorphe à $Ex(R_j^i \# k)$.

<u>Cela montre que tout</u> $kS_1(S_2 \times P_2)$ <u>module irréductible est isomorphe à un module</u>:

$$\mathrm{Ind}_{S_1(S_2^i \times P_2^i)}^{S_1(S_2 \times P_2)} (Ex(T_i) \boxtimes Ex(R_j^i)) \qquad 1 \leq i \leq r \qquad 1 \leq j \leq |S_2^i|$$

Posons $E_{i,j} = \mathrm{Ind}_{S_1(S_2^i \times P_2^i)}^{S_1(S_2 \times P_2)} (Ex(T_i) \boxtimes Ex(R_j^i))$

<u>Montrons que si</u> $1 \leq i \leq r, 1 \leq i' \leq r$, $1 \leq j \leq |S_2^i|$, $1 \leq j' \leq |S_2^i|$ <u>alors</u> <u>on a</u> :

$E_{i,j} \simeq E_{i',j'}$ si et seulement si $i = i'$ et $j = j'$.

Soit $\{x_1,\dots,x_t\}$ un système de représentants des classes de S_2/S_2^i avec $x_1 = 1$

$\{x'_1,\dots,x'_{t'}\}$ un système de représentants des classes de $S_2/S_2^{i'}$ avec $x'_1 = 1$

$\{y_1,\dots,y_u\}$ un système de représentants des classes de P_2/P_2^i avec $y_1 = 1$

$\{y'_1,\dots,y'_{u'}\}$ un système de représentants des classes de $P_2/P_2^{i'}$ avec $y'_1 = 1$

alors $\mathrm{Res}_{S_1}^{S_1(S_2 \times P_2)} (E_{i,j}) \simeq \sum_{s=1}^{t} \sum_{s'=1}^{t'} x_s\, y_s \boxtimes T_i$ et

$\mathrm{Res}_{S_1}^{S_1(S_2 \times P_2)} (E_{i',j'}) \simeq \sum_{s=1}^{u} \sum_{s'=1}^{u'} x'_s\, y'_{s'} \boxtimes T_{i'}$ (d'après le théorème de Mackey).

Si $E_{i,j} \simeq E_{i',j'}$, d'après le théorème de Krull, T_i est isomorphe à un conjugué de $T_{i'}$ donc $i = i'$.

Soit $\varphi_i\ E_{i,j} \longrightarrow E_{i,j'}$ un isomorphisme de $kS_1(S_2 \times P_2)$-modules et soit ρ l'homomorphisme de S_1 dans K associé à T_i

Posons $S_j = \{m \in E_{i,j}\ ;\ \forall h \in S_1 \quad h.m = \rho(h)m\}$

$S_{j'} = \{m \in E_{i,j'}\ ,\ \forall h \in S_1 \quad h.m = \rho(h).m\}$; alors

$S_{i,j} \simeq T_i \boxtimes R_j^i \qquad S_{i,j'} \simeq T_i \boxtimes R_{j'}^i$

$S_{i,j}$ et $S_{i,j'}$ sont stables pour $S_2^i \times P_2^i$; on peut les considérer comme des

$k(S_2^i \times P_2^i)$- sous-modules de $\mathrm{Res}^{S_1(S_2\times P_2)}_{(S_2^i\times P_2^i)}(E_{i,j})$ et $\mathrm{Res}^{S_1(S_2\times P_2)}_{(S_2^i\times P_2^i)}(E_{i,j'})$ respectivement, de plus $\varphi(S_{i,j}) = S_{i,j'}$; en reprenant la restriction des deux membres à S_2^i et en remarquant que φ est un isomorphisme de kS_2^i-modules ; on obtient $\varphi(R_j^i) = R_{j'}^i$, donc $R_j^i \simeq R_{j'}^i$, et $j = j'$. On a donc $E_{i,j} \simeq E_{i',j'}$ si et seulement si $i = i'$ et $j = j'$.

<u>Les</u> $E_{i,j}$ <u>pour</u> $1 \leq i \leq r$, $1 \leq j \leq |S_2^i|$ <u>sont irréductibles</u>.

Si par exemple E_{11} n'était pas irréductible, il existerait des entiers positifs a_j^i non tous nuls tels que

$$[E_{11}] = a_2^1\,[E_{1,2}] + \ldots + a^1_{|S_2^1|}\,[E_{1,|S_2^1|}] + \sum_{i=2}^{r}\ \sum_{j=1}^{|S_2^i|} a_j^i\,[E_{i,j}]$$

En utilisant l'expression obtenue pour $\mathrm{Res}^{S_1(S_2\times P_2)}_{S_1}(E_{i,j})$ dans ce qui précède, on obtient :

$$\sum_{s=1}^{t_1}\ \sum_{s'=1}^{t_1'}[x_s^1 y_{s'}^1 \boxtimes T_1] = \sum_{j=1}^{|S_2^1|}\ \sum_{s=1}^{t_1}\ \sum_{s'=1}^{t_1'} a_j^1\,[x_s^1 y_{s'}^1 \boxtimes T_1] + \sum_{i=2}^{r}\ \sum_{j=1}^{|S_2^i|}\ \sum_{s=1}^{t_i}\ \sum_{s'=1}^{t_i'} a_j^i\,[x_s^i y_{s'}^i \boxtimes T_i]$$

Puisque la caractéristique de k ne divise pas l'ordre de S_1, on en déduit que

$$\bigoplus_{s=1}^{t_1}\ \bigoplus_{s'=1}^{t_1'} x_s^1 y_{s'}^1 \boxtimes T_1 \simeq \bigoplus_{j=1}^{|S_2^1|}\ \bigoplus_{s=1}^{t_1}\ \bigoplus_{s'=1}^{t_1'} a_j^1 (x_s^1 y_{s'}^1 \boxtimes T_1) \oplus \bigoplus_{i=2}^{r}\ \bigoplus_{j=1}^{|S_2^i|}\ \bigoplus_{s=1}^{t_i}\ \bigoplus_{s'=1}^{t_i'} a_j^i (x_s^i y_{s'}^i \boxtimes T_i)$$

Les $x_s^i\, y_{s'}^i \boxtimes T_i$ sont des kS_1-modules irréductibles conjugués de T_i; par définition de $\{T_1,\ldots,T_r\}$ si $x_s^1\, y_{s'}^1 \boxtimes T_1 \simeq x_u^i\, y_{u'}^i \boxtimes T_i$ alors $i=1$ donc $a_j^i = 0$ pour $i \neq 1$; on a donc $[E_{1,1}] = a_2^1\,[E_{1,2}] + \ldots + a_{r_1}^1\,[E_{1},r_1]$.

<u>Supposons</u> S_2 <u>commutatif</u>. Déterminons $\mathrm{Res}^{S_1(S_2\times P_2)}_{S_2^1}(E_{1,j})$.

Soient $\{x_1,\ldots,x_t\}$ un ensemble de représentants des classes de S_2/S_2^1, $\{y_1,\ldots,y_{t'}\}$ un ensemble de représentants de P_2/P_2^1 ; alors

$$\mathrm{Res}^{S_1(S_2\times P_2)}_{S_2^1}\ \mathrm{Ind}^{S_1(S_2\times P_2)}_{S_1(S_2^1\times P_2^1)}(\mathrm{Ex}(T_1)\boxtimes \mathrm{Ex}(R_j^1)) = \sum_{s=1}^{t}\ \sum_{s'=1}^{t'} x_s y_{s'} \boxtimes R_j^1 .$$

Puisque S_2 est commutatif et $S_2 \times P_2$ est un produit direct : $x_s y_{x'} \otimes R_j^1 \simeq R_j^1$ comme kS_2^1 - module. On a donc :

$$|S_2/S_2^1| \; |P_2/P_2^1| \; [R_1^1] = \sum_{j=2}^{r_1} |S_2/S_2^1| \, |P_2/P_2^1| \; a_j^1 \; [R_j^1], \text{dans } K(S_2^1,k) \; ;$$

ce qui est impossible puisque $\{[R_j^1]\}_{1 \leq j \leq |S_2^1|}$ est une base de $K(S_2^1,k)$;
$E_{1,1}$ est donc irréductible. On démontre de la même manière que tous les $E_{i,j}$ sont irréductibles. $\{E_{i,j}\}_{\substack{1 \leq i \leq r \\ 1 \leq j \leq r_i}}$ est un ensemble maximal de $kS_1(S_2 \times P_2)$-modules deux à deux non isomorphes, de sorte que :

$$\left\{ E_x(\mathrm{Ind}_{S_1(S_2^i \times P_2^i)}^{S_1(S_2 \times P_2)} (Ex(T_i) \otimes Ex(R_j^i))\right\}_{\substack{1 \leq i \leq r \\ 1 \leq j \leq |S_2^i|}}$$ <u>est un ensemble maximal de</u>

$k(S_1 \times P_1)(S_2 \times P_2)$ <u>modules irréductibles deux à deux non isomorphes</u>.

b) <u>Déterminons les</u> $k(S_1 \times P_1)(S_2 \times P_2)$ <u>modules projectifs indécomposables</u>
Puisque $G = S_1 S_2 P_1 P_2$, $kG \simeq (kS_1S_2)^G$; $S_1 \cap S_2 = \{1\}$, S_1 et S_2 sont p-réguliers donc S_1S_2 est p-régulier et kS_1S_2 est semi-simple. Puisque S_1S_2 est p-régulier on peut déterminer les kS_1S_2-modules irréductibles par la même méthode que précédemment.
Si $\{x_1^i,\ldots,x_{t_i}^i\}$ est un système de représentants des classes de S_2/S_2^i, avec $x_1^i = 1$ et $\{y_1^i,\ldots,y_{t_i'}^i\}$ est un système de représentants des classes de P_2/P_2^i avec $y_1^i = 1$ alors $\{x_s^i y_{s'}^i \otimes T_i\}_{\substack{1 \leq i \leq r \\ 1 \leq s \leq t_i \\ 1 \leq s' \leq t_i'}}$ est un ensemble maximal de kS_1-modules irréductibles deux à deux non isomorphes, et $\{y_{s'}^i \otimes T_i\}_{\substack{1 \leq i \leq r \\ 1 \leq s' \leq t_i'}}$ est un système de représentants des orbites obtenues en faisant agir G par automorphisme intérieur sur l'ensemble précédent. On voit que $S_2^i = \{x \in S_2 \; ; \; x \otimes (y_s^i \otimes T_i) \simeq y_s^i \otimes T_i\}$ pour $1 \leq i \leq r$ et $1 \leq s \leq t_i'$. Appliquons le résultat de la partie a) au cas où $P_1 = \{1\}$ et $P_2 = \{1\}$. On définit une structure de $kS_1S_2^i$-module sur $y_j^i \otimes T_i$ en posant $xy(y_j^i \otimes n) = x(y_j^i \otimes n)$ pour tout x de S^1, y de S_2^i et n de T_i (Le deuxième membre représente le produit pour la structure de kS_1-module).
En effet, soient $x,x' \in S_1$, $y,y' \in S_2^i$ $((xy)(x'y'))(y_i \otimes n) = (xyx'y^{-1}.yy')(y_i \otimes n)$ $= xyx'y^{-1}(y_i \otimes n) = x((yx'y^{-1}).(y_i \otimes n))$.

Or $yx'y'^{-1}(y_i \otimes n) = y_i \otimes y_i^! yx'y'^{-1}y_i n = y_i \otimes yy_i^{-1}x'y_i y^{-1}n$ car tout élément de S_2 commute avec tout élément de P_2. De plus, puisque $y \in S_2^i$ et $y_i^{-1}x'y_i \in S_1$ on a $yy_i^{-1}x'y_i y^{-1}n = y_i^{-1}x'y_i n$ d'où $(yx'y'^{-1})(y_i \otimes n) = y_i \otimes y_i^{-1}x'y_i n = x'(y_i \otimes n)$ de sorte que $((xy)(x'y'))(y_i \otimes n) = x(x'(y_i \otimes n)) = (xy)((x'y')(y_i \otimes n))$.
Soit $Ex_{S_1S_2^i}(y_j^i \otimes T_i)$ le $kS_1S_2^i$-module ainsi obtenu.

Puisque $S_1 \triangleleft S_1S_2^i$ on voit immédiatement qu'on définit une structure de $kS_1S_2^i$-module sur $R_{j'}^i$, en posant $xym = ym$ pour tout x de S_1, y de S_2^i et m de $R_{j'}^i$. On notera $Ex_{S_1S_2^i}(R_{j'}^i)$ le $kS_1S_2^i$-module ainsi obtenu.
En appliquant le résultat de la partie a) on voit que

$$\left\{ \mathrm{Ind}_{S_1S_2^i}^{S_1S_2} (Ex_{S_1S_2^i}(y_j^i \otimes T_i) \otimes Ex(R_{j'}^i)) \right\}_{\substack{1 \leq i \leq r \\ 1 \leq j \leq t_i^! \\ 1 \leq j' \leq |S_2^i|}}$$ est un ensemble maximal de

kS_1S_2-modules irréductibles deux à deux non isomorphes.
Puisque tout élément de S_2 commute avec tout élément de P_2 ; $R_{j'}^i \simeq y_j^i \otimes R_{j'}^i$ comme kS_2^i-modules, donc $Ex(R_{j'}^i) \simeq Ex(y_j^i \otimes R_{j'}^i)$ comme $kS_1S_2^i$-modules.
$Ex_{S_1S_2^i}(y_j^i\, T_i) \otimes Ex_{S_1S_2^i}(y_j^i \otimes R_{j'}^i) \simeq y_j^i \otimes (Ex_{S_1S_2^i}(T_i) \otimes Ex_{S_1S_2^i}(R_{j'}^i))$ donc

$$\left\{ \mathrm{Ind}_{S_1S_2^i}^{S_1S_2} (y_j^i \otimes (Ex_{S_1S_2^i}(T_i) \otimes Ex_{S_1S_2^i}(R_{j'}^i)) \right\}_{\substack{1 \leq i \leq r \\ 1 \leq j \leq t_i^! \\ 1 \leq j' \leq |S_2^i|}}$$ est un ensemble maximal de

kS_1S_2-modules irréductibles deux à deux non isomorphes.

Puisque kS_1S_2 est semi-simple :

$$kS_1S_2 \simeq \bigoplus_{i=1}^{r} \bigoplus_{j=1}^{t_i^!} \bigoplus_{j'=1}^{|S_2^i|} |S_2/S_2^i| \, \mathrm{Ind}_{S_1S_2^i}^{S_1S_2} (y_j^i \otimes (Ex_{S_1S_2^i}(T_i) \otimes Ex_{S_1S_2^i}(R_{j'}^i))$$

où $|S_2/S_2^i|$ est l'ordre de S_2/S_2^i (En effet S_1 et S_2 étant commutatifs T_i et $R_{j'}^i$ sont de dimension 1 donc

$$\dim_k (\mathrm{Ind}_{S_1S_2^i}^{S_1S_2} (y_j^i(Ex_{S_1S_2^i}(T_i) \otimes Ex_{S_1S_2^i}(R_{j'}^i))) = |S_2/S_2^i|)$$

$$kG=(kS_1S_2)^G \simeq \bigoplus_{i=1}^{r} \bigoplus_{j=1}^{t_i'} \bigoplus_{j'=1}^{S_2^i} |S_2/S_2^i| \; Ind^G_{S_1S_2^i} (y_j^i \boxtimes ((Ex_{S_1S_2^i}(T_i) \boxtimes Ex_{S_1S_2^i}(R^i_{j'})))$$

$$kG \simeq \bigoplus_{i=1}^{r} \bigoplus_{j'=1}^{S_2^i} |P_2/P_2^i| \, |S_2/S_2^i| \; Ind^G_{S_1S_2^i} (Ex_{S_1S_2^i}(T_i) \boxtimes Ex_{S_1S_2^i}(R^i_{j'}))$$

Posons $P_{i,j} = Ind^G_{S_1S_2^i} (Ex_{S_1S_2^i}(T_i) \boxtimes Ex_{S_1S_2^i}(R^i_j))$ $\quad 1 \leq i \leq r \quad 1 \leq j \leq |S_2^i|$

D'après le théorème des sous groupes de Mackey on voit que si $\{x_1^i,\ldots,x^i_{t_i}\}$ est un système de représentants de S_2/S_2^i et si $\{y_1^i,\ldots,y^i_{t_i'}\}$ est un système de représentant de P_2/P_2^i, alors

$$Res^G_{S_1 \times P_1}(Ex(E_{i,j})) \simeq (\sum_{s=1}^{t_i} \sum_{s'=1}^{t_i'} y^i_{s'}, x^i_s \boxtimes T_i) \# k$$

D'autre part

$$Res^G_{S_1 \times P_1}(P_{i,j}) = \sum_{y_2 \in P_2} \sum_{s=1}^{t_i} Ind^{S_1P_1}_{S_1}(y_2 \, x^i_s \boxtimes T_i) = |P_2^i| \sum_{s=1}^{t_i} \sum_{s'=1}^{t_i'} Ind^{S_1P_1}_{S_1}(y^i_{s'}, x^i_s \boxtimes T_i)$$

et puisque $S_1 \times P_1$ est un produit direct

$$Res^G_{S_1 \times P_1}(P_{i,j}) = |P_2^i| \sum_{s=1}^{t_i} \sum_{s'=1}^{t_i'} (y^i_{s'}, x^i_s \boxtimes T_i) \# kP_1 .$$

Supposons que

$[P_{i,j}] = \sum_{i'=1}^{r} \sum_{j'=1}^{|S^2_{i'}|} a_{(i',j'),(i,j)} [Ex(E_{i',j'})]$ où les $a_{(i',j'),(i,j)}$ sont des entiers positifs ou nuls, alors en prenant la restriction des deux membres à $S_1 \times P_1$ on obtient :

$$|P_2^i| \sum_{s=1}^{t_i} \sum_{s'=1}^{t_i'} [(y^i_{s'}, x^i_s \boxtimes T_i) \# kP_1] = \sum_{i'=1}^{r} \sum_{j'=1}^{|S_2^{i'}|} a_{(i',j'),(i,j)} \sum_{s=1}^{t_{i'}} \sum_{s'=1}^{t'_{i'}} [(y^{i'}_{s'}, x^{i'}_s \boxtimes T_{i'}) \# k]$$

$$|P_2^i| \, |P_1| \sum_{s=1}^{t_i} \sum_{s'=1}^{t_i'} [(y^i_{s'}, x^i_s \boxtimes T_i) \# k] = \sum_{i'=1}^{r} \sum_{j'=1}^{|S_2^{i'}|} \sum_{s=1}^{t_{i'}} \sum_{s'=1}^{t'_{i'}} a_{(i',j'),(i,j)} [(y^{i'}_{s'}, x^{i'}_s \boxtimes T_{i'}) \# k]$$

Tout $k(S_1 \times P_1)$module irréductible est de la forme $M \# k$ où M est un KS_1-module irréductible, $\{y^i_{s'}, x^i_s \boxtimes T_i\}_{\substack{1 \leq i \leq r \\ 1 \leq s \leq t_i \\ 1 \leq s' \leq t_i'}}$ est un ensemble maximal de

kS_1-modules irréductibles deux à deux non isomorphes, donc $\{[(y^i_s, x^i_s \otimes T_i) \# k]\}_{\substack{1\leq i\leq r\\ 1\leq s\leq t_i\\ 1\leq s'\leq t'_i}}$ est une base de $K(S_1 \times P_1, k)$, de sorte que

si $i \neq i'$ $a_{(i',j'),(i,j)} = 0$ d'où $[P_{i,j}] = \sum_{j'=1}^{|S_2^i|} a_{(i,j'),(i,j)} [Ex(E_{i,j'})]$

Cela montre que pour $i \neq i'$, $P_{i,j}$ et $P_{i',j'}$ n'ont pas de facteurs de composition communs.

$$\mathrm{Res}^G_{S_2} (Ex(E_{i,j})) = \mathrm{Res}^{S_1(S_2\times P_2)}_{S_2} (E_{i,j}) \simeq \sum_{s'=1}^{t'_i} \mathrm{Ind}^{S_2}_{S_2^i} (y^i_{s'} \otimes R^i_j)$$

Puisque tout élément de S_2 commute avec tout élément de P_2, $y^i_{s'} \otimes R^i_j \simeq R^i_j$ comme kS_2^i-modules; donc $\mathrm{Res}^G_{S_2^i} (Ex(E_{i,j})) = |S_2/S_2^i|\,|P_2/P_2^i|\, R^i_j$.

Déterminons $\mathrm{Res}^G_{S_2^i}(P_{i,j})$. On a l'équivalence suivante :

$S_2^i y_1 x_2 y_2 S_1 S_2^i = S_2^i y'_1 x'_2 y'_2 S_1 S_2^i \iff y_1 = h^i_2 y'_1 (h^i_2)$ avec $h^i_2 \in S^i_2$, $y_2 = y'_2$, $x_2 S^i_2 = x'_2 S^i_2$. Soit $\mathcal{Y}_i$ un ensemble de représentants des orbites de P_1 sous l'action de $\{\varphi_x \,;\, x \in S^i_2\}$ avec $\varphi_x : P_1 \longrightarrow P_1$, $\varphi_x(y) = xyx^{-1}$

$$\text{Alors } \mathrm{Res}^G_{S_2^i}(P_{i,j}) = \sum_{y_1 \in \mathcal{Y}_i} \sum_{s=1}^{t_i} \sum_{y_2 \in P_2} \mathrm{Ind}^{S_2^i}_{y_1 S_2^i y_1^{-1} \cap S_2^i} (y_1 x^i_s y_2 \otimes R^i_j)$$

Puisque S_2 est commutatif et puisque les éléments de P_2 commutent avec ceux de S_2, $y_1 x^i_s y_2 \otimes R^i_j \simeq y_1 \otimes R^i_j$ comme $k(y_1 S^i_2 y_1^{-1} \cap S^i_2)$-modules

$$\mathrm{Res}^G_{S_2^i} (P_{i,j}) = |P_2|\,|S_2/S^i_2| \sum_{y_1 \in \mathcal{Y}_i} \mathrm{Ind}^{S^i_2}_{y_1 S^i_2 y_1^{-1} \cap S^i_2} (y_1 \otimes R^i_j)$$

<u>Supposons que, pour</u> $1 \leq i \leq r$, <u>les éléments de</u> S^i_2 <u>et de</u> P_1 <u>commutent</u> (i.e. $\mathcal{Y}_i = P_1$) ; alors $\mathrm{Res}^G_{S_2^i} (P_{i,j}) \simeq |P_2|\, |S_2/S^i_2|\, |P_1|\, R^i_j$ où $|P_1|$ est le nombre d'éléments de P_1. Si $[P_{i,j}] = \sum_{j'=1}^{|S^i_2|} a_{(i,j')(i,j)} [Ex(E_{(i,j')})]$, en appliquant $\mathrm{Res}^G_{S^i_2}$ aux deux membres, on obtient :

$$|P_2|\,|S_2/S_2^i|\,|P_1|\,[R_j^i] = \sum_{j'=1}^{|S_2^i|} a_{(i,j')(i,j)}\,|S_2/S_2^i|\,|P_2/P_2^i|\,[R_{j'}^i]$$

donc $a_{(i,j'),(i,j)} = 0$ si $j \neq j'$ et $a_{(i,j),(i,j)} = |P_2^i|\,|P_1|$

$[P_{i,j}] = |P_2^i|\,|P_1|\,[Ex(E_{i,j})]$.

Puisque $P_{i,j}$ n'admet que $Ex(E_{i,j})$ comme facteur de composition, les kG-modules indécomposables intervenant dans une de ses décompositions en somme de modules indécomposables sont tous isomorphes:

$P_{i,j} \cong n_{i,j}\, F_{i,j}$ où $F_{i,j}$ est un module projectif indécomposable.

$E_{i,j}$ et $E_{i',j'}$ sont isomorphes si et seulement si $i=i'$ et $j=j'$ donc $P_{i,j}$ et $P_{i',j'}$ (resp. $F_{i,j}$ et $F_{i',j'}$) sont isomorphes si et seulement si $i=i'$ et $j=j'$. Le nombre de fois que F_j^i intervient comme facteur direct dans une décomposition de kG en somme directe d'indécomposables principaux est égal à $n_j^i\,|P_2/P_2^i|\,|S_2/S_2^i|$; d'autre part il est aussi égal à la dimension de $F_{ij}/(\text{Rad}\,kG)F_{i,j}$ (cf.[3] 61.3 et 62.1). Ce dernier module étant facteur de composition de F_j^i est isomorphe à $Ex(E_{i,j})$, donc

$n_{i,j}\,|P_2/P_2^i|\,|S_2/S_2^i| = \dim_k E_{i,j}$ d'où $n_{i,j} = 1$.

Cela montre que :

<u>Si les éléments de P_1 commutent avec les éléments de S_2^i ($1\leq i\leq r$) alors :</u> $\left\{Ind_{S_1S_2^i}^G\,(Ex_{S_1S_2^i}(T_i)\otimes Ex_{S_1S_2^i}(R_j^i)\right\}_{\substack{1\leq i\leq r\\ 1\leq j\leq |S_2^i|}}$ <u>est un ensemble maximal de kG-modules projectifs indécomposables deux à deux non isomorphes</u>. <u>De plus la matrice de Cartan par rapport à</u> $\{[P_{i,j}]\}_{\substack{1\leq i\leq r\\ 1\leq j\leq |S_2^i|}}$ <u>et</u> $\{[Ex(E_{i,j})]\}_{\substack{1\leq i\leq r\\ 1\leq j\leq |S_2^i|}}$ <u>est la matrice diagonale :</u>

$$\begin{array}{c|c} & \begin{array}{ccc} \xleftarrow{\quad |S_2^1| \quad} & \xleftarrow{\quad |S_2^2| \quad} & \xleftarrow{\quad |S_2^r| \quad} \end{array} \\ \begin{array}{c} \updownarrow |S_2^1| \\ \\ \updownarrow |S_2^2| \\ \\ \\ \updownarrow |S_2^r| \end{array} & \left(\begin{array}{c|c|c} \begin{matrix} |P_2^1||P_1| & & \\ & |P_2^1||P_1| & \\ & & \ddots \; |P_2^1||P_1| \end{matrix} & 0 & 0 \\ \hline 0 & \begin{matrix} |P_2^2||P_1| & \\ & \ddots \; |P_2^2||P_1| \end{matrix} & 0 \\ \hline & \ddots & 0 \\ \hline 0 & 0 & \begin{matrix} |P_2^r||P_1| & \\ & \ddots \; |P_2^r||P_1| \end{matrix} \end{array}\right) \end{array}$$

2) Remarque : Si on ne fait plus d'hypothèses sur la façon dont S_2^i agit sur P_1, soit $\{F_{i,j}\}_{\substack{1\leq i\leq r\\ 1\leq j\leq |S_2^i|}}$ une famille maximale d'indécomposables principaux deux à deux non isomorphes, numérotés de telle sorte que, si i appartient à $\{1,\ldots,r\}$, il existe j' dans $\{1,\ldots,|S_2^i|\}$ tel que $F_{i,j}$ soit facteur direct de $P_{i,j'}$.

Par rapport aux bases $\{[F_j^i]\}_{\substack{1\leq i\leq r\\ 1\leq j\leq |S_2^i|}}$ et $[Ex(E_{i,j})]_{\substack{1\leq i\leq r\\ 1\leq j\leq |S_2^i|}}$ la matrice de Cartan est une matrice bloc diagonale

$$\begin{pmatrix} M_1 & 0 & & 0 \\ 0 & M_2 & & 0 \\ & & \ddots & \\ 0 & 0 & & M_r \end{pmatrix}$$

où M_i est une matrice carrée d'ordre $|S_2^i|$.

Bibliographie

[1] Atiyah : Characters and Cohomology of finite groups. Publ. I.H.E.S. n°9 (1961).

[2] Bass-Heller-Swan : The whitehead group of a polynomial extension. Publ. Math. I.H.E.S. n°22 (1964).

[3] Curtis et Reiner : Representation theory of finite groups and associative algebras. Interscience publishers, New-York (1962).

[4] Gorenstein : Finite groups. Harper et Row. New-York (1968).

[5] Mac-Lane : Homology. Springer Berlin (1967).

[6] Serre : Représentations linéaires des groupes finis. Hermann. Paris (1971).

[7] Swan : Induced representations and projectives modules. Ann. of Math. 71 (1960) p.556-578.

Manuscrit remis le 21 février 1978

Melle Huguette Rumeur
61bis rue Richepanse
78500 Sartrouville

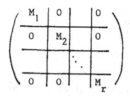

GROUPES ALGEBRIQUES INFINITESIMAUX RESOLUBLES ET LEURS REPRESENTATIONS LINEAIRES IRREDUCTIBLES

par

Detlef Voigt

1. Pour les notions fondamentales de la théorie des groupes algébriques affines nous renvoyons le lecteur au livre de Demazure-Gabriel : "Groupes algébriques" [1]. Sauf mention expresse nous nous servirons librement de notations et conventions générales introduites dans [1]. Soit alors G un groupe algébrique infinitésimal sur un corps k algébriquement clos de caractéristique positive $p > 0$. Comme d'habitude nous écrivons $H(G)$ pour l'algèbre du groupe associé à G. Nous notons dans cette connection, qu'on a une correspondance bijective entre les représentations linéaires du groupe G et les modules sur l'algèbre de groupe $H(G)$. Rappelons qu'on appelle un groupe algébrique, fini monomial, si pour tout $H(G)$-module simple M il existe un sous-groupe $G' \subset G$ et un $H(G')$-module M' de dimension 1, de sorte qu'on a un isomorphisme de $H(G)$-modules : $M \xrightarrow{\sim} H(G) \otimes_{H(G')} M'$ (voir [5], §.2.C). Le but de cet exposé est la démonstration du résultat suivant, qui généralise les théorèmes 2.4 , 2.47 et 2.49 de [5].

1.1. Théorème : Un groupe algébrique infinitésimal G sur un corps k algébriquement clos de caractéristique $p > 2$ est monomial si et seulement si G est résoluble.

Grâce au fait, que tout groupe algébrique fini monomial est résoluble (voir [5], théorème 2.70), il nous suffit de démontrer seulement le :

1.2. Théorème : Tout groupe algébrique, infinitésimal, résoluble sur un corps k algébriquement clos de caractéristique $p > 2$ est monomial.

Pour les groupes algébriques constants, il est bien connu, que le théorème 1.2 devient faux (voir [2], chap. V, §.18, 18.7). L'hypothèse $p > 2$ dans 1.2 est nécessaire, comme le montre le contre-exemple 2.46 donné en [5]. Dans la situation des groupes infinitésimaux de hauteur ≤ 1, c'est-à-dire dans le cas des p-algèbres de Lie, le théorème 1.2. était démontré par John Schue en [3] (voir aussi le travail de Helmut Strade [4]). En fait, nous nous servirons d'une manière essentielle des idées introduites par John Schue pour obtenir le résultat général 1.2.

La démonstration de ce théorème donne en particulier une méthode constructive pour calculer explicitement toutes les représentations linéaires irréductibles d'un groupe résoluble infinitésimal. Pour cette méthode, nous donnerons deux exemples.

2. Soit maintenant G un groupe algébrique infinitésimal quelconque. Alors le centre de G (notation : Cent (G)) étant un groupe algébrique affine commutatif se décompose en produit direct :

$$\mathrm{Cent}(G) = \mathrm{Cent}(G)^{(u)} \times \mathrm{Cent}(G)^{(m)}$$

où $\mathrm{Cent}(G)^{(u)}$ dénote le plus grand sous-groupe unipotent de Cent(G), tandis que $\mathrm{Cent}(G)^{(m)}$ signifie le plus grand sous-groupe multiplicatif de Cent(G) (voir [1], chap. IV, §.3, n°1, théorème 1.1.). Le groupe $\mathrm{Cent}(G)^{(m)}$ est un sous-groupe caractéristique de G, qui contient tous les sous-groupes invariants, multiplicatifs de G (chap. IV, [1], §.1., corollaire 4.4. et §.3 théorème 1.1.). En fait on a un résultat encore un peu plus fort : si $M \subset N \subset G$ sont trois groupes algébriques, de sorte que M est multiplicatif et invariant dans N et N lui-même un sous-groupe invariant de G (G étant toujours infinitésimal), alors on a $M \subset \mathrm{Cent}(G)^{(m)}$. Cette remarque donne immédiatement les équations :

$$({}_F\mathrm{Cent}(G))^{(m)} = {}_F(\mathrm{Cent}(G)^{(m)}) = \mathrm{Cent}({}_FG)^{(m)}$$

Dans la suite nous notons, comme abréviation, $G^{(m)}$ pour $\mathrm{Cent}(G)^{(m)}$ et nous appelons $G^{(m)}$ le centre multiplicatif de G. Un résultat clef pour la démonstration du théorème 1.2 sera le théorème suivant, qui dans le cas des p-algèbres de Lie était déjà démontré par John Schue dans son travail [3] :

<u>2.1. Théorème (Schue)</u> : <u>Soit</u> G <u>un groupe infinitésimal résoluble sur un corps algébriquement clos</u> k <u>de caractéristique</u> $p > 2$. <u>Si</u> G <u>n'est pas multiplicatif,</u>

il y a un sous-groupe N invariant commutatif de G contenant proprement le centre multiplicatif de G , i.e. : $G^{(m)} \subset N$, $G^{(m)} \neq N$.

Démonstration : Nous aurons besoin d'un lemme, qui dans le cas des p-algèbres de Lie était déjà démontré par John Schue :

2.2. Lemme de Schue : Soit $\mathfrak{g}$ une algèbre de Lie de dimension finie sur un corps k algébriquement clos de caractéristique $p > 2$ et soit $\mathfrak{n}$ un idéal dans $\mathfrak{g}$. Soit de plus $G \neq e_k$ un groupe algébrique, infinitésimal résoluble sur k, qui opère fidèlement par automorphismes d'algèbres de Lie sur $\mathfrak{g}$. Supposons en outre que l'opération de G sur $\mathfrak{g}$ satisfait aux deux conditions suivantes :

1°) G opère trivialement sur $\mathfrak{n}$, i.e. : $\mathfrak{n} \subset {}^G\mathfrak{g}$.

2°) Le H(G)-module quotient $\mathfrak{g}/\mathfrak{n} = \bar{\mathfrak{g}}$ est simple et non trivial.

Alors l'algèbre de Lie quotient $\bar{\mathfrak{g}} = \mathfrak{g}/\mathfrak{n}$ est commutative et l'extension d'algèbres de Lie :

$$0 \longrightarrow \mathfrak{n} \longrightarrow \mathfrak{g} \longrightarrow \bar{\mathfrak{g}} \longrightarrow 0$$

se scinde, autrement dit l'algèbre de Lie $\mathfrak{g}$ est isomorphe à un produit semi-direct :

$$\mathfrak{g} \xrightarrow{\sim} [\mathfrak{n}] \times \bar{\mathfrak{g}}$$

Démonstration : Considérons tout d'abord le plus grand sous-groupe invariant unipotent $U \subset G$. Parce que le seul H(U)-module simple est trivial, on ne peut pas avoir U = G. D'autre part U opère trivialement sur $\bar{\mathfrak{g}}$, qui est un H(G)-module simple. En conséquence $\bar{\mathfrak{g}}$ devient un $H(G/\!\!\sim U)$- module simple non trivial. Soit maintenant $U \subset N \subset G$ un sous-groupe invariant de G de sorte que le groupe quotient $N/\!\!\sim U$ est un sous-groupe invariant minimal du groupe quotient $G/\!\!\sim U$. Or parce que le groupe G est résoluble,deux cas pour $N/\!\!\sim U \subset G/\!\!\sim U$ sont possibles :

a) $N/\!\!\sim U \xrightarrow{\sim} ({}_p\alpha_k)^n$ pour un entier n convenable ou

b) $N/\!\!\sim U \xrightarrow{\sim} {}_p\mu_k$.

Mais dans le premier cas a) N serait unipotent, ce qui ne peut pas avoir lieu à cause du choix de U. Alors on obtient bien $N \xrightarrow{\sim} {}_p\mu_k$. En particulier N est un groupe trigonalisable sur un corps algébriquement clos, d'où on déduit que l'extension de groupes algébriques

$$e_k \longrightarrow U \longrightarrow N \longrightarrow {}_p\mu_k \longrightarrow e_k$$

se scinde (voir [1], chap. IV, §.2, proposition 3.5.). Autrement dit on a trouvé un sous-groupe $M \subset N$, qui est appliqué isomorphiquement par l'homomorphisme canonique $p : N \longrightarrow N/\tilde{U}$ sur le groupe-quotient $N/\tilde{U}$. Remarquons maintenant que le sous-groupe invariant multiplicatif $N/\tilde{U} \subset G/\tilde{U}$ opère sur le $H(G/\tilde{U})$-module simple $\bar{\mathfrak{g}}$ au moyen d'un seul caractère $\chi : N/\tilde{U} \longrightarrow \mu_k$. Grâce à l'identification $M \xrightarrow{\sim} N/\tilde{U}$ induite par l'homomorphisme canonique $p : N \longrightarrow N/\tilde{U}$ on obtient finalement, que le sous-groupe multiplicatif $M \subset G$ opère au moyen d'un seul caractère $\chi : M \longrightarrow \mu_k$ sur le $H(G)$-module simple $\bar{\mathfrak{g}}$. Ce caractère $\chi : M \longrightarrow \mu_k$ est en tout cas différent du caractère trivial $\chi_o : M \longrightarrow \mu_k$. En effet, on aurait autrement, que l'opération du groupe multiplicatif M sur tout l'espace vectoriel $\mathfrak{g}$ serait trivial, ce qui est exclu (voir [1], chap. II, §.2., proposition 2.5.).
Dénotons maintenant le plus grand $H(M)$-sous-module de $\mathfrak{g}$, où M opère au moyen du caractère χ (respectivement : χ_o) par $\mathfrak{g}_\chi$ (respectivement : $\mathfrak{g}_{\chi_o}$). Alors on obtient une décomposition de $\mathfrak{g}$ en somme directe de $H(M)$-modules :

$$\mathfrak{g} = \mathfrak{g}_{\chi_o} \oplus \mathfrak{g}_\chi .$$

En outre on a les équations :

$$\mathfrak{g}_{\chi_o} = \mathcal{H} \quad \text{et} \quad \dim_K \mathfrak{g}_\chi = \dim_K \bar{\mathfrak{g}} \quad .$$

Or le fait que G opère sur $\mathfrak{g}$ par automorphismes d'algèbres de Lie implique, que l'application k-linéaire :

$$Cr : \mathfrak{g} \otimes \mathfrak{g} \longrightarrow \mathfrak{g}$$

définit par l'équation

$$Cr\,(v \otimes w) = [v,w] \qquad \forall v,w \in \mathfrak{g},$$

devient un morphisme en $H(G)$-modules, quand on muni $\mathfrak{g} \underset{k}{\otimes} \mathfrak{g}$ de la structure diagonale d'un $H(G)$-module, qui est donnée par l'équation suivante :

$$g.(v \underset{R}{\otimes} w) = gv \underset{R}{\otimes} gw \quad \forall g \in G(R),\ v \underset{R}{\otimes} w \in (\mathfrak{g} \underset{k}{\otimes} R) \underset{R}{\otimes} (\mathfrak{g} \underset{k}{\otimes} R) \xrightarrow{\sim} \mathfrak{g} \underset{k}{\otimes} \mathfrak{g} \underset{k}{\otimes} R,\ R \in M_k$$

On voit bien, que le sous-groupe multiplicatif $M \subset G$ opère sur le sous-espace $\mathfrak{g}_\chi \underset{k}{\otimes} \mathfrak{g}_\chi \subset \mathfrak{g} \underset{k}{\otimes} \mathfrak{g}$ au moyen du caractère $\chi^2 : M \longrightarrow \mu_k$, qui est défini par l'équation :

$$\chi^2(m) = (\chi(m))^2 \qquad \forall m \in M(R),\ R \in M_k \quad .$$

Parce que $\chi \neq \chi_o$ on a visiblement $\chi \neq \chi^2$. Parce que $p > 2$ on a même plus $\chi_o \neq \chi^2$. De ces renseignements on déduit, que l'application $H(M)$-linéaire

Cr : $\mathfrak{g} \underset{k}{\otimes} \mathfrak{g} \longrightarrow \mathfrak{g}$ s'annule sur le H(G) sous-module $\mathfrak{g}_\chi \otimes \mathfrak{g}_\chi \subset \mathfrak{g} \otimes \mathfrak{g}$:

$$Cr(\mathfrak{g}_\chi \otimes \mathfrak{g}_\chi) = 0 \quad .$$

Autrement dit, le sous-espace $\mathfrak{g}_\chi \subset \mathfrak{g}$ est une sous-algèbre de Lie commutative de $\mathfrak{g}$, qui est en même temps un complément pour l'idéal $\mathfrak{n} \subset \mathfrak{g}$.

2.3. Nous sommes maintenant en mesure de démontrer 2.1. : Soit alors G un groupe infinitésimal, résoluble de sorte que $G^{(m)} \neq G$. Alors on vérifie facilement que $({}_FG)^{(m)} \neq {}_FG$. Mais $({}_FG)^{(m)}$ est un sous-groupe invariant de G. Choisissons donc un sous-groupe invariant $N \subset G$ contenant le sous-groupe invariant multiplicatif $M = ({}_FG)^{(m)} \subset G$ et contenu dans le noyau de Frobenius ${}_FG$ de G, de sorte que le groupe quotient $\widetilde{N/M}$ est un sous-groupe invariant minimal de $\widetilde{G/M}$. Parce que G est un groupe algébrique infinitésimal résoluble, on a de nouveau deux possibilités pour le groupe quotient $\widetilde{N/M}$:

a) $\widetilde{N/M} \xrightarrow{\sim} ({}_p\alpha_k)^n$ pour un entier n convenable ou

b) $\widetilde{N/M} \xrightarrow{\sim} {}_p\mu_k$.

Le deuxième cas est exclu, parce que $M = ({}_FG)^{(m)}$ est déjà le plus grand sous-groupe invariant, multiplicatif de ${}_FG$ (voir [1], chap. IV, §.1, proposition 4.5.). Alors on a bien $\widetilde{N/M} \xrightarrow{\sim} ({}_p\alpha_k)^n$. Pour finir la démonstration du théorème 2.1. il suffit évidemment de vérifier que le sous-groupe invariant $N \subset G$ est commutatif. Dans ce cas, le sous-groupe invariant $\widetilde{N.G^{(m)}}$ répond visiblement à la question. Pour vérifier cette assertion nous considérons d'abord le centralisateur $Cent_G(N)$ de N dans G. Si $Cent_G(N) = G$, N est contenu dans le centre du groupe G et en particulier N est commutatif. C'est pourquoi nous pouvons supposer pour tout ce qui suit, que $Cent_G(N) \neq G$. Maintenant N est par construction un sous-groupe d'hauteur ≤ 1. Alors N sera commutatif si set seulement si sa p-algèbre de Lie $\mathfrak{n} = Lie(N)$ a la même propriété. Pour vérifier cette dernière condition nous posons d'abord $\mathfrak{m} = Lie(M)$ et $\bar{\mathfrak{n}} = Lie(\widetilde{N/M})$. Alors on obtient une suite exacte en p-algèbre de Lie :

$$(*) \qquad 0 \longrightarrow \mathfrak{m} \longrightarrow \mathfrak{n} \longrightarrow \bar{\mathfrak{n}} \longrightarrow 0 \quad .$$

Remarquons en plus que $\mathfrak{m}$ est contenu dans le centre de $\mathfrak{n}$ parce que M est contenu dans le centre de N. Notons aussi que $\bar{\mathfrak{n}}$ est commutatif étant la p-algèbre de Lie d'un groupe algébrique commutatif. De ces informations on déduit bien, que la p-algèbre de Lie $\mathfrak{n}$ sera commutative si la suite exacte en algèbre de Lie (*) se scinde. C'est bien clair dans le cas où $\widetilde{N/M} \xrightarrow{\sim} {}_p\alpha_k$, c'est-à-dire où $\dim_k \overline{\mathfrak{N}} = 1$. Donc nous supposons pour tout le reste, que $\widetilde{N/M} \xrightarrow{\sim} ({}_p\alpha_k)^n$ avec $n > 1$, autrement dit, nous considérons la situation où $\dim_k \overline{\mathfrak{N}} > 1$.

Considérons maintenant l'opération canonique de G par automorphismes intérieurs sur le sous-groupe invariant $N \subset G$:

$$\text{int} : G \longrightarrow \underline{\text{Aut}}_k(N)$$

(Ici $\underline{\text{Aut}}_k(N)$ signifie le foncteur en groupes d'automorphismes du groupe infinitésimal N (voir [1], chap. II, §.1, 2.6)). Parce que le noyau du morphisme int est précisément $\text{Cent}_G(N)$, on obtient une opération fidèle du groupe quotient $G\widetilde{/}\text{Cent}_G(N)$ sur N. Mais N étant un groupe infinitésimal de hauteur ≤ 1, on a un isomorphisme canonique

$$\underline{\text{Aut}}_k(N) \xrightarrow{\sim} \underline{\text{Aut}}_k(\mathfrak{N})$$

où $\underline{\text{Aut}}_k(\mathfrak{N})$ signifie le foncteur en groupes d'automorphismes de la p-algèbre de Lie $\mathfrak{N} = \text{Lie}(N)$. Finalement, nous avons obtenu une opération fidèle du groupe $G\widetilde{/}\text{Cent}_G(N)$ sur l'algèbre de Lie $\mathfrak{N}$. Parce que $M = ({}_FG)^{(m)}$ est contenu dans le centre de G, le groupe quotient $G\widetilde{/}\text{Cent}_G(N)$ opère trivialement sur $\mathfrak{M} = \text{Lie}(M)$. D'autre part, le $H(G\widetilde{/}\text{Cent}_G(N))$-module $\overline{\mathfrak{N}} = \text{Lie}(N\widetilde{/}M)$ est simple, ce qui signifie que $N\widetilde{/}M$ est un sous-groupe invariant minimal de $G\widetilde{/}M$. A cause du fait, que $\dim_k \overline{\mathfrak{N}} > 1$, cet $H(G\widetilde{/}\text{Cent}_G(N))$-module simple ne peut pas être trivial. Alors nous pouvons appliquer le lemme 2.2, ce que termine la démonstration.

3. Considérons maintenant trois groupes algébriques $G'' \subset G' \subset G$ infinitésimaux sur un corps k algébriquement clos de caractéristique positive $p > 0$. Supposons, que G'' soit un sous-groupe invariant de G. Soit de plus $\xi = \{S_1, \ldots, S_m\}$ un système des $H(G'')$-modules simples, tel qu'on a $G' = \text{Stab}_G(S_i)$ $\forall 1 \leq i \leq m$. Nous dirons, qu'un $H(G)$-module M de dimension finie est homogène de type ξ, si tout facteur de composition d'une suite de Jordan-Hölder du $H(G'')$-module $M_{G''}$ -qui est obtenu à partir du $H(G)$-module M par restriction des scalaires- est isomorphe à l'un des $H(G'')$-modules simples S_i du système ξ. De la même manière, nous définissons la notion de $H(G')$-module homogène de type ξ.

Soit maintenant M' un $H(G')$-module homogène de type ξ , alors le $H(G)$-module induit $M = H(G) \otimes_{H(G')} M'$ est encore homogène de type ξ . En fait, c'est une conséquence immédiate du théorème 9.6. de [5].
Considérons maintenant un $H(G)$-module simple T, qui est homogène de type ξ . Soit $S_{i_o} \subset T$ un $H(G'')$-sous-module simple de T. Donc tous les facteurs de composition d'une suite de Jordan-Hölder du $H(G'')$-module $T_{G''}$, lequel est obtenu à partir du $H(G)$-module T par restriction des scalaires, sont isomorphes à S_{i_o} grâce au corollaire 9.8. de [5]. Dans le cas d'un $H(G')$-module simple T' homogène de type ξ , nous avons un résultat plus fort : Si $S_{i_o} \subset T'$ est un $H(G'')$-sous-module simple du $H(G')$- module T', le $H(G'')$-module T' est semisimple isotypique de type S_{i_o}. En fait, la composante semisimple isotypique de type S_{i_o} du $H(G'')$-socle de T' est un $H(G')$-sous-module de T' grâce au lemme 2.3. de [5].

Après ces remarques préparatoires, nous pouvons démontrer le :

3.1. Théorème : *En conservant les hypothèses du paragraphe 3, on a* :

a) *Pour tout* $H(G')$-*module* M' *simple et homogène de type* ξ *le* $H(G)$-*module induit* $M = H(G) \otimes_{H(G')} M'$ *est aussi simple et homogène de type* ξ .

b) *Pour tout* $H(G)$-*module* M *simple et homogène de type* ξ *il y a un* $H(G')$-*module* M' *simple et homogène de type* ξ , *tel que le* $H(G)$-*module induit* $H(G) \otimes_{H(G)} M'$ *soit isomorphe au* $H(G)$-*module* M, i.e. :

$$H(G) \otimes_{H(G')} M' \xrightarrow{\sim} M.$$

c) *Le* $H(G')$-*module simple, homogène de type* ξ, M', *défini en* b), *est uniquement déterminé, à un isomorphisme près, par le* $H(G)$-*module* M.

En résumé, on peut dire que le foncteur $H(G) \otimes_{H(G')} ?$ induit une correspondance bijective à isomorphismes près entre les $H(G')$-modules simples homogènes de type ξ et les $H(G)$-modules simples homogènes de type ξ .

Démonstration : L'assertion a) est une conséquence des remarques précédentes et du théorème de Blattner de [5] (voir [5], théorème 1.4). Quant à l'assertion b), soit M un $H(G)$-module simple homogène de type ξ . Considérons un sous-$H(G')$-module simple $M' \subset M$ de M. Il est bien clair que M' est aussi homogène de type ξ . Puis M' considéré comme $H(G'')$-module est semisimple isotypique de type S_{i_o}, où S_{i_o} est un $H(G'')$-module de ξ. Considérons maintenant l'application canonique

$$\theta : H(G) \underset{H(G')}{\otimes} M' \longrightarrow M$$

Parce que M est simple, θ est visiblement surjective. D'après le corollaire 9.14 de [5] θ est aussi injective, d'où l'assertion b).
Pour démontrer la dernière assertion, considérons deux $H(G')$-modules M'_1, M'_2 simples, homogènes de type ξ, de sorte qu'il y ait un isomorphisme de $H(G)$-modules :

$$\tau : H(G) \underset{H(G')}{\otimes} M'_1 \xrightarrow[H(G)]{\sim} H(G) \underset{H(G')}{\otimes} M'_2$$

Il suffit évidemment à démontrer l'équation suivante :

$$(*) \qquad \tau(M'_1) = M'_2$$

Or, grâce au théorème 9.11. de [5], M'_1 est le $H(G'')$-socle du $H(G'')$-module $H(G) \underset{H(G')}{\otimes} M'_1$, tandis que M'_2 est le $H(G'')$-socle du $H(G'')$-module $H(G) \underset{H(G')}{\otimes} M'_2$. Parce que l'application τ est en particulier un isomorphisme de $H(G'')$-modules, l'équation $(*)$ est vérifiée.

4. Nous nous servirons du théorème précédent 3.1. surtout dans la situation particulière où tous les $H(G'')$-modules S_i de la famille ξ sont de dimension 1. Dans ce cas spécial, il est facile de déterminer les sous-groupes $\mathrm{Stab}_G(S_i)$ grâce à la :

4.1. Proposition : Soit $G'' \subset G$ un sous-groupe invariant du groupe infinitésimal G sur le corps k algébriquement clos de caractéristique positive p. Soit de plus S un $H(G'')$-module simple de dimension 1 et $\chi_S : G'' \longrightarrow \mu_k$ le caractère associé à la représentation S. Nous notons le noyau de χ_S dans G'' par K_S et le normalisateur de K_S dans G par $\mathrm{Norm}_G(K_S)$. Alors on a l'équation suivante :

$$\mathrm{Stab}_G(S) = \mathrm{Norm}_G(K_S).$$

Démonstration : Si $g \in G(R)$, $R \in M_k$, nous notons l'automorphisme intérieur induit par g sur le R-sous-groupe invariant $G'' \otimes_k R \subset G \otimes_k R$ du R-groupe $G \otimes_k R$ par :

$$\mathrm{Int}(g) : G'' \otimes_k R \longrightarrow G'' \otimes_k R .$$

Alors on déduit facilement de la définition du groupe $\mathrm{Stab}_G(S)$ (voir [5], 1.3) l'équation :

$$(*) \quad \mathrm{Stab}_G(S)(R) = \{g \in G(R) \mid \chi_S \otimes_k R \circ \mathrm{Int}(g) = \chi_S \otimes_k R\} \ \forall\, R \in M_k .$$

De l'équation (*) on obtient d'abord :

$$\mathrm{Norm}_G(K_S) \supset \mathrm{Stab}_G(S).$$

Considérons maintenant le dual de Cartier $D(G'')$ du groupe algébrique finie G''. L'opération à gauche canonique du sous-groupe $\mathrm{Norm}_G(K_S) \subset G$ sur le groupe invariant G'' au moyen des automorphismes intérieurs induit sur $D(G'')$ une opération à droite. Or on voit bien que le sous-groupe $D(G''\widetilde{/}K_S) \subset D(G'')$ est stable par rapport à cette opération. D'autre part le groupe infinitésimal $G''\widetilde{/}K_S$ est isomorphe à un sous-groupe de μ_k, d'où on obtient $G''\widetilde{/}K_S \xrightarrow{\sim} {}_{p^n}\mu_k$ pour un entier n convenable. De cet isomorphisme on déduit finalement : $D(G''\widetilde{/}K_S) \xrightarrow{\sim} (\mathbb{Z}/_{p^n}\mathbb{Z})_k$. Parce que la seule opération du groupe infinitésimal $\mathrm{Norm}_G(K_S)$ sur le groupe constant $(\mathbb{Z}/_{p^n}\mathbb{Z})_k$ est l'opération triviale, on obtient toujours à l'aide de l'équation (*) l'inclusion :

$$\mathrm{Norm}_G(K_S) \subset \mathrm{Stab}_G(S).$$

5. Pour démontrer le théorème 1.2. énoncé plus haut, nous avons besoin de quelques remarques, que nous résumons en deux lemmes :

5.1. Lemme : Soit G un groupe infinitésimal résoluble sur un corps k algébriquement clos de caractéristique positive, de sorte que le plus grand sous-groupe invariant unipotent $U(G)$ de G est trivial, i.e. : $U(G) = e_k$. Alors G opère sur un $H(G)$-module M fidèlement si et seulement si le centre multiplicatif $G^{(m)}$ de G opère fidèlement sur M.

Démonstration : Il est trivial, qu'une opération fidèle de G sur M implique une opération fidèle de $G^{(m)}$ sur M. Pour vérifier l'implication réciproque nous considérons le noyau N de l'homomorphisme canonique $\varsigma : G \longrightarrow GL(M)$, qui est associé à la structure d'un H(G)-module sur M. Si l'opération de G sur M n'était pas fidèle, le sous-groupe invariant N contiendrait un sous-groupe invariant minimal L de G. Parce que G est résoluble L est commutatif et ou bien unipotent ou bien multiplicatif. Mais le premier cas est exclu par l'hypothèse. Donc on obtient bien $L \subset G^{(m)}$ à cause de [1], chap. IV, §.1, 4.4. cela signifie que l'opération de $G^{(m)}$ sur M ne serait pas non plus fidèle.

5.2. Lemme : Soit G un groupe infinitésimal résoluble sur le corps k algébriquement clos de caractéristique positive. Donc G possède des représentations linéaires irréductibles fidèles si et seulement si G vérifie les deux conditions suivantes :

a) Le plus grand sous-groupe invariant unipotent U(G) de G est trivial, i.e. $U(G) = e_k$.

b) Le centre multiplicatif $G^{(m)}$ de G est isomorphe à un sous-groupe de μ_k, i.e. : $G^{(m)} \xrightarrow{\sim} {}_{p^n}\mu_k$ pour un entier n convenable.

Démonstration : Soit M un H(G)-module simple, tel que G opère sur M fidèlement.

Soit ${}^{U(G)}M \subset M$ le sous-espace de tous les éléments invariants sous l'opération de U(G) sur M. Grâce à la proposition 2.5., §.2, chap. IV de [1] on a ${}^{U(G)}M \neq \{0\}$. Or, à cause du fait, que U(G) est un sous-groupe invariant de G, le sous-espace ${}^{U(G)}M$ est un H(G)-sous-module de M, ce que donne la propriété a). Considérons d'autre part un caractère $\chi : G^{(m)} \longrightarrow \mu_k$, tel que le plus grand sous-espace $M_\chi \subset M$, sur lequel $G^{(m)}$ opère par rapport à χ est différent de $\{0\}$ (voir [1], chap. II, §.2 , n°2.5). Parce que $G^{(m)}$ est contenu dans le centre de G, M est un H(G)-sous-module de M, ce que donne la condition b).
Soit réciproquement G un groupe infinitésimal résoluble, de manière que les deux conditions a) et b) sont vérifiées. Ainsi il y a à cause de b) une représentation linéaire irréductible fidèle S de $G^{(m)}$, avec $\dim_k S = 1$.
Or, le théorème 2.2., §.1, chap. IV de [1] implique en connection avec le théorème 9.6 de [5], que tout H(G)-sous-module

simple T du H(G)-module induit $H(G) \otimes_{H(G^{(m)})} S$ est un $H(G^{(m)})$-module semi-simple, isotypique de type S. Du lemme 5.1 ci-dessus on déduit, que G opère fidèlement sur T.

6. Démonstration du théorème 1.2 : Nous procédons par récurrence sur l'ordre de G, i.e. : $\dim_K H(G)$. A cause de l'hypothèse de récurrence il suffit évidemment de regarder seulement les représentations linéaires irréductibles fidèles de G. Grâce au lemme 5.2 nous pouvons donc supposer, que G est un groupe infinitésimal résoluble, de sorte que les deux conditions a) et b) de 5.2 sont remplies. En outre, nous pouvons évidemment supposer, que $G^{(m)} \neq G$. Puis, il y a grâce au théorème 2.1 de Schue, un sous-groupe invariant commutatif $G'' \subset G$ contenant proprement le centre multiplicatif $G^{(m)}$ de G. Maintenant le groupe commutatif G" se décompose en produit direct :

$$G'' = U \times G^{(m)}$$

où U représente le plus grand sous-groupe unipotent dans G". Considérons ainsi le normalisateur $\mathrm{Norm}_G(U) = G'$ de U dans G. A cause de la condition a) en 5.2. on a évidemment $G' \neq G$. D'autre part, la proposition 4.1 implique qu'on a pour tout H(G")-module simple S, sur lequel $G^{(m)}$ opère par rapport à un caractère injectif, l'équation $\mathrm{Stab}_G(S) = G'$. Donc on déduit du théorème 3.1 en connection avec le lemme 5.1., que le foncteur $H(G) \otimes_{H(G')} ?$ induit une correspondance bijective à isomorphisme près, entre les H(G')-modules simples, sur lesquels $G^{(m)}$ opère par des caractères injectifs et les H(G)-modules simples, fidèles. Ce que termine la démonstration du théorème 1.2 et donne en même temps une méthode pour calculer toutes les représentations linéaires irréductibles d'un groupe infinitésimal et résoluble.

7. Exemple : Soit k comme d'habitude un corps de base algébriquement clos de caractéristique positive p. Nous dénotons pour la suite par

$$e : {}_{p}\alpha_k \times {}_{p}\alpha_k \longrightarrow {}_{p}\mu_k$$

le morphisme "bilinéaire" de foncteurs en groupes, qui est défini par l'équation suivante :

$e((x,y)) = \exp(x.y) = 1 + x.y + (xy)^2/2! + \ldots + (xy)^{p-1}/(p-1)!$

$$\forall x,y \in {}_p\alpha_k(R),\ R \in M_k \ .$$

Ce morphisme donne naissance à une opération du groupe ${}_p\alpha_k$ sur le produit direct des groupes ${}_p\mu_k \times {}_p\alpha_k$ par automorphismes de groupes

$$\tau : {}_p\alpha_k \times ({}_p\mu_k \times {}_p\alpha_k) \longrightarrow {}_p\mu_k \times {}_p\alpha_k$$

qui est décrite par l'équation :

$$\tau((y,(h,x))) = (h.\exp(y.x),x)$$

$$\forall x,y \in {}_p\alpha_k(R),\ h \in {}_p\mu_k(R),\ R \in M_k \ .$$

Considérons maintenant le produit semi-direct externe G de ${}_p\alpha_k$ par ${}_p\mu_k \times {}_p\alpha_k$ relativement à τ :

$$G = [{}_p\mu_k \times {}_p\alpha_k^{(1)}] \times_\tau {}_p\alpha_k^{(2)} \ .$$

(Nous utilisons les crochets [ ] pour marquer le facteur invariant du produit semi-direct G. Pour distinguer les deux facteurs du type ${}_p\alpha_k$ dans le produit ci-dessus, nous nous servons des exposants (1) et (2)). Notons sur ce point, que la loi de groupe du produit semidirect G est donnée par l'équation :

$$(h_1,x_1,y_1).(h_2,x_2,y_2) = (h_1.h_2.\exp(y_1.x_2),x_1 + x_2,y_1 + y_2)$$

$$\forall x_1,x_2,y_1,y_2 \in {}_p\alpha_k(R),\ h_1,h_2 \in {}_p\mu_k(R),\ R \in M_k \ .$$

On voit facilement, que le groupe G possède les propriétés a) et b) du lemme 5.2. De plus il est bien clair, qu'on a l'équation :

$$\mathrm{Norm}_G({}_p\alpha_k^{(1)}) = G'$$

où G' signifie le sous-groupe invariant $[{}_p\mu_k \times {}_p\alpha_k^{(1)}]$ du groupe G. Remarquons en outre, que toutes les représentations linéaires irréductibles de G' sont de dimension 1. De ce fait elles correspondent bijectivement aux caractères de ${}_p\mu_k$ c'est-à-dire aux éléments du groupe $\mathcal{D}({}_p\mu_k)(k) \xrightarrow{\sim} \mathbb{Z}/_p\mathbb{Z} = \mathbb{F}_p^+$. Nous notons le H(G')-module simple correspondant à l'élément $\lambda \in \mathbb{F}_p^+$ par D_λ . Alors on déduit des remarques du paragraphe précédent, qu'on a à côté de la représentation irréductible triviale de G précisément (p-1) représentations linéaires irréductibles W_λ, $\lambda \in \mathbb{F}_p^* = \mathbb{F}_p - \{0\}$ de dimension p, qui sont toutes fidèles et vérifient de plus les relations suivantes :

$$W_\lambda \xrightarrow[H(G)]{\sim} H(G) \underset{H(G')}{\otimes} D_\lambda \qquad \forall \lambda \in \mathbb{F}_p - \{0\} .$$

Pour calculer explicitement les représentations linéaires, irréductibles W_λ du groupe infinitésimal résoluble G nous devons d'abord donner une description explicite de l'algèbre du groupe G. Or, G étant un groupe infinitésimal de hauteur ≤ 1, on obtient l'isomorphisme canonique :

$$\mathbb{U}^{[p]}(\mathrm{Lie}(G)) \xrightarrow{\sim} H(G)$$

(voir [1], chap. II, §.7). Pour déterminer $\mathbb{U}^{[p]}(\mathrm{Lie}(G))$ nous définissons les trois éléments $X, Y, H \in \mathrm{Lie}(G)$ par des équations suivantes :

$H = (1 + \varepsilon, 0, 0) \in G(k[\varepsilon])$, $X = (1, \varepsilon, 0) \in G(k[\varepsilon])$

$Y = (1, 0, \varepsilon) \in G(k[\varepsilon])$

(voir [1], chap. II, §.4 pour les notations). On vérifie maintenant facilement les équations suivantes, qui déterminent la structure d'une p-algèbre de Lie sur l'espace vectoriel Lie(G) :

1) $\mathrm{Lie}(G) = kH \oplus kX \oplus kY$,
2) $X^{[p]} = 0 = Y^{[p]}$
3) $H^{[p]} = H$,
4) $[H,X] = 0 = [H,Y]$,
5) $[Y,X] = H$

De ces équations nous obtenons une application k-linéaire bijective :

$$\tau : \mathbb{U}^{[p]}(kY) \underset{k}{\otimes} \mathbb{U}^{[p]}(kH \oplus kX) \xrightarrow{\sim} \mathbb{U}^{[p]}(\mathrm{Lie}(G))$$

avec

$$\tau(u \otimes v) = u.v \quad \forall u \in \mathbb{U}^{[p]}(kY),\ v \in \mathbb{U}^{[p]}(kH \oplus kX) .$$

L'application k-linéaire τ devient un isomorphisme de k-algèbres, quand on muni l'espace vectoriel

$$\mathbb{U}^{[p]}(kY) \underset{k}{\otimes} \mathbb{U}^{[p]}(k\,H \oplus k\,X)$$

d'une multiplication donné par :

1) $v \otimes 1.1 \otimes u = v \otimes u \quad \forall v \in \mathbb{U}^{[p]}(kY),\ u \in \mathbb{U}^{[p]}(k\,H \oplus k\,X)$

2) $v \otimes 1.w \otimes 1 = v.w \otimes 1 \quad \forall v, w \in \mathbb{U}^{[p]}(kY)$

3) $1 \otimes u.1 \otimes q = 1 \otimes u,q \quad \forall u,q \in \mathbb{U}^{[p]}(k\,H \oplus k\,X)$

4) $1 \otimes u.Y \otimes 1 = Y \otimes u + 1 \otimes ad(-Y)(u) \quad \forall u \in \mathbb{U}^{[p]}(k\,H \oplus k\,X)$

Dans la quatrième équation nous avons dénoté comme d'habitude par $ad(-y)$ l'application k-linéaire :

$$ad(-Y) : \mathbb{U}^{[p]}(Lie(G)) \longrightarrow \mathbb{U}^{[p]}(Lie(G))$$

définie par

$$ad(-Y)(u) = -Yu + uY \qquad \forall u \in \mathbb{U}^{[p]}(Lie(G))$$

restreinte à la sous-algèbre $\mathbb{U}^{[p]}(k\,H \oplus k\,X)$, qui est évidemment stable sous $ad(-Y)$. Définissant de plus les applications k-linéaires

$$R_Y : \mathbb{U}^{[p]}(Lie(G)) \text{---} \mathbb{U}^{[p]}(Lie(G)) \quad \text{et} \quad L_Y : \mathbb{U}^{[p]}(Lie(G)) \text{---} \mathbb{U}^{[p]}(Lie(G))$$

par

$$R_Y(u) = uY \quad \text{et} \quad L_Y(u) = Y.u \quad \forall u \in \mathbb{U}^{[p]}(Lie(G))$$

on obtient visiblement les équations :

$$R_Y = L_Y + ad(-Y) \quad \text{et} \quad L_Y \circ ad(-Y) = ad(-Y) \circ L_Y .$$

D'où on déduit en utilisant l'équation 4) ci-dessus :

5) $$(1 \otimes u).(Y^n \otimes 1) = \sum_{0 \leq i \leq n} \binom{n}{i} Y^i \otimes ad(-Y)^{n-i}(u)$$

$$\forall 1 \leq n \leq p-1,\ u \in \mathbb{U}^{[p]}(k\,H \oplus k\,X)$$

Pour $u = X$ on obtient finalement de l'équation 5) :

6) $$(1 \otimes X).(Y^n \otimes 1) = Y^n \otimes X - nY^{n-1} \otimes H \quad \forall 1 \leq n \leq p-1 .$$

Pour calculer les représentations $W_\lambda = H(G) \underset{H(G')}{\otimes} D_\lambda$ nous remarquons d'abord que l'opération de la p-sous-algèbre de Lie $(k.H \oplus k.X) \subset \mathrm{Lie}(G)$ sur D_λ est donnée par les équations :

$$X.e = 0, \quad H.e = \lambda e$$

où $e \in D_\lambda$ désigne un élément $\neq 0$. Utilisant l'isomorphisme canonique

$$\theta : \mathbb{U}^{[p]}(kY) \underset{k}{\otimes} \mathbb{U}^{[p]}(kH \oplus kX) \underset{\mathbb{U}^{[p]}(kH \oplus kX)}{\otimes} D_\lambda \xrightarrow{\sim} \mathbb{U}^{[p]}(kY) \underset{k}{\otimes} D_\lambda$$

défini par l'équation

$$\theta(u \otimes v \otimes d) = u \otimes v.d \quad \forall u \otimes v \in \mathbb{U}^{[p]}(kY) \otimes \mathbb{U}^{[p]}(kH \otimes kX) \ , \ d \in D_\lambda$$

on obtient une base du k-espace vectoriel W_λ en posant :

$$f_o = 1 \otimes e \ , \ f_1 = Y \otimes e, \ldots, f_{p-1} = Y^{p-1} \otimes e$$

Par rapport à cette base l'opération de $\mathrm{Lie}(G) = KX \oplus KH \oplus KY$ sur W_λ est décrite par les équations :

$$Y.f_i = f_{i+1} \quad \forall 0 \leq i < p-1 \ , \quad Y.f_{p-1} = 0$$

$$X.f_i = -\lambda.i.f_{i-1} \quad \forall 0 < i \leq p-1 \ , \quad X.f_o = 0$$

$$H.f_i = \lambda.f_i \quad \forall 0 \leq i \leq p-1.$$

En d'autres termes : Si on identifie l'espace vectoriel W_λ avec l'espace vectoriel de l'algèbre quotient $k[T]/(T^p)$, l'élément $Y \in \mathrm{Lie}(G)$ opère sur $k[T]/(T^p)$ au moyen de la multiplication par T, l'élément $X \in \mathrm{Lie}(G)$ opère sur $k[T]/(T^p)$ au moyen de la dérivation $-\lambda \frac{d}{dT}$, tandis que $H \in \mathrm{Lie}(G)$ opère sur $k[T]/(T^p)$ au moyen de la multiplication par λ (voir [5], 2.33). Pour obtenir les représentations matricielles de G correspondantes aux H(G)-modules W_λ on utilise le morphisme de Dirac : $\delta : G \longrightarrow H(G)$, qui est donné dans le cas considéré par :

$$\delta((h,x,y)) = (1-H^{p-1} - \sum_{\lambda \in \mathbb{F}_p - \{0\}} (h^\lambda . \sum_{1 \leq j \leq p-1} (\lambda^{-1}.H)^j)).\exp(x.X).\exp(y,Y)$$

$$\forall (h,x,y) \in G(R), \ R \in M_k .$$

Dans cette formule nous avons posé h^λ pour h^ℓ, où $\ell \in \mathbb{Z}$ est un représentant de $\lambda \in \mathbb{Z}/p\mathbb{Z}$. Evidemment cette définition ne dépend que de la classe $\ell + p\mathbb{Z}$.

(Pour la formule ci-dessus voir [5], 2.61). En appliquant cette formule en cas d'un corps de base de caractéristique p=3 on obtient à côté de la représentation irréductible triviale les deux représentations linéaires irréductibles.

$$\rho_1 : G \longrightarrow GL_3 \quad \text{et} \quad \rho_{-1} : G \longrightarrow GL_3$$

qui sont données par les équations :

$$\rho_1((h,x,y)) = h.\begin{bmatrix} 1-xy-x^2y^2 & -x+x^2.y & x^2 \\ y-x\,y^2 & 1+x\,.y & x \\ -y^2 & y & 1 \end{bmatrix}$$

$$\rho_{-1}((h,x,y)) = h^2.\begin{bmatrix} 1+\ x.y-x^2y^2 & x+x^2.y & x^2 \\ y+xy^2 & 1-x\,.y & -x \\ -y^2 & y & 1 \end{bmatrix}$$

$$\forall (h,x,y) \in [{}_p\mu_k \times {}_p\alpha_k^{(1)}] \times {}_p\alpha_k^{(2)}\ (R),\ R \in M_k$$

8.1. Exemple : La méthode du numéro 5 ci-dessus pour calculer les représentations linéaires irréductibles d'un groupe G infinitésimal résoluble est aussi applicable en caractéristique 2, si G est hyper-résoluble. En fait, sous cette hypothèse le théorème de Schue est toujours vrai sans aucune restriction concernant la caractéristique du corps de base (voir [5], théorème 2.4). Nous allons maintenant construire un tel exemple en caractéristique $p=2$ de hauteur ≥ 2 et calculer ses représentations irréductibles linéaires.
Soit donc k un corps algébriquement clos de caractéristique $p=2$. Nous considérons d'abord sur k le groupe commutatif, unipotent infinitésimal ${}_1W_2$ donné comme foncteur par l'équation :

$${}_1W_2(R) = \{(x_o,x_1) \in R^2 \mid x_o^2 = 0 = x_1^2\} \quad \forall R \in M_k$$

avec la loi de groupe

$$(x_o,x_1).(y_o,y_1) = (x_o+y_o, x_1+y_1+x_o.y_o)$$

$$\forall (x_o,x_1)\ ;\ (y_o,y_1) \in {}_1W_2(R)\ ;\ R \in M_k$$

De [1], chap. II, §2, 2.6 on déduit, qu'on a un isomorphisme canonique

$$\theta : {}_1W_2 \longrightarrow D({}_{p^2}\alpha_k)$$

défini par l'équation suivante :

$$\theta((x_o,x_1))(\xi) = \exp(x_o.\xi).\exp(x_1.\xi^2) \qquad \forall (x_o,x_1)\in {}_1W_2(R)$$

$$\xi \in {}_{p^2}\alpha_k(S) \;;\; S\in M_R \;;\; R\in M_k$$

(voir [1], chap. V, §4, n°4 pour les détails).

8.2. Considérons maintenant l'opération du groupe ${}_1W_2$ sur le produit direct ${}_{p^2}\mu_k \times {}_{p^2}\alpha_k$ par automorphismes de groupes :

$$\tau : {}_1W_2 \times ({}_{p^2}\mu_k \times {}_{p^2}\alpha_k) \longrightarrow ({}_{p^2}\mu_k \times {}_{p^2}\alpha_k)$$

donnée par l'équation suivante :

$$\tau(((x_o,x_1),(m,a))) = (m.\exp(x_o.a).\exp(x_1.a^2),a)$$

$$\forall (x_o,x_1)\in {}_1W_2(R),\; m\in {}_{p^2}\mu_k(R), a\in {}_{p^2}\alpha_k(R) \;,\; R\in M_k \;.$$

Sous cette opération τ le premier noyau de Frobenius ${}_p\mu_k \times {}_p\alpha_k \subset {}_{p^2}\mu_k \times {}_{p^2}\alpha_k$ du groupe ${}_{p^2}\mu_k \times {}_{p^2}\alpha_k$ est visiblement stable et l'opération induite sur le groupe quotient

$$({}_{p^2}\mu_k \times {}_{p^2}\alpha_k)/({}_p\mu_k \times {}_p\alpha_k) \xrightarrow{\sim} {}_p\mu_k \times {}_p\alpha_k$$

est évidemment triviale. Donc on obtient une suite exacte en groupes infinitésimaux commutatifs munis de ${}_1W_2$-opération :

$$(*) \quad 0 \longrightarrow {}_p\mu_k \times {}_p\alpha_k \longrightarrow {}_{p^2}\mu_k \times {}_{p^2}\alpha_k \longrightarrow ({}_p\mu_k \times {}_p\alpha_k)_o \longrightarrow 0$$

où $({}_p\mu_k \times {}_p\alpha_k)_o$ désigne le groupe ${}_p\mu_k \times {}_p\alpha_k$ muni de la ${}_1W_2$-opération triviale.

Or, d'après [1], chap. III, §6 on déduit de $(*)$ la suite exacte :

$$(**)\; 0 \to \mathrm{Ex}^o({}_1W_2 \,;\, {}_p\mu_k \times {}_p\alpha_k) \to \mathrm{Ex}^o({}_1W_2 \,;\, {}_{p^2}\mu_k \times {}_{p^2}\alpha_k) \to \mathrm{Ex}^o({}_1W_2 \,;\, ({}_p\mu_k \times {}_p\alpha_k)_o) \xrightarrow{\partial}$$

$$\widetilde{\mathrm{Ex}}^1({}_1W_2, {}_p\mu_k \times {}_p\alpha_k) \to \widetilde{\mathrm{Ex}}^1({}_1W_2, {}_{p^2}\mu_k \times {}_{p^2}\alpha_k) \to \widetilde{\mathrm{Ex}}^1({}_1W_2 \,;\, ({}_p\mu_k \times {}_p\alpha_k)_o)$$

Considérons maintenant l'élément

$$S \in Ex^o({}_1W_2, ({}_p\mu_k \times {}_p\alpha_k)_o) = Gr({}_1W_2, {}_p\mu_k \times {}_p\alpha_k)$$

donné par l'équation suivante :

$$S((x_o,x_1)) = (1,x_o) \qquad \forall (x_o,x_1) \in {}_1W_2(R),\ R \in M_k \ .$$

D'après la définition donnée pour le morphisme ∂ en [1], chap. III, §6, on obtient la description suivante pour le groupe G associé à l'extension $\partial(S)$:

$$G(R) = \{(\xi_1, \xi_2, \xi_3) \in R^3 \mid \xi_1^4 = 0 = \xi_2^2 \ , \xi_3^2 = 1\} \qquad \forall R \in M_k$$

avec la loi de groupe

$$(\xi_1,\xi_2,\xi_3).(\eta_1,\eta_2,\eta_3) = (\xi_1+\eta_1, \xi_2+\eta_2+\xi_1^2.\eta_1^2, \xi_3.\eta_3.\exp(\xi_1^2.\eta_1).\exp(\xi_2.\eta_1^2))$$

$$\forall (\xi_1,\xi_2,\xi_3),(\eta_1,\eta_2,\eta_3) \in G(R),\ R \in M_k \ .$$

8.3. Considérons maintenant le sous-groupe invariant G'', qui est donné par l'équation

$$G''(R) = \{(\xi_1,\xi_2,\xi_3) \in G(R) \mid \xi_1 = 0\} \qquad \forall R \in M_k \ .$$

On a évidemment $G'' \xrightarrow{\sim} {}_p\alpha_k \times {}_p\mu_k$. Nous dénotons comme d'habitude le plus grand sous-groupe unipotent de G'' par $G''^{(u)}$ et le plus grand sous-groupe multiplicatif de G'' par $G''^{(m)}$.

On voit bien, qu'il y a une suite exacte en groupes algébriques finis :

$$e_k \longrightarrow G'' \xrightarrow{\ i\ } G \xrightarrow{\ q\ } {}_{p^2}\alpha_k \longrightarrow e_k$$

avec $q((\xi_1,\xi_2,\xi_3)) = \xi_1 \quad \forall (\xi_1,\xi_2,\xi_3) \in G(R),\ R \in M_k$ et i = inclusion.

L'opération canonique du groupe quotient $\widetilde{G/G''} \xrightarrow{\sim} {}_{p^2}\alpha_k$ sur le sous-groupe invariant, commutatif G'' par automorphismes intérieurs est obtenue de l'équation :

$$(\xi_1,0,1).(0,\eta_2,\eta_3).(\xi_1,0,1)^{-1} = (0,\eta_2,\eta_3.\exp(\xi_1^2.\eta_2))$$

$$\forall (\xi_1,0,1) \ ; \ (0,\eta_2,\eta_3) \in G(R),\ R \in M_k \ .$$

En conséquence on déduit pour le normalisateur $G' = \mathrm{Norm}_G(G''^{(u)})$ l'équation :

$$G'(R) = \{(\xi_1,\xi_2,\xi_3) \in G(R) \mid \xi_1^2 = 0\} \qquad \forall R \in M_k \ .$$

Parce qu'on a évidemment un isomorphisme de groupes $G' \xrightarrow{\sim} {}_p\alpha_k \times {}_p\alpha_k \times {}_p\mu_k$ les représentations irréductibles de G' correspondent bijectivement aux deux caractères χ_o, χ_1 de ${}_p\mu_k$. Soit χ_o le caractère trivial de ${}_p\mu_k$. Parce que le groupe quotient $\widetilde{G/G''^{(m)}}$ est visiblement unipotent le centre multiplicatif $G^{(m)} = G''^{(m)}$ de G opère sur tout $H(G)$-module simple non-trivial au moyen de χ_1. En utilisant les remarques du paragraphe 5 ci-dessus on déduit qu'il y a un seul $H(G)$-module simple non-trivial, à savoir

$$M_1 = H(G) \underset{H(G')}{\otimes} D_1$$

où D_1 dénote le $H(G')$-module de dimension 1 associé au caractère χ_1.

8.4. Pour calculer explicitement la représentation linéaire de G associée au $H(G)$-module simple $M_1 = H(G) \underset{H(G')}{\otimes} D_1$, nous construisons d'abord l'algèbre $H(G)$ du groupe G. Parce que le schéma fini G est un produit de trois schémas infinitésimaux :

$$G = {}_{p^2}\alpha_k \times {}_p\alpha_k \times {}_p\mu_k$$

on obtient un isomorphisme d'espaces vectoriels

$$H(G) \xrightarrow{\sim} k[T_o,T_1]/(T_o^2,T_1^2) \underset{k}{\otimes} k[T_o]/(T_o^2) \underset{k}{\otimes} k^2$$

de manière que le morphisme de Dirac $\delta : G \longrightarrow H(G)$ est donné par

$$\delta((\xi_1,\xi_2,\xi_3)) = \delta_1(\xi_1) \otimes \delta_2(\xi_2) \otimes \delta_3(\xi_3) \quad \forall (\xi_1,\xi_2,\xi_3) \in G(R) \qquad R \in M_k$$

Dans cette équation nous avons posé

$$\delta_1 : {}_{p^2}\alpha_k \longrightarrow k[T_o,T_1]/(T_o^2,T_1^2) \quad \text{avec} \quad \delta_1(\xi_1) = \exp(\bar{T}_o.\xi_1).\exp(\bar{T}_1.\xi_1^2)$$
$$\forall \xi_1 \in {}_{p^2}\alpha_k(R),\ R \in M_k$$

$$\delta_2 : {}_p\alpha_k \longrightarrow k[T_o]/(T_o^2) \quad \text{avec} \quad \delta_2(\xi_2) = \exp(\bar{T}_o.\xi_2)$$
$$\forall \xi_2 \in {}_p\alpha_k(R),\ R \in M_k$$

$$\delta_3 : {}_p\mu_k \longrightarrow k^2 \quad \text{avec} \quad \delta_3(\xi_3) = e_o + \xi_3.e_1,\ e_o = (1,0),\ e_1 = (0,1) \in k^2$$
$$\forall \xi_3 \in {}_p\mu_k(R),\ R \in M_k .$$

Parce que le sous-schéma

$$G' = {}_p\alpha_k \times {}_p\alpha_k \times {}_p\mu_k \subset {}_{p^2}\alpha_k \times {}_p\alpha_k \times {}_p\mu_k = G$$

est un sous-groupe de G, le sous-espace associé à G' :

$$H(G') = k[T_o]/(T_o^2) \underset{k}{\otimes} k[T_o]/(T_o^2) \underset{k}{\otimes} k^2 \subset k[T_o,T_1]/(T_o^2,T_1^2) \underset{k}{\otimes} k[T_o]/(T_o^2) \underset{k}{\otimes} k^2 = H(G)$$

devient une sous-algèbre de $H(G)$, quand on muni $k[T_o]/(T_o^2) \underset{k}{\otimes} k[T_o]/(T_o^2) \underset{k}{\otimes} k^2$

de sa structure d'algèbre canonique.
Pour finir la description de la structure d'algèbre sur l'espace vectoriel $H(G)$, nous introduisons les abréviations suivantes :

$$\tau_o = \bar{T}_o \otimes 1 \otimes 1 \ ; \ \tau_1 = \bar{T}_1 \otimes 1 \otimes 1 \ ; \tau_{0,1} = \bar{T}_o.\bar{T}_1 \otimes 1 \otimes 1 \ ; \ t_o = 1 \otimes \bar{T}_o \otimes 1$$

$$e_o = 1 \otimes 1 \otimes e_o \ ; \ e_1 = 1 \otimes 1 \otimes e_1 \ ; \ 1 = 1 \otimes 1 \otimes 1 \ .$$

Remarquons d'abord, que le sous-groupe invariant ${}_p\mu_k \subset {}_{p^2}\alpha_k \times {}_p\alpha_k \times {}_p\mu_k = G$ est contenu dans le centre de G. De ce fait on obtient, que la sous-algèbre associée $H({}_p\mu_k) \subset H(G)$ est contenue dans le centre de $H(G)$. En particulier les éléments e_o, $e_1 \in H(G)$ sont contenus dans le centre de $H(G)$.
On vérifie facilement (?), que les éléments $\{1 \ ; \ \tau_1\}$ forment une base du $H(G')$-module à droite $H(G)$ de sorte que les équations suivantes sont vérifiées :

1) $t_o.\tau_1 = \tau_1.t_o + e_1$

2) $\tau_o.\tau_1 = \tau_1.\tau_o + e_1$

3) $\tau_1.\tau_1 = \tau_o.e_1 + t_o$.

Utilisant les équations:

4) $\tau_o.\tau_1 = \tau_{0,1}$

5) $(u \otimes 1 \otimes 1).(1 \otimes v \otimes w) = u \otimes v \otimes w \qquad \forall u \in k[T_o,T_1]/(T_o^2,T_1^2)$

$$v \otimes w \in k[T_o]/(T_o^2) \underset{k}{\otimes} k^2$$

on obtient pour le morphisme de Dirac $\delta : G \longrightarrow H(G)$ l'expression

6)
$$\begin{aligned}\delta((\xi_1,\xi_2,\xi_3)) = {} & e_o+(\xi_3+\xi_1^2.\xi_3)e_1 + \xi_2.t_o.e_o + (\xi_2\xi_3+\xi_1^3\xi_2\xi_3)t_o\,e_1 \\ & +\xi_1\tau_o e_o + \xi_1\xi_3\tau_o e_1 + \xi_1\xi_2\tau_o t_o e_o + \xi_1\xi_2\xi_3\tau_o t_o e_1 \\ & +\xi_1^2\tau_1 e_o + \xi_1^2\xi_3\tau_1 e_1 + \xi_1^2\xi_2\tau_1 t_o e_o + \xi_1^2\xi_2\xi_3\tau_1 t_o e_1 \\ & +\xi_1^3\tau_1\tau_o e_o + \xi_1^3\xi_3\tau_1\tau_o e_1 + \xi_1^3\xi_2\tau_1\tau_o t_o e_o + \xi_1^3\xi_2\xi_3\tau_1\tau_o t_o e_1\end{aligned}$$

$$\forall(\xi_1,\xi_2,\xi_3) \in G(R) \ ; \ R \in M_k$$

Soit $v \in D_1$ un élément $\neq 0$. Donc l'opération de $H(G') = k[\tau_o,t_o,e_o,e_1] \subset H(G)$ sur D_1 est décrite par les équations suivantes :

7) $\tau_o.v = t_o.v = e_o.v = 0$

8) $e_1.v = v$.

En utilisant les équations 1), 2), 3), 6), 7), 8) nous obtenons finalement le résultat :

Par rapport à la base $\left\{ f_1 = 1 \underset{H(G')}{\otimes} v_o,\ f_2 = t_1 \underset{H(G')}{\otimes} v_o \right\}$ l'opération de G sur $H(G) \underset{H(G')}{\otimes} D_1$ est donnée par

$$\rho((\xi_1,\xi_2,\xi_3)) = \xi_3 \cdot \begin{bmatrix} 1+\xi_1^3 & \xi_1+\xi_2(1+\xi_1^3) \\ \xi_1^2 & 1+\xi_1^2.\xi_2 \end{bmatrix}$$

$$\forall(\xi_1,\xi_2,\xi_3) \in G(R),\ R \in M_k$$

BIBLIOGRAPHIE

1. DEMAZURE, M., GABRIEL, P. : Groupes algébriques. Tome 1.
Paris, Amsterdam : Masson 1970.

2. HUPPERT, B. : Endliche Gruppen I.
Berlin, Heidelberg, New York : Springer 1967.

3. SCHUE, J. : Représentations of Solvable Lie p-Algebras.
J. algebra 38, 253-267 (1976).

4. STRADE, H. : Darstellungen auflösbarer Lie-p-Algebren.
Math. Ann. 232, 15-32 (1978).

5. VOIGT, D. : Induzierte Darstellungen in der Theorie der endlichen, algebraischen Gruppen.
Lecture Notes in Mathematics 592.
Berlin, Heidelberg, New York : Springer 1977.

Detlef Voigt
Fakultät für Mathematik
Universität Bielefeld
Bundesrepublik Deutschland

Manuscrit remis le
20 Novembre 1978

THE IRREDUCIBLE REPRESENTATIONS OF THE WEYL ALGEBRA A_1

by

Richard E. Block

1 - Introduction

Let F be an algebraically closed field of characteristic 0. The Weyl algebra $A_1 = A_1(F)$ is the algebra (associative with 1) over F with generators p,q subject to the relation $pq - qp = 1$; A_1 is isomorphic to the algebra of formal differential operators (in one variable) with polynomial coefficients.

The irreducible representations of A_1 are important in several areas of mathematics, especially Lie algebras. The (infinite-dimensional) irreducible representations of a (finite-dimensional) nonabelian Lie algebra L (over F) had not been determined, until the present work, for even a single L. The "simplest" such L is the 3-dimensional Heisenberg Lie algebra with basis x,y,z where $[x,y] = z$, $[x,z] = [y,z] = 0$. In an irreducible representation of dimension > 1 of this algebra, z is represented by a nonzero scalar, say α, and the representation corresponds to an irreducible representation of the quotient $U(L)/(z-\alpha)$ of the universal enveloping algebra of L. But this latter quotient is just a copy of A_1.

Here is an irreducible representation ρ of A_1, acting on the space $F[x]$ of polynomials: $p \to d/dx$, $q \to$ multiplication by x. If σ is any automorphism of A_1 (and the automorphism group of A_1 has been determined by Dixmier [4]) then $\rho\sigma$ is also an irreducible representation of A_1. But a vast collection of other irreducible representations has been found by Dixmier [3,4,5], McConnell and Robson [8] and Bamba [1,2], and a determination of all the irreducible representations had long seemed hopeless.

Before giving my solution to this problem, let me mention a more classical situation where the irreducible representations of a ring D are regarded as known. Let D be a (not necessarily commutative) principal ideal domain. An example of such which is crucial for our purposes is the ring B which is the localization of A at the set of nonzero polynomials in q. We may write $A = A_1 = F[q][p]$, the ring of noncommutative polynomials in p with coefficients in the polynomial ring $F[q]$ where $pf-fp = f' = df/dq$ for each $f \in F[q]$; then $B = F(q)[p]$, constructed like A but with $F[q]$ replaced by the field of rational functions $F(q)$. The irreducible representations of D are determined as follows [9], [6], [7]: If $b \in D$ then the D-module D/Db is simple if and only if b is irreducible, and this gives all the simple D-modules (up to isomorphism). There is an equivalence relation, similarity, on D which is defined in terms of factorization in D (namely, elements $a,b \in D$ are called similar if there exists $c \in D$ such that $(b,c) = 1$ and $a = u[b,c]c^{-1}$ where u is a unit and (b,c), $[b,c]$ denote respectively the left g.c.d. and left l.c.m. of b and c, which exist; thus in the commutative case "similar" equals "associate"); for $b,c \in D$, b and c are similar if and only if $D/Db \cong D/Dc$. Thus the equivalence classes of irreducible representations of D correspond to the similarity classes of irreducible elements. (For the ring B, which is isomorphic to the ring of formal differential operators with rational function coefficients, such considerations go back at least a century - in particular elements of B are similar if and only if the differential equations they define are equivalent in the sense of Poincaré.)

I shall now describe my classification of the irreducible representations of $A = A_1 = F[q][p]$. Regard A as embedded in $B = F(q)[p]$, and for each $0 \neq b \in B$, write $M(b)$ for the A-module $A/A \cap Bb$. If $\beta \in F$ then Dixmier [5] has shown that the A-module $A/A(qp+\beta)$ is simple if and only if $\beta \notin \mathbb{Z}$. It can be shown that $M(qp+\beta)$ is simple if and only if $\beta \notin \mathbb{Z}^+$ (the positive integers); in this case we shall say that $b = qp + \beta$ is <u>preserving</u>, which is thus equivalent to saying that the polynomial $\theta_{0,b}(\lambda) = -\lambda + \beta$ has no root in $\mathbb{Z}^+$. For more general $b \in A$ we shall define a certain family of polynomials $\theta_{\alpha,b}(\lambda)$ ($\alpha \in F$) and call b preserving if no member of a certain finite subfamily of these (in fact, those for which α is a root of the highest coefficient of b) has a root in $\mathbb{Z}^+$.

For $\alpha \in F$, write $(F[p], q-\alpha = -d/dp)$ for the A-module of polynomials in p with p acting by multiplication and q as indicated. It is well-known that this module is simple and is the unique module (up to isomorphism) for which α is an eigenvalue for q. Postponing for the moment the definition of the polynomials $\theta_{\alpha,b}(\lambda)$ (and hence of preserving) we now state our main results on the irreducible representations of A .

Theorem 1. *If* $b \in A$ *is irreducible in* B *and preserving then* $M(b) = A/A\cap Bb$ *is simple*.

This result gives lots of simple modules. What is amazing is that it gives enough, as the following result shows.

Theorem 2. *If* M *is a simple* A*-module then either* $M \cong (F[p], q-\alpha = -d/dp)$ *for some* $\alpha \in F$ *or* $M \cong M(b)$ *for some* $b \in A$ *which is irreducible in* B *and preserving*.

Theorem 3. *Suppose* $a,b \in A$ *and* $M(a), M(b)$ *are simple. Then* $M(a) \cong M(b)$ *if and only if* a *and* b *are similar* (*in* B) .

If $a,b \in B$ are similar and a is irreducible then so is b . Moreover we can state the following lemma (which is used in the proof of Theorem 2).

Lemma 1. *Suppose* $0 \neq b \in B$. *Then there exists* $h \in F[q]$ *such that* bh^{-1} *is preserving*.

Since it is obvious that if $M(a)$ is simple and $\alpha, \beta \in F$ with $\alpha \neq \beta$ then no two of $M(a)$, $(F[p], q-\alpha = -d/dp)$, $(F[p], q-\beta = d/dp)$ are isomorphic, we thus have the following classification of the simple A-modules.

Corollary. *Let* $S \subseteq A$ *be a set of preserving representatives of the similarity classes of irreducible elements of* B (*such* S *exists*). *Then a simple* A*-module is isomorphic to one and only one in the following list of simple* A*-modules*:

$$\{(F[p], q-\alpha = -d/dp) \mid \alpha \in F\} \cup \{M(b) \mid b \in S\} .$$

The time has come to define preserving. For any $\alpha \in F$ we denote by μ_α the valuation of $F(q)$ corresponding to $q-\alpha$; thus if $0 \neq h \in F(q)$ then $h = (q-\alpha)^{\mu_\alpha(h)} f$ where $f \in F(q)$ with numerator and denominator prime to $q-\alpha$. We extend μ_α to a function, also denoted by μ_α , on B as follows: If $b = b_r p^r + \cdots + b_o \in B$ then

$$\mu_\alpha(b) = \min\{\mu_\alpha(b_i) - i \mid i \geq 0\} .$$

Also for the above b , and $\alpha \in F$, we define the polynomial

$$\theta_{\alpha,b}(\lambda) = \Sigma_{j=o}^{r}\{((q-\alpha)^{-\mu_\alpha b-j} b_j)(\alpha)\}(-1)^j \lambda(\lambda+1)\cdots(\lambda+j-1) .$$

Thus $\theta_{\alpha,b}(\lambda) \in F[\lambda]$. Note that $\mu_\alpha(b_j) \geq j + \mu_\alpha(b)$, so that the evaluation at α of the $j^{\underline{th}}$ term makes sense. If i is the highest integer such that $\mu_\alpha(b_i) - i = \mu_\alpha(b)$ then $\theta_{\alpha,b}(\lambda)$ has degree i .

For $b \in B$ and $\alpha \in F$ we say that b is α-preserving if $\theta_{\alpha,b}$ has no root in $\mathbb{Z}^+$, and we say that b is preserving if b is α-preserving for all $\alpha \in F$. In determining whether b is preserving it suffices to consider a certain finite set of α , as follows: If $0 \neq h \in F(q)$, it is easy to see that b is α-preserving if and only if hb is α-preserving; and if $hb \in A$ then b is preserving if b is α-preserving for every root α of the highest coefficient of hb , since if $hb_r(\alpha) \neq 0$ then $\mu_\alpha(hb) = -r$, $\mu_\alpha(hb_j) > j + \mu_\alpha(hb)$ for $j < r$, and $\theta_{\alpha,hb}(\lambda) = hb_r(\alpha)(-1)^r\lambda \cdots (\lambda+r-1)$.

2 - Ideals of A intersecting F[q]

The proofs of all the above results will be given elsewhere; however, I want to record below a different proof of Theorem 1. The proof given below is the way I originally obtained the result, and involves some ideas which seem of interest in their own right and may be of use in further investigations on modules over A or even over A_n .

To prove Theorem 1, it suffices to show that the left ideal $A \cap Bb$ is maximal. Suppose $J \neq A$ in a left ideal properly containing $A \cap Bb$. We will show that this implies $J \cap F[q] \neq 0$. Note that in B we have a division algorithm with respect to degree (where deg b = r if $b = b_r p^r + \cdots + b_o$, $b_r \neq 0$), and this implies that if $a,b \in A$, $b \neq 0$, then there exist $h,d,e \in A$, with $0 \neq h \in F[q]$, deg e < deg b and ha = db + e . Now take $0 \neq d \in J$ with d of minimal degree (in particular, deg d $\leq$ deg b). Divide b by d : hb = ad + c ; by the minimality of deg d, c = 0 Since b is irreducible in B and $0 \neq h \in F[q]$, hb = ad implies that either deg d = deg b or $d \in F[q]$. If deg d = deg b we may replace d by b ; then for $a \in J$, divide by b : ha = cb + e, $e \in J$, e = 0, $a \in A \cap Bb$, $J = A \cap Bb$, a contradiction. Therefore $d \in J \cap F[q]$, as desired.

Continuing the proof of Theorem 1 we may assume without loss of generality that g.c.d. $(b_r,\cdots,b_o) = 1$, from which it follows for each $\alpha \in F$ that $\mu_\alpha b \leq 0$. Theorem 1 then follows immediately from the following result about left ideals of A, which, by the definition of preserving, implies that the d above is a scalar.

Theorem 4. Suppose J is a left ideal of A such that $J \cap F[q] \neq 0$, with say $J \cap F[q] = F[q]e$. If α is a root of e of multiplicity s and if $b \in J$ with $\mu_\alpha b < s$ then $\theta_{\alpha,b}(s) = 0$.

Before the start of the proof of Theorem 4, here is some further notation and the statement of two lemmas, under the assumption that J, e, α and s are as in Theorem 4. For $i = 0,1,\cdots$, let J_i be the ideal of F[q] consisting of 0 and all leading coefficients of elements of J of degree i . We may write $J_i = (e_i)$ and take

$$c_i = c_{ii}p^i + c_{i-1,i}p^{i-1} + \cdots + c_{oi} \in J \qquad (c_{ij} \in F[q])$$

of degree i with leading coefficient $c_{ii} = e_i$. Thus $J_o = (e)$ and we may assume that $e = e_o = c_o = c_{oo}$. For $0 \leq j \leq i$ we also write

$$s_{ji} = \mu_\alpha c_{ji},\ s_i = s_{ii},\ c^*_{ji} = (c_{ji}(q-\alpha)^{-s_{ji}})(\alpha)(= 0 \text{ if } c_{ji} = 0) .$$

In particular our hypothesis on α is that $s_o = s > 0$. We also write

$$\beta_{kj} = \Sigma_{0\leq \ell_o<\ell_1<\cdots<\ell_{k-1}\leq j-1}\ \Pi_{i=o}^{k-1}(s_{\ell_i}-i)$$

for $1 \leq k \leq j$; $\beta_{oj} = 1$, $\beta_{-1,j} = 0$ for $j \geq 0$; and $\beta_{kj} = 0$ for $k > j$. We shall point out later the relation of the β_{kj} to certain generalized elementary symmetric functions.

If $a = a_tp^t + \cdots + a_o \in J$, we have $e_t|a_t$, and

$$a - (a_t/e_t)c_t = (a_{t-1} - (a_t/e_t)c_{t-1,t})p^{t-1} + \text{lower terms};$$

here the coefficient of p^{t-1} is divisible by e_{t-1}. We set $f_t(a) = a_t$, $f_{t-1}(a) = a_{t-1} - (a_t/e_t)c_{t-1,t}$, and for $k = 2,3,\cdots,t$ define $f_{t-k}(a)$ recursively by

$$(1) \qquad f_{t-k}(a) = a_{t-k} - \Sigma_{i=o}^{k-1} f_{t-i}(a)(e_{t-i})^{-1}c_{t-k,t-i} .$$

Thus $f_{t-k}(a)$ is the coefficient of p^{t-k} (there are no higher terms) in

$$a - \Sigma_{i=o}^{k-1} f_{t-i}(a)(e_{t-i})^{-1}c_{t-i}$$

and so $e_{t-k}|f_{t-k}(a)$.

Lemma 2. With the notations above, if $i > j$ then $s_i \leq s_j$; if $s_{k-1} > k-1$ and $j \geq k > 0$ then $s_{j-k,j} = s_j-k$ (and in particular $s_j > k-1$) and $c^*_{j-k,j} = \beta_{kj}e^*_j$.

Lemma 3. With the notations above, if $0 \neq b \in J$ then

$$(f_o(b)(q-\alpha)^{-\mu_\alpha b})(\alpha) = \theta_{\alpha,b}(s) .$$

Note that if $b \in J$ then $f_o(b) \in J$ and so $\mu_\alpha f_o(b) \geq s$. Hence Theorem 4 is an immediate consequence of Lemma 3.

Proof of Lemma 2. Taking $a = pc_{j-1}$ we have $a \in J$ and

$$a = \Sigma_{\ell=o}^{j-1} pc_{\ell,j-1}p^\ell$$
$$= e_{j-1}p^j + \Sigma_{k=1}^{j-1}(c'_{j-k,j-1} + c_{j-k-1,j-1})p^{j-k} + c'_{o,j-1} .$$

From $e_{j-k}|f_{j-k}(a)$ we get first (taking $k = 0$) $e_j|e_{j-1}$, and hence

$s_\ell \leq s_j$ whenever $\ell > j$. We prove the conclusions about $s_{j-k,j}$ and $c^*_{j-k,j}$ by induction on k and j . When $k = 0$ the conclusions are true since $\beta_{oj} = 1$. Suppose the conclusions are true for all $k-\ell$ (with $0 < \ell \leq k$) in place of k , and that $s_{k-1} > k-1$. Then $s_{k-\ell-1} \geq s_{k-1} > k-1 > k-\ell-1$ for $0 < \ell \leq k-1$ and so

$$s_{j-k+\ell,j} = s_j - k + \ell,\ c^*_{j-k+\ell} = \beta_{k-\ell,j}e^*_j .$$

We have $j \geq k$; suppose first that $j = k$. By the inductive hypothesis on k (for the case $k = j-1$) , and with u denoting $s_{o,j-1}$ $(= s_{j-1} - (j-1) > 0)$, we have

$$c_{o,j-1} \equiv (q-\alpha)^u \beta_{j-1,j-1}e^*_{j-1} \mod (q-\alpha)^{u+1} ,$$

$$c'_{o,j-1} \equiv u(q-\alpha)^{u-1}\beta_{j-1,j-1}e^*_{j-1} \mod (q-\alpha)^u .$$

But $\beta_{j-1,j-1} \neq 0$ since $s_\ell > \ell$ for $\ell = 0,\cdots,j-2$ (because $j-1 < s_{j-1} \leq s_\ell$) and so

$$\mu_\alpha(c'_{o,j-1}) = s_{j-1} - (j-1) - 1 .$$

The successive terms of $f_{j-j}(a)$ in (1) (with $a = pc_{j-1}$, $t = j$) are

$$(pc_{j-1})_o = c'_{o,j-1},\ (e_{j-1}/e_j)c_{oj},\cdots,\ (f_1(a)/e_1)c_{o1} ,$$

for which the values of μ_α are respectively

$$= s_{j-1} - (j-1) - 1,\ = s_{j-1} - s_j + s_{oj},\ \geq s_{o,j-1} = s_{j-1} - (j-1),$$

$$\cdots,\ \geq s_{o1} = s_1 - 1 \geq s_{j-1} - (j-1).$$

(Terms beyond the first two only occur when $j > 1$.) Since $e_o | f_o(a)$ and $s_o > s_{j-1} - (j-1) - 1$, we must have $s_{j-1} - (j-1) - 1 = s_{j-1} - s_j + s_{oj}$, that is, $s_{oj} = s_j - j$, and also $(s_{j-1} - (j-1))\beta_{j-1,j-1}e^*_{j-1} - (e^*_{j-1}/e^*_j)c^*_{oj} = 0$, $c^*_{oj} = (s_{j-1} - (j-1))\beta_{j-1,j-1}e^*_j$. Since $(s_{j-1} - (j-1))\beta_{j-1,j-1} = \Pi_{i=o}^{j-1}(s_i - i) = \beta_{jj}$, the conclusions hold for $j = k$.

Now suppose $j > k > 0$ and that the conclusions hold for $(k,j-1)$ (as well as for $k-1$) . With u now denoting $s_{j-k,j-1}$, we have $u = s_{j-1-(k-1),j-1} = s_{j-1} - k+1,\ s_{j-1-k,j-1} = s_{j-1} - k = u-1$, and with $a = pc_{j-1}$,

$$a_{j-k} = c'_{j-k,j-1} + c_{j-k-1,j-1}$$

$$\equiv u(q-\alpha)^{u-1}\beta_{k-1,j-1}e^*_{j-1} + (q-\alpha)^{u-1}\beta_{k,j-1}e^*_{j-1} \equiv$$

$$\equiv \{(s_{j-1}-k+1)\beta_{k-1,j-1} + \beta_{k,j-1}\}e^*_{j-1}(q-\alpha)^{u-1} \bmod (q-\alpha)^u .$$

By the inductive hypotheses for $k-1$ and $(k,j-1)$, $s_\ell > k-2$ for all ℓ and $s_\ell \geq s_{j-1} > k-1$ for $\ell \leq j-1$. Hence $\beta_{k-1,j-1} > 0$, $\beta_{k,j-1} > 0$, $(s_{j-1}-k+1)\beta_{k-1,j-1} + \beta_{k,j-1} > 0$ and so $\mu a_{j-k} = u-1 = s_{j-1} - k$. Also in the expression (1) for $f_{j-k}(a)$ (with $a = pc_{j-1}$), $\mu((a_j/e_j)c_{j-k,j}) = \mu((e_{j-1}/e_j)c_{j-k,j}) = s_{j-1} - s_j + s_{j-k,j}$, while the succeeding terms of $f_{j-k}(a)$, being multiples respectively of $c_{j-k,j-1},\cdots,c_{j-k,j-k+1}$, all have values of μ_α at least $s_{j-1} - k+1$. Since $e_{j-k}|f_{j-k}(a)$ and $\mu_\alpha e_{j-k} = s_{j-k} \geq s_{j-1} > s_{j-1} - k$, we must have $s_{j-1} - k = s_{j-1} - s_j + s_{j-k,j}$, that is, $s_{j-k,j} = s_j-k$, and also

$$\{(s_{j-1}-k+1)\beta_{k-1,j-1} + \beta_{k,j-1}\}e^*_{j-1} - (e^*_{j-1}/e^*_j)c^*_{j-k,j} = 0 .$$

Hence to complete the proof of Lemma 2 it only remains to show that

$$(s_{j-1} - k+1)\beta_{k-1,j-1} + \beta_{k,j-1} = \beta_{kj} , \quad j > k > 0 .$$

But this equality holds since it just represents the expression of β_{kj} as the sum of those terms for which $\ell_{k-1} = j-1$ plus those terms for which $\ell_{k-1} < j-1$. q.e.d. Lemma 2.

<u>Proof of Lemma</u> 3. Let v denote the largest integer such that $s_{v-1} > v-1$. Then $v \geq 1$, $s_j \geq v$ for all j, $s_v = v$, $s_i \leq s_v$ if $i > v$ and so $s_i = v$ for all $i \geq v$. Then $\beta_{kj} = 0$ if $k > v$ since in this case each term of β_{kj} contains a factor $s_\ell - v$ with $\ell \geq v$. Note that for $0 \leq i < k \leq r$

$$s_{r-k,r-i} \geq s_{r-i} - (k-i) .$$

Indeed this is an equality by Lemma 2 unless $s_{k-i-1} \leq k-i-1$; in the latter case we have

$$s_{r-i} - (k-i) \leq s_{k-i-1} - (k-i) < 0 .$$

In particular, if $s_{k-i-1} \leq k-i-1$ then

$$(c_{r-k,r-i}/e_{r-i}(q-\alpha)^{i-k})(\alpha) = 0 = \beta_{k-i,r-i}$$

while if $s_{k-i-1} > k-i-1$ then $s_{r-k,r-i} = \mu_\alpha(e_{r-i}(q-\alpha)^{i-k})$ and by Lemma 2,

$$(c_{r-k,r-i}/e_{r-i}(q-\alpha)^{i-k})(\alpha) = c^*_{r-k,r-i}/e^*_{r-i} = \beta_{k-i,r-i} .$$

Now in (1) take $a = b = b_r p^r + \cdots + b_o$. For $0 \leq k \leq r$ we claim that $\mu_\alpha f_{r-k}(b) \geq \mu_\alpha b + r-k$. This holds when $k = 0$ since $f_r(b) = b_r$ and $\mu_\alpha b_r \geq \mu_\alpha b + r$ by the definition of $\mu_\alpha b$. Suppose it holds for all $i < k$. Then if $i < k$,

$$\mu_\alpha((f_{r-i}(b)/e_{r-i})c_{r-k,r-i}) \geqq$$

$$\mu_\alpha b + r-i-s_{r-i} + s_{r-k,r-i} \geqq \mu_\alpha b + r-k ;$$

also, $\mu_\alpha b_{r-k} \geqq \mu_\alpha b + r-k$, so that the value of μ_α on each term in (1) is at least $\mu_\alpha b + r - k$, proving the claim.

For $k = 0, \cdots, r$ we may now define φ_k by

$$\varphi_k = (f_k(b)(q-\alpha)^{-\mu b-k})(\alpha) \qquad (\mu b = \mu_\alpha b) .$$

Thus what is to be proved is that $\varphi_o = \theta_{\alpha,b}(s)$.

For $0 \leqq i < k \leqq r$ we have

$$\{f_{r-i}(b)(e_{r-i})^{-1}c_{r-k,r-i}(q-\alpha)^{-\mu b-r+k}\}(\alpha)$$

$$= \{f_{r-i}(b)(q-\alpha)^{-\mu b-r+i}\}(\alpha)\{c_{r-k,r-i}(e_{r-i})^{-1}(q-\alpha)^{-i+k}\}(\alpha)$$

$$= \varphi_{r-i}\beta_{k-i,r-i} .$$

Therefore, by (1),

$$\text{(2)} \qquad \varphi_{r-k} = ((q-\alpha)^{-\mu b-r+k}b_{r-k})(\alpha) - \Sigma_{i=o}^{k-1} \varphi_{r-i}\beta_{k-i,r-i} .$$

For any positive integer n we consider the <u>compositions</u> (= ordered partitions) C of n, that is, the distinct ways of writing n as a sum $n = C_1 + \cdots + C_{\ell(C)}$ with each C_i a positive integer. We also regard $n = 0$ as having a unique (empty) composition. For $j \geqq 0$ and $0 \leqq i \leqq k \leqq r$, define ζ_j and ψ_{ki} by

$$\zeta_j = ((q-\alpha)^{-\mu b-j}b_j)(\alpha) ,$$

$$\psi_{ki} = \Sigma_{C \text{ of } k-i}(-1)^{\ell(C)} \Pi_{j=1}^{\ell(C)} \beta_{C_j,r-i-C_1-\cdots-C_{j-1}}$$

where the sum is over all compositions C of $k-i$. For $0 \leqq k \leqq r$ we claim that

$$\varphi_{r-k} = \Sigma_{i=o}^{k} \zeta_{r-i} \psi_{ki} .$$

When $k = 0$ this follows from (2) since $\psi_{oo} = 1$. Suppose it holds for $1,\cdots,k-1$ in place of k. By (2),

$$\varphi_{r-k} = \zeta_{r-k} - \Sigma_{i=o}^{k-1} \varphi_{r-i}\beta_{k-i,r-i}$$

$$= \zeta_{r-k} + \Sigma_{i=o}^{k-1}(-1)\beta_{k-i,r-i}\Sigma_{j=o}^{i}\zeta_{r-j}\psi_{ij}$$

$$= \zeta_{r-k} + \Sigma_{j=o}^{k-1} \zeta_{r-j} \Sigma_{i=j}^{k-1}(-1)\beta_{k-i,r-i}\psi_{ij} .$$

But for $0 \leq j \leq k-1$,

$$\Sigma_{i=j}^{k-1}(-1)\beta_{k-i,r-i}\psi_{ij} = \psi_{kj}$$

since the compositions of $k-j$ are obtained by taking those of $i-j$, as i goes from j to $k-1$, together with a last term $k-i$ (to which corresponds the last factor $-\beta_{k-i,r-j-(i-j)}$; this is correct even when $i = j$ since $\psi_{jj} = 1$) . This proves the claim.

We now have shown

$$\varphi_o = \Sigma_{i=o}^{r} \zeta_{r-i} \psi_{ri} = \Sigma_{j=o}^{r} \zeta_j \psi_{r,r-j} .$$

What we want to show is that $\varphi_o = \theta_{\alpha,b}(s)$, that is,

$$\varphi_o = \Sigma_{j=o}^{r} \zeta_j (-1)^j s(s+1)\cdots(s+j-1) .$$

Thus to complete the proof of Theorem 4 it suffices to show, for $0 \leq j \leq r$, that

$$\psi_{r,r-j} = (-1)^j s(s+1)\cdots(s+j-1) ,$$

and this is just a special case of a combinatorial result which we consider next.

3 - <u>A combinatorial lemma</u>

Let K be a field, $E = K[x,t_o,t_1,\cdots]$ the ring of polynomials in the indeterminates $x,t_o,t_1,\cdots$. For integers $j \geq k \geq 1$ we set

$$\gamma_{kj} = \Sigma_{0\leq \ell_o<\ell_1<\cdots<\ell_{k-1}\leq j-1} \Pi_{i=o}^{k-1}(t_{\ell_i} - ix) .$$

Also set $\gamma_{oj} = 1$ and $\gamma_{kj} = 0$ if $k < 0$. Thus $\gamma_{kj}((1,s_o,s_1,\cdots) = \beta_{kj}$, and $\gamma_{kj}(0,t_o,t_1,\cdots)$ is the elementary symmetric function of degree k in the j variables $t_o,t_1,\cdots,t_{j-1}$. The latter function is $(-1)^k$ times the coefficient of y^{j-k} in the polynomial

$$(y-t_o)(y-t_1)\cdots(y-t_{j-1}) \in E[y] ,$$

and this generalizes as follows, where we write

$$(y,k,x) = y(y+x)(y+2x)\cdots(y+(k-1)x) .$$

<u>Lemma</u> 4. <u>For all</u> $j > 0$,

$$\Pi_{k=o}^{j-1}(y+kx-t_k) = \Sigma_{k=o}^{j}(-1)^k(y,j-k,x)\gamma_{kj} .$$

<u>Proof</u>. When $j = 0$ both sides equal 1 . Now suppose it holds for $j-1$ in place of j . Then by the inductive hypothesis

$$\Pi_{k=o}^{j-1}(y+kx-t_k) = \{\Sigma_{k=o}^{j-1}(-1)^k(y,j-1-k,x)\gamma_{k,j-1}\}(y+(j-1)x-t_{j-1})$$

$$= \Sigma_{k=o}^{j-1}(-1)^k(y,j-1-k,x)\gamma_{k,j-1}\{y + (j-k-1)x - (t_{j-1} - kx)\}$$

$$= \Sigma_{k=o}^{j-1}(-1)^k(y,j-k,x)\gamma_{k,j-1} + \Sigma_{\ell=1}^{j}(-1)^{\ell}(y,j-\ell,x)\gamma_{\ell-1,j-1}(t_{j-1}-(\ell-1)$$

$$= \Sigma_{k=o}^{j}(-1)^k(y,j-k,x)\{\gamma_{k,j-1} + (t_{j-1}-(k-1)x)\gamma_{k-1,j-1}\} ,$$

which gives the desired result since

$$\gamma_{kj} = \gamma_{k,j-1} + (t_{j-1}-(k-1)x)\gamma_{k-1,j-1} ,$$

this being the representation of γ_{kj} as a sum of those terms for which $\ell_{k-1} < j-1$, respectively $\ell_{k-1} = j-1$.

We now come to the combinatorial lemma which finishes the proof of Theorem 4.

Lemma 5. For any integer $j \geq 0$,

$$\Sigma_{C \text{ of } j}(-1)^{\ell(C)}\Pi_{i=1}^{\ell(C)} \gamma_{C_i,j-C_1-\cdots-C_{i-1}}$$

$$= (-1)^j t_o(t_o+x)\cdots(t_o + (j-1)x) ,$$

where the sum is over all compositions $j = C_1 + \cdots + C_{\ell(C)}$ of j .

Observe that, as well as depending on x and t_o , the left side - but not the right - depends on $t_1, \cdots, t_{j-1}$.

Proof. When $j = 0$ both sides equal 1 by our conventions. Suppose $j > 0$. Since the compositions of j are obtained from those of k , as k goes from 0 to $j-1$, together with a first term of $j-k$, the left side equals

$$\Sigma_{k=0}^{j-1}(-1)\gamma_{j-k,j}\Sigma_{C \text{ of } k}\Pi_{i=1}^{\ell(C)}(-1)^i\gamma_{C_i,j-(j-k)-C_1-\cdots-C_{i-1}}$$

$$= \Sigma_{k=o}^{j-1}(-1)\gamma_{j-k,j}(-1)^k(t_o,k,x)$$

by an inductive hypothesis on j . This is supposed to equal $(-1)^j(t_o,j-1,x)$, that is, what is to be proved is that

$$\Sigma_{k=o}^{j}(-1)^k(t_o,k,x)\gamma_{j-k,j} = 0 .$$

But this follows from the preceding lemma by setting $y = t_o$. This completes the proof of Lemma 5 and (as previously noted) Lemma 3, Theorem 4, and Theorem 1.

REFERENCES

[1] K. S. Bamba, "Sur les idéaux maximaux de l'algèbre de Weyl A_1," C. R. Acad. Sci. Paris 283, série A, (1976), 71-74.

[2] K. S. Bamba, "Sur les modules simples de l'Algèbre de Weyl A_1," Thèse 3eme cycle, University of Paris VII, 1977.

[3] J. Dixmier, "Representations irréductibles des algèbres de Lie nilpotentes," Anaïs Acad. Bras. Cienc. 35(1963), 491-519.

[4] J. Dixmier, "Sur les algèbres de Weyl," Bull. Soc. Math. France 96(1968), 209-242.

[5] J. Dixmier, "Sur les algèbres de Weyl II," Bull. Sci. Math. 94(1970), 289-301.

[6] N. Jacobson, "Pseudo-linear transformations," Ann. of Math. 38(1937), 484-507.

[7] N. Jacobson, The Theory of Rings, Amer. Math. Soc., New York, 1943.

[8] J. C. McConnell and J. C. Robson, "Homomorphisms and extensions of modules over certain polynomial rings," J. Algebra 26(1973), 319-342.

[9] O. Ore, "Theory of non-commutative polynomials," Ann. of Math. 34(1933), 480-508.

Octobre, 1977
Manuscrit remis le 28 juillet, 1978
Richard E. BLOCK
University of California
Riverside, California 92521

Research supported by grants from the National Science Foundation.

Noetherian algebras and the Nullstellensatz*

Ronald S. Irving

In this paper, we discuss some questions which arise in studying primitive ideals of finitely-generated algebras. Recall that an ideal of a ring A is primitive if it is the annihilator of a simple A-module. Although the simple A-modules may in general be beyond classification, the primitive ideals can be determined, or at least characterized, in many interesting cases. The task is made easier when A is known to satisfy the following property.

Définition : Let A be a finitely-generated algebra over a field k. Then A satisfies the Nullstellensatz if, for any simple A-module M, the ring $End_A(M)$ is algebraic over k.
In particular, if A satisfies the Nullstellensatz, it follows that any primitive ideal of A must intersect the center in a maximal ideal.

To justify our terminology, let K be a finitely-generated algebra over k which is a commutative field. Then K is a simple K-module, which equals its own endomorphism ring, and the Nullstellensatz would say in this case that K is algebraic over k. In fact, this is known to be true, and is often called the Zariski version of the classical Nullstellensatz.

More generally, the Nullstellensatz has been proved for several families of finitely-generated algebras. It is satisfied by A whenever k is uncoutable. This follows by an elementary argument, and shows that the problem is really only for countable fields. The Nullstellensatz is also satisfied, without restriction on the field, whenever

1) A is a PI-algebra [1].

2) A is the enveloping algebra of a finite-dimensional Lie algebra [12] .

* Partially supported by an N.S.F. grant.

3) A is the group ring of a polycyclic-by-finite group [6,10].

4) A is a finitely-iterated Ore extension [7].

Let us explain what this last family of algebras is. Given a ring S with automorphism f and f-derivation d, we define the Ore extension $S[x;f,d]$ to be the ring of polynomials in x over S, with multiplication determined by the rule:

$$sx = xf(s) + d(s).$$

for all s in S. The algebras in family 4) are those obtained by performing this process a finite number of times in succession, starting with the base field k. It is easy to see that polycyclic group rings and enveloping algebras of solvable Lie algebras are special cases of this construction.

Closer inspection shows that these last three families are all noetherian algebras. Moreover, stronger results hold for these families if the base ring is allowed to be any commutative domain R. One can prove that they satisfy a type of generic flatness.

<u>Definition</u> : The R-algebra A satisfies <u>generic flatness</u> if, for any finitely-generated A-module M, there is a non-zero c in R such that the localization $M \otimes_R R_c$ is free over R_c.

Duflo has shown that one can deduce from generic flatness that these algebras satisfy the Nullstellensatz, and that they are Jacobson rings (i.e., every prime image is semiprimitive). See [4,7] for a discussion of these results.

This suggests the possibility that there might be a general theory for finitely-generated noetherian algebras, with which one could prove generic flatness and the Nullstellensatz. Unfortunately, such is not the case, and we now turn to a noetherian example which exhibits pathological behavior.

Let k be an absolute field, by which we mean a field which is algebraic over a finite field. Let

$$R = k[t,t^{-1}][y,y^{-1}].$$

Define the elements $r_0 = y$, and

$$r_n = t^n y + t^{n-1} + \ldots + 1 \qquad \text{for } n > 0,$$

$$r_n = t^n y - t^n - \ldots - t^{-1} \qquad \text{for } n < 0.$$

Let T be multiplicatively closed set generated by the elements r_n, and define $S = R_T$, the localization at T.

The map $f : S \longrightarrow S$ which fixes $k[t,t^{-1}]$ and sends y to $ty+1$ is a well-defined automorphism, with

$$f(r_n) = r_{n+1}.$$

Let $A = S[x,x^{-1};f]$, the ring of Laurent polynomials in x over S, with multiplication twisted by the rule

$$sx = xf(s)$$

for all s in S.

Theorem 1 : A is a finitely-generated algebra over k, and is a noetherian Jacobson domain.

Proof : A is generated by the elements, t, x, y, and their inverses, since

$$r_n^{-1} = x^{-n}y^{-1}x^n.$$

The other properties follow because S is a noetherian, Jacobson domain, and these properties are preserved under the adjunction of a variable with respect to an automorphism. (For the preservation of the Jacobson condition, see [5]).||

Theorem 2 : A is primitive, and so does not satisfy the Nullstellensatz.

Proof : We construct an explicit faithful, simple module for A. Let $K = k(t)$, and let V be the K-vector space with basis $\{v_n : n \in \mathbb{Z}\}$. We provide V with an A-module structure as follows :

$$x.v_n = v_{n+1}$$

$$y.v_0 = v_0 \ .$$

This determines the complete structure, for

$$y.v_n = yx^n.v_0 = x^n r_n.v_0$$

$$= \begin{cases} (t^n+\ldots+1).v_n & \text{for } n > 0 \\ -(t^{n+1}+\ldots+t^{-1}).v_n & \text{for } n < 0. \end{cases}$$

We now prove that V is simple. Given any $v \neq 0$ in V, we must show that $A.v = V$. We many assume that v involves the basis vector v_0 non-trivially. If v is not a scalar multiple of v_0, then $(y-1).v$ contains fewer non-zero coefficients than v, and is non-zero. This shows that $A.v$ contains cv_0 for some $c \neq 0$ in K. If we prove that $A.v$ contains $K.v_0$, it will follow that $A.v = V$, since the action of x produces the rest of V.

Every irreducible element of $k[t,t^{-1}]$ divides some polynomial $t^n+\ldots+1$. Indeed, if p is the irreducible polynomial of $a \neq 1$ in $\bar{k}$, then a is a root of unity, so $a^{n+1}=1$ for some n. But then a is a root of $t^n+\ldots+1$, and p divides this polynomial. Alternatively, if $a=1$, then a is a root of $t^n+\ldots+1$, for $n+1$ equal to the characteristic of k. Hence, for every irreducible polynomial p in $k[t,t^{-1}]$, we have

$$p^{-1}.v_0 \in A.v \ ,$$

since

$$x^{-n}y^{-1}x^n.v_0 = (t^n+\ldots+1)^{-1}.v_0.$$

This proves simplicity.

For faithfulness, it is clear that if some a in A annihilates V, then some s in S annihilates V. Therefore, multiplying by some element of T, we can find an element in $k[t,t^{-1},y] \subset K[y]$ which annihilates V. Let $q(y)$ be such an element. But

$$q(y).v_n = q(t^n+\ldots+1).v_n$$

for $n>0$, so $q(t^n+\ldots+1) = 0$ for all $n>0$. This means that $q(y) = 0$, and V must be faithful.||

Theorem 2 also implies that A does not satisfy generic flatness as a $k[t]$-algebra. An analogous example over the integers may be found in [7]. Of course, the possibility remains that such pathological behavior cannot occur for noetherian algebras over other countable fields.

Let us now consider some examples which do not satisfy the Nullstellensatz over any countable field k. These examples, although not noetherian, are still Ore domains. Moreover, they closely resemble the noetherian algebras for which the Nullstellensatz does hold. Let R be a countable domain with field of fractions K (if R is finite, let K be a countably infinite field countaining R), and let $S = R[\ldots,y_{-1}, y_0, y_1,\ldots]$. Define the automorphism $f : S \longrightarrow S$ to be the identity on R, and $f(y_n) = y_{n+1}$. Then form the Ore extension

$$B = S[x,x^{-1};f].$$

This is a finitely-generated R-algebra, and an Ore domain. The special case $R = k[t]$ in the next theorem yields counter-examples to the Nullstellensatz for any countable field k.

<u>Theorem 3</u> : <u>For any countable commutative domain</u> R, <u>the algebra</u> B <u>is primitive</u>.
<u>Proof</u> : We construct a faithful, simple B-module, similar to the one in the proof of Theorem 2. Let V be the K-vector space with basis $\{v_n : n \in \mathbb{Z}\}$, and let

$$x.v_n = v_{n+1}$$

$$y_0.v_n = c_n v_n ,$$

where the elements c_n are non-zero scalars in K, which we will choose in order to insure that V is faithful and simple. This determines the B-module structure of V, since

$$y_r.v_n = x^{-r}y_0x^r.v_n = c_{n+r}.v_n .$$

Let us see what assumptions are necessary on the scalars c_n for V to be faithful. It is evident that if $b.V = (0)$ for some b in B, then

$s.V = (0)$ for some s in S. The element s is a polynomial, which we may assume involves the variables $y_0,\ldots,y_m$, so that $s = s(y_0,\ldots,y_m)$. Then

$$s.v_n = s(c_n,\ldots,c_{n+m}).v_n .$$

Thus if every element s in S is non-zero on an appropriate sequence of the c_n's, then V must be faithful. This imposes countably many conditions on the c_n's, each condition involving finitely many of them.

Now consider simplicity. For $v\neq 0$ in V, we want to prove that $B.v = V$. Let

$$v = \sum_{i=m}^{n} d_i v_i .$$

with $d_m \neq 0$. Then

$$(y_r - c_{m+r}).v = \sum_{i=m}^{n} (c_{i+r} - c_{m+r})\, d_i v_i .$$

If we choose $c_{m+r},\ldots,c_{n+r}$ appropriately, then this is a non-zero scalar multiple of a basis vector, and so $B.v$ contains $c.v_0$ for some $c\neq 0$ in K. Simplicity follows if we can show that $B.v$ contains $K.v_0$. But

$$y_r c v_0 = c_r c v_0 ,$$

so this is the case if the sequence of c_n's contains every non-zero element of K.

In summary, we may list a countable set of finite conditions on the c_n's , which insure that V is faithful and simple. Since the c_n's can be chosen in such a way that these conditions are satisfied, the theorem is proved.∎

Observe that the same theorem holds if we adjoint to B the inverses of all the elements y_n. The resulting algebra is the group ring over R of the wreath product $\mathbb{Z}\wr\mathbb{Z}$. This is the extension of the free abelian group on generators $\{y_n\}$ by the infinite cyclic group generated by x, via the action

$$x^{-1} y_n x = y_{n+1} .$$

Thus Theorem 3 proves that $R[\mathbb{Z}\wr\mathbb{Z}]$ is a primitive group ring. More generally, for any infinite group G and domain R with $\mathrm{card}(R) \leq \mathrm{card}(G)$, the ring $R[\mathbb{Z}\wr G]$ is primitive [9], as an extension of the proof of Theorem 3 shows.

The "differential" analogue of this example produces still more algebras which do not satisfy the Nullstellensatz. Let R be a countable domain of characteristic 0, and let $S = R[y_0,y_1,\ldots]$. Define d to be the derivation of S which vanishes on R, and for which $d(y_n) = y_{n+1}$. Let C be the Ore extension $S[x;d]$. This is the ring of polynomials in x over S, with the multiplication rule

$$sx - xs = d(s).$$

It is finitely-generated over R, and may be viewed as the enveloping algebra of the infinite-dimensional Lie algebra L with basis $x, y_0, \ldots$ and relations

$$[y_n, x] = y_{n+1} \ , [y_m, y_n] = 0.$$

The algebra L is solvable of derived length two, and closely resembles the group $\mathbb{Z} \wr \mathbb{Z}$. The corresponding result is

Theorem 4 : Let R be a countable commutative domain of characteristic 0. Then the algebra C is primitive.

We omit the proof, which may be found in [8]. Again, in case $R = k[t]$, we obtain a counter-example to the Nullstellensatz.

We now consider the problem of characterizing primitive ideals. As indicated at the beginning, the Nullstellensatz is a useful tool in dealing with this problem. One successful characterization, due to Dixmier, is the following :

Theorem :[2, 4.5.7] Let L be a finite-dimensional solvable Lie algebra over a field k, and let U be its enveloping algebra. For a prime ideal P of U, the following are equivalent :

(i) P is primitive

(ii) The center of the quotient ring Q(U/P) is algebraic over k.

(iii) P is locally closed ; i.e., the prime ideals properly containing P intersect in an ideal properly containing P.

Note that the quotient ring of U/P in (ii) exists by Goldie's Theorem, since U is noetherian.

The implications (iii)$\rightarrow$(i)$\rightarrow$(ii) hold for any finite-dimensional Lie algebra. Indeed, (iii)$\rightarrow$(i) holds for any Jacobson ring, and (i)$\rightarrow$(ii) follows from the Nullstellensatz and the following result :

Lemma : [2, 4.1.6] Let R be a primitive noetherian ring, and M a faithful, simple R-module. Then there is a monomorphism of the center of Q(R) into the center of $\mathrm{End}_R(M)$.

It would be interesting to know for which families of noetherian Jacobson rings such a characterization of primitive ideals holds. Lorenz and Passman have proved [11]:

Theorem : Let G be a nilpotent-by-finite group, and let P be a prime ideal of the group ring k[G]. Then the conditions (i), (ii), and (iii) are equivalent to each other, and to the property that P is maximal.

However, the three conditions are not equivalent for group rings of polycyclic-by-finite groups in general. Roseblade has proved that for an absolute field k and a polycyclic-by-finite group G, the simple modules of k[G] are finite-dimensional over k [13]. It follows that k[G] cannot be primitive, yet the ideal (0) may satisfy condition (ii). We should add that (i) and (ii) are equivalent as long as k is not absolute [11].

On the other hand, Lorenz has constructed a polycyclic group G such that k[G] is primitive (provided k is non-absolute) and (0) is not locally closed [10]. The group G is the extension of the free abelian group on generators x and y by the infinite cyclic group generated by z, with respect to the action

$$z^{-1}xz = x^2y \quad , \quad z^{-1}yz = xy.$$

Still another example is provided by the algebra A of Theorems 1 and 2. In contrast to Lorenz's example, A is primitive over absolute fields k. In addition,

Proposition : The ideal (0) in A is not locally closed.

Proof : Let $p_a(t)$ be the irreducible polynomial over $\bar{k}$ of a in k. Then $(p_a(t))$ is a prime ideal of A, and $A/(p_a(t))$ is semiprimitive, since A is Jacobson. The ideals $(p_a(t))$ intersect in (0), so the proposition follows.||

It is also easy to see that the zero ideals of the primitive rings B and C are not locally closed.

This raises interest in a weaker, alternate condition to (iii) :

(iii') There exists a countable sequence of ideals $I_1, I_2, \ldots$ properly containing P such that for any ideal I properly containing P, there is an n with $I \supset I_n$.

Dixmier has proved that over an algebraically closed uncountable field of characteristic 0, the conditions (i), (ii), and (iii') are equivalent for the enveloping algebra of any finite-dimensional Lie algebra [3]. Lorenz has proved that (i) or (ii) implies (iii') for group rings of polycyclic-by-finite groups, in contrast to his counter-example just mentioned for (iii). No algebra is known in which (i) or (ii) holds, but (iii') does not. Of course, one cannot expect (iii') to imply (i) unless the field is uncountable, as k[t] demonstrates.

References

1. Amitsur, S. and Procesi, C., Jacobson-rings and Hilbert algebras with polynomial identities, Annali de Matematica 71 (1966), 61-71.

2. Dixmier, J., Algèbres Enveloppantes. Paris : Gauthier-Villars, 1974.

3. Dixmier, J., Idéaux primitifs dans les algèbres enveloppantes, Journal of Algebra 48 (1977), 96-112.

4. Duflo, M., Certaines algèbres de type fini sont algèbres de Jacobson, Journal of Algebra 27 (1973), 358-365.

5. Goldie, A. and Michler, G., Ore extensions and polycyclic group rings, Jour. Lon. Math. Soc. (2) 9 (1974), 337-345.

6. Hall, P., On the finiteness of certain soluble groups, Proc. Lon. Math. Soc. (3) 9 (1959), 595-622.

7. Irving, R., Generic flatness and the Nullstellensatz for Ore extensions, Communications in Algebra, to appear.

8. Irving, R., Some primitive differential operator rings, Mathematische Zeitschrift, to appear.

9. Irving, R., Some primitive group rings, to appear.

10. Lorenz, M., Primitive ideals of group algebras of supersoluble groups, Math. Ann. 225 (1977), 115-122.

11. Lorenz, M. and Passman, D., Centers and prime ideals in group algebras of polycyclic-by-finite groups, to appear.

12. Quillen, D., On the endomorphism ring of a simple module over an enveloping algebra, Proc. Amer. Math. Soc. 21 (1969), 171-172.

13. Roseblade, J., Group rings of polycyclic groups, J. Pure Appl. Algebra 3 (1973), 307-328.

Manuscrit rendu le 13 Février 1978

Ronald IRVING
Department of Mathematics
Brandeis University

ORBITES DANS LE SPECTRE PRIMITIF DE L'ALGEBRE ENVELOPPANTE D'UNE ALGEBRE DE LIE

par

RUDOLF RENTSCHLER
CNRS, ORSAY

Résumé :

Soit k un corps algébriquement clos de caractéristique 0 qui est non dénombrable. On note $U_k(\underline{g})$ (ou simplement U(g)) l'algèbre enveloppante de $\underline{g}$ et Prim $U(\underline{g})$ l'espace des idéaux primitifs de $U(\underline{g})$, où $\underline{g}$ est une k-algèbre de Lie.

Soit Γ un groupe algébrique connexe d'automorphismes de $\underline{g}$. Soient ω et ω' deux Γ-orbites dans Prim $U(\underline{g})$. Le but(*) de ce travail est de démontrer : i) $\bar{\omega} \setminus \omega$ est une partie maigre de $\bar{\omega}$, ii) $\bar{\omega} = \bar{\omega}'$ entraîne $\omega = \omega'$. De plus, en passant, on montrera que pour tout idéal premier $\underline{p}$ de $U(\underline{g})$ le centre de l'anneau total des fractions de $U(\underline{g})/\underline{p}$ est une extension de corps de k de type fini.

§.1. Introduction

Soit $\underline{g}$ une k-algèbre de Lie (k algébriquement clos non dénombrable de car. 0) . Si $\underline{p}$ est un idéal premier d'une k-algèbre noethérienne R (à gauche et à droite) on note Fract $(R/\underline{p})$ l'anneau total des fractions de $R/\underline{p}$. On appelle coeur de $\underline{p}$ le centre de Fract $(R/\underline{p})$. Si $\underline{p} \subset R = U(\underline{g})$, on note $C(\underline{g}\ ;\ \underline{p})$ le coeur de $\underline{p}$. Si R est de dimension dénombrable comme espace vectoriel sur k alors tout endomorphisme d'un R-module simple est scalaire, par conséquent le coeur d'un idéal primitif de R est réduit aux scalaires (voir [7] ou [2], Thm 3.2). Un théorème récent de Dixmier établit le réciproque pour les algèbres enveloppantes : Si $\underline{p}$ est un idéal premier d'une algèbre enveloppante $U_k(\underline{g})$ (k non dénombrable) et si $C(\underline{g}\ ;\ \underline{p}) = k$ alors $\underline{p}$ est un

(*)Un résumé de ces résultats avec une esquisse des démonstrations paraîtra dans [8].

idéal primitif (voir [6], Thm C). En particulier ceci entraîne que dans les algèbres enveloppantes les idéaux primitifs à gauche et les idéaux primitifs à droite coïncident. Remarquons que les algèbres enveloppantes sont des anneaux de Jacobson, i.e. tout idéal premier est intersection d'idéaux primitifs ([5], Prop. 3.1.13).

Si R est un k-algèbre noethérienne à gauche et à droite, on appellera idéal rationnel de R tout idéal premier de R dont le coeur est réduit au corps des scalaires k. On note $\mathrm{Rat}(R)$ l'espace des idéaux rationnels de R muni de la topologie de Jacobson. Si $R = U(\underline{g})$ est une algèbre enveloppante, on a donc $\mathrm{Prim}\, U(\underline{g}) = \mathrm{Rat} U(\underline{g})$.

Une k-algèbre R sera appelée admissible, si elle est noethérienne à gauche et à droite et si tout idéal premier de R est intersection d'idéaux rationnels de R. Si $\underline{p}$ est un idéal premier dans une algèbre enveloppante et si S est un ensemble multiplicatif dénombrable Oréen de $U(\underline{g})/\underline{p}$, alors $U(\underline{g})/\underline{p}$ et $(U(\underline{g}))/\underline{p})_S$ ([6], Thm B) sont des k-algèbres admissibles. Si R est une k-algèbre admissible et si $\underline{a}$ est un idéal de R, on notera $V(\underline{a})$ l'ensemble des idéaux rationnels de R contenant $\underline{a}$. Si $\underline{p}$ est un idéal premier de R et si S est un ensemble multiplicatif Oréen de $R/\underline{p}$ on notera $V(\underline{p})_S := \{\underline{q} \in V(\underline{p}) \mid S \cap (\underline{q}/\underline{p}) = \emptyset\}$.

Dans la suite il sera utile d'avoir quelques informations sur la topologie de $V(\underline{p})$ pour $R = U(\underline{g})$. Si $\underline{g}$ est résoluble on sait qu'il existe un ouvert de $V(\underline{p})$ qui est homéomorphe à une variété algébrique affine dont le corps des fonctions rationnelles s'identifie au coeur $C(\underline{g}\,;\,\underline{p})$. Dans le cas général on montrera encore que $C(\underline{g}\,;\,\underline{p})$ est une extension de corps de k de type fini et on donnera une description de la topologie de $V(\underline{p})_S$ (S dénombrable et convenablement choisi) à l'aide d'une variété algébrique dont le corps des fonctions rationnelles est $C(\underline{g}\,;\,\underline{p})$. D'après un théorème de Dixmier ([6], Thm B) on sait que $V(\underline{p})_S$ est dense dans $V(\underline{p})$ pour S dénombrable. L'information ainsi obtenue concernant la topologie des $V(\underline{p})$ permettra de déduire le résultat que deux orbites dans $\mathrm{Prim}\, U(\underline{g})$ pour un groupe algébrique connexe d'automorphismes de $\underline{g}$ ont la même adhérence si et seulement si elles coïncident. Pour $\underline{g}$ nilpotente ce résultat a été démontré en 1971 par N. Conze-Berline ([3], Thm. 1).

Un homomorphisme $\varphi : R_1 \longrightarrow R_2$ entre deux k-algèbres admissibles sera appelé admissible si l'image réciproque de tout idéal rationnel de R_2 est un idéal rationnel de R_1. Dans ce cas on notera $\mathrm{Rat}(\varphi)$ le comorphisme de φ :

$\mathrm{Rat}(R_2) \ni \underline{q} \longrightarrow \varphi^{-1}(\underline{q}) \in \mathrm{Rat}(R_1)$. Si R est une k-algèbre commutative noethérienne de type dénombrable, on a $\mathrm{Rat}\,(R) = \mathrm{Specm}\,(R)$

(spectre des idéaux maximaux de R).

Dans la suite on écrira $\otimes$ pour le produit tensoriel $\otimes_k$ sur k.

§.2 Le coeur d'un idéal premier $\underline{p}$ de $U(\underline{g})$

Le théorème suivant donne une réponse affirmative au problème 5 dans la liste des problèmes de [5].

Théorème 1 :

Soit $\underline{p}$ un idéal premier de $U(\underline{g})$, alors son coeur est une extension de corps de k de type fini.

Démonstration (**)

Soit $C := C(\underline{g}\ ;\ \underline{p})$ et soit $\bar{C}$ une extension algébriquement close de C. Alors Fract $(U(\underline{g})/\underline{p}) \otimes_C \bar{C}$ est une algèbre simple. Soit $\hat{\underline{p}}$ le noyau de l'application canonique

$$U(\underline{g}) \otimes \bar{C} \longrightarrow \text{Fract}\ (U(\underline{g})/\underline{p}) \otimes_C \bar{C}\ .$$

On a donc des inclusions

$$U(\underline{g})/\underline{p} \hookrightarrow (U(\underline{g}) \otimes \bar{C})/\hat{\underline{p}} \hookrightarrow \text{Fract}\ (U(\underline{g})/\underline{p}) \otimes_C \bar{C}\ .$$

Soit T l'ensemble des éléments réguliers de $U(\underline{g})/\underline{p}$. Alors T est un ensemble multiplicatif Oréen de $(U(\underline{g}) \otimes \bar{C})/\hat{\underline{p}}$ et l'on a

$$((U(\underline{g}) \otimes \bar{C})/\hat{\underline{p}})_T = \text{Fract}\ (U(\underline{g})/\underline{p}) \otimes_C \bar{C}\ .$$

Par conséquent $\underline{p}$ est un idéal premier de $U(\underline{g}) \otimes \bar{C}$.

Comme le centre de l'anneau total des fractions de Fract $(U(\underline{g})/\underline{p}) \otimes_C \bar{C}$ est égal à $\bar{C}$ (voir [2], Lemme 3.7), on a $C(\underline{g} \otimes \bar{C}\ ;\ \hat{\underline{p}}) = \bar{C}$. D'après Dixmier ([6], Thm. C) ceci implique que $\hat{\underline{p}}$ est un idéal primitif de $U(\underline{g}) \otimes \bar{C}$.

Soit $\underline{m}$ un idéal à gauche maximal de $U(\underline{g}) \otimes \bar{C}$ tel que $\underline{p}$ soit l'annulateur du module simple $S := (U(\underline{g}) \otimes \bar{C})/\underline{m}$.

On utilisera le fait qu'on puisse définir $\underline{p}$ et S déjà sur un sous-corps de C qui est une extension de type fini de k (voir [1], 4.4). L'idéal à gauche $\underline{m}$ est engendré par un nombre fini d'éléments $u_1,\ldots,u_s$. Soit k_o un sous-corps de $\bar{C}$ qui est une extension de corps de type fini de k tel que $u_1,\ldots,u_s \in U(\underline{g}) \otimes k_o$. Soit $\underline{m}_o$ l'idéal à gauche de $U(\underline{g}) \otimes k_o$ engendré par $u_1,\ldots,u_s$ et soit $S_o := (U(\underline{g}) \otimes k_o)/\underline{m}_o$. Alors on a $\underline{m} = \underline{m}_o \otimes \bar{C}$ et

(**) Entre temps un résultat récent ([9]) de Rescò, Small et Wadsworth permet de donner une démonstration plus facile et tout à fait différente.

$S = S_o \otimes \bar{C}$. Comme S est un $U(\underline{g}) \otimes \bar{C}$-module simple, le $U(\underline{g}) \otimes k_o$-module S_o est absolument simple. Par conséquent tout $U(\underline{g}) \otimes k_o$-endomorphisme de S_o est un scalaire de k_o.

Soit $\underline{p}_o := \hat{\underline{p}} \cap (U(\underline{g}) \otimes k_o)$. Alors $\underline{p}_o$ est l'annulateur de S_o dans $U(\underline{g}) \otimes k_o$. D'après [2], Thm. 3.2 le coeur $C(\underline{g} \otimes k_o ; \underline{p}_o)$ se plonge de façon naturelle dans le centre de l'anneau des $U(\underline{g}) \otimes k_o$-endomorphismes de S_o, donc dans k_o. Par conséquent on a $C(\underline{g} \otimes k_o ; \underline{p}_o) = k_o$. Comme $\underline{p} = U(\underline{g}) \cap \underline{p}_o$, on a une inclusion

$$C(\underline{g} ; \underline{p}) \hookrightarrow C(\underline{g} \otimes k_o ; \underline{p}_o) = k_o .$$

Par conséquent le coeur $C(\underline{g} ; \underline{p})$ est une extension de corps de type fini de k.

§.3. Renseignements sur la topologie des parties fermées irréductibles $V(\underline{p})$ de Prim $U(\underline{g})$.

Une partie Y d'un espace topologique X est appelée une partie maigre de X, s'il existe une suite $F_1, F_2, \ldots$ de parties fermées de X telle que $Y \subset \bigcup_{i=1}^{\infty} F_i$ et telle que l'intérieur de chacun des F_i soit vide.

Si $X = \text{Prim}\,(R)$ pour une k-algèbre noethérienne (à gauche et à droite) et première, alors une partie Y de X est maigre si et seulement si $Y \subset \bigcup_{i=1}^{\infty} F_i$ où les F_i sont des parties fermées de X avec $F_i \neq X$ pour tous les $i = 1,2,\ldots,$.

Comme le corps de base k est non dénombrable, une k-variété algébrique affine $X = \text{Specm}\,(R)$ n'est pas la réunion d'une suite de parties fermées $F_1, F_2, \ldots,$ de X avec $F_i \neq X$ pour $i = 1, 2, \ldots$.

D'après Dixmier ([6], Thm B) le même résultat est vrai pour les parties fermées irréductibles $V(\underline{p}) = \text{Prim}\,(U(\underline{g})/\underline{p}) = \text{Rat}\,(U(\underline{g})/\underline{p})$ de l'espace des idéaux primitifs d'une algèbre enveloppante, i.e. $V(\underline{p}) \neq Y$ pour toute partie maigre Y de $V(\underline{p})$.

Remarque 1 :

Si $\underline{p} \subset U(\underline{g})$ est un idéal premier et si T est un ensemble multiplicatif Oréen dénombrable de $U(\underline{g})/\underline{p}$, alors $V(\underline{p}) \setminus V(\underline{p})_T$ est un ensemble maigre de $V(\underline{p})$.

Démonstration.

En effet, $V(\underline{p}) \setminus V(\underline{p})_T$ est la réunion dénombrable des $V(\underline{p} + U(\underline{g})\, t\, U(\underline{g}))$ avec $t \in T$.

Le théorème suivant donnera une description de la topologie de $V(\underline{p})$ à l'exception d'une partie maigre de $V(\underline{p})$.

Théorème 2 :

Soit p un idéal premier de $U(\underline{g})$. Alors on a :

a) Il existe un ensemble multiplicatif Oréen dénombrable T de $U(\underline{g})/\underline{p}$ tel que

$$V(\underline{p})_T \ni \underline{q} \longmapsto (\underline{q}/\underline{p})_T \cap Z \in \mathrm{Specm}(Z) \quad \text{où } Z \text{ est le centre de } (U(\underline{g})/\underline{p})_T$$

soit un homéomorphisme.

b) On peut choisir T de telle façon que $Z = B_S$ où B est une k-algèbre de type fini, S un ensemble multiplicatif dénombrable de B et $C(\underline{g}\ ;\ \underline{p}) = \mathrm{Fract}\ (B)$.

Démonstration.

a) On constate d'abord qu'on peut définir l'idéal premier $\underline{p}$ déjà sur un corps dénombrable (voir [1], 4.4). Soit $x_1,\dots,x_n$ une base de $\underline{g}$. Ecrivons $[x_i, x_j] = \sum_{\ell=1}^{n} \alpha_{ij}^{\ell} x_\ell$ pour $i, j = 1,\dots,n$. Soit k_o l'extension de corps de $\mathbb{Q}$ engendré par les α_{ij}^{ℓ} $(i, j, \ell = 1,\dots,n)$. Soit $\underline{g}_o = \sum_{i=o}^{n} k_o x_i$.

Soient $u_1,\dots,u_s$ des générateurs de $\underline{p}$ comme idéal à gauche de $U(\underline{g})$. Il existe une extension de corps de type fini k_1 de k_o telle que $u_i \in U_{k_o}(\underline{g}_o) \otimes_{k_o} k_1$. Soit $\underline{g}_1 := \underline{g}_o \otimes_{k_o} k_1$. Soit $\underline{p}_1$ l'idéal à gauche de $U_{k_1}(\underline{g}_1)$ engendré par $u_1,\dots,u_s$. Alors $\underline{p} = \underline{p}_1 \otimes_{k_1} k$, $U(\underline{g})/\underline{p} = (U_{k_1}(\underline{g})/\underline{p}_1) \otimes_{k_1} k$ et $\underline{p}_1$ est un idéal premier de $U(\underline{g})$.

Soit T l'ensemble des éléments réguliers de $U_{k_1}(\underline{g}_1)/\underline{p}_1$. Alors T est un ensemble multiplicatif Oréen dénombrable de $U(\underline{g})/\underline{p}$ et l'on a

$$(U(\underline{g})/\underline{p})_T = \mathrm{Fract}\ (U(\underline{g}_1)/\underline{p}_1) \otimes_{k_1} k .$$

Soit $C_1 = C(\underline{g}_1; \underline{p}_1)$. Comme $\mathrm{Fract}\ (U(\underline{g}_1)/\underline{p}_1)$ est une algèbre simple de centre C_1, tout idéal bilatère de $(U(\underline{g})/\underline{p})_T = \mathrm{Fract}\ (U(\underline{g}_1)/\underline{p}_1) \otimes_{C_1} (C_1 \otimes_{k_1} k)$ est engendré par son intersection avec le centre $Z \simeq C_1 \otimes_{k_1} k$ de $(U(\underline{g})/\underline{p})_T$.

Comme un idéal de $(U(\underline{g})/\underline{p})_T$ est rationnel si et seulement si son intersection avec $Z \simeq C_1 \otimes_{k_1} k$ est maximale, on déduit que le comorphisme

$$\mathrm{Rat}\ ((U(\underline{g})/\underline{p})_T) = V(\underline{p})_T \ni \underline{q} \longmapsto (\underline{q}/\underline{p}) \cap Z \in \mathrm{Specm}\ (Z)$$

est un homéomorphisme.

b) D'après le théorème 1, $C(\underline{g}\ ;\ \underline{p})$ est engendré comme extension de corps de k par un nombre fini d'éléments $c_1,\dots,c_r$. On peut supposer que $c_1,\dots,c_r \in Z$.

Soit $B := k[c_1,\dots,c_r]$ la k-algèbre engendrée par $c_1,\dots,c_r$, d'où $B \subsetneq Z$. Comme Z est une k-algèbre qui est un espace vectoriel de dimension dénombrable sur k, il existe un ensemble multiplicatif dénombrable $S \subset B$ tel que $Z \subsetneq B_S$.

Soit $T' := \{t' \in U(\underline{g})/\underline{p} \mid \exists t \in T\ ,\ t^{-1}t' \in S\}$.

Alors $T' = TS \cap (U(\underline{g})/p)$ et on constate que T est un ensemble multiplicatif Oréen de $U(\underline{g})/\underline{p}$.

On a alors

$Z_S = B_S$, $(U(\underline{g})/\underline{p})_{T'} = ((U(\underline{g})/\underline{p})_T)_S$ et B_S = centre $(U(\underline{g})/\underline{p})_{T'}$. En localisant l'inclusion $Z \hookrightarrow (U(\underline{g})/\underline{p})_T$ par rapport à S on déduit que le comorphisme $\mathrm{Rat}\,((U(\underline{g})/\underline{p})_{T'}) = V(\underline{p})_{T'} \ni \underline{q} \longmapsto (\underline{q}/\underline{p})_{T'} \cap Z_S \in \mathrm{Specm}\,(Z_S)$ est un homéomorphisme.

§.4. Quelques lemmes utiles.

Soit Γ un groupe algébrique connexe d'automorphismes de $\underline{g}$. Alors Γ opère par automorphismes dans $U(\underline{g})$ et par homéomorphismes dans $\mathrm{Prim}\,U(\underline{g}) = \mathrm{Rat}\,U(\underline{g})$.

Remarque 2 :

Soit $A(\Gamma)$ l'anneau des fonctions régulières sur Γ. Soit $\underline{a} \subset U(\underline{g})$ un idéal premier de $U(\underline{g})$. Alors $\mathrm{Prim}\,(A(\Gamma) \otimes U(\underline{g})/\underline{a}) = \mathrm{Rat}\,(A(\Gamma) \otimes U(\underline{g})/\underline{a})$ s'identifie canoniquement à $\Gamma \times V(\underline{a})$ (voir [4], 1.1.). Sur $\Gamma \times V(\underline{a})$ on mettra dans la suite la topologie de $\mathrm{Prim}(A(\Gamma) \otimes U(\underline{g})/\underline{a}) = \mathrm{Rat}(A(\Gamma) \otimes U(\underline{g})/\underline{a})$.

Pour tout $\gamma \in \Gamma$ on notera $\varepsilon_\gamma : A(\Gamma) \ni a \longmapsto a(\gamma) \in k$ l'homomorphisme résiduel. Soit $\Delta : U(\underline{g}) \longrightarrow A(\Gamma) \otimes U(\underline{g})$ l'homomorphisme correspondant à l'opération de Γ sur $U(\underline{g})$, i.e.

$$\gamma u = \sum_{i=1}^{n} a_i(\gamma)u_i \quad \text{si} \quad \Delta(u) = \sum_{i=1}^{n} a_i \otimes u_i$$

On a donc $\gamma u = (\varepsilon_\gamma \otimes \mathrm{id})\,\Delta(u)$ pour $\gamma \in \Gamma$ et $u \in V(\underline{g})$.

De façon analogue on notera Δ' l'homomorphisme $U(\underline{g}) \longrightarrow A(\Gamma) \otimes U(\underline{g})$ tel que

$$\gamma^{-1}u = \sum_{i=1}^{n} b_i(\gamma)\, u_i \quad \text{si} \quad \Delta'(u) = \sum_{i=1}^{n} b_i \otimes u_i .$$

Lemme 1 :

a) (voir [4], Prop. 1.5(i)). L'application Δ est admissible. Son comorphisme μ est donné par $\mu(\gamma,\underline{q}) = \gamma^{-1}\underline{q}$, si l'on identifie $\mathrm{Rat}\,(A(\Gamma) \otimes U(\underline{g})$ à $\Gamma \times \mathrm{Rat}\,U(\underline{g})$.

b) $A(\Gamma) \otimes U(\underline{g})$ est engendré par $A(\Gamma)$ et l'image de Δ.

Démonstration.

a) Soit $(\gamma, \underline{q}) \in \Gamma \times \mathrm{Rat}\, U(\underline{g}) = \Gamma \times \mathrm{Prim}\, U(\underline{g})$ un point correspondant à un idéal rationnel (= primitif) de $A(\Gamma) \otimes U(\underline{g})$. Cet idéal rationnel est le noyau de l'homomorphisme

$$\varepsilon_{\gamma} \otimes \nu : A(\Gamma) \otimes U(\underline{g}) \longrightarrow k \otimes U(\underline{g})/\underline{q} = U(\underline{g})/\underline{q}$$

où ν désigne l'homomorphisme canonique $U(\underline{g}) \longrightarrow U(\underline{g})/\underline{q}$.

Un élément $u \in U(\underline{g})$ est dans l'image réciproque sous Δ du noyau de $\varepsilon_{\gamma} \otimes \nu$ si et seulement si $(\varepsilon_{\gamma} \otimes \mathrm{id})\Delta(u) \in \underline{q}$, i.e. $\gamma u \in \underline{q}$, d'où $u \in \gamma^{-1}\underline{q}$.

b) Soient $i_1 : A(\Gamma) \longrightarrow A(\Gamma) \otimes U(\underline{g})$ et $i_2 : U(\underline{g}) \longrightarrow A(\Gamma) \otimes U(\underline{g})$ les deux injections. De $i_1 : A(\Gamma) \longrightarrow A(\Gamma) \otimes U(\underline{g})$ et de $\Delta : U(\underline{g}) \longrightarrow A(\Gamma) \otimes U(\underline{g})$ on déduit un homomorphisme de k-algèbres $(i_1, \Delta) : A(\Gamma) \otimes U(\underline{g}) \longrightarrow A(\Gamma) \otimes U(\underline{g})$. De façon analogue on définit $(i_1, \Delta') : A(\Gamma) \otimes U(\underline{g}) \longrightarrow A(\Gamma) \otimes U(\underline{g})$. On constate que ces deux homomorphismes sont des homomorphismes réciproques. Pour ceci il suffit de vérifier que $(i_1, \Delta)\,\Delta' = (i_1, \Delta')\,\Delta = i_2$.

Soit $u \in U(\underline{g})$ et soit $\Delta'(u) = \sum_{i=1}^{n} b_i \otimes u_i$. Donc $\gamma^{-1}u = \sum_{i=1}^{n} b_i(\gamma) u_i$.

Alors on a :

$$(\varepsilon_{\gamma} \otimes \mathrm{id})(i_1, \Delta)\left(\sum_{i=1}^{n} b_i \otimes u_i\right) = \sum_{i=1}^{n} b_i(\gamma)\,\gamma(u_i)$$

$$= \gamma\left(\sum_{i=1}^{n} b_i(\gamma)\, u_i\right)$$

$$= \gamma^{-1}\gamma u = u$$

pour tout $\gamma \in \Gamma$, d'où $(i_1, \Delta)\,\Delta'(u) = 1 \otimes u$.

De même façon on a : $(i_1, \Delta')\,\Delta(u) = 1 \otimes u$.

Comme (i_1, Δ) est surjective, $A(\Gamma) \otimes U(\underline{g})$ est engendré par $A(\Gamma)$ et l'image de Δ.

Remarquons qu'il est évident que les comorphismes

$$\Gamma \times \mathrm{Rat}\, U(\underline{g}) \ni (\gamma, \underline{q}) \longrightarrow (\gamma, \gamma^{-1}\underline{q}) \in \Gamma \times \mathrm{Rat}\, U(\underline{g})$$

$$\Gamma \times \mathrm{Rat}\, U(\underline{g}) \ni (\gamma, \underline{q}) \longrightarrow (\gamma, \gamma\, \underline{q}) \in \Gamma \times \mathrm{Rat}\, U(\underline{g})$$

de (i_1, Δ) et de (i_1, Δ') sont des applications réciproques.

Lemme 2 :

Soit $\underline{q} \in \mathrm{Prim}\, U(\underline{g}) = \mathrm{Rat}\, U(\underline{g})$.

L'application $\Gamma \ni \gamma \longrightarrow \gamma\, \underline{q} \in \mathrm{Prim}\, U(\underline{g}) = \mathrm{Rat}\, U(\underline{g})$ est continue.

Démonstration.

On sait déjà que les trois applications

$$\Gamma \ni \gamma \longmapsto \gamma^{-1} \in \Gamma$$

$$\Gamma \times V(\underline{q}) \hookrightarrow \Gamma \times \text{Rat } U(\underline{g})$$

$\mu : \Gamma \times \text{Rat } U(\underline{g}) \ni (\gamma, \underline{n}) \longmapsto \gamma^{-1}\, \underline{n} \in \text{Rat } U(\underline{g}) = \text{Prim } U(\underline{g})$

sont continues.

Il suffit donc à démontrer que l'application

$$\Gamma \ni \gamma \longmapsto (\gamma, \underline{q}) \in V(\underline{q}) \quad \text{est continue.}$$

D'après le théorème 2 il existe un ensemble multiplicatif dénombrable Oréen S de $U(\underline{g})/\underline{q}$ tel que $(U(\underline{g})/\underline{q})_S$ soit une algèbre simple (de centre k). Par conséquent on a $(\Gamma \times V(\underline{q}))_S = \Gamma \times \{\underline{q}\}$ et le comorphisme $(\Gamma \times V(\underline{q}))_S \ni (\gamma, \underline{q}) \longmapsto \gamma \in \Gamma$ de l'injection $A(\Gamma) \hookrightarrow (A(\Gamma) \otimes (U(\underline{g})/\underline{q}))_S$ est un homéomorphisme.

<u>Lemme 3</u> :

<u>Soient A et B deux k-algèbres commutatives et intègres de type dénombrable. Si $j : A \longrightarrow B$ est un homomorphisme injectif, alors le complément de l'image de Specm(B) sous le comorphisme de j dans Specm(A) est une partie maigre de Specm(A).</u>

<u>Démonstration</u>.

On peut supposer que $A \subset B$. Comme B est un A-module de type dénombrable, B est la réunion d'une suite $B_1 \subset B_2 \subset B_3 \ldots$ de A-sous-modules telle que B_{i+1}/B_i soit monogène pour tout i. Si B_{i+1}/B_i n'est pas isomorphe à A on choisit $s_i \in A$ dans l'annulateur de B_{i+1}/B_i. Soit S l'ensemble multiplicatif de A engendré par les s_i. Alors B_S est un A_S-module libre et Specm (A_S) = (Specm $A)_S$ se trouve dans l'image de Specm (B).

§.5. Γ-<u>Orbites dans</u> Prim $U(\underline{g})$

Soit ω une Γ-orbite dans Prim $U(\underline{g})$ = Rat $U(\underline{g})$. Nous sommes maintenant en mesure d'établir le théorème essentiel concernant le complément de ω dans son adhérence $\bar{\omega}$.

<u>Théorème 3</u> :

<u>Soit ω une Γ-orbite dans Prim $U(\underline{g})$. Alors $\bar{\omega} \setminus \omega$ est une partie maigre de $\bar{\omega}$.</u>

<u>Démonstration</u>.

Soit $\underline{q} \in \omega$. On pose $\underline{p} := \bigcap_{\gamma \in \Gamma} \gamma \underline{q}$. Soit ν l'application canonique $U(\underline{g})/\underline{p} \longrightarrow U(\underline{g})/\underline{q}$

La comultiplication $\Delta : U(g) \longrightarrow A(\Gamma) \otimes U(\underline{g})$ passe au quotient $U(\underline{g})/\underline{p}$ induisant $\bar{\Delta} : U(\underline{g})/\underline{p} \longrightarrow A(\Gamma) \otimes U(\underline{g})/\underline{p}$.

Les homomorphismes Δ et $\bar{\Delta}$ sont admissibles ainsi que l'homomorphisme $\varphi := (\mathrm{id} \otimes \nu)\,\bar{\Delta} : U(\underline{g})/\underline{p} \longrightarrow A(\Gamma) \otimes U(\underline{g})/\underline{p} \longrightarrow A(\Gamma) \otimes U(\underline{g})/\underline{q}$.
Le lemme 2 entraîne que le comorphisme de φ est donné par

$$\Gamma \times V(\underline{q}) \ni (\gamma, \underline{n}) \longrightarrow \gamma^{-1}\,\underline{n} \in V(\underline{p}).$$

Remarquons que φ est injectif. En effet, le noyau de $(\varepsilon_{\gamma} \otimes \mathrm{id})\varphi$ est $\gamma^{-1}(\underline{q})/\underline{p}$ pour $\gamma \in \Gamma$. Comme l'intersection de ces noyaux est l'idéal 0 de $U(\underline{g})/\underline{p}$, l'application φ est injective.
D'après le théorème 2 il existe un ensemble multiplicatif Oréen dénombrable S de $U(\underline{g})/\underline{p}$ tel que le comorphisme

$$\Psi : V(\underline{p})_S \longrightarrow \mathrm{Specm}\,(\text{centre } (U(\underline{g})/\underline{p})_S) \quad \text{soit un homéomorphisme.}$$

Notons C le centre de $(U(\underline{g})/\underline{p})_S$. On peut supposer que C est noethérienne.
Soit $\tilde{S} := \varphi(S)$ l'image de S. Alors S est un ensemble multiplicatif Oréen de $A(\Gamma) \otimes U(\underline{g})/\underline{q}$ d'après le lemme 1, b).
Soit φ_S le prolongement naturel de φ à

$$(U(\underline{g})/\underline{p})_S \longrightarrow (A(\Gamma) \otimes U(\underline{g})/\underline{q})_{\tilde{S}} \subset \mathrm{Fract}\,(A(\Gamma) \otimes U(\underline{g})/\underline{q}).$$

Du lemme 1, b) on déduit que $A(\Gamma) \otimes U(\underline{g})/\underline{q}$ est engendré par l'image de φ et par $A(\Gamma)$. Par conséquent l'image du centre C de $(U(\underline{g})/\underline{p})_S$ se trouve dans le centre $\mathrm{Fract}\,(A(\Gamma))$ de $\mathrm{Fract}\,(A(\Gamma) \otimes U(\underline{g})/\underline{q})$ (voir [2], lemme 3.7).
Comme C est une k-algèbre commutative de type dénombrable, il existe un ensemble multiplicatif dénombrable T de $A(\Gamma)$ tel que $\varphi_S(C) \subseteq A(\Gamma)_T$.
Considérons le diagramme commutatif suivant :

$$\begin{array}{ccc}
C & \xhookrightarrow{\quad j \quad} & A(\Gamma)_T \\
\big\downarrow & & \big\downarrow \\
(U(\underline{g})/\underline{p})_S & \xhookrightarrow{\ \varphi_S\ } & (A(\Gamma) \otimes U(\underline{g})/\underline{q})_{\tilde{S}} \subseteq (A(\Gamma) \otimes U(\underline{g})/\underline{q})_{\tilde{S}T} \\
\big\uparrow & & \big\uparrow \\
U(\underline{g})/\underline{p} & \xhookrightarrow{\quad \varphi \quad} & A(\Gamma) \otimes U(\underline{g})/\underline{q}
\end{array}$$

Comme tous les homomorphismes dans ce diagramme sont admissibles, on obtient le diagramme commutatif des comorphismes

$$\begin{array}{ccc}
\Gamma_T & \xrightarrow{\ \mathrm{Specm}\,(j)\ } & \mathrm{Specm}\,(C) \\
{\scriptstyle pr_1}\big\uparrow & & \wr\big\uparrow\Psi \\
(\Gamma \times V(\underline{q}))_{\tilde{S}T} & \longrightarrow & V(\underline{p})_S \\
\big\downarrow & & \big\downarrow \\
\Gamma \times V(\underline{q}) & \xrightarrow[\mu]{} & V(\underline{p}) = \bar{\omega}
\end{array}$$

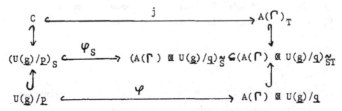

Lemme 4 :

L'application ψ^{-1} Specm (j) est donnée par $\Gamma_T \ni \gamma \longmapsto \gamma^{-1}\, \underline{q} \in V(\underline{p})_S$

Démonstration.

Remarquons que $\Gamma_T \times \{\underline{q}\} \subseteq (\Gamma \times V(\underline{q}))^{\sim}_{ST}$.

En effet, si $(\gamma, \underline{n}) \in (\Gamma \times V(\underline{q}))^{\sim}_{ST}$, alors $(\gamma, \underline{q}) \in (\Gamma \times V(\underline{q}))^{\sim}_{ST}$, d'où $\psi(\gamma^{-1}\, \underline{q}) = \text{Specm}\,(j)(\gamma)$ (on peut même constater que $\underline{n} = \underline{q}$).

Fin de la démonstration du théorème 3.

Soit $\omega_o = \{\gamma^{-1}\, \underline{q} \mid \gamma \in \Gamma_T\}$. D'après le lemme 3 le complément de ω_o dans $V(\underline{p})_S$ est une partie maigre de $V(\underline{p})_S$. Il existe donc une suite de parties fermées $F_1, F_2, \ldots$ de $V(\underline{p})$, $F_i \neq V(\underline{p})$ pour tous les $i = 1, 2, \ldots$, telle que $V(\underline{p})_S \setminus \omega_o$ soit contenu dans la réunion des F_i. Par conséquent $V(\underline{p}) \setminus \omega_o$ est une partie maigre de $V(\underline{p})$. Remarquons enfin que $V(\underline{p})$ est l'adhérence de l'orbite ω dans Rat $U(\underline{g})$ = Prim $U(\underline{g})$ d'après la définition de $\underline{p}$.

Théorème 4 :

Soient ω et ω' deux Γ-orbites dans Prim $U(\underline{g})$. Si ω et ω' ont la même adhérence, elles coïncident.

Démonstration.

Soit $V(\underline{p}) \subseteq$ Rat $U(\underline{g})$ = Prim $U(\underline{g})$ l'adhérence commune de ω et ω'. D'après le théorème 3 il existe une suite de parties fermées $F_1, F_2, \ldots$ de $V(\underline{p})$ telle que $V(\underline{p}) \setminus \omega$ soit contenu dans la réunion des F_i et telle que $F_i \neq V(\underline{p})$ pour tous les $i = 1, 2, \ldots$. Soit $\underline{q} \in \omega'$. Notons ρ l'application $\Gamma \ni \gamma \longmapsto \gamma\, \underline{q} \in V(\underline{p})$. Cette application est continue d'après le lemme 2. Supposons que les deux orbites soient distinctes. Alors Γ est la réunion des $\rho^{-1}(F_i)$. Comme $\omega' \notin F_i$ pour $i = 1, 2, 3, \ldots$, on a $\Gamma \neq \rho^{-1}(F_i)$ pour tous les $i = 1, 2, 3, \ldots$. Mais comme Γ est une variété algébrique sur un corps non dénombrable, ceci est impossible. Par conséquent les deux orbites ω et ω' coïncident.

BIBLIOGRAPHIE

[1] W. BORHO, Définition einer Dixmierabbildung für $\underline{sl}(n, \mathbb{C})$, Inventiones math. 39, p.143-169 (1977).

[2] W. BORHO, P. GABRIEL, R. RENTSCHLER, Primideal in Einhüllenden auflösbarer Lie-Algebren, Lecture Notes in Mathematics, 357, 1973.

[3] N. CONZE, Action d'un groupe algébrique dans l'espace des idéaux primitifs d'une algèbre enveloppante, J. of Algebra, 25, p.100-105 (1973).

[4] N. CONZE, Espace des idéaux primitifs de l'algèbre enveloppante d'une algèbre de Lie nilpotente, J. of Algebra, 34, p.444-450 (1975).

[5] J. DIXMIER, Algèbres enveloppantes, Gauthier-Villars, Paris, 1974.

[6] J. DIXMIER, Idéaux primitifs dans les algèbres enveloppantes, J. of Algebra, 48, p.96-112 (1977).

[7] M. RAIS, Sur les idéaux primitifs des algèbres enveloppantes, C.R. Acad. Sc. Paris, 272, série A, p.989-991 (1971).

[8] R. RENTSCHLER, Sur la topologie de l'espace des idéaux primitifs d'une algèbre enveloppante, C.R. Acad. Sc. Paris, à paraître.

[9] R. RESCO, L.W. SMALL, A.R. WADSWORTH, Tensor Products of Division Rings and Finite Generation of Subfields, Proc. Amer. Math. Soc., à paraître.

Rudolf Rentschler
Université de Paris-Sud
Centre d'Orsay
Mathématiques, Bât. 425
91405 ORSAY Cedex

SERIES FORMELLES TORDUES ET CONDITIONS DE CHAINES

par

Elena Wexler-Kreindler

Cet exposé présente quelques résultats, pour la plupart d'entre eux annoncés dans [10], concernant les anneaux $R = A[[t\ ;\tau]]$ des séries formelles en l'indéterminée t et à coefficients dans l'anneau A muni d'un endomorphisme injectif $\tau : A \longrightarrow A$, qui vérifie

$$\forall a \in A,\ ta = \tau(a)\,t,$$

lorsque l'anneau A vérifie certaines conditions de chaînes ascendantes et, en particulier, lorsque A est semi-simple.

Notons que $A[[t\ ;\tau]]$ est le complété pour la topologie Pt-adique de l'extension de Ore $P = A[t\ ;\tau]$ du même anneau A, associée à τ, i.e. de l'anneau des polynômes de Ore en t et à coefficients dans A vérifiant la même loi pour les produits ta, $a \in A$. Lorsque A est un corps, de nombreux résultats sont connus sur les anneaux P et R et on pourrait en trouver un aperçu dans [1].

Dans un premier temps (§.2), nous montrons que les conditions noethériennes à gauche sur l'anneau A, introduites par L. Lesieur [4] et qui assurent la propriété noethérienne à gauche pour l'anneau P, sont encore nécessaires et suffisantes pour que R soit noethérien à gauche. En particulier R est noethérien à gauche, lorsque A est semi-simple.

Par la suite nous considérons l'anneau des séries formelles $A[[t\ ;\tau]]$ sur un anneau semi-simple A. Dans le §.3 nous exposons quelques résultats concernant les endomorphismes injectifs dans les anneaux semi-simples, dûs principalement à A.V. Jategaonkar, qui les utilise pour l'étude des extensions de Ore de tels anneau [3].

Dans les §.4 et §.5, à l'aide d'une méthode différente de celle de [3] nous trouvons des propriétés de structure des anneaux $A[[t\ ;\tau]]$, en partie analogues à celles possédées par les extensions de Ore $A[t\ ;\tau]$, mais dans un certain sens plus précises que celles qu'on aurait pû espérer trouver en utilisant directement une copie des méthodes de [3]. Parfaitement applicable aussi dans le cas des anneaux de polynômes $P = A[t;\tau]$, cette méthode permet de trouver un correspondant du théorème de structure 4.4., qui donnerait une description plus précise de ces anneaux. De même un équivalent du théorème 5.4 peut être obtenu pour $A[t;\tau]$. Nous laisserons au lecteur le soin de faire ces exercices.

§.1. Définitions et préliminaires.

Tous les anneaux sont supposés associatifs et unitaires, leur élément unité passe aux sous-anneaux et sont préservés par les homomorphismes d'anneaux.

Dans tout ce qui suit, A désigne un anneau et $\tau : A \longrightarrow A$ un endomorphisme injectif, pas nécessairement surjectif, d'anneau.

On désigne par $A[[t;\tau]]$ (v. [1]) l'ensemble des séries formelles entières

$$(1)\qquad f = \sum_{n\geq 0} a_n t^n, \quad a_n \in A,$$

en l'indéterminée t et à coefficients dans A, muni des lois usuelles d'égalité, d'addition et de multiplication à gauche par des éléments de A, ainsi que d'une loi de multiplication, définie par

$$(2)\qquad \left(\sum_{n\geq 0} a_n t^n\right)\left(\sum_{m\geq 0} b_m t^m\right) = \sum_{k\geq 0} c_k t^k, \quad a_n b_m \in A,$$
$$c_k = \sum_{r=0}^{k} a_r \tau^r(b_{k-r}).$$

$A[[t;\tau]]$ est un anneau, que nous appelons l'anneau des séries formelles tordues à coefficients dans A en l'indéterminée t, associé à l'endomorphisme injecitf τ. Il contient évidemment comme sous-anneau l'extension de Ore $A[t;\tau]$ de A associée à τ. Nous allons utiliser les notations :

$$R = A[[t;\tau]], \quad P = A[t;\tau].$$

La représentation (1) des éléments non nuls de R est unique et nous allons désigner le coefficient a_n de t^n par $c_n(f)$. La fonction d'ordre $f \longmapsto o(f)$, $f \in R$, est définie de manière usuelle. Elle est associée à la filtration Rt-adique de R et, pour tout entier $n \in \mathbb{N}$, Pt^n et Rt^n sont des idéaux bilatères de P, respectivement de R.

Comme dans le cas commutatif [8, ch.7], on obtient sans peine les résultats suivants, que nous énonçons sous forme de lemmes.

Lemme 1.1. - R est un espace topologique métrisable complet pour la topologie Rt-adique et P est partout dense dans R.

Lemme 1.2. - Un élément $f \in R$ est inversible si et seulement si son terme constant $c_o(f)$ est inversible dans A. Si $U(A)$ est le groupe multiplicatif des éléments inversibles de A, $U(R) = U(A) + Rt$ est le groupe multiplicatif des éléments inversibles de R.

Lemme 1.3. - Si $J(A)$ est le radical de Jacobson de l'anneau A, alors $J(R) = J(A) + Rt$ est le radical de Jacobson de R. Si A est local d'idéal maximal $\mathfrak{M}$, alors R est local d'idéal maximal $\mathfrak{M} + Rt$.

Lorsque A est un corps, le groupe des éléments inversibles de R est l'ensemble des séries ayant le terme constant non nul et tout idéal à gauche non nul de R est de la forme Rt^n, $n \in \mathbb{N}$.

Soit $G(R) = \bigoplus_{n \geq o} Rt^n/Rt^{n+1}$ l'anneau gradué associé à la filtration Rt-adique de R et soit T_k l'image canonique de t^k dans Rt^k/Rt^{k+1}, $k \in \mathbb{N}$.

A chaque polynôme $p = \sum_{k=o}^{n} a_k t^k \in P$, nous associons l'élément

$$\varphi(p) = \sum_{k=o}^{n} a_k T_k \in G(R).$$

On a $Rt^n/R^{tn+1} = AT_n$ et, pour tout couple $(a,b) \in A \times A$,

$$(aT_n)(bT_m) = a\,\tau^n(b)\,T_{n+m}\ .$$

On obtient ainsi la:

Proposition 1.4. - L'application $p \longmapsto \varphi(p)$ est un isomorphisme de l'anneau P sur l'anneau $G(R)$.

§.2. Conditions de chaînes ascendantes.

Soit I un idéal à gauche (à droite) de l'anneau des séries formelles tordues R. Pour tout entier $k \in \mathbb{N}$, nous désignons par $C_k(I) \subseteq A$ l'ensemble formé par 0 et les coefficients de rang k des éléments d'ordre k, appartenant à I. L'idéal I sera appelé d'ordre minimal n, si $C_n(I) \neq 0$ et, pour tout entier $k < n$, $C_k(I) = (0)$. Pour tout entier $k \in \mathbb{N}$ $C_k(I)$ est un idéal à gauche de A (respectivement un $\tau^k(A)$-sous-module à droite de A) et on a l'inclusion

$$\tau(C_k(I)) \subseteq C_{k+1}(I) \quad (C_k(I) \subseteq C_{k+1},\ \text{resp.}).$$

Notons que $\tau(C_k(I))$ n'est pas un idéal à gauche de A si τ n'est pas surjectif.

Rappelons les définitions suivantes posées dans [4].

Définition 2.1. - Une suite $\{J_n\}_{n\in\mathbb{N}}$ d'idéaux à gauche de l'anneau A est appelée τ-croissante, si pour tout entier $n\in\mathbb{N}$, $\tau(J_n)\subseteq J_{n+1}$. Une suite τ-croissante est dite stationnaire à partir du rang k, si pour tout entier $n\geq k$, $A\tau(J_n) = J_{n+1}$. Sur l'anneau A on considère la condition τ-noethérienne à gauche :

(N_τ): toute suite τ-croissante d'idéaux à gauche de A est stationnaire à partir d'un certain rang.

Cette condition est vérifiée dans tout anneau semi-simple.

Notons que si I est un idéal à gauche de l'anneau des séries formelles R sur A, alors la suite $\{C_k(I)\}_{k\in\mathbb{N}}$ est τ-croissante.

Théorème 2.2. - Pour l'anneau A les assertions suivantes sont équivalentes :

(i) A est noethérien à gauche et vérifie la condition τ-noethérienne à gauche (N_τ).

(ii) $P = A[t;\tau]$ est noethérien à gauche.

(iii) $R = A[[t;\tau]]$ est noethérien à gauche.

Sous ces conditions, tout idéal à gauche de R est fermé.

Ce théorème étend à l'anneau des séries formelles tordues un résultat de [4] qui établit l'équivalence entre (i) et (ii).

Preuve : (i) $\Longrightarrow$ (ii) voir [4].

(ii) $\Longrightarrow$ (iii) Par la proposition 1.4, G(R) est noethérien à gauche et, puisque, par le lemme 1.1., R est séparé, complet, sa filtration exhaustive, R est noethérien à gauche et tout idéal à gauche de R est fermé (v. [5], page 414).

(iii) $\Longrightarrow$ (i) . Supposons que R est nothérien à gauche. R/Rt est un R-module de type fini, donc noethérien. Les R-modules à gauche R/Rt et A sont isomorphes pour la loi de composition externe de A sur R, $(f,a)\in R\times A$, $(f,a)\longmapsto c_o(f)a\in A$ et A est un anneau noethérien à gauche, car les idéaux à gauche de A sont exactement les sous-modules à gauche du R-module A.

Soit maintenant une suite τ-croissante $\{J_n\}_{n\in\mathbb{N}}$ d'idéaux à gauche de A. Posons

$$\forall n\in\mathbb{N},\ I_n = \sum_{k=o}^{n-1} J_k\, t^k + RJ_n\, t^n ,$$

où par $RJ_n t^n$ on comprend l'ensemble formé par toutes les sommes finies $\sum_s f_s c_s t^n$, où $f_s\in R$, $c_s\in J_n$. Il est évident que, pour tout entier $n\in\mathbb{N}$, I_n est un sous-groupe additif de R et $RJ_n t^n$ est un idéal à gauche de R.

Montrons que I_n est un idéal à gauche de R. Soit $f\in I_n$ et $h\in R$. On a

$$f = \sum_{k=o}^{n-1} a_k\, t^k + g,\ a_k\in J_k,\ g\in R\,J_n\, t^n .$$

Puisque $hg \in R\, J_n\, t^n$, $hf \in I_n$ ssi $h\, a_k\, t^k \in I_n$, pour tout entier $k \in [o,n-1]$.
Soit

$$h = \sum_{m=o}^{\infty} b_m\, t^m \in R.$$

On a

$$ha_k\, t^k = \sum_{r=o}^{n-k-1} b_r\, t^r\, a_k\, t^k + h_1\, t^{n-k}\, a_k\, t^k,\ h_1\, t^{n-k} = \sum_{m \geq n-k} b_m\, t^m .$$

Puisque la suite $\{J_k\}_{k \in \mathbb{N}}$ est τ-croissante, on a les inclusions :

$$\tau^{n-k}(J_k) \subseteq \tau^{n-k-1}(J_{k+1}) \subseteq \ldots \subseteq J_n,\ \forall n \in \mathbb{N}.$$

Alors, pour tout $r \in [o,n-k-1]$, $\tau^r(a_k) \in J_{k+r}$, ce qui donne :

$$h_1\, t^{n-k}\, a_k\, t^k = h_1\, \tau^{n-k}\,(a_k)\, t^n \in R\, J_n\, t^n$$

et

$$h\, a_k\, t^k = \sum_{r=o}^{n-k-1} b_r\, \tau^r\,(a_k)\, t^{r+k} + h_1\, \tau^{n-k}\,(a_k)\, t^n \in I_n ,$$

pour tout entier $k \in [o,n-1]$, ce qui prouve que I_n est un idéal à gauche de R.

La suite d'idéaux à gauche $\{I_n\}_{n \in \mathbb{N}}$ de R est croissante, $I = \bigcup_{n \in \mathbb{N}} I_n$ est un idéal à gauche de R et, puisque par hypothèse R est noethérien à gauche, il existe un entier $m_o \in \mathbb{N}$, tel que, pour $m \geq m_o$, on ait $I_{m+1} = I_m = I$.

D'autre part, on vérifie que pour tout entier $n \in \mathbb{N}^*$, si $k \in [o,n-1]$, alors $C_k(I_n) = J_k$ et si $k \geq n$, alors $C_k(I_n) = A\, \tau^{k-n}(J_n)$. On obtient les égalités :

$$C_{m+1}(I) = C_{m+1}(I_m) = A\, \tau(J_m) = C_{m+1}(I_{m+1}) = J_{m+1} .$$

Par suite, $\{J_n\}_{n \in \mathbb{N}}$ est stationnaire à partir du rang m_o et A vérifie la condition (N_τ).

Le théorème est complètement démontré.||

Lorsque τ est surjectif, la condition (N_τ) à gauche équivaut à la condition noethérienne à gauche usuelle, car à la suite τ-croissante $\{J_n\}_{n \in \mathbb{N}}$ d'idéaux à gauche de A, on peut associer la suite $\{\tau^{-n}(J_n)\}_{n \in \mathbb{N}}$ croissante d'idéaux à gauche de A. Notons encore que dans ce cas, i.e. lorsque $\tau(A) = A$, à côté de la structure de A-modules à <u>gauche</u> des anneaux $P = A\,[t\ ;\tau]$ et $R = A\,[[t\ ;\tau]]$, on peut considérer leurs structures de A-modules à <u>droite</u>, les polynômes et les séries ayant les coefficients "écrits à droite", avec la règle de multiplication

$$at = t\, \tau^{-1}(a)\ ,\ \forall a \in A.$$

On peut utiliser les notations $P_d = A\,[t\ ;\tau^{-1}]_d$ et $R_d = A\,[[t\ ;\tau^{-1}]]_d$.

Ainsi, lorsque τ est un automorphisme de A , le théorème 2.2. montre que A , P , R sont simultanément ou non noethériens à droite.

Par contre, si $\tau(A) \neq A$, même si A est un corps, les anneaux P et R ne sont pas noethériens à droite et ils contiennent des sommes directes infinies d'idéaux à droite.

§.3. Endomorphismes injectifs dans les anneaux semi-simples.

Dans cette partie, ainsi que dans les paragraphes suivants, si aucune mention n'est faite, A désigne un anneau semi-simple, ayant $m \geq 1$ composantes simples, dont on désigne par $A = \bigoplus_{i=1}^{m} B_i$ la décomposition canonqiue en somme directe d'idéaux minimaux et $\tau: A \longrightarrow A$ désigne un endomorphisme injectif d'anneaux.

Pour les questions concernant les anneaux simples et semi-simples on pourrait se reporter à [6], chap. II, §.5.

Nous exposons, sous forme de lemmes, quelques résultats, dûs essentiellement à A.V. Jategaonkar [3], qui les utilise pour décrire les propriétés des extensions de Ore $A[t;\tau]$ d'anneaux semi-simples. Pour des démonstrations de ces lemmes, que nous allons utiliser plus loin, on pourrait se reporter à [9].

Lemme 3.1. - *Soit* $A = \bigoplus_{i=1}^{n} Ae_i$ *une décomposition directe du A-module à gauche sous-jacent à l'anneau semi-simple* A *en somme directe d'idéaux à gauche minimaux,* $\{e_i, 1 \leq i \leq n\}$ *étant des idempotents orthogonaux deux à deux. Pour tout entier* $k \in \mathbb{N}$ *on a :*

1°) $A = \bigoplus_{i=1}^{n} A\tau^k(e_i)$;

2°) $A\tau^k(e_i)$ *est un idéal minimal de* A *pour tout entier* $i \in [1,n]$.

3°) *les A-modules à gauche,* Ae_i *et* Ae_j *sont isomorphes* ssi $A\tau^k(e_i)$ *et* $A\tau^k(e_j)$ *le sont.*

Corollaire : *Si* I *est un idéal à gauche de* A *et* $I = \bigoplus_{i\in E} Ae_i$, *où* E *est une partie* $\neq \emptyset$ *de l'intervalle* $[1,n]$, *alors l'idéal à gauche* $A\tau(I)$ *engendré par* $\tau(I)$ *admet la décomposition directe :* $A\tau(I) = \bigoplus_{i\in E} A\tau(e_i)$.

Avec les conventions du début du paragraphe concernant l'anneau A on a le :

Lemme 3.2. - *Il existe exactement une permutation* $\pi \in \mathfrak{S}_m$, *telle que pour tout entier* $i\in[1,m]$, $\tau(B_i)$ *soit un sous-anneau de* $B_{\pi(i)}$ *et* $A\tau(B_i) = B_{\pi(i)}$. *Si* E *est l'une des orbites du groupe cyclique* $\langle\pi\rangle$ *dans* $[1,m]$, *alors* l'idéal bilatère $A_E = \bigoplus_{i \in E} B_i$ de A est τ-stable, l'élément unité de l'anneau A_E est laissé fixe par τ et toutes les composantes simples B_i, $i \in E$, ont la même longueur.

Par la suite nous allons utiliser les notations introduites dans ce lemme.

Définition 3.3. - Soit $E_1,\ldots,E_k$ toutes les orbites, y compris celles réduites à un seul élément de $\langle\pi\rangle$ dans $[1,m]$. Nous allons appeller les idéaux bilatères $A_i = A_{E_i}$, $i \in [1,k]$, les composantes τ-stables de A. Leur nombre est égal au nombre d'orbites de $\langle\pi\rangle$ et ne dépend pas de la numération choisie des idéaux bilatères B_i. Nous dirons qu'un anneau A (pas nécessairement semi-simple), muni d'un endomorphisme injectif τ, est τ-simple si A n'admet pas d'idéaux bilatères τ-stables propres non nuls. Tout anneau quasi-simple est τ-simple.

Proposition 3.4. - Les composantes τ-stables de l'anneau semi-simple A sont des éléments minimaux dans l'ensemble des idéaux bilatères non nuls et τ-stables de A. Tout idéal bilatère non-nul τ-stable de A est somme directe de composante τ-stable et $A = \bigoplus_{\ell=1}^{k} A_\ell$.

Preuve : Si $I \neq 0$ est un idéal bilatère τ-stable de A et B_i une composante simple de A, $B_i \subseteq I$, alors pour tout entier $s \in [1,m]$, $A\,\tau^s(B_i) \subseteq I$ et par conséquent $A_E \subseteq I$, où E est l'orbite de $\langle\pi\rangle$ à laquelle appartient i. Ceci prouve que les A_ℓ sont minimaux parmi les idéaux bilatères non-nuls τ-stables de A et que I est somme de certaines composantes τ-stables de A. D'autre part, il est évident que $A = \sum_{\ell=1}^{k} A_\ell$. Si $(0) \neq A_\ell \cap (\sum_{\ell' \neq \ell} A_{\ell'})$, il existe $i \in [1,m]$, tel que $B_i \subseteq A_\ell \cap (\sum_{\ell' \neq \ell} A_{\ell'})$. Puisque les orbites de $\langle\pi\rangle$ sont deux à deux disjointes, on déduit, pour l'idéal bilatère suivant, l'égalité :

$$\sum_{\ell' \neq \ell} A_{\ell'} = \sum_{j \in [1,m]-E_\ell} A_j$$

et, d'autre part l'inclusion

$$B_i \subseteq A_\ell = \bigoplus_{j \in E_\ell} B_j .$$

ce qui est contradictoire||

Corollaire : Pour un anneau semi-simple A il y a équivalence entre :

(i) A est τ-simple,

(ii) A admet une seule composante τ-stable ;

(iii) la permutation π associé à τ est circulaire.

Dans ces conditions toutes les composantes simples de A ont même longueur.

Par endomorphismes équivalent à un endomorphisme injectif τ de l'anneau A (pas nécessairement semi-simple), nous entendons le composé $\varphi_u \circ \tau$, où φ_u désigne l'automorphisme intérieur $x \longmapsto u\,x\,u^{-1}$ de A, défini par un élément inversible $u \in A$. Notons que si σ est équivalent à τ, alors $R = A[[t\,;\tau]] = A[[Z\,;\sigma]]$, où $Z = ut$ et $Rt^n = RZ^n$, pour tout entier $n \in \mathbb{N}$. Si A est semi-simple, deux endomorphismes injectifs équivalents de A ont même permutation associée.

Lemme 3.5. - Soit τ un endomorphisme injectif d'un anneau semi-simple A, tel que A soit τ-simple et soit n la longueur commune des composantes simples de A. Il existe un endomorphisme injectif σ de A équivalent à τ, un sous-anneau σ-stable D de A qui est semi-simples, σ-simples, ses composantes étant des corps et un isomorphisme α de l'anneau A sur l'anneau $\mathcal{M}_n(D)$ des matrices $n \times n$ à l'éléments dans D, tels que

$$\alpha\,\sigma = \tilde{\sigma}\,\alpha\,, \tag{3}$$

où $\tilde{\sigma}$ est l'extension à $\mathcal{M}_n(D)$ de la restriction σ_D de σ à D.

La preuve détaillée de l'existence de σ et du sous-anneau D de A, ayant les propriétés requises dans l'énoncé, peut être trouvée dans [9], p.246. Pour l'existence de α, noter que σ^m laisse fixes les éléments d'un système $\Sigma = \{e_{jk},\ (j,k) \in [1,n]^2\}$, d'unités matricielles d'une composante simple B de A et que, par conséquent $\{E_{j,k}\ ;\ (j,k) \in [1,n]^2\}$, $E_{jk} = \sum_{i=1}^{m} \sigma^{i-1}(e_{jk})$, est un système complet d'unités matricielles de A, dont le centralisateur est D. Puisque les E_{jk} sont laissés fixes par σ, il résulte $\alpha\,\sigma = \tilde{\sigma}\,\alpha$.

Les résultats suivants sont analogues à ceux obtenus dans [3] pour les extensions de Ore $A[t\,;\tau]$ d'anneaux semi-simples et ils permettent de réduire l'étude de l'anneau des séries formelles tordues $A[[t\,;\tau]]$ sur un anneau semi-simple au cas où A est semi-simple, τ-simple et toutes ses composantes simples sont des corps.

Proposition 3.6. - Soit $A_1,\dots,A_k$ les composantes τ-stables de l'anneau semi-simple A. Pour tout entier $j \in [1,k]$ l'idéal bilatère R_j engendré par A_j dans $R = A[[t\,;\tau]]$ est l'anneau $A_j[[t f_j\,;\tau_j]]$, où f_j est l'élément unité de l'anneau A_j et τ_j la restriction de τ à A_j. En plus $R = \bigoplus_{j=1}^{k} R_j$.

Preuve : Vérification directe.

Propositon 3.7. - Soit A un anneau semi-simple et τ-simple. Il existe un endomorphisme σ de A équivalent à τ et un sous-anneau D de A semi-simple, σ-stable et σ-simple, dont les composantes simples sont des corps, tels que les anneaux suivants soient isomorphes :

$$A[[t\ ;\tau]] \simeq \mathcal{M}_n(D\ [[z\ ;\sigma_D]]) \simeq \mathcal{M}_n(D)\ [[Z\ ;\tilde{\sigma}]]\ ,$$

où σ_D est la restriction de σ à D, $\tilde{\sigma}$ l'extension de σ_D à $\mathcal{M}_n(D)$ et n la longueur commune des composantes simples de A.

Preuve : Soit σ, α et D comme dans le lemme 3.5. Si $\sigma = \varphi_u \circ \tau$, avec $u \in A$ inversible, alors $R = A[[t\ ;\tau]] = A[[z\ ;\sigma]]$, où $z = ut$. Notons que $Rt^k = Rz^k$, $\forall k \in \mathbb{N}$ et que l'ordre d'un élément $f \in R$ ne dépend pas de t ou z. On prolonge $\alpha : A \xrightarrow{\sim} \mathcal{M}_n(D)$ jusqu'à $\bar{\alpha} : A[[z\ ;\sigma]] \longrightarrow \mathcal{M}_n(D)\ [[Z\ ;\tilde{\sigma}]]$, en posant $\alpha(\sum_{n\geq 0} a_n t^n) = \sum_{n\geq 0} \alpha(a_n) Z^n$.
Par le lemme 3.5. $\bar{\alpha}$ est un isomorphisme d'anneaux. L'application

$$\beta : \mathcal{M}_n(D[[z\ ;\sigma_D]]) \longrightarrow \mathcal{M}_n(D)\ [[Z\ ;\tilde{\sigma}]],$$

qui à chaque matrice $(g_{ij})_{(i,j)\in[1,n]^2} \in \mathcal{M}_n(D[[z\ ;\sigma_D]])$ associe la série $\sum_{k\geq 0} [c_k(g_{ij})]_{(i,j)\in[1,n]^2}\ Z^k \in \mathcal{M}_n(D)[[Z\ ;\tilde{\sigma}]]$ est surjective et, puisque $\beta(I_n z^k) = Z^k$, où I_n est l'élément unité de $\mathcal{M}_n(D)$, et en plus

$$\beta((I_n z)[d_{ij}]) = \beta([z\, d_{ij})]) = \beta([\sigma(d_{ij})z]) =$$
$$= \tilde{\sigma}([d_{ij}])\ Z = Z[d_{ij}] = \beta(I_n z)\beta([d_{ij}])\ ,$$

on déduit que β est un isomorphisme d'anneaux.

§.4. Séries formelles tordues sur un anneau semi-simple.

Nous allons supposer maintenant que l'anneau A est semi-simple et τ-simple, pour l'endomorphisme injectif $\tau : A \longrightarrow A$. Soit $A = \bigoplus_{i=1}^{m} B_i$ la décomposition canonique de A en somme d'idéaux bilatères et nous désignons par e_i, pour tout entier $i \in [1,m]$, l'élément unité de l'anneau B_i.

Soit $\{J_k\}_{k\in\mathbb{N}}$ une suite τ-croissante d'idéaux bilatères de A. Nous désignons par ℓ_k le nombre d'éléments de l'ensemble

$$E_k = \{i \in [1,m]\ /\ B_i \subseteq J_k\},\ k \in \mathbb{N}.$$

On a $\ell_k = 0 \Longleftrightarrow E_k = \emptyset \Longleftrightarrow J_k = 0$ et on vérifie le résultat technique suivant :

Lemme 4.1. - a) Si $\ell_k \neq 0$, alors $J_k = \bigoplus_{i\in E_k} B_i$.

b) Pour tout entier $k \in \mathbb{N}$, $\pi(E_k) \subseteq E_{k+1}$ et $\pi(E_k) = E_{k+1}$ si et seulement si

$\ell_k = \ell_{k+1}$. Dans ce cas $\tau(\tilde{e}_k) = \tilde{e}_{k+1}$, où $\tilde{e}_k$ est l'élément unité de l'anneau J_k. Si s est le plus petit entier k à partir duquel la suite $\{\ell_k\}_{k\in\mathbb{N}}$ est stationnaire, alors

$$\pi^n(E_k) = E_{k+n}\ ,\ \tau^n(\tilde{e}_k) = \tilde{e}_{k+n}\ .$$

c) La suite $\{\ell_k\}_{k\in\mathbb{N}}$ admet au plus m valeurs distinctes non nulles.

Preuve :

a) Résulte immédiatement des définitions.

b) Si $i\in E_k$, $B_i\subseteq J_k$, $\tau(B_i)\subseteq \tau(J_k)\subseteq J_{k+1}$ et par le lemme 3.2., $A\tau(B_i) = B_{\pi(i)}\subseteq J_{k+1}$, d'où $\pi(i)\in E_{k+1}$. Des raisonnements analogues conduisent aux autres conclusions.

c) Soit $k_0 = \inf\{k\in\mathbb{N}\ ;\ \ell_k > 0\}$. On construit une suite strictement croissante $k_0 < k_1 < \ldots < k_t$, telle que si $k\in[k_0, k_1 - 1]$, alors $\ell_k = \ell_{k_0}$, $\ell_{k_1} > \ell_{k_0}$ etc. Les entiers $\ell_{k_0},\ldots,\ell_{k_t}$ sont les valeurs distinctes non nulles de la suite $\{\ell_k\}_{k\in\mathbb{N}}$. On a alors :

$$m \geq \ell_{k_t} = \sum_{j=1}^{t} \ell_{k_j} - \ell_{k_{j-1}} + \ell_{k_0} \geq t+1 \ \|$$

Si autre mention ne sera faite, nous allons supposer jusqu'à la fin du paragraphe que toutes les composantes simples B_i de l'anneau semi-simple et τ-simple A sont des corps. Dans ce cas tout idéal à gauche de A est bilatère, car les idéaux à gauche minimaux de A sont les B_i. Si $I \neq 0$ est un idéal à gauche de l'anneau $R = A[[t\ ;\tau]]$, la suite $\{C_k(I)\}_{k\in\mathbb{N}}$ est une suite τ-croissante d'idéaux bilatères de l'anneau A et on peut lui appliquer les résultats du lemme 4.1.

Définition 4.2. - Nous considérons pour un idéal non nul I de l'anneau $R = A[[t\ ;\tau]]$ d'ordre minimal n la propriété :

($\mathcal{P}$) la suite τ-croissante $\{C_k(I)\}_{k\in\mathbb{N}}$ d'idéaux à gauche de A est stationnaire à partir du rang n.

Proposition 4.3. - Soit I un idéal à gauche d'ordre minimal $n\in\mathbb{N}$ de l'anneau R. Il y a équivalence entre :

(i) I possède la propriété ($\mathcal{P}$).

(ii) Tous les idéaux à gauche non nuls de la suite $\{C_k(I)\}_{k\in\mathbb{N}}$ ont même longueur.

(iii) Il existe une partie $\emptyset \neq E \subseteq [1,m]$ et une série f, telles que $I = Rf$, où

$$f\in I,\ o(f) = n,\ c_n(f) = \sum_{i\in E} e_i\ ;\ \forall k\in\mathbb{N},\ c_k(f)\in \bigoplus_{i\in E} B_i\ ,$$

<u>et toute série de</u> I, <u>satisfaisant ces conditions engendre</u> I.

<u>Preuve</u> : (i) $\Longrightarrow$ (ii) Si I possède la propriété ($\mathcal{P}$), alors

$$\forall r \in \mathbb{N},\ A\tau(C_{n+r}(I)) = C_{n+r+1}(I) .$$

Par le lemme 4.1, $C_{n+r}(I) = \bigoplus_{i \in E_{n+r}} B_i$ et par les lemmes 3.1. et 3.2:

$$A\tau(C_{n+r}(I)) = \bigoplus_{i \in E_{n+r}} A\tau(B_i) = \bigoplus_{i \in E_{n+r}} B_{\pi(i)} = \bigoplus_{j \in E_{n+r+1}} B_j .$$

On déduit que $\pi(E_{n+r}) = E_{n+r+1}$, ce qui prouve $\ell_{n+r} = \ell_{n+r+1}$ et par conséquent on a (ii)

(ii) $\Longrightarrow$ (iii). Soit $E = E_n \subseteq [1,m]$, telle que $C_n(I) = \bigoplus_{i \in E_n} B_i$.

Pour tout $i \in E_n$ il existe une série $f_i \in I$ d'ordre n et telle que

$$c_n(f_i) = e_i ,\ f_i = e_i f_i \in I ,$$

donc $c_k(e_i f_i) \in B_i$ pour tout $k \in \mathbb{N}$. Alors la série $\sum_{i \in E_n} e_i f_i = f$ vérifie toutes les conditions de (iii), sauf peut être $I = Rf$, que nous allons prouver. On a $Rf \subseteq I$ et $Pf \subseteq Rf$.

Soit $g \in I$, $o(g) \geq n$. On va supposer que $g \notin Pf$. On peut alors construire par récurrence une suite strictement croissante d'entiers $\{k_r\}_{r \in \mathbb{N}}$ et une suite $\{a_r\}_{r \in \mathbb{N}}$ d'éléments de A, telles que

$$k_o = o(g),\ a_o = c_{k_o}(g)\ ,\ a_r \in C_{k_r}(I)$$

$$o\left[g - (\sum_{m=o}^{r} a_m t^{k_m - n}) f \right] = k_{r+1}$$

$$c_{k_{r+1}}\left[g - (\sum_{m=o}^{r} a_m t^{k_m - n}) f \right] = a_{r+1}$$

Alors $g = (\sum_{m \geq o} t^{k_m - n}) f \in Rf.$

(iii) $\Longrightarrow$ (i). Soit $f = gt^n$, $o(g) = 0$, $c_n(f) = c_o(g) = \tilde{e}$, où $\tilde{e} = \sum_{i \in E} e_i$ et supposons que tous les coefficients de f, respectivement de g, appartiennent à $\bigoplus_{i \in E} B_i$. Soit $h \in R$, $o(hf) \geq o(h) + n$. Soit $o(hf) = n+k \geq n$. Nous allons montrer que

$$c_{k+n}(hf) \in A\tau^k (\bigoplus_{i \in E} B_i) = \bigoplus_{i \in E} B_{\pi^k(i)} = \bigoplus_{j \in \pi^k(E)} B_j$$

ce qui prouve que, pour tout entier $k \geq n$, on ait :

(4) $\quad C_{k+n}(Rf) = A\tau^k(C_n(Rf)) = \bigoplus_{j \in \pi^k(E)} B_j$

et $I = Rf$ vérifie la propriété ($\mathcal{P}$).

Posons $h = \sum_{m \geq 0} b_m t^m$, $g = \tilde{e} + \sum_{r \geq 1} a_r t^r$. On a $o(hg) = k$, donc les k premiers coefficients sont nuls :

$$b_o \tilde{e} = 0$$
$$b_1 \tau(\tilde{e}) + b_o a_1 = 0$$
$$b_r \tau^r(\tilde{e}) + b_1 \tau(a_1) + b_o a_2 = 0$$
$$\dots\dots\dots\dots\dots\dots\dots\dots$$
$$b_{k-1} \tau^{k-1}(\tilde{e}) + b_{k-2} \tau^{k-2}(a_1) + \dots + b_o a_{k-1} = 0$$
$$b_k \tau^k(\tilde{e}) + b_{k-1} \tau^{k-1}(a_1) + \dots + b_o a_k \neq 0 .$$

Puisque tous les $a_r \in \bigoplus_{i \in E} B_i$ et e est l'élément unité de cet anneau, on déduit que $b_o a_j = 0$, $\forall j \in [1,k]$. De même $b_1 \tau(\tilde{e}) = 0$ et $\tau(a_j) \in \bigoplus_{j \in \pi(E)} B_j$ entraîne que $b_1 \tau(a_j) = 0$, $\forall j \in [1,k-1]$. En répétant ce raisonnement, on déduit que

$$c_k(hg) = b_k \tau^k(\tilde{e}) \in \bigoplus_{i \in \pi^k(E)} B_i .$$

La proposition est complètement démontrée.||

Corollaire 1 - Pour tout idéal à gauche I de $R = A[[t\,;\tau]]$, il existe un entier $s \in \mathbb{N}$, tel que $I \cap Rt^k$ soit principal, quel que soit l'entier $k \geq s$.

Corollaire 2 - Si l'idéal à gauche I d'ordre minimal n de R, possède la propriété $(\mathcal{P})$ et est engendré par l'élément f, d'ordre n, vérifiant (iii) de la proposition 4.3., alors pour tout entier $k \geq n$, $I \cap Rt^k$ possède la propriété $(\mathcal{P})$ et est engendré par l'élément $t^{k-n}f$.

Théorème 4.4. - Soit A un anneau semi-simple, τ-simple, ayant m composantes simples qui sont des corps et soit I un idéal à gauche non nul de l'anneau des séries formelles tordues $R = A[[t\,;\tau]]$.

a) Si I possède la propriété $(\mathcal{P})$, I est projectif à gauche.

b) Il existe un entier $s \in \mathbb{N}$, tel que pour tout entier $k \geq s$, $I \cap Rt^k$ possède la propriété $(\mathcal{P})$.

c) Il existe un entier m_1, $1 \leq m_1 \leq m$, tel que I soit somme directe de m_1 idéaux à gauche, possédant chacun la propriété $(\mathcal{P})$.

Preuve : a) Soit $I = Rf$, $f = gt^n$, $g = \tilde{e} + \sum_{k \geq 1} a_k t^k$, $\tilde{e} = \sum_{i \in E} e_i$, $a_k \in \bigoplus_{i \in E} B_i$. L'application $hg \longmapsto hgt^n$, $hg \in Rg$ est un isomorphisme de R-modules à gauche $Rg \xrightarrow{\sim} Rf$.

Montrons l'égalité : $Rg = \bigoplus_{i\in E} Re_i g$. L'égalité $Rg = \sum_{i\in E} Re_i g$ est immédiate. Pour montrer que la somme est directe, supposons que $\sum_{i\in E} h_i e_i g = 0$, avec $h_i \in R$. Alors $\sum_{i\in E} h_i e_i$ est un élément de l'annulateur à gauche $Ann_g(g)$ de g dans R. Il reste à montrer que :

(5) $$Ann_g(g) = \bigoplus_{i\in \complement E} Re_i .$$

L'inclusion $\supseteq$ est évidente. Soit $hg = 0$ et $h \in \bigoplus_{i\in E} B_i$ et soit

$$E' = \{i \in E / he_i \neq 0\}.$$

Supposons que $E' \neq \emptyset$. On a

$$\sum_{i\in E'} he_i e_i g = hg = 0,\ h = h't^r,\ O(h') = 0,\ o(h) = r$$

et, par conséquent :

$$o = c_r(hg) = \sum_{i\in E'} c_r(he_i e_i g) = \sum_{i\in E'} c_r(he_i)\tau^r(e_i).$$

Pour tout $i \in E'$, il résulte que $c_r(he_i) = 0$, donc $o = c_r(h) = c_r(\sum_{i\in E'} he_i)$, ce qui contredit l'égalité $o(h) = r$. On conclut à l'égalité (5).

Considérons maintenant l'application $he_i g \longmapsto he_i ge_i$, $h \in R$ qui est R-linéaire à gauche de $Re_i g$ sur $Re_i ge_i$. Il est évident que $e_i ge_i$ est un élément de l'anneau des séries formelles $S_i = B_i[[t^m ; \tau^m]]$ à coefficients dans le corps B_i, d'ordre 0. Alors il existe une série $g_1 \in S_i$, l'inverse de $e_i ge_i$ et $g_1 e_i ge_i = e_i$. Donc les idéaux à gauche sont égaux :

$$Re_i ge_i = Re_i$$

et projectifs, puisque $R = \bigoplus_{j=1}^{m} Re_j$. Supposons maintenant $h \in R$, tel que $he_i ge_i = 0$. Alors

$$he_i ge_i g_1 = he_i = 0 \quad \text{et} \quad he_i g = 0 .$$

On conclut à l'isomorphisme $Rf \cong Re_i$ et à la projectivité de I.

b) Soit I un idéal à gauche de R d'ordre miniaml $n \in \mathbb{N}$ et soit ℓ_k le nombre d'éléments de l'ensemble $E_k \subseteq [1,m]$, tel que

$$C_k(I) = \bigoplus_{i\in E_k} B_i .$$

Si $k < n$, alors $E_k = \emptyset$ et $\ell_k = 0$. La suite $(\ell_k)_{k\geqslant o}$ est croissante et $\ell_k \leqslant m$. Soit $s \in \mathbb{N}$ le plus petit entier, tel que pour $k \geqslant s$ on ait $\ell_{k+1} = \ell_k$. Alors pour $k' \geqslant k \geqslant s$ on a $C_{k'}(I\cap Rt^k) = C_{k'}(I)$ et $I \cap Rt^k$ possède la propriété $(\mathcal{P})$.

c) Soit I et s comme plus haut et soit

$$\ell_n = \ell_{k_o} < \ell_{k_1} < \ldots < \ell_{k_r} = \ell_s$$

la suite des valeurs distinctes et non nulles de la suite $(\ell_k)_{k\in\mathbb{N}}$. Il est évident que $r+1 \leq m$. On a $n = k_o < k_1 < \ldots < k_r = s$. Posons

$$F_o = E_{k_o}\ , F_1 = E_{k_1} - \pi(E_{k_1 -1})\ ,\ldots, F_r = E_{k_r} - \pi(E_{k_r -1})\ .$$

Les ensembles $F_j, j \in [0,r]$, sont non vides et, pour $j \in [1,r]$,

$$F_j = E_{k_j} - \pi^{k_j - k_{j-1}}(E_{k_{j-1}})\ .$$

Pour chaque entier $k \in [n,s]$ et chaque $i \in E_k$, il y a une série $g_{k,i} \in I$, telle que

$$o(g_{k,i}) = k,\ c_k(g_{k,i}) = e_i,\ c_{k'}(g_{k,i}) \in B_i = Ae_i,\ \forall k' \in \mathbb{N}.$$

Notons que

$$o(tg_{k,i}) = k+1,\ c_{k+1}(tg_{k,i}) = \tau(e_i) = e_{\pi(i)}\ ,$$

$$c_{k'}(tg_{k,i}) \in B_{\pi(i)}\ , \pi(i) \in E_{k+1}\ .$$

Alors on peut choisir les $g_{k,i}$, tels que pour $i \in \pi(E_k)$, $g_{k+1,i} = tg_{k,\pi^{-1}(i)}$.

Soit, pour chaque $j \in [o,r]$, $f_j = \sum_{i \in F_j} g_{k_j,i}$. Ces éléments vérifient la condition (iii) de la proposition 4.3., ainsi les idéaux Rf_j possèdent la propriété ($\mathfrak{I}$) (en prenant pour E l'ensemble F_j).

Montrons que la somme $J = \sum_{j=o}^{r} Rf_j$ est directe. Soit $h_j \in R$, $j \in [o,r]$, tels que $\sum_{j=o}^{r} h_j f_j = 0$. Posons $n' = \min\{o(h_j f_j),\ o \leq j \leq r\}$. Supposons $n' \in \mathbb{N}$, i.e. que pour au moins un $j \in [o,r]$, $h_j f_j \neq 0$. Alors l'ensemble $G = \{j \in [o,r],\ o(h_j f_j) = n'\} \neq \emptyset$. Pour $j \in G$, $n' \geq k_j = o(f_j)$. On déduit

(6) $$o = c_{n'}\Big(\sum_{j=o}^{r} h_j f_j\Big) = \sum_{j \in G} c_{n'}(h_j f_j)\ .$$

Or $c_{n'}(h_j f_j) \in C_{n'}(Rf_j) = \bigoplus_{i \in \pi^{n'-k_j}(F_j)} Ae_i$, d'après (4), car $o(f_j) = k_j$.

Les ensembles $\pi^{n'-k_j}(F_j) \subseteq [1,m]$, $j \in [o,r]$, sont deux à deux disjoints. En effet, soit $j = j'$, $j, j' \in [o,r]$ et $k_j < k_{j'} \leq n'$. Puisque π est une bijection,

$$\emptyset = \pi^{n'-k_j}(F_j) \cap \pi^{n'-k_{j'}}(F_{j'}) \Longleftrightarrow \pi^{k_{j'}-k_j}(F_j) \cap F_{j'} = \emptyset$$

et l'inclusion

$$\pi^{k_{j'}-k_j}(F_j) \cap F_{j'} \subseteq \pi^{k_{j'}-k_j}(E_{k_j}) \cap F_{j'} \subseteq \pi(E_{k_{j'}-1}) \cap F_{j'} = \emptyset$$

prouve l'assertion.

On en déduit que la somme $\sum_{j \in G}\Big(\bigoplus_{i \in \pi^{n'-k_j}(F_j)} Ae_i\Big)$ est directe et on déduit de (6) que pour tout $j \in G$, $c_{n'}(h_j f_j) = 0$, ce qui contredit

$o(h_j f_j) = n'$.

On déduit que $n' = +\infty$ et que pour tout $j \in [o,r]$, $h_j f_j = 0$, d'où :

(7) $$J = \bigoplus_{j=o}^{r} Rf_j \ .$$

Montrons l'égalité $I = J$. L'inclusion $J \subseteq I$ est évidente. Posons pour tout $k \in [n,s]$,

(8) $$g_k = \sum_{i \in E_k} g_{k,i} \ .$$

On a $o(g_k) = k$, $c_k(g_k) = \sum_{i \in E_k} e_i = \tilde{e}_k$, i.e. $\tilde{e}_k$ est l'élément unité de l'anneau $C_k(I)$.

Posons

(9) $$M = C_n(I)\, g_n + \ldots + C_{s-1}(I)\, g_{s-1} + Rg_s \ .$$

Chaque $g_{k,i}$ et par conséquent chaque g_k appartient à J. En effet, soit $k = n$. Pour $i \in E_n$,

$$g_{n,i} = e_i\, f_o \in J.$$

Supposons que pour tout entier $k' \leq k$, $k \in [n,s-1]$ et tout $i \in E_{k'}$, $g_{k',i} \in J$. Soit $i \in E_{k+1}$. Si $i \in \pi(E_k)$, alors $g_{k+1,i} = tg_{k,\pi^{-1}(i)} \in J$. Si $i \notin \pi(E_k)$, alors $E_{k+1} - \pi(E_k) \neq \emptyset$. Soit $j \in [o,r]$, tel que $k_j = k+1$. On a $F_j = E_{k+1} - \pi(E_k) = E_{k_j} - \pi(E_{k_j - 1})$ et $i \in F_j$, d'où $e_i f_j = e_i g_{k_j,i} \in J$.

On conclut à l'inclusion $M \subseteq J$.

Il reste à montrer l'inclusion $I \subseteq M$. Par b) et la proposition 4.3., $Rt^s \cap I$ possède la propriété $(\mathcal{P})$ et par (8), $g_s \in I \cap Rt^s$ est un générateur de cet idéal, d'où $I \cap Rt^s = Rg_s$. Par récurrence sur $s-o(f)$, montrons que toute série $f \in I$, dont l'ordre $o(f) \in [n,s]$, appartient à M. Si $f \in I$ et $s-o(f) = 0$, alors $f \in I \cap Rt^s$ et $f \in Rg_s \in M$. Supposons que pour toute série $f \in I$, telle que $s-o(f) \leq s-r$ $(r \geq n+1)$ on ait $f \in M$ et soit $g \in I$, avec $s-o(g) = s-r+1$. Alors $o(g) = r-1$, $b = c_{r-1}(g) \in C_{r-1}(I)$ et $b\tilde{e}_{r-1} = b$. Donc $o(g-bg_{r-1}) \geq r$, $s-o(g-bg_{r-1}) \leq s-r$ et $bg_{r-1} \in M$. Par l'hypothèse de récurrence $g-bg_{r-1} \in M$, donc $g \in M$ et $I \subseteq M$.

On obtient ainsi de (7) et (9)

$$I = C_n(I)\, g_n + \ldots + C_{s-1}(I)\, g_{s-1} + Rg_s = \bigoplus_{j=o}^{r} Rf_j$$

ce qui achève la démonstration du théorème ||

Remarque : On peut définir de manière appropriée la propriété ($\mathcal{P}$) pour un idéal à gauche de l'extension de Ore $P = A[t ; \tau]$. L'énoncé du théorème 4.4. reste vrai si l'on y remplace l'anneau R par l'anneau P. Ceci améliore dans un certain sens les résultats correspondants de [3].

Pour obtenir dans le cas général d'un anneau semi-simple quelconque une évaluation du nombre de générateurs d'un idéal à gauche de $A[[t ; \tau]]$, nous utilisons le résultat suivant, qui est un analogue d'un résultat connu, concernant les anneaux de matrices sur les anneaux principaux à gauche (v.[2]).

Proposition 4.5. - Soit R un anneau héréditaire à gauche, tel que tout idéal à gauche de R soit engendré par au plus m éléments. Alors tout idéal à gauche de l'anneau des matrices $\mathcal{M}_n(R)$ $n \times n$ à coefficients dans R est engendré par au plus m éléments.

Preuve : Pour tout idéal à gauche I de $\mathcal{M}_n(R)$, on désigne par $\alpha(I)$ l'ensemble des éléments du R-module à gauche libre $R^{(n)}$, qui sont des vecteurs lignes de matrices appartenant à I. L'application $I \longmapsto \alpha(I)$ est un isomorphisme du treillis des idéaux à gauche de $\mathcal{M}_n(R)$ sur le treillis des sous-modules à gauche de $R^{(n)}$ (v. [7], page 19). Puisque R est héréditaire à gauche, $\alpha(I)$ est isomorphe à une somme directe d'au plus n idéaux à gauche de R, $\alpha(I) \simeq \bigoplus_{k=1}^{r} J_k$, $r \leq n$, $RJ_k \subseteq J_k$, (v. [7], page 128). Chacun des idéaux à gauche J_k est engendré par $m_k \leq m$ éléments, alors $\alpha(I)$ est engendré par $\sum_{k=1}^{r} m_k \leq n.m$ éléments :

$$\{u_i^k \; ; \; 1 \leq k \leq r \; , \; 1 \leq i \leq m_k\}.$$

Considérons, pour chaque entier $k \in [1,r]$, $v_i^k = u_i^k$ si $i \in [1, m_k]$ et $v_i^k = 0$ si $i \in [m_k+1, m]$, lorsque $m_k < m$. Pour chaque $j \in [1,m]$ considérons la matrice U_j, dont les lignes sont $v_j^1, \ldots, v_j^r, 0, \ldots, 0$. On vérifie que $I = \sum_{j=1}^{m} RU_j$. Soit $V \in I$ et $v_1, \ldots, v_n$ les lignes de V, donc $V = \sum_{i=1}^{n} V_i$, où V_i est une matrice ayant v_i sur la ligne i et 0 ailleurs. On a, pour tout $i \in [1,n]$

$$v_i = \sum_{\substack{1 \leq j \leq m \\ 1 \leq k \leq r}} {}^{i}b_j^k \, v_j^k \; , \; {}^{i}b_j^k \in R.$$

J'appelle ${}^{i}U_{jk}$ la matrice qui a sur la ligne $i \in [1,n]$, l'élément v_j^k et 0 ailleurs. On a, pour tout $i \in [1,n]$,

$$v_i = \sum_{j,k} {}^{i}b_j^k \, {}^{i}U_{jk} \ , \ V = \sum_{i=1}^{n} \Big[\sum_{1 \leq j \leq m} {}^{i}b_j^k \, {}^{i}U_j^k \Big] .$$

Si l'on désigne par $(E_{ik})_{1\leq i,k\leq n}$ les matrices unités de $\mathcal{M}_n(R)$ associées à la base canonique de $R^{(n)}$, alors, puisque U_j a sur la ligne k l'élément $v_j^k \in R^{(n)}$, on a ${}^{i}U_j^k = E_{ki} \, U_j$. Donc

$$V = \sum_{i=1}^{n} \Big[\sum_{j,k} {}^{i}b_j^k \, E_{ki} \, U_j \Big] = \sum_{j=1}^{m} C_j \, U_j$$

où $C_j = \sum_{i=1}^{n} \sum_{k=1}^{r} {}^{i}b_j^k \, E_{ki} \in \mathcal{M}_n(R)$. ||

On conclut sur le résultat général suivant, concernant les anneaux de séries formelles tordues sur les anneaux semi-simples quelconques :

Théorème 4.6. - Soit τ un endomorphisme injectif de l'anneau semi-simple A. L'anneau des séries formelles tordues $R = A[[t\ ;\tau]]$ est noethérien à gauche, héréditaire à gauche et tout idéal à gauche de R est engendré par un ensemble générateur, dont le nombre d'éléments ne dépasse pas le nombre de composantes simples de A.

Preuve : On utilise successivement le théorème 2.2., les proposition 3.6. et 3.7., le théorème 4.4. la proposition 4.5. qui précèdent et, en plus, la proposition 9 de [7] page 128.||

§.5. Idéaux bilatères de l'anneau des séries formelles tordues sur un anneau semi-simple.

Soit I un idéal bilatère de l'anneau des séries formelles tordues $R = A[[t\ ;\tau]]$ sur l'anneau A, associé à l'endomorphisme injectif τ. Pour tout entier $n \in \mathbb{N}$, $C_n(I)$ est un idéal à gauche de A et un $\tau^n(A)$-sous-module à droite de A, conf. §.2.

Définition 5.1. - Nous dirons que $C_n(I)$ est un A-$\tau^n(A)$-sous bimodule de A et nous dirons que A est un A-$\tau^n(A)$-bimodule simple, si A n'a pas de A-$\tau^n(A)$-sous-bimodules propres non nuls. Lorsque $\tau(A) = A$, tout A-$\tau^n(A)$-sous-bimodule de A est un idéal bilatère et A est un A-$\tau^n(A)$-bimodule simple ssi A est quasi-simple.

Proposition 5.2. - Soit τ un endomorphisme injectif de l'anneau A, tel que A soit un A-$\tau^n(A)$-bimodule simple, pour tout entier $n \in \mathbb{N}$. Les seuls idéaux bilatères non nuls de l'anneau $R = A[[t\ ;\tau]]$ sont les Rt^n, $n \in \mathbb{N}$.

Preuve : Soit I un idéal bilatère non nul de R d'ordre minimal n. $C_n(I)$ est un A- $\tau^n(A)$-sous-bimodule non nul de A, par conséquent $C_n(I) = A$ et il existe une série $f \in I$ d'ordre n, dont le coefficient $c_n(f) = 1$. Alors $f = gt^n$, avec g inversible dans R, car $c_o(g) = 1$ (lemme 1.2). On obtient $t^n \in I$ et de $Rt^n \subseteq I \subseteq Rt^n$ on conclut à l'égalité $Rt^n = I$ ∎

Dans tout ce qui suit nous allons supposer de nouveau que A est un anneau semi-simple et nous allons utiliser les notations introduites dans le §.3.

Proposition 5.3. - Pour tout entier $n \geq o$, l'ensemble des idéaux bilatères de A coïncide avec l'ensemble des A- $\tau^n(A)$-sous-bimodules de A. Si A est un anneau simple, alors A est un A- $\tau^n(A)$-bimodule simple, pour tout entier $n \geq 0$.

Preuve : Pour $n=o$, il n'y a rien à démontrer. Soit $n=1$ et soit B un idéal bilatère minimal de A. Nous allons montrer que $B\tau(A) \subseteq B$. Alors tout idéal bilatère de A est un $\tau(A)$-sous-module à droite de A. On peut supposer que la numération des idéaux bilatères minimaux de A est telle que $B_1 = B$. On a $\tau(A) = \overset{m}{\underset{i=1}{\oplus}} \tau(B_i)$ et par le lemme 3.2., $\tau(B_i) \subseteq B_{\pi(i)}$, $A = \overset{m}{\underset{i=1}{\oplus}} B_{\pi(i)}$. Si $\pi(i) \neq 1$, alors $B\tau(B_i) \subseteq BB_{\pi(i)} = (0)$. Si $\pi(i) = 1$, alors $B\tau(B_i) \subseteq B$, donc $B\tau(A) \subseteq B$.

Soit I un idéal à gauche non nul de A, qui est un $\tau(A)$-sous-module à droite de A. Soit Ae un idéal à gauche minimal de A, $Ae \subseteq I$. Soit B la composante isotypique de A qui contient Ae. Nous allons montrer que $B \subseteq I$, ce qui est suffisant pour déduire que I est un idéal bilatère de A.

On a $Ae\,\tau(A) \subseteq I$, donc pour tout $i \in [1,m]$, $Ae\,\tau(B_i) \subseteq I$. On choisit $i \in [1,m]$, tel que $\pi(i) = 1$. Par le lemme 3.2., $A\tau(B_i) = B$, B_i et B_1 ont même longueur $t \geq 1$. Soit $\{e_1, \ldots, e_t\}$ un système complet d'idempotents orthogonaux de B_i, $B_i = \overset{t}{\underset{j=1}{\oplus}} B_i e_j = \overset{t}{\underset{j=1}{\oplus}} Ae_j$. Par le lemme 3.1. les idéaux à gauche $A\tau(e_j)$ sont des idéaux à gauche minimaux inclus dans B, qui sont isomorphes deux à deux et les $\tau(e_j)$ sont orthogonaux. Alors $B = \overset{t}{\underset{j=1}{\oplus}} A\tau(e_j) = \overset{t}{\underset{j=1}{\oplus}} B\tau(e_j)$. Puisque $\sum_{j=1}^{t} \tau(e_j)$ est l'élément unité de l'anneau B, il existe $j \in [1,t]$, tel que $e\,\tau(e_j) \neq 0$. Alors $(0) \neq Ae\,\tau(e_j) \subseteq I$. D'autre part $0 \neq Ae\,\tau(e_j) \subseteq A\tau(e_j)$ et, par la minimalité de $A\tau(e_j)$, on conclut à l'égalité $Ae\,\tau(e_j) = A\tau(e_j)$ et $0 \neq A\tau(e_j) \subseteq I$, B_i étant un idéal bilatère minimal de A. De $e_j \in B_i$, on déduit que $0 \neq Ae_j B_i = B_i$. Alors, en appliquant le lemme 3.1., on a :

$$A\tau(B_i) = B = A\tau(Ae_j B_i) \subseteq A\tau(e_j)\tau(B_i) \subseteq I.$$

Si $n > 1$, il est suffisant de remarquer que $\varphi = \tau^n$ est encore un endomorphisme injectif de A et que la permutation associée à τ^n est π^n. Ceci achève la démonstration‖

Corollaire - Soit I un idéal bilatère de l'anneau $R = A[[t ; \tau]]$, où A est semi-simple. Alors, pour tout entier $k \in \mathbb{N}$, $C_k(I)$ est un idéal bilatère de A. La suite $\{C_k(I)\}_{k \in \mathbb{N}}$ est croissante et τ-croissante.

Théorème 5.4. - Pour un anneau semi-simple A et un endomorphisme injectif $\tau : A \longrightarrow A$, les assertions suivantes sont équivalentes :

(i) A est τ-simple ;

(ii) tout idéal bilatère non nul I de $R = A[[t ; \tau]]$ d'ordre minimal n admet une décomposition directe en somme de A-sous-modules à gauche :

$$I = C_n(I)\, t^n \oplus \dots \oplus C_{n+m-2}(I)\, t^{n+m-2} \oplus Rt^{n+m-1} ;$$

(iii) R est premier.

Preuve : (i)$\Longrightarrow$(ii). Soit I un idéal bilatère non nul de R d'ordre minimal $n \in \mathbb{N}$. Pour tout entier $k \geq n$, $0 \neq C_k(I)$ est un idéal bilatère de A, par le corollaire de la proposition 5.3. La suite $\{C_k(I)\}_{k \in \mathbb{N}}$ est croissante et τ-croissante. On utilise les notations et les résultats du lemme 4.1. Soit $i \in E_n$ et e_i l'élément unité de B_i. Il existe $f \in I$, $o(f) = n$, $c_n(f) = e_i$. L'élément

$$h = ft^{m-1} + tft^{m-2} + \dots + t^{m-1} f$$

est d'ordre $n+m-1$, il appartient à I et son premier coefficient est $\sum_{j=o}^{m-1} e_{\pi^j(i)} = 1 \in C_{n+m-1}(I)$, car A est τ-simple et par conséquent π est circulaire (cor. de la prop. 3.4.). Alors $C_{n+m-1}(I) = A$.

Posons $M = C_n(I)\, t^n + \dots + C_{n+m-2}(I)\, t^{n+m-2} + Rt^{n+m-2}$. C'est un A-sous-module à gauche de R et il est immédiat que cette somme est directe.

Nous allons montrer que $C_{n+s}(I)\, t^{n+s} \subseteq I$, pour tout entier $s \in [o,m-1]$. Alors $t^{n+m-1} \in I$ et $M \subseteq I$. Soit $s \in [o,m-1]$ et soit $i \in E_{n+s}$. Alors $B_i \subseteq C_{n+s}(I)$. Il existe $f \in I$, $o(f) = n+s$, $c_{n+s}(f) = e_i$. La série $e_i f \in I$ et a tous ses coefficients dans B_i. Puisque π est une bijection, il existe un seul $j \in [1,m]$, tel que $\pi^{n+s}(j) = i$, $j = \pi^{-n-s}(i)$. Considérons l'élément $e_i f e_j \in I$. Tous ses coefficients sont dans B_i et puisque π est circulaire d'ordre m les seuls coefficients éventuellement non nuls sont ceux de rang $k \geq n+s$, avec $k \equiv n+s \pmod{m}$. En plus

$c_{n+s}(e_i\ f\ e_j) = e_i\ \tau^{n+s}\ (e_j) = e_i$, donc $e_i\ f\ e_j \neq 0$ et il existe une série d'ordre o, $g \in S_i = B_i[[t^m\ ;\ \tau^m]]$, telle que $e_i\ f\ e_j = gt^{n+s}$, $c_o(g) = e_i$, qui est par conséquent inversible dans S_i (lemme 1.2.). Soit $h \in S_i$, $hg = e_i$. On déduit que

$$he_i\ f\ e_j = e_i\ t^{n+s} \in I \quad \text{et} \quad B_i\ t^{n+s} \subseteq I.$$

Puisque $C_{n+s}(I)\ t^{n+s} = \left[\bigoplus_{i \in E_{n+s}} B_i\right] t^{n+s}$, on conclut à l'inclusion $C_{n+s}(I)\ t^{n+s} \subseteq I$ et, puisque $C_{n+m-1}(I) = A$, on déduit que $t^{n+m-1} \in I$ et $Rt^{n+m-1} \subseteq I$, donc $M \subseteq I$.

Il reste à montrer que $I \subseteq M$. Si $f \in I$, $o(f) \geq n+m-1$, alors $f \in Rt^{n+m-1} \subseteq M$ de manière évidente. Soit $f \in I$, $o(f) = n+s$, $s \in [o,m-2]$,

$$f = a_{n+s}t^{n+s} + a_{n+s+1}\ t^{n+s+1} + \ldots + a_{n+m-2}\ t^{n+m-2} + gt^{n+m-1}$$

où $a_{n+k} \in A$, $g \in R$. Alors $a_{n+s} \in C_{n+s}(I)$. Puisque $C_{n+s}(I)\ t^{n+s} \subseteq M$, $a_{n+s}\ t^{n+s} \in M$, donc $f - a_{n+s}\ t^{n+s} \in I$ et $a_{n+s+1} \in C_{n+s+1}(I)$ et de même $a_{n+k}\ t^{n+k} \in C_{n+k}(I)\ t^{n+k}$ si $k \in [1,m-2]$. Finalement $gt^{n+m-1} \in I$ et $I \subseteq M$.

(ii) $\Longrightarrow$ (iii) Evident.

(iii) $\Longrightarrow$ (i) La proposition 3.6. montre que si A n'est pas τ-simple, R admet au moins deux idéaux bilatères non nuls R_i et R_j qui sont des anneaux, dont les éléments unités sont des idempotents orthogonaux, et par conséquent $R_i\ R_j = 0$.//

<u>Corollaire</u> - <u>Si</u> A <u>est semi-simple, alors</u> $A[[t\ ;\tau]]$ <u>est semi-premier</u>.

<u>Proposition 5.5.</u> - <u>Pour un anneau semi-simple</u> A <u>et un endomorphisme injectif</u> $\tau : A \longrightarrow A$ <u>il y a équivalence entre</u> :

(i) A <u>est un anneau simple</u> :

(ii) <u>les seuls anneaux bilatères non nuls de l'anneau</u> $R = A[[t\ ;\tau]]$ <u>sont les</u> Rt^n, $n \in \mathbb{N}$.

<u>Preuve</u> : (i) $\Longrightarrow$ (ii) Immédiat à partir des proposition 5.2., 5.3. et du théorème 5.4.

(ii) $\Longrightarrow$ (i) De (ii) on déduit par la proposition 3.6. que A est τ-simple. Par le théorème 5.4., si I est un idéal bilatère d'ordre minimal n, alors

$$I = Rt^n = C_n(I)\ t^n \oplus \ldots \oplus C_{n+m-2}\ t^{n+m-2} \dot{\oplus}\ Rt^{n+m}$$

d'où $C_n(I) = A$.

Soit maintenant un idéal bilatère minimal B de l'anneau semi-simple et τ-simple A. Posons $I = RBR$, i.e. I est l'idéal bilatère de R formé par toutes les sommes finies $\sum fbg$, où $f, g \in R$ et $b \in B$. Soit e l'élément unité de l'anneau simple B. On a $fbg = febeg$. Tous les coefficients de la série beg appartiennent à B et si $o(fbg) = 0$, alors $C_o(fbg) \in B$. On déduit $C_o(I) \subseteq B$. Puisque $e \in I$, $e \in C_o(I)$ on déduit $C_o(I) = B$ et I est d'ordre minimal 0. Par ce qui précède $C_o(I) = A$, d'où $A = B$ ∥

Bibliographie

1 P.M. Cohn , Skev field constructions, Cambridge University Press, 1977.

2 N. Jabobson, Theory of rings, Amer. Math. Soc. 1943.

3 A.V. Jategaonkar, Skew polynomial Rings over semisimple Rings, J. of Algebra, 19 (1971), pp.315-328.

4 L. Lesieur, Conditions noethériennes dans l'anneau des polynômes de Ore $A[X,\sigma,\delta]$, Sém. P. Dubreil,Proceedings,Paris 1976-1977, Lecture Notes 641, pp.220-234.

5 D.G. Northcott, Lessons on rings, modules and multiplicities, Cambridge 1968.

6 P. Ribenboim, Rings and modules, Interscience Publishers, New-York, 1969.

7 G. Renault, Algèbre non commutative, Gauthiers-Villars, Paris 1975.

8 P. Samuel, O. Zariski, Commutative Algebra vol. II, Springer-Verlag, 1960.

9 E. Wexler-Kreindler. Propriétés de transfert des extensions d'Ore, Sém. P. Dubreil,Proceedings,Paris 1976-1977, Lecture Notes 641, pp.235-251.

10 E. Wexler-Kreindler, Sur l'anneau des séries formelles tordues, C.R.Ac. Sc. Paris 286 (1978), série A, pp.367-370.

Université Pierre et Marie Curie
Paris VI
4, Place Jussieu,
75230 Paris Cedex 05

Manuscrit remis le 7 novembre 1977

Les Théorèmes de Cohen-Seidenberg en Algèbre non Commutative.

par

Sleiman Yammine

L'objet de ce travail est l'étude du comportement des idéaux premiers de certaines algèbres A sur un corps k par extension du corps de base. Nous obtenons ainsi, en utilisant la théorie de Lesieur-Croisot, le théorème de descente (*Going-down*) pour le couple formé par une k-algèbre noethérienne bilatère A et son extension $B = k' \otimes_k A$ à un surcorps séparable k' de k. Lorsque k' est une extension algèbrique d'un corps k de caractéristique 0, et A l'algèbre enveloppante d'une k-algèbre de Lie nous obtenons les théorèmes de montée et de montée stricte (*Going up* et *Laying-over*) pour A et $k' \otimes_k A$. Ceci nous permet de généraliser les résultats de [12] et [24]; à savoir que si $\mathfrak{g}$ *est une algèbre de Lie résoluble sur un corps* k *de caractéristique* 0, *si* $\mathfrak{p}$ *est un idéal premier de l'algèbre enveloppante* A *de* $\mathfrak{g}$, *alors la dimension de* $\mathfrak{g}$ *est la somme de la hauteur de* $\mathfrak{p}$ *et de la dimension de Gelfand-Kirillov de* $A/\mathfrak{p}$ *sur* k.

Lorsque l'algèbre de Lie $\mathfrak{g}$ est nilpotente, on peut définir (cf. [21], [22]) la notion d'idéal bilatère *pur* (ou non mixte) de l'algèbre enveloppante A de $\mathfrak{g}$. On démontre alors que, comme dans le cas commutatif, si $\mathfrak{a}$ est un idéal bilatère de A et si $\mathfrak{a}'$ est l'idéal bilatère engendré par $\mathfrak{a}$ dans $k' \otimes_k A$, où k' est une extension algébrique de k, *la pureté de* $\mathfrak{a}$ *est équivalente à celle de* $\mathfrak{a}'$.

Enfin toujours dans le cas nilpotent et si k' est une extension de k dans laquelle k' *est algébriquement fermée*, un idéal bilatère de A est premier si et seulement si l'idéal bilatère qu'il engendre dans $k' \otimes_k A$ l'est.

Sauf mention du contraîre les corps considérés sont commutatifs. Les algèbres sont associatives, les anneaux sont unitaires ainsi que les modules sur ces anneaux ; les homomorphismes d'anneaux font correspondre l'élément unité à l'élément unité. Les algèbres de Lie sont de dimension finie sur le corps de base; par *idéal* d'un anneau, on entendra toujours *idéal bilatère*.

§.1. Going-down :

Définition 1.1. : On appelle spectre d'un anneau A et on note Spec(A) l'ensemble des idéaux premiers de A.

Si f est une application d'un ensemble A dans un ensemble B, nous dirons qu'une partie Y de B est au dessus d'une partie X de A, relativement à f, si $X = f^{-1}(Y)$.

Proposition 1.2. : Soient $k \subsetneq k'$ une extension de corps, A une k-algèbre, $B = k' \otimes_k A$ et $f : A \longrightarrow B$ le monomorphisme canonique de k-algèbres.

1) Si I" est un idéal premier (resp. semi-premier) de B alors l'idéal $I = f^{-1}(I")$ de A est premier (resp. semi-premier).

2) Soit I un idéal de A et soit $I' = k' \otimes_k I$ son extension à B. Alors, pour tout idéal premier $\mathfrak{p}$ de A minimal contenant I, il existe un idéal premier de B minimal contenant I', au dessus de $\mathfrak{p}$.

Preuve : 1) Si I" est semi-premier, c'est l'intersection d'une famille d'idéaux premiers de B (cf. [9] p.11) et I est alors intersection de l'image réciproque par f de cette famille. D'autre part, si I" est premier et si $\mathfrak{a}$ et $\mathfrak{b}$ sont deux idéaux de A tels que $\mathfrak{a}\mathfrak{b} \subsetneq I$, alors $k' \otimes_k \mathfrak{a}\mathfrak{b} = (k' \otimes_k \mathfrak{a})(k' \otimes_k \mathfrak{b})$ est contenu dans I". Donc $k' \otimes_k \mathfrak{a}$ ou $k' \otimes_k \mathfrak{b}$ est contenu dans I", c'est-à-dire que $\mathfrak{a}$ ou $\mathfrak{b}$ est contenu dans I.

2) D'après ([26], lemme 1), il existe $\mathfrak{p}" \in \mathrm{Spec}(B)$ au dessus de $\mathfrak{p}$. On a $I' \subsetneq \mathfrak{p}"$. Soit $\mathfrak{p}_1"$ un idéal premier de B minimal contenant I' tel que $I' \subsetneq \mathfrak{p}_1" \subsetneq \mathfrak{p}"$. D'où les inclusions : $I \subsetneq f^{-1}(\mathfrak{p}_1") \subsetneq \mathfrak{p}$ et d'après 1), $f^{-1}(\mathfrak{p}_1")$ appartient à Spec(A). Vu le caractère minimal de $\mathfrak{p}$, on a l'égalité $\mathfrak{p} = f^{-1}(\mathfrak{p}_1")$. ||

Pour les notions qui suivent d'idéal (resp. radical) tertiaire et primaire, on adopte les notationset les résultats de [9], dans le cas particulier où les treillis ($\mathfrak{T}$) et (L) ([9] p.27) sont confondus avec le treillis des idéaux bilatères d'un anneau A. Rappelons les définitions suivantes :

Définition 1.3. : ([9], th.1.1. et 5.1.) et ([7] Prop. 3.1.8). Soit A un anneau. On appelle radical primaire (ou racine) d'un idéal bilatère $\mathfrak{a}$ de A, l'intersection, notée $\mathcal{R}_1(\mathfrak{a})$, des idéaux premiers de A contenant $\mathfrak{a}$. (Lorsque $\mathfrak{a} = A$, on pose $A = R_1(\mathfrak{a})$.).

Définition 1.4. : Un idéal bilatère $\mathfrak{q}$ d'un anneau A est dit primaire à droite (resp. à gauche) si $\mathfrak{q} \neq A$ et si, pour deux idéaux bilatères $\mathfrak{a}$ et $\mathfrak{b}$ de A, les relations : $\mathfrak{a}\mathfrak{b} \subseteq \mathfrak{q}$ et $\mathfrak{b} \not\subseteq \mathfrak{q}$ (resp. $\mathfrak{a} \not\subseteq \mathfrak{q}$) entraînent l'existence d'un entier $n \geq 1$ tel que $\mathfrak{a}^n \subseteq \mathfrak{q}$ (resp. $\mathfrak{b}^n \subseteq \mathfrak{q}$) ; l'idéal bilatère $\mathfrak{q}$ est dit primaire, s'il est primaire des deux côtés.

Dans le cas noethérien, on pourra consulter ([9], p.47, 48, 49) pour différentes caractérisations de la notion d'idéal primaire, à droite ou à gauche.

Définition 1.5. : ([9], page 17). On dit qu'un anneau A est noethérien bilatère s'il vérifie la condition de chaîne ascendante pour les idéaux bilatères.

Définition 1.6. : Soit A un anneau noethérien bilatère. Un idéal bilatère $\mathfrak{q}$ de A est $\mathfrak{p}$-primaire à droite (resp. $\mathfrak{p}$-primaire à gauche ; $\mathfrak{p}$-primaire) s'il est primaire à droite (resp. primaire à gauche ; primaire), et si $\mathfrak{p} = \mathcal{R}_1(\mathfrak{q})$.

Théorème de définition 1.7. : (cf.[9], th. 7.2 et Propriété 7.6). Soit A un anneau noethérien bilatère, et $\mathfrak{a}$ un idéal bilatère de A. Alors l'ensemble ordonné par l'inclusion, des idéaux bilatères $\mathfrak{b}$ de A tels que pour un idéal bilatère $\mathfrak{c}$ de A la relation $(\mathfrak{a}\cdot\mathfrak{b}) \cap \mathfrak{c} \subseteq \mathfrak{a}$ entaîne $\mathfrak{c} \subseteq \mathfrak{a}$ admet un élément maximum noté $\mathcal{R}_3(\mathfrak{a})$ et appelé radical tertiaire (à droite) de $\mathfrak{a}$, et on a $\mathcal{R}_1(\mathfrak{a}) \subseteq \mathcal{R}_3(\mathfrak{a})$.

Définition 1.8. : Soit A un anneau noethérien bilatère. Un idéal bilatère $\mathfrak{q}$ de A est tertiaire à droite, si $\mathfrak{q} \neq A$, et si pour deux idéaux bilatères $\mathfrak{a}$ et $\mathfrak{b}$ de A les relations $\mathfrak{q} \subsetneq \mathfrak{q}\cdot\mathfrak{a}$ et $(\mathfrak{q}\cdot\mathfrak{a}) \cap \mathfrak{b} \subseteq \mathfrak{q}$ entraînent $\mathfrak{b} \subseteq \mathfrak{q}$.

Définition 1.9. : Soit A un anneau noethérien bilatère. Un idéal bilatère $\mathfrak{q}$ de A est $\mathfrak{p}$-tertiaire à droite s'il est tertiaire à droite et si $\mathfrak{p} = \mathcal{R}_3(\mathfrak{q})$.

Lemme 1.10. : Soit A un anneau noethérien bilatère, et $\mathfrak{q}$ un idéal bilatère de A. Alors les conditions suivantes sont équivalentes :

a) $\mathfrak{q}$ est $\mathfrak{p}$-primaire à droite

b) $\mathfrak{q}$ est $\mathfrak{p}$-tertiaire à droite et $\mathfrak{p} \subseteq \mathcal{R}_1(\mathfrak{q})$.

Preuve : a) $\Longrightarrow$ b). Supposons que $\mathfrak{q}$ est $\mathfrak{p}$-primaire à droite. On a $\mathfrak{p} = \mathcal{R}_1(\mathfrak{q}) \subseteq \mathcal{R}_3(\mathfrak{q})$. D'après ([9], page 47 (resp. 70)), $\mathfrak{q}$ est tertiaire à droite. Par suite, d'après ([9], Déf. 7.7, Propriété 7.6 et Th. 5.3), $\mathfrak{p} = \mathcal{R}_1(\mathfrak{q}) = \mathcal{R}_3(\mathfrak{q})$ et $\mathfrak{q}$ est $\mathfrak{p}$-tertiaire à droite.

b) $\Longrightarrow$ a). est évident à partir des définitions et de 1.7.

Soit A un anneau noethérien bilatère. Alors ([9], Th. 8.2) tout idéal bilatère $\mathfrak{a}$ de A admet une décomposition réduite $(*)\ \mathfrak{a} = \bigcap_{i=1}^{n} \mathfrak{q}_i$ comme intersection finie d'idéaux bilatères tertiaires à droite. L'ensemble $\{\mathfrak{p}_i = \mathcal{R}_3(\mathfrak{q}_i)\}_{i=1,\dots,n}$ est ([9], Th. 8.3) indépendant de la décomposition (*) de $\mathfrak{a}$, on le note $\overset{\circ}{\mathrm{Ass}}_A(\mathfrak{a})$.

Définition 1.11. : Soit A un anneau noethérien bilatère, et $\mathfrak{a}$ un idéal bilatère de A. On appelle décomposition (bilatère) primaire de $\mathfrak{a}$ dans A, toute expression de la forme $(*)\ \mathfrak{a} = \bigcap_{i=1}^{i=n} \mathfrak{q}_i$ où $n \in \mathbb{N}$, et $\mathfrak{q}_i$ est un idéal bilatère primaire dans A $(i=1,\dots,n)$.

La décomposition (*) est dite réduite si

1°) $\mathcal{R}_1(\mathfrak{q}_i) \neq \mathcal{R}_1(\mathfrak{q}_j)$ pour tout couple (i,j) tel que $i \neq j$, i et $j = 1,2,\dots,n$.

2°) aucun élément de la décomposition (*) n'est superflu.

Les $\mathfrak{q}_i\ (i=1,\dots,n)$ s'appellent les composants primaires de $\mathfrak{a}$ dans la décomposition (*).

Si la décomposition (*) est réduite, les $\mathfrak{p}_i = \mathcal{R}_1(\mathfrak{q}_i)$ s'appellent les idéaux premiers associés à la décomposition (*).

Soit A un anneau noethérien bilatère. Soit $\mathfrak{a}$ un idéal bilatère de A admettant des décompositions (bilatères) primaires dans A. Alors ([9], Propriété 5.6) toutes les décompositions (bilatères) primaires réduites de $\mathfrak{a}$ dans A ont le même nombre n de composants primaires de $\mathfrak{a}$ et les mêmes idéaux premiers associés : $\mathfrak{p}_1,\dots,\mathfrak{p}_n$. On note $\overset{*}{\mathrm{Ass}}_A(\mathfrak{a}) = \{\mathfrak{p}_i\}_{i=1,\dots,n}$, et on a (cf. 1.10) $\overset{*}{\mathrm{Ass}}_A(\mathfrak{a}) = \overset{\circ}{\mathrm{Ass}}_A(\mathfrak{a})$.

Proposition 1.12. : Soient k un corps, k' une extension séparable de k, A une k-algèbre, $B = k' \otimes_k A$ et $f : A \longrightarrow B$ le monomorphisme canonique de k-algèbre. Si $\mathfrak{a}$ est un idéal de A et si $\mathfrak{a}' = k' \otimes_k \mathfrak{a}$, on a : $\mathcal{R}_1(\mathfrak{a}') = k' \otimes_k \mathcal{R}_1(\mathfrak{a}) = B(\mathcal{R}_1(\mathfrak{a}))B$.

Preuve : On peut évidemment supposer $\mathfrak{a} \neq A$. On peut de façon évidente se ramener au cas où $\mathfrak{a} = (0)$ et alors la proposition n'est autre que la Prop. 11 (p.48) de [17].

Remarquons que si $k \subseteq k'$ est une extension de corps, si A une k-algèbre, et si l'anneau $B = k' \otimes_k A$ est noethérien à gauche (resp. à droite ; bilatère), alors il en est de même de A.

Proposition 1.13. : Soient $k \subseteq k'$ une extension de corps, A une k-algèbre. On note $B = k' \otimes_k A$ et $f : A \longrightarrow B$ le monomorphisme canonique de k-algèbres. On suppose en outre que B est un anneau noethérien bilatère. Soient $\mathfrak{p}'' \in \mathrm{Spec}(B)$ et $\mathfrak{q}''$ un idéal bilatère de B, et posons $\mathfrak{p} = f^{-1}(\mathfrak{p}'') = \mathfrak{p}'' \cap A$ et $\mathfrak{q} = f^{-1}(\mathfrak{q}'') = \mathfrak{q}'' \cap A$. Si $\mathfrak{q}''$ est $\mathfrak{p}''$-primaire à droite (resp. à gauche), alors $\mathfrak{q}$ est $\mathfrak{p}$-primaire à droite (resp. à gauche).

Preuve : D'après 1.2(1), $\mathfrak{p} \in \mathrm{Spec}(A)$. Supposons que $\mathfrak{q}''$ est $\mathfrak{p}''$-primaire à droite. Il existe $n \in \mathbb{N}^*$ tel que $(\mathfrak{p}'')^n \subseteq \mathfrak{q}''$. Donc $\mathfrak{p}^n = (\mathfrak{p}'' \cap A)^n \subseteq (\mathfrak{p}'')^n \cap A \subseteq \mathfrak{q}'' \cap A = \mathfrak{q}$. D'autre part soient $\mathfrak{a}$ et $\mathfrak{b}$ deux idéaux bilatères de A tels que $\mathfrak{a}\mathfrak{b} \subseteq \mathfrak{q}$ et $\mathfrak{b} \not\subseteq \mathfrak{q}$. Alors $k' \otimes_k (\mathfrak{a}\mathfrak{b}) = (k' \otimes_k \mathfrak{a})(k' \otimes_k \mathfrak{b}) \subseteq \mathfrak{q}''$ et $k' \otimes_k \mathfrak{b} \not\subseteq \mathfrak{q}''$. Donc $k' \otimes_k \mathfrak{a} \subseteq \mathcal{R}_1(\mathfrak{q}'') = \mathfrak{p}''$ et $\mathfrak{a} = f^{-1}(k' \otimes_k \mathfrak{a}) \subseteq \mathfrak{p} = f^{-1}(\mathfrak{p}'')$. D'où, d'après ([9], Propriété 5.3), $\mathfrak{q}$ est $\mathfrak{p}$-primaire à droite.

Corollaire 1.14. : Soient $k \subseteq k'$ une extension de corps, A une k-algèbre. On note $B = k' \otimes_k A$ et $f = A \longrightarrow B$ le monomorphisme canonique de k-algèbres. On suppose en outre que B est un anneau noethérien bilatère. Soit $\mathfrak{a}''$ un idéal bilatère de B admettant des décompositions (bilatères) primaires dans B et $\mathfrak{a} = f^{-1}(\mathfrak{a}'') = \mathfrak{a}'' \cap A$.

1) $\mathfrak{a}$ admet des décompositions (bilatères) primaires dans A. Plus précisément : si $\mathfrak{a}'' = \bigcap_{i=1}^{n} \mathfrak{q}''_i$ est une décomposition (bilatère) primaire de $\mathfrak{a}''$ dans B, alors $\mathfrak{a} = \bigcap_{i=1}^{n} f^{-1}(\mathfrak{q}''_i)$ est une décomposition (bilatère) primaire de $\mathfrak{a}$ dans A, et $\mathcal{R}_1(f^{-1}(\mathfrak{q}''_i)) = f^{-1}(\mathcal{R}_1(\mathfrak{q}''_i))(i=1,\ldots,n)$.

2) $\mathcal{R}_1(\mathfrak{a}) = f^{-1}(\mathcal{R}_1(\mathfrak{a}'')) = \mathcal{R}_1(\mathfrak{a}'') \cap A$.

3) $\mathrm{Ass}^*_A(\mathfrak{a}) \subseteq \{f^{-1}(\mathfrak{p}'') = \mathfrak{p}'' \cap A$ où $\mathfrak{p}'' \in \mathrm{Ass}^*_B(\mathfrak{a}'')\}$.

Preuve : Soit $(*)$ $\mathfrak{a}'' = \bigcap_{i=1}^{n} \mathfrak{q}''_i$ une décomposition (bilatère) primaire de $\mathfrak{a}''$ dans B. On pose $\mathfrak{p}''_i = \mathcal{R}_1(\mathfrak{q}''_i)$, $\mathfrak{p}_i = f^{-1}(\mathfrak{p}''_i)$ et $\mathfrak{q}_i = f^{-1}(\mathfrak{q}''_i)(i=1,\ldots,n)$. $\mathfrak{q}''_i$ est un idéal $\mathfrak{p}''_i$-primaire. $(i=1,\ldots,n)$. Donc, d'après 1.13, $\mathfrak{q}_i$ est un idéal $\mathfrak{p}_i$-primaire $(i=1,\ldots,n)$. Par suite $\mathfrak{a} = f^{-1}(\mathfrak{a}'') = \bigcap_{i=1}^{n} \mathfrak{q}_i$ est une décomposition (bilatère) primaire de $\mathfrak{a}$ dans A, et on a $\mathcal{R}_1(\mathfrak{q}_i) = \mathfrak{p}_i (i=1,\ldots,n)$. D'où $\mathcal{R}_1(f^{-1}(\mathfrak{q}''_i)) = f^{-1}(\mathfrak{p}''_i) = f^{-1}(\mathcal{R}_1(\mathfrak{q}''_i))(i=1,\ldots,n)$. D'autre part on a

$$\mathcal{R}_1(\mathfrak{a}) = \mathcal{R}_1\left(\bigcap_{i=1}^{n} \mathfrak{q}_i\right) = \bigcap_{i=1}^{n} \mathcal{R}_1(\mathfrak{q}_i) = \bigcap_{i=1}^{n} \mathfrak{p}_i = \bigcap_{i=1}^{n} f^{-1}(\mathfrak{p}''_i) = f^{-1}\left(\bigcap_{i=1}^{n} \mathfrak{p}''_i\right)$$

$= f^{-1}(\bigcap_{i=1}^{n} \mathcal{R}_1(\mathfrak{q}_i'')) = f^{-1}(\mathcal{R}_1(\bigcap_{i=1}^{n} \mathfrak{q}_i'')) = f^{-1}(\mathcal{R}_1(\mathfrak{a}''))$. Supposons, en particulier, que la décomposition (*) est réduite. Alors $\overset{*}{\mathrm{Ass}}_B(\mathfrak{a}'') = \{\mathfrak{p}_i''\}_{i=1,\dots,n}$. D'où

$$\overset{*}{\mathrm{Ass}}_A(\mathfrak{a}) \subseteq \{\mathfrak{p}_i\}_{i=1,\dots,n} = \{f^{-1}(\mathfrak{p}_i'')\}_{i=1,\dots,n} = \{f^{-1}(\mathfrak{p}'') \text{ où } \mathfrak{p}'' \in \overset{*}{\mathrm{Ass}}_B(\mathfrak{a}'')\}.$$

Le lemme suivant donne une caractérisation de l'ensemble $\overset{\circ}{\mathrm{Ass}}(\mathfrak{a})$, lorsque $\mathfrak{a}$ est un idéal d'un anneau A noethérien bilatère.

Lemme 1.15 : Soient A un anneau noethérien bilatère, $\mathfrak{a}$ un idéal de A, $\mathfrak{a} \neq A$. Pour un idéal $\mathfrak{b}$ de A les conditions suivantes sont équivalentes :

a) $\mathfrak{a} = \mathfrak{a} \cdot\!\cdot \mathfrak{b}$

b) $\mathfrak{b} \not\subseteq \mathfrak{p}$, pour tout $\mathfrak{p} \in \overset{\circ}{\mathrm{Ass}}_A(\mathfrak{a})$.

Preuve : D'après ([9], p.30, Th. 3.2), on a : $\mathfrak{a} = \mathfrak{a} \cdot\!\cdot \mathfrak{b}$ si et seulement si $\mathfrak{b}$ n'est contenu dans aucun résiduel à gauche propre premier de $\mathfrak{a}$. Mais, puisque A est un anneau noethérien bilatère, tout résiduel à gauche propre de $\mathfrak{a}$ est contenu dans un résiduel à gauche propre maximal de $\mathfrak{a}$. Donc, d'après ([9], page 67, Propriétés 7.5 et 7.6), $\mathfrak{a} = \mathfrak{a} \cdot\!\cdot \mathfrak{b}$ si et seulement si $\mathfrak{b}$ n'est contenu dans aucun résiduel essentiel de $\mathfrak{a}$. D'où, d'après ([9], page 80, Th. 8.4), $\mathfrak{a} = \mathfrak{a} \cdot\!\cdot \mathfrak{b}$ si et seulement si $\mathfrak{b} \not\subseteq \mathfrak{p}$ pour tout $\mathfrak{p} \in \overset{\circ}{\mathrm{Ass}}_A(\mathfrak{a})$.

Théorème 1.16. : Soient $k \subseteq k'$ une extension de corps, A une k-algèbre. On note $B = k' \otimes_k A$ et $f : A \longrightarrow B$ le monomorphisme canonique de k-algèbres. On suppose en outre que B est un anneau noethérien bilatère. Soit $\mathfrak{q}$ un idéal $\mathfrak{p}$-primaire dans A, et $\mathfrak{q}' = k' \otimes_k \mathfrak{q} = B\mathfrak{q}B$. Alors : $\overset{\circ}{\mathrm{Ass}}_B(\mathfrak{q}') \subseteq \{\mathfrak{p}'' \in \mathrm{Spec}(B)$ tel que $\mathfrak{p} = f^{-1}(\mathfrak{p}'') = \mathfrak{p}'' \cap A\}$.

Preuve : On a : $\overset{*}{\mathrm{Ass}}_A(\mathfrak{q}) = \overset{\circ}{\mathrm{Ass}}_A(\mathfrak{q}) = \{\mathfrak{p}\}$. Soit $\mathfrak{p}'' \in \overset{\circ}{\mathrm{Ass}}_B(\mathfrak{q}')$. On a alors $\mathfrak{q}' \subseteq \mathfrak{p}''$, d'où $\mathfrak{q} \subseteq f^{-1}(\mathfrak{p}'')$ et d'après 1.2.(1), $f^{-1}(\mathfrak{p}'')$ est un idéal premier de A. Il en résulte que $\mathfrak{p} = \mathcal{R}_1(\mathfrak{q}) \subseteq f^{-1}(\mathfrak{p}'')$. D'autre part on a l'inclusion : $k' \otimes_k f^{-1}(\mathfrak{p}'') \subseteq \mathfrak{p}''$. D'où il résulte :

$$\mathfrak{q}' \cdot\!\cdot \mathfrak{p}'' \subseteq \mathfrak{q}' \cdot\!\cdot (k' \otimes_k f^{-1}(\mathfrak{p}'')) = (k' \otimes_k \mathfrak{q}) \cdot\!\cdot (k' \otimes_k f^{-1}(\mathfrak{p}'')) .$$

On vérifie sans difficulté, parce que k est un corps, que :

$$(k' \otimes_k \mathfrak{q}) \cdot\!\cdot (k' \otimes_k f^{-1}(\mathfrak{p}'')) = k' \otimes_k (\mathfrak{q} \cdot\!\cdot f^{-1}(\mathfrak{p}'')).$$

En appliquant 1.15, au couple $\mathfrak{q}'$, $\mathfrak{p}''$, on a donc : $\mathfrak{q}' \subsetneq \mathfrak{q}' \cdot\!\cdot \mathfrak{p}''$; par suite $\mathfrak{q}' = k' \otimes_k \mathfrak{q}$ est strictement contenu dans $k' \otimes_k (\mathfrak{q} \cdot\!\cdot f^{-1}(\mathfrak{p}''))$. D'où $\mathfrak{q} \subsetneq \mathfrak{q} \cdot\!\cdot f^{-1}(\mathfrak{p}'')$. En appliquant une fois de plus 1.15 au couple $\mathfrak{q}$, $f^{-1}(\mathfrak{p}'')$

on a : $f^{-1}(\mathfrak{p}'') \subseteq \mathfrak{p}$. D'où l'égalité $\mathfrak{p} = f^{-1}(\mathfrak{p}'')$.

Le théorème précédent et les résultats qui suivent s'appliquent au cas où A est l'algèbre enveloppante d'une k-algèbre de Lie $\mathfrak{g}$ et où k' est une extension du corps k.

Corollaire 1.17 : Soit k un corps, A une k-algèbre, k' une extension séparable de k, $B = A \otimes_k k'$ et $f : A \longrightarrow B$ le monomorphisme canonique de k-algèbre. On suppose l'algèbre B noethérienne bilatère. Soit $\mathfrak{a}$ un idéal de A, $\mathfrak{a} \neq A$. Alors :

1) Si $\mathfrak{p}''$ est un idéal premier de B minimal contenant $\mathfrak{a}' = k' \otimes_k \mathfrak{a} = B\mathfrak{a}B$, alors $\mathfrak{p} = f^{-1}(\mathfrak{p}'') = \mathfrak{p}'' \cap A$ est un idéal premier de A minimal contenant $\mathfrak{a}$. En particulier si l'idéal $\mathfrak{a}$ est premier, les idéaux premiers de B minimaux contenant $\mathfrak{a}'$ sont au dessus de $\mathfrak{a}$.

2) L'ensemble des idéaux premiers de A, minimaux contenant $\mathfrak{a}$, coïncide avec $\{\mathfrak{p} = f^{-1}(\mathfrak{p}'') = \mathfrak{p}'' \cap A$ où $\mathfrak{p}''$ parcourt les idéaux premiers de B, minimaux contenant $\mathfrak{a}'\}$.

3) Si $\mathfrak{a}$ est un idéal premier de A et si les idéaux premiers de B qui contiennent $\mathfrak{a}'$ sont des idéaux maximaux de B, alors l'idéal $\mathfrak{a}$ est maximal.

4) Pour tout couple $\mathfrak{p}_1, \mathfrak{p}_2$ d'idéaux premiers de A tels que $\mathfrak{p}_2 \subseteq \mathfrak{p}_1$ et pour tout $\mathfrak{p}_1'' \in \mathrm{Spec}(B)$ au dessus de $\mathfrak{p}_1$, il existe $\mathfrak{p}_2'' \in \mathrm{Spec}(B)$ au dessus de $\mathfrak{p}_2$ tel que $\mathfrak{p}_2'' \subseteq \mathfrak{p}_1''$.

Preuve : 1) Supposons d'abord l'idéal $\mathfrak{a}$ premier ; d'après 1.12, l'idéal $\mathfrak{a}'$ est alors semi-premier. Donc $\mathring{A}ss_B(\mathfrak{a}')$ est l'ensemble des idéaux premiers de B minimaux contenant $\mathfrak{a}'$ et le résultat découle de 1.16 appliqué à $\mathfrak{q} = \mathfrak{p} = \mathfrak{a}$. Supposons $\mathfrak{a}$ quelconque et soit $\mathfrak{p}''$ un idéal premier de B minimal contenant $\mathfrak{a}'$. Alors $\mathfrak{p} = f^{-1}(\mathfrak{p}'')$ est d'après 1.2(1) un idéal premier de A et on a $\mathfrak{a} \subseteq \mathfrak{p}$. Soit $\mathfrak{p}_1 \in \mathrm{Spec}(A)$ tel que $\mathfrak{a} \subseteq \mathfrak{p}_1 \subseteq \mathfrak{p}$ et posons $\mathfrak{p}_1' = k' \otimes_k \mathfrak{p}_1$. On a les inclusions :
$\mathfrak{a}' \subseteq \mathfrak{p}_1' \subseteq \mathfrak{p}' \subseteq \mathfrak{p}''$ et il est évident que $\mathfrak{p}''$ est un idéal premier de B minimal contenant $\mathfrak{p}_1'$. D'où d'après la première partie de la démonstration, l'égalité $\mathfrak{p}_1 = f^{-1}(\mathfrak{p}'') = \mathfrak{p}$. Par suite $\mathfrak{p}$ est un idéal premier de A minimal contenant $\mathfrak{a}$.

2) Soit $\mathfrak{p}$ un idéal premier de A minimal contenant $\mathfrak{a}$ .D'après 1.2(2) il existe $\mathfrak{p}''$ idéal premier de B, minimal contenant $\mathfrak{a}'$ tel que $\mathfrak{p} = f^{-1}(\mathfrak{p}'')$. Inversement, soit $\mathfrak{p}''$ un idéal premier de B minimal contenant $\mathfrak{a}'$. D'après 1), l'idéal premier $\mathfrak{p} = f^{-1}(\mathfrak{p}')$ est minimal à contenir $\mathfrak{a}$. D'où l'égalité.

3) D'après l'hypothèse, les idéaux premiers de B qui contiennent

$\mathfrak{a}'$ coïncident avec les idéaux premiers de B miniaux contenant $\mathfrak{a}'$. Soit $\mathfrak{m}$ un idéal maximal de A contenant $\mathfrak{a}$. Il existe d'après 1.2.2) un idéal $\mathfrak{m}'' \in \mathrm{Spec}(B)$ tel que $\mathfrak{m} = f^{-1}(\mathfrak{m}'')$. Comme $\mathfrak{a}' \subseteq \mathfrak{m}''$, l'idéal premier $\mathfrak{m}''$ est minimal à contenir $\mathfrak{a}'$. Donc d'après 1) on a $\mathfrak{a} = f^{-1}(\mathfrak{m}'') = \mathfrak{m}$

4) On a $\mathfrak{p}_2' = k' \otimes_k \mathfrak{p}_2 \subseteq \mathfrak{p}_1' = k' \otimes_k \mathfrak{p}_1 \subseteq \mathfrak{p}_1''$. Donc il existe un idéal premier $\mathfrak{p}_2''$ de B, minimal contenant $\mathfrak{p}_2'$ tel que $\mathfrak{p}_2'' \subseteq \mathfrak{p}_1''$ et d'après 1), on a $f^{-1}(\mathfrak{p}_2'') = \mathfrak{p}_2$.

Le corollaire 1.17.4) est une généralisation non commutative du théorème Going-down.

Définitions 1.18.: Soit A un anneau.

1) On appelle dimension de Krull classique de A, et on note $\mathcal{C}\ell\dim A$, le supremum dans $\bar{\mathbb{N}}$ des longueurs des chaînes d'idéaux premiers de A.

2) Soit $E \neq 0$ un A-module. On appelle dimension de Krull classique de E sur A, et on note $\mathcal{C}\ell\dim_A E$, la dimension de Krull classique de l'anneau $A/\mathrm{Ann}_A(E)$.

3) Soit $\mathfrak{p} \in \mathrm{Spec}(A)$. On appelle hauteur (resp. cohauteur) de $\mathfrak{p}$ dans A, (notation : $\mathrm{ht}_A(\mathfrak{p})$, resp. $\mathrm{coht}_A(\mathfrak{p})$), le supremum dans $\bar{\mathbb{N}}$ des longueurs des chaînes d'idéaux premiers de A terminant (resp. commançant) par $\mathfrak{p}$.

4) Soit $\mathfrak{a}$ un idéal bilatère de A distinct de A. On appelle hauteur de $\mathfrak{a}$ dans A, (notation : $\mathrm{ht}_A(\mathfrak{a})$), l'infimum des $\mathrm{ht}_A(\mathfrak{p})$, où $\mathfrak{p} \in \mathrm{Spec}(A)$ et $\mathfrak{a} \subseteq \mathfrak{p}$. On appelle altitude de $\mathfrak{a}$ dans A, (notation : $\mathrm{alt}_A(\mathfrak{a})$), le supremum des $\mathrm{ht}_A(\mathfrak{p})$, où $\mathfrak{p}$ est un idéal premier de A minimal contenant $\mathfrak{a}$. On appelle cohauteur de $\mathfrak{a}$ dans A, (notation : $\mathrm{coht}_A(\mathfrak{a})$), le supremum des $\mathrm{coht}_A(\mathfrak{p})$, où $\mathfrak{p}$ est un idéal premier de A minimal contenant $\mathfrak{a}$.

Remarques : 1) Si A est l'algèbre enveloppante d'une algèbre de Lie nilpotente de dimension finie sur un corps commutatif, on a $\mathrm{ht}_A(\mathfrak{p}) = \mathcal{C}\ell\dim A_{\mathfrak{p}}$, pour tout $\mathfrak{p} \in \mathrm{Spec}(A)$.

2) Si $\mathfrak{a}$ est un idéal bilatère propre d'un anneau A, on a $\mathrm{ht}_A(\mathfrak{a}) = \mathrm{Inf}_{\bar{\mathbb{N}}}\{\mathrm{ht}_A(\mathfrak{p})$, où $\mathfrak{p}$ est un idéal premier de A minimal contenant $\mathfrak{a}\}$, et $\mathrm{coht}_A(\mathfrak{a}) = \mathcal{C}\ell\dim(A/\mathfrak{a}) = \sup_{\bar{\mathbb{N}}}\{n \in \mathbb{N}$, tel que n soit la longueur d'une chaîne d'idéaux premiers de A contenant $\mathfrak{a}\}$.

3) Si E est un module non nul sur un anneau A, on a : $\mathcal{C}\ell\dim_A E = \mathrm{coht}_A(\mathrm{Ann}_A(E))$.

Proposition 1.19. : Soit k' une extension séparable du corps k, A une k-algèbre. Soit $B = k' \otimes_k A$. On suppose que la k'-algèbre B est noethérienne bilatère. Alors :

1) Si $\mathfrak{a}''$ est un idéal de B, $\mathfrak{a}'' \neq B$ et $\mathfrak{a} = \mathfrak{a}'' \cap A$ on a : $ht_A(\mathfrak{a}) \leq ht_B(\mathfrak{a}'')$.

2) Si $\mathfrak{a}$ est un idéal de A, $\mathfrak{a} \neq A$ et $\mathfrak{a}' = k' \boxtimes_k \mathfrak{a} = B\mathfrak{a}B$ on a $ht_A(\mathfrak{a}) \leq ht_B(\mathfrak{a}')$ et $coht_A(\mathfrak{a}) \leq coht_B(\mathfrak{a}')$.

3) Si E est un A-module, $E \neq 0$, alors $\mathcal{C}\ell\, dim_A E \leq \mathcal{C}\ell\, dim_B(k' \boxtimes_k E)$.

Preuve : 1) Soit $\mathfrak{p}'' \in Spec(B)$. On pose $\mathfrak{p} = \mathfrak{p}'' \cap A$. D'après 1.17.(4) on a : $ht_A(\mathfrak{p}) \leq ht_B(\mathfrak{p}'')$. Soit maintenant $\mathfrak{a}''$ un idéal bilatère de B distinct de B. On pose $\mathfrak{a} = \mathfrak{a}'' \cap A$. Pour tout $\mathfrak{p}'' \in Spec(B)$ tel que $\mathfrak{a}'' \subseteq \mathfrak{p}''$, on a $\mathfrak{p} = \mathfrak{p}'' \cap A \in Spec(A)$ et $\mathfrak{a} \subseteq \mathfrak{p}$ avec $ht_A(\mathfrak{p}) \leq ht_B(\mathfrak{p}'')$. Donc $ht_A(\mathfrak{a}) \leq ht_B(\mathfrak{a}'')$.

2) On a $f^{-1}(\mathfrak{a}') = \mathfrak{a}$. Donc, d'après 1), on a $ht_A(\mathfrak{a}) \leq ht_B(\mathfrak{a}')$. D'autre part, soit $\mathfrak{p}_o \subsetneq \cdots \subsetneq \mathfrak{p}_i \subsetneq \cdots \subsetneq \mathfrak{p}_n$ une chaîne d'idéaux premiers de A contenant $\mathfrak{a}$ et de longueur n. D'après 1.2.(2), il existe $\mathfrak{p}''_n \in Spec(B)$ tel que $\mathfrak{p}_n = f^{-1}(\mathfrak{p}''_n)$. Par suite, d'après 1.17.(4) il existe une chaîne $\mathfrak{p}''_o \subsetneq \cdots \subsetneq \mathfrak{p}''_i \subsetneq \cdots \subsetneq \mathfrak{p}''_n$ d'idéaux premiers de B, de longueur n, telle que $\mathfrak{p}''_i \cap A = \mathfrak{p}_i$ $(i=0,1,\ldots,n)$. On a évidemment $\mathfrak{a}' \subseteq \mathfrak{p}''_o$. Par conséquent $n \leq coht_B(\mathfrak{a}')$. D'où $coht_A(\mathfrak{a}) \leq coht_B(\mathfrak{a}')$.

3) On a $\mathcal{C}\ell\, dim_A E = \mathcal{C}\ell\, dim(A/Ann_A(E))$ par définition. D'autre part, il est facile de vérifier, puisque k est un corps, que $Ann_B(k' \boxtimes_k E) = k' \boxtimes_k Ann_A(E)$. D'où le résultat d'après 2).

§.2. Entiers :

Définitions 2.1 : Soient $f : A \longrightarrow B$ un homomorphisme d'anneaux, $b \in B$. On dit que b est entier à droite (resp. à gauche) sur A à l'aide de f, s'il vérifie une relation du type :

$b^n + b^{n-1}.a_{n-1} + \ldots + b.a_1 + 1.a_o = 0$ (resp. $b^n + a_{n-1}.b^{n-1} + \ldots + a_1.b + a_o.1 = 0$) où $n \in \mathbb{N}^*$ et $a_i \in A$ $(i=0,1,\ldots,n-1)$, B étant supposé muni de sa structure de A-module à droite (resp. à gauche) obtenue par restriction des scalaires de B à A à l'aide de f. On dit que b est entier sur A à l'aide de f s'il est entier à droite et à gauche sur A à l'aide de f. On dit qu'un sous-ensemble Y de B est entier à droite (resp. entier à gauche ; entier) sur A à l'aide de f, si tout élément $y \in Y$ est entier à droite (resp. entier à gauche ; entier) sur A à l'aide de f.

Lorsqu'il n'y a aucune confusion à craindre, on supprime la locution "à l'aide de f".

Remarques : Si b est permutable avec les éléments de $f(A)$, les trois notions : "b entier à droite sur A" "b entier à gauche sur A" et "b entier sur A" coïncident. En particulier on est dans une telle situation lorsque $f(A)$ est contenu dans le centre de B.

Proposition 2.2. : Soit $f : A \longrightarrow B$ un homomorphisme d'anneaux. On considère deux éléments $a \in A$, $b \in B$, vérifiant les deux conditions suivantes :

1) b est entier à droite (resp. à gauche) sur A.

2) b est permutable avec $f(a)$ alors $a.b = b.a$ est entier à droite (resp. à gauche) sur A.

Preuve : La démonstration est évidente.

Proposition 2.3. : Soit $f : A \longrightarrow B$ un homomorphisme d'anneaux.

1) Si $b \in B$ est entier à droite (resp. à gauche) sur A, alors il existe $b' \in B$ tel que $bb' \in f(A)$ (resp. $b'b \in f(A)$).

2) Si $b \in B$ est entier à droite (resp. à gauche) sur A, et s'il est non diviseur de zéro à gauche (resp. à droite) dans B, alors il existe $b' \in B - \{0\}$ tel que $bb' \in f(A) - \{0\}$ (resp. $b'b \in f(A) - \{0\}$).

Preuve : On suppose que b est entier à droite sur A. Donc il vérifie une relation du type :

(*) $b^n + b^{n-1}.a_{n-1} + \ldots + b.a_1 + 1.a_o = 0$, où $n \in \mathbb{N}^*$ et $a_i \in A$ $(i = 0, 1, \ldots, n-1)$.
C'est-à-dire $b^n + b^{n-1}.a_{n-1} + \ldots + b.a_1 = -1.a_o$. D'où, en posant
$b' = b^{n-1} + b^{n-2}.a_{n-1} + \ldots + 1.a_1$, on obtient $bb' = f(-a_o) \in f(A)$. Si de plus b est non diviseur de zéro à gauche dans B, on peut alors supposer que $n \in \mathbb{N}^*$ est le plus petit possible dans les relations du type (*) vérifiées par b. Dans ces conditions et compte tenu du caractère minimal de n, on a
$b' = b^{n-1} + b^{n-2}.a_{n-1} + \ldots + 1.a_1 \neq 0$. Par conséquent $bb' \neq 0$. Donc
$bb' \in f(A) - \{0\}$.

Proposition 2.4. : On considère le diagramme commutatif suivant d'homomorphismes d'anneaux :

$$\begin{array}{ccc} A & \xrightarrow{f} & B \\ \downarrow u & & \downarrow v \\ A' & \xrightarrow{f'} & B' \end{array}$$

et on suppose que $b \in B$ est entier à droite (resp. à gauche) sur A à l'aide de f. Alors $b' = v(b)$ est entier à droite (resp. à gauche) sur A' à l'aide de f'.

Corollaire 2.5. : Soit $A \xrightarrow{f} B \xrightarrow{g} C$ une suite d'homomorphismes d'anneaux. On suppose que $x \in C$ est entier à droite (resp. à gauche) sur A à l'aide de $g \circ f$. Alors x est entier à droite (resp. à gauche) sur $B' = f(A)$ à l'aide de $g' = g|B'$ (donc sur B à l'aide de g).

Preuve : On considère le diagramme commutatif suivant

$$\begin{array}{ccc} A & \xrightarrow{g\circ f} & C \\ \downarrow f & & \downarrow 1_C \\ B' & \xrightarrow{g'=g|B'} & C \end{array}$$

et on applique 2.4. à x .

Corollaire 2.6. : Soit $A \xrightarrow{f} B \xrightarrow{g} C$ une suite d'homomorphismes d'anneaux. On suppose que C est entier à droite (resp. à gauche) sur A à l'aide de $g\circ f$. Alors C est entier à droite (resp. à gauche) sur $B' = f(A)$ à l'aide $g' = g|B'$ (donc sur B à l'aide de g).

Corollaire 2.7. : Soit $A \xrightarrow{f} B \xrightarrow{g} C$ une suite d'homomorphsimes d'anneaux. On suppose que $b \in B$ est entier à droite (resp. à gauche) sur A à l'aide de f. Alors $x = g(b)$ est entier à droite (resp. à gauche) sur A à l'aide de $g\circ f$.

Preuve : On a le diagramme commutatif suivant :

$$\begin{array}{ccc} A & \xrightarrow{f} & B \\ \downarrow 1_A & & \downarrow g \\ A & \xrightarrow{g\circ f} & C \end{array}$$

. On applique alors 2.4. à l'élément b .

Si $f : A \longrightarrow B$ est un homomorphisme d'anneaux et $X = (x_i)_{i\in I}$ est une famille d'éléments de B. On note $A_f[X]$ ou $A_f[x_i]_{i\in I}$ le sous-anneau de B engendré par $f(A) \cup \{x_i\}_{i\in I}$.

Proposition 2.8. : Soit $f : A \longrightarrow B$ un homomorphisme d'anneaux. Soit $X = (x_i)_{i\in I}$ une famille d'éléments de B vérifiant les deux conditions suivantes :

1) les éléments de X sont permutables deux à deux.

2) les éléments de X sont permutables avec les éléments de $f(A)$.

Alors $A_f[X]$ est un sous-A-module à gauche et à droite de B (par restriction des scalaires à l'aide de f) engendré par la famille $(\prod_{i\in I} x_i^{n_i})_{n=(n_i)_{i\in I}\in \mathbb{N}^{(I)}}$.

Preuve : On pose $P = \{ b \in B$ tel que $b = \sum_{n=(n_i)_{i\in I}\in \mathbb{N}^{(I)}} a_n \prod_{i\in I} x_i^{n_i}$ où $(a_n)_{n\in \mathbb{N}^{(I)}}$ est une famille d'éléments de B de support fini$\}$. Alors P est un sous-anneau de B contenant évidemment $f(A)$ et $\{x_i\}_{i\in I}$. D'autre part $P \subsetneq A_f[X]$. Par conséquent $A_f[X] = P$.

Proposition 2.9. : Soit $f : A \longrightarrow B$ un homomorphisme d'anneaux. Soit $x \in B$ entier sur A et permutable avec les éléments de $f(A)$. Alors $A_f[x]$ est un sous-A-module de B de type fini.

Preuve : On vérifie facilement que $1, x \ldots, x^{n-1}$ engendre $A_f[x]$ sur A si $x^n + a_{n-1} x^{n-1} + \ldots + a_o = 0$.

Corollaire 2.10. : Soit $f : A \longrightarrow B$ un homomorphisme d'anneaux. Soit $(x_i)_{i=1,\ldots,n}$ une famille finie d'éléments de B qui vérifie les conditions suivantes :

1) les x_i $(i=1,\ldots,n)$ sont permutables deux à deux;

2) les x_i $(i=1,\ldots,n)$ sont permutables avec les éléments de $f(A)$;

3) x_i est entier sur $A_f[x_1,\ldots,x_{i-1}]$ pour tout $i \in \{1,\ldots,n\}$ (on est dans ce cas par exemple lorsque x_i est entier sur A, pour tout $i \in \{1,\ldots,n\}$).

Alors : $A_f[x_1,\ldots,x_n]$ est un A-module de type fini.

Preuve : On raisonne par récurrence sur n à partir du cas $n=1$, et à l'aide de 2.9.

Proposition 2.11. : Soient A un anneau noethérien à droite (resp. à gauche), B un anneau quelconque, et $f : A \longrightarrow B$ un homomorphisme d'anneaux. Soit $x \in B$, et supposons qu'il existe un sous-anneau B' de B qui contient $A_f[x]$, et qui soit un sous-A-module à droite (resp. à gauche) de B de type fini. Alors x est entier à droite (resp. à gauche) sur A.

Preuve : On suppose que A est noethérien à droite. Soit B' un sous-anneau de B qui contient $A_f[x]$ et qui soit un sous-A-module à droite de B de type fini. Donc B' est un A-module à droite noethérien. Pour tout $m \in \mathbb{N}$ on pose $M_m = \sum_{i=o}^{i=m} x^i A$; $(M_m)_{m \in \mathbb{N}}$ est alors une suite croissante de sous-A-modules à droite de B', donc stationnaire et il existe $m_o \in \mathbb{N}$ tel que $M_m = M_{m_o}$ pour $m \geq m_o$ dans $\mathbb{N}$. En particulier on a $M_{m_o+1} = M_{m_o}$. Donc $x^{m_o+1} \in M_{m_o}$. Par conséquent $x^{m_o+1} = x^{m_o}.a_{m_o} + \ldots + x.a_1 + 1.a_o$, où $a_i \in A (i=0,1,\ldots,m_o)$, et x est entier à droite sur A.

Proposition 2.12. : Soient A un anneau noethérien à droite (resp. à gauche), B un anneau quelconque, et $f : A \longrightarrow B$ un homomorphisme d'anneaux. Soit $x \in B$ permutable avec les éléments de $f(A)$. Alors les conditions suivantes sont équivalentes :

a) x est entier sur A.

b) $A_f[x]$ est un A-module de type fini.

c) il existe un sous-A-module à droite (resp. à gauche) B'' de B de type fini, contenant $A_f[x]$.

Preuve : L'implication a) $\Longrightarrow$ b) est la proposition 2.9. On établit immédiatement b) $\Longrightarrow$ c) en prenant $B'' = A_f[x]$. c) $\Longrightarrow$ a). Supposons qu'il existe un sous-A-module à droite B'' de B de type fini, contenant $A_f[x]$. B'' est alors un A-module à droite noethérien. Donc le sous-A-module $B'' = A_f[x]$ de B'' est de type fini. Par conséquent, d'après 2.11., x est entier sur A.

Proposition 2.13. : Soient A un anneau noethérien à droite (resp. à gauche), B un anneau quelconque, et $f : A \longrightarrow B$ un homomorphisme d'anneaux. Soit $(x_i)_{i\in I}$ une famille d'éléments de B satisfaisant aux conditions suivantes :

1) les x_i $(i\in I)$ sont permutables deux à deux;
2) les x_i $(i\in I)$ sont permutables avec les éléments de $f(A)$;
3) x_i est entier sur A pour tout $i\in I$;

Alors : $A_f[x_i]_{i\in I}$ est entier à droite (resp. à gauche) sur A.

Preuve : Pour tout $x\in A_f[x_i]_{i\in I}$ il existe un sous-ensemble fini J de I, tel que $x\in B' = A_f[x_i]_{i\in J}$. Et il suffit d'appliquer 2.10 et 2.11.

Proposition 2.14 : Soit k un anneau commutatif. Soient R une k-algèbre commutative et A une k-algèbre noethérienne à droite (resp. à gauche). On note $B = R \otimes_k A$, et $f : A \longrightarrow B$ le monomorphisme canonique de k-algèbres. Si R est entier sur k, alors B est entier à droite (resp. à gauche) sur A à l'aide de f.

Preuve : On note $\varphi_A : k \longrightarrow A$ et $\varphi_R : k \longrightarrow R$ les homomorphismes structuraux des deux k-algèbres A et R, et $g : R \longrightarrow B$ le monomorphisme canonique. On a le diagramme commutatif suivant

$$\begin{array}{ccc} k & \xrightarrow{\varphi_R} & R \\ \downarrow{\scriptstyle \varphi_A} & & \downarrow{\scriptstyle g} \\ A & \xrightarrow{f} & B=R\otimes_k A. \end{array}$$

On suppose que r est entier sur k pour tout $r\in R$. Donc, d'après 2.7., $g(r) = r\otimes 1$ est entier sur k à l'iade de $g\circ\varphi_R = f\circ\varphi_A$. Par conséquent $r\otimes 1$ est, d'après 2.5., entier sur A à l'aide de f, pour tout $r\in R$. $(r\otimes 1)_{r\in R}$ est alors une famille d'éléments de B qui satisfait aux conditions 1), 2) et 3) de 2.13. donc $A_f[r\otimes 1]_{r\in R} = B$ est entier à droite (resp. à gauche) sur A à l'aide de f.

Nous utiliserons le lemme suivant dont la preuve est immédiate.

Lemme 2.15. : Soient B un anneau intègre et A un sous-anneau de B, tels que pour tout $x\in B-\{0\}$. Il existe $x'\in B-\{0\}$ vérifiant $x'x\in A-\{0\}$ ou $xx'\in A-\{0\}$. Alors si A est un corps (gauche) B est un corps (gauche).

Proposition 2.16. : Soient B un anneau intègre, A un sous-anneau de B. On suppose que B est entier à droite ou à gauche sur A. Alors les conditions suivantes sont équivalentes :

a) A est un corps (gauche).

b) B est un corps (gauche).

Preuve : a) $\Longrightarrow$ b). Soit $x \in B - \{0\}$. x est entier à droite (par exemple) sur A, et il est non diviseur de zéro dans B . Donc, d'après 2.3. (2), il existe $x' \in B - \{0\}$ tel que $xx' \in A - \{0\}$. D'après 2.15. si A est un corps, B l'est aussi.

b) $\Longrightarrow$ a). On suppose que B est un corps. Soit $a \in A - \{0\}$; a est inversible dans B d'inverse x. Or x est entier à droite (par exemple) sur A, donc vérifie une relation du type : $x^n = -(x^{n-1}.a_{n-1}+\dots+x.a_1+a_o)$, et par conséquent $x = a^{n-1}x^n = -(a_{n-1}+\dots+a^{n-2}.a_1+a^{n-1}.a_o) \in A$; a est alors inversible dans A d'inverse x.

Corollaire 2.17. : Soit $f : A \longrightarrow B$ un homomorphisme d'anneaux. On suppose que B est entier à gauche ou à droite sur A. Soit $\mathfrak{p}''$ un idéal complètement premier de B, et posons $\mathfrak{p} = f^{-1}(\mathfrak{p}'')$. Alors les conditions suivantes sont équivalentes :

a) $\mathfrak{p}''$ est un idéal à gauche maximal de B.

b) $\mathfrak{p}$ est un idéal à gauche maximal de A.

Preuve : On a le diagramme commutatif suivant

$$\begin{array}{ccc} A & \xrightarrow{f} & B \\ \downarrow p & & \downarrow q \\ A/\mathfrak{p} & \xrightarrow{\bar{f}} & B/\mathfrak{p}'' \end{array}$$

où p,q désignent les surjections canoniques, et $\bar{f}$ le monomorphisme d'anneaux déduit de f par passage au quotient; $B/\mathfrak{p}''$ est un anneau intègre et il est entier à gauche ou à droite sur $A/\mathfrak{p}$. Donc, d'après 2.16., $A/\mathfrak{p}$ est un corps si et seulement si $B/\mathfrak{p}''$ est un corps. Par conséquent a) $\Longleftrightarrow$ b).

Corollaire 2.18. : Soit $f : A \longrightarrow B$ un homomorphisme d'anneaux, tel que B soit entier à droite ou à gauche sur A. Soit $\mathfrak{b}$ un idéal bilatère de B. Si $\mathfrak{b}$ est un idéal à gauche maximal de B, alors $\mathfrak{a} = f^{-1}(\mathfrak{b})$ est un idéal à gauche maximal de A.

Preuve : Supposons que $\mathfrak{b}$ est un idéal à gauche maximal de B. Donc $B/\mathfrak{b}$ est un corps. Par conséquent $\mathfrak{b}$ est un idéal complètement premier de B. Le résultat découle alors de l'implication a) $\Longrightarrow$ b) de 2.17.

Corollaire 2.19. : Soit $f : A \longrightarrow B$ un homomorphisme d'anneaux. On suppose que A est un anneau local dont l'unique idéal à gauche maximal est noté $\mathfrak{m}$, et que B est entier à droite ou à gauche sur A. Soit $\mathfrak{b}$ un idéal de B qui soit un idéal à gauche maximal de B. Alors $f^{-1}(\mathfrak{b}) = \mathfrak{m}$.

Preuve: $\mathfrak{a} = f^{-1}(\mathfrak{b})$ est, d'après 2.18, un idéal à gauche maximal de A. Mais $\mathfrak{a} \subseteq \mathfrak{m}$. Donc $\mathfrak{a} = \mathfrak{m}$.

§.3. Laying-over et going-up:

Définition 3.0.: Soient A un anneau, S une partie de A. On dit que S est une partie multiplicative de A, si $1 \in S$ et si S est stable pour la multiplication dans A. On dit que S permet un calcul des fractions à gauche (resp. permet un calcul de fractions) dans A, si S est une partie multiplicative de A formée d'élèments non diviseurs de zéro dans A, et telle que pour tout couple $(a,s) \in A \times S$ il existe $(b',t') \in A \times S$ (resp. $(b,b') \in A \times A$ et $(t,t') \in S \times S$) vérifiant $t'a = b's$ (resp. $at = sb$ et $t'a = b's$); dans ces conditions il existe un anneau des fractions à gauche (resp. à droite et à gauche) à dénominateurs dans S, que l'on notera $S^{-1}A$ et, vis à vis du monomorphisme canonique d'anneaux: $A \longrightarrow S^{-1}A$, le A-module $S^{-1}A$ est plat à droite (resp. à gauche et à droite).

Lemme 3.1. : Soient A un anneau noethérien d'un côté, S une partie de A permettant un calcul des fractions à gauche dans A. Soit $\mathfrak{p} \in \operatorname{Spec}(A)$ tel que $\mathfrak{p} \cap S = \emptyset$. Alors $\mathfrak{p}$ est saturé pour S dans A (cf. Déf. 4.8) et $S^{-1}\mathfrak{p} \in \operatorname{Spec}(S^{-1}A)$.

Preuve - Supposons que A est noethérien à droite. Posons $\mathfrak{a} = \{a \in A,$ tel qu'il existe $t \in S$ vérifiant $ta \in \mathfrak{p}\}$. On a évidemment $\mathfrak{p} \subseteq \mathfrak{a}$. D'autre part, $\mathfrak{a}$ est un idéal de A; en effet l'inclusion $\mathfrak{a}A \subseteq \mathfrak{a}$ est triviale, et si $a, a' \in \mathfrak{a}$ et $a'' \in A$, il existe $t, t' \in S$ vérifiant $ta, t'a' \in \mathfrak{p}$, mais pour les couples (t,t') et (a'',t) il existe (s',b'), $(s'',b'') \in S \times A$ tels que $s't = b't'$ et $s''a'' = b''t$ et par conséquent $s't(a+a')$, $s''a''a \in \mathfrak{p}$; d'où $\mathfrak{a}+\mathfrak{a} \subseteq \mathfrak{a}$ et $A\mathfrak{a} \subseteq \mathfrak{a}$. Comme $\mathfrak{p} \cap S = \emptyset$, alors $\mathfrak{p} \cap \mathscr{C}(\mathfrak{p}) = \emptyset$ (voir la définition de $\mathscr{C}(\mathfrak{p})$ à la suite de 4.2.). Donc, d'après ([23], Th.1.6), $\mathfrak{a} \subseteq \mathfrak{p}$; par suite $\mathfrak{a} = \mathfrak{p}$ et $\mathfrak{p}$ est saturé à gauche pour S dans A, et, d'après ([23],Th.1.6), $\mathfrak{p}$ est saturé pour S dans A.
Si A est noethérien à gauche, alors ([23], Lemme 4.1) $S \subseteq \mathscr{C}(\mathfrak{p})$ et $\mathfrak{p}$ est saturé pour S dans A. Donc dans les deux cas $S^{-1}\mathfrak{p}$ est un idéal bilatère de $S^{-1}A$. Soient $\mathfrak{a}'$ et $\mathfrak{b}'$ deux idéaux de $S^{-1}A$ tels que $\mathfrak{a}'\mathfrak{b}' \subseteq S^{-1}\mathfrak{p}$. On a $(\mathfrak{a}' \cap A)(\mathfrak{b}' \cap A) \subseteq (S^{-1}\mathfrak{p}) \cap A = \mathfrak{p}$. D'où $\mathfrak{a}' \subseteq S^{-1}\mathfrak{p}$ ou $\mathfrak{b}' \subseteq S^{-1}\mathfrak{p}$. ||

Lemme 3.2. : Soient A un anneau intègre, B un suranneau de A. On suppose que $S = A - \{0\}$ permet un calcul des fractions à gauche dans A et B, et qu'il existe un sous-anneau C de $S^{-1}B$ contenant $(S^{-1}A) \cup B$ et entier à gauche ou à droite sur $S^{-1}A$. Soient $\mathfrak{p}''$ un idéal et $\mathfrak{a}''$ un idéal à gauche de B tous deux au-dessus de l'idéal nul de A tels que $\mathfrak{p}'' \subseteq \mathfrak{a}''$. Si $\mathfrak{p}''$ est complètement premier alors $\mathfrak{a}'' = \mathfrak{p}''$.

Preuve : On a $S \subseteq B - \mathfrak{a}'' \subseteq B - \mathfrak{p}''$. Supposons $\mathfrak{p}''$ complètement premier. Alors ([8],p.3) $S^{-1}\mathfrak{p}''$ est un idéal complètement premier de $S^{-1}B$ et $(S^{-1}\mathfrak{p}'') \cap B = \mathfrak{p}''$. Donc $\mathfrak{q}'' = (S^{-1}\mathfrak{p}'') \cap C$ est un idéal complètement premier de C, et on a évidemment $\mathfrak{q}'' \cap (S^{-1}A) = (0)$ qui est un idéal à gauche maximal du corps $S^{-1}A$. Par conséquent, d'après 2.17, $\mathfrak{q}''$ est un idéal à gauche maximal de C. Mais $S^{-1}\mathfrak{p}'' \subseteq S^{-1}\mathfrak{a}'' \subsetneq S^{-1}B$ et par suite $\mathfrak{q}'' \subseteq (S^{-1}\mathfrak{a}'') \cap C \subsetneq C$. D'où $\mathfrak{q}'' = (S^{-1}\mathfrak{a}'') \cap C$. Ce qui permet d'écrire : $\mathfrak{p}'' \subseteq \mathfrak{a}'' \subseteq (S^{-1}\mathfrak{a}'') \cap B = ((S^{-1}\mathfrak{a}'') \cap C) \cap B = \mathfrak{q}'' \cap B = ((S^{-1}\mathfrak{p}'') \cap C) \cap B = (S^{-1}\mathfrak{p}'') \cap B = \mathfrak{p}''$. D'où $\mathfrak{a}'' = \mathfrak{p}''$ ||

Lemme 3.3 : Soient $f : A \longrightarrow B$ un homomorphisme d'anneaux, S une partie de B permettant un calcul des fractions à gauche dans B. On suppose en outre que B est un anneau noethérien à gauche et que $S^{-1}B$ est un anneau artinien d'un côté. Soit $\mathfrak{p}'' \in \mathrm{Spec}(B)$ et $\mathfrak{a}''$ un idéal de B tels que $\mathfrak{p}'' \subseteq \mathfrak{a}''$, $f^{-1}(\mathfrak{p}'') = f^{-1}(\mathfrak{a}'')$ et $\mathfrak{a}'' \cap S = \emptyset$. Alors $\mathfrak{a}'' = \mathfrak{p}''$.

Preuve : On a $\mathfrak{p}'' \cap S = \emptyset$. Donc, d'après 3.1, $S^{-1}\mathfrak{p}'' \in \mathrm{Spec}(S^{-1}B)$ et c'est alors un idéal maximal de $S^{-1}B$. Or $S^{-1}\mathfrak{p}'' \subseteq S^{-1}\mathfrak{a}'' \subsetneq S^{-1}B$. Par conséquent $S^{-1}\mathfrak{a}'' = S^{-1}\mathfrak{p}''$, et $\mathfrak{a}'' \subseteq \mathfrak{p}'' = (S^{-1}\mathfrak{p}'') \cap B$. D'où le résultat ||

Pour la question de simplicité et de semi-simplicité on adopte la terminologie de [4].

Lemme 3.4. : 1) Soient A un corps (gauche), B un suranneau de A, premier (resp. semi-premier), noethérien d'un côté et entier à gauche ou à droite sur A. Alors B est un anneau simple (resp. semi-simple).

2) Soient k un corps, k' une extension algébrique séparable de k, R une k-algèbre simple. On suppose en outre que $k' \otimes_k R$ est un anneau noethérien d'un côté. Alors $k' \otimes_k R$ est un anneau semi-simple.

Preuve : 1) Supposons que B est un anneau noethérien à gauche, et soit S l'ensemble des éléments de B non diviseurs de zéro. D'après ([17],p.89, coroll.4), S permet un calcul des fractions à gauche dans B et l'anneau $S^{-1}B$ est simple (resp. semi-simple). D'autre part pour tout $s \in S$ il existe, d'après 2.3.(2), $b' \in B - \{0\}$ tel que $b's \in A - \{0\}$ où $s\,b' \in A - \{0\}$. Donc $b's$ ou $s\,b'$ est inversible dans le corps A, et par suite s est inversible dans B. D'où $B = S^{-1}B$.

2) Supposons que $k' \otimes_k R$ est un anneau noethérien à gauche. L'algèbre R est isomorphe à une algèbre de matrices $M_n(A)$ où A est un corps

(gauche) contenant k dans son centre. Alors $k' \otimes_k R \cong M_n(k' \otimes_k A)$. L'anneau $B = k' \otimes_k A$ est (Prop. 1.12) semi-premier, noethérien à gauche (comme $k' \otimes_k R$), et (Prop. 2.14) entier à gauche sur A. Donc, d'après 1), B est un anneau semi-simple. D'où $k' \otimes_k R \cong M_n(B)$ est un anneau semi-simple ∥

Lemme 3.5 : _Soient_ $k \subseteq k'$ _une extension de corps_, A _une_ k-_algèbre_, S _une partie de_ A _permettant un calcul des fractions à gauche dans_ A. _On note_ $B = k' \otimes_k A$ _et_ $f : A \longrightarrow B$ _le monomorphisme canonique de_ k-_algèbres. Alors_ :

1) $f(S)$ _permet un calcul des fractions à gauche dans_ B.

2) _Pour_ S' _une partie de_ B _permettant un calcul des fractions à gauche dans_ B _telle que_ $f(S) \subseteq S'$, _il existe un homomorphisme de_ k'-_algèbre et un seul_

$$\varphi : k' \otimes_k (S^{-1}A) \longrightarrow S'^{-1}B = S'^{-1}(k' \otimes_k A)$$

tel que $\varphi(1 \otimes s^{-1}a) = (1 \otimes s)^{-1} (1 \otimes a) = (f(s))^{-1} f(a)$ _pour tout_ $(a,s) \in A \times S$. _De plus_ φ _est injectif et, si_ $f(S) = S'$, _il est bijectif._ On a en outre le diagramme commutatif suivant :

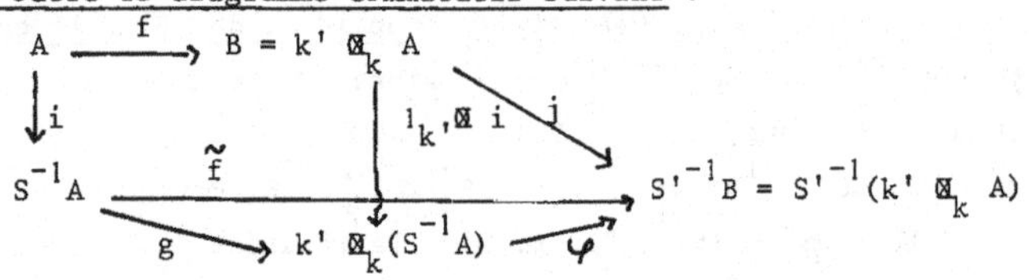

où i, j, g désignent les applications canoniques et $\tilde{f}$ l'unique homomorphisme d'anneaux prolongeant f.

Preuve : 1) se démontre aisément. 2) $S'^{-1}B$ est canoniquement une k'-algèbre, et $\tilde{f} : S^{-1}A \longrightarrow S'^{-1}B$ est en particulier un homomorphisme de k-algèbres. Donc il existe un homomorphisme de k'-algèbres et un seul $\varphi : k' \otimes_k (S^{-1}A) \longrightarrow S'^{-1}B$ tel que le diagramme suivant :

$$\begin{array}{ccc} S^{-1}A & \xrightarrow{\tilde{f}} & S'^{-1}B \\ {\scriptstyle g}\downarrow & \nearrow_{\varphi} & \\ k' \otimes_k (S^{-1}A) & & \end{array}$$

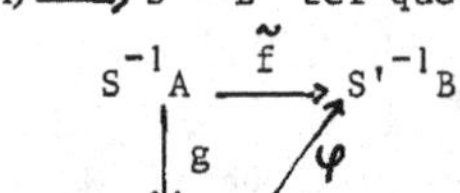

soit commutatif, c'est-à-dire tel que $\varphi(1 \otimes s^{-1}a) = \tilde{f}(s^{-1}a) = (f(s))^{-1} f(a)$. Pour tout $(a,s) \in A \times S$. Un calcul simple fournit la commutativité des autres parties du diagramme. Soit $\ell \in k' \otimes_k (S^{-1}A)$ tel que $\varphi(\ell) = 0$. On a $\ell = \sum_{i \in I} c'_i \otimes s^{-1} a_i$ où $(c'_i, a_i) \in k' \times A$ $(i \in I)$ et $s \in S$. Donc $\varphi(\ell) = \sum_{i \in I} (1 \otimes s)^{-1} (c'_i \otimes a_i) = 0$, et $\sum_{i \in I} (c'_i \otimes a_i) = 0$ dans $k' \otimes_k A$. Par suite $\sum_{i \in I} (c'_i \otimes a_i) = 0$ dans $k' \otimes_k (S^{-1}A)$. D'où

$\sum_{i\in I} (1 \otimes s^{-1})(c'_i \otimes a_i) = \sum_{i\in I} c'_i \otimes s^{-1}a_i = \ell = 0$. Si $f(S) = S'$, φ est évidemment surjectif ‖

Théorème 3.6 : (Laying-over). Soient k un corps, k' une extension algébrique (resp. algébrique séparable) de k, A une k-algèbre. On note $B = k' \otimes_k A$ et $f : A \to B$ le monomorphisme canonique de k-algèbres. On suppose en outre que A (resp. B) est un anneau noethérien à gauche. Soient $\mathfrak{p}''$ un idéal et $\mathfrak{a}''$ un idéal à gauche (resp. un idéal) de B tels que $f^{-1}(\mathfrak{p}'') = f^{-1}(\mathfrak{a}'')$ et $\mathfrak{p}'' \subseteq \mathfrak{a}''$. Si $\mathfrak{p}''$ est complètement premier (resp. premier) alors $\mathfrak{a}'' = \mathfrak{p}''$.

Preuve : Posons $\mathfrak{p} = f^{-1}(\mathfrak{p}'') = f^{-1}(\mathfrak{a}'')$, $\mathfrak{p}' = k' \otimes_k \mathfrak{p}$. On a $\mathfrak{p} = f^{-1}(\mathfrak{p}')$ et $\mathfrak{p}' \subseteq \mathfrak{p}''$. Considérons le diagramme commutatif suivant :

$$\begin{array}{ccc} A & \xrightarrow{\quad f \quad} & B = k' \otimes_k A \\ \downarrow p & & \downarrow p' \\ A' = A/\mathfrak{p} & \xrightarrow{\quad \bar{f} \quad} & B' = B/\mathfrak{p}' = k' \otimes_k A' \end{array}$$

où $\bar{f}$ est le monomorphisme d'anneaux déduit de f par passage au quotient, p et p' les épimorphismes canoniques d'anneaux. Notons S l'ensemble des éléments de A' non diviseurs de zéro et $S' = \bar{f}(S)$. Supposons tout d'abord que k' est une extension algébrique de k, A un anneau noethérien à gauche, et $\mathfrak{p}''$ complètement premier. L'anneau $A' = A/\mathfrak{p}$ est alors noethérien à gauche et intègre. Donc $S = A' - \{0\}$ et, d'après ([17], p.89, coroll. 4), l'ensemble S permet un calcul des fractions à gauche dans A' et par suite, d'après 3.5, $S' = \bar{f}(S)$ permet un calcul des fractions à gauche dans $B' = k' \otimes_k A'$ et on a le diagramme commutatif :

$$(*) \qquad \begin{array}{ccccc} A' & \xrightarrow{\quad \bar{f} \quad} & B' = k' \otimes_k A' & & \\ \downarrow i & & \downarrow 1_{k'} \otimes i & & \\ S^{-1}A' & \xrightarrow{\quad g \quad} & C' = k' \otimes_k (S^{-1}A') & \xrightarrow[\sim]{\quad \varphi \quad} & S'^{-1}B' \end{array}$$

$S^{-1}A'$ est un corps (gauche) et k' est algébrique sur k, donc, d'après 2.14, C' est entier sur $S^{-1}A'$ à l'aide de g. Par conséquent, d'après 3.2, on a la propriété suivante : (P) : "si $\mathfrak{q}''$ est un idéal et $\mathfrak{b}''$ un idéal à gauche de B' tous deux au-dessus de l'idéal nul de A' tels que $\mathfrak{q}'' \subseteq \mathfrak{b}''$ et si $\mathfrak{q}''$ est complètement premier alors $\mathfrak{b}'' = \mathfrak{q}''$ ". Posons $\mathfrak{q}'' = p'(\mathfrak{p}'')$ et $\mathfrak{b}'' = p'(\mathfrak{a}'')$. On a $\bar{f}^{-1}(\mathfrak{q}'') = p(p^{-1}(\bar{f}^{-1}(p'(\mathfrak{p}'')))) = p(f^{-1}(p'^{-1}(p'(\mathfrak{p}'')))) = p(f^{-1}(\mathfrak{p}'')) = p(\mathfrak{p}) = (0)$ et de même $\bar{f}^{-1}(\mathfrak{b}'') = (0)$. Donc $\mathfrak{q}''$ et $\mathfrak{b}''$ sont au-dessus de l'idéal nul de A', et on a $\mathfrak{q}'' \subseteq \mathfrak{b}''$ et $\mathfrak{q}''$ est complètement premier. D'où, d'après la propriété (P), $\mathfrak{b}'' = \mathfrak{q}''$, c'est-à-dire $\mathfrak{a}'' = \mathfrak{p}''$.

Supposons maintenant que k' est une extension algébrique séparable de k, B un anneau noethérien à gauche et $\mathfrak{p}''$ premier. L'anneau $A' = A/\mathfrak{p}$ est alors noethérien à gauche et premier. Donc là aussi l'ensemble S ([17], p.89, coroll. 4) permet un calcul des fractions dans A', et on a le diagramme commutatif précédent (*). La k-algèbre $S^{-1}A'$ est simple, $C' \simeq S'^{-1}B'$ est un anneau noeth. à gauche, k' est une extension séparable de k. Donc, d'après 3.4. (2), C' est un anneau semi-simple donc artinien des deux côtés. Par conséquent, d'après 3.3 en tenant compte que B' est un anneau noethérien et que tout sous-ensemble de B' au dessus de l'idéal nul de A' ne coupe pas S', on a comme précédemment une propriété analogue à (P) et le reste de la démonstration s'obtient en remplaçant partout : complètement premier par premier ||

Corollaire 3.7. : Soient k un corps, k' une extension algébrique séparable de k, A une k-algèbre. On note $B = k' \otimes_k A$ et $f : A \to B$ le monomorphisme canonique de k-algèbres. On suppose en outre que B est un anneau noethérien d'un côté.

Soit $\mathfrak{p} \in \mathrm{Spec}(A)$ et $\mathfrak{p}' = k' \otimes_k \mathfrak{p} = B\mathfrak{p}B$. Alors l'ensemble $\mathfrak{M}'$ des idéaux premiers de B minimaux contenant $\mathfrak{p}'$ coïncide avec l'ensemble $\mathfrak{M}''$ des idéaux premiers de B au-dessus de $\mathfrak{p}$.

Preuve : D'après 1.17, on a $\mathfrak{M}' \subseteq \mathfrak{M}''$. Inversement soit $\mathfrak{p}'' \in \mathfrak{M}''$. On a $\mathfrak{p} = f^{-1}(\mathfrak{p}'')$, donc $\mathfrak{p}' \subseteq \mathfrak{p}''$. Il existe $\mathfrak{p}_1'' \in \mathfrak{M}'$ tel que $\mathfrak{p}' \subseteq \mathfrak{p}_1'' \subseteq \mathfrak{p}''$. Par suite $\mathfrak{p} = f^{-1}(\mathfrak{p}_1'') = f^{-1}(\mathfrak{p}'')$. D'où, d'après 3.6, $\mathfrak{p}'' = \mathfrak{p}_1'' \in \mathfrak{M}'$ ||

Corollaire 3.8 : Dans les hypothèses de 3.7, soit $\mathfrak{a}$ un idéal de A, et $\mathfrak{p}'' \in \mathrm{Spec}(B)$. On suppose $\mathfrak{a}' = k' \otimes_k \mathfrak{a} = B\mathfrak{a}B$ et $\mathfrak{p} = f^{-1}(\mathfrak{p}'') = \mathfrak{p}'' \cap A$. Alors les conditions suivantes sont équivalentes :

a) $\mathfrak{p}$ est un idéal premier de A minimal contenant $\mathfrak{a}$.

b) $\mathfrak{p}''$ est un idéal premier de B minimal contenant $\mathfrak{a}'$.

Preuve : b)$\Longrightarrow$a). (cf. 1.17).

a)$\Longrightarrow$b). Supposons que $\mathfrak{p}$ est un idéal premier de A minimal contenant $\mathfrak{a}$. Soit $\mathfrak{p}_1'' \in \mathrm{Spec}(B)$ tel que $\mathfrak{a}' \subseteq \mathfrak{p}_1'' \subseteq \mathfrak{p}''$. On a $\mathfrak{a} \subseteq f^{-1}(\mathfrak{p}_1'') \subseteq \mathfrak{p}$ avec $f^{-1}(\mathfrak{p}_1'') \in \mathrm{Spec}(A)$. Donc $f^{-1}(\mathfrak{p}_1'') = \mathfrak{p} = f^{-1}(\mathfrak{p}'')$. D'où, d'après 3.7, $\mathfrak{p}_1'' = \mathfrak{p}''$.

Corollaire 3.9 : Dans les hypothèses de 3.7, soit $\mathfrak{a}$ un idéal de A distinct de A et $\mathfrak{a}' = k' \otimes_k \mathfrak{a} = B\mathfrak{a}B$. Notons $\mathfrak{M}$ (resp. $\mathfrak{M}'$) l'ensemble des idéaux premiers de A (resp. B) minimaux contenant $\mathfrak{a}$ (resp. $\mathfrak{a}'$). Alors :

1) $\mathfrak{M}' = \{\mathfrak{p}'' \in \mathrm{Spec}(B)$ tel que $f^{-1}(\mathfrak{p}'') \in \mathfrak{M}\}$.

2) $\mathfrak{M} = \{\mathfrak{p} = f^{-1}(\mathfrak{p}'') = \mathfrak{p}'' \cap A$ où $\mathfrak{p}'' \in \mathfrak{M}'\}$.

Preuve : Résulte de 1.17 et de l'implication a)$\Longrightarrow$b) de 3.8.||

Les résultats 3.8 et 3.9 généralisent l'assertion (iii) du Th. 2.5 de [22], dans un cas d'algèbre non commutative.

Corollaire 3.10 : Dans les hypothèses de 3.7, soit $\mathfrak{m} \in \mathrm{Spec}(A)$ et $\mathfrak{m}' = k' \otimes_k \mathfrak{m} = B\mathfrak{m}B$. Alors les conditions suivantes sont équivalentes :

a) $\mathfrak{m}$ est un idéal maximal de A.

b) les idéaux premiers de B au-dessus de $\mathfrak{m}$ sont des idéaux maximaux de B.

c) les idéaux premiers de B contenant $\mathfrak{m}'$ sont des idéaux maximaux de B.

Preuve : a) $\Longrightarrow$ b). Supposons que $\mathfrak{m}$ est un idéal maximal de A, et soit $\mathfrak{p}'' \in \mathrm{Spec}(B)$ tel que $f^{-1}(\mathfrak{p}'') = \mathfrak{m}$. Soit $\mathfrak{m}''$ un idéal maximal de B tel que $\mathfrak{p}'' \subseteq \mathfrak{m}''$. On a $f^{-1}(\mathfrak{m}'') = \mathfrak{m} = f^{-1}(\mathfrak{p}'')$. Donc, d'après 3.6, $\mathfrak{p}'' = \mathfrak{m}''$.

b) $\Longrightarrow$ c). Découle de 3.7

c) $\Longrightarrow$ a) n'est autre que 1.17.(3).

Lemme 3.11 : Soient k un corps, k' une extension galoisienne de k, A une k-algèbre. On note $B = k' \otimes_k A$ et $f : A \longrightarrow B$ le monomorphisme canonique de k-algèbres. On suppose en outre que B est un anneau noethérien bilatère. Soit $\mathfrak{p} \in \mathrm{Spec}(A)$ et $\mathfrak{p}' = k' \otimes_k \mathfrak{p} = B\mathfrak{p}B$. Alors le groupe de Galois Γ de k' sur k opère transitivement sur l'ensemble $\underset{\sim}{\mathfrak{M}}'$ des idéaux premiers de B minimaux contenant $\mathfrak{p}'$.

Preuve : Il est évident que pour tout $(\gamma, \mathfrak{p}'') \in \Gamma \times \underset{\sim}{\mathfrak{M}}'$, $\gamma(\mathfrak{p}'') \in \underset{\sim}{\mathfrak{M}}'$. D'après 1.2.(2) il existe $\mathfrak{p}''_o \in \underset{\sim}{\mathfrak{M}}'$ tel que $\mathfrak{p} = f^{-1}(\mathfrak{p}''_o)$. On pose $\mathfrak{a}'' = \bigcap_{\gamma \in \Gamma} \gamma(\mathfrak{p}''_o)$, c'est un idéal de B invariant par Γ. Donc ([4], §.4, n°5, Prop. 7) $\mathfrak{a}'' = k' \otimes_k \mathfrak{a}$ où $\mathfrak{a}$ est un idéal de A. Or $\mathfrak{p}' \subseteq \mathfrak{R}_1(\mathfrak{p}') = \bigcap_{\mathfrak{p}'' \in \underset{\sim}{\mathfrak{M}}'} \mathfrak{p}'' \subseteq \mathfrak{a}'' \subseteq \mathfrak{p}''_o$. D'où $f^{-1}(\mathfrak{a}'') = \mathfrak{a} = \mathfrak{p}$, et $\mathfrak{a}'' = \mathfrak{p}'$.

D'autre part $\underset{\sim}{\mathfrak{M}}'$ est un ensemble fini, donc il existe un sous-ensemble fini Δ de Γ tel que $\mathfrak{a}'' = \mathfrak{p}' = \bigcap_{\gamma \in \Delta} \gamma(\mathfrak{p}''_o)$. Soit $\mathfrak{p}''_1$ et $\mathfrak{p}''_2$ deux éléments de $\underset{\sim}{\mathfrak{M}}'$. On a $\mathfrak{p}' \subseteq \mathfrak{p}''_1$ et $\mathfrak{p}' \subseteq \mathfrak{p}''_2$. Par conséquent il existe $\gamma_1, \gamma_2 \in \Delta$ tels que $\gamma_1(\mathfrak{p}''_o) \subseteq \mathfrak{p}''_1$ et $\gamma_2(\mathfrak{p}''_o) \subseteq \mathfrak{p}''_2$, c'est-à-dire $\gamma_1(\mathfrak{p}''_o) = \mathfrak{p}''_1$ et $\gamma_2(\mathfrak{p}''_o) = \mathfrak{p}''_2$. D'où $\mathfrak{p}''_2 = (\gamma_2 \circ \gamma_1^{-1})(\mathfrak{p}''_1)$ ||

Théorème 3.12 (Going-Up). Soient k un corps, k' une extension galoisienne de k, A une k-algèbre. On note $B = k' \otimes_k A$ et $f : A \longrightarrow B$ le monomorphisme canonique de k-algèbres. On suppose en outre que B est un anneau noethérien d'un côté. Alors pour $\mathfrak{p}_1, \mathfrak{p}_2 \in \mathrm{Spec}(A)$ tels que $\mathfrak{p}_2 \subseteq \mathfrak{p}_1$, et $\mathfrak{p}''_2 \in \mathrm{Spec}(B)$ au-dessus de $\mathfrak{p}_2$, il existe $\mathfrak{p}''_1 \in \mathrm{Spec}(B)$ au-dessus de $\mathfrak{p}_1$ tel que $\mathfrak{p}''_2 \subseteq \mathfrak{p}''_1$.

Preuve : Notons $\underset{\sim}{\mathfrak{M}}_1$ (resp. $\underset{\sim}{\mathfrak{M}}_2$) l'ensemble des idéaux premiers de B minimaux contenant $\mathfrak{p}'_1 = k' \otimes_k \mathfrak{p}_1$ (resp. $\mathfrak{p}'_2 = k' \otimes_k \mathfrak{p}_2$). On a $\underset{\sim}{\mathfrak{M}}_i \neq \emptyset$

(i = 1,2) car $\mathfrak{p}'_i \neq B (i = 1,2)$. Choisissons arbitrairement $\mathfrak{q}_1 \in \underline{\mathfrak{M}}_1$. On a $\mathfrak{p}'_2 \subseteq \mathfrak{p}'_1 \subseteq \mathfrak{q}_1$. Donc il existe $\mathfrak{q}_2 \in \underline{\mathfrak{M}}_2$ tel $\mathfrak{p}'_2 \subseteq \mathfrak{q}_2 \subseteq \mathfrak{q}_1$. Mais, d'après 3.7, $\mathfrak{p}''_2 \in \underline{\mathfrak{M}}_2$; et, d'après 3.11, le groupe de Galois Γ de k' sur k opère transitivement sur $\underline{\mathfrak{M}}_1$ et $\underline{\mathfrak{M}}_2$. Par conséquent il existe $\gamma \in \Gamma$ tel que $\gamma(\mathfrak{q}_2) = \mathfrak{p}''_2$. On pose $\mathfrak{p}''_1 = \gamma(\mathfrak{q}_1)$. On a $\mathfrak{p}''_2 \subseteq \mathfrak{p}''_1$ et $\mathfrak{p}''_1 \in \underline{\mathfrak{M}}_1$ c'est-à-dire, d'après 3.7, $f^{-1}(\mathfrak{p}''_1) = \mathfrak{p}_1$ ||

Corollaire 3.13 (Going-up). Soient k un corps, k' une extension algébrique séparable de k et A une k-algèbre. On note $B = k' \otimes_k A$ que l'on suppose un anneau noethérien d'un côté et $f : A \longrightarrow B$ le monomorphisme canonique de k-algèbres. Pour $\mathfrak{p}_1, \mathfrak{p}_2 \in \mathrm{Spec}(A)$ tels que $\mathfrak{p}_2 \subseteq \mathfrak{p}_1$, et $\mathfrak{p}''_2 \in \mathrm{Spec}(B)$ au-dessus de $\mathfrak{p}_2$, il existe $\mathfrak{p}''_1 \in \mathrm{Spec}(B)$ au-dessus de $\mathfrak{p}_1$ tel que $\mathfrak{p}''_2 \subseteq \mathfrak{p}''_1$.

Preuve : 1° cas) On suppose que k' est une extension séparable de degré fini de k. Alors une clôture galoisienne k" de k' sur k est de degré fini sur k et par suite l'anneau $C = k'' \otimes_{k'} B \cong k'' \otimes_k A$ est comme B noethérien d'un côté. On pose $g : B \longrightarrow C$ et $h : A \longrightarrow C$ les applications canoniques. On a $h = g \circ f$. D'après 1.2 (2) appliquée à l'extension $k' \subseteq k''$, il existe $\mathfrak{p}'''_2 \in \mathrm{Spec}(C)$ tel que $g^{-1}(\mathfrak{p}'''_2) = \mathfrak{p}''_2$. Par suite $h^{-1}(\mathfrak{p}'''_2) = \mathfrak{p}_2$ et, d'après 3.12 appliqué à l'extension $k \subseteq k''$, il existe $\mathfrak{p}'''_1 \in \mathrm{Spec}(C)$ tel que $h^{-1}(\mathfrak{p}'''_1) = \mathfrak{p}_1$ et $\mathfrak{p}'''_2 \subseteq \mathfrak{p}'''_1$. L'idéal $\mathfrak{p}''_1 = g^{-1}(\mathfrak{p}'''_1)$ répond à la question. En effet $\mathfrak{p}''_1 \in \mathrm{Spec}(B)$, $f^{-1}(\mathfrak{p}''_1) = \mathfrak{p}_1$ et $\mathfrak{p}''_2 \subseteq \mathfrak{p}''_1$.

2° cas) On suppose que k' est une extension algébrique séparable de k. L'idéal à gauche $\mathfrak{p}''_2$ de B est engendré par une famille finie $(b_j)_{j \in J}$ d'éléments de B. Pour tout $j \in J$ il existe une famille $(a_{i,j})_{i \in I}$ d'éléments de A de support fini I_j tel que $b_j = \sum_{i \in I} e_i \otimes a_{i,j}$ où $(e_i)_{i \in I}$ est une base de k' sur k. On pose $L = \bigcup_{j \in J} I_j$, $k'' = k(e_i)_{i \in L}$, $C = k'' \otimes_k A$, $g : A \longrightarrow C$ et $h : C \longrightarrow B \cong k' \otimes_{k''} C$ les applications canoniques et $\mathfrak{p}'''_2 = h^{-1}(\mathfrak{p}''_2)$. On a $\mathfrak{p}''_2 = k' \otimes_{k''} \mathfrak{p}'''_2$, $\mathfrak{p}'''_2 \in \mathrm{Spec}(C)$ et $g^{-1}(\mathfrak{p}'''_2) = \mathfrak{p}_2$. D'après le 1° cas) appliqué à l'extension $k \subseteq k''$, il existe $\mathfrak{p}'''_1 \in \mathrm{Sep}(C)$ tel que $g^{-1}(\mathfrak{p}'''_1) = \mathfrak{p}_1$ et $\mathfrak{p}'''_2 \subseteq \mathfrak{p}'''_1$, et, d'après 1.2 (2), il existe $\mathfrak{p}''_1 \in \mathrm{Spec}(B)$ tel que $\mathfrak{p}'''_1 = h^{-1}(\mathfrak{p}''_1)$. On obtient alors $\mathfrak{p}''_2 \subseteq k' \otimes_{k''} \mathfrak{p}'''_1 \subseteq \mathfrak{p}''_1$ et $f^{-1}(\mathfrak{p}''_1) = \mathfrak{p}_1$. ||

Corollaire 3.14 : Dans les hypothèses de 3.13, soit $\mathfrak{M}'' \in \mathrm{Spec}(B)$ et $\mathfrak{M} = f^{-1}(\mathfrak{M}'') = \mathfrak{M}'' \cap A$. Alors les conditions suivantes sont équivalentes :

a) $\mathfrak{M}$ est un idéal maximal de A ; b) $\mathfrak{M}''$ est un idéal maximal de B.

Preuve : a) $\Longrightarrow$ b). Découle de 3.10.

b) $\Longrightarrow$ a). Supposons que $\mathfrak{M}''$ est un idéal maximal de B. Alors, d'après 1.2 (1), $\mathfrak{M} \in \mathrm{Spec}(A)$. Soit $\mathfrak{N}$ un idéal maximal de A tel que $\mathfrak{M} \subseteq \mathfrak{N}$. D'après 3.13, il existe $\mathfrak{N}'' \in \mathrm{Spec}(B)$ tel que $f^{-1}(\mathfrak{N}'') = \mathfrak{N}$ et $\mathfrak{M}'' \subseteq \mathfrak{N}''$. Donc $\mathfrak{M}'' = \mathfrak{N}''$, et par conséquent $\mathfrak{M} = \mathfrak{N}$.

Proposition 3.15 : Dans les hypothèses de 3.13, alors : 1) Si $\mathfrak{p}'' \in \mathrm{Sepc}(B)$ et

$\mathfrak{p} = f^{-1}(\mathfrak{p}'') = \mathfrak{p}'' \cap A$, on a $ht_A(\mathfrak{p}) = ht_B(\mathfrak{p}'')$ et $coht_A(\mathfrak{p}) = coht_B(\mathfrak{p}'')$.

2) Si $\mathfrak{a}''$ est un idéal de B distinct de B, et $\mathfrak{a} = f^{-1}(\mathfrak{a}'') = \mathfrak{a}'' \cap A$, on a $coht_A(\mathfrak{a}) \geq coht_B(\mathfrak{a}'')$.

3) Si $\mathfrak{a}$ est un idéal de A distinct de A, $\mathfrak{a}' = k' \otimes_k \mathfrak{a} = B\mathfrak{a}B$, on a $ht_A(\mathfrak{a}) = ht_B(\mathfrak{a}')$, $alt_A(\mathfrak{a}) = alt_B(\mathfrak{a}')$, et $coht_A(\mathfrak{a}) = coht_B(\mathfrak{a}')$.

Preuve : 1). D'après 3.6., on a $ht_B(\mathfrak{p}'') \leq ht_A(\mathfrak{p})$. On obtient alors l'égalité $ht_B(\mathfrak{p}'') = ht_A(\mathfrak{p})$ en utilisant 1.19 (1). D'après 3.6., on a $coht_B(\mathfrak{p}'') \leq coht_A(\mathfrak{p})$. Si $\mathfrak{p} = \mathfrak{p}_o \subsetneq \dots \subsetneq \mathfrak{p}_i \dots \subsetneq \mathfrak{p}_n$ est une chaîne d'idéaux premiers de A commençant par $\mathfrak{p}$ et de longueur n, il existe d'après 3.13. une chaîne $\mathfrak{p}'' = \mathfrak{p}''_o \subsetneq \dots \subsetneq \mathfrak{p}''_i \subsetneq \dots \subsetneq \mathfrak{p}''_n$ d'idéaux premiers de B commençant par $\mathfrak{p}''$, de longueurs n, telle que $\mathfrak{p}''_i \cap A = \mathfrak{p}_i$ $(i=0,1,\dots,n)$. Par conséquent $n \leq coht_B(\mathfrak{p}'')$. D'où $coht_A(\mathfrak{p}) = coht_B(\mathfrak{p}'')$.

2) résulte de 1) et de la définition 1.18 (4).

3) Puisque $\mathfrak{a} = f^{-1}(\mathfrak{a}')$ on a, d'après 2), $coht_A(\mathfrak{a}) \geq coht_B(\mathfrak{a}')$, et d'après 1.19 (2), $coht_A(\mathfrak{a}) \leq coht_B(\mathfrak{a}')$. D'où $coht_A(\mathfrak{a}) = coht_B(\mathfrak{a}')$. D'autre part, d'après 1.19 (2), on a $ht_A(\mathfrak{a}) \leq ht_B(\mathfrak{a}')$. Soit maintenant $\mathfrak{p} \in Spec(A)$ tel que $\mathfrak{a} \subseteq \mathfrak{p}$. D'après 1.2.(2), il existe $\mathfrak{p}'' \in Spec(B)$ tel que $\mathfrak{p} = f^{-1}(\mathfrak{p}'')$. On a évidemment $\mathfrak{a}' \subseteq \mathfrak{p}''$ et, d'après 1), $ht_A(\mathfrak{p}) = ht_B(\mathfrak{p}'')$. Mais $ht_B(\mathfrak{a}') \leq ht_B(\mathfrak{p}'') = ht_A(\mathfrak{p})$. Donc $ht_B(\mathfrak{a}') \leq ht_A(\mathfrak{a})$ d'où l'égalité $ht_A(\mathfrak{a}) = ht_B(\mathfrak{a}')$. Reste à établir la troisième égalité. Pour cela soit $\mathfrak{p}$ un idéal premier de A minimal contenant $\mathfrak{a}$. D'après 3.9.(2), $\mathfrak{p} = f^{-1}(\mathfrak{p}'')$ où $\mathfrak{p}''$ est un idéal premier de B minimal contenant $\mathfrak{a}'$. Donc $ht_A(\mathfrak{p}) = ht_B(\mathfrak{p}'') \leq alt_B(\mathfrak{a}')$. D'où $alt_A(\mathfrak{a}) \leq alt_B(\mathfrak{a}')$. Inversement , soit $\mathfrak{p}''$ un idéal premier de B minimal contenant $\mathfrak{a}'$. Donc, d'après 3.9(1), $\mathfrak{p} = f^{-1}(\mathfrak{p}'')$ est un idéal premier de A minimal contenant $\mathfrak{a}$. Par conséquent $ht_A(\mathfrak{p}) = ht_B(\mathfrak{p}'') \leq alt_A(\mathfrak{a})$. D'où $alt_B(\mathfrak{a}') \leq alt_A(\mathfrak{a})$. Ce qui termine d'établir l'égalité $alt_A(\mathfrak{a}) = alt_B(\mathfrak{a}')$.

Corollaire 3.16. : Dans les hypothèses 3.13, soit E un A-module non nul. Alors $\mathcal{Cl}\dim_A E = \mathcal{Cl}\dim_B(k' \otimes_k E)$.

Preuve : Découle immédiatement de 1.19.(3). et 3.15.(3).

Soient $k \subseteq k'$ une extension de corps de caractéristique 0, $\mathfrak{g}$ une k-algèbre de Lie résoluble, $A = \mathfrak{U}(\mathfrak{g})$ l'algèbre enveloppante de $\mathfrak{g}$. On note $\mathfrak{g}' = k' \otimes_k \mathfrak{g}$ l'extension de $\mathfrak{g}$ à k', $B = \mathfrak{U}(\mathfrak{g}') = k' \otimes_k A$ l'algèbre enveloppante de $\mathfrak{g}'$. B est un anneau noethérien à gauche et à droite dans lequel les notions d'idéal premier et complètement premiers coïncident. Donc les résultats précédents s'appliquent dans ce cas.

Soient k un corps, A une k-algèbre. Pour deux sous-k-espaces vectoriels V et W de A, on note VW le sous-k-espace vectoriel de A engendré par l'ensemble $\{vw,\text{ où } (v,w)\in V\times W\}$. Pour tout $n\in\mathbb{N}$ et V un sous-k-espace vectoriel de A, on note V^n le sous-k-espace vectoriel de A défini par récurrence sur n de la manière suivante : $V^o = k$ et $V^n = VV^{n-1}$ pour $n\geq 1$. Si de plus $\dim_k V < +\infty$, on pose $d_{V,k}(n) = \dim_k (\sum_{i=o}^{i=n} V^i)$ $(\in\mathbb{N}^*)$, et $d_k(V) = \overline{\lim\limits_{n\to+\infty}} \frac{\log d_{V,k}(n)}{\log n}$ $(\in\bar{\mathbb{R}})$. Remarquons que si k' est une extension du corps k, on a $d_k(V) = d_{k'}(k'\otimes_k V)$.

Définition 3.17. : Soit k un corps. La dimension de Gelfand-Kirillov d'une k-algèbre A, notée $\text{GK-dim}_k A$, est $\sup\limits_V \{d_k(V)\}$, le supremum étant pris sur l'ensemble des sous-k-espaces vectoriels de dimension finie de A. Pour une étude de la GK-dimension on se referera à [2].

Lemme 3.18. : Soient $k\subseteq k'$ une extension de corps, A une k-algèbre. Alors on a $\text{GK-dim}_{k'}(k'\otimes_k A) = \text{GK-dim}_k A$.

Preuve : Si V est un sous-k-espace vectoriel de dimension finie de A, alors si $V' = k'\otimes_k V$ on a $d_k(V) = d_{k'}(V')$. Donc $\text{GK-dim}_k A \leq \text{GK-dim}_{k'}(k'\otimes_k A)$. Inversement si V'' est un sous-k'-espace vectoriel de dimension finie de $k'\otimes_k A$, il existe manifestement un sous-k-espace vectoriel de dimension finie V de A tel que $V''\subseteq V' = k'\otimes_k V$ et on a $d_{k'}(V'')\leq d_{k'}(V') = d_k(V)$. D'où $\text{GK-dim}_{k'}(k'\otimes_k A)\leq \text{GK-dim}_k A$ ||

Proposition 3.19. : Soient k un corps de caractéristique 0, $\mathfrak{g}$ une k-algèbre de Lie résoluble, $A = \mathcal{U}(\mathfrak{g})$ l'algèbre enveloppant de $\mathfrak{g}$. Alors pour tout $\mathfrak{p}\in\text{Spec}(A)$, on a : $\dim_k \mathfrak{g} = ht_A(\mathfrak{p}) + \text{GK-dim}_k(A/\mathfrak{p})$.

Preuve : Soit k' une clôture algébrique de k, et notons $\mathfrak{g}' = k'\otimes_k \mathfrak{g}$, $B = \mathcal{U}(\mathfrak{g}') = k'\otimes_k A$, et $f : A\to B$ le monomorphisme canonique de k-algèbres. Soient $\mathfrak{p}\in\text{Spec}(A)$, $\mathfrak{p}' = k'\otimes_k \mathfrak{p}$, et $\underset{\sim}{\mathfrak{M}}'$ l'ensemble des idéaux premiers de B minimaux contenant $\mathfrak{p}'$; $\underset{\sim}{\mathfrak{M}}'$ est fini et on a $\mathfrak{p}' = \bigcap_{\mathfrak{p}''\in\underset{\sim}{\mathfrak{M}}'} \mathfrak{p}''$ (cf. 1.12.).

D'après ([24], 2.6), 3.7 et 3.15.(1), on a, pour tout $\mathfrak{p}''\in\underset{\sim}{\mathfrak{M}}'$, $\text{GK-dim}_{k'}(B/\mathfrak{p}'') = \dim_{k'}\mathfrak{g}' - ht_B(\mathfrak{p}'') = \dim_k \mathfrak{g} - ht_A(p)$. D'où, en appliquant 3.18. et ([2], 3.1), $\text{GK-dim}_k(A/\mathfrak{p}) = \text{GK-dim}_{k'}(k'\otimes_k (A/\mathfrak{p})) =$

$\text{GK-dim}_{k'}(B/\mathfrak{p}') = \text{GK-dim}_{k'}(B/\bigcap_{\mathfrak{p}''\in\underset{\sim}{\mathfrak{M}}'} \mathfrak{p}'') = \sup_{\mathfrak{p}''\in\underset{\sim}{\mathfrak{M}}'} \{\text{GK-dim}_{k'}(B/\mathfrak{p}'')\} =$ $\dim_k \mathfrak{g} - ht_A(\mathfrak{p})$ ||

Le résultat 3.19. avait été obtenu en [12] dans le cas des algèbres de Lie nilpotentes par voie purement homologique. Puis il a été démontré en [24] pour les algèbres de Lie résolubles sur un corps algébriquement clos en utilisant le résultat bien connu d'algèbre commutative et la bijectivité de l'application de Dixmier dans le cas résoluble algébriquement clos [18]. C'est le résultat de [24] que nous avons généralisé ici par nos méthodes. La proposition 3.19. est un premier pas dans la démonstration de la propriété de caténarité conjecturée pour les algèbres enveloppantes d'algèbres de Lie résolubles.

§.4. Comportement des décompositions primaires par extension des scalaires dans les algèbres enveloppantes des algèbres de Lie nilpotentes :

Définition 4.1. : On appelle système centralisant d'un anneau A, une partie finie (non vide) $\{x_1,\dots,x_n\}$ de A telle que pour $i=1,\dots,n$ la classe de x_i modulo idéal de A engendré par $x_1,\dots,x_{i-1}$ soit un élément central de l'anneau $A/(x_1,\dots,x_{i-1})$. Cette condition est équivalente à la suivante :

$$x_1a - ax_1 = 0 \quad \text{et} \quad x_ia - ax_i \in \sum_{j=1}^{i-1} Ax_j \quad (i=2,\dots,n) \quad \text{pour tout} \quad a \in A.$$

L'idéal à droite (resp. à gauche) engendré par un système centralisant est évidemment bilatère.

L'intérêt des systèmes centralisants est apparu en ([25], Th. 3.3.) où il est démontré que si $\mathfrak{g}$ est une algèbre de Lie nilpotente sur un corps, tout idéal de l'algèbre universelle $\mathcal{U}(\mathfrak{g})$ est engendré par un système centralisant.

Lemme 4.2. : Soient A un anneau, $\{x_1\dots,x_n\}$ un système centralisant de A, et S une partie de A permettant un calcul des fractions dans A. Alors $\{x_1,\dots,x_n\}$ est un système centralisant de $S^{-1}A$.

Preuve : Si x_1 appartient au centre de A il est évident que x_1 appartient au centre de $S^{-1}A$, car $s^{-1}x_1 = x_1s^{-1}$, pour tout $s \in S$ supposons $n \geqslant 1$ et le lemme démontré jusqu'au rang $n-1$. Alors pour tout

$a \in A$ on a , puisque le système $\{x_1,\dots,x_n\}$ est centralisant : $ax_n - x_n a \in \sum_{j=1}^{n-1} Ax_j$. d'autre part si $s \in S$ on a :

$s^{-1}x_n - x_n s^{-1} = s^{-1}(x_n s - s x_n)\, s^{-1} \in \sum_{j=1}^{n-1} (S^{-1}A)\, x_j$ par suite pour $z = s^{-1}a \in S^{-1}A$, $(a,s) \in A \times S$, on aura

$$zx_n - x_n z = s^{-1}ax_n - x_n s^{-1}a = s^{-1}(ax_n - x_n a) + (s^{-1}x_n - x_n s^{-1})\ a$$

d'où $zx_n - x_n z \in \sum_{j=1}^{n-1} (S^{-1}A)\, x_j$ ||

Si $\mathfrak{a}$ est un idéal d'un anneau A, on note $\mathcal{E}(\mathfrak{a})$ l'ensemble des éléments de A non diviseurs de zéro modulo $\mathfrak{a}$. Rappelons (cf. (ii) du théorème 3.3. de [25]) que si $\mathfrak{g}$ est une algèbre de Lie nilpotente sur un corps k, tout idéal premier $\mathfrak{p}$ de l'algèbre enveloppante $A = \mathcal{U}(\mathfrak{g})$ est classiquement localisable, i.e. la partie $S = \mathcal{E}(\mathfrak{p})$ permet un calcul des fractions dans A. On note $A_{\mathfrak{p}}$ l'anneau $S^{-1}A$; il admet un seul idéal maximal à savoir $\mathfrak{p}A_{\mathfrak{p}}$. Si de plus k est de caractéristique 0, $\mathfrak{p}$ est un idéal complètement premier et $A_{\mathfrak{p}}$ est un anneau local, au sens que $\mathfrak{p}A_{\mathfrak{p}}$ est l'unique idéal à gauche ou à droite maximal de $A_{\mathfrak{p}}$.

<u>Lemme 4.3. :</u> <u>Soient k un corps, $\mathfrak{g}$ une k-algèbre de Lie, nilpotente, d'algèbre enveloppante $A = \mathcal{U}(\mathfrak{g})$, soient S une partie de A permettant un calcul des fractions dans A et $\mathfrak{a}$ un idéal de A. Alors :</u>

$$(S^{-1}A)\mathfrak{a} = \mathfrak{a}(S^{-1}A) = (S^{-1}A)\ \mathfrak{a}(S^{-1}A)$$

<u>Preuve</u> : L'idéal $\mathfrak{a}$ est engendré par un système centralisant $\{x_1,\dots,x_n\}$ de A. D'une part, d'après 4.2. , $\{x_1,\dots,x_n\}$ est un système centralisant de l'anneau $S^{-1}A$, d'autre part il est un système générateur de l'idéal à gauche $(S^{-1}A)\mathfrak{a}$ de $S^{-1}A$. Par conséquent :

$$(S^{-1}A)\mathfrak{a} = \mathfrak{a}(S^{-1}A) = (S^{-1}A)\ \mathfrak{a}(S^{-1}A).$$

Dans les hypothèses de 4.3., 1) si $\mathfrak{b}$ est un autre idéal de A, on a $S^{-1}(\mathfrak{a}\mathfrak{b}) = (S^{-1}\mathfrak{a})(S^{-1}\mathfrak{b})$; 2) si $S = \mathcal{E}(\mathfrak{p})$ où $\mathfrak{p} \in \mathrm{Spec}(A)$, on noterait $\mathfrak{a}_{\mathfrak{p}}$ l'idéal $A_{\mathfrak{p}}\mathfrak{a} = \mathfrak{a}A_{\mathfrak{p}} = A_{\mathfrak{p}}\mathfrak{a}A_{\mathfrak{p}}$.

Lemme 4.4. : Soit A un anneau noethérien bilatère. Soit $\mathfrak{q}$ un idéal de A tel que $\mathfrak{m} = \mathcal{R}_1(\mathfrak{q})$ soit un idéal maximal de A. Alors $\mathfrak{q}$ est $\mathfrak{m}$-primaire.

Preuve : $\mathfrak{m}$ est le seul idéal premier de A contenant $\mathfrak{q}$. Donc, d'après ([9], Propriété 3.3. et Théorème 5.3.), $\mathfrak{q}$ est $\mathfrak{m}$-primaire.

Corollaire 4.5. : Soit A un anneau noethérien bilatère admettant un seul idéal maximal $\mathfrak{m}$. Alors pour un idéal $\mathfrak{q}$ de A les conditions suivantes sont équivalentes :

a) $\mathfrak{m}$ est un idéal premier de A minimal contenant $\mathfrak{q}$;

b) $\mathfrak{q}$ est $\mathfrak{m}$-primaire à droite ;

c) $\mathfrak{q}$ est $\mathfrak{m}$-primaire à gauche ;

d) $\mathfrak{q}$ est $\mathfrak{m}$-primaire.

Proposition 4.6. : Soient k un corps, $\mathfrak{g}$ une k-algèbre de Lie nilpotente, $A = \mathcal{U}(\mathfrak{g})$ l'algèbre enveloppante de $\mathfrak{g}$. Soient $\mathfrak{p} \in \mathrm{Spec}(A)$ et $\mathfrak{a}$ un idéal de A. Alors les conditions suivantes sont équivalentes :

a) $\mathfrak{p}$ est un idéal premier de A minimal contenant $\mathfrak{a}$;

b) $\mathfrak{p}_{\mathfrak{p}}$ est un idéal premier de $A_{\mathfrak{p}}$ minimal contenant $\mathfrak{a}_{\mathfrak{p}}$;

c) $\mathfrak{a}_{\mathfrak{p}}$ est $\mathfrak{p}_{\mathfrak{p}}$-primaire dans A .

Preuve : a) $\Longrightarrow$ b). Supposons que $\mathfrak{p}$ est un idéal premier de A minimal contenant $\mathfrak{a}$. On a $\mathfrak{a}_{\mathfrak{p}} \subseteq \mathfrak{p}_{\mathfrak{p}}$ avec $\mathfrak{p}_{\mathfrak{p}} \in \mathrm{Spec}(A)$. Soit $\mathfrak{p}_1' \in \mathrm{Spec}(A_{\mathfrak{p}})$ tel que $\mathfrak{a}_{\mathfrak{p}} \subseteq \mathfrak{p}_1' \subseteq \mathfrak{p}_{\mathfrak{p}}$. Alors $\mathfrak{a} \subseteq \mathfrak{p}_1' \cap A \subseteq \mathfrak{p} = \mathfrak{p}_{\mathfrak{p}} \cap A$ où $\mathfrak{p}_1' \cap A \in \mathrm{Spec}(A)$ ([7], Proposition 3.6.17). Par conséquent, d'après le choix de $\mathfrak{p}$, on a $\mathfrak{p}_1' \cap A = \mathfrak{p}$. D'où $\mathfrak{p}_1' = \mathfrak{p}_{\mathfrak{p}}$.

b) $\Longrightarrow$ a). Supposons que $\mathfrak{p}_{\mathfrak{p}}$ est un idéal premier de $A_{\mathfrak{p}}$ minimal contenant $\mathfrak{a}_{\mathfrak{p}}$. Donc ([7], Proposition 3.6.17) on a $\mathfrak{a} \subseteq \mathfrak{p} = \mathfrak{p}_{\mathfrak{p}} \cap A$. Soit $\mathfrak{p}_1 \in \mathrm{Spec}(A)$ tel que $\mathfrak{a} \subseteq \mathfrak{p}_1 \subseteq \mathfrak{p}$. Alors $\mathfrak{a}_{\mathfrak{p}} \subseteq (\mathfrak{p}_1)_{\mathfrak{p}} \subseteq \mathfrak{p}_{\mathfrak{p}}$ où $(\mathfrak{p}_1)_{\mathfrak{p}} \in \mathrm{Spec}(A_{\mathfrak{p}})$.

b) $\Longrightarrow$ c). Il suffit d'appliquer l'équivalence de a) et d) de 4.5. à $\mathfrak{m} = \mathfrak{p}_{\mathfrak{p}}$ et $\mathfrak{q} = \mathfrak{a}_{\mathfrak{p}}$ dans $A_{\mathfrak{p}}$ ||

Corollaire 4.7. : Dans les hypothèses de la proposition 4.6. on suppose que $\mathcal{R}_1(\mathfrak{a}) = \mathfrak{p}$ (ce qui est le cas par exemple lorsque $\mathfrak{a}$ est $\mathfrak{p}$-primaire). Alors $\mathfrak{a}_{\mathfrak{p}}$ est $\mathfrak{p}_{\mathfrak{p}}$-primaire dans $A_{\mathfrak{p}}$.

Définition 4.8. : Soit A un anneau, et soient S et X deux parties non vides de A. On dit que X est saturée à droite (resp. à gauche) pour S dans A, si pour $s \in S$ et $a \in A$ la relation $as \in X$ (resp. $sa \in X$) entraîne $a \in X$. On dit que X est saturée pour S dans A, si X est saturée à droite et à gauche pour S dans A. Si $X = \mathfrak{a}$ est un idéal de A, $\mathfrak{a}$ est saturé pour S dans A si et seulement si S est contenu dans l'ensemble $\mathcal{C}(\mathfrak{a})$.

Proposition 4.9. : Soient k un corps, $\mathfrak{g}$ une k-algèbre de Lie nilpotente, $A = \mathcal{U}(\mathfrak{g})$ l'algèbre enveloppante de $\mathfrak{g}$. Soient $\mathfrak{p} \in \mathrm{Spec}(A)$ et $\mathfrak{q}$ un idéal bilatère de A contenu dans $\mathfrak{p}$. Alors les conditions suivantes sont équivalentes :

a) $\mathfrak{q}$ est $\mathfrak{p}$-tertiaire à droite;

b) $\mathfrak{q}$ est $\mathfrak{p}$-primaire à droite;

c) $\mathfrak{q}$ est $\mathfrak{p}$-primaire à gauche;

d) $\mathfrak{q}$ est $\mathfrak{p}$-primaire ;

e) il existe $n \in \mathbb{N}^*$ tel que $\mathfrak{p}^n \subseteq \mathfrak{q}$ (i.e. $\mathfrak{p} \subseteq \mathcal{R}_1(\mathfrak{q})$), et $\mathfrak{q}$ est saturé pour $S = \mathcal{C}(\mathfrak{p})$ dans A.

De plus, pour tout idéal bilatère $\mathfrak{a}$ de A on a : $\mathcal{R}_1(\mathfrak{a}) = \mathcal{R}_3(\mathfrak{a})$.

Preuve : a) $\Longrightarrow$ b). On suppose que $\mathfrak{q}$ est un idéal bilatère $\mathfrak{p}$-tertiaire à droite. D'après ([13], Th. 4.2.), $\mathfrak{p} = \mathcal{R}_3(\mathfrak{q})$ possède la propriété d'Artin-Rees. Donc pour l'idéal $J = \mathfrak{q} \cdot \cdot \mathfrak{p}$ il existe $n \in \mathbb{N}^*$ tel que $\mathfrak{p}^n \cap (\mathfrak{q} \cdot\cdot \mathfrak{p}) \subseteq \mathfrak{p}(\mathfrak{q} \cdot\cdot \mathfrak{p})$. Mais $\mathfrak{p}(\mathfrak{q} \cdot\cdot \mathfrak{p}) \subseteq \mathfrak{q}$. D'où $\mathfrak{p}^n \cap (\mathfrak{q} \cdot\cdot \mathfrak{p}) \subseteq \mathfrak{q}$ et, d'après 1.7., $\mathfrak{p}^n \subseteq \mathfrak{q}$ (i.e. $\mathfrak{p} \subseteq \mathcal{R}_1(\mathfrak{q})$). Par suite, d'après 1.10., $\mathfrak{q}$ est $\mathfrak{p}$-primaire à droite. L'implication b) $\Longrightarrow$ a) est établie dans 1.10. Pour mettre en évidence l'équivalence de b), c), d) et e), on remarque que A est un anneau noethérien des deux côtés et il est classique au sens de ([23], p.47) ; on applique le corollaire du Th. 3.1. et lemme 3.1. de [23]. Enfin, soit $\mathfrak{a}$ un idéal bilatère de A ; il admet, d'après ([9], Th. 8.2.), une décomposition réduite $\mathfrak{a} = \bigcap_{i=1}^{n} \mathfrak{q}_i$ comme intersection finie d'idéaux bilatères tertiaires à droite, $\mathfrak{q}_i$ est $\mathfrak{p}_i$-tertiaire à droite, i=1,...,n. Donc, d'après l'implication a) $\longrightarrow$ b), $\mathfrak{q}_i$ est $\mathfrak{p}_i$-primaire à droite, i=1,...,n. D'après ([9], corollaire du Th. 8.4, et Propriété 5.1.), on a $\mathcal{R}_3(\mathfrak{a}) = \bigcap_{i=1}^{n} \mathfrak{p}_i = \bigcap_{i=1}^{n} \mathcal{R}_1(\mathfrak{q}_i) = \mathcal{R}_1(\bigcap_{i=1}^{n} \mathfrak{q}_i) = \mathcal{R}_1(\mathfrak{a})$ ∥

On se propose, dans la proposition suivante, d'étendre le résultat 7.3. de [15] au cas où l'anneau est l'algèbre enveloppante d'une algèbre de Lie nilpotente sur un corps ce qui permettra de déterminer le comportement des décompositions primaires des idéaux bilatères d'une telle algèbres enveloppante et de leurs idéaux premiers associés, lors d'une extension du corps de base.

Proposition 4.10. : Soient k un corps, $\mathfrak{g}$ une k-algèbre de Lie nilpotente $A = \mathcal{U}(\mathfrak{g})$ l'algèbre enveloppante de $\mathfrak{g}$. Soient $\mathfrak{a}$ un idéal bilatère de A, $\mathfrak{p}$ un idéal premier de A minimal contenant $\mathfrak{a}$. Alors $\mathfrak{a}_{\mathfrak{p}} \cap A$ est un idéal bilatère $\mathfrak{p}$-primaire dans A, et c'est (au sens de l'inclusion) le plus petit idéal bilatère $\mathfrak{p}$-primaire dans A contenant $\mathfrak{a}$.

Preuve : D'après l'implication a)$\Longrightarrow$ c) de 4.6. $\mathfrak{a}_{\mathfrak{p}}$ est $\mathfrak{p}_{\mathfrak{p}}$-primaire dans $A_{\mathfrak{p}}$. Prouvons que $\mathfrak{q} = \mathfrak{a}_{\mathfrak{p}} \cap A$ et $\mathfrak{p}$ possèdent les deux propriétés suivantes : 1) il existe $n \in \mathbb{N}^*$ tel que $\mathfrak{p}^n \subseteq \mathfrak{q}$. 2) pour deux idéaux bilatères $\mathfrak{a}_1$ et $\mathfrak{b}_1$ de A, les relations $\mathfrak{a}_1 \mathfrak{b}_1 \subseteq \mathfrak{q}$ et $\mathfrak{b}_1 \not\subseteq \mathfrak{q}$ entraînent $\mathfrak{a}_1 \subseteq \mathfrak{p}$. En effet on a $\mathfrak{p}_{\mathfrak{p}} = \mathcal{R}_1(\mathfrak{a}_{\mathfrak{p}})$. Donc il existe $n \in \mathbb{N}^*$ tel que $(\mathfrak{p}_{\mathfrak{p}})^n \subseteq \mathfrak{a}_{\mathfrak{p}}$. Par suite $\mathfrak{p}^n \subseteq \mathfrak{q} = \mathfrak{a}_{\mathfrak{p}} \cap A$, ce qui démontre 1). D'autre part si $\mathfrak{a}_1 \mathfrak{b}_1 \subseteq \mathfrak{q}$ et $\mathfrak{b}_1 \not\subseteq \mathfrak{q}$ alors $(\mathfrak{a}_1 \mathfrak{b}_1)_{\mathfrak{p}} \subseteq \mathfrak{q}_{\mathfrak{p}} = (\mathfrak{a}_{\mathfrak{p}} \cap A)_{\mathfrak{p}} = \mathfrak{a}_{\mathfrak{p}}$ et $(b_1)_{\mathfrak{p}} \not\subseteq \mathfrak{q}_{\mathfrak{p}} = \mathfrak{a}_{\mathfrak{p}}$ c'est-à-dire : $(\mathfrak{a}_1)_{\mathfrak{p}} \cdot (\mathfrak{b}_1)_{\mathfrak{p}} \subseteq \mathfrak{a}_{\mathfrak{p}}$ et $(\mathfrak{b}_1)_{\mathfrak{p}} \not\subseteq \mathfrak{a}_{\mathfrak{p}}$. Donc $(\mathfrak{a}_1)_{\mathfrak{p}} \subseteq \mathcal{R}_1(\mathfrak{a}_{\mathfrak{p}}) = \mathfrak{p}_{\mathfrak{p}}$ et $\mathfrak{a}_1 \subseteq \mathfrak{p} = \mathfrak{p}_{\mathfrak{p}} \cap A$, ce qui démontre 2). En appliquant (Propriété 5.3. de [9]), $\mathfrak{q} = \mathfrak{a}_{\mathfrak{p}} \cap A$ est $\mathfrak{p}$-primaire dans A. Soit $\mathfrak{q}_1$ un idéal bilatère $\mathfrak{p}$-primaire dans A contenant $\mathfrak{a}$; $\mathfrak{q}_1$ est, d'après l'implication d)$\Longrightarrow$ e) de 4.9., saturé pour $S = \mathcal{C}(\mathfrak{p})$ dans A. Donc $\mathfrak{q} = \mathfrak{a}_{\mathfrak{p}} \cap A \subseteq (\mathfrak{q}_1)_{\mathfrak{p}} \cap A = \mathfrak{q}_1$, ce qui achève la démonstration ∥

Définition 4.11. : Dans les hypothèses de 4.10., on appelle $\mathfrak{a}_{\mathfrak{p}} \cap A$ le composant p-primaire minimum dans A de l'idéal $\mathfrak{a}$.

Lemme 4.12. : Soient $k \subseteq k'$ une extension de corps de caractéristique 0, $\mathfrak{g}$ une k-algèbre de Lie nilpotente, $A = \mathcal{U}(\mathfrak{g})$ l'algèbre enveloppante de $\mathfrak{g}$. On note $\mathfrak{g}' = k' \otimes_k \mathfrak{g}$ l'extension de $\mathfrak{g}$ à k', $B = \mathcal{U}(\mathfrak{g}') = k' \otimes_k A$ l'algèbre enveloppante de $\mathfrak{g}'$, et $f : A \longrightarrow B$ le monomorphisme canonique de k-algèbres. Soient $\mathfrak{a}$ un idéal à gauche (resp. à droite) de A, $\mathfrak{p}'' \in \mathrm{Spec}(B)$; et posons $\mathfrak{a}' = k' \otimes_k \mathfrak{a} = B\mathfrak{a}$ (resp. $\mathfrak{a}B$) et $\mathfrak{p} = f^{-1}(\mathfrak{p}'') = \mathfrak{p}'' \cap A$. Alors $f^{-1}((B_{\mathfrak{p}''}\mathfrak{a}') \cap B) = (A_{\mathfrak{p}}\mathfrak{a}) \cap A$ (resp. $f^{-1}((\mathfrak{a}' B_{\mathfrak{p}''}) \cap B) = (\mathfrak{a} A_{\mathfrak{p}}) \cap A$).

Preuve : Soit $\tilde{f} : A_{\mathfrak{p}} \longrightarrow B_{\mathfrak{p}''}$ l'unique homomorphisme d'anneaux prolongeant f (c'est-à-dire rendant commutatif le diagramme : (D)

$$\begin{array}{ccc} A & \xrightarrow{f} & B \\ \downarrow i & & \downarrow j \\ A_{\mathfrak{p}} & \xrightarrow{\tilde{f}} & B_{\mathfrak{p}''} \end{array}$$

où i et j désignent les injections canoniques) ; $\tilde{f}$ étant (cf. [11]) fidèlement plat à gauche et à droite, on a pour tout idéal à gauche $\mathfrak{d}$ de $A_{\mathfrak{p}}$, $\tilde{f}^{-1}(B_{\mathfrak{p}''}\mathfrak{d}) = \mathfrak{d}$. Soit $\mathfrak{a}$ un idéal à gauche de A, posons $\mathfrak{d} = A_{\mathfrak{p}}\mathfrak{a}$. On a, vu le diagramme (D), $B_{\mathfrak{p}''}\mathfrak{a}' = B_{\mathfrak{p}''}(B\mathfrak{a}) = B_{\mathfrak{p}''}(A_{\mathfrak{p}}\mathfrak{a}) = B_{\mathfrak{p}''}\mathfrak{d}$. Par suite

$f^{-1}((B_{\mathfrak{p}''}\mathfrak{a}') \cap B) = f^{-1}(j^{-1}(B_{\mathfrak{p}''}\mathfrak{a}')) = i^{-1}(\tilde{f}^{-1}(B_{\mathfrak{p}''}\mathfrak{a}')) = (\tilde{f}^{-1}(B_{\mathfrak{p}''}\mathfrak{a}')) \cap A$

$= (\tilde{f}^{-1}(B_{\mathfrak{p}''}\mathfrak{d})) \cap A = \mathfrak{d} \cap A = (A_{\mathfrak{p}}\mathfrak{a}) \cap A.$

Proposition 4.13. : Dans les hypothèses de 4.12., soient $\mathfrak{a}$ un idéal de A et $\mathfrak{a}' = k' \otimes_k \mathfrak{a} = B\mathfrak{a}B$. On suppose que $\mathfrak{p}$ est un idéal premier de A minimal contenant $\mathfrak{a}$, et $\mathfrak{p}''$ un idéal premier de B minimal contenant $\mathfrak{a}'$, tel que $f^{-1}(\mathfrak{p}'') = \mathfrak{p}$. On désigne par $\mathfrak{q}$ (resp. $\mathfrak{q}''$) le composant $\mathfrak{p}$-primaire minimum dans A (resp. $\mathfrak{p}''$-primaire minimum dans B) de l'idéal $\mathfrak{a}$ (resp. $\mathfrak{a}'$). Alors $f^{-1}(\mathfrak{q}'') = \mathfrak{q}$.

Preuve : On a $\mathfrak{q} = \mathfrak{a}_{\mathfrak{p}} \cap A = (A_{\mathfrak{p}}\mathfrak{a}) \cap A$ et $\mathfrak{q}'' = (\mathfrak{a}')_{\mathfrak{p}''} \cap B = (B_{\mathfrak{p}''}\mathfrak{a}') \cap B$. On applique alors 4.12//

Corollaire 4.14. : Dans les hypothèses de 4.12., soient $\mathfrak{q}$ un idéal $\mathfrak{p}$-primaire dans A et $\mathfrak{q}' = k' \otimes_k \mathfrak{q} = B\mathfrak{q}B$. On suppose que $\mathfrak{p}''$ est un idéal premier de B minimal contenant $\mathfrak{q}'$, tel que $f^{-1}(\mathfrak{p}'') = \mathfrak{p}$. On désigne par $\mathfrak{q}''$ le composant $\mathfrak{p}''$-primaire minimum dans B de l'idéal $\mathfrak{q}'$. Alors $f^{-1}(\mathfrak{q}'') = \mathfrak{q}$.

Preuve : D'après l'hypothèse $\mathfrak{p} = \mathcal{R}_1(\mathfrak{q})$ est un idéal premier de A minimal contenant $\mathfrak{q}$, et $\mathfrak{q}$ est le composant $\mathfrak{p}$-primaire minimum dans A de l'idéal $\mathfrak{q}$. Donc, en appliquant 4.13. à $\mathfrak{a} = \mathfrak{q}$, on obtient $f^{-1}(\mathfrak{q}'') = \mathfrak{q}$//

Corollaire 4.15. : Dans les hypothèses de 4.12., soit $\mathfrak{q}$ un idéal $\mathfrak{p}$-primaire dans A. Alors il existe $\mathfrak{q}''$ un idéal bilatère $\mathfrak{p}''$-primaire dans B, tel que $f^{-1}(\mathfrak{q}'') = \mathfrak{q}$ et $f^{-1}(\mathfrak{p}'') = \mathfrak{p}$.

Preuve : On pose $\mathfrak{q}' = k' \otimes_k \mathfrak{q}$; $\mathfrak{p} = \mathcal{R}_1(\mathfrak{q})$ est un idéal premier de A minimal contenant $\mathfrak{q}$. Par conséquent, d'après 1.2.(2), il existe un idéal premier $\mathfrak{p}''$ de B minimal contenant $\mathfrak{q}'$ tel que $f^{-1}(\mathfrak{p}'') = \mathfrak{p}$. On désigne par $\mathfrak{q}''$ le composant $\mathfrak{p}''$-primaire minimum dans B de l'idéal $\mathfrak{q}'$. Alors, d'après 4.14. on a $f^{-1}(\mathfrak{q}'') = \mathfrak{q}$.//

Corollaire 4.16. : Dans les hypothèses de 4.12., on suppose que k' est algébrique sur k. Alors si $\mathfrak{q}$ est un idéal $\mathfrak{p}$-primaire dans A et $\mathfrak{p}'' \in \mathrm{Spec}(B)$ est au-dessus de $\mathfrak{p}$, il existe un idéal $\mathfrak{p}''$-primaire $\mathfrak{q}''$ dans B au-dessus de $\mathfrak{q}$.

Preuve : On pose $\mathfrak{q}' = k' \otimes_k \mathfrak{q}$. Par hypothèse $\mathfrak{p} = \mathcal{R}_1(\mathfrak{q})$ est un idéal premier de A minimal contenant $\mathfrak{q}$. Si $\mathfrak{p}'' \in \mathrm{Spec}(B)$ est au-dessus de $\mathfrak{p}$, alors, d'après 3.7, $\mathfrak{p}''$ est un idéal premier de B minimal contenant $\mathfrak{q}'$. On désigne par $\mathfrak{q}''$ le composant $\mathfrak{p}''$-primaire minimum dans B de l'idéal $\mathfrak{q}'$. On a, d'après 4.14., $f^{-1}(\mathfrak{q}'') = \mathfrak{q}$.

Corollaire 4.17. : (Going-down généralisé). Dans les hypothèses de 4.12., on suppose que k' est algébrique sur k. Alors si $\mathfrak{q}$ est un idéal primaire dans A, $\mathfrak{p}_1 \in \mathrm{Spec}(A)$ tel que $\mathfrak{q} \subseteq \mathfrak{p}_1$, et $\mathfrak{p}_1'' \in \mathrm{Spec}(B)$ au-dessus de $\mathfrak{p}_1$, il existe un idéal $\mathfrak{q}''$ primaire dans B au-dessus de $\mathfrak{q}$, tel que $\mathcal{R}_1(q'')$ soit au-dessus de $\mathcal{R}_1(\mathfrak{q})$ et $\mathfrak{q}'' \subseteq \mathfrak{p}_1''$.

Preuve : Soient $\mathfrak{q}$ un idéal primaire dans A, $\mathfrak{p}_1 \in \mathrm{Spec}(A)$ tel que $\mathfrak{q} \subseteq \mathfrak{p}_1$, et $\mathfrak{p}_1'' \in \mathrm{Spec}(B)$ tel que $f^{-1}(\mathfrak{p}_1'') = \mathfrak{p}_1$. On pose $\mathfrak{p} = \mathcal{R}_1(\mathfrak{q})$. On a $\mathfrak{p} \subseteq \mathfrak{p}_1$. Donc, d'après 1.17.(4), il existe $\mathfrak{p}'' \in \mathrm{Spec}(B)$ tel que $f^{-1}(\mathfrak{p}'') = \mathfrak{p}$ et $\mathfrak{p}'' \subseteq \mathfrak{p}_1''$. Mais $\mathfrak{q}$ étant un idéal $\mathfrak{p}$-primaire dans A et $\mathfrak{p}''$ un idéal premier de B au-dessus de $\mathfrak{p}$, il existe, d'après 4.16., un idéal $\mathfrak{p}''$-primaire $\mathfrak{q}''$ dans B au-dessus de $\mathfrak{q}$. On a $f^{-1}(\mathcal{R}_1(\mathfrak{q}'')) = f^{-1}(\mathfrak{p}'') = \mathfrak{p} = \mathcal{R}_1(\mathfrak{q})$. D'autre part $\mathfrak{q}'' \subseteq \mathfrak{p}'' \subseteq \mathfrak{p}_1''$ ||

Proposition 4.18. : Soient k un corps, $\mathfrak{g}$ une k-algèbre de Lie nilpotente $A = \mathcal{U}(\mathfrak{g})$ l'algèbre enveloppante de $\mathfrak{g}$. Alors tout idéal $\mathfrak{a}$ de A admet des décompositions (bilatères) primaires dans A, et par conséquent $\mathrm{Ass}^*_A(\mathfrak{a})$ est bien défini.

Preuve : D'après ([9], Th. 8.2) $\mathfrak{a}$ se met sous la forme (*) $\mathfrak{a} = \bigcap_{i=1}^{n} \mathfrak{q}_i$, où $n \in \mathbb{N}$, et $\mathfrak{q}_i$ est un idéal bilatère tertiaire à droite dans A $(i=1,\dots,n)$. Donc, d'après 4.9., (*) est une décomposition (bilatère) primaire de $\mathfrak{a}$ dans A ||

Lemme 4.19. : Soit A un anneau noethérien bilatère. Soit $\mathfrak{a}$ un idéal de A admettant des décompositions (bilatères) primaires dans A. On note $\mathfrak{M}$ l'ensemble des idéaux premiers de A minimaux contenant $\mathfrak{a}$. Alors $\mathfrak{M} \subseteq \mathrm{Ass}^*_A(\mathfrak{a})$.

Preuve : Soit $\mathfrak{a} = \bigcap_{i=1}^{n} \mathfrak{q}_i$ une décomposition (bilatère) primaire réduite de $\mathfrak{a}$ dans A. Soit $\mathfrak{p} \in \mathfrak{M}$. On a $\mathfrak{q}_1 \cdot \ldots \cdot \mathfrak{q}_i \cdot \ldots \cdot \mathfrak{q}_n \subseteq \mathfrak{a} = \bigcap_{i=1}^{n} \mathfrak{q}_i \subseteq \mathfrak{p}$. Donc il existe $i \in \{1,\dots,n\}$ tel que $\mathfrak{q}_i \subseteq \mathfrak{p}$. Alors $\mathfrak{a} \subseteq \mathfrak{p}_i = \mathcal{R}_1(\mathfrak{q}_i) \subseteq \mathfrak{p}$. D'où $\mathfrak{p} = \mathfrak{p}_i \in \mathrm{Ass}^*_A(\mathfrak{a})$ |

Notons utilement la remarque suivante :

Remarque 4.20. : Dans les hypothèses de 4.19., si (*) $\mathfrak{a} = \bigcap_{i=1}^{n} \mathfrak{q}_i$ est une décomposition (bilatère) primaire réduite de $\mathfrak{a}$ dans A, et si $\mathfrak{p}_i = \mathcal{R}_1(\mathfrak{q}_i) \in \mathfrak{M}$ pour un $i \in \{1,\dots,n\}$, alors $\mathfrak{q}_i$ est l'unique composant primaire de $\mathfrak{a}$ dans la décomposition (*), contenu dans $\mathfrak{p}_i$.

Proposition 4.21. : Soient k un corps, $\mathfrak{g}$ une k-algèbre de Lie nilpotente, $A = \mathcal{U}(\mathfrak{g})$ l'algèbre enveloppante de $\mathfrak{g}$. Soit $\mathfrak{a}$ un idéal de A et désignons par $\mathfrak{M}$ l'ensemble des idéaux premiers de A minimaux contenant $\mathfrak{a}$. Soit (*) $\mathfrak{a} = \bigcap_{\mathfrak{p} \in \mathrm{A\mathring{s}s}(\mathfrak{a})} \mathfrak{q}(\mathfrak{p}) = (\bigcap_{\mathfrak{p} \in \mathfrak{M}} \mathfrak{q}(\mathfrak{p})) \cap (\bigcap_{\mathfrak{p} \in \mathrm{A\mathring{s}s}_A(\mathfrak{a}) - \mathfrak{M}} \mathfrak{q}(\mathfrak{p}))$ une décomposition (bilatère) primaire réduite de $\mathfrak{a}$ dans A, où $\mathfrak{q}(\mathfrak{p})$ est $\mathfrak{p}$-primaire dans A pour tout $\mathfrak{p} \in \mathrm{A\mathring{s}s}_A(\mathfrak{a})$. Alors pour tout $\mathfrak{p} \in \mathfrak{M}$, $\mathfrak{q}(\mathfrak{p})$ est le composant p-primaire minimum dans A de l'idéal $\mathfrak{a}$, c'est-à-dire $\mathfrak{q}(\mathfrak{p}) = \mathfrak{a}_{\mathfrak{p}} \cap A$. Par conséquent le bloc $\bigcap_{\mathfrak{p} \in \mathfrak{M}} \mathfrak{q}(\mathfrak{p})$ dépend uniquement de $\mathfrak{a}$ et non de la décomposition (*) choisie.

Preuve : Soit $\mathfrak{p}_o \in \mathfrak{M}$. La décomposition (*) étant réduite, on a, d'après 4.20., $\mathfrak{q}(\mathfrak{p}) \not\subseteq \mathfrak{p}_o$ pour tout $\mathfrak{p} \in \mathrm{A\mathring{s}s}_A(\mathfrak{a}) - \{\mathfrak{p}_o\}$. Donc $\mathfrak{q}(\mathfrak{p}) \cap \mathcal{C}(\mathfrak{p}_o) \neq \emptyset$ pour tout $\mathfrak{p} \in \mathrm{A\mathring{s}s}_A(\mathfrak{a}) - \{\mathfrak{p}_o\}$ ([23], Th. 1.6.) c'est-à-dire $(\mathfrak{q}(\mathfrak{p}))_{\mathfrak{p}_o} = A_{\mathfrak{p}_o}$ pour tout $\mathfrak{p} \in \mathrm{A\mathring{s}s}_A(\mathfrak{a}) - \{\mathfrak{p}_o\}$. On a, d'après ([17], Prop. 2, page 88),

$$\mathfrak{a}_{\mathfrak{p}_o} = (\bigcap_{\mathfrak{p} \in \mathrm{A\mathring{s}s}_A(\mathfrak{a})} \mathfrak{q}(\mathfrak{p}))_{\mathfrak{p}_o} = (\bigcap_{\mathfrak{p} \in \mathrm{A\mathring{s}s}_A(\mathfrak{a}) - \{\mathfrak{p}_o\}} (\mathfrak{q}(\mathfrak{p}))_{\mathfrak{p}_o}) \cap (\mathfrak{q}(\mathfrak{p}_o))_{\mathfrak{p}_o} = (\mathfrak{q}(\mathfrak{p}_o))_{\mathfrak{p}_o}$$

Mais $\mathfrak{q}(\mathfrak{p}_o)$ est $\mathfrak{p}_o$-primaire donc, d'après 4.9 (e), $\mathfrak{q}(\mathfrak{p}_o)$ est saturé pour $\mathcal{C}(\mathfrak{p}_o)$ dans A. Par conséquent ([7], Prop. 3.6.15 (ii)) on a

$\mathfrak{q}(\mathfrak{p}_o) = (\mathfrak{q}(\mathfrak{p}_o))_{\mathfrak{p}_o} \cap A = \mathfrak{a}_{\mathfrak{p}_o} \cap A$ ||

Corollaire 4.22. : Dans les hypothèses de 4.21., on suppose que $\mathfrak{M} = \mathrm{A\mathring{s}s}_A(\mathfrak{a})$. Alors $\mathfrak{a}$ admet une seule décomposition (bilatère) primaire réduite dans A, à savoir $\mathfrak{a} = \bigcap_{\mathfrak{p} \in \mathrm{A\mathring{s}s}_A(\mathfrak{a})} \mathfrak{q}(\mathfrak{p})$ où pour tout $\mathfrak{p} \in \mathfrak{M} = \mathrm{A\mathring{s}s}_A(\mathfrak{a})$, $\mathfrak{q}(\mathfrak{p})$ est le composant $\mathfrak{p}$-primaire minimum dans A de l'idéal bilatère $\mathfrak{a}$.

Preuve : La démonstration découle immédiatement de 4.21.||

Remarquons que la proposition 4.21. donne une généralisation du Théorème 8 à la page 211 du vol. 1 de [27] dans un cas d'anneau non commutatif.

Proposition 4.23.: Soient k un corps, k' une extension algébrique séparable de k, $\mathfrak{g}$ une k-algèbre de Lie nilpotente, $A = \mathcal{U}(\mathfrak{g})$ l'algèbre enveloppante de $\mathfrak{g}$. On note $\mathfrak{g}' = k' \otimes_k \mathfrak{g}$ l'extension de $\mathfrak{g}$ à k', $B = \mathcal{U}(\mathfrak{g}') = k' \otimes_k A$ l'algèbre enveloppante de $\mathfrak{g}'$, et $f : A \longrightarrow B$ le monomorphisme canonique de k-algèbres. Soit $\mathfrak{q}$ un idéal $\mathfrak{p}$-primaire dans A, $\mathfrak{q}' = k' \otimes_k \mathfrak{q}$ et $\mathfrak{p}' = k' \otimes_k \mathfrak{p}$. Alors il y a identité entre les ensembles suivants :

1) $\overset{*}{\mathrm{Ass}}_B(\mathfrak{q}')$.
2) $\overset{*}{\mathrm{Ass}}_B(\mathfrak{p}')$.
3) l'ensemble des idéaux premiers de B minimaux contenant $\mathfrak{q}'$.
4) l'ensemble des idéaux premiers de B minimaux contenant $\mathfrak{p}'$.
5) l'ensemble des idéaux premiers de B au-dessus de $\mathfrak{p}$.

Preuve : On note $\mathfrak{M}_1'$ (resp. $\mathfrak{M}_2'$; $\mathfrak{M}_3'$) l'ensemble des idéaux premiers de B minimaux contenant $\mathfrak{q}'$ (resp. minimaux contenant $\mathfrak{p}'$; au-dessus de $\mathfrak{p}$). On a, d'après 1.12., $p' = k' \otimes_k \mathcal{R}_1(\mathfrak{q}) = \mathcal{R}_1(k' \otimes_k \mathfrak{q}) = \mathcal{R}_1(\mathfrak{q}')$, et par conséquent $\mathfrak{M}_1' = \mathfrak{M}_2'$. D'après 3.7., on a $\mathfrak{M}_2' = \mathfrak{M}_3'$, et, d'après 4.19. et 1.16., on a $\mathfrak{M}_1' \subseteq \overset{*}{\mathrm{Ass}}_B(\mathfrak{q}') = \overset{\circ}{\mathrm{Ass}}_B(\mathfrak{q}') \subseteq \mathfrak{M}_3'$. D'où $\overset{*}{\mathrm{Ass}}_B(\mathfrak{q}') = \mathfrak{M}_1' = \mathfrak{M}_2' = \mathfrak{M}_3'$. En remarquant que $\mathfrak{p}$ est $\mathfrak{p}$-primaire, on obtient $\overset{*}{\mathrm{Ass}}_B(\mathfrak{p}') = \mathfrak{M}_2'$.‖

Théorème 4.24. : Soient $k \subseteq k'$ une extension de corps de caractéristique 0, telle que k' soit algébrique sur k, $\mathfrak{g}$ une k-algèbre de Lie nilpotente, $A = \mathcal{U}(\mathfrak{g})$ l'algèbre enveloppante de $\mathfrak{g}$. On note $\mathfrak{g}' = k' \otimes_k \mathfrak{g}$ l'extension de $\mathfrak{g}$ à k', $B = \mathcal{U}(\mathfrak{g}') = k' \otimes_k A$ l'algèbre enveloppant de $\mathfrak{g}'$, et $f : A \longrightarrow B$ le monomorphisme canonique de k-algèbres. Soit $\mathfrak{a}$ un idéal de A distinct de A de décomposition (bilatère) primaire réduite (*) $\mathfrak{a} = \bigcap_{\mathfrak{p} \in \overset{*}{\mathrm{Ass}}_A(\mathfrak{a})} \mathfrak{q}(\mathfrak{p})$ dans A, où $\mathfrak{q}(\mathfrak{p})$ est un idéal $\mathfrak{p}$-primaire dans A pour tout $\mathfrak{p} \in \overset{*}{\mathrm{Ass}}_A(\mathfrak{a})$. On pose $\mathfrak{q}'(\mathfrak{p}) = k' \otimes_k \mathfrak{q}(\mathfrak{p})$ pour tout $\mathfrak{p} \in \overset{*}{\mathrm{Ass}}_A(\mathfrak{a})$, et $\mathfrak{q}''(\mathfrak{p}'') = (\mathfrak{q}'(\mathfrak{p}))_{\mathfrak{p}''} \cap B$ pour tout $\mathfrak{p}'' \in \overset{*}{\mathrm{Ass}}_B(\mathfrak{q}'(\mathfrak{p}))$ où $\mathfrak{p} \in \overset{*}{\mathrm{Ass}}_A(\mathfrak{a})$. Alors on a :

$$(**) \quad \mathfrak{a}' = k' \otimes_k \mathfrak{a} = B\mathfrak{a}B = \bigcap_{\mathfrak{p} \in \overset{*}{\mathrm{Ass}}_A(\mathfrak{a})} \left(\bigcap_{\mathfrak{p}'' \in \overset{*}{\mathrm{Ass}}_B(\mathfrak{q}'(\mathfrak{p}))} \mathfrak{q}''(\mathfrak{p}'') \right)$$

et c'est une décomposition (bilatère) primaire réduite de $\mathfrak{a}'$ dans B, avec $\mathcal{R}_1(\mathfrak{q}''(\mathfrak{p}'')) = \mathfrak{p}''$ pour tout $\mathfrak{p}'' \in \bigcup_{\mathfrak{p} \in \overset{*}{\mathrm{Ass}}_A(\mathfrak{a})} \overset{*}{\mathrm{Ass}}_B(\mathfrak{q}'(\mathfrak{p}))$.

Preuve : $\mathfrak{q}(\mathfrak{p})$ étant un idéal $\mathfrak{p}$-primaire dans A, et $\mathfrak{q}'(\mathfrak{p}) = k' \otimes_k \mathfrak{q}(\mathfrak{p})$, pour tout $\mathfrak{p} \in \overset{*}{\mathrm{Ass}}_A(\mathfrak{a})$, on a, d'après 4.23., la propriété :

(P_1): $\overset{*}{\mathrm{Ass}}_B(\mathfrak{q}'(\mathfrak{p})) = \{$idéaux premiers de B minimaux contenant $\mathfrak{q}'(\mathfrak{p})\} = \{$idéaux premiers de B au-dessus de $\mathfrak{p}\}$, pour tout $\mathfrak{p} \in \overset{*}{\mathrm{Ass}}_A(\mathfrak{a})$.

De (P_1) et 4.10. découle immédiatement la propriété :

(P_2) $\mathfrak{q}''(\mathfrak{p}'') = (\mathfrak{q}'(\mathfrak{p}))_{\mathfrak{p}''} \cap B$ est le composant $\mathfrak{p}''$-primaire minimum dans B de l'idéal $\mathfrak{q}'(\mathfrak{p})$, pour tout $\mathfrak{p}'' \in \bigcup_{\mathfrak{p} \in \overset{*}{\mathrm{Ass}}_A(\mathfrak{a})} \overset{*}{\mathrm{Ass}}_B(\mathfrak{q}'(\mathfrak{p}))$.

De (P_1), (P_2), et 4.22. on tire :

(P_3) $\mathfrak{q}'(\mathfrak{p}) = \bigcap_{\mathfrak{p}'' \in \overset{*}{\mathrm{Ass}}_B(\mathfrak{q}'(\mathfrak{p}))} \mathfrak{q}''(\mathfrak{p}'')$ et c'est la seule décomposition (bilatère) primaire réduite de $\mathfrak{q}'(\mathfrak{p})$ dans B, pour tout $\mathfrak{p} \in \overset{*}{\mathrm{Ass}}_A(\mathfrak{a})$.

Enfin, pour tout $\mathfrak{p} \in \overset{*}{\mathrm{Ass}}_A(\mathfrak{a})$ et $\mathfrak{p}'' \in \overset{*}{\mathrm{Ass}}_B(\mathfrak{q}'(\mathfrak{p}))$, $\mathfrak{q}(\mathfrak{p})$ est, par hypothèse, un idéal $\mathfrak{p}$-primaire dans A ; $\mathfrak{p}''$ est, d'après (P_1), un idéal premier de B minimal contenant $\mathfrak{q}'(\mathfrak{p})$ et vérifie $f^{-1}(\mathfrak{p}'') = \mathfrak{p}$; $\mathfrak{q}''(\mathfrak{p}'')$ est, d'après (P_2), le composant $\mathfrak{p}''$-primaire minimum dans B de l'idéal bilatère $\mathfrak{q}'(\mathfrak{p})$. D'où, d'après 4.14 :

(P_4) $f^{-1}(\mathfrak{q}''(\mathfrak{p}'')) = \mathfrak{q}(\mathfrak{p})$, pour tout $\mathfrak{p} \in \overset{*}{\mathrm{Ass}}_A(\mathfrak{a})$ et tout $\mathfrak{p}'' \in \overset{*}{\mathrm{Ass}}_B(\mathfrak{q}'(\mathfrak{p}))$.

On a $(**)$ $\mathfrak{a}' = k' \otimes_k \mathfrak{a} = k' \otimes_k \left(\bigcap_{\mathfrak{p} \in \overset{*}{\mathrm{Ass}}_A(\mathfrak{a})} \mathfrak{q}(\mathfrak{p})\right) =$

$= \bigcap_{\mathfrak{p} \in \overset{*}{\mathrm{Ass}}_A(\mathfrak{a})} (k' \otimes_k \mathfrak{q}(\mathfrak{p})) = \bigcap_{\mathfrak{p} \in \overset{*}{\mathrm{Ass}}_A(\mathfrak{a})} \mathfrak{q}'(\mathfrak{p})$. Par conséquent, d'après (P_3), on a $(**)$ $\mathfrak{a}' = \bigcap_{\mathfrak{p} \in \overset{*}{\mathrm{Ass}}_A(\mathfrak{a})} \left(\bigcap_{\mathfrak{p}'' \in \overset{*}{\mathrm{Ass}}_B(\mathfrak{q}'(\mathfrak{p}))} \mathfrak{q}''(\mathfrak{p}'')\right)$ et c'est une décomposition (bilatère) primaire de $\mathfrak{a}'$ dans B. On a effectivement, d'après (P_2), $\mathcal{R}_1(\mathfrak{q}''(\mathfrak{p}'')) = \mathfrak{p}''$ pour tout $\mathfrak{p}'' \in \bigcup_{\mathfrak{p} \in \overset{*}{\mathrm{Ass}}_A(\mathfrak{a})} \overset{*}{\mathrm{Ass}}_B(\mathfrak{q}'(\mathfrak{p}))$. Prouvons que la décomposition $(**)$ est réduite. En effet soit $\mathfrak{p}''_1$ et $\mathfrak{p}''_2$ deux éléments distincts de l'ensemble d'indices $\bigcup_{\mathfrak{p} \in \overset{*}{\mathrm{Ass}}_A(\mathfrak{a})} \overset{*}{\mathrm{Ass}}_B(\mathfrak{q}'(\mathfrak{p}))$ de la décomposition $(**)$, alors $\mathcal{R}_1(\mathfrak{q}''(\mathfrak{p}''_1)) = \mathfrak{p}''_1$ et $\mathcal{R}_1(\mathfrak{q}''(\mathfrak{p}''_2)) = \mathfrak{p}''_2$ sont distincts par hypothèse. D'autre part on suppose qu'il existe $\mathfrak{p}''_o \in \bigcup_{\mathfrak{p} \in \overset{*}{\mathrm{Ass}}_A(\mathfrak{a})} \overset{*}{\mathrm{Ass}}_B(\mathfrak{q}'(\mathfrak{p}))$, c'est-à-dire qu'il existe $\mathfrak{p}_o \in \overset{*}{\mathrm{Ass}}_A(\mathfrak{a})$ et $\mathfrak{p}''_o \in \overset{*}{\mathrm{Ass}}_B(\mathfrak{q}'(\mathfrak{p}_o))$, tel que $\mathfrak{q}''(\mathfrak{p}''_o)$ soit superflu dans $(**)$. On obtient

$$\mathfrak{a}' = \left[\bigcap_{\mathfrak{p} \in \overset{*}{\mathrm{Ass}}_A(\mathfrak{a}) - \{\mathfrak{p}_o\}} \left(\bigcap_{\mathfrak{p}'' \in \overset{*}{\mathrm{Ass}}_B(\mathfrak{q}'(\mathfrak{p}))} \mathfrak{q}''(\mathfrak{p}'')\right)\right] \cap \left[\bigcap_{\mathfrak{p}'' \in \overset{*}{\mathrm{Ass}}_B(\mathfrak{q}'(\mathfrak{p}_o)) - \{\mathfrak{p}''_o\}} \mathfrak{q}''(\mathfrak{p}'')\right] \subseteq \mathfrak{q}''(\mathfrak{p}''_o)$$

Donc à fortiori on a :

$$\left[\bigcap_{\mathfrak{p} \in \overset{*}{\mathrm{Ass}}_A(\mathfrak{a}) - \{\mathfrak{p}_o\}} \left(\bigcap_{\mathfrak{p}'' \in \overset{*}{\mathrm{Ass}}_B(\mathfrak{q}'(\mathfrak{p}))} \mathfrak{q}''(\mathfrak{p}'')\right)\right] \cdot \left[\bigcap_{\mathfrak{p}'' \in \overset{*}{\mathrm{Ass}}_B(\mathfrak{q}'(\mathfrak{p}_o)) - \{\mathfrak{p}''_o\}} \mathfrak{q}''(\mathfrak{p}'')\right] \subseteq \mathfrak{q}''(\mathfrak{p}''_o)$$

si l'on avait $\left[\bigcap_{\mathfrak{p}'' \in \overset{*}{\mathrm{Ass}}_B(\mathfrak{q}'(\mathfrak{p}_o)) - \{\mathfrak{p}''_o\}} \mathfrak{q}''(\mathfrak{p}'')\right] \subseteq \mathfrak{p}''_o$, il existerait $\mathfrak{p}'' \in \overset{*}{\mathrm{Ass}}_B(\mathfrak{q}'(\mathfrak{p}_o)) - \{\mathfrak{p}''_o\}$ tel que $\mathfrak{q}''(\mathfrak{p}'') \subseteq \mathfrak{p}''_o$, c'est-à-dire $\mathfrak{p}'' = \mathcal{R}_1(\mathfrak{q}''(\mathfrak{p}'')) \subseteq \mathfrak{p}''_o$. Ce qui est impossible car, d'après (P_1), les éléments de $\overset{*}{\mathrm{Ass}}_B(\mathfrak{q}'(\mathfrak{p}_o))$ sont incomparables deux à deux pour la relation d'inclusion.

Donc $\left[\bigcap_{\mathfrak{p}''\in \overset{*}{Ass}_B(\mathfrak{q}'(\mathfrak{p}_o))-\{\mathfrak{p}''_o\}} \mathfrak{q}''(\mathfrak{p}'')\right] \not\subseteq \mathfrak{p}''_o$. Comme $\mathfrak{q}''(\mathfrak{p}''_o)$ est un idéal bilatère $\mathfrak{p}''_o$-primaire dans B, on a nécessairement

$\left[\bigcap_{\mathfrak{p}\in \overset{*}{Ass}_A(\mathfrak{a})-\{\mathfrak{p}_o\}} \left(\bigcap_{\mathfrak{p}''\in \overset{*}{Ass}_B(\mathfrak{q}'(\mathfrak{p}))} \mathfrak{q}''(\mathfrak{p}'')\right)\right] \subseteq \mathfrak{q}''(\mathfrak{p}''_o)$. Ce qui entraîne, en tenant compte de (P_4), $f^{-1}\left(\bigcap_{\mathfrak{p}\in \overset{*}{Ass}_A(\mathfrak{a})-\{\mathfrak{p}_o\}}\left(\bigcap_{\mathfrak{p}''\in \overset{*}{Ass}_B(\mathfrak{q}'(\mathfrak{p}))} \mathfrak{q}''(\mathfrak{p}'')\right)\right)$

$= \bigcap_{\mathfrak{p}\in \overset{*}{Ass}_A(\mathfrak{a})-\{\mathfrak{p}_o\}}\left(\bigcap_{\mathfrak{p}''\in \overset{*}{Ass}_B(\mathfrak{q}'(\mathfrak{p}))} f^{-1}(\mathfrak{q}''(\mathfrak{p}''))\right) = \bigcap_{\mathfrak{p}\in \overset{*}{Ass}_A(\mathfrak{a})-\{\mathfrak{p}_o\}} \mathfrak{q}(\mathfrak{p})$

$\subseteq f^{-1}(\mathfrak{q}''(\mathfrak{p}''_o)) = \mathfrak{q}(\mathfrak{p}_o)$. Ce qui est absurde car la décomposition (*) $\mathfrak{a} = \bigcap_{\mathfrak{p}\in \overset{*}{Ass}_A(\mathfrak{a})} \mathfrak{q}(\mathfrak{p})$ est supposée réduite||

<u>Corollaire 4.25.</u> : <u>Soient</u> $k \subsetneq k'$ <u>une extension de corps de caractéristique</u> 0, <u>telle que</u> k' <u>soit algébrique sur</u> k, $\mathfrak{g}$ <u>une</u> k-<u>algèbre de Lie nilpotente</u> $A = \mathcal{U}(\mathfrak{g})$ <u>l'algèbre enveloppante de</u> $\mathfrak{g}$. <u>On note</u> $\mathfrak{g}' = k' \otimes_k \mathfrak{g}$ <u>l'extension</u> <u>de</u> $\mathfrak{g}$ <u>à</u> k, $B = \mathcal{U}(\mathfrak{g}')$ <u>l'algèbre enveloppante de</u> $\mathfrak{g}'$, <u>et</u> $f : A \longrightarrow B$ <u>le</u> <u>monomorphisme canonique de</u> k-<u>algèbres. Soit</u> $\mathfrak{a}$ <u>un idéal de</u> A <u>distinct de</u> A <u>et posons</u> $\mathfrak{a}' = k' \otimes_k \mathfrak{a} = B\mathfrak{a}B$. <u>Alors</u> $(\overset{*}{Ass}_B(k' \otimes_k \mathfrak{p}))_{\mathfrak{p}\in \overset{*}{Ass}_A(\mathfrak{a})}$ <u>forme une partition de l'ensemble</u> $\overset{*}{Ass}_B(\mathfrak{a}')$.

<u>Preuve</u> : Soit $\mathfrak{a} = \bigcap_{\mathfrak{p}\in \overset{*}{Ass}_A(\mathfrak{a})} \mathfrak{q}(\mathfrak{p})$ une décomposition (bilatère) primaire réduite de $\mathfrak{a}$ dans A, où $\mathfrak{q}(\mathfrak{p})$ est un idéal $\mathfrak{p}$-primaire dans A pour tout $\mathfrak{p}\in \overset{*}{Ass}_A(\mathfrak{a})$. On adopte alors les notationsde 4.24. On a, d'après 4.23, $\overset{*}{Ass}_B(\mathfrak{q}'(\mathfrak{p})) = \overset{*}{Ass}_B(k' \otimes_k \mathfrak{p}) = \{$ idéaux premiers de B au-dessus de $\mathfrak{p}\}$, pour tout $\mathfrak{p}\in \overset{*}{Ass}_A(\mathfrak{a})$. En considérant la décomposition (**) de $\mathfrak{a}'$ qui figure dans 4.24., on en déduit que $\overset{*}{Ass}_B(\mathfrak{a}') = \{\mathcal{R}_1(\mathfrak{q}''(\mathfrak{p}''))$, où $\mathfrak{p}''\in \bigcup_{\mathfrak{p}\in \overset{*}{Ass}_A(\mathfrak{a})} \overset{*}{Ass}_B(\mathfrak{q}'(\mathfrak{p}))\} = \{\mathfrak{p}''$, tel que $\mathfrak{p}''\in \bigcup_{\mathfrak{p}\in \overset{*}{Ass}_A(\mathfrak{a})} \overset{*}{Ass}_B(\mathfrak{q}'(\mathfrak{p}))\}$

$= \bigcup_{\mathfrak{p}\in \overset{*}{Ass}_A(\mathfrak{a})} \overset{*}{Ass}_B(\mathfrak{q}'(\mathfrak{p}))$. D'autre part, soient $\mathfrak{p}_1$ et $\mathfrak{p}_2$ deux éléments distincts de $\overset{*}{Ass}_A(\mathfrak{a})$. On ne peut pas avoir $\overset{*}{Ass}_B(k' \otimes_k \mathfrak{p}_1) \cap \overset{*}{Ass}_B(k' \otimes_k \mathfrak{p}_2) \neq \emptyset$. Car s'il existe $\mathfrak{p}''\in \overset{*}{Ass}_B(k' \otimes_k \mathfrak{p}_1) \cap \overset{*}{Ass}_B(k' \otimes_k \mathfrak{p}_2)$, on obtient $\mathfrak{p}_1 = f^{-1}(\mathfrak{p}'') = \mathfrak{p}_2$, ce qui n'est pas.||

Corollaire 4.26. : *Dans les hypothèses de 4.25., on a* :

1) $\overset{*}{\mathrm{Ass}}_B(\mathfrak{a}') = \{\mathfrak{p}'' \in \mathrm{Spec}(B)$, *tel que* $f^{-1}(\mathfrak{p}'') \in \overset{*}{\mathrm{Ass}}_A(\mathfrak{a})\}$

2) $\overset{*}{\mathrm{Ass}}_A(\mathfrak{a}) = \{\mathfrak{p} = f^{-1}(\mathfrak{p}'') = \mathfrak{p}'' \cap A$, *où* $\mathfrak{p}'' \in \overset{*}{\mathrm{Ass}}_B(\mathfrak{a}')\}$.

Preuve : On a, d'après 4.25., $\overset{*}{\mathrm{Ass}}_B(\mathfrak{a}') = \bigcup_{\mathfrak{p} \in \overset{*}{\mathrm{Ass}}_A(\mathfrak{a})} \overset{*}{\mathrm{Ass}}_B(k' \otimes_k \mathfrak{p})$. D'autre part, d'après 4.23., $\overset{*}{\mathrm{Ass}}_B(k' \otimes_k \mathfrak{p})$ est l'ensemble des idéaux premiers de B au-dessus de $\mathfrak{p}$, pour tout $\mathfrak{p} \in \mathrm{Spec}(A)$.

1) Soit $\mathfrak{p}'' \in \overset{*}{\mathrm{Ass}}_B(\mathfrak{a}')$. Il existe $\mathfrak{p} \in \overset{*}{\mathrm{Ass}}_A(\mathfrak{a})$ tel que $\mathfrak{p}'' \in \overset{*}{\mathrm{Ass}}_B(k' \otimes_k \mathfrak{p})$. Par conséquent $f^{-1}(\mathfrak{p}'') = \mathfrak{p} \in \overset{*}{\mathrm{Ass}}_A(\mathfrak{a})$. Inversement, soit $\mathfrak{p}'' \in \mathrm{Spec}(B)$ tel que $\mathfrak{p} = f^{-1}(\mathfrak{p}'') \in \overset{*}{\mathrm{Ass}}_A(\mathfrak{a})$. D'une part $\mathfrak{p}'' \in \overset{*}{\mathrm{Ass}}_B(k' \otimes_k \mathfrak{p})$ car $\mathfrak{p}''$ est un idéal premier de B au-dessus de $\mathfrak{p}$, d'autre part $\overset{*}{\mathrm{Ass}}_B(k' \otimes_k \mathfrak{p}) \subseteq \overset{*}{\mathrm{Ass}}_B(\mathfrak{a}')$ car $\mathfrak{p} \in \overset{*}{\mathrm{Ass}}_A(\mathfrak{a})$. Donc $\mathfrak{p}'' \in \overset{*}{\mathrm{Ass}}_B(\mathfrak{a}')$.

2) Soit $\mathfrak{p} \in \overset{*}{\mathrm{Ass}}_A(\mathfrak{a})$. Donc $\overset{*}{\mathrm{Ass}}_B(k' \otimes_k \mathfrak{p}) \subseteq \overset{*}{\mathrm{Ass}}_B(\mathfrak{a}')$, et pour tout $\mathfrak{p}'' \in \overset{*}{\mathrm{Ass}}_B(k' \otimes_k \mathfrak{p})$ on a $\mathfrak{p} = f^{-1}(\mathfrak{p}'')$. Inversement, soit $\mathfrak{p}'' \in \overset{*}{\mathrm{Ass}}_B(\mathfrak{a}')$. On a, d'après l'égalité 1), $f^{-1}(\mathfrak{p}'') \in \overset{*}{\mathrm{Ass}}_A(\mathfrak{a})$ ||

On aboutit alors à un corollaire qui généralise dans un sens l'assertion (i) du théorème 2.5 de [22].

Corollaire 4.27. : *Dans les hypothèses de 4.25., soit* $\mathfrak{p}'' \in \mathrm{Spec}(B)$ *et posons* $\mathfrak{p} = f^{-1}(\mathfrak{p}'')$. *Alors on a les conditions équivalentes suivantes* :

a) $\mathfrak{p} \in \overset{*}{\mathrm{Ass}}_A(\mathfrak{a})$.

b) $\mathfrak{p}'' \in \overset{*}{\mathrm{Ass}}_B(\mathfrak{a}')$.

Preuve : Découle immédiatement de 4.26 ||

Définition 4.28. : Soit A un anneau noethérien bilatère. On dit qu'un idéal bilatère $\mathfrak{a}$ de A distinct de A et admettant un $\overset{*}{\mathrm{Ass}}_A(\mathfrak{a})$ est *non mixte* (ou *pur*), si tous les éléments de $\overset{*}{\mathrm{Ass}}_A(\mathfrak{a})$ ont même cohauteur dans A.

La proposition suivante généralise évidemment dans un cas très particulier d'algèbre commutative, des résultats de [22] et [21].

Proposition 4.28. : *Dans les hypothèses de 4.25., les conditions suivantes sont équivalentes* :

a) $\mathfrak{a}$ *est non mixte.*

b) $\mathfrak{a}'$ *est non mixte.*

Preuve : S'obtient aisément à partir de 4.26. et 3.15. (1) ||

§.5. Comportement des idéaux premiers de l'algèbre enveloppante d'une algèbre de Lie nilpotente lorsqu'on fait subir au corps de base une extension k' dans laquelle k est algébriquement fermé.

On adopte dans la suite la terminologie et les notations de [7].

Le lemme suivant est une conséquence immédiate de ([27], vol. 1, page 198, corollaire 2).

Lemme 5.1. : Soit $k \subsetneq k'$ une extension de corps de caractéristique 0, telle que k soit algébriquement fermé dans k'. Soit A une k-algèbre commutative intègre. Alors $k' \otimes_k A$ est une k-algèbre intègre.

Notation : Soit k un corps, et A une k-algèbre commutative intègre. On note $\operatorname{tr\,deg}_k A$ le degré de transcendance de A sur k, i.e. le degré de transcendance de Fract(A) sur k.

Soient $k \subsetneq k'$ une extension de corps, $\mathfrak{g}$ une k-algèbre de Lie, $A = \mathcal{U}(\mathfrak{g})$ l'algèbre enveloppante de $\mathfrak{g}$. On note $\mathfrak{g}' = k' \otimes_k \mathfrak{g}$ l'extension de $\mathfrak{g}$ à k', et $B = \mathcal{U}(\mathfrak{g}') = k' \otimes_k A$ l'algèbre enveloppante de $\mathfrak{g}'$. Soit I un idéal de A, et posons $I' = k' \otimes_k I = B\,I\,B$. Alors B/I' (resp. $Z(\mathfrak{g}' ; I')$) s'identifie canoniquement à $k' \otimes_k (A/I)$ (resp. $k' \otimes_k Z(\mathfrak{g} ; I)$). Si de plus k est de caractéristique 0 et $\mathfrak{g}$ est nilpotente, et si $I' \in \operatorname{Spec}(B)$, alors $I \in \operatorname{Spec}(A)$, et par suite $Z(\mathfrak{g} ; I)$ et $Z(\mathfrak{g}' ; I')$ sont intègres ; compte tenu de ([7], 4.7.1. (ii)), on a un diagramme suivant d'inclusions canoniques :

$$\begin{array}{ccccc} Z(\mathfrak{g} ; I) & \subsetneq & k' \otimes_k Z(\mathfrak{g} ; I) & = & Z(\mathfrak{g}' ; I') \\ \cup\!| & & \cup\!| & & \rotatebox{45}{$\supseteq$} \\ C(\mathfrak{g} ; I) & \subsetneq & k' \otimes_k C(\mathfrak{g} ; I) & \subsetneq & C(\mathfrak{g}' ; I'). \end{array}$$

Proposition 5.2. : Soient $k \subsetneq k'$ une extension de corps de caractéristique 0, $\mathfrak{g}$ une k-algèbre de Lie nilpotente, $A = \mathcal{U}(\mathfrak{g})$ l'algèbre enveloppante de $\mathfrak{g}$. On note $\mathfrak{g}' = k' \otimes_k \mathfrak{g}$ l'extension de $\mathfrak{g}$ à k', $B = \mathcal{U}(\mathfrak{g}') = k' \otimes_k A$ l'algèbre enveloppante de $\mathfrak{g}'$, et $f : A \longrightarrow B$ le monomorphisme canonique de k-algèbres. Soit $\mathfrak{p}$ un idéal de A, et supposons que $\mathfrak{p}' = k' \otimes_k \mathfrak{p} \in \operatorname{Spec}(B)$. Si $(x_i)_{i \in I}$ est une base de transcendance (resp. base pure) de k' sur k, alors $(x_i)_{i \in I}$ est une base de transcendance (resp. base pure) de $C(\mathfrak{g}' ; \mathfrak{p}')$ sur $C(\mathfrak{g} ; \mathfrak{p})$.

Preuve : Dans le diagramme précédent pour $I = \mathfrak{p}$, $k' \otimes_k C(\mathfrak{g} ; \mathfrak{p})$ est intègre et $\operatorname{Fract}(k' \otimes_k C(\mathfrak{g} ; \mathfrak{p})) = \operatorname{Fract}(Z(\mathfrak{g}' ; \mathfrak{p}')) = C(\mathfrak{g}' ; \mathfrak{p}')$. Supposons que $(x_i)_{i \in I}$ est une base de transcendance (resp. base pure) de k' sur k. Alors $(x_i \otimes 1)_{i \in I}$ est une base de transcendance (resp. base pure) de

$\mathrm{Fract}(k' \otimes_k C(\mathfrak{g} ; \mathfrak{p})) = C(\mathfrak{g}' ; \mathfrak{p}')$ sur $C(\mathfrak{g} ; \mathfrak{p})$. En identifiant canoniquement k' à $k' \otimes_k k$, on peut dire que $(x_i)_{i \in I}$ est une base de transcendance (resp. base pure) de $C(\mathfrak{g}' ; \mathfrak{p}')$ sur $C(\mathfrak{g} ; \mathfrak{p})$ ||

<u>Proposition 5.3.</u> : <u>Soit</u> $k \subseteq k'$ <u>une extension de corps de caractéristique</u> 0, <u>telle que</u> k <u>soit algébriquement fermé dans</u> k'. <u>Soit</u> $\mathfrak{g}$ <u>une</u> k-<u>algèbre de Lie nilpotente</u>, $A = \mathcal{U}(\mathfrak{g})$ <u>l'algèbre enveloppante de</u> $\mathfrak{g}$. <u>On note</u> $\mathfrak{g}' = k' \otimes_k \mathfrak{g}$ <u>l'extension de</u> $\mathfrak{g}$ <u>à</u> k', $B = \mathcal{U}(\mathfrak{g}') = k' \otimes_k A$ <u>l'algèbre enveloppante de</u> $\mathfrak{g}'$, <u>et</u> $f : A \longrightarrow B$ <u>le monomorphisme canonique de</u> k-<u>algèbres</u>. <u>Pour un idéal</u> $\mathfrak{p}$ <u>de</u> A <u>et</u> $\mathfrak{p}' = k' \otimes_k \mathfrak{p} = B\mathfrak{p}B$, <u>les conditions suivantes sont équivalentes</u> :

a) $\mathfrak{p} \in \mathrm{Spec}(A)$.

b) $\mathfrak{p}' \in \mathrm{Spec}(B)$.

<u>De plus dans ces conditions</u> $\mathfrak{p}$ <u>et</u> $\mathfrak{p}'$ <u>ont même hauteur et même poids dans</u> A <u>et</u> B <u>respectivement</u>.

<u>Preuve</u> : L'implication b) $\Longrightarrow$ a) est triviale car $\mathfrak{p}'$ est au-dessus de $\mathfrak{p}$. a) $\Longrightarrow$ b). Supposons que $\mathfrak{p} \in \mathrm{Spec}(A)$. Donc, d'après ([7], Prop. 4.7.3), $Z(\mathfrak{g} ; \mathfrak{p})$ est une k-algèbre intègre. Par conséquent, en utilisant 5.1., $k' \otimes_k Z(\mathfrak{g} ; \mathfrak{p}) = Z(\mathfrak{g}' ; \mathfrak{p}')$ est une k-algèbre intègre. D'où, d'après 4.7.3. de [7], $\mathfrak{p}' \in \mathrm{Spec}(B)$.

Supposons les condition a) et b) vérifiées. On a, d'après [12],

$$\dim_k \mathfrak{g} = \mathrm{GK\text{-}dim}_k(A/\mathfrak{p}) + \mathrm{ht}_A(\mathfrak{p})$$

$$\dim_{k'} \mathfrak{g}' = \mathrm{GK\text{-}dim}_{k'}(B/\mathfrak{p}') + \mathrm{ht}_B(\mathfrak{p}')$$

et, d'après [10],

$$\mathrm{GK\text{-}dim}_k(A/\mathfrak{p}) = \mathrm{tr\,deg}_k\, Z(\mathfrak{g} ; p) + 2 \text{ poids } \mathfrak{p}$$

$$\mathrm{GK\text{-}dim}_{k'}(B/\mathfrak{p}') = \mathrm{tr\,deg}_{k'}\, Z(\mathfrak{g}' ; p') + 2 \text{ poids } \mathfrak{p}'.$$

Mais $\dim_k \mathfrak{g} = \dim_{k'} \mathfrak{g}'$; $\mathrm{GK\text{-}dim}_{k'}(B/\mathfrak{p}') = \mathrm{GK\text{-}dim}_{k'}(k' \otimes_k (A/\mathfrak{p})) = \mathrm{GK\text{-}dim}_k(A/\mathfrak{p})$ en utilisant 3.18. ; et $\mathrm{tr\,deg}_{k'} Z(\mathfrak{g}' ; \mathfrak{p}') = \mathrm{tr\,deg}_{k'}(k' \otimes_k Z(\mathfrak{g} ; \mathfrak{p})) = \mathrm{tr\,deg}_k Z(\mathfrak{g} ; \mathfrak{p})$. On tire alors des égalités précédentes $\mathrm{ht}_B(\mathfrak{p}') = \mathrm{ht}_A(\mathfrak{p})$ et poids $\mathfrak{p}$ = poids $\mathfrak{p}'$ ||

<u>Lemme 5.4.</u> : <u>Soient</u> $k \subseteq k'$ <u>une extension de corps de caractéristique</u> 0 <u>telle que</u> k' <u>soit algébrique</u> **<u>sur</u>** k, $\mathfrak{g}$ <u>une</u> k-<u>algèbre de Lie nilpotente</u> $A = \mathcal{U}(\mathfrak{g})$ <u>l'algèbre enveloppante de</u> $\mathfrak{g}$. <u>Si</u> $\mathfrak{q}$ <u>est un idéal</u> $\mathfrak{p}$-<u>primaire dans</u> A, <u>et si</u> $\mathfrak{p}' = k' \otimes_k \mathfrak{p}$ <u>est un idéal premier de</u> $B = k' \otimes_k A$, <u>alors</u> $\mathfrak{q}' = k' \otimes_k \mathfrak{q}$ <u>est</u> $\mathfrak{p}'$-<u>primaire</u>.

Preuve : On suppose que $\mathfrak{q}$ est un idéal bilatère $\mathfrak{p}$-primaire dans A, et posons $\mathfrak{q}' = k' \otimes_k \mathfrak{q}$ et $\mathfrak{p}' = k' \otimes_k \mathfrak{p}$. D'après 4.23. on a $\overset{*}{\mathrm{Ass}}_B(\mathfrak{q}') = \overset{*}{\mathrm{Ass}}_B(\mathfrak{p}')$. Si $\mathfrak{p}' \in \mathrm{Spec}(B)$, alors $\overset{*}{\mathrm{Ass}}_B(\mathfrak{p}') = \{\mathfrak{p}'\}$, c'est-à-dire $\overset{*}{\mathrm{Ass}}_B(\mathfrak{q}') = \{\mathfrak{p}'\}$, et $\mathfrak{q}'$ est un idéal $\mathfrak{p}'$-primaire ||

On va généraliser en 5.5. la proposition 5.3., et en même temps des résultats connus d'algèbre commutative.

<u>Proposition 5.5.</u> : <u>Dans les hypothèses de la Proposition 5.3., soient</u> $\mathfrak{q}$ <u>et</u> $\mathfrak{p}$ <u>deux idéaux de</u> A, <u>et posons</u> $\mathfrak{q}' = k' \otimes_k \mathfrak{q} = B\,\mathfrak{q}\,B$ <u>et</u> $\mathfrak{p}' = k' \otimes_k \mathfrak{p} = B\,\mathfrak{p}\,B$. <u>Alors les conditions suivantes sont équivalentes</u> :

a) $\mathfrak{q}$ <u>est $\mathfrak{p}$-primaire</u>.

b) $\mathfrak{q}'$ <u>est $\mathfrak{p}'$-primaire</u>.

Preuve : b) $\Longrightarrow$ a). A été déjà fait dans 1.13. a) $\Longrightarrow$ b). Supposons que $\mathfrak{q}$ est $\mathfrak{p}$-primaire. Alors $\mathcal{R}_1(\mathfrak{q}) = \mathfrak{p} \in \mathrm{Spec}(A)$. D'après 1.12., $\mathcal{R}_1(\mathfrak{q}') = k' \otimes_k \mathcal{R}_1(\mathfrak{q}) = k' \otimes_k \mathfrak{p}$, et, d'après 5.3., $k' \otimes_k \mathfrak{p} \in \mathrm{Spec}(B)$. Donc $k' \otimes_k \mathfrak{p}$ est un élément minimum dans l'ensemble des idéaux premiers de B contenant $\mathfrak{q}'$.

1° cas). On suppose que $k' = k(x)$ où x est un élément de k' transcendant sur k. Par conséquent $(x^n)_{n\in\mathbb{N}}$ est une base de $k[x]$ sur k, et on a $B = k' \otimes_k A = \mathrm{Fract}(k[x]) \otimes_k A$. Soit $\mathfrak{p}'' \in \overset{*}{\mathrm{Ass}}_B(\mathfrak{q}')$. On a $\mathfrak{p}' = k' \otimes_k \mathfrak{p} \subseteq \mathfrak{p}''$. Démontrons que $\mathfrak{p}'' \subseteq \mathfrak{p}'$. Pour cela soit $b \in \mathfrak{p}''$. Alors $b = c^{-1} \sum_{i=o}^{i=n} x^i \otimes a_i$, où $c \in k[x] - \{0\}$ et $a_i \in A$ pour tout $i \in \{0,\dots,n\}$. On a $B\,b\,B \subseteq \mathfrak{p}''$ donc $\mathfrak{q}' \cdot\cdot\, \mathfrak{p}'' \subseteq \mathfrak{q}' \cdot\cdot\, (B\,b\,B)$, et, d'après 1.15., $\mathfrak{q}' \subsetneq \mathfrak{q}' \cdot\cdot\, \mathfrak{p}''$. D'où $\mathfrak{q}' \subsetneq \mathfrak{q}' \cdot\cdot\, (B\,b\,B)$. Soit $d \in (\mathfrak{q}' \cdot\cdot\, (B\,b\,B)) - \mathfrak{q}'$. On a $d = u^{-1} \sum_{j=o}^{j=m} x^j \otimes a'_j$, où $u \in k[x] - \{0\}$ et $a'_j \in A$ pour tout $j \in \{0,\dots,m\}$. Il existe au moins un $j_o \in \{0,\dots,m\}$ tel que $a'_{j_o} \notin \mathfrak{q}$. Soient $m_o = \sup\{j_o \in \{0,\dots,m\}$ tel que $a'_{j_o} \notin \mathfrak{q}\}$ et

$$d_o = \sum_{j=o}^{j=m_o} x^j \otimes a'_j .$$ On a $$d_o = u\,d - \sum_{j=m_o+1}^{j=m} x^j \otimes a'_j .$$ $u\,d \in (\mathfrak{q}' \cdot\cdot\, (B\,b\,B))$, et

$$\sum_{j=m_{o+1}}^{j=m} x^j \otimes a'_j \in \mathfrak{q}'$$ car $a'_j \in \mathfrak{q}$ pour tout $j \in \{m_o+1,\dots,m\}$. D'où

$d_o \in (\mathfrak{q}' \cdot\cdot\, (B\,b\,B))$. Donc $c\,b\,a\,d_o \in \mathfrak{q}'$ pour tout $a \in A$, c'est-à-dire

$$\Big(\sum_{i=o}^{i=n} x^i \otimes a_i\ a\Big).\Big(\sum_{j=o}^{j=m_o} x^j \otimes a'_j\Big) = \sum_{i=o}^{i=n} \sum_{j=o}^{j=m_o} x^{i+j} \otimes (a_i\ a\ a'_j)$$

$$= x^{n+m_o} \otimes (a_n\, a\, a'_{m_o}) + \sum_{\ell \neq o}^{\ell = n+m_o-1} x^{\ell} \otimes a''_{\ell} \in \mathfrak{q}'$$, où $a''_{\ell} \in A$ pour

$\ell \in \{0,\dots,n+m_o-1\}$. Par propriétés des bases, $a_n\, a\, a'_{m_o} \in \mathfrak{q}$ pour tout $a \in A$. On a donc $a_n\, A\, a'_{m_o} \subseteq \mathfrak{q}$ et $a'_{m_o} \notin \mathfrak{q}$. D'où $a_n \in \mathcal{R}_1(\mathfrak{q}) = \mathfrak{p}$. On pose

$$b_1 = b - C^{-1}\, x^n \otimes a_n = C^{-1} \sum_{i=o}^{i=n-1} x^i \otimes a_i \;.\; b_1 \in \mathfrak{p}'' \text{ car } C^{-1}\, x^n \otimes a_n \in \mathfrak{p}' \subseteq \mathfrak{p}''.$$

En recommançant le même procédé pour b_1 on prouve que $a_{n-1} \in p$, et de proche en proche on établit que $b \in \mathfrak{p}'$. Donc $\mathfrak{p}'' = \mathfrak{p}'$, et $\overset{*}{\mathrm{Ass}}_B(\mathfrak{q}') = \{\mathfrak{p}'\}$. C'est-à-dire $\mathfrak{q}'$ est $\mathfrak{p}'$-primaire dans B.

2° cas). On suppose que k' est une extension transcendante pure de k de base pure $(x_i)_{i=1,\dots,n}$ sur k finie. D'après le 1° cas), l'implication a) $\Longrightarrow$ b) est vraie pour n=1. On suppose alors que $n \geqslant 2$ et que l'implication a) $\Longrightarrow$ b) est vraie pour toute extension transcendante pure de k admettant une base pure finie ayant un nombre d'éléments strictement inférieur à n. On pose $k'' = k(x_1,\dots,x_{n-1})$, $C = k'' \otimes_k A$. On a $B = k' \otimes_k A = k' \otimes_{k''} C$ et $k' = k''(x_n)$ avec x_n transcendant sur k''. Par hypothèse $\mathfrak{q}$ est $\mathfrak{p}$-primaire. Donc d'après l'hypothèse de récurrence, $k'' \otimes_k \mathfrak{q}$ est $(k'' \otimes_k \mathfrak{p})$-primaire dans C. Par conséquent, en appliquant le 1° cas) à l'extension $k'' \subseteq k' = k''(x_n)$ et à $\mathfrak{g}'' = k'' \otimes_k \mathfrak{g}$, $k' \otimes_{k''} (k'' \otimes_k \mathfrak{q})$ est $(k' \otimes_{k''} (k'' \otimes_k \mathfrak{p}))$-primaire dans B. Mais $k' \otimes_{k''} (k'' \otimes_k \mathfrak{q}) = k' \otimes_k \mathfrak{q} = \mathfrak{q}'$ et $k' \otimes_{k''} (k'' \otimes_k \mathfrak{p}) = k' \otimes_k \mathfrak{p} = \mathfrak{p}'$. D'où $\mathfrak{q}'$ est $\mathfrak{p}'$-primaire dans B.

3° cas). On suppose que k' est une extension transcendante pure quelconque de k. Soient x et y deux éléments de B tels que $x\, B\, y \subseteq q'$ et $y \notin \mathfrak{q}'$. On a $x = \sum_{i \in I} c_i \otimes a_i$ et $y = \sum_{j \in J} c'_j \otimes a'_j$, où I et J sont finis et $(c_i, c'_j, a_i, a'_j) \in (k')^2 \times A^2$ pour tout $(i,j) \in I \times J$. On pose $k'' = k(c_i, c'_j)_{i \in I, j \in J}$, c'est une extension transcendante pure admettant une base pure finie sur k ; $C = k'' \otimes_k A$. On a $B = k' \otimes_k A = k' \otimes_{k''} C$. D'après le 2° cas) appliqué à l'extension $k \subseteq k''$ et à $\mathfrak{g}'' = k'' \otimes_k \mathfrak{g}$, $k'' \otimes_k \mathfrak{q}$ est $(k'' \otimes_k \mathfrak{p})$-primaire dans C. D'autre part $\mathfrak{q}' = k' \otimes_k \mathfrak{q} = k' \otimes_{k''} (k'' \otimes_k \mathfrak{q})$ et $\mathfrak{p}' = k' \otimes_k \mathfrak{p} = k' \otimes_{k''} (k'' \otimes_k \mathfrak{p})$. Donc : $\mathfrak{p}' \cap C = k'' \otimes_k \mathfrak{p}$ et $\mathfrak{q}' \cap C = k'' \otimes_k \mathfrak{q}$. x et y se trouvent dans C, donc $xCy \subseteq \mathfrak{q}' \cap C = k'' \otimes_k \mathfrak{q}$ et $y \notin \mathfrak{q}' \cap C = k'' \otimes_k \mathfrak{q}$. D'où $x \in \mathcal{R}_1(k'' \otimes_k \mathfrak{q}) = k'' \otimes_k \mathfrak{p} \subseteq \mathfrak{p}' = \mathcal{R}_1(\mathfrak{q}')$. Par conséquent $\mathfrak{q}'$ est $\mathfrak{p}'$-primaire dans B.

4° cas) On suppose que $k \subsetneq k'$, et que k est algébriquement fermé dans k'. D'après ([3], Ch. 5, §.5., n°2, Th. 1), il existe une sous-k-extension k'' de k', telle que k'' soit une extension transcendante pure de k et k' soit algébrique sur k". On pose $C = k'' \otimes_k A$. On a $B = k' \otimes_k A = k' \otimes_{k''} C$. D'après 5.3., $\mathfrak{p}' = k' \otimes_k \mathfrak{p} = k' \otimes_{k''} (k'' \otimes_k \mathfrak{p}) \in \mathrm{Spec}(B)$, et, d'après 3° cas), $k'' \otimes_k \mathfrak{q}$ est $(k'' \otimes_k \mathfrak{p})$-primaire dans C. Par conséquent, en appliquant 5.4. à l'extension $k'' \subseteq k'$, on peut dire que $k' \otimes_{k''} (k'' \otimes_k \mathfrak{q})$ est $(k' \otimes_{k''} (k'' \otimes_k \mathfrak{p}))$-primaire dans B. Mais $\mathfrak{q}' = k' \otimes_k \mathfrak{q} = k' \otimes_{k''} (k'' \otimes_k \mathfrak{q})$ et $\mathfrak{p}' = k' \otimes_k \mathfrak{p} = k' \otimes_{k''} (k'' \otimes_k \mathfrak{p})$. D'où $\mathfrak{q}'$ est $\mathfrak{p}'$-primaire dans B ||

Proposition 5.6. : Soient k un corps de caractéristique 0, $\mathfrak{g}$ une k-algèbre de Lie résoluble, $A = \mathcal{U}(\mathfrak{g})$ l'algèbre enveloppante de $\mathfrak{g}$. Pour $\mathfrak{p} \in \mathrm{Spec}(A)$ les conditions suivantes sont équivantes :

a) $\mathfrak{p}$ est un idéal rationnel de A.

b) Pour tout surcorps k' de k, il existe un idéal premier et un seul $\mathfrak{p}''$ de $B = k' \otimes_k A$ au-dessus de $\mathfrak{p}$.

c) Il existe une extension algébriquement close k'_o de k, pour laquelle $B_o = k'_o \otimes_k A$ possède un seul idéal premier $\mathfrak{p}''_o$ au-dessus de $\mathfrak{p}$.

De plus dans ces conditions $\mathfrak{p}''$ et $\mathfrak{p}''_o$ sont des idéaux rationnels de B et B_o respectivement.

Preuve : a) $\Longrightarrow$ b). Supposons que $\mathfrak{p}$ est un idéal rationnel de A. Alors $C(\mathfrak{g};\mathfrak{p}) = k$, et $k' \otimes_k C(\mathfrak{g};\mathfrak{p}) = k'$. D'où $\mathrm{Spec}(k' \otimes_k C(\mathfrak{g};\mathfrak{p})) = \{(0)\}$, et, d'après ([7], page 159, 4.9.12) ou ([8], page 14, 3.6), il existe un seul idéal premier $\mathfrak{p}''$ de B au-dessus de $\mathfrak{p}$. L'implication b) $\Longrightarrow$ c) est évidente. c) $\Longrightarrow$ a). Supposons que k'_o est une extension algébriquement close de k pour laquelle $B_o = k'_o \otimes_k A$ possède un seul idéal premier $\mathfrak{p}''_o$ au-dessus de $\mathfrak{p}$. Alors, d'après ([7], page 159, 4.9.12) ou ([8], page 14, 3.6.), $k' \otimes_k C(\mathfrak{g}\,;\,p)$ possède un seul idéal premier. Donc, d'après ([4], page 102, exercice 1), $C(\mathfrak{g}\,;\,\mathfrak{p})$ est une extension radicielle de k (de caractéristique 0). D'où $C(\mathfrak{g}\,;\,\mathfrak{p}) = k$ ||

Proposition 5.7. : Soit $k \subseteq k'$ une extension de corps de caractéristique 0, telle que k soit algébriquement fermé dans k'. Soit $\mathfrak{g}$ une k-algèbre de Lie résoluble, $A = \mathcal{U}(\mathfrak{g})$ l'algèbre enveloppante de $\mathfrak{g}$. On note $\mathfrak{g}' = k' \otimes_k \mathfrak{g}$ l'extension de $\mathfrak{g}$ à k', $B = \mathcal{U}(\mathfrak{g}') = k' \otimes_k A$ l'algèbre enveloppante de $\mathfrak{g}'$, et $f : A \longrightarrow B$ le monomorphisme canonique de k-algèbres. Si $\mathfrak{p}$ est un idéal primitif (resp. maximal) de A. Alors :

1) $k' \otimes_k C(\mathfrak{g}\,;\,p)$ est un corps

2) B possède un idéal premier $\mathfrak{p}''$ et un seul au-dessus de $\mathfrak{p}$. De plus $\mathfrak{p}''$ est un idéal premier de B minimal contenant $\mathfrak{p}' = k' \otimes_k \mathfrak{p}$, et c'est un idéal primitif (resp. maximal) de B.

Preuve : Supposons que $\mathfrak{p}$ est un idéal primitif de A. Alors, d'après ([7], page 141, Th. 4.5.7), $C(\mathfrak{g};\mathfrak{p})$ est une extension algébrique de k. Donc, d'après ([6], §.1, n°1, Prop. 5), $k' \otimes_k C(\mathfrak{g};\mathfrak{p})$ est un k'-algèbre entière sur k'. Mais, d'après 5.1., $k' \otimes_k C(\mathfrak{g};\mathfrak{p})$ est intègre. D'où , en utilisant ([6], §.2, n°1, Lemme 2), $k' \otimes_k C(\mathfrak{g};\mathfrak{p})$ est un corps. Par conséquent $\mathrm{Spec}(k' \otimes_k C(\mathfrak{g};\mathfrak{p})) = \{(0)\}$. D'après ([7], page 159, 4.9.12) ou ([8], page 14, 3.6), il existe un seul idéal premier $\mathfrak{p}''$ de B au-dessus de $\mathfrak{p}$. Soit $\mathfrak{p}''_1$ un idéal premier de B minimal contenant $\mathfrak{p}' = k' \otimes_k \mathfrak{p}$, contenu dans $\mathfrak{p}''$. Il est évident que $\mathfrak{p}''_1$ est au-dessus de $\mathfrak{p}$. Donc $\mathfrak{p}'' = \mathfrak{p}''_1$ et, d'après ([7], 3.4.2(iii)), c'est un idéal primitif de B. Supposons que $\mathfrak{p}$ est un idéal maximal de A ; $\mathfrak{p}$ est en particulier un idéal primitif de A. On considère alors l'idéal $\mathfrak{p}''$ défini précédemment, et un idéal maximal $\mathfrak{m}''$ de B tel que $\mathfrak{p}'' \subseteq \mathfrak{m}''$. On a $\mathfrak{p} \subseteq f^{-1}(\mathfrak{m}'') \subsetneq A$. Donc $\mathfrak{p} = f^{-1}(\mathfrak{m}'')$ et, de l'unicité de l'idéal premier $\mathfrak{p}''$ au-dessus de $\mathfrak{p}$, on a $\mathfrak{m}'' = \mathfrak{p}''$ ∎

Le résultat suivant va généraliser, dans le cas nilpotent, l'assertion (a) de (corollaire 6.2. [18]).

<u>Proposition 5.8.</u> : <u>Soit</u> $k \subseteq k'$ <u>une extension de corps de caractéristique</u> 0, <u>telle que</u> k <u>soit algébriquement fermé dans</u> k'. <u>Soient</u> $\mathfrak{g}$ <u>une algèbre de Lie nilpotente</u>, $A = \mathcal{U}(\mathfrak{g})$ <u>l'algèbre enveloppante de</u> $\mathfrak{g}$. <u>On note</u> $\mathfrak{g}'$ <u>l'extension de</u> $\mathfrak{g}$ <u>à</u> k', $B = \mathcal{U}(\mathfrak{g}') = k' \otimes_k A$ <u>l'algèbre enveloppante de</u> $\mathfrak{g}'$, <u>et</u> $f : A \longrightarrow B$ <u>le monomorphisme canonique de</u> k-<u>algèbres. Pour un idéal</u> $\mathfrak{p}$ <u>de</u> A, <u>les conditions suivantes sont équivalentes</u> :

a) $\mathfrak{p}$ <u>est un idéal primitif (resp. rationnel) de</u> A.

b) $\mathfrak{p}' = k' \otimes_k \mathfrak{p}$ <u>est un idéal primitif (resp. rationnel) de</u> B.

<u>De plus dans ces conditions</u> : $C(\mathfrak{g}';\mathfrak{p}') = k' \otimes_k C(\mathfrak{g};\mathfrak{p})$.

<u>Preuve</u> : a) $\Longrightarrow$ b). Supposons l'idéal $\mathfrak{p}$ primitif. D'après 5.7 (2), B possède un idéal premier $\mathfrak{p}''$ et un seul au-dessus de $\mathfrak{p}$, et c'est un idéal primitif de B ; et d'après 5.3. , $\mathfrak{p}' \in \mathrm{Spec}(B)$ et il est au-dessus de $\mathfrak{p}$. Donc $\mathfrak{p}' = \mathfrak{p}''$.

Supposons l'idéal $\mathfrak{p}$ rationnel. D'après 5.6., il existe un idéal premier et un seul $\mathfrak{p}''$ de B au-dessus de $\mathfrak{p}$, et c'est un idéal rationnel de B ; et, d'après 5.3., $\mathfrak{p}'$ est un idéal premier de B au-dessus de $\mathfrak{p}$. Donc $\mathfrak{p}' = \mathfrak{p}''$.

a) $\Longrightarrow$ b). Supposons que $\mathfrak{p}'$ est un idéal primitif de B. D'après ([7], Prop. 4.7.4.), $\mathfrak{p}'$ est un idéal maximal de B. Donc $\mathfrak{p}$ est évidemment un idéal maximal de A, c'est-à-dire un idéal primitif de A.

Supposons que $\mathfrak{p}'$ est un idéal rationnel de B. En particulier

$\mathfrak{p}' \in \mathrm{Spec}(B)$. Alors on a les inclusions canoniques suivantes : $k' \subseteq k' \otimes_k C(\mathfrak{g};\mathfrak{p}) \subseteq C(\mathfrak{g}';\mathfrak{p}')$. Mais $C(\mathfrak{g}';\mathfrak{p}') = k'$ par hypothèse. Donc $k' \otimes_k C(\mathfrak{g};\mathfrak{p}) = k'$, et par conséquent $C(\mathfrak{g};p) = k$.

On suppose que les conditions a) et b) sont satisfaites. Alors on a les inclusions canoniques suivantes : $Z(\mathfrak{g}',\mathfrak{p}') \subseteq k' \otimes_k C(\mathfrak{g};\mathfrak{p}) \subseteq C(\mathfrak{g}';\mathfrak{p}')$. Mais $C(\mathfrak{g}';\mathfrak{p}') = \mathrm{Fract}(Z(\mathfrak{g}';\mathfrak{p}'))$, et, d'après 5.7. , $k' \otimes_k C(\mathfrak{g};\mathfrak{p})$ est un corps. Par conséquent $C(\mathfrak{g}';\mathfrak{p}') = k' \otimes_k C(\mathfrak{g};\mathfrak{p})$ ||

Proposition 5.9. : Soient k un corps algébriquement clos de caractéristique 0, k' un surcorps, $A = \mathcal{U}(\mathfrak{g})$ l'algèbre enveloppante de $\mathfrak{g}$. On note $\mathfrak{g}' = k' \otimes_k \mathfrak{g}$ l'extension de $\mathfrak{g}$ à k', $B = \mathcal{U}(\mathfrak{g}') = k' \otimes_k A$ l'algèbre enveloppante de $\mathfrak{g}'$, et $f = A \longrightarrow B$ le monomorphisme canonique de k-algèbres. Pour $\mathfrak{m}$ un idéal bilatère de A, les conditions suivantes sont équivalentes :

a) $\mathfrak{m}$ est un idéal maximal de A.

b) $\mathfrak{m}' = k' \otimes_k \mathfrak{m}$ est un idéal maximal de B.

Preuve : L'implication b) $\Longrightarrow$ a) est triviale.

a) $\Longrightarrow$ b). Supposons que $\mathfrak{m}$ est un idéal maximal de A. D'une part $A/\mathfrak{m}$ est une k-algèbre simple. D'autre par $\mathfrak{m}$ est un idéal primitif de A, c'est-à-dire, d'après ([7], 4.5.8.), un idéal rationnel de A, ce qui revient à exprimer que $C(\mathfrak{g};\mathfrak{m}) = k$. Par conséquent $Z(\mathfrak{g};\mathfrak{m}) = k$ et $A/\mathfrak{m}$ est par suite une k-algèbre simple centrale. Il s'en suit, d'après ([7], 4.5.1.), que $k' \otimes_k (A/\mathfrak{m}) = (k' \otimes_k A/k' \otimes_k \mathfrak{m})$ est une k'-algèbre simple, c'est-à-dire que $k' \otimes_k \mathfrak{m}$ est un idéal maximal de B ||

Proposition 5.10. : Soit $k \subseteq k'$ une extension de corps de caractéristique 0, telle que k soit algébriquement fermé dans k'. Soit $\mathfrak{g}$ une k-algèbre de Lie nilpotente, $A = \mathcal{U}(\mathfrak{g})$ l'algèbre enveloppante de $\mathfrak{g}$. On note $\mathfrak{g}'$ l'extension de $\mathfrak{g}$ à k', $B = \mathcal{U}(\mathfrak{g}') = k' \otimes_k A$ l'algèbre enveloppante de $\mathfrak{g}'$, et $f : A \longrightarrow B$ le monomorphisme canonique de k-algèbres. Soit $\mathfrak{a}$ un idéal de A distinct de A. Alors $\mathrm{A\overset{*}{s}s}_B(k' \otimes_k \mathfrak{a}) = \{k' \otimes_k \mathfrak{p}$ où $\mathfrak{p} \in \mathrm{A\overset{*}{s}s}_A(\mathfrak{a})\}$. Plus précisément si (*) $\mathfrak{a} = \bigcap_{i=1}^{n} \mathfrak{q}_i$ est une décomposition (bilatère) primaire réduite de $\mathfrak{a}$ dans A , (**) $k' \otimes_k \mathfrak{a} = \bigcap_{i=1}^{n} (k' \otimes_k \mathfrak{q}_i)$ est une décomposition primaire réduite de $k' \otimes_k \mathfrak{a}$ dans B, et $\mathcal{R}_1(k' \otimes_k \mathfrak{q}_i) = k' \otimes_k \mathcal{R}_1(\mathfrak{q}_i)$ $(i = 1,\ldots,n)$.

Preuve : Il suffit d'utiliser 5.5 ||

§.6. Localisation et globalisation dans les algèbres enveloppantes d'algèbres de Lie nilpotentes.

Le but de ce paragraphe est de prouver l'impossibilité de conserver certaines propriétés par passage du local au global (comme en algèbre commutative) lorsque l'anneau de base A est une algèbre enveloppante d'une algèbre de Lie nilpotente non commutative sur un corps : il existe par exemple des modules sur A qui ne sont pas nuls et dont tous les localisés par rapport aux idéaux premiers de A sont nuls, et A ne coïncide pas avec l'intersection de localisés en tous les idéaux maximaux.

Notation : On désignera par $\mathcal{N}(A)$ l'ensemble des idéaux maximaux d'un anneau A.

Lemme 6.1. Soit $f : A \longrightarrow B$ un homomorphisme d'anneaux fidèlement plat à droite (resp. à gauche).

1) Si $x \in A - (\bigcup_{\mathfrak{m} \in \mathcal{N}(A)} \mathfrak{m})$ et si x est non inversible dans A, alors $f(x) \in B - (\bigcup_{\mathfrak{m}'' \in \mathcal{N}(B)} \mathfrak{m}'')$ et f(x) non inversible dans B.

2) On suppose que l'idéal $B\mathfrak{m}$ est bilatère pour tout $\mathfrak{m} \in \mathcal{N}(A)$, et soit $x \in A$. Si $f(x) \in B - (\bigcup_{\mathfrak{m}'' \in \mathcal{N}(B)} \mathfrak{m}'')$ et f(x) est non inversible dans B, alors $x \in A - (\bigcup_{\mathfrak{m} \in \mathcal{N}(A)} \mathfrak{m})$ et x est non inversible dans A.

Preuve : La démonstration résulte du fait que tout élément non inversible dans un anneau est contenu dans un idéal à gauche propre ; et de ce que si $A \neq \mathfrak{a}$ est un idéal à gauche (resp. à droite) de A on a $B\mathfrak{a} \neq B$ (resp. $\mathfrak{a}B \neq B$) par fidèle platitude.||

Lemme 6.2. : Soient k un corps, $\mathfrak{g}$ une k-algèbre de Lie, $A = \mathcal{U}(\mathfrak{g})$ l'algèbre enveloppante de $\mathfrak{g}$. Alors le groupe unité de A est $k-\{0\}$.

Preuve : cf([7], coroll.2.3.9(i))||

Lemme 6.3. : Soient k un corps, $\mathfrak{g}$ une k-algèbre de Lie nilpotente non commutative. Alors les conditions suivantes sont équivalentes :

a) $\mathfrak{g}$ est l'algèbre de Heisenberg de dimension 3 (cf.[7], 4.6.1., et [7bis], 1).

b) tout idéal propre de $\mathfrak{g}$ est commutatif.

c) tout idéal de $\mathfrak{g}$ de codimension 1 est commutatif.

Preuve : Les implications a) $\Longrightarrow$ b) et b) $\Longleftrightarrow$ c) sont évidentes.

b) $\Longrightarrow$ a) Posons $n = \dim_k \mathfrak{g}$ et $\mathfrak{z}$ le centre de $\mathfrak{g}$. Démontrons par récurrence sur n, que pour $n \geq 4$, "non a)" entraîne "non b)". Pour $n = 4$, $\mathfrak{g}$

contient ([7 bis], 1, Prop. 1) l'algèbre de Heisenberg de dimension 3 comme idéal. Supposons $n \geq 5$, et prenons z dans $\mathfrak{z} - \{0\}$. Alors kz est un idéal de $\mathfrak{g}$, et l'algèbre de Lie $\mathfrak{g}/kz$ est de dimension $n-1$. Si $\mathfrak{g}/kz$ est non commutative, alors par hypothèse de récurrence, elle contient un idéal propre non commutatif, et par suite $\mathfrak{g}$ contient un idéal propre non commutatif. Si $\mathfrak{g}/kz$ est commutative, alors $[u,v] \in kz$ pour tout $u,v \in \mathfrak{g}$. On a $\mathfrak{g} = kz \oplus V$, où V est un sous-espace vectoriel de $\mathfrak{g}$. Il existe, $\mathfrak{g}$ n'étant pas commutative, $x,y \in V$ tel que $[x,y] \neq 0$. D'où, à un scalaire non nul près, $[x,y] = z$; $kx + ky + kz$ est un idéal propre non commutatif de $\mathfrak{g}$ ||

Corollaire 6.4. : Toute algèbre de Lie $\mathfrak{g}$ nilpotente non commutative sur un corps k contient l'algèbre de Heisenberg de dimension 3 comme sous-algèbre.

Preuve : On procède par récurrence sur $n = \dim_k \mathfrak{g}$, à partir de 6.3.

Le lemme suivant nous a été indiqué par T. Levasseur :

Lemme 6.5. : Soit A l'algèbre enveloppante de l'algèbre de Heisenberg de dimension 3, $\mathfrak{g}$, sur un corps k de caractéristique 0. Alors A est distinct de l'intersection des localisés de A en les différents idéaux maximaux $\mathfrak{m}$ de A.

Preuve : Soit X, Y, Z, $[X,Y] = Z$, une base de $\mathfrak{g}$. L'élément $b = 1 - XZ$ de A n'est pas inversible, d'après le lemme 6.2., par exemple. D'autre part b n'appartient à aucun idéal maximal $\mathfrak{m}$ de A, sinon par extension des scalaires de k à une clôture algébrique k' de k, b appartiendrait à un idéal maximal de $A' = k' \otimes_k A = U(\mathfrak{g}')$; or la liste des idéaux maximaux de $U(\mathfrak{g}')$ est donnée par $(Z - \alpha)$, $\alpha \in k'$ $\alpha \neq 0$, $(Z, X-\beta, Y-\gamma)$ $\beta, \gamma \in k'$. Puisque b n'appartient à aucun idéal maximal $\mathfrak{m}$ de A, il est inversible d'inverse b^{-1} dans l'intersection des localisés $A_{\mathfrak{m}}$ et $b^{-1} \notin A$.

Proposition 6.6. : Soit k un corps de caractéristique 0, $\mathfrak{g}$ une k-algèbre de Lie nilpotente, $A = \mathcal{U}(\mathfrak{g})$ l'algèbre enveloppante de $\mathfrak{g}$. Alors les conditions suivantes sont équivalentes :

(1) l'anneau A est commutatif (i.e. l'algèbre $\mathfrak{g}$ est abélienne).

(2) Tout idéal à gauche (resp. à droite) maximal de A est contenu dans $\bigcup_{\mathfrak{m} \in \Omega(A)} \mathfrak{m}$ (i.e. $A - (\bigcup_{\mathfrak{m} \in \Omega(A)} \mathfrak{m})$ est le groupe des unités de A).

(3) On a $A = \bigcap_{\mathfrak{m} \in \Omega(A)} A_{\mathfrak{m}}$.

Preuve : Il est bien connu que (1) $\Longrightarrow$ (2) et (1) $\Longrightarrow$ (3) et il est évident que (3) $\Longrightarrow$ (2), car si $x \in A$ et $x \notin \mathfrak{m}$ pour tout $\mathfrak{m} \in \Omega(A)$ alors l'inverse x^{-1} de x dans le corps des fractions de A appartient à tous les localisés $A_{\mathfrak{m}}$, donc $x^{-1} \in A$. Il suffit donc de démontrer que (2) $\Longrightarrow$ (1).

Raisonnant par l'absurde, on suppose $\mathfrak{g}$ non abélienne. Donc $\mathfrak{g}$ contient comme sous-algèbre, l'algèbre de Heisenberg $\mathfrak{h}$ de dimension 3, par 6.4. Soit B l'algèbre enveloppante de $\mathfrak{h}$. Alors, par le théorème de Poincaré-Birkhoff-Witt, A est libre, à droite et à gauche, sur l'anneau B. Soit $b \in B$ un élément de B non inversible et contenu dans aucun idéal maximal de B. Un tel élément existe par le lemme 6.5. Alors par le lemme 6.1 (1) b est non inversible dans A et n'appartient à aucun $\mathfrak{m}$, $\mathfrak{m} \in \Omega(A)$ ||

<u>Définition 6.7.</u> : Soit A un anneau classique, c'est-à-dire un anneau dont tout idéal premier $\mathfrak{p}$ est localisable au sens que l'ensemble des éléments de A, réguliers modulo $\mathfrak{p}$, forme un système de Ore à gauche. Une sous-catégorie $\mathcal{C}$ de la catégorie des A-modules à gauche sera dite <u>bien supportée</u> si pour tout M de $\mathcal{C}$ on a $M_{\mathfrak{p}} = 0$ pour tout $\mathfrak{p} \in \mathrm{Spec}(A)$ seulement lorsque $M = (0)$.

<u>Proposition 6.8.</u> : <u>Soient</u> $\mathfrak{g}$ <u>une algèbre de Lie nilpotente sur un corps</u> k <u>de caractéristique</u> 0 <u>et</u> A <u>l'algèbre enveloppante de</u> $\mathfrak{g}$; <u>les conditions suivantes sont équivalentes</u> :

(a) <u>La catégorie des</u> A-<u>modules à gauche (resp. à droite) est bien supportée</u> ;

(b) <u>La catégorie des</u> A-<u>modules à gauche (resp. à droite) de type fini est bien supportée</u> ;

(c) $\bigoplus_{\mathfrak{p} \in \mathrm{Spec}(A)} A_{\mathfrak{p}}$ <u>est un</u> A-<u>module à droite (resp. à gauche) fidèlement plat</u> ;

(d) <u>Tous les idéaux à gauche (resp. à droite) maximaux sont bilatères</u> ;

(e) <u>L'algèbre</u> $\mathfrak{g}$ <u>est abélienne</u> ;

(f) <u>Si</u> $x,y \in A$ <u>et</u> $\mathfrak{m} \in \Omega(A)$ <u>on a</u> : $(Ax \cdot Ay)_{\mathfrak{m}} = A_{\mathfrak{m}}x \cdot A_{\mathfrak{m}}y$ <u>(resp.</u> $(xA \cdot yA)_{\mathfrak{m}} = xA_{\mathfrak{m}} \cdot y\,A_{\mathfrak{m}}$).

<u>Preuve</u> : (b) $\Longrightarrow$ a) résulte du fait que la localisation est plate et (a)$\Longrightarrow$(b) est évidente.

(b)$\Longleftrightarrow$(c) Le A-module (à droite et à gauche) $E = \bigoplus_{\mathfrak{p} \in \mathrm{Spec}(A)} A_{\mathfrak{p}}$ est plat. D'après ([5], ch.1, §.3, n°1, Prop. 1), E est un A-module à droite fidèlement plat si et seulement si, pour tout A-module à gauche M, la relation $E \otimes_A M = \bigoplus_{\mathfrak{p} \in \mathrm{Spec}(A)} M_{\mathfrak{p}} = 0$ entraîne $M = 0$, ce qui est équivalent à dire que la catégorie des A-module à gauche est bien supportée.

(c)$\Longrightarrow$ (d) Supposons le A-module à droite $E = \bigoplus_{\mathfrak{p} \in \mathrm{Spec}(A)} A_{\mathfrak{p}}$ fidèlement plat et soit $\mathfrak{n}$ un idéal à gauche maximal de A. Alors, d'après ([5], ch.1, §.3, n°1, Prop. 1), on a $E\mathfrak{n} = \bigoplus_{\mathfrak{p} \in \mathrm{Spec}(A)} (A_{\mathfrak{p}}\mathfrak{n}) \neq E$. Donc il existe $\mathfrak{p}_0 \in \mathrm{Spec}(A)$ vérifiant $A_{\mathfrak{p}_0}\mathfrak{n} \neq A_{\mathfrak{p}_0}$. Donc $\mathfrak{n} \subseteq \mathfrak{p}_0$ et, puisque $\mathfrak{n}$ est maximal à gauche, $\mathfrak{n} = \mathfrak{p}_0$.

(d) $\Longrightarrow$ (e) Il est bien connu que si $\mathfrak{g}$ n'est pas abélienne, il existe des idéaux à gauche maximaux qui ne sont pas bilatères: il suffit de considérer un idéal maximal $\mathfrak{m}$ de A de poids strictement positif et un idéal à gauche maximal dans l'algèbre simple $A/\mathfrak{m}$. Il est clair que (e) entraîne toutes les autres conditions et (f) $\Longrightarrow$ (e), car de (f) on déduit que $A = \widehat{\prod_{\mathfrak{m}\in\mathfrak{X}(A)}} A_{\mathfrak{m}}$, d'où (e) d'après 6.6.∎

Définition 6.9. : On appelle élément normalisant d'un anneau A, tout élément x de A tel que $Ax = xA$.

On appelle système normalisant de A, toute partie finie non vide $\{x_1,\dots,x_n\}$ de A telle que pour $i=1,\dots,n$ la classe de x_i modulo $(x_1,\dots,x_{i-1})$ soit un élément normalisant de l'anneau $A/(x_1,\dots,x_{i-1})$.

Cette condition est équivalente à la suivante :

$$x_i\, A \subseteq \sum_{j=1}^{j=i} Ax_j \quad \text{et} \quad Ax_i \subseteq \sum_{j=1}^{j=i} x_j\, A \quad (i=1,\dots,n).$$

L'idéal à droite (resp. à gauche) engendré par un système normalisant est évidemment bilatère. Tout système centralisant est un système normalisant.

Remarque : Soit A un anneau, $\mathfrak{a}$ un idéal de A. On note A_d (resp. A_s) la structure canonique de A-module à droite (resp. à gauche) sur A, et $_x h : A_d \longrightarrow A/\mathfrak{a}$ (resp. $h_x : A_s \longrightarrow A/\mathfrak{a}$) l'homomorphisme de A-modules à
$a \longmapsto \overline{xa}$ $\quad a \longmapsto \overline{ax}$
droite (resp. à gauche). Il est clair que si $\{x_1,\dots,x_n\}$ est un système normalisant de A, alors $\mathfrak{a}\,.\cdot(\sum_{j=1}^{j=i} Ax_j\, A) = \bigcap_{j=1}^{j=i} \mathrm{Ker}\,({}_{x_j}h)$

(resp. $\mathfrak{a}\,\cdot(\sum_{j=1}^{j=i} Ax_j\, A) = \bigcap_{j=1}^{j=i} \mathrm{Ker}(h_{x_j})$) pour tout $i\in\{1,\dots,n\}$.

Définition 6.10. : Soit $f : A \longrightarrow B$ un homomorphisme d'anneaux. On dit qu'un système normalisant (resp. centralisant) $\{x_1,\dots,x_n\}$ de A est conservé par f, si son image par $f : \{f(x_1),\dots,f(x_n)\}$ est un système normalisant (resp. centralisant) de B.

Lemme 6.11. : Soient A et B deux anneaux, $f : A \longrightarrow B$ un homomorphisme d'anneaux plat à gauche (resp. à droite). Soient $\mathfrak{a}$ et $\mathfrak{b}$ deux idéaux de A engendrés par des systèmes normalisants de A conservés par f. Alors :

1) $B(\mathfrak{a}\cap\mathfrak{b})\,B = (\mathfrak{a}\cap\mathfrak{b})\,B = (B\mathfrak{a}B)\cap(B\mathfrak{b}B)$

(resp. $B(\mathfrak{a}\cap\mathfrak{b})\,B = B(\mathfrak{a}\cap\mathfrak{b}) = (B\mathfrak{a}B)\cap(B\mathfrak{b}B)$)

2) $B(\mathfrak{a} \cdot\!\cdot\, \mathfrak{b})\, B = (\mathfrak{a} \cdot\!\cdot\, \mathfrak{b})\, B = (B\mathfrak{a}B) \cdot\!\cdot\, (B\mathfrak{b}B)$

(resp. $B(\mathfrak{a} \cdot\!\cdot\, \mathfrak{b})\, B = B(\mathfrak{a} \cdot\!\cdot\, \mathfrak{b}) = (B\mathfrak{a}B) \cdot\!\cdot\, (B\mathfrak{b}B))$

<u>Preuve</u> : Soient $\{x_1,\dots,x_m\}$ et $\{y_1,\dots,y_n\}$ deux systèmes normalisants de A engendrant $\mathfrak{a}$ et $\mathfrak{b}$ respectivement et conservés par f. Donc $\mathfrak{a}B$ et $\mathfrak{b}B$ (resp. $B\mathfrak{a}B$ et $B\mathfrak{b}B$) sont deux idéaux à droite (resp. bilatères) de B engendrés respectivement par les deux systèmes normalisants de B : $\{f(x_1),\dots,f(x_m)\}$ et $\{f(y_1),\dots,f(y_n)\}$. D'où $B\mathfrak{a}B = \mathfrak{a}B$ et $B\mathfrak{b}B = \mathfrak{b}B$.

1) On a, d'après ([5], ch.1, §.2, n°6, Prop. 6), $(\mathfrak{a} \cap \mathfrak{b})\, B = (\mathfrak{a}B) \cap (\mathfrak{b}B) = (B\mathfrak{a}B) \cap (B\mathfrak{b}B)$. En particulier $(\mathfrak{a} \cap \mathfrak{b})B$ est un idéal bilatère de B. Par conséquent $B(\mathfrak{a} \cap \mathfrak{b})\, B = (\mathfrak{a} \cap \mathfrak{b})B = (B\mathfrak{a}B) \cap (B\mathfrak{b}B)$.

2) On a $\mathfrak{b} = \sum_{i=1}^{i=n} Ay_i\, A = \sum_{i=1}^{i=n} Ay_i$ et $B\mathfrak{b}B = \sum_{i=1}^{i=n} Bf(y_i)\, B = \sum_{i=1}^{i=n} Bf(y_i)$.

On considère alors les diagrammes suivants :

$$(*) \quad \mathfrak{a} \cdot\!\cdot\, \mathfrak{b} \xrightarrow{\ i\ } A_d \xrightarrow{\ h\ } (A/\mathfrak{a})^n$$

$$(D)\left\{\begin{array}{lccccc}
(**) & (\mathfrak{a} \cdot\!\cdot\, \mathfrak{b}) \otimes_A B & \xrightarrow{i \otimes 1_B} & A_d \otimes_A B & \xrightarrow{h \otimes 1_B} & (A/\mathfrak{a})^n \otimes_A B \cong ((A/\mathfrak{a}) \otimes_A B)^n \\
 & \wr\!\wr & & \wr\!\wr & & \wr\!\wr \\
(***) & (\mathfrak{a} \cdot\!\cdot\, \mathfrak{b})\, B & \xrightarrow{\ j\ } & B_d & \xrightarrow{\ h'\ } & (B/\mathfrak{a}B)^n = (B/B\mathfrak{a}B)^n
\end{array}\right.$$

où i et j désignent les injections canoniques, et h et h' sont définies de la façon suivante :

$$h(a) = (\overline{y_i a})_{i=1,\dots,n} = ({}_{y_i}h(a))_{i=1,\dots,n} \quad \text{pour tout } a \in A \,;$$

$$h'(b) = (\overline{f(y_i)b})_{i=1,\dots,n} = ({}_{f(y_i)}h\,(b))_{i=1,\dots,n} \quad \text{pour tout } b \in B \,;$$

et où les colonnes du diagramme (D) sont les isomorphismes canoniques de B-modules à droite. On vérifie aisément que (D) est un diagramme commutatif de B-homomorphismes à droite. $(*)$ est une suite exacte de A-homomorphismes à droite, car $\mathrm{Ker}(h) = \bigcap_{i=1}^{n} \mathrm{Ker}({}_{y_i}h) = \mathfrak{a} \cdot\!\cdot\, (\sum_{i=1}^{i=n} Ay_i\, A) = \mathfrak{a} \cdot\!\cdot\, \mathfrak{b} = \mathrm{Im}(i)$. Mais B est, par hypothèse, un A-module à gauche plat. Donc $(**)$ est une suite exacte. Par conséquent $(***)$ est une suite exacte, et

$\mathrm{Im}(j) = (\mathfrak{a} \cdot\!\cdot\, \mathfrak{b})\, B = \mathrm{Ker}(h') = \bigcap_{i=1}^{n} \mathrm{Ker}({}_{f(y_i)}h) = (B\mathfrak{a}B) \cdot\!\cdot\, (\sum_{i=1}^{n} Bf(y_i)\, B) = (B\mathfrak{a}B) \cdot\!\cdot\, (B\mathfrak{b}B) = B(\mathfrak{a} \cdot\!\cdot\, \mathfrak{b})\, B \,\|$

<u>Proposition 6.12.</u> : <u>Soient</u> k <u>un corps,</u> $\mathfrak{g}$ <u>une k-algèbre de Lie nilpotente, d'algèbre enveloppante</u> $A = \mathcal{U}(\mathfrak{g})$.

<u>Pour deux idéaux</u> $\mathfrak{a}$ <u>et</u> $\mathfrak{b}$ <u>de</u> A <u>et une partie</u> S <u>de</u> A <u>permettant</u>

un calcul des fractions dans A, on a

$S^{-1}(\mathfrak{a}.\cdot\mathfrak{b}) = (S^{-1}\mathfrak{a}).\cdot(S^{-1}\mathfrak{b})$ (resp. $S^{-1}(\mathfrak{a}\cdot.\mathfrak{b}) = (S^{-1}\mathfrak{a})\cdot.(S^{-1}\mathfrak{b})$).

Preuve : Le monomorphisme canonique d'anneaux $f : A \longrightarrow B = S^{-1}A$ est plat à gauche et à droite, et tout idéal de A est engendré par un système centralisant de A conservé par f (cf. 4.2). D'où le résultat d'après 6.11.(2) ||

Corollaire 6.13. : Dans les hypothèses de la Proposition 6.12. on a

$$((S^{-1}\mathfrak{a})\cap A).\cdot\mathfrak{b} = (S^{-1}(\mathfrak{a}.\cdot\mathfrak{b}))\cap A \text{ et}$$

$$((S^{-1}\mathfrak{a})\cap A)\cdot.\mathfrak{b} = (S^{-1}(\mathfrak{a}\cdot.\mathfrak{b}))\cap A$$

Preuve : $\mathfrak{d} = (S^{-1}\mathfrak{a})\cap A$ est saturé pour S dans A. Donc $V = \mathfrak{d}.\cdot\mathfrak{b}$ est saturé à droite pour S dans A. En appliquant deux fois 6.12. on obtient

$((S^{-1}\mathfrak{a})\cap A).\cdot\mathfrak{b} = \mathfrak{d}.\cdot\mathfrak{b} = V = (S^{-1}V)\cap A = (S^{-1}(\mathfrak{d}.\cdot\mathfrak{b}))\cap A =$

$((S^{-1}\mathfrak{d}).\cdot(S^{-1}\mathfrak{b}))\cap A = ((S^{-1}\mathfrak{a}).\cdot(S^{-1}\mathfrak{b}))\cap A = (S^{-1}(\mathfrak{a}.\cdot\mathfrak{b}))\cap A$ ||

Corollaire 6.14. : Dans les hypothèses de la Proposition 6.12., pour deux idéaux $\mathfrak{a}$ et $\mathfrak{b}$ de A, $\mathfrak{a}\subseteq\mathfrak{b}$ (resp. $\mathfrak{a}=\mathfrak{b}$) si et seulement si $\mathfrak{a}_{\mathfrak{m}}\subseteq\mathfrak{b}_{\mathfrak{m}}$ (resp. $\mathfrak{a}_{\mathfrak{m}}=\mathfrak{b}_{\mathfrak{m}}$) pour tout $\mathfrak{m}\in\Omega(A)$.

Preuve : Supposons $\mathfrak{a}_{\mathfrak{m}}\subseteq\mathfrak{b}_{\mathfrak{m}}$ pour tout $\mathfrak{m}\in\Omega(A)$. Alors

(6.12) $\mathfrak{b}_{\mathfrak{m}}\cdot.\mathfrak{a}_{\mathfrak{m}} = (\mathfrak{b}.\cdot\mathfrak{a})_{\mathfrak{m}} = A_{\mathfrak{m}}$ pour tout $\mathfrak{m}\in\Omega(A)$. Donc $(\mathfrak{b}.\cdot\mathfrak{a})$ contient un élément régulier modulo $\mathfrak{m}$, pour tout $\mathfrak{m}\in\Omega(A)$, et par conséquent $\mathfrak{b}.\cdot\mathfrak{a}$ n'est contenu dans aucun idéal maximal de A. D'où $\mathfrak{b}.\cdot\mathfrak{a} = A$ et $\mathfrak{a}\subseteq\mathfrak{b}$ ||

Corollaire 6.15. : Dans les hypothèses de la Proposition 6.12., pour un idéal $\mathfrak{a}$ de A, on a : $\mathfrak{a} = (\bigcap_{\mathfrak{m}\in\Omega(A)}\mathfrak{a}_{\mathfrak{m}})\cap A = \bigcap_{\mathfrak{m}\in\Omega(A)}(\mathfrak{a}_{\mathfrak{m}}\cap A)$.

Preuve : On a $\mathfrak{a}\subseteq\bigcap_{\mathfrak{m}\in\Omega(A)}(\mathfrak{a}_{\mathfrak{m}}\cap A)$. Inversement soit $a\in\bigcap_{\mathfrak{m}\in\Omega(A)}(\mathfrak{a}_{\mathfrak{m}}\cap A)$. Donc $(AaA)_{\mathfrak{m}}\subseteq\mathfrak{a}_{\mathfrak{m}}$ pour tout $\mathfrak{m}\in\Omega(A)$. Par conséquent (6.14.) $AaA\subseteq\mathfrak{a}$, et $a\in\mathfrak{a}$ ||

Proposition 6.16. : Soient k un corps, $\mathfrak{g}$ une k-algèbre de Lie nilpotente, d'algèbre enveloppante $A = \mathcal{U}(\mathfrak{g})$. Soient S une partie de A permettant un calcul des fractions dans A, $\mathfrak{a}$ et $\mathfrak{b}$ deux idéaux à droite (resp. à gauche) de A. On pose $\mathfrak{d} = ((\mathfrak{a}S^{-1}).\cdot(\mathfrak{b}S^{-1}))\cap A$ (resp. $\mathfrak{d} = ((S^{-1}\mathfrak{a})\cdot.(S^{-1}\mathfrak{b}))\cap A$). Alors les conditions suivantes sont équivalentes :

a) $S^{-1}(\mathfrak{a}.\cdot\mathfrak{b}) = (\mathfrak{a}S^{-1}).\cdot(\mathfrak{b}S^{-1})$ (resp. $S^{-1}(\mathfrak{a}\cdot.\mathfrak{b}) = (S^{-1}\mathfrak{a})\cdot.(S^{-1}\mathfrak{b})$)

b) Il existe $t\in S$ tel que $\mathfrak{b}\mathfrak{d}t\subseteq\mathfrak{a}$ (resp. $t\mathfrak{d}\mathfrak{b}\subseteq\mathfrak{a}$).

Preuve : $S^{-1}(\mathfrak{a}.\cdot\mathfrak{b})\subseteq(\mathfrak{a}S^{-1}).\cdot(\mathfrak{b}S^{-1})$, car (4.3.) on a :

$(\mathfrak{b}S^{-1})(S^{-1}(\mathfrak{a}.\cdot\mathfrak{b})) = (\mathfrak{b}(\mathfrak{a}.\cdot\mathfrak{b}))S^{-1}\subseteq\mathfrak{a}S^{-1}$. D'après 6.12., on a

$(S^{-1}(\mathfrak{a}.\cdot\mathfrak{b})).\cdot(S^{-1}\mathfrak{d}) = S^{-1}(\mathfrak{a}.\cdot\mathfrak{b}\mathfrak{d})$. La condition a) est alors équivalente à

$S^{-1}\mathfrak{d} = (\mathfrak{a}S^{-1}).\cdot(\mathfrak{b}S^{-1}) \subseteq S^{-1}(\mathfrak{a}.\cdot\mathfrak{b})$, où à $S^{-1}(\mathfrak{a}.\cdot\mathfrak{b}\mathfrak{d}) = S^{-1}A$, donc à $(\mathfrak{a}.\cdot\mathfrak{b}\mathfrak{d}) \cap S \neq \emptyset$, c'est-à-dire à b) ||

Corollaire 6.17. : Dans les hypothèses de 6.16., si de plus $\mathfrak{a}$ est saturé à droite (resp. à gauche) pour S dans A, alors :
$S^{-1}(\mathfrak{a}.\cdot\mathfrak{b}) = (\mathfrak{a}S^{-1}).\cdot(\mathfrak{b}S^{-1})$ (resp. $S^{-1}(\mathfrak{a}\cdot.\mathfrak{b}) = (S^{-1}\mathfrak{a})\cdot.(S^{-1}\mathfrak{b})$).

Preuve : On a $(\mathfrak{b}S^{-1})(\mathfrak{d}S^{-1}) = (\mathfrak{b}\mathfrak{d})S^{-1} \subseteq \mathfrak{a}S^{-1}$. D'où $\mathfrak{b}\mathfrak{d} \subseteq (\mathfrak{a}S^{-1}) \cap A = \mathfrak{a}$. La condition b) de 6.16. est alors remplie pour $t=1$. Donc la condition a) de 6.16. est réalisée ||

Remarquons que si $S=A-\mathfrak{m}$ où $\mathfrak{m}$ décrit $\Lambda(A)$ et si les idéaux bilatères sont remplacés par des idéaux à droite (resp. à gauche), alors les résultats de 6.9., 6.10., 6.11. et 6.12. deviennent des conditions nécessaires et suffisantes pour que $\mathfrak{g}$ soit commutative.

Bibliographie

[1] M.F. Atiyah et I.G. Mac Donald, Introduction to commutative algebra, Addison-Wesley, 1969.

[2] W. Borho et H. Kraft, Über die Gelfand-Kirillov Dimension, Math. Ann., 220, 1976, p.1-24.

[3] N. Bourbaki, Algèbre, ch. 4 et 5, Hermann, 1967.

[4] N. Bourbaki, Algèbre, ch. 8, Hermann, 1958.

[5] N. Bourbaki, Algèbre commutative, ch.1 et 2, Hermann, 1961.

[6] N. Bourbaki, Algèbre commutative, ch. 5, Hermann, 1964.

[7] J. Dixmier, Algèbres enveloppantes, Gauthier-Villars, 1974.

[7 bis] J. Dixmier, Sur les représentations unitaires des groupes de Lie nilpotents III, Canadian J. Math., 10, 1958, p.321-348.

[8] P. Gabriel, Représentations des algèbres de Lie résolubles, Séminaire Bourbaki, 1968-1969, n°347, p.1-22, Lecture Notes in Mathematics, Springer-Verlag.

[9] L. Lesieur et R. Croisot, Algèbre noethérienne non commutative, Gauthier-Villars, 1963.

[10] T. Levasseur, Sur une question de caténarité, C.R. Acad. Sc. Paris, 285, Série A, 1977, p.605-607.

[11] M.P. Malliavin-Brameret, Régularité locale d'algèbres universelles, C.R. Acad. Sc. Paris, 283, Série A, 1977, p.923-925.

[12] M.P. Malliavin-Brameret, Sur la dimension des idéaux premiers dans les algèbres enveloppantes, Communication in Algebra (à paraître).

[13] J.C. Mc Connell, The intersection theorem for a class of non-commutative rings, Proc. London Math. Soc., 3, 17, 1967, p.487-498.

[14] J.C. Mc Connell, Localisation in enveloping rings, J. London Math. Soc., 43, 1968, p.421-428.

[15] M. Nagata, Local rings, Robert Krieger, 1975.

[16] D.G. Northcott, Ideal theory, Cambridge at the University Press, 1968.

[17] G. Renault, Algèbre non commutative, Gauthier-Villars, 1975.

[18] R. Rentschler, L'injectivité de l'application de Dixmier pour les algèbres de Lie résolubles, Inventiones math ., 23, 1974, p.49-71.

[19] R. Rentschler et P. Gabriel, Sur la dimension des anneaux et ensembles ordonnés, C.R. Acad. Sc. Paris, 265, Série A, 1967, p.712-715.

[20] P. Ribenboim, L'arithmétique des corps, Hermann, 1972.

[21] A. Seidenberg, The prime ideals of a polynomial ideal under extension of the base field, Ann. Math. Pura Appl. 102, 1975, p.57-59.

[22] R. Sharp, The effect on associated prime ideals produced by an extension of the base field, Math. Scand., 38, 1976, p.43-52.

[23] P.F. Smith, Localization and the AR property, Proc. London Math. Soc., 3, 22, 1971, p.39-68.

[24] P. Tauvel, Sur les quotients premiers de l'algèbre enveloppante d'une algèbre de Lie résoluble. Bull. Soc. Math. France, 1978,

[25] R. Walker, Local rings and normalizing sets of elements, Proc. London Math. Soc., 3, 24, 1972, p.27-45

CLASSES D'ANNEAUX CONTENANT LES V-ANNEAUX

ET LES ANNEAUX ABSOLUMENT PLATS

par

François COUCHOT

On dit qu'un anneau A est un V-anneau à gauche si tout A-module à gauche simple est injectif. Lorsque A est commutatif, alors A est un V-anneau si et seulement si A est absolument plat (i.e. régulier au sens de Von Neumann) Ce résultat est dû à Kaplansky . Cependant il existe des anneaux absolument plats qui ne sont pas des V-anneaux à gauche (l'anneau des endomorphismes d'un espace vectoriel de dimension infinie) ; et dans [9] Cozzens construit des V-anneaux à gauche et à droite qui ne sont pas absolument plats. Les V-anneaux à gauche sont caractérisés comme étant les anneaux A tels que tout A-module à gauche est sans radical [6].

Dans ce travail, on s'intéresse aux deux classes d'anneaux suivantes :
- les anneaux A tels que tout A-module à gauche de présentation finie est sans radical.
- les anneaux A tels que tout A-module à gauche simple est fp-injectif.

Ces deux classes d'anneaux contiennent les V-anneaux à gauche et les anneaux absolument plats ; et la seconde classe est incluse dans la première. Lorsque A est commutatif, ces anneaux sont absolument plats. Si A est un anneau de la seconde classe alors tout idéal à gauche de A est idempotent, mais ceci n'est pas en général vérifié si A appartient à la première classe comme le montre un exemple.

Tout au long de ce travail, on utilise la topologie semi-simple pour les modules et on montre que pour tout anneau A, le séparé complété $\hat{A}$ de A pour la topologie semi-simple à gauche est absolument plat. On établit qu'un anneau A est dans la première classe si et seulement si A est un sous-module pur à droite de $\hat{A}$; on retrouve ainsi un résultat sur les V-anneaux ([11] et [12]).

Tous les anneaux et modules considérés sont unitaires.

1. Topologie semi-simple :

Définitions 1.1. : Soient A un anneau, M un A-module à gauche. On appelle radical de M (on note Rad M) l'intersection des sous-modules maximaux de M. Alors Rad M est l'ensemble des x de M tels que, pour tout homomorphisme $f : M \longrightarrow S$, où S est un A-module à gauche simple, $f(x) = 0$. Voir [1].

Définition 1.2. : Soient A un anneau, M un A-module à gauche. On dit que M est linéairement topologisé s'il est muni d'une topologie $\mathfrak{S}$ invariante par translation et si 0 admet un système fondamental de voisinages formé de sous-modules.

Considérons la sous-catégorie de la catégorie des A-modules à gauche ayant pour objets les A-modules à gauche semi-simples de type fini. Cette sous-catégorie étant fermée pour les sous-objets et les sommes directes finies, on peut munir tout A-module à gauche M d'une topologie linéaire qu'on appellera topologie semi-simple en prenant pour système fondamental de voisinages de zéros les sous-modules N de M tels que M/N soit semi-simple de type fini.

Proposition 1.3. : On a les propriétés suivantes :

1°) Si N est un sous-module de M, alors N est ouvert pour la topologie semi-simple si et seulement si M/N est semi-simple de type fini.

2°) $\overline{\{0\}} = \text{Rad } M$.

3°) Soit $f : M \longrightarrow P$ un homomorphisme. Alors f est continu pour les topologies semi-simples de M et P.

4°) Si $\mathcal{F} = \{N | N$ sous-module de M ; M/N semi-simple de type fini$\}$ alors on a $\hat{M} = \varprojlim M/N$, $N \in \mathcal{F}$, $\hat{M}$ étant le séparé complété de M pour la topologie semi-simple.

Voir [3] (exercice 22 p.123, 13 p.108).

Soient A un anneau, E et M des A-modules à gauche. La E-topologie sur M est la topologie invariante par translation et engendrée par les noyaux des homomorphismes de M dans E^k, k entier positif. Le groupe $\text{Hom}_A(M,E)$ peut être muni de la topologie "finie", invariante par translation et engendrée par les sous-groupes $\{f \in \mathrm{Hom}_A(M,E) \mid f(S) = 0$, S partie finie de $M\}$.

Proposition 1.4. : Notons $S(M) = \mathrm{Hom}_A(M,E)$, $B = \mathrm{End}_A E$, $T(N) = \mathrm{Hom}_B(N,E)$ où N est un B-module à gauche. Munissons M de la E-topologie et $TS(M)$ de la topologie "finie". Soit $\phi_M : M \longrightarrow TS(M)$ l'homomorphisme canonique. Alors :

1°) M et $TS(M)$ sont linéairement topologisés ;

2°) ϕ_M est continu ; les topologies induites quotient et sous-module coïncident sur $\mathrm{Im}\,\phi_M$;

3°) $TS(M)$ est séparé et complet ;

4°) Soient P un A-module à gauche, $f : M \longrightarrow P$ un A-homomorphisme. Si P est muni de la E-topologie, f est continu ; si $TS(P)$ est muni de la topologie "finie", $TS(f)$ est continu ;

5°) Si tout module quotient de tout produit fini de copies de E est séparé pour la E-topologie, alors la paire $(\phi_M, TS(M))$ est une complétion de M.

Voir [4] (proposition 1.5.).

Proposition 1.5. : Soient A un anneau, M un A-module à gauche, $(S_i)_{i \in I}$ une famille de représentants de tous les types de A-modules à gauche simples, $K_i = \mathrm{End}_A\, S_i$, $\hat{M}$ et $\hat{A}$ les séparés-complétés respectifs de M et de A pour la topologie semi-simple. Alors :

1°) $\hat{M} \simeq \prod_{i \in I} \mathrm{Hom}_{K_i}(\mathrm{Hom}_A(M, S_i), S_i)$ où le second membre est muni de la topologie produit induite par la topologie finie de chaque facteur.

2°) $\hat{A} \simeq \prod_{i \in I} \mathrm{End}_{K_i}\, S_i$ et par conséquent $\hat{A}$ est absolument plat et auto-injectif à droite.

Pour établir cette proposition, on a besoin du lemme suivant :

Lemme 1.6. : Soient P un A-module à gauche semi-simple de type fini, $(P_k)_{1 \leq k \leq m}$ des sous-modules de P tels que :

1°) Quelque soit le, $1 \leq k \leq m$, il existe un A-module à gauche simple S_k et un entier $n_k \geq 1$ tel que $P/P_k \simeq S_k^{n_k}$;

2°) Si $k \neq j$ S_k n'est pas isomorphe à S_j.

Alors l'homomorphisme canonique φ de P dans $\bigoplus_{k=1}^{m} P/P_k$ est surjectif.

Démonstration : Soient $Q = \bigoplus_{i=1}^{m} P/P_k$, $Q_k = P/P_k$, $s_k : Q \longrightarrow Q_k$ la surjection canonique, $u_k : Q_k \longrightarrow Q$ l'injection canonique. Supposons φ non surjectif. Comme $Q/\operatorname{Im}\varphi$ est semi-simple, il existe donc $x \in Q$, $x \notin \operatorname{Im}\varphi$, $f : Q \longrightarrow S$ un homomorphisme où S est un A-module à gauche simple tels que $f(x) \neq 0$ et $f(\operatorname{Im}\varphi) = 0$. D'après 2°) il existe un k et un seul tel que $f \circ u_k \neq 0$. Quitte à changer l'ordre des indices on peut supposer $k = 1$, et donc $S \cong S_1$ et si $k > 1$, $f \circ u_k = 0$. Alors

$f(x) = f(\sum_{k=1}^{m} (u_k \circ s_k)(x)) = (f \circ u_1)(s_1(x)) = (f \circ u_1)(s_1(\varphi(y))$ où $y \in P$.

On a donc $f(x) = \sum_{k=1}^{m} (f \circ u_k)(s_k(\varphi(y)) = f(\varphi(y)) = 0$: c'est une contradiction. Donc φ est un homomorphisme surjectif.

Démonstration de la Proposition 1.5. :

1°) Si $i \in I$, soit M_i le A-module M muni de la S_i-topologie. D'après la Proposition 1.4, le séparé-complété de M_i pour la S_i-topologie est $\operatorname{Hom}_{K_i}(\operatorname{Hom}_A(M,S_i),S_i)$. Donc le séparé-complété de $\prod_{i\in I} M_i$ pour la topologie-produit est $\prod_{i\in I} \operatorname{Hom}_{K_i}(\operatorname{Hom}_A(M,S_i),S_i)$.

Soit $\Delta : M \longrightarrow \prod_{i\in I} M_i$ le morphisme diagonal. Alors Δ est continu. La topologie semi-simple sur M coïncide avec l'image réciproque par Δ de la topologie-produit sur $\prod_{i\in I} M_i$ induite par la S_i-topologie sur chaque facteur. D'après le Lemme 1.6, $\operatorname{Im}\Delta$ est dense dans $\prod_{i\in I} M_i$. Par conséquent, on en déduit que $\tilde{\Delta} : \tilde{M} \longrightarrow \prod_{i\in I} M_i$ est un isomorphisme.

2°) Comme K_i est un corps gauche, $\operatorname{End}_{K_i} S_i$ est un anneau absolument plat et auto-injectif à droite.

Théorème 1.7 : Soit A un anneau. Alors les conditions suivantes sont équivalentes :

1°) A est un anneau semi-simple.

2°) A est complet pour la topologie semi-simple (à gauche).

Démonstration : 1) $\Longrightarrow$ 2) est évident. 2) $\Longrightarrow$ 1). Montrons d'abord qu'il n'existe qu'un nombre fini de types de A-modules à gauche simples. Reprenons les notations de la proposition 1.5, et soit $A_i = \operatorname{End}_{K_i} S_i$. On a $A = \prod_{i\in I} A_i$ et quelque soit $i \in I$, S_i est un A_i-module simple. Supposons I infini. Soient M un idéal à gauche maximal contenant $\bigoplus_{i\in I} A_i$ et $S = A/M$. Alors S n'est isomorphe à aucun des S_i ; ce qui est impossible. Donc I est fini.

Montrons maintenant que quelque soit $i \in I$, S_i est un K_i-espace vectoriel de dimension finie. Raisonnons par l'absurde et supposons que S_i n'est pas de dimension finie sur K_i. Alors l'ensemble J des K_i-endomorphismes de rang fini de S_i est un idéal bilatère propre non nul de A_i. Soit S un A_i-module simple annulé par J. Alors S n'est pas isomorphe à S_i puisque S_i est un A_i-module fidèle. Comme tout A_i-module à gauche simple est isomorphe à S_i, on a une contradiction.

Donc quelque soit $i \in I$, A_i est un anneau simple et par conséquent A est semi-simple.

Définition 1.8. : Soient A un anneau, M un A-module à gauche muni d'une topologie linéaire $\mathcal{C}$. On dit que M est linéairement compact pour la topologie $\mathcal{C}$, s'il est séparé pour cette topologie et si toute famille filtrante décroissante $(x_i + M_i)_{i \in I}$, où pour tout $i \in I$ $x_i \in M$ et M_i un sous-module fermé pour la topologie $\mathcal{C}$, a une intersection non vide. On dit que A est linéairement compact à gauche si le A-module à gauche A_s est linéairement compact pour la topologie discrète.

Corollaire 1.9. : Soit A un anneau linéairement compact à gauche. Alors $A/\mathrm{Rad}\, A$ est semi-simple.

Démonstration : $A/\mathrm{Rad}\, A$ est séparé pour la topologie semi-simple et linéairement compact pour la topologie discrète donc complet pour la topologie semi-simple.

Remarque : D'après (5) tout anneau commutatif linéairement compact est semi-parfait, c'est-à-dire que $A/\mathrm{Rad}\, A$ est semi-simple, et tout idempotent modulo $\mathrm{Rad}\, A$ se relève en un idempotent de A. Ce résultat est-il encore valable si l'anneau n'est plus commutatif ?

Proposition 1.10. : Soient A un anneau commutatif, $\mathrm{Max}\, A$ l'ensemble des idéaux maximaux de A, M un A-module. Alors :

1°) $\mathrm{Rad}\, M = \bigcap_{\mathfrak{M} \in \mathrm{Max}\, A} \mathfrak{M}M$.

2°) Si M est de type fini, $\hat{M} \simeq \prod_{\mathfrak{M} \in \mathrm{Max}\, A} M/\mathfrak{M}M$.

Démonstration : Soit $\mathfrak{M}$ un idéal maximal de A. On a $\mathrm{Hom}_A(M, A/\mathfrak{M}) \simeq \mathrm{Hom}_{A/\mathfrak{M}}(M/\mathfrak{M}M, A/\mathfrak{M})$. Comme $M/\mathfrak{M}M$ est un $A/\mathfrak{M}$-espace vectoriel

$M/\mathfrak{M}M$ est plongé dans son bidual. Par conséquent $\mathfrak{M}M$ est le noyau de l'homomorphisme canonique de M dans $\mathrm{Hom}_{A/\mathfrak{M}}(\mathrm{Hom}_A(M,A/\mathfrak{M}),A/\mathfrak{M})$. Si M est de type fini, $M/\mathfrak{M}M$ est isomorphe à son bidual.

2. Anneaux tels que tout module à gauche de présentation finie est sans radical:

Définition 2.1. : Soit A un anneau. On dit que A est un V-anneau à gauche si tout A-module à gauche simple est injectif.

Théorème 2.2. : Soit A un anneau. Les conditions suivantes sont équivalentes :

1°) A est un V-anneau à gauche ;

2°) Tout idéal à gauche de A est intersection d'idéaux à gauche maximaux ;

3°) Pour tout A-module à gauche M, on a $\mathrm{Rad}\, M = \{0\}$;

4°) Pour tout A-module à gauche M, pour tout sous-module N de M, la topologie semi-simple sur N coïncide avec la topologie induite par la topologie semi-simple de M ;

5°) Le foncteur complétion pour la topologie semi-simple est exact.

Démonstration : Pour (1)$\Longleftrightarrow$ (2) $\Longleftrightarrow$ (3) voir [6] (Théorème 2.1.)

1)$\Longrightarrow$ 4) On a toujours que la topologie semi-simple sur N est plus fine que la topologie induite sur N par la topologie semi-simple de M. Soit P un sous-module de N tel que N/P soit semi-simple de type fini. Alors N/P est un module injectif, et la surjection canonique de N sur N/P se prolonge en un homomorphisme f de M sur N/P. Alors on $P = N \cap \ker f$.

4)$\Longrightarrow$ 3) Soit $x \in M$, $x \neq 0$. Alors il existe un A-module à gauche simple et un homomorphisme $f : Ax \longrightarrow S$ tel que $f(x) \neq 0$. Il existe un sous-module N de M, tel que M/N soit semi-simple de type fini et tel que $N \cap Ax \subseteq \ker f$. Donc $x \notin N$ et $\mathrm{Rad}\, M = \{0\}$.

1)$\Longrightarrow$5) D'après la proposition 1.5., et en reprenant ses notations, le foncteur complétion est isomorphe à $\prod_{i\in I} \mathrm{Hom}_{K_i}(\mathrm{Hom}_A(-,S_i),S_i)$. Il est toujours exact à droite, et il est exact si A est un V-anneau à gauche.

5)$\Longrightarrow$ 1) On a donc que pour tout i, le foncteur $\mathrm{Hom}_{K_i}(\mathrm{Hom}_A(-,S_i),S_i)$ est exact. Comme K_i est un corps gauche, et S_i un K_i-espace vectoriel non nul, donc un cogénérateur de la catégorie des K_i-espace vectoriel à gauche, on en déduit que le foncteur $\mathrm{Hom}_A(-,S_i)$ est exact.

Définition 2.3. : Soient M un A-module à droite, N un sous-module de M. On dit que N est un sous-module pur de M si pour tout A-module à gauche P, l'homomorphisme canonique de $N \otimes_A P \longrightarrow M \otimes_A P$ est injectif. Comme tout A-module est limite inductive de modules de présentation finie, et que le produit tensoriel commute avec les limites inductives, il suffit de prendre P de présentation finie.

Proposition 2.4. : Soient A un anneau, M un A-module à gauche, $\hat{A}$ et $\hat{M}$ les séparés-complétés respectifs de A et M pour la topologie semi-simple. Alors il existe un homomorphisme canonique $\varphi_M : \hat{A} \otimes_A M \longrightarrow \hat{M}$ qui est surjectif (resp. bijectif) si M est de type fini (resp. de présentation finie).

Démonstration : Reprenons les notations de la proposition 1.5. Comme S_i est un K_i-module injectif, l'homomorphisme canonique $\alpha_i : \mathrm{Hom}_{K_i}(S_i,S_i) \otimes_A M \longrightarrow \mathrm{Hom}_{K_i}(\mathrm{Hom}_A(M,S_i),S_i)$ est surjectif (resp. bijectif) si M est de type fini (resp. de présentation finie). (voir [2] exercice 14, p.63). L'homomorphisme canonique $\psi_M : (\prod_{i\in I} \mathrm{End}_{K_i} S_i) \otimes_A M \longrightarrow \prod_{i\in I}((\mathrm{End}_{K_i} S_i) \otimes_A M)$ est surjectif (resp. bijectif) si M est de type fini (resp. de présentation finie) (voir [2] exercice 9, p.62). En prenant $\varphi_M = (\prod_{i\in I} \alpha_i) \circ \psi_M$, on a le résultat cherché.

Théorème 2.5. : Soient A un anneau, $\hat{A}$ son séparé-complété (à gauche) pour la topologie semi-simple. Alors les conditions suivantes sont équivalentes :

1°) Pour tout A-module à gauche M de présentation finie, on a $\mathrm{Rad}\, M = \{0\}$.

2°) A est un sous A-module pur à droite de $\hat{A}$.

Démonstration : Soient M un A-module de présentation finie, $\alpha_M : M \longrightarrow \hat{A} \otimes_A M$ l'homomorphisme canonique déduit du morphisme de A dans $\hat{A}$. D'après la proposition 2.4., $\ker \alpha_M = \mathrm{Rad}\, M$. Donc $\mathrm{Rad}\, M = 0$ si et seulement si α_M est injectif.

Proposition 2.6. :

1°) Tout V-anneau à gauche vérifie les conditions du théorème 2.5.

2°) Si A est un anneau absolument plat, A vérifie les conditions du théorème 2.5, et tout idéal à gauche (resp. à droite) de type fini est intersection d'idéaux à gauche (resp. à droite) maximaux.

Démonstration :

1°) est une conséquence immédiate du théorème 2.2. Pour les V-anneaux à gauche, la 2ème condition du théorème 2.5. avait déjà été démontrée dans [11] et [12].

2°) A étant absolument plat, Rad A = $\{0\}$ et A est un sous-module de $\hat{A}$. Comme tout A-module à gauche est plat, A est un sous-module pur à droite de $\hat{A}$. Si I est un idéal à gauche de type fini, A/I est de présentation finie et on a donc le résultat.

Proposition 2.7. : Soit A un anneau vérifiant les conditions équivalentes du théorème 2.5. Alors si A est noethérien à gauche, A est un V-anneau à gauche.

Démonstration : Tout idéal à gauche étant de type fini, il est intersection d'idéaux maximaux. On applique le théorème 2.2.

Proposition 2.8. : Soit A un anneau vérifiant les conditions du théorème 2.5. Alors on a les assertions suivantes :

1°) le centre de A est un anneau absolument plat :

2°) Si A est commutatif, A est absolument plat.

Démonstration : Soit c un élément du centre de A. Reprenons les notations de la proposition 1.5 Alors pour tout $i \in I$, la multiplication par c dans S_i est un élément du centre de K_i, et donc un élément du centre de $\mathrm{End}_{K_i} S_i$. Par conséquent c appartient au centre de $\hat{A}$; Donc il existe $b \in \hat{A}$ tel que $bc^2 = c$. Comme A est un sous-A-module pur à droite de $\hat{A}$, on a : $\hat{A}c^2 \cap A = Ac^2$. Donc il existe $a \in A$ tel que $ac^2 = c$. Soit $x \in A$. Alors $x(ca^2) = cxa^2 = ac^2xa^2 = axc^2a^2 = axca = acxa$. D'où $x(ca^2) = a^2c^2xa = a^2xc^2a = a^2xc = (a^2c)x$. Donc a^2c est un élément du centre de A et $c^2(a^2c) = (c^2a)ac = cac = c$.

Proposition 2.9. : Les assertions suivantes sont vérifiées :

1°) Soient A un anneau vérifiant les conditions du théorème 2.5, I un idéal bilatère tel que I soit un A-module à gauche de type fini. Alors A/I vérifie les conditions du théorème 2.5.

2°) Soient $(A_\lambda)_{\lambda \in \Lambda}$ une famille d'anneaux, $A = \prod_{\lambda \in \Lambda} A_\lambda$. Alors A vérifie les conditions du théorème 2.5. si et seulement si pour tout $\lambda \in \Lambda$,

A_λ les vérifie aussi.

Démonstration :

1°) Soient P un A/I-module à gauche de présentation finie, $x \in P$, $x \neq 0$. Alors P est aussi un A-module de présentation finie. Donc il existe un A-module à gauche simple S et un homomorphisme f de P dans S tel que $f(x) \neq 0$. Comme I annule P, I annule aussi S, et S est un A/I-module simple.

2°) Supposons que A vérifie les conditions du théorème 2.5. Alors quelque soit $\lambda \in \Lambda$, A_λ est le quotient de A par un idéal bilatère qui est de type fini en tant que A-module à gauche. Réciproquement si P est un A-module de présentation finie, alors P est isomorphe à $\prod_{\lambda \in \Lambda} A_\lambda \otimes_A P$ (voir [2] exercice 9, p.62). Posons $P_\lambda = A_\lambda \otimes_A P$ et identifions P à $\prod_{\lambda \in \Lambda} P_\lambda$. Soit $x = (x_\lambda)_{\lambda \in \Lambda}$ un élément non nul de P. Il existe $\lambda \in \Lambda$ tel que $x_\lambda \neq 0$. Comme P_λ est un A_λ-module à gauche de présentation finie, il existe un A_λ-module à gauche simple S et un homomorphisme $f : P_\lambda \longrightarrow S$ tel que $f(x_\lambda) \neq 0$. Soit s_λ la projection de P sur P_λ. Alors $(f \circ s_\lambda)(x) \neq 0$.

3. Anneaux tels que tout module à gauche simple soit fp-injectif.

Définition 3.1. : Soit A un anneau, M un A-module à gauche . On dit que M est fp-injectif (ou absolument pur) si pour tout A-module à gauche F de présentation finie, on a $\mathrm{Ext}_A^1(F,M) = 0$. Alors M est fp-injectif si et seulement si M est un sous-module pur de tout module qui le contient (voir [7]).

Théorème 3.2. : Soit A un anneau. Alors les conditions suivantes sont équivalentes :

1°) Tout A-module à gauche simple est fp-injectif.

2°) Pour tout A-module à gauche libre de type fini L, pour tout sous-module de type fini N de L, la topologie semi-simple de N coïncide avec la topologie induite sur N par la topologie semi-simple de L.

3°) Pour tout A-module à gauche de présentation finie P, pour tout sous-module de type fini N de P, la topologie semi-simple de N coïncide avec la topologie induite sur N par la topologie semi-simple de P.

4°) Pour toute suite exacte $0 \longrightarrow N \xrightarrow{u} P$ de A-modules à gauche, où P est de présentation finie et N de type fini, la suite $0 \longrightarrow \hat{N} \xrightarrow{\hat{u}} \hat{P}$ est exacte.

Démonstration :

1) $\Longrightarrow$ 4) : Reprenons les notations de la proposition 1.5. Comme P/N est de présentation finie, pour tout $i \in I$, la suite suivante est exacte :

$$\mathrm{Hom}_A(P,S_i) \xrightarrow{\mathrm{Hom}_A(u,S_i)} \mathrm{Hom}_A(N,S_i) \longrightarrow \mathrm{Ext}^1_A(P/\ ,S_i) = 0.$$

Et par conséquent quelque soit $i \in I$ la suite suivante est exacte :

$$0 \longrightarrow \mathrm{Hom}_{K_i}(\mathrm{Hom}_A(N,S_i),S_i) \xrightarrow{\mathrm{Hom}_{K_i}(\mathrm{Hom}_A(u,S_i),S_i)} \mathrm{Hom}_{K_i}(\mathrm{Hom}_A(P,S_i),S_i)\ ;$$

d'où $\hat{u}$ est injectif.

4) $\Longrightarrow$ 1) Soient F un A-module à gauche de présentation finie, $0 \longrightarrow N \xrightarrow{u} L \longrightarrow F \longrightarrow 0$ une suite exacte où L est libre de type fini et par conséquent N est de type fini. On a la suite exacte :

$$\mathrm{Hom}_A(L,S) \longrightarrow \mathrm{Hom}_A(N,S) \longrightarrow \mathrm{Ext}^1_A(F,S) \longrightarrow \mathrm{Ext}^1_A(L,S) = 0$$

où S est un A-module à gauche simple. Comme $\hat{u}$ est injectif, on en déduit que pour tout A-module à gauche simple S on a la suite exacte :

$$0 \longrightarrow \mathrm{Hom}_K(\mathrm{Hom}_A(N,S),S) \longrightarrow \mathrm{Hom}_K(\mathrm{Hom}_A(L,S),S), \text{ où } K = \mathrm{End}_A\, S.$$

Comme K est un corps, on en déduit que $\mathrm{Hom}_A(u,S)$ est surjectif et donc $\mathrm{Ext}^1_A(F,S) = 0$.

1) $\Longrightarrow$ 3) Soit N' un sous-module de N tel que N/N' soit semi-simple. Comme N/N' est fp-injectif, et P/N de présentation finie, la surjection canonique de N sur N/N' se prolonge en un homomorphisme $f : P \longrightarrow N/N'$. On a donc $N' = \ker f \cap N$.

3) $\Longrightarrow$ 2) est évident.

2) $\Longrightarrow$ 1) Soit F un A-module à gauche de présentation finie, $0 \longrightarrow N \longrightarrow L \longrightarrow F \longrightarrow 0$ une suite exacte où L est un A-module à gauche libre de type fini et par conséquent N est de type fini, S un A-module à gauche simple, et $f : N \longrightarrow S$ un homomorphisme. Alors $\ker f$ est un ouvert de N pour la topologie semi-simple. Donc il existe un sous-module P de L, vérifiant L/P semi-simple et $P \cap N \subseteq \ker f$. On a alors le diagramme commutatif suivant :

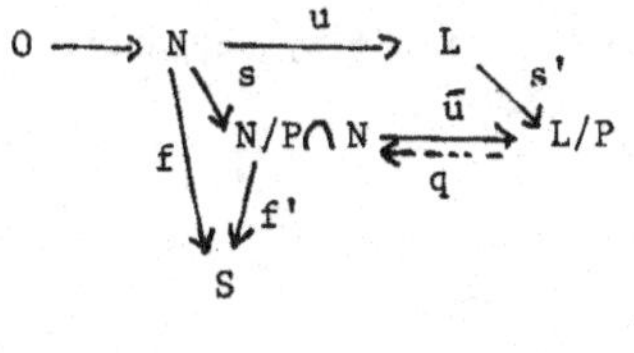

L/P étant semi-simple il existe $q : L/P \longrightarrow N/P\cap N$ tel que $q \circ \bar{u} = 1_{N/P\cap N}$.
Alors $f' \circ q \circ s'$ prolonge f.

Remarque : Tout V-anneau à gauche vérifie les conditions du théorème 3.2. Comme tout module est fp-injectif sur un anneau absolument plat (8), alors tout anneau absolument plat vérifie les conditions du théorème 3.2.

Proposition 3.3. : Soit A un anneau vérifiant les conditions équivalentes du théorème 3.2. Alors A vérifie aussi les conditions du théorème 2.5.

Démonstration : Soient P un A-module à gauche de présentation finie, $x \in P$, $x \neq 0$. Alors il existe un A-module à gauche simple S et un homomorphisme f de A dans S tel que $f(x) \neq 0$. Comme P/Ax est de présentation finie, f se prolonge à P.

Proposition 3.4. : Soient A un anneau vérifiant les conditions du théorème 3.2., I un idéal bilatère de A. Alors A/I vérifie les conditions du théorème 3.2.

Démonstration : Soient S un A/I-module à gauche simple, M un A/I-module à gauche contenant S comme sous-module. Alors S est un sous-A-module pur de M, et donc S est aussi un sous A/I-module pur de M.

Théorème 3.5. : Soit A un anneau vérifiant les conditions du théorème 3.2. Alors pour tout idéal à gauche I de A, on a $I^2 = I$.

Démonstration : Il suffit de montrer le résultat lorsque I est un idéal principal. Supposons $I = Ax$ et raisonnons par l'absurde en supposant $I \neq I^2$. Alors $x \notin I^2$. On a la suite exacte : $0 \longrightarrow I/I^2 \longrightarrow A/I^2 \longrightarrow A/I \longrightarrow 0$.

Alors il existe un A-module à gauche simple S et un homomorphisme $f : I/I^2 \longrightarrow S$ tel que $f(\bar{x}) \neq 0$. Comme A/Ax est de présentation finie, f se prolonge à A/I^2. Soit s la surjection canonique de A sur A/I^2. Alors ker (f o s) est un idéal à gauche maximal ne contenant pas x, et contenant I^2. Donc A = Ax + ker (f o s). D'où il existe $a \in A$, et $y \in$ ker (f o s) tels que $1 = ax + y$. On en déduit que $x = xax + xy$ appartient à ker (f o s); d'où une contradiction.

Théorème 3.6. : Soit A un anneau. Les conditions suivantes sont équivalentes :

1°) A est cohérent à gauche et tout A-module à gauche simple est fp-injectif.

2°) $\hat{A}$ le séparé-complété de A pour la topologie semi-simple à gauche, est un A-module à droite plat.

3°) $\hat{A}$ est un A-module à droite fidèlement plat.

Démonstration :

1) ⟹ 2) Soient I un idéal à gauche de type fini de A, u l'injection canonique de I dans A. Alors on a le diagramme commutatif suivant :

$$\begin{array}{ccc} \hat{A} \otimes_A I & \xrightarrow{\;1_{\hat{A}} \otimes u\;} & \hat{A} \\ \downarrow{\scriptstyle \varphi_I} & & \downarrow{\scriptstyle 1_{\hat{A}}} \\ \hat{I} & \xrightarrow{\quad \hat{u} \quad} & \hat{A} \end{array}$$

Comme I est de présentation finie, φ_I est un isomorphisme, d'après la proposition 2.4. D'après le théorème 3.2., $\hat{u}$ est injectif. On en déduit donc que $1_{\hat{A}} \otimes_A u$ est injectif.

2) ⟹ 3) Montrons que A vérifie les conditions du théorème 3.2. Soient P un A-module à gauche de présentation finie, N un sous-module de type fini de P. On a la diagramme commutatif suivant :

$$\begin{array}{ccc} \hat{A} \otimes_A U & \xrightarrow{\;1_{\hat{A}} \otimes u\;} & \hat{A} \otimes_P P \\ \downarrow{\scriptstyle \varphi_N} & & \downarrow{\scriptstyle \varphi_P} \\ \hat{N} & \xrightarrow{\quad \hat{u} \quad} & \hat{P} \end{array}$$

où u est l'injection canonique de N dans P. D'après la proposition 2.4., φ_P est un isomorphisme et φ_N est surjectif . Comme $1_{\hat{A}} \otimes_A u$ est injectif, on en déduit que φ_N est un isomorphisme et donc que $\hat{u}$ est injectif. D'après la proposition 3.3., A est un sous-module pur à droite de $\hat{A}$ et donc $\hat{A}$ est un A-module à droite fidèlement plat.

3) ⟹ 1) Il reste à montrer que A est cohérent à gauche. Comme $\hat{A}$ est cohérent à gauche et que $\hat{A}$ est un A-module à droite fidèlement plat, A est cohérent à gauche.

Proposition 3.7. : Soient A un anneau, I un idéal bilatère de A. On suppose que A est cohérent à gauche et que tout A-module à gauche simple est fp-injectif. Alors A/I est un anneau cohérent à gauche et tout A/I-module à gauche simple est fp-injectif.

Démonstration : En utilisant la proposition 3.5. et [10] on en déduit que A/I est un A-module à droite plat et par conséquent A/I est cohérent à gauche. Puis on utilise la proposition 3.4.

Exemple 1 : Soient B un anneau absolument plat qui n'est pas un V-anneau à gauche, et C un V-anneau à gauche qui n'est pas absolument plat (voir [9]). Alors $A = B \times C$ n'est ni un V-anneau à gauche, ni un anneau absolument plat, mais tout A-module à gauche simple est fp-injectif.

Exemple 2 : Soient k un corps commutatif, V un k-espace vectoriel de dimension infinie, $B = \mathrm{End}_k V$, f un élément de B, de rang infini tel que $f^2 = 0$, (on peut toujours en trouver un) et $\mathfrak{a}$ le socle de B contenant les éléments de B de rang fini. On considère A la sous-k-algèbre de B engendrée par f et $\mathfrak{a}$. Alors $A/\mathfrak{a}$ est un anneau commutatif local quasi-frobenusien, ayant un idéal maximal principal et non nul. Comme $\mathfrak{a}$ est un A-module à droite (et à gauche) fp-injectif, A est un anneau auto-fp-injectif à gauche et à droite. Par conséquent, puisque A est un anneau semi-primitif, en utilisant le théorème 2.5., tout A-module à gauche (et à droite) de présentation finie est sans radical. Par contre, comme $A/\mathfrak{a}$ n'est pas semi-primitif, et d'après le théorème 3.5., A ne vérifie pas les conditions du théorème 3.2.

Bibliographie

[1] N. BOURBAKI : Algèbre Chapitre 8 - Hermann Paris.

[2] N. BOURBAKI : Algèbre Commutative Chapitre 1 - Hermann Paris.

[3] N. BOURBAKI : Algèbre Commutative Chapitre 3 - Hermann Paris.

[4] P. VÁMOS : Classical Rings - Journal of Algebra 34, p.114-129 (1975).

[5] D. ZELINSKY : Linearly compact modules and rings - Amer. J. Math. 75 (1953), p.79-90.

[6] MICHLER, G. and O. VILLAMAYER : "On rings whose simple modules are injective" J. of Algebra 25 (1973) p.185-201.

[7] B. STENSTRÖM : Coherent rings and fp-injective modules, J. London Math. Soc. (2) 1970 p.323-329.

[8] MEGGIBEN : Absolutely pure modules. Proc. Amer. Math. Soc.26 1970 p.561-566.

[9] COZZENS : "Homological properties of the ring of differential polynomials". Bull. Amer. Math. Soc. 76-1 1970 p.75-79.

[10] C. FAITH : "Modules finite over endomorphism ring" Lectures on rings and modules. Lecture Notes in Math., n°246, Springer-Verlag, Berlin, 1972.

[11] F. COUCHOT : "Topologie cofinie et modules pur-injectifs" C.R. Acad. Sc. Paris série A, t.283, 1976, p.277-280.

[12] F. COUCHOT : "Sous-modules purs et modules de type cofini". Lecture Notes in Math., n°641, Séminaire d'Algèbre Paul Dubreil, Paris 1976-1977, Springer-Verlag.

Manuscrit remis le 20 Mars 1978

François COUCHOT
Département de
Mathématiques
Esplanade de la Paix
Université de Caen
14032 CAEN Cedex

UN IDEAL MAXIMAL DE L'ANNEAU DES ENDOMORPHISMES D'UN ESPACE VECTORIEL DE DIMENSION INFINIE

par

François ARIBAUD

SOMMAIRE : Si E est un D-espace vectoriel de dimension infinie, on construit un idéal maximal de $\mathcal{L}_D(V)$ contenant l'idéal des applications de rang fini en faisant une extension de l'Univers d'Ensembles.

§.1. Modèles

Nous nous placerons dans la théorie des ensembles de Zermelo-Fraenkel complétée par l'Axiome de Choix et l'axiome suivant :

AXIOME DES MODELES STANDARD : Il existe un ensemble S possédant les propriétés suivantes :

a) S est dénombrable,

b) S est transitif i.e. si $x \in y \in S$ on a $x \in S$,

c) Si on appelle ensembles les seuls éléments de S, les Axiomes de Zermelo-Fraenkel et l'Axiome de Choix sont encore satisfaits pour la relation $x \in y$.

Pour la discussion de cet axiome on se reportera à [1] Ch. II §.7 et Ch.III §.6 ler Théorème.

Dans ce qui suit nous appellerons ensembles les ensembles éléments de S, ensembles extérieurs les autres ensembles.

§.2. Ultrafiltres génériques

DEFINITION 1. - Soit X un ensemble infini. Une famille D de parties de X est dense si pour tout sous-ensemble infini Y de X il existe $W \in D$ tel que $W \subset Y$.

Soit K un corps et soit V un K-espace vectoriel de dimension infinie. Nous désignerons par B une base du K-espace vectoriel V.

PROPOSITION 1. - Soit u une application linéaire de V dans V. La famille D des sous-ensembles infinis M de B tels que

- ou bien u(M) est un sous-ensemble de rang fini de V,
- ou bien l'ensemble des u(b), $b \in M$, est une famille libre de V.

est une famille dense de parties de B.

Preuve : Soit P un sous-ensemble infini de B. Si u(P) est de rang fini, P est dans D. Sinon il existe $Q \subset P$ tel que u(Q) soit une base de l'espace vectoriel engendré par u(P). Cet ensemble Q est donc infini, u(P) n'étant pas de rang fini. Et $Q \in D$.

Q.E.D.

DEFINITION 2. - Soit F un filtre sur X, F pouvant être un ensemble extérieur. On dit que F est générique si pour toute famille dense D de parties de X l'intersection $F \cap D$ est non vide.

PROPOSITION 2. - Soit X un ensemble infini. Tout sous-ensemble infini Y de X est élément d'un ensemble extérieur F qui est un filtre générique sur X.

Preuve : Comme S est transitif, tout $X \in S$ est aussi un sous-ensemble de S et est dénombrable dans l'Univers total des ensembles. C'est encore le cas pour $\mathcal{P}(X)$ et pour $\mathcal{P}(\mathcal{P}(X))$. Il en résulte que l'on peut ranger sous forme de suite (D_n) la famille des familles de parties denses de X : bien entendu l'application $n \longmapsto D_n$ est définie par un ensemble extérieur. Soit Y un sous-ensemble infini de X. Nous définirons par récurrence dans le domaine des ensembles extérieurs une suite (extérieure) de sous-ensembles de X en posant

W_o = un sous-ensemble de Y appartenant à D_o

W_{n+1} = un sous-ensemble de W_n appartenant à D_{n+1}.

La suite W_n est décroissante. On obtient donc un filtre F en prenant l'ensemble des $Z \subset X$ tels que $Z \supset W_n$ pour un n. Soit D une famille dense de parties de X. Il existe un entier n tel que $D = D_n$; on a alors $W_n \in D \cap F$.

Q.E.D.

PROPOSITION 3. - Un filtre générique F sur un ensemble infini est un ultrafiltre non principal.

Soit $X = A \cup B$ une décomposition de X en deux sous-ensembles. On définit une famille dense D de parties de X en posant $D = \{Z \subset X \mid Z \subset A \text{ ou } Z \subset B\}$. L'intersection $D \cap F$ est non vide : si $Z \in D \cap F$ est inclus dans A on a $A \in F$; si Z est inclus dans B on a $B \in F$. Dans les deux cas l'un au moins des ensembles A et B est élément de F. Soit $a \in X$ un élément quelconque. La famille des $Y \subset X$ qui ne contiennent pas a est dense dans X. Il existe donc dans F des Y qui ne contiennent pas a.

Q.E.D.

§.3. Idéaux maximaux de $\mathcal{L}_D(V)$.

Nous considérons dans ce paragraphe un corps D non nécessairement commutatif et un D-espace vectoriel de dimension infinie V. On notera B une base de V, F un ultrafiltre générique sur B.

LEMME 1. - Soit u une application linéaire de V dans V. Il existe $M \in F$ tel que u(M) soit de rang fini ou que u(M) soit libre.

Preuve : On applique la proposition 1 du §.2 en notant que F est générique.

THEOREME 1. - Les notations étant celles du début du paragraphe on pose

$$I(F) = \{u \in \mathcal{L}_D(V) \mid \text{il existe } M \in F \text{ tel que } u(M) \text{ soit de rang fini}\}.$$

Cet ensemble extérieur I(F) est un idéal à gauche maximal de $\mathcal{L}_D(V)$.

Preuve : Comme F est extérieur, il en est de même de I(F) construit à l'aide de F. Soient $u,v \in I(F)$: il existe P et Q dans F tels que u(P) et u(Q) soient de rang fini. Comme $P \cap Q \in F$ et comme $(u+v)(P \cap Q) \subset u(P \cap Q) + v(P \cap Q)$, u+v est encore dans I(F). De u(P) de rang fini on tire que wou(P) est de rang fini quelle que soit $w \in \mathcal{L}_D(V)$ i.e. $wou \in I(F)$. Ainsi I(F) est un idéal à gauche de $\mathcal{L}_D(V)$.

Cet I(F) ne contient pas l'application identique A_V : si M est un sous-ensemble infini de B, $1_V(M)$ est de rang infini ! Par suite I(F) est un idéal propre.

Soit $u \notin I(F)$. D'après le lemme 1 il existe un $M \in F$ tel que ou bien u(M) soit de rang fini ou bien u(M) soit libre. Comme $u \notin I(F)$ la première éventualité ne peut pas se présenter. On peut donc prolonger u(M) en une base B' de V. Si on pose

$v(u(b)) = b$ pour $b \in M$

$v(b') = 0$ si $b' \in B'-u(M)$,

on définit une application linéaire de V dans V telle que $(v \circ u - \mathrm{id})(b) = 0$
pour tout $b \in M$. A fortiori $(v \circ u - \mathrm{id})(M)$ est de rang fini et $(v \circ u - \mathrm{id}) \in I(F)$.
Comme u est un élément quelconque de $\mathscr{L}_D(V)$ n'appartenant pas à $I(F)$,
il en résulte que $I(F)$ est maximal.

$$\text{Q.E.D.}$$

§.4 Modules simples associés.

Dans ce paragraphe nous supposons que V est de dimension infinie <u>dénombrable</u>.
Nous noterons $(e_n)_{n \in \underline{N}}$ une base de V. Si F est un ultrafiltre générique
sur $\underline{N}$, il lui correspond d'après le Théorème 1 l'idéal maximal :

$$I(F) = \left\{ u \in \mathscr{L}_D(V) \,\middle|\, \text{il existe un } P \subset \underline{N}, \ P \in F, \text{ tel que l'ensemble des} \right.$$
$$\left. u(e_n), \ n \in P, \text{ soit de rang fini} \right\}.$$

Le module quotient $S(F) = \mathscr{L}_D(V)/I(F)$ est simple.

PROPOSITION 4. - <u>L'application canonique de</u> $\mathscr{L}_D(V)$ <u>dans</u> $S(F)$ <u>définit une</u>
<u>surjection du groupe linéaire</u> $GL_D(V)$ <u>sur</u> $S(F) - 0$. <u>Si</u>

$$H(F) = \left\{ u \in GL_D(V) \,\middle|\, \text{l'ensemble des } n \text{ tels que } u(e_n) = e_n \text{ est dans} \right.$$
$$\left. \text{l'ultrafiltre } F \right\}.$$

$H(F)$ <u>est un sous-groupe de</u> $GL_D(V)$. <u>Deux</u> $u, v \in GL_D(V)$ <u>ont même image dans</u>
$S(F)$ <u>si et seulement si</u> $v^{-1}u \in H(F)$.

<u>Preuve</u> : Soit $u \in \mathscr{L}_D(V)$, $u \notin I(F)$. Il existe $P \subset \underline{N}$, $P \in F$, tel que l'ensemble des
$u(e_p)$, $p \in P$, soit libre de rang infini (cf. §.3 Lemme 1). En particulier P est
infini et admet une partition $P = P' \cup P''$ en deux ensembles infinis. Comme F
est un ultrafiltre, l'un des deux ensembles P' et P'' est dans F, par
exemple P'. Le sous-espace W' engendré par les $u(e_p)$, $p \in P'$, est de dimension infinie dénombrable. Le sous-espace W'' engendré par les $u(e_q)$, $q \in P''$,
est lui aussi de dimension infinie dénombrable. Comme $W' \cap W'' = (0)$, W' admet
un supplémentaire de dimension infinie dénombrable (rappelons que V est
supposé de dimension infinie dénombrable). Le complémentaire Q de P' étant
infini dénombrable, il existe une famille $(f_q)_{q \in Q}$ de vecteurs de V qui
est une base d'un supplémentaire de W'. On posera

$$v(e_p) = u(e_p) \quad \text{pour } p \in P'$$
$$v(e_q) = f_q \quad \text{pour } q \in Q.$$

L'application v transforme une base de V en une base de V. C'est donc un
élément de $GL_D(V)$. On a $(u-v)(e_p) = 0$ pour tout $p \in P'$, d'où $u-v \in I(F)$.
Ce qui montre que l'application canonique est une surjection de $GL_D(V)$ sur

$S(F)-\{0\}$.

Soient v_1, $v_2 \in H(F)$. Il existe P_1 et P_2 dans F tels que $v_1(e_p) = e_p$ pour $p \in P_1$ et $v_2(e_q) = e_q$ pour $q \in P_2$. On a ainsi $v_1 v_2(e_p) = e_p$ pour $p \in P_1 \cap P_2 \in F$ et $v_1^{-1}(e_p) = e_p$ pour $p \in P_1 \in F$. Ce qui montre que $H(F)$ est un sous-groupe de $GL_D(V)$.

Soient u, $v \in GL_D(V)$ tels que $u-v \in I(F)$. Il existe $P \in F$ tel que $u(e_p) = v(e_p)$ pour tout $p \in P$. On a $v^{-1}u(e_p) = e_p$, i.e. $v^{-1}u \in H(F)$.

Q.E.D.

COROLLAIRE . - <u>Soit</u> W <u>un</u> $\mathcal{L}_D(V)$-<u>module . On suppose qu'il existe un</u> $w \in W$, $w \neq 0$, <u>tel que</u> $u(w) = w$ <u>pour tout</u> $u \in H(F)$. <u>Le sous-module de</u> W <u>engendré par</u> w <u>est isomorphe à</u> $S(F) = \mathcal{L}_D(V)/I(F)$.

<u>Preuve</u> : Détails laissés au lecteur !

Désignons par $N(F)$ le normalisateur de $H(F)$ dans $GL_D(V)$.

PROPOSITION 5. - <u>Pour tout</u> $h \in N(F)$ <u>l'application</u> $u \longmapsto uh$ <u>de</u> $\mathcal{L}_D(V)$ <u>dans lui-même définit par passage au quotient un endomorphisme</u> $a(h)$ <u>du module simple</u> $S(F) = \mathcal{L}_D(V)/I(F)$. <u>L'application</u> $h \longmapsto a(h)$ <u>est un homomorphisme surjectif de</u> $N(F)$ <u>sur le groupe multiplicatif</u> Δ^* <u>du corps commutant</u> Δ <u>de</u> $S(F)$. <u>Le noyau de cet homomorphisme est</u> $H(F)$: <u>et par passage au quotient</u> a <u>réalise un isomorphisme de</u> $N(F)/H(F)$ <u>sur</u> Δ^*.

<u>Preuve</u> : Soient u, $v \in \mathcal{L}_D(V)$ telles que $u-v \in I(F)$: il existe $P \subset \underline{N}$, $P \in F$, tel que $u(e_n) = v(e_n)$ pour tout $n \in P$. Il existe d'autre part un $Q \subset \underline{N}$, $Q \in F$, tel que $h(e_q) = e_q$ pour tout $q \in Q$. Si $p \in P \cap Q$ on a $uh(e_p) = u(e_p) = v(e_p) = vh(e_p)$. Ce qui montre que $u \longmapsto uh$ passe au quotient $\mathcal{L}_D(V)/I(F)$. Il est immédiat que l'on obtient ainsi un endomorphisme $a(h)$ de $S(F)$.

Comme la classe $\overline{id}$ de $id \in \mathcal{L}_D(V)$ engendre le $\mathcal{L}_D(V)$-module $S(F)$, $a(h)$ est l'endomorphisme identique de $S(F)$ si et seulement si $a(h)(\overline{id}) = \overline{id}$ i.e. $id-h \in I(F)$ soit $h \in H(F)$.

Soit enfin f un endomorphisme de $S(F)$. Si $f \neq 0$, $f(\overline{id}) \neq 0$ puisque $\overline{id}$ engendre $S(F)$ comme $\mathcal{L}_D(V)$-module. On peut donc trouver un $u \in GL_D(V)$ tel que $f(\overline{id}) = \overline{u}$ ($\overline{w}$ désignant la classe de $w \in \mathcal{L}_D(V)$ dans $S(F)$). Pour tout $v \in \mathcal{L}_D(V)$ on a $f(v.\overline{id}) = vf(\overline{id}) = v.\overline{u} = \overline{vu}$. Soit $h \in H(F)$. On a $f(\overline{h.id}) = f(\overline{id})$ soit $hu-u \in I(F)$ ou $u^{-1}hu-id \in I(F)$ ou $u^{-1}hu \in H(F)$. Autrement di $u^{-1}H(F)u \subset H$; et u appartient au normalisateur de $H(F)$.

Q.E.D.

Comme V est de dimension infinie dénombrable, il est bien connu, cf [2], que $\mathcal{L}_D(V)$ a un seul idéal bilatère propre non nul, l'idéal $\mathcal{L}\mathcal{F}_D(V)$ des applications de rang fini. Si W est un $\mathcal{L}_D(V)$-module simple, S est isomorphe à V si et seulement si $\mathcal{L}\mathcal{F}_D(V) = W = W$. Sinon W est un $\mathcal{L}_D(V)/\mathcal{L}\mathcal{F}_D(V)$ module. Pour simplifier nous dirons qu'un tel module simple est <u>un module simple exotique</u>.

PROPOSITION 6. - <u>Le $\mathcal{L}_D(V)$-module</u> S(F) <u>est un module simple exotique</u>.

<u>Preuve</u> : Car l'idéal I(F) contient $\mathcal{L}\mathcal{F}_D(V)$.

REFERENCES

(1) P.J. COHEN - Set Theory and the Continuum Hypothesis W.A. Benjamin, inc. New-York 1966.

(2) N. JACOBSON - Structure of Rings, revised. Colloquium Publication vol. 37. Amer. Math. Soc. Providence 1964.

Manuscrit remis le 6 juin 1978

Monsieur F. ARIBAUD
Département de Mathématiques
couloir 45-46
Université Pierre et Marie Curie
4, place Jussieu
75005 Paris

PROLONGEMENTS DE Q-ANNEAUX DE MATLIS

par

Jean-Etienne BERTIN †
[CAEN]

I. Introduction.

En 1961, Kan et Whitehead [3] ont montré qu'il n'existe pas de groupe abélien M tel que $\mathrm{Hom}_{\mathbb{Z}}(M,\mathbb{Z}) = 0$ et $\mathrm{Ext}^1_{\mathbb{Z}}(M,\mathbb{Z}) \simeq \mathbb{Q}$; ce problème leur avait été suggéré par l'étude de la cohomologie singulière des groupes. Etant donné un anneau intègre R de corps des fractions Q, il est naturel de se demander s'il existe un R-module M tel que $\mathrm{Hom}_R(M,R) = 0$ et que $\mathrm{Ext}^1_R(M,R)$ soit isomorphe à un Q-espace vectoriel de dimension finie non nulle. D'après ([1] 2.4) un tel module existe si et seulement si $\mathrm{Ext}^1_R(Q,R)$ est un Q-espace vectoriel de dimension finie non nulle. Matlis [6] a étudié les anneaux R tels que $\mathrm{Ext}^1_R(Q,R) \simeq Q$; la plupart de ses résultats se généralisent [1] au cas où $\mathrm{Ext}^1_R(Q,R)$ est de dimension finie sur Q.

L'étude de $\mathrm{Ext}^1_R(Q,R)$ est étroitement liée à celle du complété R' de R pour la topologie linéaire dont un système fondamental de voisinages de zéro est formé des idéaux non nuls de R. Cette topologie sera dite topologie principale de R, et le complété R' sera canoniquement identifié à $\mathrm{Hom}_R(Q/R, Q/R)$ ([4] 6.4).

Lorsque R est un anneau local noethérien intègre de dimension un, et d'idéal maximal $\mathfrak{M}$, R' n'est autre que le complété de R pour la topologie $\mathfrak{M}$-adique, et il est bien connu que R' est aussi un anneau local noethérien de dimension un et de Cohen-Macaulay, bien que non nécessairement intègre. De plus, Krull a montré que R' est un anneau réduit si et seulement si la clôture intégrale Γ de R est un R-module de type fini. D'après Matlis ([6] 6.1), sur un tel anneau, Γ est un R-module de type fini si et seulement si $\mathrm{Hom}_R(Q,\Gamma/R) = 0$. De plus, Matlis a montré que, pour tout anneau intègre R, si la clôture intégrale Γ de R vérifie $\mathrm{Hom}_R(Q,\Gamma/R) = 0$, alors R' est un anneau réduit, et il a demandé si la réciproque était vraie ([4] 8.10). Nous donnons ici une réponse partielle : la réciproque est vraie lorsque la dimension sur Q de $\mathrm{Ext}^1_R(Q,R)$ est finie.

Lorsque $\mathrm{Ext}^1_R(Q,R) \cong Q$ et que R' est intègre, si x est un élément entier sur R d'une extension de Q, et si on pose $S = R[x]$, alors $\mathrm{Ext}^1_S(Q(x),S) \cong Q(x)$, et Matlis ([6] §4) étudie dans quels cas S' est intègre, ou bien réduit sans être intègre, ou bien non réduit. Nous montrerons ici comment cette étude se généralise au cas où $\mathrm{Ext}^1_R(Q,R)$ est de dimension finie sur Q, en améliorant les résultats partiels obtenus dans [1]. Cette étude permet d'obtenir des exemples simples, et dans le cas d'un anneau intègre noethérien de dimension un, de compléter les résultats de Jensen [2].

II. Notations.

Dans tout cet exposé, R désigne un anneau intègre qui n'est pas un corps. On note Q le corps des fractions de R ; on pose $K = Q/R$, et $R' = \mathrm{Hom}_R(K,K)$.

Un R-module M est dit h-divisible s'il existe un R-homomorphisme surjectif d'un Q-module sur M, et M est dit h-réduit si $\mathrm{Hom}_R(Q,M) = 0$. Lorsque M est un R-module de torsion, M est h-réduit si et seulement si $\mathrm{Hom}_R(K,M) = 0$. Si M est sans-torsion, on note Q-rg(M) la dimension sur Q de $M \otimes_R Q$.

On dira que R est un Q-anneau si $\mathrm{Ext}^1_R(Q,R)$ est de dimension finie sur Q. Si R est un Q-anneau, on dira que R est un Q_I-anneau, un Q_R-anneau, ou un Q_N-anneau selon que R' est intègre, ou réduit sans être intègre, ou non réduit. Etant donné $n \in \mathbb{N}$, on dira que R est un Q^n-anneau si $\text{Q-rg}(\mathrm{Ext}^1_R(Q,R)) = n$.

III. Caractérisation des Q-anneaux pour lesquels R' est réduit.

Nous donnerons ici une démonstration très simplifiée par rapport à celle de [1].

Rappelons que pour tout sous-R-module D de K et tout $f \in R'$, on a $f(D) \subset D$ ([6] 1.1). Si D est un R-module de torsion h-divisible tel que $\text{Q-rg}(\mathrm{Hom}_R(K,D))$ soit fini, et si B est un sous-R-module de D distinct de D, alors $\text{Q-rg}(\mathrm{Hom}_R(K,B)) < \text{Q-rg}(\mathrm{Hom}_R(K,D))$ ([6] 1.11).

D'après ([4] 5.2), on a une suite exacte $0 \longrightarrow R \longrightarrow R' \longrightarrow \mathrm{Ext}^1_R(Q,R) \longrightarrow 0$; lorsque R est un Q^n-anneau, on a donc $\text{Q-rg}(\mathrm{Hom}_R(K,K)) = n+1$. D'après ce qui précède, toute chaîne de sous-R-modules h-divisibles de K est alors de longueur finie.

Notons $\mathcal{D}$ l'ensemble des sous-R-modules h-divisibles non nuls minimaux de K.

Lemme 1.

Soient R *un* Q*-anneau et* $f\in R'$. *Les conditions suivantes sont équivalentes.*

(i) f *divise zéro dans* R'.

(ii) $f(K) \neq K$.

(iii) Ker(f) *n'est pas h-réduit.*

(iv) *Il existe* $D\in\mathcal{D}$ *tel que* $f(D) = 0$.

Supposons que f divise zéro dans R', et soit $g\in R'-\{0\}$ tel que $g[f(K)] = 0$. Alors $f(K)\neq K$ puisque $g(K)\neq 0$.

Supposons $f(K)\neq K$. Posons $n = Q\text{-rg}(\text{Ext}^1_R(Q,R))$. Alors $Q\text{-rg}(\text{Hom}_R(K,K)) = n+1$, et $Q\text{-rg}(\text{Hom}_R(K, f(K)) < n+1$, d'où $Q\text{-rg}(\text{Hom}_R(K,\text{Ker}(f)) \geq 1$; donc Ker(f) n'est pas h-réduit.

Si Ker(f) n'est pas h-réduit, d'après la remarque précédant l'énoncé du lemme, il existe un sous-R-module h-divisible non nul minimal D de Ker(f), et $f(D) = 0$.

Enfin, s'il existe $D\in\mathcal{D}$ tel que $f(D) = 0$, soit $g\in \text{Hom}_R(K,D) - \{0\}$; alors $g(K) = D$, donc $f[g(K)] = 0$, et f divise zéro dans R'.

Lemme 2.

Soit R *un* Q*-anneau, et supposons* R' *réduit. Pour tout* $D\in\mathcal{D}$, *posons* $P_D = \{f\in R',\ f(D) = 0\}$. *Alors* :

(i) *Si* $D\in\mathcal{D}$, P_D *est un idéal premier minimal de* R', *et un idéal premier associé à* R'.

(ii) *Etant donnés* $D\in\mathcal{D}$ *et* $D'\in\mathcal{D}$ *tels que* $P_{D'}\subset P_D$, *on a* $D = D'$.

(iii) *L'ensemble* $\mathcal{D}$ *est fini.*

(iv) $(P_D)_{D\in\mathcal{D}}$ *est la famille des idéaux premiers faiblement associés à* R'.

Soient $f\in R'$ et $g\in R' - P_D$ tels que $fg\in P_D$. Alors $f[g(D)] = 0$ et $g(D)\neq 0$, donc $g(D) = D$ et $f\in P_D$. Ainsi P_D est un idéal premier de R'. Soit $h_D\in \text{Hom}_R(K,D) - \{0\}$; alors $h_D(K) = D$, et P_D est l'annulateur de h_D dans R', il est donc associé à R'. Puisque R' est réduit, on a $h_D^2\neq 0$, donc $h_D(D) = h_D^2(K)\neq 0$; d'où $h_D(D) = D$. Pour tout $g\in P_D$ on a donc $gh_D = 0$ et $h_D\notin P_D$, ce qui montre que P_D est un idéal premier minimal de R'.

Supposons $D\neq D'$; alors $D\cap D'$ est h-réduit et $h_D(D') = 0$ puisque $h_D(D')\subset D\cap D'$. Donc $h_D\in P_{D'} - P_D$.

Soit $(D_p)_{p\in\mathbb{N}}$ une suite d'éléments deux à deux distincts de $\mathcal{D}$. Supposons qu'il existe $p\in\mathbb{N}$ tel que $D_{p+1}\subset D_o+\ldots+D_p$. On a alors :

$P_{D_{p+1}} \supset \{f \in R', f(D_o+\ldots+D_p) = 0\} = \bigcap_{i=o}^{p} P_{D_i}$, et il existe $j \in \{0,\ldots,p\}$ tel que $P_{D_{p+1}} \supset P_{D_j}$, ce qui contredit le résultat précédent. Donc la suite $(D_o+\ldots+D_p)_{p\in \mathbb{N}}$ est une suite strictement croissante de sous-R-modules h-divisibles de K, ce qui est absurde. Donc $\mathcal{D}$ est fini.

Soit enfin P un idéal premier faiblement associé à R'. D'après le lemme 1, $P \subset \bigcup_{D\in\mathcal{D}} P_D$ et puisque $\mathcal{D}$ est fini, il existe $D_o \in \mathcal{D}$ tel que $P \subset P_{D_o}$, d'où $P = P_{D_o}$ puisque P_{D_o} est un idéal premier minimal de R'.

Théorème 1.

Soient R un Q-anneau, et Γ sa clôture intégrale. Si R' est réduit, alors $\mathrm{Hom}_R(Q,\Gamma/R) = 0$.

Soient $D \in \mathcal{D}$, et A_D le sous-R-module de Q tel que $R \subset A_D \subset Q$ et $A_D/R \simeq D$. Puisque D est h-divisible, il résulte de ([6] 1.8) que A_D est un sous-anneau de Q, et il existe un anneau de valuation V_D de Q contenant A_D. Posons $I = \mathrm{Hom}_R(K, V_D/R)$; d'après le lemme 1, I se compose de diviseurs de zéro, d'où $P_D \subset I \subset \bigcup_{D\in\mathcal{D}} P_D$. Il résulte alors du lemme 2 que $I = P_D$. Puisque R' est réduit, d'après le lemme 2, on a $\bigcap_{D\in\mathcal{D}} P_D = 0$, d'où $\mathrm{Hom}_R(K,\Gamma/R) \subset \bigcap_{D\in\mathcal{D}} \mathrm{Hom}_R(K, V_D/R) = \bigcap_{D\in\mathcal{D}} P_D = 0$. Puisque Γ/R est un R-module de torsion, on a aussi $\mathrm{Hom}_R(Q,\Gamma/R) = 0$.

IV. Prolongements de Q_I-anneaux.

Soient R un Q_I^n-anneau, L le corps des fractions de R', et E un corps intermédiaire entre Q et L ; posons $T = R' \cap E$. Rappelons ([1], 3.13) que $L = R' \otimes_R Q$; on en déduit que $E = T \otimes_R Q$, et donc que E est le corps des fractions de T. Si R^* désigne la fermeture intégrale de R dans T, on a donc $R^* \otimes_R Q = E$. Puisque R est un Q-anneau, L est une extension finie de Q, et il existe donc $x_1,\ldots,x_q \in R^*$ tels que $Q(x_1,\ldots,x_q)=E$. Posons $S=R[x_1,\ldots,x_q]$. D'après ([6] 2.9), S est alors un E^n-anneau. Notons S' le complété de S pour sa topologie principale, et étudions dans quels cas S' est ou non réduit.

Etant donnés un anneau intègre A, de corps des fractions F, et un A-module M, rappelons que M est dit de cotorsion si $\mathrm{Hom}_A(F,M) = \mathrm{Ext}_A^1(F,M)=0$. Notons A' le complété de A pour sa topologie principale.

Lemme 3. ([4] 5.8)

Soient B un anneau, et A un sous-anneau intègre de B. Supposons que B soit un A-module de cotorsion. Alors l'inclusion de A dans B se prolonge en un homomorphisme d'anneaux $\varphi : A' \longrightarrow B$. Si, de plus, le A-module B/A est sans-torsion, φ est injectif.

Lemme 4.

Soient A un anneau intègre et F son corps des fractions. Supposons que A' soit intègre, et soit G une extension algébrique de F incluse dans le corps des fractions de A'. Posons $C = G \cap A'$, et notons C' le complété de C pour sa topologie principale. Alors on a un isomorphisme d'anneaux $\varphi : C' \xrightarrow{\sim} A'$ tel que si $i : A \longrightarrow A'$ et $j : A \longrightarrow C'$ sont les inclusions canoniques, on ait $\varphi \circ j = i$.

D'après ([4], 3.2.1) A' est un A-module de cotorsion, et aussi un C-module de cotorsion ([6], 1.5 et 1.6). De même, C' est un C-module de cotorsion, et donc aussi un A-module de cotorsion. D'après le lemme 3, l'inclusion $k : C \longrightarrow A'$ se prolonge en un homomorphisme d'anneaux $\varphi : C' \longrightarrow A'$ tel que $\varphi \circ j = i$. Soient $h \in A'$ et $t \in C - \{0\}$ tels que $th \in C$; alors $h \in G \cap A' = C$, donc le C-module A'/C est sans torsion. D'après le lemme 3, φ est injectif. Ainsi $\varphi(C')$ est un A-module de cotorsion contenant A et inclus dans A', et il résulte de ([4] 2.6) que φ est bijectif.

Lemme 5.

Supposons $E \neq Q$. Alors le S-module T/S n'est pas h-réduit et l'anneau S' n'est pas intègre.

D'après ([5] , 2.9) et compte tenu du lemme 4, on a une suite exacte $0 \longrightarrow \mathrm{Hom}_S(E/S, T/S) \longrightarrow S' \xrightarrow{\varphi} R'$, où φ est un homomorphisme d'anneaux. Supposons φ injectif. Alors S' est intègre ; notons L' son corps des fractions. Puisque $L' = S' \otimes_S E$, il vient :
$[L' : E] = E\text{-rg}(S') = n+1 = Q\text{-rg}(S) = [L : Q]$, d'où $[L' : Q] > [L : Q]$, ce qui est absurde puisque φ se prolonge en un monomorphisme de L' dans L. Donc φ n'est pas injectif, et le S-module T/S n'est pas h-réduit. Ainsi $\mathrm{Hom}_S(E/S, T/S)$ est un idéal premier non nul P de S'. D'après le lemme 1, P est formé de diviseurs de zéro, donc S' n'est pas intègre.

Théorème 2.

Supposons que E soit une extension radicielle de Q distincte de Q. Alors S est un E^n_N-anneau.

Notons Λ la clôture intégrale de S. Soit $x \in T$, il existe alors $s \in \mathbb{N}$ tel que $x^{p^s} \in R' \cap Q = R$ (où p désigne la caractéristique de Q). Donc T est entier sur R, et $T \subset \Lambda$. Ainsi Λ/S, qui contient T/S n'est pas un S-module h-réduit d'après le lemme 5. D'après le théorème 1, S est donc un E^n_N-anneau.

Proposition 1.

Soit A un sous-anneau de Q contenant R. Si A est un Q^n-anneau, alors A' est intègre.

Soit P un idéal premier faiblement associé à A', et posons $B = A'/P$. D'après ([4] 3.2.1) , A' est un A-module de cotorsion, donc aussi un R-module de cotorsion ([6] 1.5 et 1.6). D'après le lemme 3, l'inclusion de R dans A' se prolonge en un homomorphisme d'anneaux $\varphi : R' \longrightarrow A'$, d'où un homomorphisme d'anneaux $\psi : R' \longrightarrow B$. Notons J le noyau de ψ. On a $P \cap A = 0$, d'où on déduit que $J \cap R = 0$. D'après ([1] 5.1) puisque R est un Q^n_I-anneau, on en déduit que $J = 0$, Supposons $P \neq 0$; alors $Q\text{-rg}(P) > 0$, d'où $n+1 = Q\text{-rg}(R') \leq Q\text{-rg}(B) < Q\text{-rg}(A') = n+1$, ce qui est absurde. Donc $P = 0$, et A' est intègre.

Théorème 3.

Supposons que E soit une extension séparable de Q distincte de Q. Notons Γ la clôture intégrale de R, et supposons qu'il existe $r \in R - \{0\}$ tel que $r(\Gamma/R) = 0$. Alors S est un E^n_R-anneau, ainsi que la fermeture intégrale Λ de R dans E.

Posons $\Sigma = \Gamma[x_1,\ldots,x_q]$, et notons Σ' et Λ' les complétés de Σ et Λ respectivement pour leur topologie principale. D'après ([6] 2.5), Γ est un Q^n-anneau, et il résulte de la proposition 1 que Γ est un Q^n_I-anneau.

Posons $Q_o = Q$, $Q_i = Q(x_1,\ldots,x_i)$ et $\Sigma_i = \Gamma[x_1,\ldots,x_i]$ pour i de 1 à q et notons Λ_i la fermeture intégrale de Γ dans Q_i, pour i de 0 à q. Notons f_i le polynôme caractéristique de x_i sur Q. Alors f est à coefficients dans Γ, et il résulte de ([7] 10.18) que $f'_i(x_i)\Lambda_i \subset \Lambda_{i-1}[x_i]$ pour i de 1 à q. Posons $\gamma = f'_1(x_1)\ldots f'_q(x_q)$. Puisque E est séparable sur Q, on a $\gamma \in \Gamma - \{0\}$; d'après ce qui précède, on a alors $\gamma\Lambda_q \subset \Sigma_q$, autrement dit $\gamma\Lambda \subset \Sigma$.

Ainsi le Σ-module Λ/Σ est h-réduit, et il résulte de ([5] 2.9) que Σ' est un sous-anneau de Λ'. De plus $r\Sigma \subset S$, et on en déduit de même que S' est un sous-anneau de Σ', donc de Λ'.

D'après ([6] 2.10), Λ est un E^n-anneau, et d'après ([4] 8.10) Λ' est un anneau réduit. Donc S' est réduit. Il résulte du lemme 5 que S' n'est pas intègre, donc S est un E^n_R-anneau. A fortiori Λ' n'est pas intègre, et Λ est aussi un E^n_R-anneau.

V. Application au cas noethérien de dimension un.

Soient maintenant n un entier positif et R un anneau intègre noethérien de dimension 1. Jensen ([2] prop. 4) a montré que si R est un Q^n-anneau, alors R est local, et que si R est un Q_I^n-anneau, alors n est de la forme p^s-1, où p est un nombre premier, et s un entier naturel ([2] th. 1). Rappelons que si Γ désigne la clôture intégrale de R et si R' est intègre, alors R est local et Γ est un R-module de type fini ([5] 7.1 et [4] 8.5) ; il existe donc $r \in R - \{0\}$ tel que $r(\Gamma/R) = 0$. Enfin, d'après ([1] 6.6) il n'existe pas de Q_R-anneau noethérien de dimension 1.

Théorème 4.

Si R est un $Q_I{}^n$-anneau noethérien de dimension 1, le corps des fractions L de R' est une extension radicielle de Q.

Soit E la fermeture séparable de Q dans L, et Λ la fermeture intégrale de R dans E. D'après le théorème 3, si E était distinct de Q, Λ serait un E_R^n-anneau. C'est impossible puisque d'après le théorème de Krull-Akizuki, Λ est noethérien de dimension 1.

Exemple.

Soient p un nombre premier, et s un entier positif, et posons $n = p^s-1$. D'après Jensen [2], il existe un anneau de valuation discrète R qui est un Q_I^n-anneau (Q désignant le corps des fractions de R). Lorsque s = 1, il s'agit du célèbre exemple de Nagata ([7] E.3.3). Soit alors $x \in R' - R$; si on pose $L = Q(x)$, d'après le théorème 2, R [x] est un L_N^n-anneau noethérien de dimension 1.

D'autre part, pour tout entier positif n, il existe un $\mathbb{C}_R^n$-anneau ([1] 7.3).

Bibliographie

[1] BERTIN J.E. : Sur les Q-anneaux de Matlis, à paraître aux Communications in Algebra, fin 1977.

[2] JENSEN C.U. : On $Ext_R(A,R)$ for torsion-free A, Bull. Amer. Math. Soc. 78 (1972) 831-834.

[3] KAN D.M. - WHITEHEAD G.W. : On the realizability of singular cohomology groups, Proc. Amer. Math. Soc. 12 (1961) 24-25.

[4] MATLIS E. : Cotorsion modules, Mem. Amer. Math. Soc. n°49 (1964).

[5] MATLIS E.: 1-dimensional Cohen-Macaulay rings, Lect. notes in Math. n°327 Springer-Verlag (1973).

[6] MATLIS E.: The theory of Q-rings, Trans. Amer. Math. Soc. 187 (1974) 147-181.

[7] NAGATA M.: Local rings. Interscience tracts in pure and applied math. n°13, Interscience New-York (1962).

Manuscrit remis le
7 Novembre 1977

Jean-Etienne BERTIN
16, avenue du Général
Malleret-Joinville
94140 ALFORTVILLE

LA CLASSE DES ANNEAUX EXCELLENTS EST-ELLE FERMEE PAR LIMITE INDUCTIVE NOETHERIENNE PLATE ?

par Jean MAROT

0. INTRODUCTION - Soient I un ensemble d'indices ordonné filtrant à droite, (A_i, φ_{ji}) un système inductif d'anneaux noethériens tel que $A = \varinjlim A_i$ soit noethérien et que, pour tout $i \leq j$, φ_{ji} soit plat. On suppose que, pour tout $i \in I$, l'anneau A_i est excellent : l'anneau A est-il excellent ?

La réponse est positive dans le cas local si on fait en outre une hypothèse de séparabilité sur les corps résiduels (proposition 2.3) ; la proposition 2.5 montre qu'on ne peut pas s'affranchir de cette hypothèse. Un exemple montre que ce résultat ne s'étend pas au cas global : cet exemple fournit en outre en dimension 2 des anneaux universellement japonais non excellents, dont tous les localisés sont excellents.

Nous commencerons par établir des résultats plus généraux sur les P-anneaux et les P-homomorphismes (E.G.A., IV, 7.3.8)[3] ; un anneau local est excellent s'il est universellement caténaire et si c'est un P-anneau, P étant la propriété des fibres formelles d'être géométriquement régulières.

1. LIMITE INDUCTIVE PLATE DE P-HOMOMORPHISMES - On se donne un ensemble d'indices I ordonné, filtrant à droite ; deux systèmes inductifs d'anneaux locaux noethériens (A_i, φ_{ji}) et (B_i, ψ_{ji}) indexés par I ; pour tout $i \in I$, un homomorphisme local $u_i : A_i \longrightarrow B_i$ tel que $u_j \circ \varphi_{ji} = \psi_{ji} \circ u_i$, si $i \leq j$. On suppose que les homomorphismes φ_{ji} et ψ_{ji} sont locaux et plats ; que les anneaux locaux $A = \varinjlim A_i$ et $B = \varinjlim B_i$ sont noethériens. Enfin, on désigne par $u : A \longrightarrow B$ l'homomorphisme $u = \varinjlim u_i$.

Proposition 1.1 - Conservons les hypothèses et notations précédentes ; et, supposons que, pour tout $i \in I$, u_i soit un P-homomorphisme. Alors u est un P-homomorphisme.

L'homomorphisme u est plat, comme chaque u_i. Soient $\mathfrak{p}$ un idéal premier de A, $\mathfrak{p}_i$ son image réciproque dans A_i. Nous avons canoniquement un système inductif d'anneaux noethériens $B_i \otimes_{A_i} k(\mathfrak{p}_i)$, indexé par I, de limite inductive $B \otimes_A k(\mathfrak{p})$. Soit K une extension finie de $k(\mathfrak{p})$; il existe un indice $i_o \in I$ et pour tout $i \geq i_o$, une extension finie K_i de $k(\mathfrak{p}_i)$ tels que l'on ait canoniquement $K = \varinjlim K_i$ et $B \otimes_A K = \varinjlim (B_i \otimes_{A_i} K_i)$; les hypothèses de platitude montrent que les homomorphismes de transition du système inductif $(B_i \otimes_{A_i} K_i)$ sont plats à partir d'un certain indice $i_1 \geq i_o$. Nous devons établir que les anneaux locaux de $B \otimes_A K$ vérifient (P) sachant que ceux de $B_i \otimes_{A_i} K_i$ vérifient (P) pour tout $i \geq i_o$ (si P n'est pas géométrique, on prend $K = k(\mathfrak{p})$ et $K_i = K(\mathfrak{p}_i)$). Ceci résulte du

<u>Lemme</u> 1.2 - <u>Soit</u> (C_i, φ_{ji}) <u>un système inductif d'anneaux noethériens locaux, tel que</u> :

i) $C = \varinjlim C_i$ <u>soit noethérien.</u>

ii) <u>Pour tout</u> $i \leq j$, φ_{ji} <u>soit local et plat.</u>

iii) <u>Pour tout</u> $i \in I$, C_i <u>possède l'une des propriétés suivantes</u> : (n <u>est un entier fixé) être réduit, être normal, être régulier, être</u> (R_n), <u>être de Cohen-Macaulay, être de coprofondeur</u> $\leq n$, <u>être</u> (S_n).

<u>Alors</u> C <u>possède la même propriété.</u>

Soit $\mathfrak{m}$ l'idéal maximal de C, $\mathfrak{m}_i$ son image réciproque dans C_i. Il existe un indice $i_1 \in I$ tel que $\mathfrak{m} = \mathfrak{m}_i C$ pour tout $i \geq i_1$: alors, d'après EGA, IV, 6 [3], on a $\dim C_i = \dim C$, $\operatorname{prof} C_i = \operatorname{prof} C$, pour tout $i \geq i_1$. On conclut alors pour les trois dernières propriétés ; quant aux quatre premières, elles résultent d'EGA IV, (5.13)[3].

2. <u>LIMITE INDUCTIVE PLATE DE P-ANNEAUX</u> - Conservons les notations précédentes. Nous avons la

<u>Proposition</u> 2.1 - <u>Soient</u> (A_i, φ_{ji}) <u>un système inductif filtrant d'anneaux locaux noethériens ; pour tout</u> $i \in I$, k_i <u>le corps résiduel de</u> A_i. <u>On suppose que</u> :

i) $A = \varinjlim A_i$ <u>est noethérien.</u>

ii) <u>Pour tout</u> $i \leq j$, φ_{ji} <u>est local et plat.</u>

iii) <u>Pour tout</u> $i \leq j$, φ_{ji} <u>fait de</u> k_j <u>une extension séparable de</u> k_i.

<u>Alors si, pour tout</u> $i \in I$, A_i <u>est un P-anneau,</u> A <u>est aussi un P-anneau.</u>

Pour tout $i \in I$, soient $\hat{A}_i$ le séparé complété radical-adique de A_i , et $u_i : A_i \longrightarrow \hat{A}_i$ l'homomorphisme canonique. Nous avons canoniquement un système inductif d'anneaux locaux noethériens $(\hat{A}_i, \hat{\varphi}_{ji})$ avec $u_j \circ \varphi_{ji} = \hat{\varphi}_{ji} \circ u_i$, si $i \leq j$. Par passage à la limite inductive, il existe un homomorphisme canonique local et plat (donc fidèlement plat) $A' = \varinjlim \hat{A}_i \longrightarrow \hat{A}$: donc A' est noethérien. Ainsi les hypothèses de (1.1) sont satisfaites. D'autre part, par limite inductive, l'idéal maximal de A' est engendré par celui de A et les corps résiduels de A et A' sont les mêmes ; on en déduit que $\hat{A}$ est aussi le séparé complété radical-adique de A' . L'homomorphisme $A \longrightarrow \hat{A}$ factorise suivant $A \xrightarrow{f} A' \xrightarrow{g} \hat{A}$. D'après (1.1), f est un P-homomorphisme. D'après E.G.A., IV, (7.3.4)[3], pour montrer que $g \circ f$ est un P-homomorphisme, il suffit d'établir que g est régulier. Ceci résulte de la

<u>Proposition</u> 2.2 - <u>Soient</u> (C_i, φ_{ji}) <u>un système inductif filtrant d'anneaux noethériens locaux complets</u> ; <u>pour tout</u> $i \in I$, k_i <u>le corps résiduel de</u> C_i . <u>On suppose que</u> :

i) $C = \varinjlim C_i$ <u>est noethérien</u>.

ii) <u>Pour tout</u> $i \leq j$, φ_{ji} <u>est local et plat</u>.

iii) <u>Pour tout</u> $i \leq j$, φ_{ji} <u>fait de</u> k_j <u>une extension séparable de</u> k_i .

<u>Alors, l'anneau</u> C <u>est hensélien excellent</u>.

D'après E.G.A. IV, (18.6) et (18.7) [3], l'anneau C est hensélien, universellement caténaire. Soient $\mathfrak{m}$ l'idéal maximal de C , $\mathfrak{m}_i$ son image réciproque dans C_i ; il existe un indice $i_o \in I$ tel que $\mathfrak{m} = \mathfrak{m}_i C$ pour tout $i \geq i_o$; alors $\hat{C} \otimes_{C_i} k_i$ est égal au corps résiduel de $\hat{C}$, qui est une extension séparable de k_i d'après iii). On en déduit que, pour tout $i \geq i_o$, l'homomorphisme canonique $\varphi_i : C_i \longrightarrow \hat{C}$ fait de $\hat{C}$ une C_i-algèbre formellement lisse (E.G.A. IV, 19.7.1) [3]. Comme l'anneau C_i est complet, donc excellent, le théorème d'André [1] montre que φ_i est régulier. D'après la proposition (1.1), l'homomorphisme canonique $\varphi: C \longrightarrow \hat{C}$ est alors régulier ; autrement dit C est excellent.

<u>Proposition</u> 2.3 - <u>Soient</u> (A_i, φ_{ji}) <u>un système inductif filtrant d'anneaux noethériens locaux</u> ; <u>pour tout</u> $i \in I$, k_i <u>le corps résiduel de</u> A_i . <u>On suppose que</u> :

i) $A = \varinjlim A_i$ <u>est noethérien</u>.

ii) <u>Pour tout</u> $i \leq j$, φ_{ji} <u>est local et plat</u>.

iii) <u>Pour tout</u> $i \leq j$, φ_{ji} <u>fait de</u> k_j <u>une extension séparable de</u> k_i .

<u>Alors, si pour tout</u> $i \in I$, <u>l'anneau</u> A_i <u>est universellement japonais</u>

(resp. excellent), l'anneau A est aussi universellement japonais (resp. excellent).

C'est un cas particulier de la proposition 2.1, P étant la propriété des fibres formelles d'être géométriquement réduites (resp. régulières), en remarquant en outre que A est universellement caténaire si chaque A_i l'est (E.G.A., IV, 18.7.5)[3].

Corollaire 2.4 - Soit A un anneau noethérien local. Si A est un P-anneau, il en est de même de son hensélisé strict ^{hs}A ; *en particulier, si A est universellement japonais (resp. excellent), il en est de même de* ^{hs}A .

C'est un cas particulier des propositions 2.2 et 2.3, en remarquant que, si A est un P-anneau, il en est de même de toute A-algèbre locale-étale.

La proposition suivante montre qu'on ne peut se dispenser de l'hypothèse de séparabilité.

Proposition 2.5 - Il existe un système inductif (C_i, φ_{ji}) *d'anneaux locaux noethériens complets, tel que :*

i) $C = \varinjlim C_i$ *soit un anneau de valuation discrète.*

ii) *Pour tout* $i \leq j$, *l'homomorphisme* φ_{ji} *soit local et plat.*

iii) *L'anneau C ne soit pas (universellement) japonais.*

Soient k un corps commutatif de caractéristique non nulle p , tel que $(k : k^p) = \infty$; et (k_i, φ_{ji}) le système inductif canonique des sous-corps de k qui sont des k^p-extensions finies : on a $k = \varinjlim k_i$. Pour tout i, posons $C_i = k_i[[X]]$, où X est une indéterminée. On en déduit canoniquement un système inductif (C_i, φ_{ji}) d'anneaux locaux complets, de limite inductive C. Les conditions (i) et (ii) sont satisfaites avec en outre $\hat{C} = k[[X]]$. Pour montrer que C n'est pas japonais, il suffit (E.G.A., IV, 7.6.4)[3] d'établir que le corps des fractions L de $\hat{C}$ n'est pas une extension séparable du corps des fractions K de C . Comme $(k : k^p) = \infty$, il existe une suite (a_n) d'éléments de k , telle que, pour tout i , il existe un entier n tel que $a_n \notin k_i$. Posons $S = \sum_0^\infty a_n X^n$. On a $S \in \hat{C}$, $S^p \in C$, et $S \notin C$; d'où $S \in L$, $S^p \in K$ et $S \notin K$ (puisque $C = \hat{C} \cap K$). Donc L n'est pas une extension séparable de K .

3. CONTRE-EXEMPLES DANS LE CAS GLOBAL - Les propositions qui suivent montrent que les conclusions de 2.3 ne sont pas valables dans le cas global : elles donnent en outre des exemples d'anneaux universellement japonais non excellents, dont tous les localisés sont excellents.

Proposition 3.1 - Soit k un corps commutatif (aucune hypothèse de caractéristique n'est faite). Alors, il existe un système inductif filtrant de k-algèbres noethériennes intègres semi-locales (A_i, φ_{ji}) tel que :

i) $A = \varinjlim A_i$ soit noethérien intègre de dimension 2 ;

ii) Pour tout $i \leq j$, φ_{ji} soit un k-homomorphisme fidèlement plat ;

iii) Pour tout $i \in I$, A_i soit excellent ;

iv) A soit universellement japonais et non excellent ;

v) Pour tout idéal maximal $\mathfrak{m}$ de A, $A_{\mathfrak{m}}$ soit excellent.

On se donne une infinité dénombrable $(X_n, Y_n, Z_n)_{n \in \mathbb{N}}$ d'indéterminées deux à deux distinctes ; trois entiers $\alpha, \beta, \gamma \geq 2$ tels que α et β soient premiers entre eux et que $\gamma \equiv 1 \pmod{\alpha\beta}$. Pour tout entier $n \geq 0$, soient B_n la k-algèbre $\dfrac{k[X_n, Y_n, Z_n]}{(X_n^{\alpha} + Y_n^{\beta} - Z_n^{\gamma})}$, $\mathfrak{m}_n$ l'idéal maximal de B_n engendré par X_n, Y_n, Z_n. Soit (R_n, φ_{mn}) le système inductif d'anneaux noethériens défini par récurrence par : $R_1 = B_1$, $R_{n+1} = R_n \otimes_k B_{n+1}$, $\varphi_{m,n} : R_n \longrightarrow R_m$ étant le k-homomorphisme canonique $(n \leq m)$. L'anneau $R = \varinjlim R_n$ est un anneau intègre non noethérien. Pour tout entier $p \leq n$, $\mathfrak{m}_p R_n$ est un idéal premier de R_n ; on désigne par S_n la partie multiplicative $R_n - \bigcup_{p=0}^{p=n} \mathfrak{m}_p R_n$; on a $\varphi_{m,n}^{-1}(S_m) = S_n$ pour $n \leq m$. Soient alors $S = \varinjlim S_n$, $A = S^{-1} R$ et, pour tout entier n, $A_n = S_n^{-1} R_n$. On a ainsi un système inductif $(A_n, \varphi_{m,n})$ d'anneaux noethériens intègres semi-locaux, de limite inductive A. Nous allons voir que A répond à la question.

Les assertions ii) et iii) sont faciles. L'assertion i) découle de la proposition 1[4] ; de plus $\{\mathfrak{m}_n A\}_{n \in \mathbb{N}}$ est l'ensemble des idéaux maximaux de A ; les idéaux maximaux de A contenant un élément donné non nul de A sont en nombre fini ; et $A_{\mathfrak{m}_n A}$ est isomorphe à $\dfrac{L_n[X_n, Y_n, Z_n]}{(X_n^{\alpha} + Y_n^{\beta} - Z_n^{\gamma})}(X_n, Y_n, Z_n)$, où L_n est une extension (corps) de k. L'anneau $A_{\mathfrak{m}_n A}$ est excellent, factoriel [9], non régulier. On en déduit l'assertion v) ; en outre A n'est pas excellent, Reg A n'étant pas ouvert. Il reste à montrer que l'anneau $\frac{A}{\mathfrak{p}}$ est japonais, pour tout idéal premier $\mathfrak{p}$ de A. Il n'y a aucun problème si $\mathfrak{p}$

n'est pas nul, car alors $\frac{A}{\mathfrak{p}}$ est semi-local excellent ; ni si $\mathfrak{p}$ est nul, en caractéristique zéro, car A est intégralement clos. Pour montrer que A est japonais, en caractéristique non nulle, on opère ainsi. Soient K le corps des fractions de A , K_n celui de A_n , K' une extension finie de K ; il existe un entier n_o et, pour tout $n \geq n_o$, une extension finie K'_n de K_n telle que $K' = \varinjlim K'_n$. La fermeture intégrale A' de A dans K' est égale à $\varinjlim A'_n$, où A'_n est la fermeture intégrale de A_n dans K'_n . On montre que $A'_m \xrightarrow{\sim} A'_n \otimes_{A_n} A_m$, pour tout $m \geq n \geq n_o$, et on conclut par passage à la limite inductive en m .

On démontre de même la

Proposition 3.2 - Soit k un corps commutatif (aucune hypothèse de caractéristique n'est faite). Alors, il existe un système inductif filtrant de k-algèbres noethériennes intègres semi-locales (A_i, φ_{ji}) tel que :

i) $A = \varinjlim A_i$ soit noethérien intègre de dimension 1 ;

ii) Pour tout $i \leq j$, φ_{ji} soit un k-homomorphisme fidèlement plat ;

iii) Pour tout $i \in I$, A_i soit excellent ;

iv) A ne soit pas universellement japonais ;

v) Pour tout idéal maximal $\mathfrak{m}$ de A , $A_{\mathfrak{m}}$ soit excellent.

On applique la construction précédente à $B_n = \dfrac{k[X_n, Y_n]}{(Y_n^2 - X_n^3)}$.

Bibliographie

[1] M. ANDRE - Localisation de la lissité formelle, Manuscrit Math, 13, 1974, p. 297-307.

[2] N. BOURBAKI - Algebre Commutative, Hermann, Paris.

[3] A. GROTHENDIECK - E.G.A., IV, P.U.F. Paris.

[4] M. HOCHSTER - Non-openness of loci in noetherian rings, Duke Math J., 40, 1973, p. 215-219.

[5] J. MAROT - Thèse, Orsay

[6] J. MAROT - Limite inductive d'anneaux universellement japonais (resp. excellents), C.R.A.S.P., t. 285, Série A, p. 425-428 (26.9.77).

[7] H. MATSUMURA - Commutative Algebra, W.A. Benjamin, New York.

[8] C. ROTTHAUS - Nicht ausgezeichnete universell japanische ringe, Math. Zeit, 152, 1977, p. 107-125.

[9] P. SAMUEL - Lecture on Unique Factorisation Domains, Tate Institute of Fundamental Research, Bombay, 1964.

Manuscrit remis le
25 Janvier 1978

Jean MAROT

Département de Mathématiques
Faculté des Sciences et Techniques
Université de Bretagne Occidentale

29283 BREST CEDEX

La Cinquième Déflection d'un Anneau Local Noethérien

par

H. RAHBAR-ROCHANDEL

Introduction : Le but de ce travail est de calculer l'expression de la cinquième déflection d'un anneau local noethérien à l'aide du complexe de Koszul associé à l'anneau et des opérateurs de Massey matriciels de ce complexe.

Ce travail généralise les résultats de M.Paugam qui a calculé l'expression de la cinquième déflection dans le cas où le complexe de Koszul E de l'anneau vérifie $H_1(E).H_1(E) = H_1(E)H_2(E) = 0$.

Signalons que L.L. Avramov, dans son article "On the Hopf Algebra of a Local Ring, Math. U.S.S.R. Izvestija, vol. 8 (1974), n°2"indique avoir calculé l'expression de ε_5 dans le cas où l'idéal maximal $\underline{m}$ de l'anneau R vérifie $\dim \frac{\underline{m}}{\underline{m}^2} \leq 4$, calcul, qui d'ailleurs,comme il nous a indiqué, peut se généraliser au cas où $\dim \frac{\underline{m}}{\underline{m}^2}$ est quelconque mais qui semble donner une expression de ε_5 moins explicite de ce que nous avons obtenu. Qu'il soit ici remercié pour les intéressantes discussions que nous avons eues à propos de ce travail.

oOo

Notations : Dans la suite, $(R,\underline{m},k)$ désigne un anneau local noethérien d'idéal maximal $\underline{m}$ et de corps résiduel k. On notera par E le complexe de Koszul associé à un système générateur minimal $(t_1,\dots,t_n)$ de $\underline{m}$ et par X^r les algèbres différentielles introduites par Tate pour la construction d'une résolution minimale du corps résiduel ayant une structure d'algèbre différentielle graduée strictement anticommutative (voir ([5])).

1. Lemme : Soit $A \in X^r_p$ (où $p \geqslant r+1$) un élément homogène vérifiant $\partial A \in E$. Alors, $A \in E + \underline{m}X^r$

Démonstration : Notons par $W_1, \ldots, W_m$ toutes les variables de degré supérieur à 2 introduites pour la construction de $X^2, \ldots, X^r$ et posons $Y_o = E$, $Y_1 = E \langle W_1 ; \partial W_1 = w_1 \rangle, \ldots, Y_m = Y_{m-1} \langle W_m ; \partial W_m = w_m \rangle$. Soit

$j^k : Y_k \longrightarrow Y_k$ l'opérateur de dérivation (introduit dans ([2]) page 54) défini de la manière suivante :

Si $q = \deg W_k$ est impair $Y_{k,p} = Y_{k-1,p} \oplus Y_{k-1,p-q} W_k$; $j^k(B' + B''W_k) = B''$.

Si $q = \deg W_k$ est pair , $Y_{k,p} = \bigoplus_i Y_{k-1,p-iq} W_k^{(i)}$; $j^k (\sum_{i=o}^{\infty} B_i W_k^{(i)}) = \sum_{i=o}^{\infty} B_{i+1} W_k^{(i)}$.

Chaque j^k se prolonge à Y_m (voir ([2]) P.54 et 55). Notons $j^{k,m}$ ce prolongement et posons $\bar{Y}_k = Y_k / \underline{m} Y_k$. La suite

$$0 \longrightarrow Y_{k-1} \longrightarrow Y_k \xrightarrow{j^k} Y_k$$

est exacte et scindée. Le diagramme :

$$\begin{array}{ccccccc} 0 & \longrightarrow & \bar{Y}_{k-1} & \longrightarrow & \bar{Y}_k & \xrightarrow{\bar{j}^k} & \bar{Y}_k \\ & & & & \downarrow & & \downarrow \\ & & & & \bar{Y}_m & \xrightarrow{\bar{j}^{k,m}} & \bar{Y}_m \end{array}$$

est donc commutatif. $j^{k,m}$ est un morphisme homogène, de degré $-\deg W_k$ et vérifie $\partial \circ j^{k,m} = j^{k,m} \circ \partial$. Soit alors $A \in X_p^r$ tel que $\partial A \in E$. Comme $\deg W_k \geqslant 2$, on a : $\partial \circ j^{k,m}(A) = j^{k,m}(\partial A) = 0$. D'autre part $\deg j^{k,m}(A) = \deg A - \deg W_k \geqslant p - r \geqslant 1$. Donc $j^{k,m}(A)$ n'est pas un élément de R par conséquent $j^{k,m}(A) \in \underline{m}\, Y_m$ i.e. $\bar{j}^{k,m}(\bar{A}) = 0 \;\; \forall k = 1, \ldots, m$.

Le diagramme ci-dessus montre que $\bar{A} \in \operatorname{Ker} \bar{j}^{k,m}$, puis $\bar{A} \in \operatorname{Ker} \bar{j}^{k-1,m}$ et ainsi de suite. Finalement $\bar{A} \in \bar{Y}_o = \bar{E}$; donc $A \in E + \underline{m}\, X^r$ c.q.f.d.

2. Proposition : Si $p \geqslant 2$, l'image du morphisme de connexion $\delta ; H_{p+1} (\frac{X^p}{E}) \longrightarrow H_p(E)$ déduite de la suite exacte

$$0 \longrightarrow E \longrightarrow X^p \longrightarrow \frac{X^p}{E} \longrightarrow 0$$

est l'ensemble $D_p(H(E))$ des éléments de $H(E)$ décomposables en produit Massey de matrices.

Démonstration : Soit $\sigma : H_p(E) \longrightarrow (k \boxtimes_E X)_{p+1}$ le morphisme de suspension (voir ([1]) page 21). σ est définie de la manière suivante ; si $z \in Z_p(E)$,

$\exists y \in X^{p+1}$ vérifiant $\partial y = z$. On pose $\sigma_1[z] = 1 \underset{E}{\otimes} y \in k \underset{E}{\otimes} X$. On peut définir de même $\sigma_p : H(X^p) \longrightarrow (k \otimes_{X^p} X)$ (Voir ([1]) - Définition 2.4.).

La naturalité du morphisme de suspension donne le diagramme commutatif suivant

$$\begin{array}{ccc}
H_p(E) & \xrightarrow{\ \sigma_1\ } & (k \otimes_E X)_{p+1} \\
\Big\downarrow u & & \Big\downarrow v \\
H_p(X^p) & \xrightarrow{\ p\ } & (k \otimes_{X^p} X)_{p+1}
\end{array}$$

u et v étant des morphismes canoniques déduits de l'injection $E \longrightarrow X^p$.

Montrons que la restriction de v à $\mathrm{Im}\,\sigma_1$ est injective : en effet si $\xi \in H_p(E)$ et $v(\sigma_1(\xi)) = 0$ ($\xi = [z]$ et $\partial y = z$ où $y \in X^{p+1}_{p+1}$), on a nécessairement $y = y_1 + y_2$ où $y_2 \in X^p_{p+1}$ et $y_1 \in mX^{p+1}_{p+1}$. Quitte à ajouter à y un bord de X^{p+1}, on peut supposer que $y_1 = 0$ et $y \in X^p_{p+1}$ et alors (puisque $\partial y \in E$), $y \in E + \underline{m}X^p$ d'après le lemme 1 et $1 \otimes_E y = 0$.

$\sigma_p : H_p(X^p) \longrightarrow (k \otimes_{X^p} X)_{p+1}$ étant bijective, u et σ_1 ont leurs noyaux égaux. Or $\mathrm{Ker}\ \sigma_1 = D_p(H(E))$ (voir ([2]) proposition 2.6.) donc $I_m\delta = \mathrm{Ker}\ u = D_p(H(E))$.

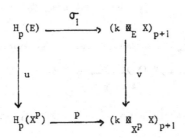

3. Lemme : $\varepsilon_5 = \dim_k H_5(X^5) = \dim_k H_5(X^3)$.

Démonstration : On considère les deux suites exactes

$0 \longrightarrow X^4 \longrightarrow X^5 \longrightarrow X^5/X^4 \longrightarrow 0$

$0 \longrightarrow X^3 \longrightarrow X^4 \longrightarrow X^4/X^3 \longrightarrow 0$ qui donnent les suites exactes

$$H_6(X^5/X^4) \xrightarrow{u} H_5(X^4) \longrightarrow H_5(X^5) \xrightarrow{v} H_5(X^5/X^4)$$

$$H_6(X^4/X^3) \xrightarrow{f} H_5(X^3) \longrightarrow H_5(X^4) \xrightarrow{g} H_5(X^4/X^3)$$

Un calcul facile montre que $f = g = u = v = 0$; d'où la proposition.

oOo

La suite exacte $0 \longrightarrow E \longrightarrow X^3 \longrightarrow X^3/E \longrightarrow 0$ nous donne la suite exacte

$$H_6(X^3/E) \longrightarrow H_5(E) \longrightarrow H_5(X^3) \longrightarrow H_5(X^3/E) \longrightarrow H_4(E) .$$

En utilisant la proposition 2 et les égalités $H_6(X^5/X^3) = H_5(X^4/X^3) = 0$ on trouve la suite exacte

$$0 \longrightarrow H_5(E)/D_5(H(E)) \longrightarrow H_5(X^3) \longrightarrow H_5(X^3/E) \longrightarrow D_4(H(E)) \longrightarrow 0 .$$

Pour calculer ε_5 il faut donc calculer $\dim_k H_5(X^3/E)$. Pour cela, nous introduisons :

$$X^1 = E = R\langle T_1,\dots,T_n : \partial T_i = t_i\rangle,\ X^2 = E\langle S_1,\dots,S_{\varepsilon_1} ; \partial S_i = A_i\rangle$$

et $X^3 = X^2\langle V_1,\dots,V_{\varepsilon_2} ; \partial V_j = v_j\rangle$ où $v_j \in Z_2(E)$. Posons :

$$F_2^1 = \bigoplus_{\alpha=1}^{\varepsilon_1} RS_\alpha ,\ F_3^1 = \bigoplus_{j=1}^{\varepsilon_2} RV_j ,\ F_4^2 = \bigoplus_{\alpha<\beta} RS_\alpha S_\beta \oplus (\bigoplus_\alpha R\, S_\alpha^{(2)}),\ F_5^2 = \bigoplus_{\alpha,j} RS_\alpha V_j$$

$$F_6^2 = \bigoplus_{i<j} RV_iV_j ,\ F_6^3 = \bigoplus_{\alpha<\beta<\gamma} RS_\alpha S_\beta S_\gamma \oplus (\bigoplus_{\alpha\neq\beta} R\, S_\alpha^{(2)} S_\beta) \oplus (\bigoplus_\alpha RS_\alpha^{(3)}).$$

Nous posons ensuite :

$$K^1 = E,\ K^2 = K^1 \oplus E \boxtimes F_2^1,\ K^3 = K^2 \oplus E \boxtimes F_4^2,\ K^4 = K^3 \oplus E \boxtimes F_6^3 ,$$

$$K^5 = K^4 \oplus X^2 \boxtimes F_3^1,\ K^6 = K^5 \oplus X^2 \boxtimes F_6^2 .$$

Les K^j peuvent être identifiés de manière naturelle à des sous complexes de X^3. On a aussi $K_j^6 \simeq X_j^3$ pour $j = 0, 1, 2, 3, 4, 5, 6$; on a finalement les suites exactes de complexes

(1) $0 \longrightarrow E \otimes F_2^1 \longrightarrow K^6/E \longrightarrow K^6/K^2 \longrightarrow 0$

(2) $0 \longrightarrow E \otimes F_4^2 \longrightarrow K^6/K^2 \longrightarrow K^6/K^3 \longrightarrow 0$

(3) $0 \longrightarrow E \otimes F_6^3 \longrightarrow K^6/K^3 \longrightarrow K^6/K^4 \longrightarrow 0$

(4) $0 \longrightarrow X^2 \otimes F_3^1 \longrightarrow K^6/K^4 \longrightarrow K^6/K^5 \longrightarrow 0$

Les F_j^i sont munis de la différentielle triviale et comme l'injection canonique de K^6/E dans X^3/E est un isomorphisme de complexes en degrés ≤ 6 on a $H_5(K^6/E) \simeq H_5(X^3/E)$ et il suffit donc de calculer la dimension de $H_5(K^6/E)$.

La suite exacte (1) donne :

$$H_6(K^6/K^2) \xrightarrow{f_1''} H_3(E) \otimes F_2^1 \longrightarrow H_5(K^6/E) \longrightarrow H_5(K^6/K^2) \xrightarrow{f_1'} H_2(E) \otimes F_2^1 .$$

Comme F_2^1 est isomorphe à $H_1(E)$, dans la suite nous identifierons $H_3(E) \otimes F_2^1$ à $H_3(E) \otimes H_1(E)$ et $H_2(E) \otimes F_2^1$ à $H_2(E) \otimes H_1(E)$. On a alors la suite exacte :

(5) $$H_6(K^6/K^2) \xrightarrow{f_1''} H_3(E)\otimes H_1(E) \longrightarrow H_5(K^6/E) \longrightarrow H_5(K^6/K^2) \xrightarrow{f_1'} H_2(E)\otimes H_1(E).$$

4. <u>Proposition</u> : <u>Dans la suite exacte</u> (5) <u>on a</u> :
$\mathrm{Im}(f_1'') = H_2(E)\{H_1(E), H_1(E)\}$ <u>et</u> $\mathrm{Im}(f_1') = H_1(E)\{H_1(E), H_1(E)\}$ <u>où</u> $\{H_1(E), H_1(E)\}$ = Ker de la multiplication $H_1(E) \otimes H_1(E) \longrightarrow H_2(E)$.

<u>Démonstration</u> : Pour ne pas aloudir l'écriture, nous identifierons les éléments de K^6 à leur image dans X^3 à l'aide de morphisme canonique de K^6 dans X^3. Ainsi par exemple $T_i \otimes S$ sera noté par $T_i S$.

Soit $A = \sum_{\alpha<\beta<\gamma} \lambda_{\alpha,\beta,\gamma} S_\alpha S_\beta S_\gamma + \sum_{\alpha\neq\beta} \lambda_{\alpha,\beta} S_\alpha S_\beta^{(2)} + \sum_\alpha \lambda_\alpha S_\alpha^{(3)} + \sum_{\alpha<\beta} D_{\alpha,\beta} S_\alpha S_\beta$
$+ \sum_\alpha D_\alpha S_\alpha^{(2)} + \sum_{\alpha,j} M_{\alpha,j} S_\alpha V_j + \sum_j N_j V_j + \sum_{i<j} \mu_{i,j} V_i V_j$ où $\lambda_{\alpha,\beta,\gamma}, \lambda_{\alpha,\beta}, \lambda_\alpha$, $\mu_{i,j}$ sont des éléments de R, $M_{\alpha,j} \in E_1$, $D_{\alpha,\beta}$, $D_\alpha \in E_2$ et $N_j \in E_3$; un élément de K^6 vérifiant $\partial A \in K^2$. On a alors :

i) $\partial M_{\alpha,j} = 0$

ii) $\partial D_{\alpha,\beta} = \sum_{\beta<\gamma} \lambda_{\alpha,\beta,\gamma} A_\gamma + \sum_{\alpha<\gamma<\beta} \lambda_{\alpha,\gamma,\beta} A_\gamma + \sum_{\gamma<\alpha} \lambda_{\gamma,\alpha,\beta} A_\gamma + \lambda_{\alpha,\beta} A_\beta + \lambda_{\beta,\alpha} A_\alpha$

iii) $-\partial D_\alpha = \lambda_\alpha A_\alpha + \sum_{\beta\neq\alpha} \lambda_{\beta,\alpha} A_\beta$

iv) $-\partial N_k = \sum_{i<k} \mu_{i,k} v_i - \sum_{k<j} \mu_{k,j} v_j + \sum_{\alpha=1}^{\varepsilon_1} M_{\alpha,k} A_\alpha$

ii) et iii) montrent que $\lambda_{\alpha,\beta}, \lambda_{\alpha,\beta,\gamma}, \lambda_\alpha$, sont des éléments de $\underline{m}$ de même

iv) montre que $\mu_{i,j} \in \underline{m}$. En remplaçant éventuellement A par un élément homologue à A, on peut supposer que $\lambda_{\alpha,\beta,\gamma} = \lambda_{\alpha,\beta} = \lambda_\alpha = \mu_{i,j} = 0$. On a alors $A = \sum_{\alpha<\beta} D_{\alpha,\beta} S_\alpha S_\beta + \sum_{\alpha=1}^{\varepsilon_1} D_\alpha S_\alpha^{(2)} + \sum_{\alpha,j} M_{\alpha,j} S_\alpha V_j + \sum_{j=1}^{\varepsilon_2} N_j V_j$.

$\partial A \in K^2$ équivaut alors à : a) $\partial D_{\alpha,\beta} = 0$, b) $\partial D_\alpha = 0$, c) $\partial M_{\alpha,j} = 0$, d) $-\partial(N_j) = \sum_{\alpha=1}^{\varepsilon_1} M_{\alpha,j} A_\alpha$; et on a alors : $f_1''([A]) = \sum_{k=1}^{\varepsilon_2} -v_k \left(\sum_{\alpha=1}^{\varepsilon_1} \bar{M}_{\alpha,k} \otimes \bar{A}_\alpha\right) + \sum_{\alpha=1}^{\varepsilon_1} \bar{D}_\alpha \bar{A}_\alpha \otimes \bar{A}_\alpha + \sum_{\alpha<\beta} \bar{D}_{\alpha,\beta}(\bar{A}_\alpha \otimes \bar{A}_\beta + \bar{A}_\beta \otimes \bar{A}_\alpha)$.

$\sum \bar{M}_{\alpha,k} \otimes \bar{A}_\alpha \in \{H_1(E), H_1(E)\}$ d'après d), $\bar{A}_\alpha \otimes \bar{A}_\alpha \in \{H_1(E), H_1(E)\}$ ainsi que $\bar{A}_\alpha \otimes \bar{A}_\beta + \bar{A}_\beta \otimes \bar{A}_\alpha$; donc $\mathrm{Im}(f_1'') \subseteq H_2(E)\,\{H_1(E), H_1(E)\}$.

Inversement, supposons que $\bar{D} \in H_2(E)$, $\bar{N}_\alpha \in H_1(E)$, $\bar{M}_\alpha \in H_1(E)$ et qu'on ait $\sum \bar{N}_\alpha \otimes \bar{M}_\alpha \in \{H_1(E), H_1(E)\}$. Montrons que $\sum_\alpha \bar{D}\,\bar{N}_\alpha \otimes \bar{M}_\alpha \in \mathrm{Im}(f_1'')$. On peut supposer que $M_\alpha = A_\alpha$ et on distingue deux cas :

1) $\bar{D} \in H_1^2(E)$: on peut supposer $D = A_{\alpha_0} A_{\beta_0}$. Posons $A = -\sum_{\alpha=1}^{\varepsilon_1} A_{\alpha_0} N_\alpha S_{\beta_0} S_\alpha$. On a bien fini $f_1''([A]) = \sum \bar{D}\,\bar{N}_\alpha \otimes \bar{A}_\alpha$.

2) $\bar{D} \notin H_1^2(E)$: Compte tenu de 1) on peut supposer $\exists k$ tel que $D = v_k$. Si $\sum_{\alpha=1}^{\varepsilon_1} N_\alpha A_\alpha = \partial(H)$ où $H \in E_3$; on pose : $A = \sum_{\alpha=1}^{\varepsilon_1} N_\alpha S_\alpha V_k + HV_k$. $[A]$ relève bien $\sum_\alpha \bar{D}\,\bar{N}_\alpha \otimes \bar{A}_\alpha$.

Pour calculer $\mathrm{Im}(f_1')$, soit $A = \sum_{\alpha,k} \mu_{\alpha,k} S_\alpha V_k + \sum_{\alpha<\beta} D_{\alpha,\beta} S_\alpha S_\beta + \sum_{\alpha=1}^{\varepsilon_1} D_\alpha S_\alpha^{(2)} + \sum_{k=1}^{\varepsilon_2} H_k V_k$ un élément de K_5^6 tel que $\partial(A) \in K^2$ ($\mu_{\alpha,k} \in R$, $D_\alpha \in E_1$, $D_{\alpha,\beta} \in E_1$ et $H_k \in E_2$). On a :

i) $\partial D_{\alpha,\beta} = 0$, ii) $\partial D_\alpha = 0$, iii) $\partial H_k = -\sum_\alpha \mu_{\alpha,k} A_\alpha$.

iii) entraîne ; $\mu_{\alpha,k} \in \underline{m}$. Quitte à remplacer A par un élément homologue à A, on peut supposer que $\mu_{\alpha,k} = 0$. On a donc :

$$A = \sum_{\alpha<\beta} D_{\alpha,\beta} S_\alpha S_\beta + \sum_{\alpha=1}^{\varepsilon_1} D_\alpha S_\alpha^{(2)} + \sum_{k=1}^{\varepsilon_2} H_k V_k.$$ $\partial A \in K^2$ équivaut à

a) $\partial D_{\alpha,\beta} = 0$, b) $\partial D_\alpha = 0$, c) $\partial H_k = 0$. On a alors :

$$f_1'([A]) = -\sum_{\alpha<\beta} \bar{D}_{\alpha,\beta}(\bar{A}_\alpha \otimes \bar{A}_\beta + \bar{A}_\beta \otimes \bar{A}_\alpha) - \sum_{\alpha=1}^{\varepsilon_1} \bar{D}_\alpha \bar{A}_\alpha \otimes \bar{A}_\alpha.$$

On a bien $f_1'([A]) \in H_1(E)\,\{H_1(E), H_1(E)\}$.

Inversement, soient $\bar{D} \in H_1(E)$, $\bar{M}_\alpha \in H_1(E)$, $\bar{N}_\alpha \in H_1(E)$ tel que $\sum_{\alpha=1}^{\varepsilon_1} \bar{N}_\alpha \bar{M}_\alpha = 0$. On peut supposer que $M_\alpha = A_\alpha$ et $D = A_{\beta_0}$; dans ce cas $A = \sum_{\alpha=1}^{\varepsilon_1} N_\alpha S_\alpha S_{\beta_0}$ relève $\sum \bar{D}\ \bar{N}_\alpha \otimes \bar{M}_\alpha$. Donc $\mathrm{Im}(f_1') = H_1(E)\{H_1(E),H_1(E)\}$.

<u>Conclusion</u> : On a la suite exacte

$$0 \longrightarrow H_3(E)\otimes H_1(E)/H_2(E)\mathrm{Ker}(H_1\otimes H_1 \longrightarrow H_2) \longrightarrow H_5(K^6/E) \longrightarrow H_5(K^6/K^2)$$
$$\downarrow$$
$$H_1(E)\mathrm{Ker}(H_1\otimes H_1 \longrightarrow H_2)$$
$$\downarrow$$
$$0$$

Pour calculer $\dim H_5(K^6/E)$ il suffit donc de calculer $\dim H_5(K^6/K^2)$.

5. <u>Proposition</u> : $\dim H_5(K^6/K^2) = \dim H_5(K^6/K^3) + (\frac{1}{3})\ (\varepsilon_1 - 1)(\varepsilon_1 + 1)\varepsilon_1$.

<u>Démonstration</u> : La suite exacte (2) de la page 5 donne la suite exacte

$$H_6(K^6/K^3) \xrightarrow{f_2''} H_1(E)\otimes F_4^2 \longrightarrow H_5(K^6/K^2) \longrightarrow H_5(K^6/K^3) \xrightarrow{f_2'} H_o(E)\otimes F_4^2$$

. Un calcul facile montre que $f_2' = 0$ et que la famille

$$(\bar{A}_\alpha \otimes S_\beta S_\gamma + \bar{A}_\beta \otimes S_\alpha S_\gamma + \bar{A}_\gamma \otimes S_\alpha S_\beta)_{\alpha<\beta<\gamma} \cup (\bar{A}_\alpha \otimes S_\beta^{(2)} + \bar{A}_\beta \otimes S_\alpha S_\beta)_{\alpha\neq\beta} \cup (\bar{A}_\alpha \otimes S_\alpha^{(2)})_\alpha$$

est une base de $\mathrm{Im}(f_2'')$. Par conséquent $\dim \mathrm{Im}(f_2'') = \binom{\varepsilon_1}{3} + \varepsilon_1^2$ et

$$\dim H_5(K^6/K^2) = \dim H_5(K^6/K^3) + \frac{1}{2}\varepsilon_1^2(\varepsilon_1+1) - \binom{\varepsilon_1}{3} - \varepsilon_1^2 = \dim H_5(K^6/K^3) + \frac{1}{3}(\varepsilon_1-1)(\varepsilon_1+1)\varepsilon_1 .$$

6. <u>Proposition</u> : $\dim H_5(K^6/K^3) = \frac{1}{2}(\varepsilon_2+1)\varepsilon_2$.

<u>Démonstration</u> : La suite exacte (3) de la page 4 donne la suite exacte

$$H_6(K^6/K^4) \longrightarrow H_5(E \otimes F_6^3) \longrightarrow H_5(K^6/K^3) \longrightarrow H_5(K^6/K^4) \longrightarrow H_4(E \otimes F_6^3)$$

. Or $H_4(E \otimes F_6^3) = H_5(E \otimes F_6^3) = 0$; donc $\dim H_5(K^6/K^3) = \dim H_5(K^6/K^4)$. La suite exacte (4) de la page 5 donne la longue suite exacte

$$H_6(K^6/K^5) \xrightarrow{f_3''} H_2(X^2)\otimes H_2(X^2) \longrightarrow H_5(K^6/K^4) \longrightarrow H_5(K^6/K^5) \xrightarrow{f_3'} H_1(X^2)\otimes H_2(X^2)$$

où nous avons identifié F_3^1 à $H_2(X^2)$.

$f_3' = 0$ car $H_1(X^2) = 0$. $H_5(K^6/K^5) = 0$ et $H_6(K^6/K^5) = \bigoplus_{i<j} kV_iV_j$ et

$f_3''(V_iV_j) = \bar{v}_j \otimes \bar{v}_i - \bar{v}_i \otimes \bar{v}_j$. Donc $\dim \mathrm{Im}(f_3'') = \binom{\varepsilon_2}{2}$ et

$\dim H_5(K^6/K^4) = \frac{1}{2}(\varepsilon_2+1)\varepsilon_2.$

Conclusion : $\varepsilon_5 = \dim H_5(E)/D_5(H(E)) - \dim D_4(H(E)) +$

$\dim H_3(E) \otimes H_1(E)/H_2(E)\mathrm{Ker}(H_1 \otimes H_1 \longrightarrow H_2) - \dim H_1(E)\mathrm{Ker}(H_1 \otimes H_1 \longrightarrow H_2)$

$+ \frac{1}{3}(\varepsilon_1+1)(\varepsilon_1-1)\varepsilon_1 + \frac{1}{2}(\varepsilon_2+1)\varepsilon_2$.

Bibliographie

1) L.L.AVRAMOV ; Small Homomorphisms of Local Rings. Institut of Math. and Mechanics, Bulgarian Academy of Science.

2) T.GULLIKSEN ; A Proof of the Existence of Minimal R-Algebra Resolutions. Acta Math. 120 (1968) 53-57.

3) G.LEVIN ; Lecture on Golod Homomorphisms. Preprint serie in Math. Institut Stokholms Univ. n°15 (1976).

4) J.P.MAY ; Matric Massey Product. J. of Algebra 12, 533-568 (1969).

5) J.TATE ; Homology of Noetherian Rings and Local Rings. Illinois J. Math. Vol. 1 (1957) 14-27.

Manuscrit remis le 28 Novembre 1977

H. RAHBAR-ROCHANDEL
Département de
Mathématiques Pures
Université de Caen
14032 Cedex

NECESSARY CONDITIONS FOR THE EXISTENCE OF DUALIZING COMPLEXES IN COMMUTATIVE ALGEBRA

by

RODNEY Y. SHARP

§.0. Introduction :

Dualizing complexes were introduced in 1963/4 by Grothendieck and Hartshorne in [6; Chapter V] for use in algebraic geometry. However, in recent years, it has become clear that they provide a powerful tool even in commutative algebra. For instance, Peskine and Szpiro used them in [10 ; Chapitre I, §.5] in their (partial) solution of Bass's conjecture concerning finitely generated (f.g.) modules of finite injective dimension over a Noetherian local ring ; the present author first obtained the results in [16] by use of dualizing complexes ; Roberts used them in [12] to provide a proof of the Intersection Theorem of Peskine and Szpiro for Noetherian local rings of prime characteristic $p > 0$, and to answer a question of Foxby about the Bass numbers μ^i ; and recently Schenzel [13] has used dualizing complexes to streamline the proof of the existence of Hochster's big Cohen-Macaulay modules over a Noetherian local ring of prime characteristic $p > 0$. In the spirit of these applications, these notes are concerned with dualizing complexes in commutative algebra, and we shall follow the relatively elementary approach of [18] and [20] rather than use the derived category as in [6 ; Chapter V] . In fact, we shall work with fundamental dualizing complexes, which are more special than the dualizing complexes discussed in [18] and [20]. However, it can be shown that the study of these fundamental dualizing complexes is equivalent to the study of general dualizing complexes : see, for example, [4].

Throughout these notes, the word "ring" will mean "commutative Noetherian ring with identity element", and A and B will always denote non-trivial such rings ; A will only be assumed to be local when this is explicitly stated, but when this is the case, $\underline{m}$ will consistently be used to denote the maximal ideal of A. It is well known ([6 ; Chapter V, §.10] or [18 ; (3.7) and (3.9)]) that if A is a homomorphic image of a finite-dimensional Gorenstein ring, then A possesses a (fundamental) dualizing complex. The purpose of these notes is to point out that there is a lot of circumstantial evidence which supports the conjecture that the converse statement is true : we shall see that if A has a (fundamental) dualizing complex, then A has several properties which are obviously, or easily shown to be, possessed by all (non-trivial) homomorphic images of finite-dimensional Gorenstein rings ; moreover, a theorem of Reiten [11] enables us to see that if A is a Cohen-Macaulay ring which possesses a (fundamental) dualizing complex, then A must be a homomorphic image of a finite-dimensional Gorenstein ring.

§.1. Notation and terminology :

The set of prime ideals of A will be denoted by Spec(A). Let $\underline{p} \in$ Spec(A). We shall denote the residue field $A_{\underline{p}}/\underline{p}A_{\underline{p}}$ of $A_{\underline{p}}$ by $k(\underline{p})$ (or $k_A(\underline{p})$).

Let M be an A-module. The injective envelope of M will be denoted by E(M) (or $E_A(M)$), and the i-th term in the minimal injective resolution for M will be denoted by $E^i(M)$ (or $E^i_A(M)$). For a given $\underline{p} \in$ Spec(A) and $i \geq 0$, we shall use $\mu^i(\underline{p},M)$ to denote the dimension of $\mathrm{Ext}^i_{A_{\underline{p}}}(k(\underline{p})),M_{\underline{p}})$ as a vector space over $k(\underline{p})$. Thus, when an injective A-module I is expressed in the form

$$I \cong \bigoplus_{j\in\Lambda} E(A/\underline{p}_j) \text{ (with } \underline{p}_j \in \mathrm{Spec}(A) \text{ for all } j \in \Lambda\text{)},$$

then $\mu^o(\underline{p},I)$ is the cardinality of the set $\{j \in \Lambda : \underline{p}_j = \underline{p}\}$: we shall say that $\underline{p}$ occurs in I if this is not zero, and refer to $\mu^o(\underline{p},I)$ as the "number of times $\underline{p}$ occurs in I". In this terminology, for $i \geq 0$ and a general A-module M, the cardinal $\mu^i(\underline{p},M)$ is the number of times the prime ideal $\underline{p}$ occurs in $E^i(M)$.

Recall [1] that A is a Gorenstein ring if and only if $\mu^i(\underline{p},A) = \delta_{i,\mathrm{ht}\underline{p}}$ (Kronecker delta) for all $i \geq 0$ and all $\underline{p} \in$ Spec(A). Suppose now that A is a Gorenstein ring of finite (Krull) dimension d. Then $\mathrm{inj.dim.}_A A = d < \infty$, and the minimal injective resolution for A as a module over itself,

$$0 \longrightarrow A \longrightarrow E^o(A) \longrightarrow E^1(A) \longrightarrow \dots \longrightarrow E^i(A) \longrightarrow \dots \longrightarrow E^d(A) \longrightarrow 0 \dots,$$

is such that $E^i(A) \cong \bigoplus_{\substack{\underline{p} \in \mathrm{Spec}(A) \\ \mathrm{ht}\,\underline{p} = i}} E(A/\underline{p})$, so that $E^i(A) = 0$ for all $i > d$.

Now let $I^{\bullet}$ denote the complex

$$\dots 0 \longrightarrow 0 \longrightarrow E^o(A) \longrightarrow E^1(A) \longrightarrow \dots \longrightarrow E^i(A) \longrightarrow \dots \longrightarrow E^d(A) \longrightarrow 0 \longrightarrow \dots$$

of A-modules and A-homomorphisms induced from the minimal injective resolution for A : thus $I^i = E^i(A)$ for $i = 0,\dots,d$, and all the other terms of $I^{\cdot}$ are zero. This complex has the following properties :

(i) All the terms of $I^{\cdot}$ are injective A-modules.

(ii) $I^{\cdot}$ is a bounded complex, i.e. only finitely many of its terms are non-zero.

(iii) All the cohomology modules of $I^{\cdot}$ are f.g. (since $H^0(I^{\cdot}) \cong A$, while $H^i(I^{\cdot}) = 0$ for all $i \neq 0$).

(iv) $\bigoplus_{i\in\mathbb{Z}} I^i \cong \bigoplus_{\underline{p}\in \operatorname{Spec}(A)} E(A/\underline{p})$, i.e. each prime ideal of A occurs in exactly one term of $I^{\cdot}$, and there it occurs exactly once.

This complex $I^{\cdot}$ for a finite-dimensional Gorenstein ring A serves as motivation for the definition of fundamental dualizing complex.

(1.1) DEFINITION. A fundamental dualizing complex for (general) A is a complex $I^{\cdot}$ of A-modules and A-homomorphisms such that

(i) all the terms of $I^{\cdot}$ are injective A-modules ;

(ii) $I^{\cdot}$ is a bounded complex ;

(iii) $H^i(I^{\cdot})$ is a f.g. A-module for all $i \in \mathbb{Z}$; and

(iv) $\bigoplus_{i\in\mathbb{Z}} I^i \cong \bigoplus_{\underline{p}\in \operatorname{Spec}(A)} E(A/\underline{p})$, i.e. each prime ideal of A occurs in exactly one term of $I^{\cdot}$, and there it occurs exactly once.

Thus a finite-dimensional Gorenstein ring possesses a fundamental dualizing complex. The word "dualizing" appears in the name because fundamental dualizing complexes have the duality property described in the next theorem : it is this property (the proof of which is not trivial) which makes (fundamental) dualizing complexes both interesting and useful.

(1.2) THEOREM. Suppose that $I^{\cdot}$ is a fundamental dualizing complex for A. Then, whenever $X^{\cdot}$ is a bounded complex of A-modules and A-homomorphisms with the property that all its cohomology modules are f.g., the natural morphism of complexes

$$\theta(X^{\cdot};I^{\cdot})^{\cdot} : X^{\cdot} \longrightarrow \operatorname{Hom}_A([\operatorname{Hom}_A(X^{\cdot},I^{\cdot})], I^{\cdot})$$

described in [18 ; (2.3)(ii)] is a quasi-isomorphism.

(A morphism $u^{\cdot}$ between complexes of A-modules and A-homomorphisms is said to be a quasi-isomorphism (abbreviated quism) if $H^i(u^{\cdot})$ is an isomorphism of A-modules for all $i \in \mathbb{Z}$. Note that the assertion of this theorem is that a fundamental dualizing complex for A is a dualizing complex for A in the sense of [18 ; (2.4)]!)

Proof. This follows from the work in [18] and [20]; more precisely, one may reason as follows. Let $\underline{m}$ be a maximal ideal of A. Well-known properties of injective modules under localization ensure that $(I^\cdot)_{\underline{m}}$ is a fundamental dualizing complex for $A_{\underline{m}}$. It now follows from [20 ; (2.8)] that $(I^\cdot)_{\underline{m}}$ is a dualizing complex (in the sense of [18 ; (2.4)]) for $A_{\underline{m}}$, and so the result follows from [18 ; (4.2)].

Theorem (1.2) has only been included in these notes for completeness, in order to explain the name of the concept under consideration : we shall have no call to use (1.2) in this work. However, we shall need to use some uniqueness properties of fundamental dualizing complexes over local rings : these are described in the next theorem, the formulation of which requires the concept of shift functor.

(1.3) DEFINITION. Let $\mathcal{Y}(A)$ denote the category of all complexes of A-modules and A-homomorphisms and morphisms of such complexes. If k is an integer, then $\{k\}$ will denote the shift functor from $\mathcal{Y}(A)$ to itself defined as follows. If $X^\cdot \in \mathcal{Y}(A)$, then $[\{k\}X^\cdot]^n = X^{n+k}$ for all $n \in \mathbb{Z}$, while $d^n_{\{k\}X^\cdot} = (-1)^k d^{n+k}_{X^\cdot}$. Also, if $u^\cdot : X^\cdot \longrightarrow Y^\cdot$ in $\mathcal{Y}(A)$, then

$$[\{k\}u^\cdot]^n = u^{n+k} : X^{n+k} \longrightarrow Y^{n+k} .$$

(Thus the effect of $\{1\}$ (resp. $\{-1\}$) on an $X^\cdot$ in $\mathcal{Y}(A)$ is to shift it one place to the left (resp. right) and change the sign of the differentiation. In fact, $\{1\}$ and $\{-1\}$ are inverse automorphisms of $\mathcal{Y}(A)$.)

(1.4) THEOREM [18 ; (4.5)]. Suppose that A is local, and that $I^\cdot$ and $J^\cdot$ are both fundamental dualizing complexes for A. Then there exist an integer t and a quasi-isomorphism :

$$\delta^\cdot : I^\cdot \longrightarrow \{t\} J^\cdot .$$

Note. One can strengthen this result, since it can be shown [4 ; 4.2] that a quism between fundamental dualizing complexes is an isomorphism of complexes. However, we shall not have need in these notes of this improvement.

§.2. Existence and basic properties of fundamental dualizing complexes :

We begin by showing that fundamental dualizing complexes reproduce themselves under certain familiar operations. Our first result is very easy, and was, in fact, touched upon in the proof of theorem (1.2).

(2.1) OBSERVATION. Let $I^\cdot$ be a fundamental dualizing complex for A, and let S be a multiplicatively closed subset (m.c.s.) of A which does not contain 0. Then $S^{-1}(I^\cdot)$ is a fundamental dualizing complex for $S^{-1}A$.

(2.2) THEOREM. Suppose that B is a homomorphic image of a finite-dimensional Gorenstein ring A. Then B has a fundamental dualizing complex.

Proof. Let $d = \dim A$. Let $I^{\cdot}$ denote the complex

$$\ldots 0 \longrightarrow 0 \longrightarrow E^{0}(A) \longrightarrow E^{1}(A) \longrightarrow \ldots \longrightarrow E^{i}(A) \longrightarrow \ldots \longrightarrow E^{d}(A) \longrightarrow 0 \ldots$$

of A-modules and A-homomorphisms. As was pointed out in §.1, $I^{\cdot}$ is a fundamental dualizing complex for A. Consider the induced complex of B-modules and B-homomorphisms

$$\ldots 0 \longrightarrow \mathrm{Hom}_A(B,I^{0}) \longrightarrow \mathrm{Hom}_A(B,I^{1}) \longrightarrow \ldots \longrightarrow \mathrm{Hom}_A(B,I^{d}) \longrightarrow 0 \longrightarrow \ldots$$

(in which it is to be understood that $\mathrm{Hom}_A(B,I^{0})$ is the 0-th term) : let us denote this complex by $J^{\cdot}$.

It is clear that $J^{\cdot}$ is bounded ; moreover, a standard "change of rings" argument [2 ; Chapter II, Proposition 6.1a] shows that all the terms of $J^{\cdot}$ are injective B-modules ; also, for all $i = 0,\ldots,d$, we note that $H^{i}(J^{\cdot}) \cong \mathrm{Ext}^{i}_{A}(B,A)$ (as B-modules), so that all the cohomology modules of $J^{\cdot}$ are f.g. B-modules. Finally, it is not difficult to see from, e.g., [8 ; p.520] that, for each $i = 0,1,\ldots,d$, the decomposition of $\mathrm{Hom}_A(B,I^{i})$ as a direct sum of indecomposable injective B-modules is given by

$$\mathrm{Hom}_A(B,I^{i}) \cong \bigoplus_{\substack{\underline{p}\in \mathrm{Spec}(A) \\ \underline{p} \supseteq \ker f \\ \mathrm{ht}\, \underline{p} = i}} E_B(B/f(\underline{p})) ,$$

where f denotes the given surjective ring homomorphism from A to B. It follows that $J^{\cdot}$ is a fundamental dualizing complex for B.

As was explained in the Introduction, the purpose of these notes is to collect together several results which support the conjecture that the converse of Theorem (2.2) is true.

We now introduce some notation which will be maintained throughout these notes.

(2.3) DEFINITION. Suppose that $I^{\cdot}$ is a fundamental dualizing complex for A. Let $\underline{p} \in \mathrm{Spec}(A)$. Then the unique integer i for which $\underline{p}$ occurs in I^{i} will be denoted by $t(\underline{p} ; I^{\cdot})$.

Note that, if S is a m.c.s. of A which does not contain 0, so that, by (2.1), $S^{-1}(I^{\cdot})$ is a fundamental dualizing complex for $S^{-1}A$, then well-known properties of the behaviour of indecomposable injective A-modules under formation of fractions ensure that, if $\underline{p}$ is a prime ideal of A which is disjoint from S, then

$$t(S^{-1}\underline{p} ; S^{-1}(I^{\cdot})) = t(\underline{p} ; I^{\cdot}).$$

In the case in which A is local, the integer $t(\underline{m} ; I^{\cdot})$ has some very interesting properties : in order to present these, we need the following lemma from [18].

(2.4) LEMMA. (See [18 ; (3.4)(ii)]) Let $I^\cdot$ be a fundamental dualizing complex for A, and let M be a f.g. A-module. Then $H^i(\mathrm{Hom}_A(M,I^\cdot))$ is f.g. for all $i \in \mathbb{Z}$.

Proof. Let $\mathcal{Y}_c(A)$ denote the full subcategory of $\mathcal{Y}(A)$ whose objects are those complexes in $\mathcal{Y}(A)$ all of whose cohomology modules are f.g. It is clear that $\mathrm{Hom}_A(A,I^\cdot) \in \mathcal{Y}_c(A)$, and it follows easily (using the additivity of the functors concerned) that $\mathrm{Hom}_A(F,I^\cdot) \in \mathcal{Y}_c(A)$ whenever F is a f.g. free A-module.

Now $I^\cdot$ is bounded below : let u be an integer such that $I^i = 0$ for all $i < u$. Now suppose M is an arbitrary f.g. A-module ; M can be included in an exact sequence

$$0 \longrightarrow N \longrightarrow F \longrightarrow M \longrightarrow 0$$

of f.g. A-modules in which F is free. Since all the terms of $I^\cdot$ are injective, the above sequence induces an exact sequence

$$0 \longrightarrow \mathrm{Hom}_A(M,I^\cdot) \longrightarrow \mathrm{Hom}_A(F,I^\cdot) \longrightarrow \mathrm{Hom}_A(N,I^\cdot) \longrightarrow 0$$

of complexes, which in turn induces the long exact sequence of cohomology modules

$$\begin{aligned} 0 &\longrightarrow H^u(\mathrm{Hom}_A(M,I^\cdot)) \longrightarrow H^u(\mathrm{Hom}_A(F,I^\cdot)) \longrightarrow H^u(\mathrm{Hom}_A(N,I^\cdot)) \\ &\longrightarrow H^{u+1}(\mathrm{Hom}_A(M,I^\cdot)) \longrightarrow H^{u+1}(\mathrm{Hom}_A(F,I^\cdot)) \longrightarrow \cdots \\ &\qquad \cdots \\ &\longrightarrow H^i(\mathrm{Hom}_A(M,I^\cdot)) \longrightarrow H^i(\mathrm{Hom}_A(F,I^\cdot)) \longrightarrow H^i(\mathrm{Hom}_A(N,I^\cdot)) \longrightarrow \cdots \end{aligned}$$

We have already noted that $H^i(\mathrm{Hom}_A(F,I^\cdot))$ is f.g. for all $i \in \mathbb{Z}$. Hence $H^u(\mathrm{Hom}_A(M,I^\cdot))$ is f.g. But M was an arbitrary f.g. A-module, and so, since N is f.g., we have $H^u(\mathrm{Hom}_A(N,I^\cdot))$ is f.g. The above long exact sequence therefore shows that $H^{u+1}(\mathrm{Hom}_A(M,I^\cdot))$ is f.g. Now use induction.

(2.5) PROPOSITION. Suppose that A is local and $I^\cdot$ is a fundamental dualizing complex for A ; let t denote $t(\underline{m} ; I^\cdot)$. Let M be a non zero f.g. A-module of dimension r. Then $H^i(\mathrm{Hom}_A(M,I^\cdot)) \neq 0$ only when the integer i satisfies $t-r \leq i \leq t$.

Proof. Observe first of all that, by the definition of t, we have $\mathrm{Hom}_A(A/\underline{m}, I^i) = 0$ if $i \neq t$, while $\mathrm{Hom}_A(A/\underline{m}, I^t) \cong A/\underline{m}$.

Thus $$H^i(\mathrm{Hom}_A(A/\underline{m}, I^\cdot)) \cong \begin{cases} 0 & \text{if } i \neq t, \\ A/\underline{m} & \text{if } i = t. \end{cases}$$

Next, if $0 \longrightarrow M' \longrightarrow M \longrightarrow M'' \longrightarrow 0$ is a short exact sequence of non-zero f.g. A-modules and the assertion of the proposition is valid for M' and M'', then, since $\dim_A M = \max(\dim_A M', \dim_A M'')$, the assertion will be valid for M. Hence it is sufficient to show, for each proper ideal $\underline{a}$ of A, that $H^i(\mathrm{Hom}_A(A/\underline{a}, I^\cdot)) = 0$ whenever $i > t$ or $i < t - \dim_A(A/\underline{a})$.

Suppose that this is not so : among the proper ideals of A for which this statement is false, choose a maximal such, $\underline{b}$ say. We show now that $\underline{b}$ must be prime : let $\underline{p}$ be an associated prime ideal of $\underline{b}$, so that there is an ideal $\underline{c}$ of A such that $\underline{c} \supset \underline{b}$ and $\underline{c}/\underline{b} \cong A/\underline{p}$. Use of the exact sequence

$$0 \longrightarrow A/\underline{p} \longrightarrow A/\underline{b} \longrightarrow A/\underline{c} \longrightarrow 0$$

and the maximality of $\underline{b}$ now shows that $\underline{p}$ cannot contain $\underline{b}$ strictly ; hence $\underline{p} = \underline{b}$ and $\underline{b}$ is prime.

The first paragraph of this proof shows that $\underline{b} \neq \underline{m}$. Let $x \in \underline{m} \setminus \underline{b}$. Now, if we let $\dim_A(A/\underline{b}) = j(>0)$, then $\dim_A(A/(\underline{b}+Ax)) = j-1$ and, by the maximality of $\underline{b}$, we have

$$H^i(\mathrm{Hom}_A(A/(\underline{b}+Ax), I^\cdot)) = 0 \quad \text{whewever} \quad i > t \quad \text{or} \quad i < t-j+1 .$$

However, x is a non-zerodivisor on $A/\underline{b}$, and the exact sequence

$$0 \longrightarrow A/\underline{b} \xrightarrow{x} A/\underline{b} \longrightarrow A/(\underline{b}+Ax) \longrightarrow 0$$

induces an exact sequence

$$0 \longrightarrow \mathrm{Hom}_A(A/(\underline{b}+Ax), I^\cdot) \longrightarrow \mathrm{Hom}_A(A/\underline{b}, I^\cdot) \longrightarrow \mathrm{Hom}_A(A/\underline{b}, I^\cdot) \longrightarrow 0$$

of complexes. This, in turn, induces a long exact sequence of cohomology modules which shows that

$$H^i(\mathrm{Hom}_A(A/\underline{b}, I^\cdot)) = xH^i(\mathrm{Hom}_A(A/\underline{b}, I^\cdot)) \quad \text{whenever} \quad i+1 > t \quad \text{or} \quad i+1 < t-j+1.$$

But, by (2.4), each $H^i(\mathrm{Hom}_A(A/\underline{b}, I^\cdot))$ is f.g., and so it follows from Nakayama's lemma that $H^i(\mathrm{Hom}_A(A/\underline{b}, I^\cdot)) = 0$ whenever $i > t-1$ or $i < t-j$. This contradiction completes the proof.

Note. The above proof, which is perhaps slightly shorter than my original in [20 ; (2.2)], was suggested by P. Vámos.

(2.6) THEOREM. *Suppose that* A *is local and that* $I^\cdot$ *is a fundamental dualizing complex for* A ; *let* t *denote* $t(\underline{m} ; I^\cdot)$. *Let* M *be a non-zero f.g. A-module of depth* s. *Then* t-s *is the greatest integer* i *such that* $H^i(\mathrm{Hom}_A(M, I^\cdot)) \neq 0$.

Proof. By (2.5), $H^i(\mathrm{Hom}_A(M, I^\cdot)) = 0$ whenever $i > t$. We use induction on $s = \mathrm{depth}_A M$.

Case s = 0. In this case M has a non-zero submodule N which is isomorphic to $A/\underline{m}$. The exact sequence $0 \longrightarrow A/\underline{m} \longrightarrow M \longrightarrow M/N \longrightarrow 0$ induces an exact sequence

$$0 \longrightarrow \mathrm{Hom}_A(M/N, I^\cdot) \longrightarrow \mathrm{Hom}_A(M, I^\cdot) \longrightarrow \mathrm{Hom}_A(A/\underline{m}, I^\cdot) \longrightarrow 0$$

of complexes which, in turn, induces the exact sequence

$$H^t(\mathrm{Hom}_A(M,I^\cdot)) \longrightarrow H^t(\mathrm{Hom}_A(A/\underline{m},I^\cdot)) \longrightarrow H^{t+1}(\mathrm{Hom}_A(M/N,I^\cdot)) = 0 .$$

But $H^t(\mathrm{Hom}_A(A/\underline{m},I^\cdot)) \neq 0$, and so $H^t(\mathrm{Hom}_A(M,I^\cdot)) \neq 0$.

Inductive step. Assume, inductively, that j is a non-negative integer and that the desired result has been established when $0 \leq s \leq j$; consider now the case in which $s = j+1$.

Let $x \in \underline{m}$ be a non-zerodivisor on M. Then M/xM is a non-zero f.g. A-module of depth j, and so, by the inductive hypothesis, $H^i(\mathrm{Hom}_A(M/xM,I^\cdot)) = 0$ whenever $i > t-j$, while $H^{t-j}(\mathrm{Hom}_A(M/xM,I^\cdot)) \neq 0$. Now the exact sequence

$$0 \longrightarrow M \xrightarrow{x} M \longrightarrow M/xM \longrightarrow 0$$

induces, for each integer i, an exact sequence

$$H^i(\mathrm{Hom}_A(M,I^\cdot)) \xrightarrow{\quad x \quad} H^i(\mathrm{Hom}_A(M,I^\cdot)) \longrightarrow H^{i+1}(\mathrm{Hom}_A(M/xM,I^\cdot)).$$

For $i > t-j-1$, we have $H^{i+1}(\mathrm{Hom}_A(M/xM,I^\cdot)) = 0$, and so $H^i(\mathrm{Hom}_A(M,I^\cdot)) = xH^i(\mathrm{Hom}_A(M,I^\cdot))$. But, by (2.4), each $H^i(\mathrm{Hom}_A(M,I^\cdot))$ is f.g., and so it follows from Nakayama's lemma that $H^i(\mathrm{Hom}_A(M,I^\cdot)) = 0$ for all $i > t-j-1$.

Also, the exact sequence

$$H^{t-j-1}(\mathrm{Hom}_A(M,I^\cdot)) \longrightarrow H^{t-j}(\mathrm{Hom}_A(M/xM,I^\cdot)) \longrightarrow H^{t-j}(\mathrm{Hom}_A(M,I^\cdot)),$$

together with the facts that $H^{t-j}(\mathrm{Hom}_A(M/xM,I^\cdot)) \neq 0$ and $H^{t-j}(\mathrm{Hom}_A(M,I^\cdot)) = 0$, shows that $H^{t-j-1}(\mathrm{Hom}_A(M,I^\cdot)) \neq 0$. This completes the inductive step.

The theorem therefore follows by induction.

(2.7) PROPOSITION. Let $I^\cdot$ be a fundamental dualizing complex for A. Suppose that $\underline{p}$ and $\underline{q}$ are prime ideals of A such that $\underline{p} \subset \underline{q}$ and that there are no prime ideals strictly between $\underline{p}$ and $\underline{q}$. (The symbol "$\subset$" is reserved to denote strict inclusion). Then $t(\underline{q} ; I^\cdot) = t(\underline{p} ; I^\cdot) + 1$.

Proof. By the comment immediately following Definition (2.3), we may assume that A is local and $\underline{q} = \underline{m}$. Under these assumptions, we have $\dim_A(A/\underline{p}) = 1 = \mathrm{depth}_A(A/\underline{p})$. Let t denote $t(\underline{m} ; I^\cdot)$. Then, by (2.5) and (2.6), $t-1$ is the unique integer i for which $H^i(\mathrm{Hom}_A(A/\underline{p}, I^\cdot)) \neq 0$. Hence, since localization is an exact functor, $H^i(\mathrm{Hom}_{A_{\underline{p}}}(k(\underline{p}), (I^\cdot)_{\underline{p}}) = 0$ whenever $i \neq t-1$, and so $t(\underline{p} ; I^\cdot) = t-1$, as required.

This result has useful consequences.

(2.8) COROLLARY. Suppose that A possesses a fundamental dualizing complex. Let $\underline{p}$ and $\underline{q}$ be prime ideals of A such that $\underline{p} \subset \underline{q}$, and suppose that there *is a saturated chain of prime ideals of* A *from* $\underline{p}$ *to* $\underline{q}$ *having length* v. *Then* $v = t(\underline{q} ; I^{\cdot}) - t(\underline{p} ; I^{\cdot})$.

We shall come back to this result in §.3 ; for the moment, we just use it to prove the following companion result to (2.6).

(2.9) THEOREM. *Suppose that* A *is local and that* $I^{\cdot}$ *is a fundamental dualizing complex for* A ; *let* t *denote* $t(\underline{m} ; I^{\cdot})$. *Let* M *be a non-zero f.g.* A-*module of dimension* r. *Then* t-r *is the least integer* i *such that* $H^i(\mathrm{Hom}_A(M,I^{\cdot})) \neq 0$.

Proof. By (2.5), $H^i(\mathrm{Hom}_A(M,I^{\cdot})) = 0$ whenever $i < t-r$, and so it remains only to show that $H^{t-r}(\mathrm{Hom}_A(M,I^{\cdot})) \neq 0$. There exists $\underline{p} \in \mathrm{Supp}_A(M)$ having $\dim_A(A/\underline{p}) = r$. Then $\underline{p}$ will be a minimal member of $\mathrm{Supp}_A(M)$, and so $M_{\underline{p}}$ is a non-zero $A_{\underline{p}}$-module of finite length. Thus, by (2.1) and (2.6), $H^{t(\underline{p} ; I^{\cdot})}(\mathrm{Hom}_{A_{\underline{p}}}(M_{\underline{p}},(I^{\cdot})_{\underline{p}}) \neq 0$, whence $H^{t(\underline{p} ; I^{\cdot})}(\mathrm{Hom}_A(M,I^{\cdot})) \neq 0$.

But, by (2.8), $t(\underline{p} ; I^{\cdot}) = t - \dim_A(A/\underline{p}) = t-r$, and so the result follows.

(2.10) COROLLARY. *Suppose that* A *is local and that* $I^{\cdot}$ *is a fundamental dualizing complex for* A ; *let* t *denote* $t(\underline{m} ; I^{\cdot})$. *Let* M *be a non-zero f.g.* A-*module. Then* M *is a Cohen-Macaulay* A-*module if and only if there is exactly one integer* i *for which* $H^i(\mathrm{Hom}_A(M,I^{\cdot})) \neq 0$. *In particular,* A *is a Cohen-Macaulay ring if and only if there is exactly one integer* i *for which* $H^i(I^{\cdot}) \neq 0$.

Proof. Let $r = \dim_A M$ and $s = \mathrm{depth}_A M$. Thus $t-r \leq t-s$, and $t-r = t-s$ if and only if M is a Cohen-Macaulay A-module. The result follows from (2.6) and (2.9), since t-s (resp. t-r) is the greatest (resp. least) integer i such that $H^i(\mathrm{Hom}_A(M,I^{\cdot})) \neq 0$. The last part is now immediate, since the complexes $I^{\cdot}$ and $\mathrm{Hom}_A(A,I^{\cdot})$ are isomorphic.

This corollary shows that, among local rings which possess fundamental dualizing complexes, the Cohen-Macaulay ones can be characterized simply in terms of the cohomology of their fundamental dualizing complexes. There is a comparable characterization for the Gorenstein local rings in this class.

(2.11) LEMMA. *Suppose that* A *is local and that* $I^{\cdot}$ *is a fundamental dualizing complex for* A. *Then* A *is a Gorenstein ring if and only if there exists an integer* w *such that*

$H^i(I^\cdot) = 0$ whenever $i \neq w$ and $H^w(I^\cdot) \cong A$ (resp. is free).

Proof($\Longrightarrow$). Suppose A is a Gorenstein ring of dimension d. Consider the minimal injective resolution

$$0 \longrightarrow A \longrightarrow E^0(A) \longrightarrow E^1(A) \longrightarrow \cdots \longrightarrow E^i(A) \longrightarrow \cdots \longrightarrow E^d(A) \longrightarrow 0 \ldots$$

for A as a module over itself. Let $E^\cdot$ denote the complex

$$\ldots 0 \longrightarrow 0 \longrightarrow E^0(A) \longrightarrow E^1(A) \longrightarrow \cdots \longrightarrow E^{d-1}(A) \longrightarrow E^d(A) \longrightarrow 0 \longrightarrow \cdots$$

(in which it is to be understood that $E^0(A)$ is the 0-th term). As was observed in §.1, $E^\cdot$ is a fundamental dualizing complex for A. Therefore, by (1.4), there is an integer w and a quism $I^\cdot \longrightarrow \{-w\}E^\cdot$. Hence $H^i(I^\cdot) = 0$ whenever $i \neq w$ and $H^w(I^\cdot) \cong H^0(E^\cdot) \cong A$.

($\Longleftarrow$). Assume that there is an integer w such that $H^i(I^\cdot) = 0$ whenever $i \neq w$, and $H^w(I^\cdot)$ is free. Since the complexes $I^\cdot$ and $\mathrm{Hom}_A(A, I^\cdot)$ are isomorphic, it follows from (2.9) that $H^w(I^\cdot) \neq 0$, and also that, if t denotes $t(\underline{m}\ ;\ I^\cdot)$ and d denotes $\dim A$, then $w = t-d$.

Next, we deduce from (2.8) that there is no prime ideal $\underline{p}$ of A for which $t(\underline{p}\ ;\ I^\cdot) < t-d$ (and there is no prime ideal $\underline{p}$ of A for which $t(\underline{p}\ ;\ I^\cdot) > t$). Thus $H^w(I^\cdot)$ is a non-zero f.g. free A-module, and there is an exact sequence

$$0 \longrightarrow H^w(I^\cdot) \longrightarrow I^w \longrightarrow I^{w+1} \longrightarrow \cdots \longrightarrow I^{t-1} \longrightarrow I^t \longrightarrow 0.$$

Hence $\text{inj.dim}_A(H^w(I^\cdot)) < \infty$. Since $H^w(I^\cdot)$ has a direct summand isomorphic to A, use of the extension functors will now show that A has finite injective dimension.

§.3. Necessary conditions for the existence of fundamental dualizing complexes :

In this section we shall show that if A possesses a fundamental dualizing complex, then A has several properties which are obviously, or easily shown to be, possessed by all (non-trivial) homomorphic images of finite-dimensional Gorenstein rings. We begin with some immediate consequences of (2.8).

(3.1) PROPOSITION. (Grothendieck and Hartshorne [6 ; V.7.2].) Suppose that there exists a fundamental dualizing complex $I^\cdot$ for A. Then A is finite-dimensional and catenary.

Proof. In (2.8) we showed that, if $\underline{p}$ and $\underline{q}$ are prime ideals of A such that $\underline{p} \subset \underline{q}$, then every saturated chain of prime ideals of A from $\underline{p}$ is $\underline{q}$ has length equal to $t(\underline{q}\ ;\ I^\cdot) - t(\underline{p}\ ;\ I^\cdot)$. Hence A is catenary, and, since $I^\cdot$ is a bounded complex, it follows that A is also finite-dimensional.

Note. It is obvious that every (non-trivial) homomorphic image of a finite-dimensional Gorenstein ring is finite-dimensional, catenary, and even universally catenary. One can, in fact, show that if A possesses a fundamental dualizing complex, and X is an indeterminate, then A[X] possesses a fundamental dualizing complex, whence A is actually universally catenary : see [20 ; (3.5)] and [4 ; 3.6] .

(3.2) DEFINITION. The Gorenstein locus of A, denoted by Gor(A), is the subset $\{\underline{p} \in \mathrm{Spec}(A) : A_{\underline{p}}$ is a Gorenstein local ring$\}$ of Spec(A).

(3.3) THEOREM [20 ; (3.2)]. Suppose that there exists a fundamental dualizing complex $I^{\cdot}$ for A. Then Gor(A) is an open subset of Spec(A) (in the Zariski topology).

Proof. We know that $I^{\cdot}$ is bounded : let u and $v \in \mathbb{Z}$ be such that $I^i = 0$ whenever $i > u$ or $i < v$. For each $i \in \mathbb{Z}$, let $U_i = \mathrm{Spec}(A) - \mathrm{Supp}_A(H^i(I^{\cdot})) = \{\underline{p} \in \mathrm{Spec}(A) : \underline{p} \not\supseteq (0:_A H^i(I^{\cdot}))\}$ (because $H^i(I^{\cdot})$ is f.g.). Each U_i is an open subset of Spec(A).

Let $\underline{p} \in \mathrm{Gor}(A)$. By (2.1), $(I^{\cdot})_{\underline{p}}$ is a fundamental dualizing complex for $A_{\underline{p}}$. Therefore, by (2.11), together with the fact that localization is an exact functor, there exists an integer w such that $[H^i(I^{\cdot})]_{\underline{p}} = 0$ whenever $i \neq w$, and $[H^w(I^{\cdot})]_{\underline{p}} \cong A_{\underline{p}}$. Let

$$0 \longrightarrow K \longrightarrow F \longrightarrow H^w(I^{\cdot}) \longrightarrow 0$$

be an exact sequence of A-modules and A-homomorphisms in which F is a f.g. free A-module, so that K is f.g. Therefore $\mathrm{Ext}^1_A(H^w(I^{\cdot}),K)$ is f.g. Let V denote the open subset $\mathrm{Spec}(A) - \mathrm{Supp}_A(\mathrm{Ext}^1_A(H^w(I^{\cdot}),K))$ of Spec(A). Since

$$[\mathrm{Ext}^1_A(H^w(I^{\cdot}),K)]_{\underline{p}} \cong \mathrm{Ext}^1_{A_{\underline{p}}}([H^w(I^{\cdot})]_{\underline{p}},K_{\underline{p}}) = 0,$$

we have $\underline{p} \in V \cap \left[\bigcap_{\substack{i=v \\ i\neq w}}^{u} U_i\right] = W$, say. To complete the proof, it is enough to show that $W \subseteq \mathrm{Gor}(A)$.

So let $\underline{q} \in W$. Then $[H^i(I^{\cdot})]_{\underline{q}} \cong H^i((I^{\cdot})_{\underline{q}}) = 0$ whenever $i \neq w$. Also, $\mathrm{Ext}^1_{A_{\underline{q}}}([H^w(I^{\cdot})]_{\underline{q}},K_{\underline{q}}) \cong [\mathrm{Ext}^1_A(H^w(I^{\cdot}),K)]_{\underline{q}} = 0$, and so the exact sequence

$$0 \longrightarrow K_{\underline{q}} \longrightarrow F_{\underline{q}} \longrightarrow [H^w(I^{\cdot})]_{\underline{q}} \longrightarrow 0$$

of $A_{\underline{q}}$-modules and $A_{\underline{q}}$-homomorphisms splits. Hence $H^w((I^{\cdot})_{\underline{q}})$ is a free $A_{\underline{q}}$-module. It therefore follows from (2.1) and (2.11) that $\underline{q} \in \mathrm{Gor}(A)$.

Therefore $W \subseteq \mathrm{Gor}(A)$, as required.

Note. A direct proof (which does not mention dualizing complexes) that each (non-trivial) homomorphic image of a finite-dimensional Gorenstein ring has open Gorenstein locus is given in [19 ; 3.1], although the ideas used therein are similar to those of the above proof.

The remaining conditions on A which are necessary for A to possess a fundamental dualizing complex which we wish to establish in this section concern fibre rings of flat ring homomorphisms, and so it is perhaps appropriate for us to remind the reader of the basic definitions concerning this and related concepts.

(3.4) DEFINITIONS. Let $\phi : A \longrightarrow B$ be a flat ring homomorphism, and let $\underline{p}$ be a prime ideal of A. The fibre ring of ϕ over $\underline{p}$ is the A-algebra $B \otimes_A k_A(\underline{p})$. The flat ring homomorphism ϕ is said to be a Gorenstein ring homomorphism if all the non-trivial fibre rings of ϕ are Gorenstein rings.

We draw the reader's attention to the following basic facts about fibre rings : these are proved in [17 ; §.2]. With the notation of (3.4), there is a bijective, inclusion preserving correspondence between $\mathrm{Spec}(B \otimes_A k_A(\underline{p}))$ and the set of prime ideals of B which contract to $\underline{p}$ under ϕ ; in particular, $B \otimes_A k_A(\underline{p})$ is non-trivial if and only if there exists a prime ideal of B which contracts to $\underline{p}$; consequently, if ϕ were faithfully flat, then all its fibre rings would be non-trivial.

The work of Grothendieck in [3 ; Chapitre IV, §.6, §.7] provides many examples of results which conform to the general principle that if $\phi : A \longrightarrow B$ is a flat ring homomorphism and all the non-trivial fibre rings of ϕ are sufficiently good, then certain properties of A are automatically inherited by B.

If R is a local ring, then $\hat{R}$ or $(R)\hat{}$ will denote its completion, and the fibre rings of the natural (faithfully flat) ring homomorphism $R \longrightarrow \hat{R}$ are called the formal fibres of R.

The following theorem is part of the main result of [5].

(3.5) THEOREM. Suppose that there exists a fundamental dualizing complex for A, so that, by (3.1), A is finite-dimensional. Suppose that B is also finite-dimensional, and that $\phi : A \longrightarrow B$ is a flat ring homomorphism. Then the following statements are equivalent :

(i) For each $\underline{p} \in \mathrm{Spec}(A)$, the fibre ring $B \otimes_A k_A(\underline{p})$ is either trivial or a Gorenstein ring, i.e. ϕ is a Gorenstein ring homomorphism.

(ii) For each $\underline{p} \in \mathrm{Spec}(A)$ which is the contraction of a maximal ideal of B, the fibre ring $B \otimes_A k_A(\underline{p})$ is a Gorenstein ring.

Proof. The proof of this theorem, which forms part of the main result (Theorem (3.3)) of [5], is quite long and complicated, and so it will not be repeated here. The reader is referred to [5].

From this we can deduce some interesting properties of rings which possess dualizing complexes.

(3.6) COROLLARY. (Grothendieck & Hartshorne [6 ; p.300] ; see also [20;(3.7]] .) Suppose that there exists a fundamental dualizing complex for A. Then, for each $\underline{p} \in \mathrm{Spec}(A)$, all the formal fibres of $A_{\underline{p}}$ are Gorenstein rings.

Proof. By (2.1), each localization of A possesses a fundamental dualizing complex. It is therefore enough for us to assume that A is local and to show that the natural (faithfully flat) ring homomorphism $\tau: A \longrightarrow \hat{A}$ is a Gorenstein homomorphism. We use (3.5) to achieve this : since the maximal ideal of $\hat{A}$ contracts to $\underline{m}$, it is enough to show that $\hat{A} \otimes_A (A/\underline{m})$ is a Gorenstein ring. However, $\hat{A} \otimes_A A/\underline{m}$ is a field, and so the proof is complete.

Note. It is easy to prove directly that, if A is a homomorphic image of a Gorenstein ring, then, for each $\underline{p} \in \mathrm{Spec}(A)$, all the formal fibres of $A_{\underline{p}}$ are Gorenstein rings : see [19 ; 5.4].

(3.7) COROLLARY [5 ; 3.4] . Suppose that there exists a fundamental dualizing complex for A, and let $X_1, X_2, \ldots, X_n$ be indeterminates. Then the inclusion map $\sigma: A \longrightarrow A[[X_1,\ldots,X_n]]$ is a Gorenstein homomorphism.

Proof. This is immediate from (3.5) once it is observed [9 ; (15.1)] that, if $\underline{n}$ is a maximal ideal of $A[[X_1,\ldots,X_n]]$, then $A \cap \underline{n}$ is a maximal ideal, $\underline{m}'$ say, of A, and the fibre ring of σ over $\underline{m}'$ is isomorphic to $(A/\underline{m}')[[X_1,\ldots,X_n]]$, which is a regular local ring.

Note. It is easy to prove directly that, if A is a homomorphic image of a Gorenstein ring and $X_1,\ldots,X_n$ are indeterminates, then the inclusion map $A \longrightarrow A[[X_1,\ldots,X_n]]$ is a Gorenstein homomorphism : see [17 ; (2.12)(iv)] .

§.4. The case of a Cohen-Macaulay ring which possesses a fundamental dualizing complex :

In this section, we shall show that a Cohen-Macaulay ring wich possesses a fundamental dualizing complex must be a homomorphic image of a finite-dimensional Gorenstein ring. We shall achieve this by use of a theorem of Reiten about Gorenstein modules.

(4.1) DEFINITIONS. (See [14] and [16].) Suppose that A is local and that dim A = d. A non-zero f.g. A-module G is said to be a Gorenstein A-module if $\mu^i(\underline{m},G) = 0$ whenever $i \neq d$. Then, the positive integer $\mu^d(\underline{m},G)$ is called the rank of the Gorenstein A-module G.

In the terminology of Herzog and Kunz [7], a Gorenstein A-module of rank 1 is a called a canonical module.

More generally, when A is not necessarily local, a non-zero f.g. A-module W is said to be a Gorenstein A-module if $W_{\underline{p}}$ is a Gorenstein $A_{\underline{p}}$-module for all $\underline{p} \in \mathrm{Supp}_A(W)$. (This is consistent with the definition given above in the local case.) When this is the case, we define the rank function of W, $\mathrm{rank}_W : \mathrm{Spec}(A) \longrightarrow \mathbb{Z}$, as follows. For all $\underline{p} \in \mathrm{Spec}(A)$, we define $\mathrm{rank}_W(\underline{p}) = \mu^{\mathrm{ht}\underline{p}}(\underline{p},W)$; by [16 ; (1.8)], rank_W is constant on the connected components of Spec(A).

It is known [14 ; (3.9)] that if A is local and there exists a Gorenstein A-module, then A must be a Cohen-Macaulay ring ; also, if A is a Cohen-Macaulay homomorphic image of a Gorenstein local ring, then [15 ; 3.1] there exists a Gorenstein A-module of rank 1. Reiten proved the converse statement.

(4.2) THEOREM. (Reiten [11].) Suppose that A is a Cohen-Macaulay ring and that there exists a Gorenstein A-module Ω of (constant) rank 1. Then the trivial extension ring $A \ltimes \Omega$ (of which A is clearly a homomorphic image) is a Gorenstein ring.

We now show how this theorem may be applied to a Cohen-Macaulay ring which possesses a fundamental dualizing complex.

(4.3) THEOREM. Suppose that A is a Cohen-Macaulay ring and that there exists a fundamental dualizing complex for A. Then A is a homomorphic image of a finite-dimensional Gorenstein ring.

Proof. There exist non-trivial rings $A_1, A_2, \ldots, A_n$, each having connected prime spectrum, such that $A \cong A_1 \times A_2 \times \ldots \times A_n$. Since each A_i is isomorphic to a ring of fractions of A, we see from (2.1) that each A_i is a Cohen-Macaulay ring which possesses a fundamental dualizing complex. Clearly, it is enough to show that each A_i is a homomorphic image of a finite-dimensional Gorenstein ring. Thus we may, and do, assume henceforth that A has connected prime spectrum.

The complex $I^{\cdot}$ is bounded : let u and $v \in \mathbb{Z}$ be such that $I^i = 0$ whenever $i > u$ or $i < v$. For each $i \in \mathbb{Z}$, let $C_i = \mathrm{Supp}_A(H^i(I^{\cdot}))$: each C_i is a closed subset of Spec(A), since $H^i(I^{\cdot})$ is f.g. Let $\underline{p} \in \mathrm{Spec}(A)$; then, by (2.1), the Cohen-Macaulay local ring $A_{\underline{p}}$ has $(I^{\cdot})_{\underline{p}}$ as a fundamental dualizing complex. Thus, by (2.10), there is exactly one integer i for which $H^i((I^{\cdot})_{\underline{p}}) \neq 0$. Hence, since localization is an exact functor, $\underline{p}$ belongs to exactly one of the closed subsets $C_v, C_{v+1}, \ldots, C_i, \ldots, C_{u-1}, C_u$. Hence Spec(A) may be expressed as a disjoint union $\bigcup_{i=v}^{u} C_i$ of closed subsets. But Spec(A) is connected: it follows that there is an integer q such that $\mathrm{Supp}_A(H^q(I^{\cdot})) = \mathrm{Spec}(A)$ and $H^i(I^{\cdot}) = 0$ for all $i \neq q$.

Let Ω denote the non-zero, f.g. A-module $H^q(I^{\cdot})$. By Reiten's Theorem ((4.2)), it is enough to show that Ω is a Gorenstein A-module of (constant) rank 1, for, by (3.1), A is finite-dimensional and so the trivial extension ring $A \ltimes \Omega$ will also have finite dimension (as is easy to see). It is therefore sufficient to show that, for each $\underline{p} \in \mathrm{Spec}(A)$, $\Omega_{\underline{p}}$ is a Gorenstein $A_{\underline{p}}$-module of rank 1.

Thus it is enough for us to solve the following problem : A is a Cohen-Macaulay local ring, $I^{\cdot}$ is a fundamental dualizing complex for A, the unique non-zero cohomology module of $I^{\cdot}$ is $H^q(I^{\cdot})$, and we must show that $H^q(I^{\cdot})$ is a Gorenstein A-module of rank 1. Let t denote $t(\underline{m} ; I^{\cdot})$, and let d denote dim A. By (2.9), q = t-d. Also, by (2.8), $I^i = 0$ for all $i > t$ and for all $i < t-d$. Hence there is an exact sequence

$$0 \longrightarrow H^q(I^{\cdot}) \longrightarrow I^q \longrightarrow I^{q+1} \longrightarrow \cdots \longrightarrow I^{t-1} \longrightarrow I^t \longrightarrow 0 ;$$

this provides an injective resolution for the non-zero f.g. A-module $H^q(I^{\cdot})$, and we may use this resolution to calculate the integers $\mu^i(\underline{m}, H^q(I^{\cdot}))$ (for $i \geq 0$). Since $I^{\cdot}$ is a fundamental dualizing complex for A, it follows that the complex $\mathrm{Hom}_A(A/\underline{m}, I^{\cdot})$ has only one non-zero term, namely its t-th, and $\mathrm{Hom}_A(A/\underline{m}, I^t) \cong A/\underline{m}$. It therefore follows, since q+d = t, that $\mu^i(\underline{m}, H^q(I^{\cdot})) = \delta_{i,d}$ (Kronecker delta) for all $i \geq 0$. Thus $H^q(I^{\cdot})$ is a Gorenstein A-module of rank 1, as required.

This completes the proof.

We end these notes with a conjecture.

(4.4) <u>CONJECTURE</u>. <u>If there exists a fundamental dualizing complex for</u> A, <u>then</u> A <u>must be a homomorphic image of a finite-dimensional Gorenstein ring.</u>

We know, by (4.3), that this conjecture is valid if A is a Cohen-Macaulay ring ; also, the results of §.3 tend to add weight to this conjecture : however, in general, it appears that the question raised by (4.4) is an open problem which may turn out to be rather difficult.

References

[1] Bass, H., On the ubiquity of Gorenstein rings, Math. Z. 82 (1963), 8-28.

[2] Cartan, H. and Eilenberg, S., Homological algebra, 1st edit. (Princeton, Princeton University Press 1956).

[3] Grothendieck, A., Eléments de géométrie algébrique, Institut des Hautes Etudes Scientifiques, Publications Mathématiques, 24 (1965).

[4] Hall, J.E., Fundamental dualizing complexes for commutative Noetherian rings, Quart. J. Math. Oxford 30 (1979), to appear.

[5] Hall, J.E. and Sharp, R.Y., Dualizing complexes and flat homomorphisms of commutative Noetherian rings, Math. Proc. Cambridge Philos. Soc. 84 (1978), to appear.

[6] Hartshorne, R., Residues and duality (Berlin-Heidelberg-New York, Springer (Lecture Notes in Mathematics n°20) 1966).

[7] Herzog, J. and Kunz, E., Der Kanonische Modul eines Cohen-Macaulay Rings (Berlin-Heidelberg-New York, Springer (Lecture Notes in Mathematics n°238) 1971).

[8] Matlis, E., Injective modules over Noetherian rings, Pacific J. Math. 8 (1958), 511-528.

[9] Nagata, M., Local rings (New York-London-Sydney, Interscience 1962).

[10] Peskine, C., and Szpiro, L., Dimension projective finie et cohomologie locale, Institut des Hautes Etudes Scientifiques, Publications Mathématiques, 42 (1973), 323-395.

[11] Reiten, I., The converse to a theorem of Sharp on Gorenstein modules, Proc. Amer. Math. Soc. 32 (1972), 417-420.

[12] Roberts, P., Two applications of dualizing complexes over local rings, Ann. Scient. Ec. Norm. Sup. 9 (1976), 103-106.

[13] Schenzel, P., Dualizing complexes and systems of parameters, J. Algebra, to appear.

[14] Sharp, R.Y., Gorenstein modules, Math. Z. 115 (1970), 117-139.

[15] Sharp, R.Y., On Gorenstein modules over a complete Cohen-Macaulay local ring, Quart. J. Math. Oxford 22 (1971), 425-434.

[16] Sharp, R.Y., Finitely generated modules of finite injective dimension over certain Cohen-Macaulay rings, Proc. London Math. Soc. 25 (1972), 303- 328.

[17] Sharp, R.Y., The Euler characteristic of a finitely generated module of finite injective dimension, Math. Z. 130 (1973), 79-93.

[18] Sharp, R.Y., Dualizing complexes for commutative Noetherian rings, Math. Proc. Cambridge Philos. Soc. 78 (1975), 369-386.

[19] Sharp, R.Y., Acceptable rings and homomorphic images of Gorenstein rings, J. Algebra 44 (1977), 246-261.

[20] Sharp, R.Y., A commutative Noetherian ring which possesses a dualizing complex is acceptable, Math. Proc. Cambridge Philos. Soc. 82 (1977), 197-213.

Manuscrit remis le 22 Mai 1978

Rodney Y. Sharp
Department of Pure Mathematics
University of Sheffield
SHEFFIELD S3 7RH

ANGLETERRE

Deformation of certain Gorenstein singularities

par

Jürgen HERZOG

In this lecture we describe methods how to compute the modules $T^1(R/k,R)$ and $T^2(R/k,R)$, defined in (7). We consider only the case that R is a reduced Cohen-Macaulay (or Gorenstein) k-algebra. For simplicity we will also assume that $R = k[[X_1,\ldots,X_n]]/I$ is a complete k-algebra, where k is a perfect field.

To each element of $T^1(R/k,R)$ belongs an infinitesimal deformation. In particular R is rigid, i.e. admits no infinitesimal deformations, if $T^1(R/k,R) = 0$. The vanishing of $T^2(R/k,R)$ implies, that R is not obstructed, i.e. there exist no obstructions for lifting infinitesimal deformations.

Let $\Omega_{R/k}$ denote the module of differentials and K_R the canonical (dualizing) module of R, see for instance (6).

Since we assume that R is reduced we have

$$T^1(R/k,R) \simeq \mathrm{Ext}^1_R(\Omega_{R/k}, R) \quad \text{and}$$
$$T^2(R/k,R) \simeq \mathrm{Ext}^1_R(I/I^2, R).$$

To compute these Ext-groups we use that $\mathrm{End}_R(K_R) \simeq R$ and therefore

$$\mathrm{Hom}_R(M \otimes_R K_R, K_R) \simeq \mathrm{Hom}_R(M,R).$$

From this natural isomorphism results a spectral sequence

$$\mathrm{Ext}^i_R(\mathrm{Tor}^R_j(M,K_R),K_R) \Longrightarrow \mathrm{Ext}^{i+j}_R(M,R).$$

Using properties of the canonical module, one concludes from this spectral sequence easily :

Theorem 1 -

a) $\mathrm{Ext}^i_R(M \otimes_R K_R, K_R) \simeq \mathrm{Ext}^i_R(M,R)$ for $i \leqslant d-t$, where $t = \sup\{\dim \mathrm{Tor}^R_j(M,K_R)/j > 0\}$.

b) If proj dim $M < \infty$, then $\mathrm{Tor}^R_j(M,K_R) = 0$ for $j > 0$.

In particular if R is reduced, we have

$$\mathrm{Ext}^1_R(M \otimes K_R, K_R) \simeq \mathrm{Ext}^1_R(M,R).$$

If N is an R-module with dim N = dim R, then

$$\mathrm{Ext}^i(N,K_R) = 0 \text{ for } i > 0 \text{ if and only}$$

if N is a CM-module (Cohen-Macaulay).

Therefore we obtain :

Corollary -

a) If $\Omega_{R/k} \otimes_R K_R$ is a CM-module, then $T^1(R/k,R) = 0$.

b) If $I/I^2 \otimes_R K_R$ is a CM-module, then $T^2(R/k,R) = 0$ and the following are equivalent.

i) $\Omega_{R/k} \otimes_R K_R$ is a CM-module.

ii) $T^1(R/k,R) = 0$.

The second assertion of b) follows from the fact that the natural sequence

$$0 \longrightarrow I/I^2 \otimes_R K_R \longrightarrow \Omega_{A/k} \otimes_R K_R \longrightarrow \Omega_{R/k} \otimes_R K_R \longrightarrow 0$$

is exact, if $I/I^2 \otimes_R K_R$ is a CM-module. ($A = K[[X_1,\ldots,X_n]]$).

Although we have no example it is quite certain that $I/I^2 \otimes_R K_R$ need not to be a CM-module even if $T^2(R/k,R) = 0$. However with this stronger assumption we can prove the following two theorems :

Theorem 2 - If $I/I^2 \otimes_R K_R$ is a CM-module, then the following conditions are equivalent :

i) R is a complete intersection.

ii) proj. dim $\Omega_{R/k} < \infty$.

<u>Theorem 3</u> - Assume that $I/I^2 \otimes_R K_R$ is a CM-module and let $t_1,\dots,t_n$ be a system of generators of $T^1(R/k,R)$. Since R is not obstructed, there exists a deformation

$$\begin{array}{ccc} S & \longrightarrow & R \\ \uparrow & & \uparrow \\ k[[T_1 \dots T_n]] & \longrightarrow & k \end{array}$$

in the direction of $t_1,\dots,t_n$ and S is rigid.

<u>Remarks</u> -

a) It is conjectured that the conditions i) and ii) in Theorem 2 are equivalent in general. In the particular case that R is an almost complete intersection, the conjecture is proved, see (1) and (8). As a consequence of Theorem 2 we obtain in Theorem 4 two new results in this direction.

b) Concerning Theorem 3 we don't know whether from $T^2(R/k,R) = 0$ one can conclude that S is rigid.

<u>Theorem 4</u> - Let I be a perfect ideal.

a) If height $(I) = 2$, then

$$I/I^2 \otimes_R K_R \text{ is a CM-module.}$$

b) If height $(I) = 3$ and $R = A/I$ is a Gorenstein ring, then I/I^2 is a CM-module.

<u>Remarks</u> -

a) From Theorem 4 we conclude that $T^2(R/k,R) = 0$ if codim $R \leq 2$. In particular one finds that space curves are not obstructed. These results were obtained by M. Schaps in (9).

b) There exist Gorenstein ideals of height 4, such that I/I^2 is not a CM-module, see (5).

We indicate a proof of a). A proof of b) can be found in (5). Let $n = \mu(I)$ be the minimal number of generators of I, then I admits a resolution

$$(1) \quad 0 \longrightarrow A^{n-1} \xrightarrow{\varphi} A^n \longrightarrow I \longrightarrow 0$$

Let $\underline{x}$ be a system of parameters of R. Let $\overline{M} = M/(\underline{x})M$ for any R-module M. If dim M = dim R then the following conditions are equivalent ((5),1.2) :

i) M is a CM-module.

ii) $\ell(\overline{M}) = \ell(\overline{R})$ rank M. Here $\ell(N)$ denotes the length of a module.

In our situation we have to show that $\ell(\overline{I/I^2 \otimes_R K_R}) = 2\,\ell(\overline{R})$.

From (1) we obtain an exact sequence

$$K_{\overline{R}}^{n-1} \xrightarrow{\psi} K_{\overline{R}}^{n} \longrightarrow \overline{I/I^2 \otimes_R K_R} \longrightarrow 0$$

with $\psi = \overline{\varphi \otimes K_R}$.

We claim that $\overline{\text{Ker}\ \psi} \simeq \overline{R}$. Then it follows that

$$\ell(\overline{I/I^2 \otimes K_R}) = \ell(K_{\overline{R}}^{n}) - \ell(K_{\overline{R}}^{n-1}) + \ell(\overline{R}) =$$

$$= n.\ell(\overline{R}) - (n-1).\ell(\overline{R}) + \ell(\overline{R}) = 2\ \ell(\overline{R}).$$

To prove the claim we dualize the sequence (1) and obtain an exact sequence

$$A^n \xrightarrow{\varphi^t} A^{n-1} \longrightarrow K_R \longrightarrow 0.$$

Dualizing this sequence with respect to $K_{\overline{R}}$ one obtains the exact sequence

$$0 \longrightarrow \text{End}(K_{\overline{R}}) \longrightarrow K_{\overline{R}}^{n-1} \xrightarrow{\psi} K_{\overline{R}}^{n}$$

Since $\overline{R} \simeq \text{End}(K_{\overline{R}})$, this finishes the proof.

The proof of Theorem 4 a) gives also some information on $T^1(R/k,R)$:

Consider the exact sequence

$$(\Omega_{A/k} \otimes_A R)^* \longrightarrow (I/I^2)^* \longrightarrow T^1(R/k,R) \longrightarrow 0.$$

If we assume that I is contained in the square of the maximal ideal of A, we have

$$\mu((\Omega_{A/k} \otimes_A R)^*) = \varepsilon_o(R)$$

embedding dimension of R, and

$$\mu((I/I^2)^*) = \mu(\text{Hom}_R\ (I/I^2 \otimes_R K_R, K_R)) = r(I/I^2 \otimes K_R) =$$

$$= \dim_k \text{Ext}^2(k,\overline{R}) = \beta_2(K_{\overline{R}}) = n.(n-1) = \varepsilon_1(R)\ (\varepsilon_1(R)-1).$$

$\varepsilon_1(R)$ denotes the first deviation of R.

The second equation follows from (6), 6.10, the third equation follows from the fact that $I/I^2 \otimes K_R$ is the second module of syzygies in a minimal injective resolution of $\overline{R}$:

$$0 \longrightarrow \overline{R} \longrightarrow K_{\overline{R}}^{n-1} \xrightarrow{\psi} K_{\overline{R}}^{n-1} \longrightarrow \overline{I/I^2 \otimes K_R} \longrightarrow 0$$

(see proof of Theorem 4).

The last equations can be checked using the Tate resolution of k.

Altogether we obtain

Corollary - $T^1(R/k,R) \neq 0$ if $\varepsilon_o(R) < \varepsilon_1(R)\,(\varepsilon_1(R)-1)$.

In particular it follows that space curves are not rigid. This corresponds to a result of M. Schaps (9).

With similar methods it is shown in a paper of R. Waldi (10) that for Gorenstein rings R of codim R = 3 the following holds :

a) $T^2(R/k,R) = 0$.

b) $T^1(R/k,R) \neq 0$ if $\varepsilon_o(R) < \binom{\varepsilon_1(R)}{2}$.

The proof of this and the following results uses a structure theorem of Buchsbaum and Eisenbud (2). From now on we also suppose that char k = 0.

Let R be as above, then

Theorem 5 (Waldi) - If R has an isolated singularity and if dim R $\leq$ 6, then the generic fiber of the versal deformation is smooth.

Assume moreover that R is a 1-dimensional integral domain. Let $\overline{R}$ denote the integral closure of R and let τ denote the torsion of $\Omega_{R/k}$.

Using Theorem 5 and a result of Deligne (3) it is shown :

Theorem 6 (Waldi) - $\ell(\overline{R}/R) < \ell(\tau) \leq 2\ell(\overline{R}/R)$ with equality if and only if R is monomial.

We consider a last example to show that there exist Gorenstein ideals I of any height such that I/I^2 is a CM-module.

Let $n \geqslant 3$ and

$$R = k[[X_{ij}, Y_1, \dots, Y_n]] / I, \quad 1 \leqslant i \leqslant n-1, \quad 1 \leqslant j \leqslant n.$$

$$I = (A_1, \dots, A_{n-1}, \Delta^1, \dots, \Delta^n) \text{ with}$$

$$A_i = \sum_{j=1}^{n} X_{ij} \cdot Y_j ,$$

$$\Delta^i = \text{i-th maximal minor of } (X_{ij}).$$

In (4) it is shown that I is a Gorenstein ideal of height n.

Theorem 7 (Steurich) -

a) I/I^2 is a CM-module.

b) depth $\Omega_{R/k} = \dim R - 1$.

From the corollary to Theorem 1 it follows that $T^1(R/k,R) \neq 0$.

We apply Theorem 3 in the simplest case $n = 3$: One can show that T^1 is generated by the class of $\varphi : I/I^2 \longrightarrow R$ with $\varphi(A_i + I^2) = 0$, $\varphi(\Delta^i + I^2) = Y_i + I$. To φ belongs the deformation

$$\begin{array}{ccc} S & \longrightarrow & R \\ \uparrow & & \uparrow \\ k[[T]] & \longrightarrow & k \end{array} \quad \text{with}$$

$$S = k[[X_{ij}, Y_j, T]] / J,$$

$J = (A_1, A_2 , \Delta^1 - TY_1, \dots, \Delta^3 - TY_3)$, and S is rigid by Theorem 3.

Literature

(1) Y. AOYAMA - A remark on almost complete intersections - Manuscripta math. 9 p. 383-388 (1973)

(2) D.A. BUCHSBAUM , D. EISENBUD - Algebra structures for finite free resolutions, and some structure theorems for ideals of codimension 3 - Am. J. of Math. 99 p. 444-485 (1977)

(3) P. DELIGNE - Intersections sur les surfaces régulières - SGA 7 II 1-38 - Lecture Notes in Math. Bd. 340 (1973)

(4) J. HERZOG - Certain complexes associated to a sequence and a matrix - manuscripta math. 12 (1974) p. 217-248.

(5) J. HERZOG - Ein Cohen-Macaulay Kriterium mit Anwendungen auf den Konormalenmodul und den Differentialmodul. (to appear in Math. Zeitschrift).

(6) J. HERZOG, E. KUNZ - Der kanonische Modul eines Cohen-Macaulay Rings - Lecture Notes in Math. Bd 238 (1971).

(7) S. LICHTENBAUM, M. SCHLESSINGER - The cotangent complex of a morphism - Trans. Amer. Math. Soc. 128 (1967) p. 41-70.

(8) F. MATSUOKA - On almost complete intersections - Manuscripta math. 21 (1977) p. 329-340.

(9) M. SCHAPS - Deformations of Cohen-Macaulay schemes of codimension 2 and nonsingular deformations of space curves - Am. J. of Math. 99 (1977) p. 669-684.

10) R. WALDI - Deformation von Gorenstein-Singularitäten der Kodimension 3. (to appear).

Jürgen HERZOG
Fachbereich 6 - Mathematik
Universität Essen Gesamthochschule
Postfach 6843

D - 4300 ESSEN 1

Algèbre homologique des anneaux locaux à corps résiduels de caractéristique deux

par

Michel ANDRE

On va considérer un anneau commutatif, local et nœthérien A, d'idéal maximal M et de corps résiduel K. On va supposer ce corps de caractéristique égale à 2. Il s'agit d'étudier $\mathrm{Tor}^A(K,K)$.

Voici quelques remarques au sujet de cette hypothèse de caractéristique égale à 2.

1°) Cette hypothèse permet d'introduire un peu plus de structure, ce qui est intéressant en soi.

2°) Ce supplément de structure permet de démontrer des résultats qui sont peut-être vrais sans cette hypothèse sur la caractéristique.

3°) Cette hypothèse fait apparaître des faits intéressants en degré relativement bas, ce qui permet de calculer relativement facilement.

Considérons une résolution A-libre du A-module K, résolution notée F_*. On en déduit le complexe de K-modules

$$\overline{F}_* = F_* \otimes_A K$$

dont l'homologie est précisément $\mathrm{Tor}^A(K,K)$ qu'il s'agit d'étudier. Nous allons utiliser des résolutions de nature particulière.

Bien entendu, il y a la résolution à la Tate où F_* est une belle algèbre différentielle graduée. On la construit en introduisant ε_n nouveaux générateurs en degré n et on retrouve ces nombres dans la série de Poincaré

$$\Sigma \dim_K \mathrm{Tor}_i^A(K,K)x^i = (1+x)^{\varepsilon_1}(1-x^2)^{-\varepsilon_2}(1+x^3)^{\varepsilon_3}(1-x^4)^{-\varepsilon_4}\dots .$$

Ce n'est pas tout.

Il y a aussi une possibilité de résoudre de manière simpliciale. Alors chacun des A-modules libres F_n est en fait une A-algèbre de polynômes. On a des homomorphismes de face

$$\varepsilon_n^i : F_n \longrightarrow F_{n-1}$$

dont la somme alternée forme la différentielle et on a des homomorphismes de dégénérescence

$$\sigma_n^i : F_n \longrightarrow F_{n+1}$$

fort utiles dans les démonstrations. De là on déduit une structure d'algèbre différentielle graduée, le produit

$$F_p \times F_q \longrightarrow F_{p+q}$$

étant dû aux mélanges (shuffles) empruntés à la topologie algébrique (théorème d'Eilenberg-Zilber). On peut construire une telle résolution simpliciale de manière minimale. La A-algèbre de polynômes F_n a alors δ_n variables qui ne sont pas dégénérées. On retrouve ces nombres dans la théorie du complexe cotangent : δ_n est égal à la dimension de l'homologie du complexe cotangent de la A-algèbre K en degré n.

Dans une algèbre simpliciale, un élément x de degré pair n voit son produit x^k de degré kn défini sous la forme de $k!$ fois un élément $\gamma^k(x)$ qui est la k-ème puissance divisée de x par définition. Cela passe à l'homologie sans difficulté. En particulier, on a des puissances divisées pour les degrés pairs de $H(\overline{F}_*)$ et on retrouve les classiques puissances divisées de $\mathrm{Tor}^A(K,K)$. On considère alors le K-module V_n des éléments indécomposables

$$V_n = \mathrm{Tor}_n \Big/ \sum_{i+j=n,\, ij\neq 0} \mathrm{Tor}_i \,.\, \mathrm{Tor}_j + \Omega_n$$

où Ω_n est le sous-module de Tor_n engendré par les puissances divisées. On sait que la dimension de V_n sur K est égale à ε_n. Dans le cas de caractéristique 2 qui nous intéresse, il suffit de considérer les carrés divisés (on écrit γ au lieu de γ^2) et d'utiliser

$$\Omega_n = 0 \qquad \text{si} \quad n \not\equiv 0 \mod 4$$

$$\Omega_n = K\gamma(\mathrm{Tor}_{n/2}) \qquad \text{si} \quad n \equiv 0 \mod 4 \,.$$

Mais on a plus.

Dans une algèbre simpliciale, de caractéristique 2, on a aussi des puissances divisées en degrés impairs grâce à la confusion des signes + et −. Celà passe à l'homologie sans difficulté, sauf en degré 1 où la marge de manœuvre est vraiment trop faible. Donc en général, on n'a pas de puissances divisées en degrés impairs dans F_*, mais on en a dans $\overline{F_*}$ et aussi dans $H(\overline{F_*})$ sauf en degré 1. Autrement dit

$$\mathrm{Tor} \,/\, \mathrm{Tor}_1 \,.\, \mathrm{Tor}$$

(où le degré 1 a été réduit au module nul) a des puissances divisées en tout degré positif. On est donc amené à considérer une autre notion d'éléments indécomposables

$$\tilde{V}_n = \mathrm{Tor}_n \,/ \sum_{i+j=n,\, ij\neq 0} \mathrm{Tor}_i \,.\, \mathrm{Tor}_j + \tilde{\Omega}_n$$

avec la définition suivante

$$\tilde{\Omega}_n = 0 \qquad \text{si } n \text{ est impair}$$

$$\tilde{\Omega}_n = K\gamma(\mathrm{Tor}_{n/2}) \qquad \text{si } n \text{ est pair}$$

avec une exception à savoir $\tilde{\Omega}_2 = 0$. On dénote par $\tilde{\varepsilon}_n$ la dimension de $\tilde{V}_n$ sur K. Elle se comporte évidemment comme ε_n et on la retrouve dans une série de Poincaré qui ne distingue plus les degrés pairs des degrés impairs

$$\sum \dim_K \,(\mathrm{Tor}_i \,/\, \mathrm{Tor}_1 \,.\, \mathrm{Tor}_{i-1})\, x^i = (1-x^2)^{-\tilde{\varepsilon}_2} (1-x^3)^{-\tilde{\varepsilon}_3} (1-x^4)^{-\tilde{\varepsilon}_4} \ldots$$

Comme Tor_1 se présente bien dans Tor, on en déduit l'égalité suivante

$$\sum \dim_K \mathrm{Tor}_i^A(K,K) x^i = (1+x)^{\varepsilon_1} (1-x_2)^{-\tilde{\varepsilon}_2} (1-x_3)^{-\tilde{\varepsilon}_3} (1-x_4)^{-\tilde{\varepsilon}_4} \ldots$$

On en déduit facilement le résultat suivant :

$$\varepsilon_n = \tilde{\varepsilon}_n \qquad \text{si } n \not\equiv 2 \bmod 4$$

$$\varepsilon_n = \tilde{\varepsilon}_n + \varepsilon_{n/2} \qquad \text{si } n \equiv 2 \bmod 4$$

avec une exception à savoir $\varepsilon_2 = \tilde{\varepsilon}_2$. On a donc une inégalité $\varepsilon_{2k} \geqslant \varepsilon_k$ pour tout k impair différent de 1.

La démonstration fait appel à un théorème de structure pour les algèbres de Hopf à puissances divisées. En particulier les K-modules $\tilde{V}_n$

déterminent complètement la structure multiplicative de Tor / Tor_1 Tor y compris toutes les puissances divisées. L'inégalité

$$\varepsilon_{2k} \geqslant \varepsilon_k \ , \quad k \neq 1 \text{ impair}$$

reflète la présence d'une application injective canonique due au carré divisé

$$\gamma : V_k \longrightarrow V_{2k}$$

concernant les éléments indécomposables classiques.

Considérons maintenant un homomorphisme local et plat $A \longrightarrow B$ de fibre $\overline{B}$. D'après L. Avramov il existe une suite exacte à 6 termes pour tout n

$$0 \longrightarrow V_{2n}(A) \longrightarrow V_{2n}(B) \longrightarrow V_{2n}(\overline{B}) \longrightarrow V_{2n-1}(A) \longrightarrow V_{2n-1}(B) \longrightarrow V_{2n-1}(\overline{B}) \longrightarrow 0$$

On a aussi un carré commutatif si on suppose que les corps résiduels sont de caractéristique 2

$$\begin{array}{ccc} V_{2n-1}(A) & \xrightarrow{\alpha} & V_{2n-1}(B) \\ \downarrow \gamma & & \downarrow \\ V_{4n-2}(A) & \xrightarrow{\beta} & V_{4n-2}(B) \end{array}$$

pour $n \geqslant 1$. On sait que γ est injectif. D'après Avramov β est injectif. Par conséquent α est aussi injectif. Mais alors la suite exacte à 6 termes d'Avramov se décompose en deux suites exactes courtes pour $n \neq 1$. Autrement dit pour un homomorphisme local et plat $A \longrightarrow B$ de fibre $\overline{B}$ à corps résiduels de caractéristique 2 on a toujours

$$\varepsilon_n(B) = \varepsilon_n(A) + \varepsilon_n(\overline{B}) \qquad n \geqslant 3$$

C'est faux pour $n = 1$ ou 2.

Revenons à l'étude d'un seul anneau A, toujours avec la caractéristique 2 pour le corps résiduel. On veut comparer une résolution minimale à la Tate et une résolution minimale à la simpliciale, autrement dit les nombres ε_n et les nombres δ_n. Jusqu'au degré 4 inclus, il n'y a pas de difficulté : ε_n et δ_n sont égaux. En degré 5, on a l'égalité si et seulement si une certaine application $V_3 \longrightarrow V_5$ est nulle. Cette application est obtenue en "suspendant" l'application du carré divisé. D'après L. Avramov, l'étude de $Tor^A(K,K)$ peut être remplacée par celle de l'homologie à la Koszul $H(A)$ suffisamment enrichie.

L'étude de l'égalité de ε_5 et de δ_5 a été reprise dans cet esprit par C. Morgenegg et on a le résultat suivant : les nombres ε_5 et δ_5 sont égaux si et seulement si l'application du carré divisé envoie $H_2(A)$ dans le sous-module suivant de $H_4(A)$:

$$K_4(A) = H_2(A) \,.\, H_2(A) + \langle H_1(A) , H_1(A) , H_1(A) \rangle$$

où $\langle .,.,. \rangle$ désigne l'opération "produit matriciel triple" à la Massey. La raison morale pour cela est que $H_4(A) \,/\, K_4(A)$ est contenu dans $V_5(A)$ comme l'a démontré Avramov. La raison technique pour cela provient de l'étude de l'homologie des produits symétriques.

De manière élémentaire, on constate que la condition est réalisée si M est de carré nul (à cause du carré divisé) ou si M a au plus 3 générateurs (à cause du degré 4). Donc l'inégalité ne peut se produire que si

$$M^2 \neq 0 \quad \text{et} \quad \dim M / M^2 \geq 4.$$

Voici un exemple minimal en ce sens que l'on a M^3 nul et $\dim M / M^2$ égale à 4. On considère

$$K(x_1, x_2, x_3, x_4) \,/\, I$$

où l'idéal I est engendré par tous les monômes de degré 3 et par les polynômes suivants

$$x_1\,(x_3 + x_4)$$
$$x_2\,(x_4 + x_1)$$
$$x_3\,(x_1 + x_2)$$
$$x_4\,(x_2 + x_3)$$

On peut calculer sans difficulté grâce à la graduation de l'anneau (de dimension 1 en degré 0, de dimension 4 en degré 1 et de dimension 6 en degré 2). Les relations ont été choisies de manière à avoir un bon 2-cycle à la Koszul, à savoir

$$x_1\, dx_2\, dx_3 + x_2\, dx_3\, dx_4 + x_3\, dx_4\, dx_1 + x_4\, dx_1\, dx_2.$$

Le corps K est quelconque de caractéristique 2.

(1) M. ANDRE - Puissances divisées des algèbres simpliciales en caractéristique deux et séries de Poincaré de certains anneaux locaux - Manuscripta Mathematica 18 (1976) p. 83-108

(2) M. ANDRE - Avramov exact sequence in characteristic two - Miméographié - Lausanne (1978)

(3) L. AVRAMOV - On the Hopf algebra of a local ring - Math. USSR. Izvestija 8 (1974) p. 259-284

(4) L. AVRAMOV - Homology of local flat extensions and complete intersection defects - Math. Annalen 228 (1977) p. 27-38

(5) C. MORGENEGG - Sur les invariants d'un anneau local à corps résiduel de caractéristique deux - Miméographié - Lausanne (1978)

Michel ANDRE
Département de Mathématiques
Ecole Polytechnique Fédérale

LAUSANNE (SUISSE)

Homomorphismes d'anneaux locaux et homologie

par

L.L. AVRAMOV

Introduction

La théorie de l'homologie des anneaux locaux a été engendrée par la question suivante, vieille déjà de plus de 20 ans :

"Pour un anneau local (commutatif, nœthérien) A de corps résiduel k, la série de Poincaré

$$P_A(z) = \sum_{i=0}^{\infty} \dim_k \operatorname{Tor}_i^A(k,k) z^i$$

représente-t-elle une fonction rationnelle ?"

Rappelons, en effet, que dans un article de 1957 Kostrikin et Shafarevich [Kos-S] ont formulé la question correspondante pour des k-algèbres A (non nécessairement commutatives) de dimension finie sur k, à radical de Jacobson J nilpotent, locales dans le sens fort que $A/J \cong k$.

Dans cet article, où tous les anneaux seront commutatifs, nœthériens et unitaires, nous allons étudier les séries de Poincaré et, plus généralement, les algèbres de Hopf $\operatorname{Tor}^A(k,k)$, en exploitant la fonctorialité de Tor par l'argument non-additif A. Plus précisément, nous allons essayer de dégager des conditions sous lesquelles la rationalité de P_A ou quelque autre sorte d'information homologique sur A peut être transportée par un homomorphisme de source A.

Tout d'abord nous reprenons, dans un cadre légèrement plus général, un des principaux résultats de [A 2], et démontrons que pour certains idéaux de A obtenus par "extension de scalaires" à partir d'idéaux polynômiaux, la rationalité est conservée par passage à l'anneau quotient, si et seulement si elle a lieu dans le cas "générique" . Le théorème, démontré au n°1, représente une vaste généralisation du théorème de Tate (T), permettant la factorisation d'éléments réguliers.

Au n°2 nous esquissons une application de ce théorème pour obtenir la série de Poincaré de certains anneaux locaux "presque intersections complètes" (voir (Gol) et (A 3)). L'information concrète sur les invariants homologiques de ces anneaux obtenue en cours de route est ensuite utilisée pour démontrer un résultat récent de E.S. Golod et de l'auteur, donnant une borne supérieure pour le rayon de convergence des séries de Poincaré des anneaux de Cohen-Macauley de dimension d'immersion 3.

Le n°3 est consacré à la construction d'un nouveau complexe résolvant pour une classe d'idéaux génériquement parfaits $J(X,Y)$, découverts par Buchsbaum et Eisenbud (B-E 1). Nous retrouvons ainsi certains de leurs résultats. Dans le dernier paragraphe, nous cherchons à établir la rationalité du changement de série de Poincaré modulo ces idéaux, en appliquant le théorème du n°1. Le résultat obtenu dans un cas particulier, ainsi que certaines formules démontrées dans (A 2) et (H-S) nous amènent à conjecturer la forme générale de $P_A/P_{A/J(X,Y)A}$.

1 - Idéaux génériquement parfaits et changement de série de Poincaré

Le résultat que nous allons exposer dans ce numéro est modelé sur le célèbre théorème de Tate (T) qui affirme que pour tout anneau local $(A,\underline{m},k)$ et tout élément $u \in \underline{m}^2$, qui n'est pas diviseur de zéro sur A, $P_A/P_{A/(u)} = 1 - z^2$. Ce qui est impressionnant, c'est que la partie gauche de cette formule contient deux "variables" : A et u, tandis que celle de droite reste constante. Or, pour certains A et u le théorème de Tate est évident : prenons $A = k[[X]]$ et $u = X^2$, alors les suites exactes

$$0 \longrightarrow k[[X]] \xrightarrow{X} k[[X]] \longrightarrow k \longrightarrow 0$$

et

$$\begin{array}{c} 0 \longrightarrow k \longrightarrow k[[X]]/(X^2) \longrightarrow k \longrightarrow 0 \\ 1 \longmapsto X + (X^2) \end{array}$$

donnent immédiatement $P_{k[[X]]} = 1 + z$, $P_{k[[X]]/(X^2)} = (1-z)^{-1}$
donc $P_{k[[X]]}/P_{k[[X]]/(X^2)} = 1 - z^2$.

On peut se poser la question s'il serait possible de démontrer le théorème de Tate en le réduisant à son cas particulier. Un moment de réflexion montre que le "u" de ce théorème est un élément "général" de A dans un sens un peu vague que nous allons maintenant essayer de préciser. Nous allons donc construire "l'anneau général" dans lequel un tel élément habite. Comme nous n'avons pas posé de restrictions sur la caractéristique de A, u sera construit dans un anneau de polynômes sur les entiers $\mathbb{Z}$. Pour un entier n fixé, l'expression "générale" d'un élément contenu dans le carré d'un idéal engendré par n éléments sera

$$U = \sum_{i=1}^{n} X_i Y_i \in \mathbb{Z}[X_1,\ldots,X_n,Y_1,\ldots,Y_n] = \mathbb{Z}[X,Y].$$

En effet, pour tout anneau A, tout idéal I engendré par n éléments et tout $u \in I^2$, il existe un homomorphisme d'anneaux

$$\phi : \mathbb{Z}[X,Y] \longrightarrow A$$

posant U sur u. La seconde condition du théorème de Tate, que u ne divise pas zéro sur A, est équivalent à l'exactitude de la suite $0 \longrightarrow A \xrightarrow{u} A$, ce qui peut s'écrire aussi sous forme $\mathrm{Tor}_1^{\mathbb{Z}[X,Y]}(\mathbb{Z}[X,Y]/(U),A) = 0$, où A a la structure de $\mathbb{Z}[X,Y]$-module donnée par ϕ. La condition que $u \in \underline{m}^2$ signifie simplement que ϕ envoie les indéterminées dans $\underline{m}$. Cette reformulation des hypothèses du théorème, aussi simple qu'elle soit, permet de faire un pas important dans la direction voulue. Il est maintenant clair que ce qui reste constant dans le théorème de Tate est lié à des invariants de l'anneau $\mathbb{Z}[X,Y]/(U)$, que la possibilité de varier les paramètres A et u est liée à la nature variable de ϕ, et enfin que les conditions du théorème sont satisfaites si ϕ ne laisse pas décroître la profondeur de l'idéal (U) : prof $(\phi(U)A) \geqslant 1$.

Nous procédons maintenant à définir une classe importante d'idéaux polynômiaux, étudiés dans une situation différente par Eagon, Northcott et Hochster, et qui donneront un cadre adéquat à la généralisation cherchée du théorème de Tate. Au lieu de nous restreindre comme dans [A 2, Théorème 6.2] au cas absolu, c'est-à-dire aux anneaux de polynômes sur $\mathbb{Z}$, nous allons exposer le théorème dans un cas relatif. Dans ce but nous fixons un anneau de base L. Pour toute L-algèbre R et tout ensemble $a_1,\dots,a_n$ d'éléments de R, il existe un homomorphisme de L-algèbres unique :

$$\phi : L(X) \longrightarrow R \quad \text{avec} \quad \phi(X_i) = a_i \quad (1 \leq i \leq n).$$

(L(X) est notre abréviation pour $L(X_1,\dots,X_n)$). Suivant Eagon et Northcott (E-N), nous posons $I(a,R) = \phi(I)R$; en particulier, pour $I \subset L(X)$, $I = I(X,L(X))$. Voici les deux résultats fondamentaux, dûs respectivement à Hochster et Northcott, que nous utiliserons par la suite :

<u>Théorème</u> 1.1 - (H 1, Théorème 1) Pour un entier non-négatif N, les conditions suivantes sont équivalentes :

1) L(X)/I est fidèlement plat comme L-module, et I est parfait de profondeur N.

2) Pour tout idéal H de L, I(X,(L/H)(X)) est un idéal parfait de profondeur N.

3) Pour toute L-algèbre Noethérienne R, I(X,R(X)) est un idéal parfait de profondeur N.

(Rappelons que l'idéal $\underline{a}$ de R est dit parfait si prof $\underline{a} = \mathrm{pd}_R(R/\underline{a})$, pd désignant la dimension projective).

Si les conditions du théorème sont satisfaites, on dit que l'idéal I est <u>génériquement parfait</u>. L'importance de la notion est expliquée par le résultat suivant. On définit, pour tout L(X)-module M, $\mathrm{Tor\ dim}_I(M) = \sup\{i \mid \mathrm{Tor}_i^{L(X)}(L(X)/I,M) \neq 0\}$. Notons que comme L(X)/I est L-plat, $\mathrm{Tor\ dim}_I(M)$ est toujours finie, car $\mathrm{pd}_{L(X)}(L(X)/I) \leq n$ (voir par exemple (N 3, Proposition 3)). Comme en plus L(X)/I est fidèle, $R(X)/I(X,R(X)) \neq 0$ pour tout $R \neq 0$, donc $\mathrm{Tor\ dim}_I$ est non-négatif dans ce cas (par convention, nous posons $\mathrm{Tor\ dim}_I(0) = -\infty$, prof $(R) = \infty$).

<u>Théorème</u> 1.2 - (N 3, Théorème 3) Si I est génériquement parfait, pour toute L-algèbre R et tout système d'éléments $a_1,\dots,a_n$ de R, on a l'égalité :

$$\mathrm{Tor\ dim}_I(R) = \mathrm{prof}\,(I) - \mathrm{prof}\, I(a,R).$$

Nous n'avons formulé que des cas particuliers des résultats de (H 1) et de (N 3). Pour les énoncés à la fois les plus généraux et les plus précis, nous renvoyons le lecteur à l'article de Hochster (H 2). Dans ce paragraphe, nous utiliserons seulement l'inégalité $\mathrm{Tor\ dim}_I(R) \leqslant \mathrm{prof}\ (I) - \mathrm{prof}\ I(a,R)$, facile à démontrer par induction sur $\mathrm{prof}\ I(a,R)$.

Soit maintenant I un idéal génériquement parfait de $L(X)$, soient $(A,\underline{m},k)$ une L-algèbre locale et $\phi : L(X) \longrightarrow A$ un homomorphisme de L-algèbres avec $\phi(X) = a \subset \underline{m}$. Considérons le diagramme commutatif d'homomorphismes d'anneaux :

$$\begin{array}{ccccc} k(X) & \xleftarrow{\ h\ } & A(X) & \xrightarrow{\ g\ } & A \\ \downarrow{\scriptstyle f''} & & \downarrow{\scriptstyle f} & & \downarrow{\scriptstyle f'} \\ k(X)/I(X,k(X)) & \xleftarrow{\ h'\ } & A(X)/I(X,A(X)) & \xrightarrow{\ g'\ } & A/I(a,A) \end{array}$$

où h, f et g sont les surjections canoniques de noyau $\underline{m}A(X)$, $I(X,A(X))$ et $(X_1 - a_1,\ldots, X_n - a_n)$ respectivement, et les carrés sont des diagrammes de produits tensoriels sur $A(X)$. Par le théorème de Northcott, $\mathrm{prof}\ I(a,A) \leqslant \mathrm{prof}\ (I)$, et en cas d'égalité on a

$$\mathrm{Tor}_i^{A(X)}(A(X)/I(X,A(X)),A) = 0 \quad \text{pour} \quad i \neq 0.$$

D'autre part, si P est une résolution $A(X)$-projective de $A(X)/I(X,A(X))$, on obtient :

$$\begin{aligned} &\mathrm{Tor}_i^{A(X)}(A(X)/I(A,A(X)),k(X)) = H_i(P \otimes_{A(X)} k(X)) = H_i(P \otimes_A k) \\ &= \mathrm{Tor}_i^A(A(X)/I(X,A(X)),k) = 0 \quad \text{pour} \quad i \neq 0 , \end{aligned}$$

vu que la platitude de $L(X)/I(X,L(X))$ sur L entraîne celle de $A(X)/I(X,A(X))$ sur A.

Localisant le diagramme en $\underline{m} + (X,\ldots X)$, on obtient un diagramme d'anneaux locaux :

$$\begin{array}{ccccc} k\langle X\rangle & \longleftarrow & Q & \longrightarrow & A \\ \downarrow & & \downarrow f & & \downarrow \\ k\langle X\rangle/I(X,k\langle X\rangle) & \longleftarrow & R & \longrightarrow & A/I(a,A) \end{array}$$

où $k\langle X\rangle = k[X_1,\ldots,X_n]_{(X_1,\ldots,X_n)}$. Pour les Tor nous déduisons, par platitude :

$$\mathrm{Tor}_i^Q(R,A) = 0 = \mathrm{Tor}_i^Q(R,k\langle X\rangle) \quad \text{pour} \quad i \neq 0.$$

Nous invoquons maintenant un résultat de [A 2].

Théorème 1.3 - [A 2, Corollaire 5.6] Supposons que $f : Q \to R$ induise un homomorphisme injectif $f_* : \mathrm{Tor}^Q(k,k) \longrightarrow \mathrm{Tor}^R(k,k)$. Alors pour toute image homomorphe B de Q, telle que $\mathrm{Tor}_i^Q(R,B) = 0$ pour $i \neq 0$, l'homomorphisme induit

$$(f \otimes B)_* : \mathrm{Tor}^B(k,k) \longrightarrow \mathrm{Tor}^{R \otimes_Q B}(k,k)$$

est injectif, et on a un isomorphisme d'algèbres de Hopf

$$\mathrm{Tor}^R(k,k) \otimes_{\mathrm{Tor}^Q(k,k)} k \longrightarrow \mathrm{Tor}^{R \otimes B}(k,k) \otimes_{\mathrm{Tor}^B(k,k)} k.$$

En particulier, pour les séries de Poincaré, on a la relation :

$$P_Q/P_R = P_B/P_{R \otimes B}\,.$$

Pour appliquer ce théorème au cas qui nous intéresse, nous devons seulement montrer que f_* est injectif. Ceci est fait sous l'hypothèse supplémentaire que $I \subset (X_1,\ldots,X_n)^2$ dans [A 2, Remarque 6.12] et la preuve n'utilise pas le théorème de Tate.

Nous obtenons donc le résultat suivant :

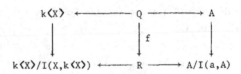

Théorème 1.4 - Soit I un idéal génériquement parfait de $L[X_1,\ldots,X_n]$, contenu dans $(X_1,\ldots,X_n)^2$. Si $(A,\underline{m},k)$ est une L-algèbre locale et $a_1,\ldots,a_n$ sont des éléments de $\underline{m}$, tels que prof $I(a,A) \geqslant$ prof (I), on

a l'égalité :

$$P_A/P_{A/I(a,A)} = P_{k\langle X\rangle}/P_{k\langle X\rangle/I(X,k\langle X\rangle)} .$$

Nous terminons par quelques remarques :

1.5 $P_{k\langle X\rangle} = (1+z)^n$.

1.6 Par platitude, on peut remplacer $k\langle X\rangle$ par $k[X]$ ou $k[[X]]$.

1.7 D'après les remarques faites au début, le théorème de Tate se déduit immédiatement du théorème 1.4.

1.8 Dans le théorème de Tate, la partie droite ne dépend pas de la caractéristique de k. On est tenté de conjecturer la même propriété pour la partie droite de la formule donnée par le théorème 1.4. Signalons toutefois, que dans une situation où une réduction analogue au cas "générique" est possible, notamment celle des idéaux engendrés par des monômes en une suite régulière (cf. [A 2, Théorème 6.2(b)]), Fröberg a montré dans [F 2] l'existence d'idéaux de $\mathbb{Z}[X]$, pour lesquels $P_{k[X]/I(X,k[X])}$ dépend de la caractéristique du corps k.

1.9 Le théorème 1.4 admet des variantes dans différentes catégories d'anneaux locaux. Ainsi, en supposant L un corps et A complet, pour tout système $a_1,\dots,a_n$ d'éléments de $\underline{m}$ il existe un homomorphisme unique de $L[[X]] = L[[X_1,\dots,X_n]]$ dans A portant X_i sur a_i, soit ϕ. En remplaçant dans les raisonnements menant au théorème les produits tensoriels par des produits tensoriels complétés, on voit que pour un idéal parfait I de $L[[X]]$ on a l'égalité $P_A/P_{A/\phi(I)A} = P_{L[[X]]}/P_{L[[X]]/I}$, dès que l'inégalité $\operatorname{prof}(\phi(I)A) \geqslant \operatorname{prof}(I)$ est satisfaite.

2 - Applications aux anneaux de dimension d'immersion trois

Nous commençons par esquisser une application du théorème 1.4 à une classe d'idéaux de dimension projective 2 ; les détails de la démonstration sont donnés dans [A 3].

Théorème 2.1 - (A 3, Théorème 2) Soit $(A,\underline{m},k)$ un anneau local de Gorenstein et $\underline{a}$ un idéal parfait de A, de profondeur 3 et engendré minimalement par 4 éléments. Alors si $\underline{a}\not\subset\underline{m}^2$, on a

$$P_A/P_{A/\underline{a}} = (1+z)(1-3z^2-2z^3) \ ;$$

dans le cas contraire,

$$P_A/P_{A/\underline{a}} = \begin{cases} 1-4z^2-2z^3+3z^4+2z^5, & \text{pour } t=2 \ ; \\ 1-4z^2-tz^3-(t-3)z^4-z^5-z^6, & \text{pour } t \text{ impair } \geq 3 \ ; \\ 1-4z^2-tz^3-(t-3)z^4, & \text{pour } t \text{ pair } \geq 4 \ ; \end{cases}$$

où $t = \dim_k \operatorname{Tor}_3^A(A/\underline{a},k)$ désigne le type de $\underline{a}$.

Un "théorème de structure" pour les idéaux ci-dessus a été obtenu par Buchsbaum et Eisenbud (B-E 2, Théorème 5.3). Ils démontrent qu'il est possible de choisir les générateurs x_i $(1\leq i\leq 4)$ de $\underline{a}$ de telle façon, que les trois premiers soient en suite régulière, et que l'idéal $\underline{b} = ((x_1,x_2,x_3) : x_4)$ soit de Gorenstein (i.e. parfait de type 1), minimalement engendré par t ou $t+1$ éléments suivant que t est impair ou pair. En plus, ils montrent que pour $t=2$, $\underline{a}=\underline{a}'+(x)$, avec $pd(\underline{a}')=1$ et x régulier sur $A/\underline{a}'$. Comme dans ce cas le résultat découle du théorème de Tate et du théorème 7.1 de (A 2), on suppose par la suite que $t\geq 3$.

Soient E et F des résolutions libres minimales de $A/(x_1,x_2,x_3)$ et $A/\underline{b}$ respectivement. En utilisant les structures multiplicatives de E et de F (voir (B-E 2) ou (A 2), on construit un morphisme de complexes $f : E \to F$ sur l'application naturelle $A/(x_1,x_2,x_3) \to A/\underline{b}$. Par la théorie de la liaison, on sait qu'on peut tronquer le dual du cône de f pour obtenir une résolution de $A/\underline{a}$. Avec cette information et le théorème de structure pour les idéaux de Gorenstein de profondeur 3 (B-E 2, Théorème 2.1), il n'est pas difficile de montrer que $\underline{a} = \phi(I_t)A$, où

$$I_t = (\{\sum_{j=1}^{t} (-1)^{j+1} Y_{ij} Pf_j(X)\}_{i=1,2,3}, \sum_{i<j<k} \pm|Y|^{i,j,k} Pf_{i,j,k}(X))$$

$$S_t = \mathbb{Z}(\{X_{ij}\}_{1\leq i<j\leq t}, \{Y_{ij}\}_{\substack{i=1,2,3\\ 1\leq j\leq t}}) \quad \text{si } t \text{ est impair } \geq 3 \ ;$$

$$I_t = (Pf_1(X), \{\sum_{j=2}^{t+1} (-1)^{j+1} Y_{ij} Pf_j(X)\}_{i=2,3}, \sum_{1<j<k} \pm|Y|^{j,k} Pf_{1,j,k}(X))$$

$$S_t = \mathbb{Z}[\{X_{ij}\}_{1\leq i<j\leq t+1}, \{Y_{ij}\}_{\substack{i=2,3\\ 2\leq j\leq t+1}}] \quad \text{si} \quad t \text{ est pair} \geq 4.$$

Ici (X) désigne une matrice alternée avec $X_{ji} = -X_{ij}$ pour $i < j$, $Pf_{p,q,\dots}(X)$ désigne la pfaffienne de la matrice alternée obtenue en éliminant de (X) lignes et colonnes d'indices $p,q,\dots$, $|Y|^{p,q,\dots}$ désigne le mineur de la matrice (Y_{ij}) sur les colonnes $p,q,\dots$ On démontre ([A 3, Lemme] ; voir aussi [B-E 2, Proposition 6.3]), que I_t est génériquement parfait dans S_t, donc par le théorème 1.4 le calcul de $P_A/P_{A/\underline{a}}$ est rammené au cas générique. L'idéal $I_t(X,Y,k\langle X,Y\rangle)$ étant parfait de profondeur 3, il en existe des "spécialisations" de hauteur 3 dans $B = k[[X,Y,Z]]$. Pour une telle spécialisation I on a, toujours par le théorème 1.4, l'égalité :

$$P_B/P_{B/I} = P_{k\langle X,Y\rangle}/P_{k\langle X,Y\rangle/I_t(X,Y,k\langle X,Y\rangle)} .$$

Finalement, comme $pd_B(B/I) = 3$, le corollaire 3.3 de [A 2] donne :

$$P_B/P_{B/I} = P_{Tor^B(B/I,k)} .$$

Tout est donc réduit au calcul de $Tor^B(B/I,k)$ et de sa série de Poincaré, pour une sépcialisation convenable. Une telle est construite dans [A 3], où l'on démontre que :

$$Tor^B(B/I,k) \simeq (\Lambda(W_1)/\overset{3}{\Lambda}(W_1))\,[V_1 \oplus V_2 \oplus V_3], \text{ pour } t \text{ impair} \geq 3$$

$$Tor^B(B/I,k) \simeq (k[W_1] \otimes k[V_1])\,[V_2 \oplus V_3] \quad , \text{ pour } t \text{ pair} \geq 4,$$

où $\Lambda(\ )$ est le foncteur algèbre extérieure, $[\ ]$ dénote une extension triviale, W_i et V_i sont des k-espaces concentrés en degré i, avec $\dim V_1 = 1$, $\dim W_1 = 3$, $\dim V_2 = \dim V_3 = t$. Notons aussi que l'on a des isomorphismes de k-algèbres

$$Tor^A(A/\underline{a},k) \simeq Tor^{k\langle X,Y\rangle}(k\langle X,Y\rangle/I_t,k) \simeq Tor^B(B/I,k) \quad ,$$

démontrés par des raisonnement analogues à ceux du paragraphe précédent.

La forme de $P_{\mathrm{Tor}^B(B/I,k)}$ découle maintenant des lemmes de [A 2, §9]. Nous signalons que pour tout anneau de Gorenstein de profondeur $\geqslant 3$ et chaque $t \geqslant 2$, on peut montrer l'existence d'un idéal $\underline{a}$ de type t, satisfaisant aux conditions du théorème (voir [A 3]).

Dans le cas où A est un anneau régulier, le théorème a été obtenu indépendamment par E.S. Golod [Gol], à l'aide d'une technique différente. En combinant ce résultat avec le théorème 7.2 de [A 2], on obtient comme corollaire le

<u>Théorème</u> 2.2 - [A 3], [Gol] En dimension d'immersion 3, tout anneau local presque intersection complète a une série de Poincaré rationnelle.

Rappelons que la dimension d'immersion est la dimension sur k de l'espace vectoriel $\underline{m}/\underline{m}^2$; A est dit intersection complète (respectivement presque intersection complète), si pour quelque (et donc pour toute) présentation du complété $\hat{A}$ sous forme $R/\underline{b}$ avec R local régulier, on a $\dim_k \underline{b} \otimes_R k - (\dim R - \dim A) = 0$ (resp. $= 1$).

Nous allons appliquer les résultats précédents pour démontrer dans un cas particulier une conjecture rattachant les propriétés analytiques de $P_A(z)$ aux propriétés algébriques de A, et que nous croyons due (indépendamment) à Golod et à Gulliksen. Désignons par $r(f)$ le rayon de convergence (éventuellement nul) de la série formelle $f(z)$.

<u>Conjecture</u> - (Golod, Gulliksen) A est un anneau local intersection complète si et seulement si $r(P_A) = 1$.

Faisons les remarques suivantes :

2.3 $1 \geqslant r(P_A) > 0$ par un résultat classique de Serre.

2.4 $r(P_A) = 1$ pour les intersections complètes d'après Tate [T].

2.5 Supposons $r(P_A) = 1$. Considérons le développement de la série de Poincaré en produit formel infini

$P_A(z) = \prod_{i=1}^{\infty} (1-(-z)^i)^{(-1)^{i-1} e_i}$ $(e_i \geqslant 0)$. En supposant en plus P_A rationnelle, on peut démontrer que dans ce cas $e_i \neq 0$ pour un nombre fini d'indices. (Comme je ne connais pas de démonstration directe de ce fait, je renvoie le lecteur à l'article de I.K. Babenko, "Propriétés analytiques des séries de Poincaré des espaces de Lacets", à paraitre dans "Matematicheskie Zametki" (= "Math. Notes")).

Le théorème de Gulliksen [Gul] montre maintenant que A est une intersection complète. On voit donc que la conjecture de rationalité entraine celle de Golod et Gulliksen.

Le résultat suivant, qui représente un travail commun de E.S. Golod et de l'auteur, montre qu'en général cette dernière conjecture est plus abordable que la question de rationalité.

Théorème 2.6 - Soit A un anneau local non intersection complète, de dimension d'immersion 3. Supposons en plus que A n'est pas de dimension 1 et de profondeur nulle. Alors

$$r(P_A) \leqslant 1/\sqrt{2} .$$

On déduira le théorème du lemme plus précis ci-dessous.

Lemme 2.7 - Soit A un anneau local de complexe de Koszul K. Supposons que h_1 et h_2 sont des éléments linéairement indépendants de $H_1(K)$, tels que tout produit de Massey $\langle u_{j_1},\ldots,u_{j_m}\rangle$ avec $u_{j_q} = h_i$ $(i=1,2)$ soit défini. Alors $r(P_A) \leqslant 1/\sqrt{2}$.

Démonstration - (Nous renvoyons le lecteur à [Lev, §2], [A 1, §2] ou [Kra-S] pour un rappel de la définition des produits de Massey).

D'après [A 1, Théorème 5.1] ou [A 2, Théorème 2.2 et Remarques 2.3], on a une suite spectrale d'algèbres de Hopf

$$E^2_{p,q} = \mathrm{Tor}^{H(K)}_{p,q}(k,k) \Longrightarrow (\mathrm{Tor}^A(k,k) \otimes_{\overline{K}} k)_{p+q} ,$$

où $\overline{K}$ est la sous-algèbre de $\mathrm{Tor}^A(k,k)$, engendrée par Tor_1. En complétant A si nécessaire, on peut supposer l'existence d'une surjection $R \rightarrow A$ avec R local régulier de dimension de Krull minimale. Soit V une R-algèbre DG commutative, avec $V_0 = R$ et $H(V) = A$ [T]. Alors les homomorphismes de R-algèbres différentielles, où K^R désigne le complexe de Koszul de R,

$$\overline{V} = V \otimes_R k \xleftarrow{g} V \otimes_R K^R \xrightarrow{f} A \otimes_R K^R = K ,$$

induisent des isomorphismes en homologie. D'une part, par le lemme 2.2 de (A 1), ceci implique que les éléments $h_i' = g_* f_*^{-1}(h_i)$ (i=1,2) de $H_1(\overline{V})$ satisfont à la condition du lemme sur les produits de Massey. D'autre part, par un résultat d'Eilenberg et Moore, la suite spectrale ci-dessus est isomorphe à la suite spectrale

$$\overline{E}^2_{p,q} = \mathrm{Tor}^{H(\overline{V})}_{p,q}(k,k) \Longrightarrow (\mathrm{Tor}^A(k,k) \otimes_{\overline{K}} k)_{p+q}$$

(voir (A 2, 0.14)). Or, cette seconde suite spectrale peut aussi être obtenue en filtrant par le "degré homologique" la bar-construction $B(\overline{V})$ de la k-algèbre DGA $\overline{V}$ (A 1, §2). Par le théorème 2.3 de (Kra-S), notre hypothèse sur les produits de Massey montre que (les images de) $u'_{j_1} \otimes \ldots \otimes u'_{j_m}$ dans $\overline{E}^0_{m,m}$ vivent éternellement. D'autre part, la connectivité de $\overline{V}$ implique qu'aucune différentielle de la suite spectrale n'atterrit dans $E_{m,m}$. On en déduit l'existence dans $E^\infty_{m,m}$, et donc dans $\mathrm{Tor}^A_{2m}(k,k)$, d'un sous-espace vectoriel de dimension 2^m. Ceci peut s'écrire sous forme d'inégalité $(1-2z^2)^{-1} \leqslant P_A(z)$, qui bien sûr donne l'inégalité voulue.

Avant d'aborder la démonstration du théorème, notons que l'hypothèse du lemme sur les produits de Massey est satisfaite, par exemple, dans le cas où des cycles z_i représentant h_i existent (i=1,2), tels que $z_1 z_2 = 0$.

<u>Démonstration du théorème</u> - De nouveau nous supposons $A = R/\underline{b}$, avec R régulier de dimension d'immersion 3. Dans les cas d'anneaux admis par nos hypothèses et qui ne sont pas de Cohen-Macauley, on a nécessairement dim A = 2, donc les générateurs de $\underline{b}$ ont un diviseur commun dans l'idéal maximal. Par un théorème connu de Shamash (Sha), la multiplication de H(K) est triviale. Si A est de Cohen-Macauley de dimension positive, on peut en factorisant un élément régulier se ramener en dimension d'immersion 2, où tout est clair (Sch).

On suppose donc que A est artinien. Dans ce cas, par un argument connu, on peut trouver un système minimal de générateurs de $\underline{b}$, contenant quatre éléments engendrant un idéal $\underline{c}$ de profondeur 3. L'homomorphisme $R/\underline{c} \longrightarrow R/\underline{b}$ induit un homomorphisme d'algèbres d'homologie de Koszul, qui est injectif en dimension 1. Mais le calcul de $Tor^R(R/\underline{c},k)$ fait dans la démonstration du théorème 2.1 montre l'existence dans $H_1(K^{R/\underline{c}})$, et donc dans $H_1(K^A)$, de h_1, h_2 linéairement indépendants avec $h_1h_2 = 0$. Comme les produits de Massey d'ordre supérieur s'annulent pour des raisons de dimension, on peut appliquer le lemme 2.7.

Remarquons que dans le cas non-résolu par le théorème (dim A = 1, prof A = 0), un argument pareil n'est plus applicable, car il existe des presque intersections complètes à 3 relations, qui ne satisfont pas aux conditions du lemme : voir (A 2, 7.2 et 7.7). En voici l'exemple le plus simple : $k[[X,Y,Z]]/(XZ,Y^2,X^2-YZ)$.

3 - Sur une classe d'idéaux génériquement parfaits

Pour un anneau R, une $r \times s$ matrice $x = (x_{ij})$ $(r \leq s)$ et un $s \times 1$ vecteur $y = (y_j)$, à éléments dans R posons

$$J(x,y) = I_r(x) + I_1(xy) ,$$

où I_t est la notation (standard) pour l'idéal engendré par les $t \times t$ mineurs d'une matrice. Après Northcott (N 1) et Herzog (Her), qui avaient obtenu le résultat pour $r = s$ et $r = s-1$ respectivement, Buchsbaum et Eisenbud ont démontré la perfection générique de $J(x,y)$ dans (B-E 1). Leur démonstration est basée sur la construction d'un complexe de R-modules libres de longueur s, dont ils montrent l'acyclicité dans le cas générique. Toutefois, la construction de leur complexe est extrêmement compliquée, par le fait que les modules libres qui le composent ne s'expriment pas directement en termes de produits extérieurs ou symétriques, et par la définition délicate des opérateurs bord, qui dépend d'un choix spécial des bases. Dans ce paragraphe, nous construisons un autre complexe résolvant, qui à l'inconvénient de ne pas être minimal, comme celui de Buchsbaum et Eisenbud, supplée par l'avantage d'une construction beaucoup plus facile. De fait, notre complexe sera associé à un complexe double, dont les "lignes" seront les complexes de Koszul généralisés, introduits et étudiés par Buchsbaum et Rim (Buc), (B-R 1), (B-R 2). Une fois la construction terminée, on utilisera leurs résultats pour démontrer l'acyclicité générique selon les lignes de (B-E 1).

Nous allons interpréter x comme étant la matrice, dans les bases $f_1,\dots,f_s$ et $g_1,\dots,g_r$ respectivement, d'un homomorphisme de R-modules libres $F \longrightarrow G$, noté x lui aussi, et posons $y = \sum_{j=1}^{s} y_j f_j$. L'homomorphisme de bigèbres extérieures induit par x sera noté Λx, x^* désignera évidemment l'homomorphisme transposé $G^* \longrightarrow F^*$.

Dans cette situation, nous allons considérer ΛF comme ΛG^*-module par l'intermédiaire du homomorphisme de R-algèbres $\Lambda x^* : \Lambda G^* \longrightarrow \Lambda F^*$ et par le produit intérieur de ΛF^* et ΛF. Suivant la notation de Buchsbaum, nous écrirons $\gamma(a)$ pour désigner l'action de $\gamma \in \Lambda G^*$ sur $a \in \Lambda F$. D'autre part, nous allons aussi exploiter les structures de ΛF-module sur ΛG et ΛG^*, induites par l'homomorphisme de R-algèbres Λx et le produit intérieur de ΛG et ΛG^* ; le résultat de la seconde action sera noté $a(\gamma)$. Parmi les multiples formules qui relient ces produits, nous ne retiendrons que deux :

$$(+) \qquad a(\gamma_1 \Lambda \gamma_2) = a(\gamma_1) \Lambda \gamma_2 + (-1)^{|\gamma_1|} \gamma_1 \Lambda a(\gamma_2) \ ;$$

$$(++) \qquad a_1(\gamma)(a_2) = a_1 \Lambda \gamma(a_2) - (-1)^{|\gamma|} \gamma(a_1 \Lambda a_2) \ ,$$

pour tout a_1 de degré 1,
où Λ dénote le produit extérieur et $|\ |$ le degré d'un élément. Le lecteur pourra facilement démontrer ces relations, ou bien les prendre comme cas particuliers de la proposition 1.1 iii) de [B-E 1] (noter les remarques suivant cet énoncé et son corollaire 1.2) ; nous renvoyons à l'article de Buchsbaum et Eisenbud pour une discussion détaillée des structures utilisées ici.

Considérons maintenant le diagramme n°1 de R-modules libres et d'homomorphismes R-linéaires, donnés par les formules suivantes :

$$d_1^q(a) = \overset{r-q}{\Lambda} x(a), \quad 0 \leq q \leq r-1 \ ;$$

$$d_{p+1}^q(\gamma_1 \otimes \dots \otimes \gamma_p \otimes a) = \sum_{i=1}^{p-1} (-1)^{i+1} \gamma_1 \otimes \dots \otimes \gamma_i \Lambda \gamma_{i+1} \otimes \dots \otimes \gamma_p \otimes a$$
$$+ (-1)^{p+1} \gamma_1 \otimes \dots \otimes \gamma_{p-1} \otimes \gamma_p(a), \quad 1 \leq p \leq s-r, \ 0 \leq q \leq r-1 \ ;$$

$$d'^q_0(b) = x(y) \Lambda b \ , \quad 1 \leq q \leq r-1 \ ;$$

$$d'^q_1(a) = y \Lambda a \ , \quad 1 \leq q \leq r-1 \ ;$$

$$d'^{q}_{p+1}(\gamma_1 \otimes \ldots \otimes \gamma_p \otimes a) = (-1)^{|\gamma_1|+\ldots+|\gamma_p|} \gamma_1 \otimes \ldots \otimes \gamma_p \otimes y \wedge a$$

$$+ \sum_{i=1}^{p} (-1)^{|\gamma_1|+\ldots+|\gamma_{i-1}|} 1 \otimes \ldots \otimes y(\gamma_i) \otimes \ldots \otimes \gamma_p \otimes a,$$

$1 \leq p \leq s-r$, $1 \leq q \leq r-1$.

voir Diagramme n°1 page 29

Théorème 3.1 -

1) Le diagramme ci-dessus est un bicomplexe avec complexe associé $K(x,y)$, pour lequel $H_0K(x,y) = R/J(x,y)$.

2) Lorsque les x_{ij} et y_j sont $s(r+1)$ indéterminées sur un anneau L et $R = L[\{x_{ij}\},\{x_j\}]$, $K(x,y)$ est exact.

3) L'idéal $J(x,y)$ de $L[\{x_{ij}\},\{y_j\}]$ est génériquement parfait de profondeur s.

Démonstration - 1) Comme la formule pour $H_0K(x,y)$ est immédiate, restent à démontrer les relations pour les différentielles.

Le fait que $d^2 = 0$ est bien connu (cf. le théorème 3.2 ci-dessous); nous en esquissons une démonstration pour être complets. En notant que l'expression pour d_p a un sens sans la restriction sur le degré de γ_1, on peut écrire la formule

$$d_{p+1}(\gamma_1 \otimes \gamma_2 \otimes c) = \gamma_1 \wedge \gamma_2 \otimes c - \gamma_1 \otimes d_p(\gamma_2 \otimes c)$$

pour $c = \gamma_3 \otimes \ldots \otimes \gamma_p \otimes a$ et tout $p \geq 2$. Or on a $d_2 d_1 = 0$, car cette application se laisse factoriser à travers $\sum_{r \geq n_1 \geq q+1} \overset{n_1}{\wedge} G^* \otimes \overset{r-q+n_1}{\wedge} G = 0$, et aussi $d_3 d_2(\gamma_1 \otimes \gamma_2 \otimes a) = (\gamma_1 \wedge \gamma_2)(a) - \gamma_1(\gamma_2(a)) = 0$, puisque F est un G-module. La relation $d_{p+1} d_p = 0$ s'obtient maintenant par une récurrence immédiate.

Pour montrer que $d'^2 = 0$ nous notons d'abord que $d'^q_0 d'^{q+1}_0(b) = (x(y))^2 \wedge b = 0$ et $d'^q_1 d'^{q+1}_1(a) = y^2 \wedge a = 0$. Pour $p \geq 1$, on a la formule, avec $c' = \gamma_2 \otimes \ldots \otimes \gamma_p \otimes a$:

$$d'_{p+1}(\gamma_1 \otimes c') = y(\gamma_1) \otimes c' + (-1)^{|\gamma_1|} \gamma_1 \otimes d'_p(c') ,$$

donc par récurrence sur p on conclut que $d'^2 = 0$.

La relation $d_p d'_p = d'_{p-1} d_p$ se démontre par récurrence sur p elle aussi. Supposons la donc vraie avec $p-1 \geq 2$ en place de p. En utilisant la formule (+) et l'hypothèse de récurrence, on a :

$$\begin{aligned}
d_p d'_p(\gamma_1 \otimes \gamma_2 \otimes c) &= (y(\gamma_1) \wedge \gamma_2 + (-1)^{|\gamma_1|} \gamma_1 \wedge y(\gamma_2)) \otimes c \\
&\quad + (-1)^{|\gamma_1 \wedge \gamma_2|} \gamma_1 \wedge \gamma_2 \otimes d'_{p-2}(c) - y(\gamma_1) \otimes d_{p-1}(\gamma_2 \otimes c) \\
&\quad - (-1)^{|\gamma_1|} \gamma_1 \otimes d_{p-1}(y(\gamma_2) \otimes c + (-1)^{|\gamma_2|} \gamma_2 \otimes d'_{p-2}(c)) \\
&= y(\gamma_1 \wedge \gamma_2) \otimes c + (-1)^{|\gamma_1 \wedge \gamma_2|} \gamma_1 \wedge \gamma_2 \otimes d'_p(c) \\
&\quad - y(\gamma_1) \otimes d_{p-1}(\gamma_2 \otimes c) - (-1)^{|\gamma_1|} \gamma_1 \otimes d_{p-1} d'_{p-1}(\gamma_2 \otimes c) \\
&= d'_{p-1}(\gamma_1 \wedge \gamma_2 \otimes c) - y(\gamma_1) \otimes d_{p-1}(\gamma_2 \otimes c) \\
&\quad - (-1)^{|\gamma_1|} \gamma_1 \otimes d'_{p-2} d_{p-1}(\gamma_2 \otimes c) \\
&= d'_{p-1}(\gamma_1 \wedge \gamma_2 \otimes c) - d'_{p-1}(\gamma_1 \otimes d_{p-1}(\gamma_2 \otimes c)) \\
&= d'_{p-1} d_p(\gamma_1 \otimes \gamma_2 \otimes c).
\end{aligned}$$

Le cas de $p = 2$ est démontré par un calcul similaire, en se servant de la formule (++) au lieu de l'hypothèse de récurrence. Enfin pour $p = 1$ la relation voulue est une conséquence du fait que $\wedge x$ est un morphisme de R-algèbres. La démonstration de la première partie du théorème est maintenant complète.

Avant de continuer, rappelons un résultat de Buchsbaum et Rim ; désignons par $K(\overset{r-q}{\wedge} x,R)$ la q-ème ligne horizontale du diagramme n°1 $(0 \leq q \leq r-1)$.

<u>Théorème</u> 3.2 - (B-R 1, Théorème 2.4, B-R 2, Corollaire 2.3) ; Pour $0 \leq q \leq r-1$ $K(\overset{r-q}{\Lambda} x,R)$ est un complexe qui possède les propriétés suivantes :

1) $\sup \{i \mid H_i(K(\overset{r-q}{\Lambda} x,R)) \neq 0\} = s - r + 1 - \operatorname{prof} I_r(x)$;

2) $I_r(x) \subset \operatorname{ann} HK(\overset{r-q}{\Lambda} x,R)$.

Supposons maintenant les x_{ij} et y_j algébriquement indépendants sur L, ce que nous noterons en utilisant des lettres majuscules. Pour obtenir l'acyclicité de $K(X,Y)$ il suffit, par le "lemme d'acyclicité" de Peskine et Szpiro (P-S), de montrer qu'un idéal de profondeur $\geq s$ annule l'homologie du complexe. Ceci est établi par les deux lemmes qui suivent, dont le premier est démontré par Buchsbaum et Eisenbud (B-E 1) et le second représente une version un peu plus précise du lemme 5.5 du même article.

<u>Lemme</u> 3.3 - (B-E 1, Lemme 5.6) $\operatorname{prof} J(X,Y) \geq s$.

<u>Lemme</u> 3.4 - $J(X,Y) \subset \operatorname{ann} HK(X,Y)$.

<u>Démonstration</u> - Filtrons $K(X,Y)$ par les sous-complexes $\sum_{q=0}^{i} K(\overset{r-q}{\Lambda} X,R) = F^i$.
Comme par un résultat de Northcott (N 2) $\operatorname{prof} I_r(X) = s-r+1$, en appliquant le théorème 3.2 (1) à la suite spectrale définie par F^i, on voit que le terme E^2 s'identifie à l'homologie du complexe C, conoyau du morphisme de complexes

$$\begin{array}{ccccccccccc}
0 & \longrightarrow & F & \xrightarrow{Y} & \overset{2}{\Lambda} F & \xrightarrow{Y} & \overset{3}{\Lambda} F & \longrightarrow \cdots \longrightarrow & \overset{r-1}{\Lambda} F & \xrightarrow{Y} & \overset{r}{\Lambda} F \\
 & & \downarrow & & \downarrow & & \downarrow & & \downarrow & & \downarrow \\
0 & \longrightarrow & G & \xrightarrow{XY} & \overset{2}{\Lambda} G & \xrightarrow{XY} & \overset{3}{\Lambda} G & \longrightarrow \cdots \longrightarrow & \overset{r-1}{\Lambda} G & \xrightarrow{XY} & \overset{r}{\Lambda} G
\end{array}$$

En particulier, $E^2 = E^\infty = HK(X,Y) = H(C)$. Par le théorème 3.2 (2) $I_r(X) \subset \operatorname{ann} C$, donc il reste à montrer que $I(XY) \subset \operatorname{ann} HC$.

Désignons par γ_i l'élément de G^*, défini par $\gamma_i(g_j) = \delta_{ij}$. Si $\bar{z}$ est un cycle de C, il se relève en un $z \in \overset{r-q}{\Lambda} G$ $(1 \leq q \leq r-1)$, tel que $XY \wedge z = \overset{r-q+1}{\Lambda} X(a)$ pour quelque $a \in \overset{r-q+1}{\Lambda} G$. En appliquant la formule (++) on obtient :

$$(\Sigma X_{ij} Y_j) z = (XY)(\gamma_i) z = XY \wedge \gamma_i(z) + \gamma_i(XY \wedge z)$$
$$= XY \wedge \gamma_i(z) + \gamma_i(X(a))$$
$$= XY \wedge \gamma_i(z) + X(X^*(\gamma_i)(a))$$

Dans le complexe C cette relation signifie que $\bar{z}$ est un bord. Le lemme, et avec lui la seconde assertion du théorème 3.1, sont démontrés. Pour obtenir la troisième, il suffit, d'après le théorème 1.1, de noter la chaîne d'inégalités :

$$s \leqslant \text{prof } J(X,Y) \leqslant pd_{L(X,Y)} L(X,Y)/J(X,Y) \leqslant s$$

qui sont données de gauche à droite par le lemme 3.3, le théorème de Rees et la longueur du complexe K(X,Y), dont nous venons de démontrer l'acyclicité.

Notons que pour $r = s$ K(x,y) se réduit au complexe de Northcott [Nor], tandis que pour $r = s-1$ on retrouve celui de Herzog [Her].

4 - Changement de série de Poincaré modulo certains idéaux J(X,Y)

Dans ce paragraphe $(A,\underline{m},k)$ est de nouveau un anneau local.

Pour appliquer le théorème 1.4 aux idéaux J(x,y) du numéro précédent, il faut supposer x_{ij} et y_j dans $\underline{m}$. Notre prochain but est de montrer que la rationalité de $P_A/P_{A/J(x,y)}$ ne dépend pas de cette hypothèse. Commençons par démontrer un simple résultat sur des idéaux génériquement parfaits arbitraires.

Proposition 4.1 - Soient $I = I(X,L(X))$ et $J = J(Y,L(Y))$ des idéaux génériquement parfaits de profondeur d et e respectivement. Alors

1) $H = H(X,Y,L(X,Y)) = I(X,L(X,Y)) + J(Y,L(X,Y))$ est génériquement parfait de profondeur $d+e$.

2) Si $\infty > \text{prof } H(a,b,A) \geqslant d+e$ pour $a_1,\ldots,a_m,b_1,\ldots,b_n \in A$, on a prof $J(b,A) = e$ et prof $I(\tilde{a},A/J(b,A)) = d$, où $\tilde{a}_i$ désigne l'image de a_i dans $A/J(b,A)$.

Démonstration -

1) La platitude sur L de $L(X,Y)/H$ et l'inégalité $pd_{L(X,Y)} L(X,Y)/H \leq d+e$ sont des conséquences immédiates de la platitude sur L de $L(X)/I$ et $L(Y)/J$ et de l'isomorphisme de L-algèbres $L(X,Y)/H \simeq L(X)/I \otimes L(Y)/J$. Reste donc à démontrer l'inégalité $\text{prof } H \geq d+e$. Dans ce but, notons que pour tout nombre fini d'indéterminées T, on a l'égalité $\text{prof } H = \text{prof } HL(X,Y,T)$. Si on les prend en nombre assez grand, il s'ensuit des résultats de Hochster [H 1, Théorème 2 et Corollaire à la Proposition 2], qu'il existe dans $IL(X,T)$ une suite régulière de $\text{prof } IL(X,T) = d$ éléments $u_1,\dots,u_d$, tels que $L(X,T)/(u_1,\dots,u_i)$ soit plat sur L pour $1 \leq i \leq d$. Si l'on prend une $L(Y)$-suite régulière dans J, soit $v_1,\dots,v_e$, un argument standard utilisant la platitude de $L(X,T)/(u_1,\dots,u_d)$ montre que les v_i forment une suite régulière sur $L(X,Y,T)/(u_1,\dots,u_d)$. On conclut que $u_1,\dots,u_d,v_1,\dots,v_e \in HL(X,Y,T)$ forment une suite régulière sur $L(X,Y,T)$, donc $\text{prof } HL(X,Y,T) \geq d+e$.

2) Puisque $\text{Tor}_i^L(L(X)/I,L(Y)/J) = 0$ pour $i > 0$, on dispose d'une suite spectrale

$$E^2_{p,q} = \text{Tor}_p^{L(X)}(L(X)/I,\text{Tor}_q^{L(Y)}(L(Y)/J,A)) \Rightarrow \text{Tor}_{p+q}^{L(X,Y)}(L(X,Y)/H,A)$$

qui en bas degrés donne la suite exacte :

$$\text{Tor}_2^{L(X)}(L(X)/I,A/J(b,A)) \longrightarrow A/I(a,A) \otimes_A \text{Tor}_1^{L(Y)}(L(Y)/J,A)$$
$$\longrightarrow \text{Tor}_1^{L(X,Y)}(L(X,Y)/H,A) \longrightarrow \text{Tor}_1^{L(X)}(L(X)/I,A/J(b,A)) \longrightarrow 0 .$$

On peut maintenant écrire la suite d'implications :

$\text{Tor}_1^{L(X,Y)}(L(X,Y)/H,A) = 0$ par le théorème de Northcott 1.2 qu'on peut appliquer à cause de 1) ;

$\Longrightarrow \text{Tor}_1^{L(X)}(L(X)/I,A/J(b,A)) = 0$ par la suite exacte ;

$\Longrightarrow \text{Tor}_i^{L(X)}(L(X)/I,A/J(b,A)) = 0$ pour $i > 0$ par rigidité : voir [N 3, proposition 2];

$\Longrightarrow \mathrm{Tor}_1^{L(Y)}(L(Y)/J,A) = 0$ par la suite exacte et le lemme de Nakayama ;

$\Longrightarrow \mathrm{Tor}_i^{L(Y)}(L(Y)/J,A) = 0$ pour $i > 0$ par rigidité.

En particulier, on a vu que $\mathrm{Tor\ dim}_J(A) = 0 = \mathrm{Tor\ dim}_I(A/J(b,A))$, donc le théorème 1.2 donne le résultat voulu.

Dans le résultat suivant la barre désigne une réduction modulo $\underline{m}$.

<u>Proposition</u> 4.2 - Soit $(A,\underline{m},k)$ un anneau local, y un $s \times 1$ vecteur sur A, x une $r \times s$ matrice sur A de rang résiduel $(= \mathrm{rang}\ (\overline{x}))$ égal à q.

Supposons que l'idéal $J(x,y)$ décrit au paragraphe précédent soit différent de A et de profondeur s ; posons $J(x,y) = \underline{a}$.

Alors pour les séries de Poincaré de A et de $A/\underline{a}$ on a les possibilités suivantes :

1) $\overline{y} \neq 0$:

$$P_A/P_{A/\underline{a}} = (1+z)^r(1-z)^m\left(1 - \sum_{i=1}^{s-r}\binom{i+r-q-2}{r-1}\binom{s-q-1}{i+r-q-1} z^{i+1}\right)$$

pour un entier $0 \leq m \leq r$;

2) $\overline{y} = 0$ et $q = r-1$:

$$P_A/P_{A/\underline{a}} = (1+z)^s(1-z)^n$$

pour un entier $0 \leq n \leq s$;

3) $\overline{y} = 0$ et $q < r-1$: il existe un anneau local $(A',\underline{m}',k)$, une $(r-q) \times (s-q)$ matrice x' et un $(s-q) \times 1$ vecteur y' avec $x'_{ij} \in \underline{m}'$, $y'_j \in \underline{m}'$, tels que :

$$P_A/P_{A/\underline{a}} = (1+z)^q(1-z)^p P_{A'}/P_{A'/J(x',y')}$$

pour un entier $0 \leq p \leq q$.

Démonstration - On note d'abord que $A \neq \underline{a}$ entraîne $q \leq r-1$, et aussi que l'idéal $J(x,y)$ est indépendant des bases des modules F et G choisies (voir le n°3).

1) En changeant les bases si nécessaire, on peut supposer $y_1 = 1$, $y_j = 0$, $2 \leq j \leq s$. On a alors $J(x,y) = (x_{11},\ldots,x_{r1}) + I_r(x^1)$, x^1 désignant la matrice obtenue de x en enlevant la première colonne. L'hypothèse que $\underline{a} \neq A$ montre que $x_{i1} \in \underline{m}$, $1 \leq i \leq r$. La proposition précédente donne : prof $I_r(x^1) = s-r$, prof $((x_{11},\ldots,x_{r1})),A/I_r(X^1)) = r$. Par Tate (T) et Scheja (Sch) on a :

$$P_A/P_{A/\underline{a}} = (1+z)^r(1-z)^m P_A/P_{A/I_r(x^1)}$$

et cette formule est explicitée à l'aide du théorème 6.7 de (A 2), et de la remarque à la fin de cet article.

Supposons maintenant $\overline{y} = 0$. Dans des bases convenables de F et G, on peut prendre x avec $x_{ii} = 1$ pour $1 \leq i \leq q$ et $x_{ij} = 0$ pour $i \leq q$, $j \leq q$ et $i \neq j$, $x_{ij} \in \underline{m}$ pour toutes les autres valeurs de i et de j. Posons x'' pour la sous-matrice de x définie par les conditions $q<i$ et $q<j$, $y'' = (y_{q+1},\ldots,y_r)$. Comme $J(x,y) = J(x'',y'') + (y_1,\ldots,y_q)$, on conclut par la proposition précédente que $y_1,\ldots,y_q$ forment une suite régulière, et que prof $(J(x',y'),A') = s-q$, où $A' = A/(y_1,\ldots,y_q)$ et x', y' sont les images de x'', y'' dans A'. Les expressions pour $P_A/P_{A/\underline{a}}$ dans les cas (2) et (3) se déduisent immédiatement de ces remarques.

Le problème de calculer $P_A/P_{A/J(x,y)}$ étant réduit au cas où tous les x_{ij} et y_j sont dans $\underline{m}$, nous cherchons une spécialisation minimale de $J(X,Y)$, c'est-à-dire un homomorphisme $\phi : \mathbb{Z}[\{X_{ij}\}, \{Y_j\}] \longrightarrow k[X_1,\ldots,X_s] = k[X]$ pour lequel $J(a,k[X])$ soit $(X_1,\ldots,X_s)$-primaire. Nous allons indiquer la spécialisation en écrivant la matrice et le vecteur images.

Lemme 4.3 - Soit k un corps et J_r l'idéal de $k[X_1,\ldots,X_s]$ engendré par tous les monômes en $X_1,\ldots,X_s$ de degré r sans facteurs carrés. Alors pour la dimension $H(i)$ de l'espace des formes de degré i de

$k[X]/J_r$ on a la relation :

$$H(i) = \binom{s+i-1}{s-1} \quad \text{pour} \quad i < r \;;$$

$$H(i) = s + \binom{s}{2}(i-1) + \binom{s}{3}\binom{i-1}{2} + \ldots + \binom{s}{r-1}\binom{i-1}{r-2} \quad \text{pour} \quad i \geqslant r.$$

En effet, pour $i \geqslant r$, une k-base de $(k[X]/J_r)_i$ est formée par s monômes X_j^s $(1 \leqslant j \leqslant s)$; $\binom{s}{2}(i-1)$ monômes $X_{j_1}^{p_1} X_{j_2}^{p_2}$ $(p_1 + p_2 = i,\ p_1 p_2 \neq 0)$; $\binom{s}{3}\binom{i-1}{2}$ monômes $X_{j_1}^{p_1} X_{j_2}^{p_2} X_{j_3}^{p_3}$ $(p_1 + p_2 + p_3 = i,\ p_1 p_2 p_3 \neq 0)$ et ainsi de suite, chaque fois tous les j_m étant supposés deux à deux différents.

<u>Proposition</u> 4.4 - Supposons que k soit un corps contenant au moins s éléments non nuls distincts. Choisissons s tels éléments $a_1, \ldots, a_s$ et posons

$$x = \begin{pmatrix} X_1 & X_2 & \ldots & X_s \\ a_1 X_1 & a_2 X_2 & \ldots & a_s X_s \\ \ldots & \ldots & \ldots & \ldots \\ a_1^{r-1} X_1 & a_2^{r-1} X_2 & \ldots & a_s^{r-1} X_s \end{pmatrix}, \quad y = \begin{pmatrix} X_1 \\ X_2 \\ \ldots \\ X_s \end{pmatrix}.$$

Alors dans $B = k[X_1, \ldots, X_s]$ on a :

1) $I_r(x) = J_r$ est parfait de profondeur $s-r+1$;

2) toute suite de r-1 éléments différents $\sum_{j=1}^{s} a_j^m X_j^2$ $(0 \leqslant m \leqslant r-1)$ est B/J_r-régulière ;

3) $\underline{b} = J(x,y)$ est une spécialisation minimale de $J(X,Y)$.

<u>Démonstration</u>.

1) On a $I_r(x) = J_r$ d'après le calcul du déterminant de Vandermonde et le choix des a_i. Par le lemme précédent, on sait que le polynôme de Hilbert de B/J_r est de degré r-2, donc $\dim (B/J_r) = r-1$, et finalement $\operatorname{prof} J_r = \operatorname{ht} J_r = s-r+1$. Par le théorème 3.2, J_r est parfait.

2) et 3). Comme d'après 1) B/J_r est de Cohen-Macauley, pour prouver que r-1 éléments $\Sigma a_j^m X_j^2$ forment une suite régulière sur B/J_r,

il suffit de montrer que pour l'idéal $\underline{c}$ qu'ils engendrent $B/(J_r + \underline{c})$ est artinien ; du même coup, on obtiendra 3). Nous allons donc prouver que

$$X_1^{2\binom{s-1}{r-2}+1} \in J_r + \underline{c} ,$$

le résultat suivant par symétrie pour les autres X_i.

Le système de $r-1$ équations dans $B/\underline{c}$

$$\sum_{j=1}^{s} a_j^m X_j^2 = 0$$

montrent, toujours d'après Vandermonde, que

$$X_1^2 \in (X_{m_1}^2, \ldots, X_{m_{s-r+1}}^2)$$

pour tout ensemble d'indices $\{m_1,\ldots,m_{s-r+1}\} \subset \{2,3,\ldots,s\}$. Comme il existe $\binom{s-1}{s-r+1} = \binom{s-1}{r-2}$ sous-ensembles différents, on a donc

$$X_1^{2\binom{s-1}{r-2}+1} \in X_1 \, P(r-1,s)$$

où l'on pose

$$P(p,q) = \prod_{\{m_1,\ldots,m_{q-p}\} \subset \{2,3,\ldots,q\}} (X_{m_1}^2, \ldots, X_{m_{q-p}}^2) .$$

$P(p,q)$ est un idéal engendré par des monômes en X_j^2. La proposition sera donc démontrée dès que l'on établit que tout monôme du système de générateurs de $P(p,q)$ contient au moins p indéterminées distinctes.

Le cas $p = 1$ étant évident, on raisonne par récurrence sur p, donc on suppose l'assertion démontrée pour $p < u$ et l'on considère le cas $p = u$. On établit une induction secondaire sur q ; en notant que $P(p,p+1) = (X_2^2 X_3^2 \ldots X_{p+1}^2)$, on peut donc supposer que l'assertion est vraie pour $P(u,q)$ avec $u<q<v$. Or on a

$$P(u,v) = P(u-1,v-1) \times \prod_{\{m_1,\ldots,m_{v-u-1}\} \subset \{2,3,\ldots,v-1\}} (X_{m_1}^2, \ldots, X_{m_{v-u-1}}^2, X_v^2)$$

$$\subset P(u-1,v-1)P(u,v-1) + P(u-1,v-1)X_v^2 ,$$

ce qui donne le résultat voulu.

Avant de continuer, notons que la première partie de la proposition précédente, qui se démontre facilement, permet de retrouver un calcul de série de Poincaré, fait par Backelin et Fröberg [B-F, Théorème]. En effet, pour tout corps k "assez grand", nous avons montré que l'idéal J_r des monômes de degré r dans $k[X_1,\dots,X_s]$ ne contenant pas de facteurs carrés, est une spécialisation minimale d'un idéal de mineurs maximaux d'une $r \times s$ matrice. La série de Poincaré modulo un tel idéal est donnée par le théorème 6.7 de [A 2]. Comme la série de Poincaré est invariante par extension de k, on a :

<u>Corollaire</u> 4.5 - $k[[X]]/J_r$ est un anneau de Golod avec

$$P_{k[[X]]/J_r} = (1+z)^s\left(1 - \sum_{i=1}^{s-r+1} \binom{i+r-2}{r-1}\binom{s}{i+r-1} z^{i+1}\right)^{-1} .$$

Fröberg a généralisé ce résultat dans [F 2].

En utilisant la partie (2) de la proposition 4.4, nous allons faire un calcul de série de Poincaré. Nous remercions Ralf Fröberg pour l'aide qu'il nous a apportée dans la démonstration de la proposition suivante.

<u>Proposition</u> 4.6 - Pour $r = 2$ et pour k, x, y comme dans la proposition 4.4, on a

$$P_{k[X]/J(x,y)} = (1-sz+(s-2)z^2)^{-1} .$$

<u>Démonstration</u> - Considérons la suite d'homomorphismes d'anneaux :

$$\begin{array}{ccccccc}
B & \xrightarrow{\varphi_1} & B_1 & \xrightarrow{\varphi_2} & B_2 & \xrightarrow{\varphi_3} & B_3 \\
\| & & \| & & \| & & \| \\
k[X] & & k[X]/J_2 & & k[X]/(J_2+(a)) & & k[X]/J(x,y), \quad a = \Sigma X_j^2
\end{array}$$

Nous allons calculer P_{B_3} en "descendant" le long des φ_i .

Par le corollaire 4.5 ou bien par le théorème de Fröberg [F 1], on a $P_{B_1} = (1+z)(1-(s-1)z)^{-1}$. En particulier, pour la série de Hilbert

$H(z) = \sum_{i=0}^{\infty} H(i)z^i$, on a $P_{B_1}(z)H_{B_1}(-z) = 1$ (cf. le lemme 4.3). Donc par le théorème 1.2 de Löfwall [Löf], on a le supplément important que $\mathrm{Ext}_{B_1}(k,k)$ est engendré par Ext^1 en tant qu'algèbre avec le produit de Yoneda.

Par la proposition 4.4 (2), φ_2 est la factorisation d'un élément régulier homogène de degré 2 ; on a $P_{B_2} = P_{B_1}/(1-z^2)$ et $H_{B_2} = H_{B_1}(1-z^2) = 1 + sz + (s-1)z^2$. En particulier, on a encore $P_{B_2}(z)H_{B_2}(-z) = 1$, donc de nouveau par [Löf] $\mathrm{Ext}_{B_2}(k,k)$ est engendrée en degré 1.

Le noyau de φ_3 étant contenu dans le carré de l'idéal maximal, l'homomorphisme induit en cohomologie est bijectif en degré 1, par conséquent, l'application d'algèbres $\mathrm{Ext}_{B_3}(k,k) \longrightarrow \mathrm{Ext}_{B_2}(k,k)$ est surjective, ce qui, par dualité, signifie que le morphisme naturel $\mathrm{Tor}^{B_2}(k,k) \longrightarrow \mathrm{Tor}^{B_3}(k,k)$ est injectif. D'autre part, la formule donnant la série de Hilbert de B_2 montre que $(\underline{m}_2)^3 = 0$, donc que $\mathrm{Ker}\ \varphi_3 \subset (\underline{m}_2)^2$ est contenu dans le socle de B_2. Par un résultat de Levin [Lev, Théorème 3.9], φ_3 est un morphisme de Golod, donc on sait que

$$P_{B_3} = P_{B_2}(1-z^2 P_{B_2})^{-1} = (1-sz+(s-2)z^2)^{-1}$$

Faisons le point.

<u>Théorème</u> 4.7 - Soit $(A,\underline{m},k)$ un anneau local, $x = (x_{ij})$ une $r \times s$ $(r \leq s)$ matrice sur A de rang résiduel q, $y = (y_j)$ un $s \times 1$ vecteur sur A. Désignons par $J(x,y)$ l'idéal de A engendré par les $r \times r$ mineurs de x et par les coordonnées de xy.

Supposons que $J(x,y) \neq A$ soit de profondeur s (qui est la valeur maximale possible). Alors $P_A/P_{A/J(x,y)}$ est un polynôme, dont le degré est compris entre s et $2s$, si une des conditions suivantes est satisfaite : (1) $y_j \notin \underline{m}$ pour quelque j, $1 \leq j \leq s$; (2) $r \leq q+2$.

En effet, on a l'assertion voulue dans les cas où $y_j \notin \underline{m}$ ou bien $r = q+1$ par les deux premières parties de la proposition 4.2. La troisième partie de la même proposition montre que pour établir le théorème dans le cas où $r = q+2$ on peut supposer en plus que $r = 2$ et que tous les x_{ij} et y_j sont dans l'idéal maximal. Le théorème 3.1 (3) permet d'appliquer dans ce cas le théorème 1.4, donc de remplacer A par un anneau de séries formelles sur k en les indéterminées x_{ij} et y_j. En appliquant de nouveau le théorème 1.4, cette fois par l'intermédiaire de la proposition 4.4 (3), nous arrivons au problème de calculer la série de Poincaré d'un quotient de l'anneau de polynômes en s indéterminées. La solution de ce problème par la proposition 4.6 donne, en définitive, que pour $r = 2$ et x_{ij}, y_j dans $\underline{m}$, on a :

$$P_A/P_{A/J(x,y)} = (1+z)^s(1-sz+(s-2)z^2) .$$

Sous les même hypothèses sur x et y, $P_A/P_{A/J(x,y)}$ a été obtenue pour $r = s$ par l'auteur [A 2, Théorème 6.10] et pour $r = s-1$ par Herzog et Steurich [H-S, Théorème 3]. En considérant les résultats de ces calculs, on est amené à la conjecture suivante.

<u>Conjecture</u> - Dans les notations du théorème 4.7, en supposant $x_{ij} \in \underline{m}$, $y_j \in \underline{m}$ et prof $J(x,y) = s$, on a :

$$P_A/P_{A/J(x,y)} = (1+z)^s((1-z)^r - (s-r)z + (s-r-1)z^2)$$

Bibliographie

A 1 L.L. AVRAMOV - On the Hopf algebra of a local ring - Izv. Akad. Nauk SSSR Ser. Mat. 38 (1974), 253-277 ; Math. USSR-Izv. 8 (1974), 259-284

A 2 L.L. AVRAMOV - Small homomorphisms of local rings - J. Algebra 50 (1978), 400-453

A 3 L.L. AVRAMOV - Poincaré series of almost complete intersections of embedding dimension three - Pliska (Studia Math. Bulg.) 2 (1979) sous presse.

B-E 1 D.A. BUCHSBAUM and D. EISENBUD - Generic free resolutions and a family of generically perfect ideals - Advances in Math. 18 (1975), 245-301

B-E 2 D.A. BUCHSBAUM and D. EISENBUD - Algebra structures for finite free resolutions, and some structure theorems for ideals of codimension 3 - Amer. J. Math. 99 (1977), 447-485

B-F J. BACKELIN and R. FRÖBERG - "A note on Poincaré series", - Matematiska Institutionen, Stockholms Universitet, Preprint n°12 (1976)

B-R 1 D.A. BUCHSBAUM and D.S. RIM - A generalized Koszul complex. II. Depth and multiplicity - Trans. Amer. Math. Soc. 111 (1964), 197-224

B-R 2 D.A. BUCHSBAUM and D.S. RIM - A generalized Koszul complex. III. A remark on generic acyclicity - Proc. Amer. Math. Soc. 16 (1965), 555-558

Buc D.A. BUCHSBAUM - A generalized Koszul complex. I - Trans. Amer. Math. Soc. 111 (1964), 183-196

F 1 R. FRÖBERG - Determination of a class of Poincaré series - Math. Scand. 37 (1975), 29-39

F 2 R. FRÖBERG - "Two notes on squarefree monomial rings" - Matematiska Institutionen, Stockholms Universitet, Preprint n° 13 (1977)

Gol E.S. GOLOD - On the homology of certain local rings (en Russe) - Uspekhi Mat. Nauk 33, n° 5 (1978), 177-178

Gul T.H. GULLIKSEN - A homological characterization of local complete intersections - Compositio Math. 23 (1971), 251-255

H 1 M. HOCHSTER - Generically perfect modules are strongly generically perfect - Proc. London Math. Soc. (3) 23 (1971), 477-488

H 2 M. HOCHSTER - Grade-sensitive modules and perfect modules - Proc. London Math. Soc. (3) 29 (1974), 55-76

Her J. HERZOG - Certain complexes associated to a sequence and a matrix - Manuscr. Math. 12 (1974), 217-248

H-S J. HERZOG and M. STEURICH - Two applications of change of rings theorems - Proc. Amer. Math. Soc., to appear.

Kos-S A.I. KOSTRIKIN and I.R. SHAFAREVICH - Homology groups of nilpotent algebras - (en Russe) Dokl. Akad. Nauk SSSR 115 (1957), 1066-1069

Kra-S D. KRAINES and C. SCHOCHET - Differentials in the Eilenberg-Moore spectral sequence - J. Pure Appl. Algebra 2 (1972), 131-148

Lev G. LEVIN - Local rings and Golod homomorphisms - J. Algebra 37 (1975), 266-289

Löf C. LÖFWALL - "On the subalgebra generated by the one-dimensional elements in the Yoneda Ext-algebra" - Matematiska Institutionen, Stockholms Universitet, Preprint n° 5, (1976).

N 1 D.G. NORTHCOTT - A homological investigation of a certain residual ideal - Math. Ann. 150 (1963), 99-110

N 2 D.G. NORTHCOTT - Some remarks on the theory of ideals defined by matrices - Quart. J. Math. Oxford (2) 14 (1963), 193-204

N 3 D.G. NORTHCOTT - Grade sensitivity and generic perfection - Proc. London Math. Soc. (3) 20 (1970), 597-618

P-S C. PESKINE et L. SZPIRO - Dimension projective finie et cohomologie locale - Publ. Math. IHES 42 (1973), 47-119

Sch G. SCHEJA - Über die Bettizahlen lokaler Ringe - Math. Ann. 155 (1964), 155-172

Sha J. SHAMASH - The Poincaré series of a local ring - J. Algebra, 12 (1969), 453-470

T J. TATE - Homology of Noetherian rings and local rings - Illinois J. Math. 1 (1957), 14-27

Luchezar L. AVRAMOV
Institute of Mathematics
Bulgarian Academy of Sciences
P.O. Box 373, 1000 SOFIA
Bulgaria

$$
\begin{array}{c}
0 \to \wedge^r G^* \oplus G^{*\oplus(s-r-1)} \oplus \wedge^s F \to \dots \to \sum_{\substack{r\geqslant n_i\geqslant 1\\ i=2,\dots,p}} \wedge^r G^* \oplus \wedge^{n_2} G^* \oplus \dots \oplus \wedge^{n_p} G^* \oplus \wedge^{1+r+n_2+\dots+n_p} F \xrightarrow{d^{r-1}_{p+1}} \sum_{\substack{r\geqslant n_i\geqslant 1\\ i=2,\dots,p-1}} \wedge^r G^* \oplus \wedge^{n_2} G^* \oplus \dots \oplus \wedge^{n_{p-1}} G^* \oplus \wedge^{1+r+n_2+\dots+n_{p-1}} F \to \dots \to \wedge^r G^* \oplus \wedge^{r+1} F \xrightarrow{d^{r-1}_2} \wedge^{r+1} F \xrightarrow{d^{r-1}_1} G \to 0
\end{array}
$$

$$
\begin{array}{c}
0 \to \wedge^{q+1} G^* \oplus G^{*\oplus(s-r-1)} \oplus \wedge^s F \to \dots \to \sum_{\substack{r\geqslant n_1\geqslant q+1\\ r\geqslant n_i\geqslant 1\\ i=2,\dots,p}} \wedge^{n_1} G^* \oplus \wedge^{n_2} G^* \oplus \dots \oplus \wedge^{n_p} G^* \oplus \wedge^{r-q+n_1+\dots+n_p} F \xrightarrow{d^q_{p+1}} \sum_{\substack{r\geqslant n_1\geqslant q+1\\ r\geqslant n_i\geqslant 1\\ i=2,\dots,p-1}} \wedge^{n_1} G^* \oplus \wedge^{n_2} G^* \oplus \dots \oplus \wedge^{n_{p-1}} G^* \oplus \wedge^{r-q+n_1+\dots+n_{p-1}} F \to \dots \to \sum_{r\geqslant n_1\geqslant q+1} \wedge^{n_1} G^* \oplus \wedge^{r-q} F \xrightarrow{d^q_2} \wedge^{r-q} F \xrightarrow{d^q_1} \wedge^{r-q} G \to 0
\end{array}
$$

$$
\begin{array}{c}
0 \to \wedge^q G^* \oplus G^{*\oplus(s-r-1)} \oplus \wedge^s F \to \dots \to \sum_{\substack{r\geqslant n_1\geqslant q\\ r\geqslant n_i\geqslant 1\\ i=2,\dots,p}} \wedge^{n_1} G^* \oplus \wedge^{n_2} G^* \oplus \dots \oplus \wedge^{n_p} G^* \oplus \wedge^{r-q+1+n_1+\dots+n_p} F \xrightarrow{d^{q-1}_{p+1}} \sum_{\substack{r\geqslant n_1\geqslant q\\ r\geqslant n_i\geqslant 1\\ i=2,\dots,p-1}} \wedge^{n_1} G^* \oplus \wedge^{n_2} G^* \oplus \dots \oplus \wedge^{n_{p-1}} G^* \oplus \wedge^{r-q+1+n_1+\dots+n_{p-1}} F \to \dots \to \sum_{r\geqslant n_1\geqslant q} \wedge^{n_1} G^* \oplus \wedge^{r-q+1} F \xrightarrow{d^{q-1}_2} \wedge^{r-q+1} F \xrightarrow{d^{q-1}_1} \wedge^{r-q+1} G \to 0
\end{array}
$$

$$
\begin{array}{c}
0 \to G^* \oplus G^{*\oplus(s-r-1)} \oplus \wedge^s F \to \dots \to \sum_{\substack{r\geqslant n_i\geqslant 1\\ i=1,\dots,p}} \wedge^{n_1} G^* \oplus \wedge^{n_2} G^* \oplus \dots \oplus \wedge^{n_p} G^* \oplus \wedge^{r+n_1+\dots+n_p} F \xrightarrow{d^0_{p+1}} \sum_{\substack{r\geqslant n_i\geqslant 1\\ i=1,\dots,p-1}} \wedge^{n_1} G^* \oplus \wedge^{n_2} G^* \oplus \dots \oplus \wedge^{n_{p-1}} G^* \oplus \wedge^{r+n_1+\dots+n_{p-1}} F \to \dots \to \sum_{r\geqslant n_1\geqslant 1} \wedge^{n_1} G^* \oplus \wedge^{r+n_1} F \xrightarrow{d^0_2} \wedge^r F \xrightarrow{d^0_1} \wedge^r G \to 0
\end{array}
$$

vertical maps: d'^q_{s-r+1}, d'^q_{p+1}, d'^q_p, d'^q_2, d'^q_1, d'^q_0

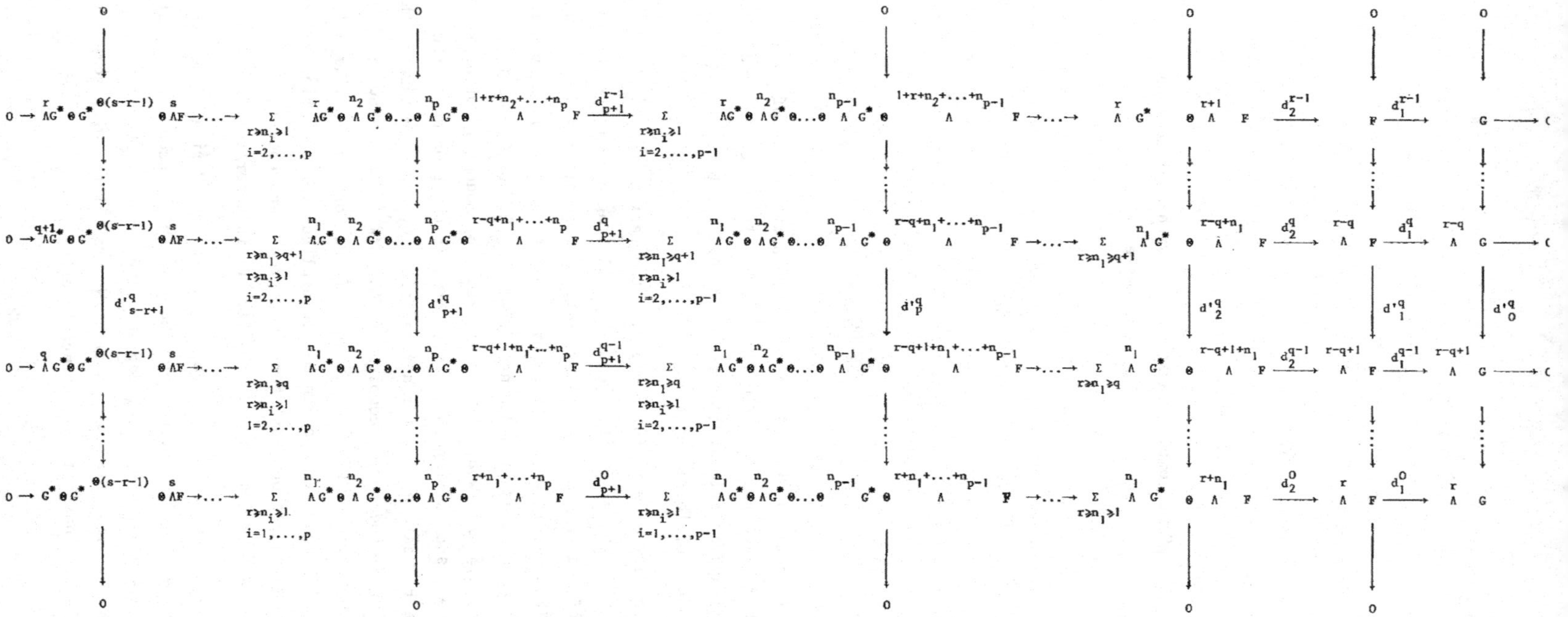

Diagramme n° 1

Some complex constructions with applications to Poincaré series

par

Ralf FRÖBERG

INTRODUCTION

Let (Q,m,k) be a local ring. The Poincaré series of Q is $P_Q(Z) = \sum_i b_i Z^i$, where $b_i = \dim_k(\mathrm{Tor}_i^Q(k,k))$. It is conjectured that $P_Q(Z)$ is always a rational function, and this has been proved for several classes of local rings.

In an earlier work (3), we proved the rationality of $P_Q(Z)$ for rings $Q = \tilde{Q}/I$, where $\tilde{Q}$ is a regular local ring and I is generated by monomials of degree two in a minimal system of generators for the maximal ideal m. This result was achieved by means of an explicit resolution of k over the associated graded ring $Gr(Q)$ to Q. $Gr(Q)$ is then of the form $k[X_1,\dots,X_n]/J$, where J is generated by monomials of degree two in $\{X_i\}$. Call such a ring an M-ring. Now, in the problem of the rationality of the Poincaré series for a local ring Q, the structure of the homology ring of the Koszul complex of Q, $H(K^Q)$, has shown to be an important ingredient. $H(K^Q)$ is always of the form $k[X_1,\dots,X_r]/L$, where the X_i's constitute a minimal multiplicative generating set for $H(K^Q)$. The variables now have certain degrees, and commute in the graded sense, i.e. $X_iX_j = (-1)^{|X_i||X_j|}X_jX_i$. If L is generated by certain monomials X_kX_m, we call also $k[X_1,\dots,X_n]/L$ an M-ring. (The first described type of M-ring can be included in this concept, if we let all variables have even, e.g. zero, degree). The scope of this article is local rings Q, with $H(K^Q)$ an M-ring. We prove that, with some restriction, such a ring has rational Poincaré series.

Section 1 contains construction of a resolution of k for an M-ring R. (For symmetry reasons, we have chosen to make the definition of M-rings still slightly more general than above). This resolution is a graded algebra of a certain type over the M-ring R. This type of algebra is what we call an MM-ring.

Let S be a ring and $E = \oplus E_i$ be a graded S-module with E_i free S-modules. Then the Hilbert series of E over S is $\mathrm{Hilb}_S(E) = \sum_i (\mathrm{rank}_S E_i) Z^i$. In section 2 we derive the connection between the Hilbert series over k for an M-ring R, and the Hilbert series for the MM-ring R' over R, where R' is the R-resolution of k. Sections 1 and 2 are generalizations of parts of sections 2 to 4 in (3) to the graded case.

Section 3 contains the main theorem, which gives the Poincaré series for a local ring Q with $H(K^Q)$ an M-ring, and with some extra condition fulfilled.

In section 4 we give examples of rings for which the main theorem applies. Golod rings of a special type as well as complete intersections are such examples. That rings of these classes have rational Poincaré series is well known. Golod rings and complete intersections can be viewed as the two extremes among rings with $H(K)$ an M-ring. Namely, if $H(K) = k[X_1,\dots,X_n]/L$, then in the first case L is generated by all X_iX_j, and in the second L is generated by the squares only.

Section 5 contains a complex construction, which gives the main example of new rings with rational Poincaré series.

1 - M-rings and MM-rings

Notations - Let k be a field. We denote the polynomial ring over k in the non-commuting variables $X_1,\dots,X_n$ by $k\langle X_1,\dots,X_n\rangle$. The variables are assumed to have certain degrees $|X_i| \geq 0$. If the variables commute in the graded sense, i.e. if $X_iX_k = (-1)^{|X_i||X_k|}X_kX_i$, the polynomial ring is denoted $k[X_1,\dots,X_n]$. The graded commutator $X_iX_k-(-1)^{|X_i||X_k|}X_kX_i$ is denoted $[X_i,X_k]$. A monomial in the variables is an element $m = X_{i_1}^{n_1}\dots X_{i_r}^{n_r}$. The total degree of m is $|m| = n_1|X_{i_1}|+\dots+n_r|X_{i_r}|$.

The image of X_i in a quotient ring of $k<X_1,\dots,X_n>$ or of $k[X_1,\dots,X_n]$ is denoted x_i.

Definition - A ring of the form $k<X_1,\dots,X_n>/I$ is called an M-ring if the ideal I is generated by elements of the following types :

a) X_i^2 for certain i's

b) $[X_i,X_k]$ for certain pairs (i,k)

c) X_iX_k and X_kX_i for certain pairs (i,k).

Definition - A ring of the form $k<Y_1,\dots,Y_n><X_1,\dots,X_n>/H$ is called an MM-ring if the following conditions are fulfilled :

(i) $|Y_i| = |X_i| + 1$ for every i

(ii) The ideal H is generated by n^2 elements of the following types :

For every i one of Y_i^2 and X_i^2 (1)

For every pair (i,k) with $i \neq k$ one of the following pairs :

$[Y_i,Y_k]$ and $[X_i,X_k]$ (2)

Y_iY_k and Y_kY_i (3)

X_iX_k and X_kX_i (4)

In case (2) we say that the pair (i,k) commutes.

If $R = k<X_1,\dots,X_n>/I$ is an M-ring, there is clearly a unique M-ring of the form $R_1 = k<Y_1,\dots,Y_n>/J$ such that $R' = k<Y_1,\dots,Y_n>/J \otimes_k k<X_1,\dots,X_n>/I = R_1 \otimes_k R$ is an MM-ring. We call R' the MM-ring belonging to the M-ring R.

Note - In the motivating case, the original M-ring R in the x-variables is commutative in the graded sense, i.e. (3) does never hold in the MM-ring R' belonging to R.

On MM-rings we will define k-linear maps d_i and D_i. It suffices to define the maps on monomials $m = y_{i_1} \dots y_{i_r} x_{j_1} \dots x_{j_s} = y^{(\mu)} x^{(\nu)} \neq 0$.

We say that y_i can be factored out to the right in m(resp. x_i can be factored out to the left in m), if $m = \delta_i(m)\, y^{(\mu')}\, y_i x^{(\nu)}$, where $\delta_i(m) = \pm 1$ (resp. $m = \delta_i'(m)\, y^{(\mu)}\, x_i x^{(\nu')}$, where $\delta_i'(m) = \pm 1$).

Definitions -

$$d_i(m) = \delta_i(m)\, (-1)^{|y^{(\mu')}|} y^{(\mu')}\, x_i x^{(\nu)} \text{ if } m = y^{(\mu)}\, x^{(\nu)} = \delta_i(m)\, y^{(\mu')} y_i x^{(\nu)}$$

$d_i(m) = 0$ if y_i can't be factored out to the right in m

$$D_i(m) = \delta_i'(m)\, (-1)^{|y^{(\mu)}|}\, y^{(\mu)} y_i x^{(\nu')} \text{ if } m = y^{(\mu)}\, x^{(\nu)} = \delta_i'(m)\, y^{(\mu)} x_i x^{(\nu')}$$

$D_i(m) = 0$ if x_i can't be factored out to the left in m

The proofs of the lemmas and theorems in this section and the next are easy generalizations of corresponding statements in (3) and are therefore omitted.

Lemma 1 -

$d_i^2 = 0$

$d_i d_k + d_k d_i = 0$ if $i \neq k$

$d_i D_k + D_k d_i = 0$ if $i \neq k$

If m is a monomial with $d_i(m) \neq 0$, then $D_i(m) = 0$

If m is a monomial with $D_i(m) \neq 0$, then $d_i(m) = 0$

If m is a monomial with $d_i(m) \neq 0$, then $D_i d_i(m) = m$

If m is a monomial with $D_i(m) \neq 0$, then $d_i D_i(m) = m$

Definition - For a monomial m we define $\text{Index}(m) = \{i \,;\, d_i(m) \neq 0 \text{ or } D_i(m) \neq 0\}$.

Lemma 2 - If $i,k \in \text{Index}(m)$, then (i,k) commutes.

Lemma 3 - If $d_i(m) \neq 0$ we have $\text{Index}(m) = \text{Index}(d_i(m))$.

If $D_i(m) \neq 0$ we have $\text{Index}(m) = \text{Index}(D_i(m))$.

Definitions - If m is a monomial with non-empty Index we define

$i(m) = \min(\text{Index}(m))$ and

$S(m) = D_{i(m)}(m)$.

Theorem 1 - If $d = d_1 + \ldots + d_n$ then

$$d^2(m) = 0$$

$$(Sd + dS)(m) = m$$

for every monomial m with nonemty Index.

In the general case Index(m) can be empty for monomials $m \neq 1$, but in the case of interest for us this can't occur.

Lemma 4 - Every monomial $\neq 1$ has non-empty Index if for some pairs (i,k) commutes, and for all other pairs $x_i x_k = x_k x_i = 0$.

Besides the total degree, we introduce another grading.

Definition - The polynomial degree of a monomial $m = y_{i_1}^{n_1} \ldots y_{i_r}^{n_r}$ is

$$\text{pol.deg.}(m) = n_1 + \ldots + n_r.$$

Corollary to theorem 1 - Let R be an M-ring, commutative in the graded sense, and let R' be the MM-ring belonging to R. Then R' is graded over R, $R' = \oplus R'_i$, where R'_i consists of the elements of polynomial degree i in $\{y_i\}$.

d becomes a homogenous R-linear map of degree -1 and

$$E : \ldots \xrightarrow{d} R'_i \xrightarrow{d} \ldots \xrightarrow{d} R'_1 \xrightarrow{d} R \to k$$

is exact.

2 - Hilbert series

Definition - If $M = \oplus M_{i,k}$, where $i,k \geqq 0$, is a bigraded module over a ring R, with $M_{i,k}$ free R-modules, we define the Hilbert series of M as

$$\text{Hilb}_R^M (X,Y) = \Sigma h_{i,k} X^i Y^k, \text{ where } h_{i,k} = \text{rank}_R M_{i,k}.$$

Let $R = k\langle X_1, \ldots, X_n\rangle / I$, where I is generated by an arbitrary set of monomials of polynomial degree two. We then let $\overline{R}$ denote the ring $k\langle X_1, \ldots, X_n\rangle / \overline{I}$, where $\overline{I}$ is generated by those monomials of polynomial degree two, which are not contained in I. We call $\overline{R}$ the complement k-algebra to R.

Theorem 2 - If $R = k\langle X_1,\ldots,X_n\rangle/I$, where I is generated by an arbitrary set of monomials of polynomial degree two, and if $\overline{R}$ is the complement k-algebra to R, then

$$\mathrm{Hilb}_k^{\overline{R}}(X,Y).\mathrm{Hilb}_k^{R}(-X,Y) = 1,$$

where the first variable belongs to the polynomial degree and the second to the total degree.

Corollary - If R is an M-ring, commutative in the graded sense, and R' the MM-ring belonging to R, we get

$$\mathrm{Hilb}_R^{R'}(X,Y).\mathrm{Hilb}_k^{R}(-XY,Y) = 1, \text{ specially}$$

$$\mathrm{Hilb}_R^{R'}(1,Z).\mathrm{Hilb}_k^{R}(-Z,Z) = 1.$$

3 - Poincaré series

Let (R,m,k) be a local ring, let $P_R(Z) = \sum_{i=0}^{\infty} \dim_k \mathrm{Tor}_i^R(k,k)\, Z^i$ denote its Poincaré series, and let (K^R,d_K) be the Koszul complex of R with its differential. We denote by $H(K^R)$ resp. $Z(K^R)$ the homology ring resp. the ring of cycles of K^R. These rings are of course commutative in the graded sense. For convenience we suppose in this section that the local ring contains the field k. This assumption is not essential for the result. We will determine the Poincaré series of certain local rings, with $H(K^R)$ an M-ring, namely those satisfying one of the following two conditions :

A) There exists a ring homomorphism $s : H(K^R) \to Z(K^R)$ such that $H(K^R) \xrightarrow{s} Z(K^R) \to H(K^R)$ is identity (the last map is the natural one).

B) R is quotient ring of a regular local ring $\tilde{R}$, for which the minimal $\tilde{R}$-resolution of R has a structure of differential graded, associative and commutative algebra.

Theorem 3 - If R is a local ring satisfying A) or B) above, and with $H(K^R)$ an M-ring, then

$$P_R(Z) = \mathrm{Hilb}_R^{K^R}(Z) \,/\, \mathrm{Hilb}_k^{H(K^R)}(-Z,Z).$$

Proof - First suppose A). We will construct a minimal resolution E of k. Let $H' = (H(K^R))' = k<Y_1,\dots,Y_n> / J \otimes_k H(K^R)$ be the MM-ring that belongs to $H(K^R)$. Then $E = k<Y_1,\dots,Y_n> / J \otimes_k K^R = k<Y_1,\dots,Y_n> / J \otimes_k H(K^R) \otimes_{H(K^R)} K^R =$ $H' \otimes_{H(K^R)} K^R$. If $m \in H'$ and $k \in K^R$ are homogenous elements, we let $\deg (m \otimes k) = |m| + |k|$. Then E_i consists of the elements of degree i. We define $\theta(m \otimes k) = d_{H'} m \otimes k + (-1)^{|m|} m \otimes d_K k$ for a homogenous element $m \in H'$ and $k \in K^R$. ∂ gets well-defined and R-linear since $d_{H'}$ is $H(K^R)$-linear and d_K is R-linear and hence, via s, $H(K^R)$-linear. ∂ is clearly of degree -1. We now show that

$\dots \xrightarrow{\partial} E_i \xrightarrow{\partial} \dots \xrightarrow{\partial} E_0 \longrightarrow k$ is a minimal R-free resolution of k.

$\partial^2 = 0$: If m is homogenous in $H(K^R)'$ and $k \in K^R$, we have as usual

$$\partial^2(m \otimes k) = \partial(d_{H'} m \otimes k + (-1)^{|m|} m \otimes d_K k) =$$

$$d_{H'}^2 m \otimes k + (-1)^{|m|-1} d_{H'} m \otimes d_K k + (-1)^{|m|} (d_{H'} m \otimes d_K k + (-1)^{|m|} m \otimes d_K^2 k) = 0.$$

Exactness : We filter $E = k<Y_1,\dots,Y_n> / J \otimes K^R$ by polynomial degree in $\{y_i\}$. Then it is easy to see that $E^2 = k$ in the spectral sequence belonging to this filtration, which gives the exactness. (Simpleminded direct calculation also works without too much trouble ; use induction on the polynomial degree).

That the resolution is minimal, is obvious from the definitions.

Now $P_R(Z) = \mathrm{Hilb}_R^E(1,Z) = \mathrm{Hilb}_R^{K^R}(Z) . \mathrm{Hilb}_H^{H'}(1,Z) = \mathrm{Hilb}_R^{K^R}(Z) / \mathrm{Hilb}_k^{H(K^R)}(-Z,Z)$ according to the corollary of theorem 2. (see note 1 page 13).

Remark - If we exchange K^R in the theorem for another part L of the Tate-Gulliksen minimal resolution, it still might be possible to draw conclusions about the rationality of the Poincaré series. Everything in sections 1 and 2 works if we have an infinite numbers of variables in the M-ring, as long as it is locally finite, i.e. if $\{X_i ; |X_i| \leqq n\}$ is finite for every n. If we knew that $\mathrm{Hilb}_R^L(Z)$ and $\mathrm{Hilb}_k^{H(L)}(-Z,Z)$ were rational, we could conclude that $P_R(Z)$ is rational. Now $\mathrm{Hilb}_R^L(Z)$ is rational if the number of adjoined variables is finite, and Gulliksen has shown that at least $\mathrm{Hilb}_k^{H(L)}(1,Z)$ is rational in many cases, (5).

4 - Examples

We now give some examples where theorem 3 A) applies. That these rings have rational Poincaré series is well known.

a) If R is a local complete intersection, we know that $H(K^R)$ is the exterior algebra on $H_1(K^R)$ (6). Thus we have

$H(K^R) = k[X_1,\dots,X_r]/(X_i^2,\ \text{all } i)$, where $r = \dim_k H_1(K^R)$ and $|X_i| = 1$ for all i. We get $\mathrm{Hilb}_k^{H(K^R)}(X,Y) = (1+XY)^r$, so

$P_R(Z) = \mathrm{Hilb}_R^{K^R}(Z) / \mathrm{Hilb}_k^{H(K^R)}(-Z,Z) = (1+Z)^n/(1-Z^2)^r$, where n is the embedding dimension of R.

b) We call R a special Golod ring, if one can choose cycles z_i in K^R, representing a basis for $H(K^R)$, such that $z_i z_j = 0$ for all (i,j). That such a ring is a Golod ring is shown e.g. in (6). For a special Golod ring we get $H(K^R) = k[X_1,\dots,X_r] / (X_iX_j,\ \text{all } (i,j))$, where $r = \sum_{i>0} c_i$, $c_i = \dim_k H_i(K^R)$. Then $\mathrm{Hilb}_k^{H(K^R)}(X,Y) = 1+c_1XY+c_2XY^2+\dots+c_nXY^n$,

so we get $P_R(Z) = \mathrm{Hilb}_R^{K^R}(Z)/\mathrm{Hilb}_k^{H(K^R)}(-Z,Z) = (1+Z)^n/(1-c_1Z^2-c_2Z^3-\dots-c_nZ^{n+1})$. Examples of special Golod rings are $\tilde{R}/\tilde{m}^n$ and $\tilde{R}/xI$, where $(\tilde{R},\tilde{m})$ is a regular local ring, $x \in \tilde{m}$ and I is an ideal.

5 - Taylor's resolution

Let $R = \tilde{R}/I$, where $(\tilde{R},\tilde{m},k)$ is a regular local ring. The homology of the Koszul complex can be calculated by means of two different resolutions. First $K^{\tilde{R}}$ is a resolution of k, so $H_i(K^{\tilde{R}} \otimes_{\tilde{R}} R) = \mathrm{Tor}_i^{\tilde{R}}(R,k)$.

Now let E be an $\tilde{R}$-resolution of R. Then $H_i(E \otimes_{\tilde{R}} k) = \mathrm{Tor}_i^{\tilde{R}}(R,k)$.

In (8) D. Taylor constructed $\tilde{R}$-resolutions for R, if I was generated by monomials in an $\tilde{R}$-sequence. In (4) the algebra structure of such resolutions was given. We will give short proofs of these facts in case $R = k[[X_1,\dots,X_n]] / (\text{monomials in } \{X_i\})$. Since localization and completion are flat, we can consider rings $R=k[X_1,\dots,X_n]/(\text{monomials in } \{X_i\})$. We call rings $k[[X_1,\dots,X_n]]/(\text{monomials in } \{X_i\})$ and rings $k[X_1,\dots,X_n]/(\text{monomials in } \{X_i\})$ <u>monomial rings</u>.

Remark - Avramov has pointed out that the general case studied in (8) can be achieved from our "generic" case by means of theorem 2 in (2).

Complex construction

Let $M_1,\dots,M_m$ be monomials in $k[X_1,\dots,X_n] = \tilde{R}$, and $R = \tilde{R}/(M_1,\dots,M_m)$. We will now construct an $\tilde{R}$-resolution E of R. As graded module $E = \Lambda\tilde{R}^m$. The basis elements of E are called $e_{i_1\dots i_k}$, $1 \leq i_1 < \dots < i_k \leq m$ or e_I, where $I = \{i_1,\dots,i_k\}$. If $I = \{i_1,\dots i_k\}$ we denote $I-\{i_j\} = I^j$ and $I-\{i_j,i_\ell\} = I^{j,\ell}$. The least common multiple of $M_{i_1},\dots,M_{i_k}$ will be denoted $[M_{i_1},\dots,M_{i_k}]$ or $[M_I]$. We now define the differential d on basis elements by $de_I = \sum_{j=1}^{k} (-1)^{j-1} \frac{[M_I]}{[M_{I^j}]} e_{I^j}$ if $I = \{i_1,\dots,i_k\}$ and then extend it linearly to all E.

Theorem 4 - (E,d) is an $\tilde{R}$-free resolution of R.

Proof - $d^2 = 0$: d^2e_I is a linear combination of terms $e_{I^{j,\ell}}$. Each term occurs twice with coefficients $(-1)^{\ell-1} \frac{[M_I]}{[M_{I^\ell}]} (-1)^{j-1} \frac{[M_{I^\ell}]}{[M_{I^{j,\ell}}]}$ resp.

$$(-1)^{j-1} \frac{[M_I]}{[M_{I^j}]} (-1)^{\ell-2} \frac{[M_{I^j}]}{[M_{I^{j,\ell}}]} .$$

Exactness : We define $\deg(x_1^{r_1}\dots x_n^{r_n})$ to be $(r_1,\dots,r_n)$ and $\deg(e_I)$ to be $\deg([M_I])$. Let $(r_1,\dots,r_n) \leq (s_1,\dots,s_n)$ if $r_i \leq s_i$ for all i. We will now define a k-linear map S, with $Sd + dS = \mathrm{Id}$, and thus prove the exactness. Let $Ne_I = F$, N a monomial. Let $I(F) = \{i \,;\, 1 \leq i \leq m$ and $\deg(M_i) \leq \deg(F)\}$, and let $i_0(F) = \min I(F)$. We get $i_1,\dots,i_k \in I(F)$, so $i_0(F) \leq i_1$.

Definition - $SF = \frac{N[M_I]}{[M_{\{i_0\}\cup I}]} e_{\{i_0\}\cup I}$ if $i_0 < i_1$.

$SF = 0$ otherwise.

Since $\deg(F) = \deg\left(\frac{N[M_I]}{[M_{I^j}]} e_{I^j}\right)$ (so d is homogenous in deg), we have $I(F) = I\left(\frac{N[M_I]}{[M_{I^j}]} e_{I^j}\right)$. If $SF = 0$, then $i_0(F) = i_1$, so $S\left(\frac{N[M_I]}{[M_{I^j}]} e_{I^j}\right) = 0$ except for $j = 1$, when $S\left(\frac{N[M_I]}{[M_{I^1}]} e_{I^1}\right) = F$. Thus, if $SF = 0$, then $SdF = F$.

Now let $SF = \frac{N(M_I)}{(M_{\{i_0\}\cup I})} e_{\{i_0\}\cup I}$. Then

$$dSF = \frac{N(M_I)(M_{\{i_0\}\cup I})}{(M_{\{i_0\}\cup I})(M_I)} e_I + \sum_{j=1}^{k} (-1)^j \frac{N(M_I)(M_{\{i_0\}\cup I})}{(M_{\{i_0\}\cup I})(M_{\{i_0\}\cup I^j})} e_{\{i_0\}\cup I^j}$$

$$= F + \sum_{j=1}^{k} (-1)^j \frac{N(M_I)}{(M_{\{i_0\}\cup I^j})} e_{\{i_0\}\cup I^j} \text{ and } SdF = S(\sum_{j=1}^{k} (-1)^{j-1} \frac{N(M_I)}{(M_{I^j})} e_{I^j})$$

$$= \sum_{j=1}^{k} (-1)^{j-1} S(\frac{N(M_I)}{(M_{I^j})} e_{I^j}) = \sum_{j=1}^{k} (-1)^{j-1} \frac{N(M_I)(M_{I^j})}{(M_{I^j})(M_{\{i_0\}\cup I^j})} e_{\{i_0\}\cup I^j}$$

$$= \sum_{j=1}^{k} (-1)^{j-1} \frac{N(M_I)}{(M_{\{i_0\}\cup I^j})} e_{\{i_0\}\cup I^j}, \text{ so } (dS + Sd)(F) = F \text{ also}$$

in this case.

Theorem - (E,d) becomes an associative, commutative, graded differential algebra if we define $e_I * e_J = \frac{(M_I)(M_J)}{(M_{I\cup J})} e_I \wedge e_J$.

Proof - Associativity : $e_I * (e_J * e_K) = \frac{(M_J)(M_K)}{(M_{J\cup K})} e_I * (e_J \wedge e_K) =$

$$\frac{(M_J)(M_K)(M_I)(M_{J\cup K})}{(M_{J\cup K})(M_{I\cup J\cup K})} e_I \wedge (e_J \wedge e_K) = \frac{(M_I)(M_J)(M_K)}{(M_{I\cup J\cup K})} e_I \wedge (e_J \wedge e_K).$$ In the

same way $(e_I * e_J) * e_K = \frac{(M_I)(M_J)(M_K)}{(M_{I\cup J\cup K})} (e_I \wedge e_J) \wedge e_K$, so the associativity follows from the associativity of the exterior product.

Commutativity : $e_I * e_J = \frac{(M_I)(M_J)}{(M_{I\cup J})} e_I \wedge e_J = (-1)^{|e_I||e_J|} \frac{(M_J)(M_I)}{(M_{J\cup I})} e_J \wedge e_I$ $= (-1)^{|e_I||e_J|} e_J * e_I$.

Differential graded : We must show that $d(e_I * e_J) = (de_I) * e_J + (-1)^{|e_I|} e_I * de_J$.

$$d(e_I * e_J) = \frac{(M_I)(M_J)}{(M_{I\cup J})} d(e_I \wedge e_J) = \sum_k \pm \frac{(M_I)(M_J)(M_{I\cup J})}{(M_{I\cup J})(M_{I^k\cup J})} e_{I^k} \wedge e_J +$$

$$\sum_k \pm \frac{(M_I)(M_J)(M_{I\cup J})}{(M_{I\cup J})(M_{I\cup J^k})} e_I \wedge e_{J^k} \text{ and } (de_I) * e_J + (-1)^{|e_I|} e_I * de_J =$$

$$\sum_k \pm \frac{(M_I)}{(M_{I^k})} e_{I^k} * e_J + \sum_k \pm \frac{(M_J)}{(M_{J^k})} e_I * e_{J^k} = \sum_k \pm \frac{(M_I)(M_{I^k})(M_J)}{(M_{I^k})(M_{I^k\cup J})} e_{I^k} \wedge e_J +$$

$\sum_k \pm \frac{(M_J)(M_I)(M_{J^k})}{(M_{J^k})(M_{I\cup J^k})} e_I \wedge e_{J^k}$, so we only have to show that the sign (± 1 or 0) for every term agrees on each side. But this is true for the ordinary Koszul complex ($M_1 = X_1, \ldots, M_n = X_n$), so it must be true here.

The case of interest for us is when E is minimal. We give some conditions for minimality.

<u>Proposition 1</u> - The following conditions are equivalent :

(1) E is minimal.

(2) For $I = \{1,\ldots,m\}$ and every $j \in I$, M_j does not divide (M_{I^j}).

(2)' For every I and every $i_j \in I$, M_{i_j} does not divide (M_{I^j}).

(3) For $I = \{1,\ldots,m\}$ and every $j \in I$, $(M_{I^j}) \neq (M_I)$.

(3)' For every I and every $i_j \in I$, $(M_{I^j}) \neq (M_I)$.

(4) After renumbering the variables and monomials, we have

$M_1 = X_1^{\alpha_{11}} X_2^{\alpha_{12}} \ldots X_n^{\alpha_{1n}}$

....

$M_m = X_1^{\alpha_{m1}} X_2^{\alpha_{m2}} \ldots X_n^{\alpha_{mn}}$, where $\alpha_{11} > \alpha_{i1}$ if $i \neq 1$, $\alpha_{22} > \alpha_{i2}$ if $i \neq 2$ and so on. (Specially $m \leq n$).

(5) $H_m(K^R) \neq 0$.

(6) $\dim_k H_i(K^R) = \binom{m}{i}$.

<u>Proof</u> - A criterion for minimality is that dE is contained in $(x_1,\ldots,x_n)E$. Looking at the definition of d, we see that this is just (3)'. The other conditions are just elementary reformulations of (3)'.

Remark - If $M_1,\ldots,M_m$ are monomials, then in $k[X_1,\ldots,X_n]/(M_1,\ldots,M_m)$ we always have $\dim_k H_i(K) \leqq \binom{m}{i}$. This is not true for general elements $M_1,\ldots,M_m$ not even if they are forms of degree 2. A counterexample is given by the ring $k[X_1,X_2,X_3]/(X_1^2,X_2X_3,X_1X_3+X_2^2)$, where $\dim_k H_2(K) = 4 > \binom{3}{2}$.

The next proposition, for which the proof is rather obvious and omitted, shows that theorem 3 B) applies for monomial rings with E minimal.

Proposition 2 - If R is a monomial ring for which E is minimal, then $H(E) = H(K^R)$ is an M-ring.

Corollary - For such rings $P_R(Z) = \mathrm{Hilb}_R^{K^R}(Z) \,/\, \mathrm{Hilb}_K^{H(K^R)}(-Z,Z)$ according to theorem 3 B).

It is perhaps more straightforward to make calculations on $H(E) = H(K^R)$ directly on the Koszul complex, and the next propositions shows that this is possible for rings with E minimal.

Proposition 3 - Suppose R is a ring for which E is minimal, and that variables and monomials are indexed as in (4) in proposition 1. Then we can choose representatives in K^R for a basis of $H(K^R)$ in the following way :

$$f_I = \frac{[M_I]}{x_{i_1}\cdots x_{i_k}}\, T_{i_1}\cdots T_{i_k}\,,$$ where the T's are the ordinary generators of the Koszul complex.

Proof - It is easily seen that the f_I's are cycles which are independent modulo $d(K^R)$. Since they are just as many as they should be, the proposition follows.

Example - If $R = k[X_1,X_2,X_3]/(X_1^2,X_2^2,X_1X_2X_3)$ we get $f_1 = \frac{x_1^2}{x_1}T_1 = x_1T_1$,

$$f_2 = \frac{x_2^2}{x_2}T_2 = x_2T_2,\quad f_3 = \frac{x_1x_2x_3}{x_3}T_3 = x_1x_2T_3,\quad f_{12} = \frac{x_1^2x_2^2}{x_1x_2}T_1T_2 = x_1x_2T_1T_2,$$

$$f_{13} = \frac{x_1^2x_2x_3}{x_1x_3}T_1T_3 = x_1x_2T_1T_3,\quad f_{23} = \frac{x_1x_2^2x_3}{x_2x_3}T_2T_3 = x_1x_2T_2T_3 \quad \text{and}$$

$$f_{123} = \frac{x_1^2x_2^2x_3}{x_1x_2x_3}T_1T_2T_3 = x_1x_2T_1T_2T_3.$$ Then we have $\overline{f}_1\overline{f}_2 = \overline{f}_{12}$, but $\overline{f}_I\overline{f}_J = 0$ otherwise.

Thus we have $H(K^R) = k(X_1, X_2, X_3, X_{13}, X_{23}, X_{123})/(X_I X_J$ all (I,J) except $I = \{1\}$ and $J = \{2\})$, so $Hilb_k^{H(K^R)}(X,Y) = 1+3XY+2XY^2+X^2Y^2+XY^3$, so $P_R(Z) = Hilb_R^{K^R}(Z)/Hilb_k^{H(K^R)}(-Z,Z) = (1+Z)^3/(1-3Z^2-2Z^3)$. More generally, if $R = k(X_1,\ldots,X_n)/(X_1^2,\ldots,X_{n-1}^2, X_1X_2 \ldots X_n)$, then $P_R(Z) = (1+Z)^n/((1-Z^2)^{n-1} - Z^2(1+Z)^{n-1}) = (1+Z)/((1-Z)^{n-1} - Z^2)$.
(This is the same example as in Shamash (7). The difference of the results is explained by a mistake that Shamash has made in calculating the dimension of $H_2(K)$).

Note 1 : Now suppose B). The theorem follows from corollary 3.3 in (1) and our corollary to theorem 2.

References

(1) L.L. AVRAMOV - Small homomorphisms of local rings - J. Alg. Vol. 50 n°2 (1978)

(2) J.A. EAGON and M. HOCHSTER - R-sequences and indeterminates - Quart. J. Math. vol. 25 (1974) p. 61-71

(3) R. FRÖBERG - Determination of a class of Poincaré series - Math. Scand. 37 (1975) p. 29-39

(4) D. GEMEDA - Multiplicative structure of finite free resolutions of ideals generated by monomials in an R-sequence, Dissertation - Brandeis University (1976)

(5) T.H. GULLIKSEN - On the Hilbert series of the homology of differential graded algebras - Preprint series Inst. of Math. Univ. of Oslo n°13 (1977)

(6) T.H. GULLIKSEN and G. LEVIN - Homology of local rings - Queens paper n°20 Queens University Kingston (1969)

(7) J. SHAMASH - The Poincaré series of a local ring II - J. Alg. 17 (1971) p. 1-18

(8) D. TAYLOR - Ideals generated by monomials in an R-sequence, Dissertation - University of Chicago (1966)

Ralf FRÖBERG
Matematiska Institutionen
Stockholms Universitet
Box 6701
S-113 85 STOCKHOLM

Relations between the Poincaré-Betti series
of loop spaces and of local rings

by

Jan-Erik ROOS

§0 - Introduction

A SERIES IN ALGEBRA. Let R be a local (commutative, noetherian) ring with maximal ideal $\underline{m}$ and residue field $k = R/\underline{m}$. Let

$$(1) \qquad P_R(Z) = \sum_{i\geq 0} |\mathrm{Tor}_i^R(k,k)Z^i \qquad (|.| = \dim_k .)$$

be the "Poincaré-Betti" series of R. It is unknown whether (1) represents a rational function for all R (cf [18], [14] and [29], p.IV-52), and a large amount of work has been spent on this question. Let us just recall here that G. Levin has recently proved (among other things) that for any local ring R there is an integer $k\geq 1$ such that for all $n\geq k$, the series $P_R(Z)$ and $P_{R/\underline{m}^n}(Z)$ can be expressed as rational functions of each other [22]. It is even possible to deduce from [22] the following explicit formula

$$(2) \qquad P_R(Z)^{-1} - P_{R/\underline{m}^n}(Z)^{-1} = (-1)^n Z^{-(n-2)} H_R(-Z)|_{\geq n} \qquad \text{for } n\geq k,$$

where $H_R(Z)$ denotes the Hilbert series of R :

$$H_R(Z) = \sum_{i\geq 0} |\underline{m}^i/\underline{m}^{i+1}|\; Z^i = \mathrm{Pol}(Z) \;\; / \;(1-Z)^{|\underline{m}/\underline{m}^2|}$$

(Pol(Z) denotes a polynomial in Z) and where $H_R(-Z)|_{\geq n}$ denotes that part of the series for $H_R(-Z)$, containing the powers of Z of degree $\geq n$.

In particular, <u>if</u> (1) is rational for all <u>artinian</u> local rings, then it
is rational for <u>all</u> local rings. If R is artinian with $\underline{m}^2 = 0$, then
it is well known (and easily proved) that $P_R(Z) = (1 - |\underline{m}|Z)^{-1}$. The first
open case is the question of the rationality of $P_R(Z)$ when R is artinian
and $\underline{m}^3 = 0$. This case seems to be difficult, but some suggestive reformu-
lations of it will be given in Theorems A and B and in §1 below.

A SERIES IN ALGEBRAIC TOPOLOGY. Let X be a finite, simply-connected
CW-complex, ΩX the loop space of X and

$$(3) \qquad H_{\Omega X, \underset{\sim}{Q}}(Z) = \underset{i \geqslant 0}{\Sigma} \; |H_i(\Omega X, \underset{\sim}{Q})| Z^i$$

the "Poincaré-Betti" series of ΩX (over $\underset{\sim}{Q}$). It is unknown whether
(3) represents a rational function for all X that are finite and
simply-connected (<u>cf. e.g.</u> [29], p. IV-52).

One of the aims of this paper is to show that the problems of the
rationality of the series (1) and (3) are intimately related. In
particular we will show :

<u>Theorem A - The following two assertions are equivalent</u> :

(i) <u>For all local rings</u> (R,<u>m</u>), <u>with</u> $\underline{m}^3 = 0$ <u>and</u> $R/\underline{m} = \underset{\sim}{Q}$, <u>the
series</u> (1) <u>represents a rational function.</u>

(ii) <u>For all finite, simply-connected</u> CW-<u>complexes</u> X <u>with</u>
dim X $\leqslant$ 4, <u>the series</u> (3) <u>represents a rational function.</u>

The theorem A will follow from the following much more precise
result :

<u>Theorem B - Let</u> X <u>be a finite, simply-connected</u> CW-<u>complex with</u>
dim X $\leqslant$ 4. <u>Then</u> $H^*(X,\underset{\sim}{Q})$ (the cohomology ring of X with coefficients
in $\underset{\sim}{Q}$) <u>is a local</u> commutative <u>ring</u> (R,<u>m</u>), <u>with maximal ideal</u> $\underline{m} = \overline{H}^*(X,\underset{\sim}{Q})$
(the cohomology in positive degrees), <u>residue field</u> $\underset{\sim}{Q} = R/\underline{m}$ <u>and</u> $\underline{m}^3 = 0$.

Furthermore, the series $P_R(Z)$ and $H_{\Omega X,\mathbb{Q}}(Z)$ are related by the following explicit formula :

$$H_{\Omega X,\mathbb{Q}}(Z)^{-1}-Z.P_R(Z)^{-1} = (1-Z)(1-|H^2(X,\mathbb{Q})|Z+|H^4(X,\mathbb{Q})|Z^2)$$

If $R^{even} = H^{even}(X,\mathbb{Q})$ is the rational cohomology ring in even degrees, and if R^{even}_{restr} is the subring of R^{even}, generated by H^0 and $H^2(X,\mathbb{Q})$, then we have the following explicit relations :

$$P_R(Z)^{-1} = P_{R^{even}}(Z)^{-1}-Z|H^3(X,\mathbb{Q})| = P_{R^{even}_{restr}}(Z)^{-1}-Z(|H^3(X,\mathbb{Q})| + |\frac{H^4(X,\mathbb{Q})}{H^2(X,\mathbb{Q}))^2}|).$$

Conversely , let $(R,\underline{m})$ be any local ring with $R/\underline{m} = \mathbb{Q}$, $\underline{m}^3 = 0$. Then there is a finite, simply-connected CW-complex X, $\dim X \leq 4$, such that $H^*(X,\mathbb{Q}) \xrightarrow{\sim} R$, and we may even choose X as the mapping cone of a map f between wedges of spheres

$$\bigvee_1^s S^3 \xrightarrow{\ f\ } \bigvee_1^n S^2$$

In this case, the rational homotopy type of X is uniquely determined by R.

The proof of Theorem B (and Theorem A) consists of three parts :

In § 1 we analyze in detail the Yoneda Ext-algebra of any local ring $(R,\underline{m})$ such that $\underline{m}^3 = 0$ (arbitrary residue field $k = R/\underline{m}$), and we use this to give some explicit formulae for the series $P_R(Z)$ and its generalizations.

In § 2 we give some explicit formulae for the series $H_{\Omega X,\mathbb{Q}}(Z)$ and its two-variable generalizations, when X is a CW-complex as above. Here we both use the results of the thesis of Lemaire (20) about the homology of the loop space of the mapping cone of a map between suspensions, and recent results of Halperin-Stasheff (15) about the degeneracy of the Eilenberg-Moore spectral sequence

$$E_2^{**} = \mathrm{Ext}^{*}_{H^*(X,\mathbb{Q})}(\mathbb{Q},\mathbb{Q})^{*} \Longrightarrow H_*(\Omega X,\mathbb{Q})$$

when X is a finite, simply-connected CW-complex, whose dimension is ≤ 4.

In § 3 we compare the results of § 1 and § 2 and obtain Theorem B as well as natural generalizations of it to power series of several variables. Using examples of Lemaire of finite, simply-connected CW-complexes X, such that the homology algebra $H_*(\Omega X,\mathbb{Q})$ is not finitely generated as an algebra, we obtain in § 4 examples of local rings $(R,\underline{m})$ with $\underline{m}^3 = 0$, such that $\mathrm{Ext}_R^*(k,k)$ (the Yoneda Ext-algebra) is not finitely generated as an algebra, thereby answering in the negative a question of G. Levin [21]. The rest of § 4 is devoted to miscellaneous results, open problems etc.

In conclusion, I would like to thank Luchezar Avramov, Jörgen Backelin, Ralf Fröberg, Tor Gulliksen, Bo Landgren, Christer Lech, Gerson Levin, Clas Löfwall and Gunnar Sjödin for stimulating discussions concerning these problems.

§1 - On the Yoneda Ext-Algebra of a local ring.

Let $(R,\underline{m})$ be a local ring with residue field $k = R/\underline{m}$. Instead of studying the sums

$$P_R(Z) = \sum_{i\geq 0} |\mathrm{Tor}_i^R(k,k)|\, Z^i$$

formed by means of the dimensions $|\mathrm{Tor}_i^R(k,k)|$ of the vector spaces $\mathrm{Tor}_i^R(k,k)$, it is more profitable to start with a study of the dual vector spaces $\mathrm{Ext}_R^i(k,k)$ and the graded algebra that the $\mathrm{Ext}_R^i(k,k)$: s define (for $i\geq 0$) by means of the Yoneda product.

We therefore start by recalling some results about the Yoneda product over any ring :

Let L, M, and N be left modules over any ring R (with unit) and consider the bilinear composition product :

$$\mathrm{Hom}_R(M,N) \otimes \mathrm{Hom}_R(L,M) \longrightarrow \mathrm{Hom}_R(L,N)$$

defined by $g \otimes f \longmapsto gof$ [here $(gof)(\ell) = g(f(\ell))$]. It is well known that there exists one and only one functorial associative extension of this product to the Ext that is compatible with the connecting homomorphisms for short exact sequences (cf. e.g. [17], p. 493, [26], chap. 3, [14] and [30]). In this manner we obtain a composition (the Yoneda product)

$$(4) \qquad \mathrm{Ext}_R^n(M,N) \otimes \mathrm{Ext}_R^m(L,M) \longrightarrow \mathrm{Ext}_R^{n+m}(L,N)$$

which is associative in the obvious sense.

Let us return now to the case when R is a local commutative noetherian ring $(R,\underline{m})$ with residue field $k = R/\underline{m}$ and let us put $M = N = k$ in (4). Then $\mathrm{Ext}_R^n(k,k)$ and $\mathrm{Ext}_R^m(L,k)$ are k-vector spaces in a natural way and (4) is bilinear. Chosing in particular $L = k$ too, we obtain a k-bilinear map

$$(5) \qquad \mathrm{Ext}_R^n(k,k) \otimes \mathrm{Ext}_R^m(k,k) \longrightarrow \mathrm{Ext}_R^{n+m}(k,k)$$

and $\mathrm{Ext}_R^*(k,k) = \coprod_{i \geq 0} \mathrm{Ext}_R^i(k,k)$ becomes in this manner a graded connected, associative k-algebra and from (4) we obtain (take $M = N = k$) that $\mathrm{Ext}_R^*(L,k)$ is a graded left $\mathrm{Ext}_R^*(k,k)$-module. For more details concerning graded algebras and modules we refer the reader to [5], [6], [14], [20] and [26].

We are interested in determining explicitly the image and the kernel of the map (the Yoneda product)

$$\mathrm{Ext}_R^n(k,k) \otimes_k \mathrm{Ext}_R^1(L,k) \longrightarrow \mathrm{Ext}_R^{n+1}(L,k)$$

at least for the case when $L \neq 0$ is a cyclic R-module, i.e. $L = R/\mathfrak{a}$, where $\mathfrak{a}$ is an ideal of R, contained in $\underline{m}$.

<u>Theorem 1</u> - <u>For each</u> $n \geq 1$, <u>there is a natural map</u>

$$\mathrm{Ext}_R^n(R/\underline{m}\,\mathfrak{a}, k) \xrightarrow{\Delta^n} \mathrm{Ext}_R^n(k,k) \otimes_k \mathrm{Ext}_R^1(R/\mathfrak{a}, k)$$

such that the following sequence is an exact sequence :

$$0 \to \mathrm{Ext}^1_R(R/\underline{m}\,\mathfrak{a},k) \xrightarrow{\Delta^1} \mathrm{Ext}^1_R(k,k) \otimes \mathrm{Ext}^1_R(R/\mathfrak{a},k) \xrightarrow{\mathrm{Yon}} \mathrm{Ext}^2_R(R/\mathfrak{a},k) \text{---}$$

$$(6) \quad \xrightarrow{\varphi^2} \mathrm{Ext}^2_R(R/\underline{m}\,\mathfrak{a},k) \to \dots \xrightarrow{\Delta^n} \mathrm{Ext}^n_R(k,k) \otimes \mathrm{Ext}^1_R(R/\mathfrak{a},k) \xrightarrow{\mathrm{Yon}}$$

$$\longrightarrow \mathrm{Ext}^{n+1}_R(R/\mathfrak{a},k) \xrightarrow{\varphi^{n+1}} \mathrm{Ext}^{n+1}_R(R/\underline{m}\,\mathfrak{a},k) \longrightarrow \dots$$

where Yon is the Yoneda product and where φ^{n+1} is the natural map of the Ext, induced by $R/\underline{m}\,\mathfrak{a} \longrightarrow R/\mathfrak{a}$.

Proof : It follows from the compatibility of the Yoneda product with the connecting homomorphisms that the upper part of the following diagram is commutative $(n \geq 1)$

$$(7) \quad \begin{array}{ccc}
\mathrm{Ext}^n_R(k,k) \otimes_k \mathrm{Ext}^1_R(R/\mathfrak{a},k) & \xrightarrow{\mathrm{Yon}} & \mathrm{Ext}^{n+1}_R(R/\mathfrak{a},k) \\
\cong \uparrow \mathrm{Id}\otimes\delta_o & & \cong \uparrow \delta_n \\
\mathrm{Ext}^n_R(k,k) \otimes_k \mathrm{Hom}_R(\mathfrak{a},k) & \xrightarrow{\mathrm{Yon}} & \mathrm{Ext}^n_R(\mathfrak{a},k) \\
\cong \uparrow & & \uparrow \\
\mathrm{Ext}^n_R(k,k) \otimes_k \mathrm{Hom}_R(\mathfrak{a}/\underline{m}\,\mathfrak{a},k) & \underset{\cong}{\xrightarrow{\mathrm{Yon}}} & \mathrm{Ext}^n_R(\mathfrak{a}/\underline{m}\,\mathfrak{a},k)
\end{array}$$

where the δ_i are the connecting homomorphisms associated to the exact sequence :

$$(8) \quad 0 \longrightarrow \mathfrak{a} \longrightarrow R \longrightarrow R/\mathfrak{a} \longrightarrow 0$$

The lower part of (7) is also commutative (follows from the functorial character of the Yoneda product). That the four morphisms in (7) with the sign $\cong$ are isomorphisms is evident. Thus from (7) we get an isomorphism

$$\Phi^n : \mathrm{Ext}^n_R(\mathfrak{a}/\underline{m}\,\mathfrak{a},k) \longrightarrow \mathrm{Ext}^n_R(k,k) \otimes_k \mathrm{Ext}^1_R(R/\mathfrak{a},k)$$

such that the following diagram

$$
(9)\qquad
\begin{array}{ccc}
\mathrm{Ext}^n_R(k,k)\otimes_k \mathrm{Ext}^1_R(R/\mathfrak{a},k) & \xrightarrow{\text{Yon}} & \mathrm{Ext}^{n+1}_R(R/\mathfrak{a},k) \\
\simeq \uparrow \phi^n & & \simeq \uparrow \delta^n \\
\mathrm{Ext}^n_R(\mathfrak{a}/\underline{m}\,\mathfrak{a},k) & \longrightarrow & \mathrm{Ext}^n_R(\mathfrak{a},k)
\end{array}
$$

is commutative. Consider now the short exact sequence :

$$0 \longrightarrow \underline{m}\,\mathfrak{a} \longrightarrow \mathfrak{a} \longrightarrow \mathfrak{a}/\underline{m}\,\mathfrak{a} \longrightarrow 0$$

It gives rise to a long exact sequence :

$$(10)\ \ldots \longrightarrow \mathrm{Ext}^n_R(\mathfrak{a}/\underline{m}\,\mathfrak{a},k) \longrightarrow \mathrm{Ext}^n_R(\mathfrak{a},k) \longrightarrow \mathrm{Ext}^n_R(\underline{m}\,\mathfrak{a},k) \longrightarrow \ldots$$

This sequence (10) can now be transformed into the exact sequence (6) : First, we clearly have a commutative diagram :

$$
(11)\qquad
\begin{array}{ccc}
\mathrm{Ext}^{n+1}_R(R/\mathfrak{a},k) & \xrightarrow{\varphi^{n+1}} & \mathrm{Ext}^{n+1}_R(R/\underline{m}\,\mathfrak{a},k) \\
\simeq \uparrow \delta_n & & \simeq \uparrow \delta'_n \\
\mathrm{Ext}^n_R(\mathfrak{a},k) & \longrightarrow & \mathrm{Ext}^n_R(\underline{m}\,\mathfrak{a},k)
\end{array}
$$

where δ'_n is the connecting homomorphism associated to the exact sequence (8) with $\mathfrak{a}$ replaced by $\underline{m}\,\mathfrak{a}$. Now define

$$\Delta^n : \mathrm{Ext}^n_R(R/\underline{m}\,\mathfrak{a},k) \longrightarrow \mathrm{Ext}^n_R(k,k) \otimes_k \mathrm{Ext}^1_R(R/\mathfrak{a},k)$$

as the map $(\delta'_{n-1})^{-1}$ followed by the natural map

$$\mathrm{Ext}^{n-1}_R(\underline{m}\,\mathfrak{a},k) \longrightarrow \mathrm{Ext}^n_R(\mathfrak{a}/\underline{m}\,\mathfrak{a},k)$$

and then followed by ϕ^n. Now the commutative diagrams (9), (11) and the exact sequence (10) show that (6) is an exact sequence, and Theorem 1 is proved.

Corollary 1 - *For any local ring* $(R,\underline{m})$, *the image of the Yoneda product* $\mathrm{Ext}^{n-1}_R(k,k) \otimes_k \mathrm{Ext}^1_R(k,k) \longrightarrow \mathrm{Ext}^n_R(k,k)$ *is equal to the kernel of the natural map* $\mathrm{Ext}^n_R(k,k) \longrightarrow \mathrm{Ext}^n_R(R/\underline{m}^2,k)$ (for all n).

Proof - Take $\mathfrak{a} = \underline{m}$ in Theorem 1, and the Corollary follows.

In particular, if

(12) $$\mathrm{Ext}^n_R(k,k) \longrightarrow \mathrm{Ext}^n_R(R/\underline{m}^2,k)$$

is zero for all $n \geq 2$ (it is automatically zero for $n = 1$), it follows that the Yoneda Ext-algebra $\mathrm{Ext}^*_R(k,k)$ is generated as an algebra over k by its elements of degree 1. The converse is also true.
The dual of the map (12) is the natural map

(13) $$\mathrm{Tor}^R_n(R/\underline{m}^2,k) \longrightarrow \mathrm{Tor}^R_n(k,k)$$

and of course (13) is zero if and only if (12) is so. Let now Y be a minimal free R-algebra resolution of the R-module k(14). The map (13) can be identified with

$$H_n(Y/\underline{m}^2Y) \longrightarrow H_n(Y/\underline{m}Y) = Y_n/\underline{m}Y_n .$$

This gives :

Corollary 2 - Let $(R,\underline{m})$ be any local ring. The following conditions are equivalent :

(i) The Yoneda Ext-algebra $\mathrm{Ext}^*_R(k,k)$ is generated as an algebra by $\mathrm{Ext}^1_R(k,k)$.

(ii) If Y is a minimal free R-algebra resolution of the R-module k, then Y satisfies the following condition :

$$(S) \quad dy \in \underline{m}^2Y \Longrightarrow y \in \underline{m}Y \quad (y \text{ of positive degree}).$$

Remark 1 - To prove that (S) is satisfied for Y, it is sufficient to find inside Y a differential graded algebra extension $\tilde{K}$ of the Koszul algebra K of R such that Y is free over $\tilde{K}$ and

$$\underline{m}^2\tilde{K}_i \cap Z_i(\tilde{K}) \subset \underline{m}B_i(\tilde{K})$$

(the case $\tilde{K} = K$ is not excluded, and in the applications $\tilde{K}$ will be obtained by adjoining variables to K to kill cycles etc. à la Tate (35)). The proof of this assertion will not be given here.

Remark 2 - Of course there are generalizations of the Corollaries 1 and 2 and the Remark 1 to the case of general $\mathfrak{a}$: s.

Remark 3 - Note that the map (12) is in particular zero (for $n \geq 1$) if $\underline{m}^2 = 0$, and in this particular case it follows from Theorem 1 that the natural map $\mathrm{Ext}_R^{n-1}(k,k) \otimes_k \mathrm{Ext}_R^1(k,k) \longrightarrow \mathrm{Ext}_R^n(k,k)$ is an isomorphism for $n \geq 1$, so that in this particular case $\mathrm{Ext}_R^*(k,k)$ is the free non-commutative k-algebra generated by $\mathrm{Ext}_R^1(k,k)$. It follows in particular that gldim $\mathrm{Ext}_R^*(k,k) = 1$ if $\underline{m}^2 = 0$. Here gldim means left (or right) global homological dimension. For more details concerning this dimension we refer the reader to e.g. (20), Appendice. More precisely :

Corollary 3 - Let $(R,\underline{m})$ be any local ring with $\underline{m} \neq 0$. The following conditions are equivalent :

(i) $\underline{m}^2 = 0$,

(ii) gldim $\mathrm{Ext}_R^*(k,k) = 1$,

(iii) $\mathrm{Ext}_R^*(k,k)$ is the free (tensor) algebra over k, generated by $\mathrm{Ext}_R^1(k,k)$.

Proof - We have just noted that (i) $\Rightarrow$ (iii) and that (iii) $\Longrightarrow$ (ii). Suppose now that (ii) is verified. Then the left ideal of $\mathrm{Ext}_R^*(k,k)$ generated by $\mathrm{Ext}_R^1(k,k)$ is projective, thus free (cf. e.g. (20), Appendice A.1.2), so that in particular the map

$$\mathrm{Ext}_R^1(k,k) \otimes_k \mathrm{Ext}_R^1(k,k) \longrightarrow \mathrm{Ext}_R^2(k,k) \tag{14}$$

is a monomorphism. But it follows from Theorem 1 that the kernel of (14) is $\mathrm{Ext}_R^1(R/\underline{m}^2,k) = \mathrm{Hom}_k(\underline{m}^2/\underline{m}^3,k)$. Thus $\underline{m}^2 = \underline{m}^3$ and Nakayama's lemma now gives that $\underline{m}^2 = 0$.

Notation 1 - If $M = \coprod_{i \geq 0} M_i$ is a graded left B-module (B any graded ring), we will denote by $\overline{M}$ the graded B-submodule $\coprod_{i>0} M_i$ of M (the "augmentation part" of M).

Notation 2 - By $Ext_R^*(k,k) \otimes_k Ext_R^1(R/\mathfrak{a},k)$ we will denote the graded left $Ext_R^*(k,k)$-module, whose component in degree n is $Ext_R^{n-1}(k,k) \otimes_k Ext_R^1(R/\mathfrak{a},k)$. This is the free left $Ext_R^*(k,k)$-module, generated by $Ext_R^1(R/\mathfrak{a},k)$, concentrated in degree 1.

Here is a more general version of Corollary 3 :

Corollary 4 - Let $(R,\underline{m})$ be any local ring and $\mathfrak{a} \subset \underline{m}$ an ideal. The following conditions are equivalent :

(i) The left $Ext_R^*(k,k)$-module $\overline{Ext_R^*}(R/\mathfrak{a},k)$ is free.

(ii) $\underline{m}.\mathfrak{a} = 0$.

(iii) The natural map (Yoneda multiplication) :

$$Ext_R^*(k,k) \otimes_k Ext_R^1(R/\mathfrak{a},k) \longrightarrow \overline{Ext_R^*}(R/\mathfrak{a},k)$$

is an isomorphism.

Proof - The proof is similar to the proof of Corollary 3.

Remark 4 - Over any connected graded algebra, free, flat and projective graded modules coincide (cf.e.g. [20], A.1.2).

Remark 5 - Here are two examples where $\underline{m}.\mathfrak{a} = 0$:

1) $\mathfrak{a} = soc(R)$ (the socle of R).

2) $\mathfrak{a} = \underline{m}^{\nu}$, and $\underline{m}^{\nu+1} = 0$ in R.

Notation 3 - If M is a graded vector space, we will denote by $s^{-1}M$ the "cosuspension" of M, i.e. $(s^{-1}M)^n = M^{n-1}$. In case M is a graded left B-module (where B is a graded k-algebra) then $s^{-1}M$ is so too.

Notation 4 - If $\mathfrak{a} \subseteq \underline{m}$ is an ideal in the local ring $(R,\underline{m})$, and $B = \mathrm{Ext}_R^*(k,k)$, we will denote by $S_{\mathfrak{a}}$ the graded left B-module

$$k \amalg \coprod_{n\geq 2} \frac{\mathrm{Ext}_R^n(R/\mathfrak{a}\, , k)}{\mathrm{Ext}_R^{n-1}(k,k).\mathrm{Ext}_R^1(R/\mathfrak{a}\, , k)}$$

It is now quite evident that the exact sequence (6) of Theorem 1 is compatible with the Yoneda multiplication with $\mathrm{Ext}_R^*(k,k)$ on the left. Thus we obtain a new stronger version of Theorem 1 which we can formulate as follows :

Theorem 1' - *Let $(R,\underline{m})$ be any local ring, $B = \mathrm{Ext}_R^*(k,k)$ and $\mathfrak{a} \subseteq \underline{m}$ an ideal in R. Then we have the following exact sequence of graded left B-modules :*

$$(15)\quad 0 \to s^{-1}\overline{S}_{\mathfrak{a}} \to s^{-1}\,\overrightarrow{\mathrm{Ext}}_R^*(R/\underline{m}\mathfrak{a},k) \to B\otimes_k \mathrm{Ext}_R^1(R/\mathfrak{a}\, ,k) \to \mathrm{Ext}_R^*(R/\mathfrak{a},k) \to S_{\mathfrak{a}} \to 0.$$

Remark 6 - Of course there are variants of the exact sequence (15), where we take the $\overline{}$ of both modules to the right etc.

From now on we will assume that $\underline{m}^3 = 0$ in R (although some results given below can be generalized). Then it follows from Corollary 4 above that the natural map (Yoneda product)

$$(16)\qquad \mathrm{Ext}_R^*(k,k) \otimes_k \mathrm{Ext}_R^1(R/\underline{m}^2, k) \longrightarrow \overline{\mathrm{Ext}}_R^*(R/\underline{m}^2,k).$$

is an isomorphism of left B-modules.

Let us now put $\mathfrak{a} = \underline{m}$ in Theorem 1'. Using the isomorphism (16) this gives the exact sequence of left B-modules

$$(17)\quad 0 \to s^{-1}\overline{S}_{\underline{m}} \to s^{-1}(B\otimes_k \mathrm{Ext}_R^1(R/\underline{m}^2, k)) \to B\otimes_k \mathrm{Ext}_R^1(k,k) \to B \to S_{\underline{m}} \to 0.$$

Clearly we also have an exact sequence of left B-modules

$$(18)\qquad 0 \longrightarrow \overline{S}_{m} \longrightarrow S_{\underline{m}} \longrightarrow k \longrightarrow 0$$

where k has the "trivial" graded B-module structure.

We start with some superficial observations about (17) and (18).

Definition 1 - A graded vector space over $k : V = \coprod_{i\geq 0} V^i$ is said to be locally finite dimensional if $|V^i| < \infty$ for all i. Here $|V^i| = \dim_k V^i$. In this case the Hilbert series of V is the following series :

$$H_V(Z) = \sum_{i\geq 0} |V^i| Z^i$$

Lemma 1 - Let M, N, M_j be graded k-vector spaces that are locally finite dimensional. Then :

a) If $0 \to M_1 \to M_2 \to \dots \to M_t \to 0$ is an exact sequence of graded k-vector spaces, then

$$\sum_{j=1}^{t} (-1)^j H_{M_j}(Z) = 0.$$

b) $H_{s^{-1}M}(Z) = ZH_M(Z)$.

c) $H_{M\otimes_k N}(Z) = H_M(Z).H_N(Z)$ if $M \otimes_k N$ is the graded tensor product of M and N.

Proof : Obvious.

Let now $P_R(Z) = H_B(Z) = \sum_{i\geq 0} |\mathrm{Ext}^i_R(k,k)| Z^i = \sum_{i\geq 0} |\mathrm{Tor}^R_i(k,k)| Z^i$

be the Poincaré series of the local ring $(R,\underline{m})$. Using Lemma 1 on (17), considered as an exact sequence of graded vector spaces, we obtain the formula

$$-ZH_{S_{\underline{m}}}(Z) + ZP_R(Z) . |\underline{m}^2/\underline{m}^3| Z - P_R(Z). |\underline{m}/\underline{m}^2| Z + P_R(Z) - H_{S_{\underline{m}}}(Z) = 0,$$

which in view of (18) can be written

(19) $$P_R(Z).H_R(-Z) = 1 + (1 + Z).H_{S_{\underline{m}}}(Z)$$

where $H_R(Z) = \sum_{i\geq 0} |\underline{m}^i / \underline{m}^{i+1}| Z^i$ is the Hilbert series of $(R,\underline{m})$ (in our special case it is a polynomial of degree ≤ 2).

We now wish to go further, and for this we observe that if $(R,\underline{m})$ is any local (commutative noetherian) ring and if A is the graded subalgebra of $B = \mathrm{Ext}_R^*(k,k)$, generated by $\mathrm{Ext}_R^1(k,k)$, then $S_{\underline{m}} = B \otimes_A k$. Furthermore, it is well-known that the algebra B is even a Hopf algebra [1], and clearly A is a sub Hopf algebra of B. It now follows from the "right" instead of left version of Proposition 4.3 in [27], that $S_{\underline{m}}$ is a coalgebra, and from the right instead of left version of Theorem 4.4, loc. cit. we now obtain that there is a graded vector space isomorphism

$$B \longrightarrow S_{\underline{m}} \otimes_k A \tag{20}$$

that is simultaneously an isomorphism of left $S_{\underline{m}}$-comodules and right A-modules. In particular :

Theorem 2 - Let $(R,\underline{m})$ be any local (commutative, noetherian) ring, $B = \mathrm{Ext}_R^*(k,k)$ and A the subalgebra of B, generated by $\mathrm{Ext}_R^1(k,k)$. Then B is free as a left and right A-module and we have the following relations between the Hilbert series $H_B(Z) = P_R(Z)$ and $H_A(Z)$:

$$P_R(Z) = H_A(Z) \, . \, H_{S_{\underline{m}}}(Z). \tag{21}$$

Proof - Use (20), its right-left variant and Lemma 1.

Remark 7 - Using the preceding theory it is not difficult to prove that for any local ring $(R,\underline{m})$, the coalgebra kernel of the natural map of coalgebras

$$\mathrm{Ext}_R^*(k,k) \longrightarrow \mathrm{Ext}_R^*(R/\underline{m}^2,k)$$

is exactly the (underlying coalgebra of the) sub Hopf algebra A of $\mathrm{Ext}_R^*(k,k)$, generated by $\mathrm{Ext}_R^1(k,k)$. However we will not use this result in what follows.

If we eliminate $H_{\overline{S}_{\underline{m}}}(Z)$ from the formulas (21) and (19) (note that in view of (18) $H_{S_{\underline{m}}} = 1 + H_{\overline{S}_{\underline{m}}}$), we obtain the first part of the following Theorem :

<u>Theorem</u> 3 - <u>Let</u> $(R,\underline{m})$ <u>be any local ring with</u> $\underline{m}^3 = 0$, A <u>the subalgebra of</u> $B = \mathrm{Ext}_R^*(k,k)$ <u>generated by</u> $\mathrm{Ext}_R^1(k,k)$ <u>and</u> $H_A(Z)$, $P_R(Z) = H_B(Z)$, $H_R(Z)$ <u>the Hilbert series of</u> A, B <u>and</u> R <u>respectively</u>. <u>Then we have the following formula</u>

$$P_R(Z)^{-1} = (1 + Z^{-1}).H_A(Z)^{-1} - Z^{-1}.\ H_R(-Z) \tag{22}$$

<u>Furthermore</u> A = B, <u>i.e.</u> $\mathrm{Ext}_R^*(k,k)$ <u>is generated by its elements of degree</u> 1 <u>if and only if</u>

$$P_R(Z).H_R(-Z) = 1 \quad \text{("the Fröberg formula")}.$$

<u>Proof</u> - It remains to prove the last part of Theorem 3. But this follows from (19).

<u>Remark</u> 8 - The formula (22) was first proved by Clas Löfwall [24] for equicharacteristic local rings $(R,\underline{m})$ with $\underline{m}^3 = 0$, using explicit resolutions, and it was later extended by Levin and Löfwall [25, theorem 2.3] to any local ring $(R,\underline{m})$ for which $\underline{m}^3 = 0$: Levin proved that $P_{gr(R)}(Z) = P_R(Z)$ and Löfwall proved that the subalgebras generated by $\mathrm{Ext}^1_{gr(R)}(k,k)$ resp. $\mathrm{Ext}_R^1(k,k)$ in $\mathrm{Ext}^*_{gr(R)}(k,k)$ resp. $\mathrm{Ext}_R^*(k,k)$ are isomorphic (here gr(R) denotes the graded associated ring of R). This shows that (22) in the general case follows from the equicharacteristic (i.e. graded) case. It is still unknown however whether the <u>algebras</u> $\mathrm{Ext}_R^*(k,k)$ and $\mathrm{Ext}^*_{gr(R)}(k,k)$ are isomorphic for all local rings $(R,\underline{m})$ with $\underline{m}^3 = 0$, and we believe that they are indeed <u>not</u> isomorphic in general.

In view of the formula (22) it is an interesting problem to characterize those A that can occur in Theorem 3. In order to solve this problem and others, we now turn to a more careful study of the exact sequences of left B-modules (17) and (18). We will use the same conventions about graded modules and algebras, Tor and Ext of graded modules over graded algebras etc. as in [6], exposé 15. In particular, if B is an upper graded, connected k-algebra, then $\mathrm{Tor}_1^B(k,k) = \overline{B}/(\overline{B})^2$ is upper graded, and, more generally, if M is a positively graded left B-module, then the $\mathrm{Tor}_i^B(k,M)$ are upper graded :

$$\mathrm{Tor}_i^B(k,M) = \coprod_{j\geq 0} \mathrm{Tor}_i^B(k,M)^j$$

and the $\mathrm{Ext}_B^i(M,k)$ are graded too :

$$\mathrm{Ext}_B^i(M,k) = \coprod_{j\geq 0} \mathrm{Ext}_B^i(M,k)_j = \coprod_{j\geq 0} \mathrm{Ext}_B^i(M,k)^{-j}.$$

It is very easy to see that in (17) the three free left B-modules form the beginning of a minimal free resolution of the left B-module $S_{\underline{m}} = B \otimes_A k$ (just break the sequence (17) into short exact sequences and apply the functor $k \otimes_B .$). It follows now from (17) that

$$\mathrm{Tor}_i^B(k,B\otimes_A k) = \mathrm{Tor}_i^B(k,S_{\underline{m}}) = \begin{cases} k\ , & \text{concentrated in degree 0, if } i=0 \\ \mathrm{Ext}_R^1(k,k), & \text{" in degree 1, if } i=1 \\ \mathrm{Ext}_R^1(R/\underline{m}^2,k), & \text{" in degree 2, if } i=2 \end{cases}$$

and that

$$\mathrm{Tor}_i^B(k,B\otimes_A k) \xrightarrow{\sim} \mathrm{Tor}_{i-3}^B(k,s^{-1}\overline{S}_{\underline{m}}),\ \text{if}\ \ i\geq 3.$$

Now use that B is A-free as a right A-module (Theorem 2). This gives that

$$\mathrm{Tor}_i^B(k,B\otimes_A k) \simeq \mathrm{Tor}_i^A(k,k)$$

for all i : s. Summing up, we have proved the following Theorem :

Theorem 4 - *Under the hypotheses of Theorem* 3 *we have that*

$$\mathrm{Tor}_i^A(k,k)^j = 0 \quad \underline{\text{for}} \quad i \neq j,\ \ i \leq 2,$$

$$\mathrm{Tor}_i^A(k,k)^i = \mathrm{Hom}_k(\underline{m}^i/\underline{m}^{i+1},k) \quad \underline{\text{for}} \quad i \leq 2,$$

$$\mathrm{Tor}_i^A(k,k) = \mathrm{Tor}_{i-3}^B(k,s^{-1}\overline{S}_{\underline{m}}) \quad \underline{\text{for}} \quad i \geq 3.$$

Corollary 1 - The graded algebra A is equal to the tensor algebra $T(V)$ of the vector space $V = \mathrm{Hom}_k(\underline{m}/\underline{m}^2,k)$, concentrated in degree 1, divided by the two-sided ideal, generated by the image of the map

(23) $$\mathrm{Hom}_k(\underline{m}^2/\underline{m}^3,k) \longrightarrow \mathrm{Hom}_k(\underline{m}/\underline{m}^2,k) \otimes_k \mathrm{Hom}_k(\underline{m}/\underline{m}^2,k)$$

which is dual to the multiplication map

$$\underline{m}/\underline{m}^2 \otimes_k \underline{m}/\underline{m}^2 \longrightarrow \underline{m}^2/\underline{m}^3 .$$

Proof - We know from e.g. [20], chapitre 1, that if A is a graded algebra, then any basis for $\mathrm{Tor}_1^A(k,k)^*$ is in a one-one correspondence with a minimal set of generators of A. It also follows from loc. cit. that if we write A as a quotient of the tensor algebra T on $\mathrm{Tor}_1^A(k,k)^*$, then a minimal set of generators for the two-sided ideal $\mathfrak{a}$ that is the kernel of the map $T \to A$ is in a one-one correspondence with a basis for the graded vector space $\mathrm{Tor}_2^A(k,k)^*$. Since only $\mathrm{Tor}_2^A(k,k)^2$ is different from zero and since Theorem 1 shows in particular that

$$0 \longrightarrow \mathrm{Ext}^1_R(R/\underline{m}^2,k) \xrightarrow{\Delta^1} \mathrm{Ext}^1_R(k,k) \otimes_k \mathrm{Ext}^1_R(k,k) \xrightarrow{\mathrm{Yon}} \mathrm{Ext}^2_R(k,k)$$

is exact, the result follows, if we note that Δ^1 is exactly the map (23) (follows from the proof of Theorem 1).

Remark 9 - It is easy to see that we can write A as $k\langle T_1,\ldots,T_n\rangle/\mathfrak{a}$, where $|\underline{m}/\underline{m}^2| = n$, $k\langle T_1,\ldots,T_n\rangle$ is the free associative algebra on n variables of degree 1, and $\mathfrak{a}$ is generated as a two-sided ideal by k-linear combinations of graded commutators $[T_i,T_k] = T_iT_k + T_kT_i$ if $i<k$ and $[T_i,T_i] = T_i^2$ (cf. [25, p.11] for an explicit recipe on how to go from gr(R) to A).

It is easy to prove, conversely, that all A:s of the form indicated above occur for local rings $(R,\underline{m})$ with $\underline{m}^3 = 0$. Indeed, if A is of the form indicated, it follows that for the natural Hopf algebra structure on $k\langle T_1,\ldots,T_n\rangle$, $(\Delta T_i = T_i \otimes 1 + 1 \otimes T_i)$ the ideal $\mathfrak{a}$ is a Hopf ideal [27], so that $A = k\langle T_1,\ldots,T_n\rangle/\mathfrak{a}$ becomes a Hopf algebra. Now it is well-known (cf.e.g. [6, Théorème 1, p. 15-13]) that the bigraded cohomology algebra $\mathrm{Ext}_A^i(k,k)_j$ of a Hopf algebra A is commutative in the bigraded sense (cf.loc.cit.). In particular, the subalgebra S, generated by $\mathrm{Ext}_A^1(k,k)_1$ is commutative in the ordinary sense, and clearly $S/(\overline{S})^3$ is a commutative graded local ring R, with $\underline{m}^3 = 0$. It now follows from the biduality in (25, Corollary 1.2), that the A associated to this R is exactly the A we started with. Thus we have in particular the following.

Theorem 5 - The following assertions are equivalent :

a) For all local rings $(R,\underline{m})$, with $\underline{m}^3 = 0$, $P_R(Z) = \sum_{i\geq 0} |\mathrm{Tor}_i^R(k,k)| Z^i$ is a rational function.

b) For any graded algebra $A = k\langle T_1,\ldots,T_n\rangle/\mathfrak{a}$, where $k\langle T_1,\ldots,T_n\rangle$ is the free associative algebra in n variables of degree 1, and where $\mathfrak{a}$ is any two-sided ideal generated by a finite number of k-linear combinations of the $[T_i,T_k] = T_iT_k + T_kT_i$ for $i<k$ and $[T_i,T_i] = T_i^2$, the Hilbert series

$$H_A(Z) = \sum_{i\geq 0} |A^i| Z^i$$

is rational.

Remark 10 - In (10-13) Govorov has made the more general conjecture that for any two-sided ideal $\mathfrak{a}$ in $k\langle T_1,\ldots,T_n\rangle$, such that $\mathfrak{a}$ is generated by a finite number of homogeneous elements, the series

$$\sum_{i\geq 0} |(k\langle T_1,\ldots,T_n\rangle/\mathfrak{a})^i| Z^i$$

is a rational function. This conjecture is still unproved, even in the special case needed in Theorem 5. Some special cases of the Govorov conjecture have been treated by Backelin (2), (3), (4).

We now continue the analysis of the results in Theorem 4. From the short exact sequence (18), we obtain a long exact sequence of graded Tor :

$$(24) \quad \ldots \longrightarrow \mathrm{Tor}_i^B(k,\overline{S}_{\underline{m}}) \longrightarrow \mathrm{Tor}_i^B(k,S_{\underline{m}}) \longrightarrow \mathrm{Tor}_i^B(k,k) \to \mathrm{Tor}_{i-1}^B(k,\overline{S}_{\underline{m}}) \to \ldots$$

In view of the last part of Theorem 4, and the fact that $\mathrm{Tor}_i^B(k,S_{\underline{m}}) \simeq \mathrm{Tor}_i^A(k,k)$, we may rewrite the exact sequence (24) as a long exact sequence (where $(sM)^j = M^{j+1}$) :

$$(25) \quad \ldots \to \mathrm{Tor}_n^A(k,k) \to \mathrm{Tor}_n^B(k,k) \to s\mathrm{Tor}_{n+2}^A(k,k) \to \mathrm{Tor}_{n-1}^A(k,k) \to \mathrm{Tor}_{n-1}^B(k,k) \to \ldots$$

(for $n \geq 1$) .

Now we know (Theorem 4) that for $n \leq 2$, $\mathrm{Tor}_n^A(k,k)^j = 0$ if $j \neq n$, and it is well-known (cf. e.g. [20] Appendice) that for any connected upper graded k-algebra C we have that $\mathrm{Tor}_i^C(k,k)^j = 0$ for $j<i$. In particular, the graded maps

$$(26) \qquad s\mathrm{Tor}_{n+2}^A(k,k) \to \mathrm{Tor}_{n-1}^A(k,k)$$

must be zero for $n \leq 3$, so that (25) breaks up into short exact sequences :

$$(27)_n \qquad 0 \to \mathrm{Tor}_n^A(k,k) \to \mathrm{Tor}_n^B(k,k) \to s\mathrm{Tor}_{n+2}^A(k,k) \to 0$$

for $0<n \leq 2$, and a long exact sequence that ends with

$$\ldots \to s\mathrm{Tor}_5^A(k,k) \xrightarrow{\alpha} \mathrm{Tor}_3^A(k,k) \to \mathrm{Tor}_3^B(k,k) \to s\mathrm{Tor}_5^A(k,k) \to 0$$

where we do not know whether α is always the zero map, nor whether more generally all the maps (26) for $n \geq 4$ are zero (we think they might be non-zero in general). However, if $(R,\underline{m})$ is equicharacteristic then this problem disappears :

<u>Theorem</u> 6 - <u>Let</u> $(R,\underline{m})$ <u>be any equicharacteristic local ring with</u> $\underline{m}^3 = 0$, $B = \mathrm{Ext}_R^*(k,k)$, <u>and</u> A <u>the subalgebra generated by</u> $\mathrm{Ext}_R^1(k,k)$. <u>Then we have exact sequences of vector spaces</u>

$$0 \to \mathrm{Tor}_i^A(k,k)^j \xrightarrow{\varphi} \mathrm{Tor}_i^B(k,k)^j \to \mathrm{Tor}_{i+2}^A(k,k)^{j+1} \to 0$$

<u>for all</u> $i \geq 1$, <u>where the map</u> φ <u>is induced by the natural inclusion</u> map $A \xrightarrow{\sigma} B$.

<u>Proof</u> - Clearly the map $\mathrm{Tor}_i^A(k,k) \xrightarrow{\varphi} \mathrm{Tor}_i^B(k,k)$ in the exact sequence (25) is induced by the inclusion $A \xrightarrow{\sigma} B$. To prove that φ is a

monomorphism it is sufficient ot prove that σ has an algebra section, i.e. that there is a map of algebras $B \xrightarrow{\rho} A$ such that $\rho\sigma = Id_A$. Since R is equicharacteristic, we have that R is graded :

$$R = k \amalg V \amalg W , \quad \text{where} \quad V = \underline{m}/\underline{m}^2, \quad W = \underline{m}^2/\underline{m}^3 .$$

Now the Ext-algebra of R can be calculated by means of the "cobar" resolution (cf.e.g. (6), Proposition 4, Exposé 15) : Let $R' = Hom_k(R,k)$ be the coalgebra, dual to R, with diagonal map $R' \xrightarrow{\delta} R' \otimes_k R'$. Then δ induces a map $\overline{R}' \longrightarrow \overline{R}' \otimes_k \overline{R}'$ and if $T(\overline{R}')$ is the tensor algebra on $\overline{R}'$, we have a natural differential

$$\overline{R}'^{\otimes n} \xrightarrow{d} \overline{R}'^{\otimes(n+1)}$$

defined by

$$d(r_1' \otimes \ldots \otimes r_n') = \sum_{1 \leq i \leq n} (-1)^i \, r_1' \otimes \ldots \otimes \delta r_i' \otimes \ldots \otimes r_n .$$

Then $(T(\overline{R}'),d)$ becomes a graded differential algebra, whose cohomology algebra is isomorphic to the Ext-algebra $Ext_R^*(k,k)$.

Since $\overline{R}' = Hom_k(V,k) \amalg Hom_k(W,k) = V' \amalg W'$ and since δ is zero on V' and induces a map $W' \xrightarrow{\delta} V' \otimes_k V'$, it is easy to see that $(T(\overline{R}'),d)$ is a pushout in the category of differential graded algebras of the following diagram (cf. (20, p.26-29)).

(28)
$$\begin{array}{ccc} T(W') & \xrightarrow{q} & T(V') \\ \downarrow & & \vdots \\ T(W' \amalg sW') & \dashrightarrow & T(\overline{R}') \end{array}$$

where $T(V')$ is the tensor algebra on V', considered in degree 1 and having $d = 0$, where $T(W')$ is the tensor algebra of W', considered in degree 2 and having $d = 0$, and where the map q is induced by $W' \xrightarrow{\delta} V' \otimes_k V'$. Furthermore $(T(\overline{R}'),d)$ is as defined above, so that in particular $\overline{R}' = V' \amalg W'$ is in degree 1, and in order to avoid confusion we will write $\overline{R}' = V' \amalg sW'$, where sW' is W' considered in degree 1. Now $T(W' \amalg sW')$ is well-defined as a graded algebra, and its differential d is defined by $d|W' = 0$ and $d|sW' : sW' \xrightarrow[\sim]{Id} W'$

(an isomorphism of degree 1). Finally the left vertical map in (28) is defined by the natural inclusion. Now we know (Corollary 1 of Theorem 4) that we have a presentation of the algebra A as :

$$T(W') \xrightarrow{q} T(V') \xrightarrow{p} A \longrightarrow k$$

(A is the quotient of $T(V')$ by the two-sided ideal, generated by $q(\overline{T}(W))$.). It follows that the following diagram is commutative :

(29)

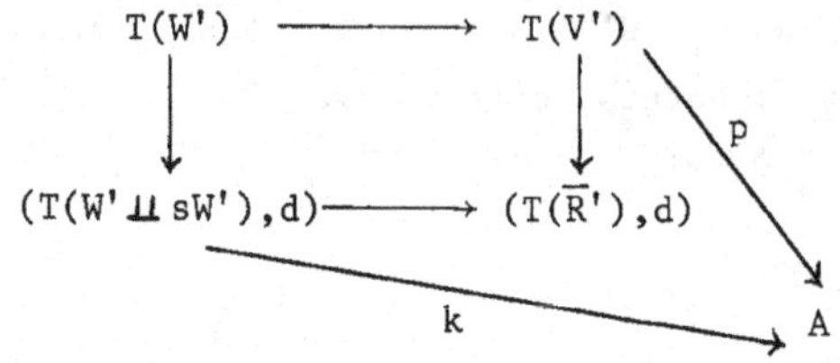

where k is the trivial map of connected differential graded algebras over k (it is zero in positive degrees and the identity on the elements of degree 0). From the universal properties of pushouts it follows from (29) that there is a map of differential graded algebras $T(\overline{R}') \xrightarrow{m} A$ which inserted in (29) makes the new diagram commutative. Taking the cohomology of this new diagram and denoting $H^*(m)$ by ρ, we obtain a commutative diagram of graded algebras

(30)

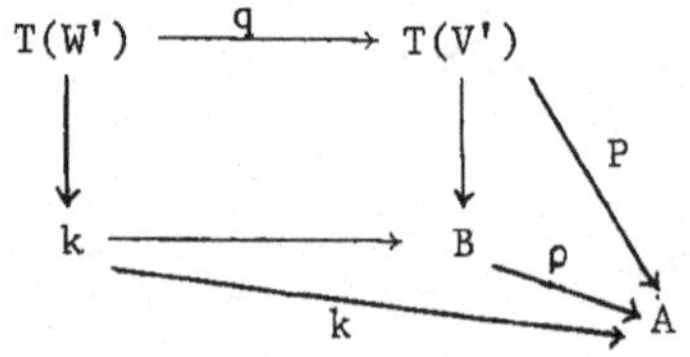

[it is easy to see that $H^*(T(W' \amalg sW)) = k$ (use the Künneth formula)]. From the diagram (30) it now follows easily by diagram chasing (cf. [20] loc. cit.) that $\rho\sigma = Id_A$, and the Theorem 6 is proved.

It is now natural to introduce the following

Definition 2 - *Let C be an upper graded, connected, locally finite-dimensional k-algebra. Then the Poincaré series in two variables of*

C *is the following series*

(31) $$P_C(X,Y) = \sum_{i,j\geq 0} |\mathrm{Tor}_i^C(k,k)^j| X^i Y^j.$$

Using the notation (31) it is now easy to deduce from Theorem 6 and Theorem 4 the following.

Corollary 1 - *Let* $(R,\underline{m})$ *be a local equicharacteristic ring with* $\underline{m}^3 = 0$, $B = \mathrm{Ext}_R^*(k,k)$ *and* A = *the subalgebra generated by* $\mathrm{Ext}_R^1(k,k)$. *Then we have the following relation of formal power series in two variables* :

(32) $$P_B(X,Y) = P_A(X,Y)(1+X^{-2}Y^{-1}) - X^{-2}Y^{-1}H_R(XY)$$

where $H_R(XY) = 1 + |\underline{m}/\underline{m}^2| XY + |\underline{m}^2/\underline{m}^3| (XY)^2$ *is the Hilbert series of* R, *in the variable* XY.

This Corollary contains as a special case the formula (22) of Theorem 3 in the equicharacteristic case. Indeed, the following assertion is well-known (*cf*. [20], Proposition A.2.4.) :

Proposition 1 - *Let* C *be a connected, locally finite dimensional* k-*algebra*. *Then the Hilbert series* $H_C(Z) = \sum_{i>0} |C^i| Z^i$ *is related to the Poincaré series in two variables* $P_C(X,Y)$ *by means of the formula*

(33) $$H_C(Z) = P_C(-1,Z)^{-1}.$$

Now (22) follows if we put $X = -1$, $Y = Z$ in (32) and use (33).

It is now quite natural to formulate two problems :

Problem 1 - *Let* C *be any graded connected algebra that is the quotient of a free associative algebra* $k\langle T_1,\dots,T_n\rangle$ (where the T_i : s can have degree 1 or integers > 1) *by a two-sided ideal* $\mathfrak{a}$, *that is generated by a finite number of homogeneous elements* (homogeneous for the given grading on the free algebra). *Is it true that* $P_C(X,Y)$ *is a rational function in two variables* ?

<u>Problem</u> 2 - <u>Let $(R,\underline{m})$ be any local commutative noetherian ring, $k = R/\underline{m}$ and $B = \mathrm{Ext}_R^*(k,k)$. Is it true that $P_B(X,Y)$ is a rational function in two variables</u> ?

<u>Remark</u> 11 - In [28] we have proved in particular that Problem 2 has a positive solution if $(R,\underline{m})$ is a Golod ring.

<u>Remark</u> 12 - In view of Proposition 1, a positive solution of Problem 1 implies that the Govorov conjecture, mentioned in Remark 10, is true. It would also solve a problem of Lemaire [19] (the last question on p. 120).

<u>Remark</u> 13 - Of course, a positive solution to Problem 2 gives that $P_R(Z)$ is rational. It follows also from Corollary 1, that a positive solution to Problem 1 in a special case ($\deg T_i = 1$, $\mathfrak{a}$ generated by a finite number of k-linear combinations of $[T_i,T_k]$, $i \leq k$) would give a positive solution to Problem 2 for the case when $(R,\underline{m})$ is equicharacteristic with $\underline{m}^3 = 0$.

However it is not easy to see in general (although it is plausible) that "Problem 1 positively solved" $\Rightarrow$ "Problem 2 positively solved". One can indeed prove that $\mathrm{Ext}_R^*(k,k)$ is <u>not</u> necessarily finitely generated as an algebra over k (even if $\underline{m}^3 = 0$, <u>cf</u>. §4 below).

§ 2 - <u>On the homology algebra of the loop space of a simply connected, finite CW-complex</u>.

In the preceding section we have analysed the Yoneda Ext-algebra of a local ring $(R,\underline{m})$, and we have obtained precise results, at least when $\underline{m}^3 = 0$. In this connection we have found several analogies with the results in Lemaire's thesis [20], which is devoted to a detailed study of the homology algebras (with rational coefficients) of loop spaces ΩZ of CW-complexes Z that are obtained as mapping cones of maps between suspensions of connected, finite and pointed CW-complexes Y,X, i.e. $SY \xrightarrow{f} SX$ is basepoint preserving and

(34)
$$\begin{array}{ccc} CSY & \longrightarrow & Z \\ \uparrow & & \uparrow \\ SY & \xrightarrow{f} & SX \end{array}$$

is a pushout diagram, where CSY is the cone on SY (cf. [20]). The aim of our paper is to show that all this is more than an analogy (cf. e.g. Theorems A and B of the introduction and § 3 below). As a preparation for this we will start by recalling some results about $H_*(\Omega X,k)$ for any finite, simply connected CW-complex X and for a field k (that will later be taken to be $\mathbb{Q}$). The results that follow are not stated in their greatest generality.

Theorem 7 - (The Eilenberg-Moore spectral sequence [32-34]). - Let X be a finite, simply connected CW-complex with a base point x_o, LX the space of paths in X, starting in x_o and $LX \xrightarrow{\pi} X$ the map that to each path associates its other end point. We have a pullback diagram

$$\begin{array}{ccc} \Omega X & \longrightarrow & LX \\ \downarrow & & \downarrow \pi \\ \{x_o\} & \longrightarrow & X \end{array}$$

and this diagram gives rise to a spectral sequence

(35)
$$E_2^{p,q} = \mathrm{Ext}^p_{H^*(X,k)}(k,k)^q \Longrightarrow gr(H_*(\Omega X,k))$$

where the $E_2^{p,q}$ are non zero only in the fourth quadrant, where the $E_r^{*,*}$ are bigraded Hopf algebras, and the differentials $d_r^{*,*}$ are compatible with the Hopf algebra structure and induce the Hopf algebra structure in $E_{r+1}^{*,*}$, where $E_r^{p,-q} = 0$ if $q<2p$ and if $q>p\dim X$. Furthermore, the convergence is in the naive sense, and the Hopf algebra $H_*(\Omega X,k)$ has a filtration compatible with the Hopf algebra such that $gr(H_*(\Omega X,k))$ is a bigraded Hopf algebra that is isomorphic to $E_\infty^{*,*}$.

Corollary 1 - If $\mathrm{Ext}^*_{H^*(X,k)}(k,k)_*$ is generated as an algebra by

$\text{Ext}^1_{H^*(X,k)}(k,k)_*$, <u>where</u> $* \leq 4$ (which is the case if e.g. $\dim X \leq 4$ and if $\text{Ext}^1_{H^*(X,k)}(k,k)_*$ generates $\text{Ext}^*_{H^*(X,k)}(k,k)_*$), <u>then the Eilenberg-Moore spectral sequence</u> (35) <u>degenerates</u>.

<u>Proof</u> - It is sufficient to prove that all differentials are zero on $E_2^{1,-i}$, $i\leq 4$, and then use that the differentials are compatible with the multiplicative structure (they are derivations). Since $d_r : E_r^{1,q} \longrightarrow E_r^{1+r,\,q-r+1}$ everything follows from considerations of degrees.

<u>Corollary</u> 2 - <u>Let</u> X <u>be a finite, simply connected</u> CW-<u>complex such that</u> $H^*(X,k) = k[T_1,\ldots,T_n]$ /(some quadratic monomials in the T_i : s), <u>where</u> $k[T_1,\ldots,T_n]$ <u>is the free graded commutative algebra in variables</u> T_i <u>of degree</u> ≤ 4. <u>Then the Eilenberg-Moore spectral sequence</u> (35) <u>degenerates</u>.

<u>Proof</u> - One can indeed prove that for a ring $H^*(X,k) = \Lambda$ of the type indicated (no restrictions on the degrees), $\text{Ext}^*_\Lambda(k,k)$ is generated by $\text{Ext}^1_\Lambda(k,k)$. This follows from the explicit resolutions of [8] and [9].

<u>Remark</u> 14 - This Corollary 2 explains why e.g. the Eilenberg-Moore spectral sequence degenerates for any space X such that $H^*(X,k) = H^*(S^3 \times (S^2 \vee S^2),k)$ as algebras (S^i = the i-dimensional sphere and $S^2 \vee S^2$ is the "wedge" of two copies of S^2), <u>cf</u>. [15, Example 6.5 and 8.13].

Let now X be a finite, simply connected CW-complex with $\dim X \leq 4$. Then $H^*(X,k)$ is a local <u>commutative</u> ring (we forget the graduation) with maximal ideal $\underline{m} = \overline{H}^*(X,k)$ and where $\underline{m}^3 = 0$. We would have liked to use the theory of § 1 to prove directly that the Eilenberg-Moore spectral sequence (35) degenerates, but we have been unable to do this. However, if $k = \mathbb{Q}$, we can deduce this degeneracy result from the following.

Theorem 8 - (Halperin-Stasheff [15]). - Let X be an ℓ-connected, finite CW-complex, $\ell \geq 1$ (so that $\overline{H}^i(X,\mathbb{Q}) = 0$ for $i \leq \ell$) and assume that $H^i(X,\mathbb{Q}) = 0$ for $i > 3\ell+1$. Then the Eilenberg-Moore spectral sequence (35) degenerates.

Proof - Use Corollary 5.16 of [15] combined with 6.1 and 8.13 loc. cit.

Here is the case $\ell = 1$ of Theorem 8 :

Corollary 1 - The Eilenberg-Moore spectral sequence (35) degenerates if X is a finite, simply connected CW-complex with $\dim X \leq 4$, if $k = \mathbb{Q}$.

From now on we will assume that we are in the case of Corollary 1 of Theorem 8. It follows that

$$(36) \qquad H_n(\Omega X,\mathbb{Q}) = \sum_{p=0}^{\infty} |\mathrm{Ext}^p_{H^*(X,\mathbb{Q})}(\mathbb{Q},\mathbb{Q})_{p+n}|$$

where the sum is finite, since by Theorem 7

$$(37) \qquad \mathrm{Ext}^p_{H^*(X,\mathbb{Q})}(\mathbb{Q},\mathbb{Q})_{p+n} = 0 \quad \text{if } p+n < 2p, \text{ i.e. } p > n$$

(also 0 if $p+n > 4p$, i.e. $p < n/3$).

It follows that there is some hope that the series

$$(38) \qquad H_{\Omega X,\mathbb{Q}}(Z) = \sum_{n \geq 0} |H_n(\Omega X,\mathbb{Q})| Z^n$$

should be expressible in terms of

$$(39) \quad P_R(Z) = \sum_{n \geq 0} |\mathrm{Ext}^n_R(\mathbb{Q},\mathbb{Q})| Z^n, \quad \text{where} \quad (R,\underline{m}) = (H^*(X,\mathbb{Q}),\overline{H}^*(X,\mathbb{Q}))$$

(here we forget the grading), but now we have to be careful about the grading in (36), when we compare (38) and (39) :

First note that

$$(*) \qquad R = H^*(X,\mathbb{Q}) = \mathbb{Q} \amalg \underline{m}/\underline{m}^2 \amalg \underline{m}^2/\underline{m}^3, \quad \text{where} \quad \underline{m} = \overline{H}^*(X,\mathbb{Q})$$

is not only a graded ring, but a <u>bigraded</u> ring :

$$\underline{m}/\underline{m}^2 = H^2(X,\underset{\sim}{Q}) \amalg H^3(X,\underset{\sim}{Q}) \amalg H^4(X,\underset{\sim}{Q})/(H^2(X,\underset{\sim}{Q}))^2 = V^{1,2} \amalg V^{1,3} \amalg V^{1,4}$$

$$\underline{m}^2/\underline{m}^3 = (H^2(X,\underset{\sim}{Q}))^2 = V^{2,4}.$$

It follows that the $\mathrm{Ext}^*_{H^*(X,\underset{\sim}{Q})}(\underset{\sim}{Q},\underset{\sim}{Q})$ are actually <u>trigraded</u>, and we therefore introduce the series

$$P_R(X,Y,Z) = \sum_{p,q,r\geq 0} |\mathrm{Ext}^p_{H^*(X,\underset{\sim}{Q})}(\underset{\sim}{Q},\underset{\sim}{Q})_{q,r}|\, X^p Y^q Z^r$$

From (36), (37) and (38) it follows that

(40) $$H_{\Omega X,\underset{\sim}{Q}}(Z) = P_R(Z^{-1}, 1, Z).$$

Furthermore we clearly have

(41) $$P_R(Z) = P_R(Z, 1, 1).$$

We can now repeat the whole theory of § 1 for a bigraded ring as e.g. R in (*) (<u>cf</u>. also [25], p. 17-21). In particular we obtain a three-variable version of Theorem 3, which for the ring R in (*) looks as follows : Let $A = T(V')/(\mathrm{Im}\ \Phi)$, where V' is the dual of the bigraded vector space $V = \coprod_{i\geq 2} V^{1,i}$, W' the dual of the bigraded vector space $W = V^{2,4}$, and where $(\mathrm{Im}\ \Phi)$ denotes the twosided ideal in $T(V')$, generated by the image of the map $W' \xrightarrow{\Phi} V' \otimes V'$ which is dual to the multiplication map $V \otimes V \longrightarrow W$. Clearly A is <u>trigraded</u>, but the first two graduations of A coincide. Therefore

$$H_A(X,Y,Z) = H_A(XY,Z).$$

In exactly the same way as in the proof of Theorem 3, we now obtain the formula

(42) $$P_R(X,Y,Z)^{-1} = (1+X^{-1}).H_A(XY,Z)^{-1} - X^{-1}[1 - XH_{V'}(Y,Z) + X^2 H_{W'}(Y,Z)]$$

where

(43) $$H_{V'}(Y,Z) = YH_{V'}(Z) = Y(|H^2(X,\underset{\sim}{Q})|Z^2 + |H^3(X,\underset{\sim}{Q})|Z^3 + \left|\frac{H^4(X,\underset{\sim}{Q})}{(H^2(X,\underset{\sim}{Q}))^2}\right| Z^4)$$

and

$$(44) \qquad H_{W'}(Y,Z) = Y^2 H_{W'}(Z) = Y^2 |(H^2(X,\underset{\sim}{Q}))^2| Z^4$$

so that

$$(45) \quad P_R(Z^{-1},1,Z)^{-1} = (1+Z).H_A(Z^{-1},Z)^{-1} - Z[1 - Z^{-1}H_{V'}(Z) + Z^{-2}H_{W'}(Z)]$$

and

$$(46) \quad P_R(Z,1,1)^{-1} = (1+Z^{-1}).H_A(Z,1)^{-1} - Z^{-1}[1 - ZH_{V'}(1) + Z^2 H_{W'}(1)]$$

It therefore remains to compare $H_A(Z,1)$ and $H_A(Z^{-1},Z)$. I claim that they are not very different ! Indeed, we can write A as a coproduct :

$$(47) \qquad A = \frac{T((H^2(X,\underset{\sim}{Q}))')}{(\mathrm{Im}((H^2)^{2'} \to H^{2'} \otimes H^{2'}))} \amalg T((H^3(X,\underset{\sim}{Q}) \amalg \frac{H^4(X,\underset{\sim}{Q})}{(H^2(X,\underset{\sim}{Q}))^2})').$$

Let us denote the first algebra in the coproduct (47) by $\tilde{A}$. The well-known formula for the Hilbert series of coproducts of graded algebras [7], p.5, can be easily generalized to several gradings.
We therefore obtain from (47) that

$$(48) \qquad H_A(U,V)^{-1} = H_{\tilde{A}}(U,V)^{-1} - UV^3 |H^3(X,\underset{\sim}{Q})| - UV^4 \left| \frac{H^4(X,\underset{\sim}{Q})}{(H^2(X,\underset{\sim}{Q}))^2} \right| .$$

But in $\tilde{A}$ the V-degree is always twice the U-degree. Therefore

$$H_{\tilde{A}}(U,V) = H_{\tilde{A}}(UV^2,1)$$

so that $H_{\tilde{A}}(Z^{-1},Z) = H_{\tilde{A}}(Z,1)$. Combining this with (48) we finally obtain the formula :

$$(49) \quad H_A(Z^{-1},Z)^{-1} - H_A(Z,1)^{-1} = (Z-Z^2)\ |H^3(X,\underset{\sim}{Q})| + (Z-Z^3) \left| \frac{H^4(X,\underset{\sim}{Q})}{(H^2(X,\underset{\sim}{Q}))^2} \right| ,$$

and (49), (45), (46), (40) and (41) now give :

$$(50) \quad H_{\Omega X,\underset{\sim}{Q}}(Z)^{-1} - Z.P_R(Z)^{-1} = (1-Z)\ (1 - |H^2(X,\underset{\sim}{Q})| Z + |H^4(X,\underset{\sim}{Q})| Z^2)$$

which is exactly the first explicit formula of Theorem B in the § 0. The other explicit relations in Theorem B are now easily obtained.

To finish the proof of Theorem B (and thereby the proof of Theorem A) it now remains to construct for any local ring $(R,\underline{m})$, with $\underline{m}^3 = 0$, $R/\underline{m} = \mathbb{Q}$, a CW-complex X of the required form such that $H^*(X,\mathbb{Q}) \simeq R$. This will be done in the next section.

We end this section with a study of the two-variable version of the series $H_{\Omega X,\mathbb{Q}}(Z)$. More precisely, if X is a finite, simply-connected CW-complex, then $B = H_*(\Omega X,\mathbb{Q})$ is a graded algebra (even a Hopf algebra) and we can form the series

$$P_B(Y,Z) = P_{H_*(\Omega X\,,\,\mathbb{Q})}(Y,Z) = \sum_{p,q\geq 0} \left|\mathrm{Tor}_p^{H_*(\Omega X,\mathbb{Q})}(\mathbb{Q},\mathbb{Q})_q\right| Y^p Z^q .$$

It is of course unknown whether this series represents a rational function of two variables.

Suppose now that X is the mapping cone of a map f between wedges of spheres, so that we have a pushout diagram

$$\begin{array}{ccc} C\bigvee_1^m S^3 & \longrightarrow & X \\ \uparrow & & \uparrow \\ \bigvee_1^m S^3 & \xrightarrow{\ f\ } & \bigvee_1^n S^2 \end{array}$$

Let now

$$\Omega(\bigvee_1^m S^3) \xrightarrow{\ \Omega f\ } \Omega(\bigvee_1^n S^2)$$

be the loop map induced by f. We know that [20] $H_*(\Omega \bigvee_1^n S^2,\mathbb{Q}) = \mathbb{Q}\langle T_1,\ldots,T_n\rangle$, the free associative $\mathbb{Q}$-algebra on n variables T_i of degree 1, and (loc.cit.) that $H_*(\Omega \bigvee_1^m S^3, \mathbb{Q}) = \mathbb{Q}\langle S_1,\ldots,S_m\rangle$, the free associative $\mathbb{Q}$-algebra in m variables S_i of degree 2. Furthermore, $H_*(\Omega f,\mathbb{Q})$ is a Hopf algebra map. It follows that the images of the S_j under $H_*(\Omega f,\mathbb{Q})$ are $\mathbb{Q}$-linear combinations of graded commutators $[T_s,T_t]$, $s\leq t$. It follows that the cokernel of the map

$$(51) \qquad H_*(\Omega \overset{m}{\underset{1}{\vee}} S^3, \underset{\sim}{Q}) \xrightarrow{\quad H_*(\Omega f, \underset{\sim}{Q}) \quad} H_*(\Omega \overset{n}{\underset{1}{\vee}} S^2, \underset{\sim}{Q})$$

is an algebra A of the form that appeared (cf. Theorem 5), when we studied the subalgebra generated by $\mathrm{Ext}^1_R(k,k)$ in $\mathrm{Ext}^*_R(k,k)$, when $(R,\underline{m})$ is a local ring with $\underline{m}^3 = 0$ and $R/\underline{m} = k = \underset{\sim}{Q}$. (We will see later that all such subalgebras can be obtained in the geometric manner just described.). Assume now for simplicity that $H_2(\Omega f, \underset{\sim}{Q})$ is a monomorphism. It follows from (20) that for $B = H_*(\Omega X, \underset{\sim}{Q})$ and for A the cokernel of (51) we have exact sequences

$$(52) \qquad 0 \to \mathrm{Tor}^A_p(\underset{\sim}{Q},\underset{\sim}{Q})_q \to \mathrm{Tor}^B_p(\underset{\sim}{Q},\underset{\sim}{Q})_q \to \mathrm{Tor}^A_{p+2}(\underset{\sim}{Q},\underset{\sim}{Q})_{q-1} \to 0$$

for $p \geqslant 1$. (Note the analogy with Theorem 6 above.) This gives the following explicit relation :

$$(53) \quad P_B(Y,Z) = P_A(Y,Z)(1+Y^{-2}Z) - Y^{-2}Z(1 + |H^2(X,\underset{\sim}{Q})|YZ + |H^4(X,\underset{\sim}{Q})|(YZ)^2),$$

since clearly $|\mathrm{Tor}^A_1(\underset{\sim}{Q},\underset{\sim}{Q})_1| = |H^2(X,\underset{\sim}{Q})|$ and $|\mathrm{Tor}^A_2(\underset{\sim}{Q},\underset{\sim}{Q})_2| = |H^4(X,\underset{\sim}{Q})|$.

It follows that the problem of rationality of $P_B(Y,Z)$ is reduced to the same problem for $P_A(Y,Z)$, which in turn by Corollary 1 of Theorem 6 is related to (indeed equivalent to, cf. § 3 below) the corresponding problem for the Ext-algebras of $(R,\underline{m})$: s, where $\underline{m}^3 = 0$, $R/\underline{m} = \underset{\sim}{Q}$.

Remark 15 - If we put $Y = -1$ in (53) and use Proposition 1, we obtain an explicit formula for $H_{\Omega X, \underset{\sim}{Q}}(Z)^{-1}$ in terms of $H_A(Z)^{-1}$ that is analogous to formula (22).

§3 - End of the proof of Theorem B (and Theorem A).

Let $(R,\underline{m})$ be any local (commutative, noetherian) ring with $R/\underline{m} = \underset{\sim}{Q}$, $\underline{m}^3 = 0$. To this ring is associated the graded ring $A = T((\underline{m}/\underline{m}^2)')/(\mathrm{Im}\,\Phi)$, where $\Phi : (\underline{m}^2/\underline{m}^3)' \to (\underline{m}/\underline{m}^2)' \otimes (\underline{m}/\underline{m}^2)'$ is the dual of the multiplication map. We know that

$$(54) \qquad A = \underset{\sim}{Q}\langle T_1,\ldots,T_n\rangle / (\mathscr{G}_1,\ldots,\mathscr{G}_m)$$

where the $\mathscr{G}_j$ are $\underset{\sim}{Q}$-linear combinations of the graded commutators

$[T_i, T_k]$, $i \leq k$. We may suppose that the φ_j are $\mathbb{Q}$-linear by independent. Take now a wedge of spheres $\overset{n}{\underset{1}{\vee}} S^2$. Recall that Hilton [16] has proved a general theorem about the homotopy groups of wedges of spheres. It follows in particular that we can multiply each φ_j by a suitable integer n_j such that $n_j\ \varphi_j$ can be realized by a map $f_j \in \pi_3(\overset{n}{\underset{1}{\vee}} S^2)$.

The f_j : s define a map

$$\overset{m}{\underset{1}{\vee}} S^3 \xrightarrow{\ f\ } \overset{n}{\underset{1}{\vee}} S^2 \tag{55}$$

Proposition 2 - *Let X be the mapping cone of the map* (55), *and let R be the local ring that we started with. Then* $R \simeq H^*(X, \mathbb{Q})$ *by a* $\mathbb{Q}$*-algebra isomorphism that doubles the degrees, so that in particular* $\underline{m}/\underline{m}^2 \simeq H^2(X, \mathbb{Q})$ *and* $\underline{m}^2/\underline{m}^3 \simeq H^4(X, \mathbb{Q})$.

Proof : This is left to the reader. (*Cf*. also Lemme 3.3.3, p. 67-69 of [20].).

As we already have said in §2, the remaining unproved parts of Theorem B (and Theorem A) now follow from Proposition 2.

§4 - Miscellaneous results and open problems.

It follows easily from Theorem 6 and formula (52) that if $(R, \underline{m})$ is a local ring with $\underline{m}^3 = 0$, $R/\underline{m} = \mathbb{Q}$ and if A is the subalgebra generated by $\mathrm{Ext}^1_R(\mathbb{Q}, \mathbb{Q})$ in $\mathrm{Ext}^*_R(\mathbb{Q}, \mathbb{Q})$, and X the CW-complex associated to $(R, \underline{m})$ (§3), then

$$\mathrm{Tor}_1^{\mathrm{Ext}^*_R(\mathbb{Q},\mathbb{Q})}(\mathbb{Q},\mathbb{Q})^* = \mathrm{Tor}_1^A(\mathbb{Q},\mathbb{Q})^* \oplus \mathrm{Tor}_3^A(\mathbb{Q},\mathbb{Q})^{*+1}$$

(A considered as being upper graded)

and

$$\mathrm{Tor}_1^{H_*(\Omega X,\mathbb{Q})}(\mathbb{Q},\mathbb{Q})_* = \mathrm{Tor}_1^A(\mathbb{Q},\mathbb{Q})_* \oplus \mathrm{Tor}_3^A(\mathbb{Q},\mathbb{Q})_{*-1}$$

(A considered as being lower graded).

so that in particular $H_*(\Omega X,\mathbb{Q})$ is finitely generated as an algebra if and only if $\mathrm{Ext}^*_R(\mathbb{Q},\mathbb{Q})$ is so (if and only if $\mathrm{Tor}^A_3(\mathbb{Q},\mathbb{Q})$ is finite dimensional).

Now Lemaire [20] has given an explicit example of a CW-complex X such that $H_*(\Omega X,\mathbb{Q})$ is not finitely generated. Using only wedges of S^2 : s and S^3 : s in the Lemaire construction, we obtain by means of our explicit correspondence the following local ring with $\underline{m}^3 = 0$:

$$R = \mathbb{Q}[X_1,\dots,X_5]/(X_1^2,\dots,X_5^2,\ X_1(X_2+\dots+X_5),\ X_2X_3, X_4X_5, X_1X_2X_4)$$

whose $\mathrm{Ext}^*_R(\mathbb{Q},\mathbb{Q})$ is <u>not</u> finitely generated as an algebra, thereby giving a counterexample to a Conjecture of G. Levin [21].
The ring S, defined as R, except that we do <u>not</u> divide by $X_1X_2X_4$ is a local ring having $\underline{m}^4 = 0$ and $\underline{m}^3$ generated by $X_1X_2X_4$.
Answering a question of the author, G. Levin has proved a theorem [23] which implies that the natural map $S \longrightarrow R$ is a Golod map.
It follows in particular that $\mathrm{Ext}^*_S(\mathbb{Q},\mathbb{Q})$ is not finitely generated as a $\mathbb{Q}$-algebra either. One can also calculate $P_R(Z)$ and $P_S(Z)$ and these series are rational, but however <u>not</u> of the form

$$\frac{(1+Z)^{|\underline{m}/\underline{m}^2|}}{\text{Polynomial in } Z}$$

which had been found in all previous examples, cf. [8] p. 29.

We have in fact

$$P_R(Z) = (1-Z)/(1-6Z+11Z^2-8Z^3), \quad P_S(Z) = (1-Z)/(1-6Z+12Z^2-9Z^3),$$

We hope to come back to these problems in a later publication.

Here are some results about gldim $\mathrm{Ext}^*_R(k,k)$. We have seen that gldim $\mathrm{Ext}^*_R(k,k) \leq 1 \iff \underline{m}^2 = 0$ and it is not difficult to prove,

using the theory of § 1, that if $(R,\underline{m})$ is a local ring with $\underline{m}^3 = 0$, then gldim $\mathrm{Ext}_R^*(k,k) \leq 2 \Longleftrightarrow P_R(Z)H_R(-Z) = 1$.
Furthermore, under the same hypotheses

$$\text{gldim } \mathrm{Ext}_R^*(k,k) \leq 3 \Longleftrightarrow \mathrm{Ext}_R^*(k,k) = A \amalg \text{ free algebra}$$

(coproduct of algebras).

Of course gldim $\mathrm{Ext}_R^*(k,k) = \infty$ if R is a nontrivial regular ring. However, the finitistic dimension is zero in this case.

PROBLEM 3 - Let $(R,\underline{m})$ be a local commutative noetherian ring. Is the finitistic dimension of $\mathrm{Ext}_R^*(k,k)$ always finite ?

There is of course also a corresponding problem for $H_*(\Omega X,\mathbb{Q})$, and our correspondence $\mathrm{Ext}_R^*(k,k) \longleftrightarrow H_*(\Omega X,\mathbb{Q})$ suggests many problems in algebraic topology, e.g.

PROBLEM 4 - For which simply-connected finite CW-complexes X is $H_*(\Omega X,\mathbb{Q})$ a noetherian (resp. a coherent) $\mathbb{Q}$-algebra ? Cf. [30], [31], [28] for corresponding results about $\mathrm{Ext}_R^*(k,k)$.

Finally, there is the obvious problem of generalizing our theory to all finite, simply connected CW-complexes ...

BIBLIOGRAPHY

[1] E.F. ASSMUS, Jr, On the homology of local rings, Ill. J. Math., 3, 1959, p. 187-199.

[2] J. BACKELIN, On the rationality of some "Hilbert series" I, Preprint Series, Department of Mathematics, University of Stockholm, No. 6, 1975.

[3] J.BACKELIN, A distributiveness property of augmented algebras and some related homological results. (Thesis (to appear)).

[4] J. BACKELIN, La série de Poincaré-Betti d'une algèbre de type fini à une relation est rationnelle, Comptes Rendus Acad. Sc., 287, série A, 1978, p.

[5] H. CARTAN - S. EILENBERG, Homological Algebra, Princeton University Press, Princeton, 1956.

[6] H. CARTAN, Homologie et cohomologie d'une algèbre graduée, Exposé 15 in Séminaire Henri Cartan, 11e année, 1958-59. (Has also been published by Benjamin, New York, 19 .).

[7] P.M. COHN, Free associative algebras, Bull. London Math. Soc., 1, 1969, p. 1-39.

[8] R. FRÖBERG, Determination of a class of Poincaré series, Math. Scand., 37, 1975, p. 29-39.

[9] R. FRÖBERG, Determination of a class of Poincaré series II, Preprint Series, Department of Mathematics, University of Stockholm, No. 13, 1976 and these Proceedings.

[10] V.E. GOVOROV, O graduirovannych algebrach, Matem. Zametki, 12, 1972, p. 197-204. English translation : Graded algebras, Math. Notes of the Academy of Sciences of the USSR, 12, 1972, p. 552-556.

[11] V.E. GOVOROV, O razmernosti graduirovannych algebr, Matem. Zametki, 14, 1973, p. 209-216. English translation : On the dimension of graded algebras, Math. Notes of the Academy of Sciences of the USSR, 14, 1973, p. 678-682.

[12] V.E. GOVOROV, O global'noj razmernosti algebr, Matem. Zametki, 14, 1973, p. 399-406. English translation : On the global dimension of an algebra, Math. Notes of the Academy of Sciences of the USSR, 14, 1973, p. 789-792.

[13] V.E. GOVOROV, Razmernost' i kratnost' graduirovannych algebr, Sibir. Matem. Zurnal, 14, 1973, p. 1200-1206. English translation : Dimension and multiplicity of graded algebras, Siberian Math. J., 14, 1973, p. 840-845.

[14] T.H. GULLIKSEN - G. LEVIN, Homology of local rings, Queen's Papers in Pure and Appl. Mathematics, No. 20, Queen's University, Kingston, Ontario, 1969.

[15] S. HALPERIN - J. STASHEFF, Obstructions to Homotopy Equivalences (to appear in Advances in Mathematics).

[16] P.J. HILTON, On the homotopy groups of the union of spheres, J. London Math. Soc., 30, 1955, p. 154-171.

[17] P.J. HILTON - D. REES, Natural maps of extension functors and a theorem of R.G. Swan, Proc. Cambr. Philos. Soc., 57, 1961, p. 489-502.

[18] A.I. KOSTRIKIN - I.R. ŠAFAREVIČ, Gruppy gomologij nil'potentnych algebr, Doklady Akad. Nauk SSSR, 115, 1957, p. 1066 - 1069.

[19] J.M. LEMAIRE, A finite complex whose rational homotopy is not finitely generated, Lecture Notes in Mathematics, 196, p. 114-120, Springer-Verlag, Berlin, 1971.

[20] J.M. LEMAIRE, Algèbres Connexes et Homologie des Espaces de Lacets, Lecture Notes in Mathematics, 422, Springer-Verlag, Berlin, 1974.

[21] G. LEVIN, Two conjectures in the homology of local rings, J. Algebra, 30, 1974, p. 56-74.

[22] G. LEVIN, Local rings and Golod homomorphisms, J. Algebra, 37, 1975, p. 266-289.

[23] G. LEVIN, Lectures on Golod homomorphisms, Preprint Series, Department of Mathematics, University of Stockholm, No. 15, 1976.

[24] C. LÖFWALL, On the Poincaré series for a class of local rings, Preprint Series, Department of Mathematics, University of Stockholm, No. 8, 1975.

[25] C. LÖFWALL, On the subalgebra generated by the one-dimensional elements in the Yoneda Ext-algebra, Preprint Series, Department of Mathematics, University of Stockholm, No. 5, 1976.

[26] S. MACLANE, Homology, Springer-Verlag, Berlin, 1963.

[27] J. MILNOR - J.C. MOORE, On the structure of Hopf algebras, Ann. Math., 81, 1965, p. 211-264.

[28] J.-E ROOS, Sur l'algèbre Ext de Yoneda d'un anneau local de Golod, Comptes Rendus Acad. Sc., 286, série A, 1978, p.9-12.

(29) J.P. SERRE, Algèbre locale. Multiplicités, Lecture Notes in Mathematics, 11, 3e édition, Springer-Verlag, Berlin, 1975.

(30) G. SJÖDIN, A set of generators for $\mathrm{Ext}_R(k,k)$, Math. Scand., 38, 1976, p.1-12.

(31) G. SJÖDIN, A characterization of local complete intersections in terms of the Ext-algebra, Preprint Series, Department of Mathematics, University of Stockholm, No. 2, 1976.

(32) L. SMITH, Homological Algebra and the Eilenberg-Moore spectral sequence, Trans. Amer. Math. Soc., 129, 1967, p. 58-93.

(33) L. SMITH, Lectures on the Eilenberg-Moore spectral sequence, Lecture Notes in Mathematics, 134, Springer-Verlag, Berlin, 1970.

(34) L. SMITH, On the Eilenberg-Moore spectral sequence, Proc. Symposia in Pure Mathematics, Amer. Math. Soc., 22, 1971, p. 231-246.

(35) J. TATE, Homology of noetherian rings and local rings, Ill. J. Math., 1, 1957, p. 14-27.

STOP PRESS (added in December 1978).

During the last month there have been important advances concerning the problems studied in my preceding paper :

1) James B. Shearer, a student of Richard Stanley at Mass. Inst. of Technology (M.I.T.), Cambridge, USA, has constructed an ingenious counterexample to the Govorov conjecture that we mentioned in the Remark 10, § 1, above. More precisely, using "purely" combinatorial methods, Shearer has constructed 77 linearly independent quadratic elements of the form $T_iT_j - T_mT_n$ in $\Lambda = k<T_1,\dots,T_{11}>$, such that if $\mathfrak{a}$ is the two-sided ideal in Λ, generated by these elements, then the Hilbert series

$$\sum_{i\geq 0} |(\Lambda/\mathfrak{a})^i| z^i$$

is not rational (39).

It follows from (39) that there is also a quotient of $k<T_1,\ldots,T_{10}>$ by a two-sided ideal generated by 57 quadratic relations of the form $T_iT_j - T_mT_n$ and T_sT_t, having a non-rational Hilbert series. The Hilbert series in both examples can be calculated explicitly ; they are non-rational but algebraic. However, by taking more variables and more relations, we can reach examples with transcendental Hilbert series (39).

However, for the special case of Hilbert series of graded algebras of the type mentioned in Theorem 5 b) above, no one has yet been able to construct a counterexample to rationality, but I am beginning to think that there are such counterexamples. Such counterexamples would by Theorem 5 give local commutative noetherian rings $(R,\underline{m})$ with $\underline{m}^3 = 0$, $R/\underline{m} = k$, for which $P_R(Z)$ is not rational, and they would also by Theorems A and B in § 0 (for $k = \mathbb{Q}$) give finite, simply-connected CW-complexes X with $\dim X = 4$, for which

$$\sum_{i\geq 0} |H_i(\Omega X,\mathbb{Q})| Z^i$$

is not rational.

2) Since we now know that the Govorov conjecture is false, it also follows from Proposition 1 in § 1 that Problem 1 in § 1 should be answered negatively. However, Problem 2 in § 1 is still open ...

3) Combining the counterexamples of Shearer with the results of the thesis of Löfwall (25) it is possible to obtain e.g. a 67-dimensional associative (but not unitary) non commutative algebra N over a field k, such that $N^3 = 0$, and such that

$$\sum_{i\geq 0} |H_i(N,k)| Z^i$$

is not rational. (Here the $H_i(N,k)$ are the Hochschild homology groupes (5) of the "Bar"-complex of N.) This gives a counterexample to a 21 year old conjecture of Kostrikin and Šafarevič (18). For complete details we refer the reader to Löfwall's paper (36).

4) Since the rationality of $P_R(Z)$ for $(R,\underline{m})$ local, commutative, noetherian, now seems rather doubtful, we would like to put forward the following rather plausible rationality conjecture :

(C) : Let R_{reg} be a regular local ring, and let

(*) $R_{reg} \longrightarrow R_1 \longrightarrow R_2 \longrightarrow \dots \longrightarrow R_t$

be a finite sequence of Golod homomorphisms. Then $P_{R_t}(Z)$ is rational.

We hope to return to this case soon. Let us just remark that J. Backelin and R. Fröberg have proved that if

$$R = k[[X_1,\dots,X_n]] \;/\; (\text{finite set of monomials in the } X_i : s)$$

then R can be obtained as an R_t in a suitable sequence (*).

Finally, I should mention that the problem of the rationality of $H_{\Omega X,\mathbb{Q}}(Z)$ (X a finite CW-complex that is simply-connected) has been generalized by J.C. Moore to the problem of the rationality of the $H_{\Omega^i X,\mathbb{Q}}(Z)$, where $\Omega^i W = \Omega(\Omega^{i-1} X)$ and where X is a finite CW-complex that is suitably connected. However, J.-P. Serre proved some years ago that

$$\sum_{i\geq 0} |H_i(\Omega^2(S^3 \vee S^3), \mathbb{Q})|\, Z^i$$

is not rational, and his proof will now appear in [38].

Among the positive results about the rationality of $H_{\Omega X,\mathbb{Q}}(Z)$, let us also mention a recent paper by Ruchti [37]. In the light of the correspondence $\mathrm{Ext}^*_R(k,k) \longleftrightarrow H_*(\Omega X,\mathbb{Q})$, Ruchti seems to consider the algebraic-topological situation that corresponds to the algebraic situation of Golod rings.

SUPPLEMENTARY BIBLIOGRAPHY

[36] C. LÖFWALL, Une algèbre nilpotente dont la série de Poincaré-Betti est non rationnelle. Submitted to the "Comptes rendus de l'Acad. Sc. Paris".

[37] R. RUCHTI, On formal spaces and their loop space, Ill. J. Math., 22, 1978, p. 96-107.

[38] J.-P. SERRE, Un exemple de série de Poincaré non rationnelle. To appear in Proc. Nederl. Acad.

[39] J.B. SHEARER, A graded algebra with a non-rational Hilbert series. Preprint from Math. Department, M.I.T., Cambridge, Mass. 02139, USA, 1978.

Jan-Erik ROOS
Department of Mathematics
University of Stockholm
Box 6701
S-113 85 STOCKHOLM
SWEDEN

Rationalité de certaines séries de Poincaré

par

C. SCHOELLER

Soit $(R,\underline{m},k)$ un anneau local nœthérien ; on sait ([2] et [7]) que la série de Poincaré (ou de Betti) $\mathcal{B}^R(k) = \sum_{m\in\mathbb{N}} b_m z^m$, où $b_m = \dim_k(\mathrm{Tor}_m^R(k,k))$ s'écrit formellement

$$\mathcal{B}^R(k) = \frac{(1+z)^n \ (1+z^3)^{\varepsilon_2} \ldots (1+z^{2p+1})^{\varepsilon_{2p}} \ldots}{(1-z^2)^{\varepsilon_1}(1-z^4)^{\varepsilon_3} \ldots (1-z^{2p})^{\varepsilon_{2p-1}} \ldots} .$$

Cette formule se réduit à $\dfrac{(1+z)^n}{(1-z^2)^{\varepsilon_1}}$ si R est une intersection complète. Nous apportons ici une modeste contribution à la démonstration de la conjecture de Serre selon laquelle $\mathcal{B}^R(k)$ serait une fraction rationnelle. Nous prouvons que, s'il existe un élément $x\in\underline{m}\setminus\underline{m}^2$ tel que $R' = R/xR$ soit une intersection complète ou un anneau régulier, alors la série de Poincaré $\mathcal{B}^R(M)$ est une fraction rationnelle pour tout R'-module M nœthérien.

Dans la première partie on utilise la construction de Tate ([10]) pour prouver la formule de changement d'anneau

$$\mathrm{Tor}^R(M,k) \Rightarrow \mathrm{Tor}^R(R',k) \otimes \mathrm{Tor}^{R'}(M,k)$$

pour tout R'-module M. Le théorème annoncé s'en déduit lorsqu'on sait que la série $\mathcal{B}^{R'}(M)$ est une fraction rationnelle. Ce dernier résultat est prouvé dans [3], nous en donnons ici une nouvelle démonstration dans la partie II, comme conséquence d'un théorème plus général sur l'homologie des R-algèbres de Tate formées à partir du complexe de Koszul par adjonction de variables en degré 2.

1 - Résolution de Tate

Soit R un anneau local d'idéal maximal $\underline{m}$ de corps résiduel $k = R/\underline{m}$; les R-modules considérés seront des R-modules à gauche. On appelle Γ-algèbre sur R (6) toute algèbre graduée $A = \bigoplus_{n \in \mathbb{N}} A_n$, connexe (i.e. $A_o = R$), strictement anticommutative, munie de puissances divisées (pour tout $x \in A$ homogène de degré pair positif et tout $r \in \mathbb{N}$, on note $x^{(r)}$ la puissance divisée r-ième de x ; on a $\partial^o(x^{(r)}) = r\partial^o x$). Une Γ.D-algèbre est une Γ-algèbre munie d'une différentielle d telle que $d(x^{(r)}) = x^{(r-1)}dx$. Une algèbre de Tate est une Γ.D-algèbre dont la Γ-algèbre sous-jacente est libre au sens de (6), c.à.d. qu'il existe un R-module $M = \bigoplus_{n \in \mathbb{N}^*} M_n$ gradué, libre de rang fini en chaque degré tel que

$$A = \Gamma_R \langle M \rangle = \bigotimes_{n \in \mathbb{N}^*} \Gamma_R \langle M_n \rangle \;;$$

dans cette dernière formule, les produits tensoriels d'algèbres sont pris sur R et $\Gamma_R\langle M_n\rangle$ désigne :

- l'algèbre extérieure de M_n si n est impair,

- le produit tensoriel des Γ-algèbres élémentaires $\Gamma_R\langle x_i\rangle = \bigoplus_r Rx_i^{(r)}$, où x_i parcourt une base de M_n, si n est pair (lorsque $R \supset \mathbb{Q}$, $\Gamma_R\langle M_{2p}\rangle$ est l'algèbre symétrique construite sur M_{2p} munie des puissances divisées $x^{(r)} = x^r/r!$ pour tout $x \in M_{2p}$).

D'après (10), pour tout quotient R' de R il existe une algèbre de Tate X qui est une résolution libre du R-module R'. Une telle résolution peut être construite pas à pas comme suit : soit I le noyau de la projection canonique $R \to R'$, et $(x_1,\ldots,x_m)$ un système minimal de générateurs de I, le premier pas est l'algèbre

$$X(1) = \Gamma_R\langle T_1,\ldots,T_m\rangle \quad ; \quad \partial^o T_i = 1 \quad ; \quad dT_i = x_i \quad ;$$

On a donc $H_o(X(1)) = R'$.

Supposons construite au n-ième pas une algèbre de Tate $X(n) = \Gamma_R\langle M_1 \oplus \ldots \oplus M_n\rangle$ (avec $\partial^o x = i$ pour tout $x \in M_i$), acyclique en degrés $1,2,\ldots,n-1$, avec $H_o(X(n)) = R'$. On choisit un relèvement $(s_1,\ldots,s_p)$ dans $Z_n(X(n))$ d'une base de $H_n(X(n)) \otimes k$; on appelle alors $(n+1)$-ième pas de la construction de Tate l'algèbre

$$X(n+1) = X(n) \underset{R}{\otimes} \Gamma\langle S_1,\ldots,S_r\rangle \ ; \ \partial^o S_i = n+1 \ ; \ dS_i = s_i .$$

Il est clair que $X(n+1)$ est acyclique en ordres $1,2,\ldots,n$, et $H_o(X(n+1)) = R'$. On appellera résolution de Tate de R' l'algèbre différentielle ainsi construite (remarquer que cette construction est "minimale" c'est-à-dire que, en chaque degré $(n+1)$ on introduit le nombre minimal de générateurs pour tuer les cycles de degré n de $X(n)$).

On sait (cf [2] ou [7]) que la résolution de Tate X de k comme R-module est la résolution minimale de k, c.à.d. $H(X\otimes k) = X\otimes k$. Cette résolution donne donc les coefficients de la série de Betti :

$$\mathcal{B}^R(k) = \sum_{m=0}^{\infty} b_m z^m , \quad \text{avec } b_m = rg(X_m).$$

Si ε_m est le nombre de générateurs introduits en degré $m+1$ au $(m+1)$-ième pas de la construction, on vérifie aisément que, formellement,

$$\mathcal{B}^R(k) = \frac{(1+z)^n \ (1+z^3)^{\varepsilon_2} \ldots (1+z^{2m+1})^{\varepsilon_{2m}} \ldots}{(1-z^2)^{\varepsilon_1}(1-z^4)^{\varepsilon_3} \ldots (1-z^{2m})^{\varepsilon_{2m-1}} \ldots}$$

où $n = \dim_k \underline{m}/\underline{m}^2$.

Rappelons que si R est un anneau régulier $X = X(1)$, et si R est une intersection complète, on a $X = X(2)$ de sorte que

$$\mathcal{B}^R(k) = \frac{(1+z)^n}{(1-z^2)^{\varepsilon_1}} .$$

Cette formule caractérise les intersections complètes, le cas où $\varepsilon_1 = 0$ correspondant aux anneaux réguliers.

Nous démontrons ici que, s'il existe $x \in \underline{m}$, $x \notin \underline{m}^2$ tel que $R' = R/xR$ soit une intersection complète (ou un anneau régulier), alors $\mathcal{B}^R(k)$ est une fraction rationnelle.

2 - Théorème

Soient $(R,\underline{m},k)$ un anneau local nœthérien, $(x_1,\ldots,x_n)$ une famille minimale de générateurs de $\underline{m}$ et $\underline{p}$ l'idéal engendré par $(x_{r+1},\ldots,x_n)$; on suppose que $R' = R/\underline{p}$ est une intersection complète (ou un anneau régulier). Si $\overline{\varphi} : \mathrm{Tor}^R(R',k) \to \mathrm{Tor}^R(k,k)$ est l'homomorphisme prolongeant la projection canonique $R' \to k$, et $\Psi : \mathrm{Tor}^R(k,k) \to \mathrm{Tor}^{R'}(k,k)$ celui qui prolonge la projection $R \to R'$, alors

a) $\overline{\Psi}$ est surjectif ;

b) $\overline{\varphi}$ est injectif ;

c) la résolution de Tate du R-module R' est minimale ;

d) $\mathrm{Tor}^R(k,k)$ s'identifie au produit tensoriel $\mathrm{Tor}^R(R',k) \otimes_k \mathrm{Tor}^{R'}(k,k)$.

On construit pas à pas les résolutions X et Y de k et R' comme R-module et la résolution X' de k comme R'-module, ainsi que des prolongements φ et Ψ des homomorphismes canoniques de manière que $\varphi(m) : Y(m) \to X(m)$ soit injectif et $\Psi(m) : X(m) \to X'(m)$ surjectif.

PREMIER PAS - $X(1) = \Gamma_R\langle T_1,\ldots,T_n\rangle$, $dT_i = x_i$, $\partial^o T_i = 1$, est le complexe de Koszul de R; Alors $Y(1)$ s'identifie à la sous-algèbre de Tate $\Gamma_R\langle T_{r+1},\ldots,T_n\rangle$, $dT_i = x_i$, de $X(1)$. Par ailleurs, si l'on appelle $\tilde{X}(1)$ la sous-algèbre

$$\tilde{X}(1) = \Gamma_R\langle T_1,\ldots,T_r\rangle\ ,\quad dT_i = x_i$$

$\tilde{X}(1) \otimes_R R' = X'(1)$ est le complexe de Koszul de R'. Enfin on notera $\mathcal{J}$ l'idéal différentiel engendré par $Y^+(1) = \bigoplus_{i>0} Y_i(1)$, de sorte que

$$\mathcal{J} = Y^+(1).X(1) \oplus \underline{p}\,\tilde{X}(1).$$

De la suite exacte

$$0 \to \mathcal{J} \xrightarrow{f} X(1) \xrightarrow{\Psi(1)} X'(1) \to 0$$

de R-modules différentiels on déduit la suite exacte longue

$$\cdots \to H_2(X(1)) \xrightarrow{\Psi_2^*} H_2(X'(1)) \to H_1(\mathcal{J}) \xrightarrow{f_1^*} H_1(X(1)) \xrightarrow{\Psi_1^*} H_1(X'(1)) \to H_o(\mathcal{J}) \to \cdots$$

dans laquelle $H_o(\mathcal{J}) = 0$, donc Ψ_1^* est surjectif.

Comme R' est une intersection complète, on a un isomorphisme $H(X'(1)) \stackrel{\sim}{\to} \bigwedge_k H_1(X'(1))$ ([1]). Par suite, Ψ^*, qui est un morphisme d'algèbres, est surjectif ; en particulier Ψ_2^* est surjectif et l'on a la suite exacte

2.1. $$0 \to H_1(\mathcal{J}) \xrightarrow{f_1^*} H_1(X(1)) \xrightarrow{\Psi_1^*} H_1(X'(1)) \to 0.$$

Ainsi, $H_1(\mathcal{J})$ est un k-espace vectoriel et l'homomorphisme $H_1(Y(1)) \to H_1(\mathcal{J})$, induit par l'inclusion $Y^+(1) \to \mathcal{J}^+$, se factorise à travers $H_1(Y(1)) \otimes_R k$ donnant un homomorphisme $j : H_1(Y(1)) \otimes_R k \to H_1(\mathcal{J})$.

<u>2.2. Lemme</u> - <u>L'homomorphisme</u> j <u>est bijectif.</u>

j <u>est surjectif</u> : comme $B_1(\mathcal{J}) \supset B_1(Y(1))$, il suffit de prouver que tout cycle z de degré 1 de $\mathcal{J}$ est congru modulo $B_1(\mathcal{J})$ à un élément de $Z_1(Y(1))$. Si $z = \sum_{i \leq r} b_i T_i + \sum_{j>r} a_j T_j$ avec $b_i \in \underline{p}$ pour tout i, on pose $b_i = \sum_{j>r} b_{ij} x_j$ et l'on obtient le résultat voulu grâce à la formule :

$$z = d\Big(\sum_{i \leq r, j>r} b_{ij} T_j T_i\Big) + \sum_{j>r} \Big(a_j + \sum_{i \leq r} b_{ij} x_i\Big) T_j \ ;$$

le deuxième terme de cette expression est en effet un cycle de $Y(1)$.
j <u>est injectif</u> : il faut prouver que si un cycle z de $Y_1(1)$ est un bord de $\mathcal{J}$ alors il est dans $\underline{m}\, Z_1(Y(1)) + B_1(Y(1))$. Remarquons d'abord que $d(\underline{p}\tilde{X}_2) = d(dY_1.\tilde{X}_2) = d[d(Y_1.\tilde{X}_2) + Y_1.d\tilde{X}_2] = d(Y_1.d\tilde{X}_2)$ d'où l'inclusion $d(\underline{p}\tilde{X}_2) \subset d(Y_1.\tilde{X}_1)$, et l'égalité $B_1(\mathcal{J}) = d(Y^+.X)_2 = dY_2 + d(Y_1.\tilde{X}_1)$. Alors, si $z \in Z_1(Y(1)) \cap B_1(\mathcal{J})$, on a $z = du + d\Big(\sum_{\substack{i>r \\ j \leq r}} a_{ij} T_i T_j\Big)$ avec $u \in Y_2(1)$. Comme $z \in Y(1)$ on doit avoir $\sum_{i>r} a_{ij} x_i = 0$ pour tout $j \leq r$, de sorte que $\sum_{i>r} a_{ij} T_i = z_j$ est un cycle de $Y(1)$. Ainsi $z = du + \sum_{j \leq r} x_j z_j$ est bien dans $\underline{m}\, Z_1(Y(1)) + B_1(Y(1))$.

DEUXIEME PAS - Utilisant 2.1 et 2.2, on trouve une suite exacte

2.3 $$0 \to H_1(Y(1)) \to H_1(X(1)) \to H_1(X'(1)) \to 0 .$$

On peut donc choisir un relèvement $(s_1,\dots,s_q)$ dans $Z_1(Y(1))$ d'une base convenable de $H_1(X(1))$ en sorte que les images canoniques $(s'_1,\dots,s'_t)$ des premiers éléments dans $Z_1(X'(1))$ forment un relèvement d'une base de $H_1(X'(1))$, et les derniers éléments $(s_{t+1},\dots,s_q)$ forment un relèvement dans $Z_1(Y(1))$ d'une base de $H_1(Y(1)) \otimes k$. Alors on pose :

$$X(2) = X(1) < S_1,\dots,S_q > \; ; \; dS_i = s_i \, , \; \partial^o S_i = 2,$$
$$Y(2) = Y(1) < S_{t+1},\dots,S_q > ; \; dS_i = s_i \, , \; \partial^o S_i = 2,$$
$$X'(2) = X(1) < S'_1,\dots,S'_t > \; ; \; dS'_i = s'_i \, , \; \partial^o S'_i = 2.$$

On appellera $\tilde{X}(2)$ la sous-algèbre de $X(2)$ définie par $\tilde{X}(2) = \Gamma_R<T_1,\dots,T_r \, ; \, S_1,\dots,S_t>$; ce n'est généralement pas une sous-algèbre différentielle, mais on a les isomorphismes d'algèbres suivants :

$$X(2) \overset{\sim}{\to} Y(2) \underset{R}{\otimes} \tilde{X}(2)$$

et $$\tilde{X}(2) \underset{R}{\otimes} R' \overset{\sim}{\to} X'(2).$$

L'homomorphisme $\Psi(2) : X(2) \to X'(2)$ de Γ-algèbres qui prolonge $\Psi(1)$ et envoie S_i sur S'_i pour $i \leq t$ est un homomorphisme d'algèbres différentielles prolongeant la projection $R \to R'$. Il est <u>surjectif</u>. L'inclusion naturelle $\varphi(2) : Y(2) \to X(2)$ est un homomorphisme d'algèbres différentielles prolongeant la projection $R \to k$. Il est clair que $X'(2)$ est le quotient de $X(2)$ par l'idéal différentiel $\mathcal{J}(2) = Y^+(2).X(2) \oplus \underline{p}\tilde{X}(2)$ engendré par $Y^+(2)$.

<u>Remarque</u> - Soit $s' = \sum_{j \leq r} a'_j T_j$, $a'_j \in R'$ un cycle de degré 1 de $X'(1)$; pour tout $j \leq r$ on choisit un relèvement a_j de a'_j dans R. Comme $\sum_{j \leq r} a'_j x'_j = 0$ il existe des éléments b_i de R tels que $\sum_{j \leq r} a_j x_j = \sum_{i > r} b_i x_i$, et de plus les b_i sont dans $\underline{m}$ puisque les x_j forment un système minimal de générateurs de $\underline{m}$. On pose $b_i = \sum_{j=1}^{n} b_{ij} x_j$

pour tout $i > r$, et $\alpha_j = a_j - \sum_{i>r} b_{ij} x_i$ pour tout $j \leq r$ (α_j est encore un relèvement de $a_j^!$), et l'on a $\sum_{j\leq r} \alpha_j x_j = \sum_{i,j>r} b_{ij} x_i x_j$. On en déduit qu'il existe un cycle s relevant s' dans $X(1)$ et de la forme

$$(*) \qquad s = \sum_{j\leq r} \alpha_j T_j + \sum_{i>r} \beta_i T_i ,$$

où $\beta_i = \sum_{j>r} b_{ij} x_j$ est dans $\underline{p}$ pour tout $i > r$.

2.4. Lemme - Il est possible de choisir $(s_1,\ldots,s_q)$ en sorte que, pour tout R'-module M, le morphisme $\Psi(2) \otimes_R M : X(2) \otimes_R M \to X'(2) \otimes_R M$ se scinde et que $X(2) \otimes_R M$ soit isomorphe aux produits tensoriels de modules différentiels suivants :

$$X(2) \otimes_R M \tilde{\to} Y(2) \otimes_R (X'(2) \otimes_R M) \tilde{\to} (Y(2) \otimes_R R') \otimes_{R'} (X'(2) \otimes_R M)$$

En particulier, lorsque $M = R'$, $X(2) \otimes_R R'$ devient la somme directe de deux algèbres de Tate sur R' : $Y(2) \otimes_R R'$ et $X'(2)$.

Le lemme résulte de la remarque ci-dessus : en effet, si l'on choisit les s_i pour $i \leq t$ de la forme (*), alors, dans $\tilde{X}(2) \otimes M$, $d(S_i \otimes y)$ (pour $i \leq t$ et $y \in M$) ne fait plus intervenir les T_j pour $j > r$ (puisque $x_j \otimes_R y = 0$). Autrement dit le sous-module $\tilde{X}(2) \otimes_R M$ est en fait un sous module différentiel. La restriction de $\Psi(2) \otimes M$ à $\tilde{X}(2) \otimes M$ est alors un isomorphisme de $\tilde{X}(2) \otimes_R M$ sur $X'(2) \otimes_R M$ et le lemme s'ensuit.

2.5. Pour les pas suivants, on raisonne par récurrence. On sait que $X'(2)$ est la résolution de Tate du R'-module k. On pose $X' = X'(2)$ et $\tilde{X} = \tilde{X}(2)$ de sorte que $X' = \tilde{X} \otimes_R R'$.

Lemme - Si, pour un entier $m \geq 2$, $Y(m)$ s'identifie par $\varphi(m)$ à une sous-algèbre différentielle de $X(m)$ telle que l'on ait un isomorphisme de Γ-algèbres $X(m) \tilde{\to} Y(m) \otimes_R \tilde{X}$, alors $\varphi(m)$ induit un isomorphisme de $H_m(Y(m)) \otimes k$ sur $H_m(X(m)) \tilde{\to} H_m(X(m)) \otimes k$.

Une fois le lemme démontré, on peut construire $Y(m+1)$, $X(m+1)$ et $\varphi(m+1)$ en sorte que les hypothèses du lemme soient vraies au cran $m+1$.

Par récurrence, on en déduit des propriétés analogues pour X, Y et φ, ce qui prouve les assertions a) et b) du théorème. Le lemme 2.4. se transpose à chaque pas et donne un isomorphisme de $X \otimes_R k$ sur $(Y \otimes_R k) \otimes (X' \otimes_R k)$. Ainsi la différentielle de $Y \otimes k$ est nulle et l'on a l'isomorphisme annoncé :

$$\mathrm{Tor}^R(k,k) \overset{\sim}{\to} \mathrm{Tor}^R(R',k) \otimes \mathrm{Tor}^{R'}(k,k).$$

D'où le théorème.

2.6. Démonstration du lemme 2.5.

Remarquons d'abord que $H(Y(m))$ est un R'-module. En effet, pour tout cycle z et tout $a \in \underline{p}$, az est un bord de $Y(m)$: a étant dans $\underline{p}$ est un bord de degré 0 de $Y(m)$, $a = du$, et l'on a $d(uz) = du.z - udz = az$. On calcule $H_m(X(m))$ par la suite spectrale associée à la filtration de $X(m)$ par les

$$F_p = F_p(X(m)) = \sum_{\substack{i \leq p \\ q \in \mathbb{N}}} \tilde{X}_i \otimes Y_q(m), \quad p \in \mathbb{N}.$$

Comme $Y(m)$ est une sous-algèbre différentielle (mais pas $\tilde{X}$), on peut écrire la différentielle d de $X(m)$ sous la forme

$$d = \partial' + \partial''$$

avec $\partial'(x_p \otimes y_q) = (d'x_p).1 \otimes y_q$

et $\partial''(x_p \otimes y_q) = (-1)^p\, x_p \otimes d''y_q$, pour $x_p \in \tilde{X}_p$, $y_q \in Y_q(m)$,

$d' : \tilde{X} \to X$ désignant la restriction de d à $\tilde{X}$, et d'' la différentielle de $Y(m)$. On a alors un raisonnement analogue à celui que l'on fait dans le cas d'un produit tensoriel de complexes (cf. [4]).

On pose

$$Z_p^r = \{a \,;\, a \in F_p \,,\, da \in F_{p-r}\} \,,\; r \in \mathbb{N},$$

et $$E_p^r = Z_p^r + F_{p-1}/dZ_{p+r-1}^{r-1} + F_{p-1} .$$

Remarquons que, à cause de la définition de la différentielle sur les générateurs de $\tilde{X}$, si $x_p \in \tilde{X}_p$ alors $\partial' x_p \in F_{p-1}(X(m))$. On en déduit l'isomorphisme

$$E^1_p \overset{\sim}{\to} \tilde{X}_p \otimes H(Y(m)) \ , \quad \forall p \in \mathbb{N}.$$

En effet, tout élément $a \in F_q(X_r(m))$, où $r = p+q$ est le degré de a, se met sous la forme

$$a = a_{p,q} + a_{p-1,q+1} + a_{p-2,q+2} \ldots, \text{ avec } a_{p',q'} \in \tilde{X}_{p'} \otimes Y_{q'}(m) \ ;$$

alors
$$da = \partial'' a_{p,q} + \partial' a_{p,q} + \partial'' a_{p-1,q+1} + \partial' a_{p-1,q+1} + \ldots,$$

et tous les termes autres que $\partial'' a_{p,q}$ sont dans F_{p-1} ; donc $a \in Z^1_{p,q}$ si et seulement si $\partial'' a_{p,q} = 0$. On a immédiatement, en posant

$$E^1_{p,q} = Z^1_{p,q} + F_{p-1}(X_r(m))/dZ^o_{p,q} + F_{p-1}(X_r(m)),$$

l'isomorphisme

$$E^1_{p,q} \overset{\sim}{\to} \tilde{X}_p \otimes H_q(Y(m)) \ ;$$

d'où
$$E^1_p \overset{\sim}{\to} \tilde{H}_p \otimes H(Y(m)).$$

On calcule E^2 comme l'homologie de (E^1, d^1) où d^1 est la différentielle induite par $d = \partial' + \partial''$. Comme ∂'' induit 0, d^1 est induite par ∂'.

Puisque $H(Y(m))$ est un R'-module, il en résulte l'isomorphisme :

$$\tilde{X} \otimes H(Y(m)) \overset{\sim}{\to} (\tilde{X} \otimes R') \otimes H(Y(m)).$$

On sait, à cause du choix des s_i pour $i \geq p+1$, que l'image de $\tilde{X}$ par d est contenue dans $\tilde{X} \otimes \underline{p}X(m)$. Par suite l'image de $\tilde{X}$ par d^1 est contenue dans $\tilde{X} \otimes R'$, ou encore la restriction de d^1 à $\tilde{X} \otimes R'$ s'identifie à la différentielle de X', (par l'isomorphisme $\tilde{X} \otimes R' \to X'$ du lemme 2.4). D'où les isomorphismes :

$$H_p((\tilde{X} \otimes R') \otimes H(Y(m)) \overset{\sim}{\to} H_p(\tilde{X} \otimes R') \otimes H(Y(m)) \overset{\sim}{\to} H_p(X') \otimes H(Y(m)).$$

Comme X' est une résolution de k comme R' module, on a

$$E^2_p = 0 \quad \text{pour} \quad p > 0$$

et
$$E^2_0 = H(Y(m)) \otimes k.$$

Il en résulte que $E^r_p = 0$ pour tout $r \geqslant 2$ et $p > 0$

et
$$E^r_0 = E^2_0 \text{ pour tout } r \geqslant 2.$$

Enfin, $H(X(m))$ étant un k-espace vectoriel, on a

$$\text{gr } H(X(m)) \overset{\sim}{\to} H(X(m)) \overset{\sim}{\to} E^2_0 \overset{\sim}{\to} H(Y(m)) \otimes k,$$

et en particulier $H_m(X(m)) \overset{\sim}{\to} H_m(Y(m)) \otimes k$. C.Q.F.D.

3 - Applications

Ce théorème permet déjà le calcul de la série de Betti $\mathcal{B}^R(k)$ dans le cas où $\text{Tor}^R(R',k)$ est simple ; par exemple si $\underline{p} = x_nR$ et si $x_nR \overset{\sim}{\to} k$, ou bien si $\text{ann } x_n \overset{\sim}{\to} k$. Dans le premier cas on a $\text{Tor}^R_{n+1}(R',k) \overset{\sim}{\to} \text{Tor}^R_n(k,k)$ pour $n \geqslant 0$ (utiliser la suite exacte $0 \to x_nR \to R \to R' \to 0$) ; dans le 2ème cas on a $\text{Tor}^R_{n+2}(R',k) \overset{\sim}{\to} \text{Tor}^R_n(k,k)$ pour $n \geqslant 0$ (utiliser la suite exacte précédente et la suite exacte $0 \to \text{ann } x_n \to R \to x_nR \to 0$). Un calcul simple prouve que, dans ces deux cas, $\mathcal{B}^R(k)$ est une fraction rationnelle.

Nous explicitons ci-dessous un exemple qui permet, en particulier, de retrouver une formule donnée par Shamash [9].

Posons $\mathcal{R} = k[[X_1,\ldots,X_n]]$ $(n \geqslant 3)$, $\mathcal{R}' = k[[X_1,\ldots,X_{n-1}]]$, $R = \mathcal{R}/(X_1^2,\ldots,X_{n-1}^2,X_1X_2\ldots X_n)$ et $R' = \mathcal{R}'/(X_1^2,\ldots,X_{n-1}^2)$. On désigne par $x_1,\ldots,x_n$, les images canoniques dans R de $X_1,\ldots,X_n$, de sorte que R', qui est intersection complète, est le quotient de R par x_nR. Le théorème 2 nous donne

$$\mathcal{B}^R(k) = \mathcal{B}^R(R').\mathcal{B}^{R'}(k).$$

On calcule $\mathcal{B}^R(R')$ au moyen de $\mathcal{B}^R(\text{ann } x_n)$: des suites exactes

$$0 \to x_nR \to R \to R' \to 0$$

et $$0 \to \text{ann } x_n \to R \to x_nR \to 0$$

on déduit les isomorphismes $\text{Tor}^R_{m+2}(R',k) \overset{\sim}{\to} \text{Tor}^R_{m+1}(x_nR,k) \overset{\sim}{\to} \text{Tor}^R_m(R',k)$ pour tout $m \geq 0$; d'où la formule ci-dessous (valable quel que soit R avec $R' = R/x_nR$)

3.1. $$\mathcal{B}^R(R') = 1 + b_1z + z^2\, \mathcal{B}^R(\text{ann } x_n)\ ,$$

où $b_1 = \dim_k \text{Tor}^R_1(R',k) = \dim_k (\text{ann } x_n \otimes k)$.

Dans notre exemple, $\text{ann } x_n = x_1 \ldots x_{n-1}R$; et en posant $y = x_1 \ldots x_{n-1}$, on a $x_iy = 0$ $\forall i = 1,2,\ldots,n$, donc $\text{ann } x_n \overset{\sim}{\to} k$. D'où la formule

$$\mathcal{B}^R(k) = [1 + z + z^2\, \mathcal{B}^R(k)]\, \frac{(1+z)^{n-1}}{(1-z^2)^{n-1}}\ .$$

Ainsi $\mathcal{B}^R(k)$ est une fraction rationnelle. Lorsque $n = 3$ on trouve

$$\mathcal{B}^R(k) = (1+z)/(1-2z).$$

Il y a une erreur dans la formule finale de [9], mais, en conduisant les calculs convenablement, la méthode de Shamash donne bien le résultat avancé ici.

4 - Théorème (Formule de changement d'anneau).

Sous les hypothèses du théorème 2, pour tout R'-module M on a un isomorphisme

$$\text{Tor}^R(M,k) \overset{\sim}{\to} \text{Tor}^R(R',k) \otimes_k \text{Tor}^{R'}(M,k).$$

Lorsque M est nœthérien les séries de Betti sont liées par la relation

$$\mathcal{B}^R(M) = \mathcal{B}^R(R').\, \mathcal{B}^{R'}(M).$$

Pour la démonstration, nous utilisons les résolutions Y,X et X' construites lors de la démonstration du théorème 2 (où d) n'est qu'un cas particulier du théorème 4). Si M est un R'-module, le morphisme $\psi \otimes M : X \otimes_R M \to X' \otimes_R M$ se scinde et $X' \otimes_R M$ s'identifie au sous module différentiel $\tilde{X} \otimes_R M$ de $X \otimes_R M$. Alors, par extension du lemme 2.4. à $X(m)$ pour tout m donc à X, on a un isomorphisme $X \otimes_R M \tilde{\to} Y \otimes_R (X' \otimes_R M)$ de R'-modules différentiels. On calcule $\mathrm{Tor}^R(M,k) \tilde{\to} H(X \otimes_R M)$ au moyen de la suite spectrale correspondant à la première filtration de ce complexe double :

$$F_p(X \otimes_R M) = \sum_{r \leq p} Y_r \otimes_R (X' \otimes_{R'} M) \ , \quad p \in \mathbb{N}.$$

On montre que $H(X \otimes M)$ est isomorphe au premier terme E^1 de cette suite, c.à.d. $gr(H(X \otimes M)) \tilde{\to} Y \otimes_R H(X' \otimes_{R'} M)$. Comme $H(X' \otimes_{R'} M)$ est un k-espace vectoriel, il en résulte

$$H(X \otimes M) \tilde{\to} (Y \otimes k) \otimes_R H(X' \otimes_{R'} M) \ ;$$

et comme Y est minimale (Th. 2.c)) la proposition s'ensuit.

Etudions d'abord $X \otimes_R R'$: on pose $Y' = Y \otimes_R R'$, et l'on note d' la différentielle de Y', d'' celle de X'. Alors la différentielle ∂ de $X \otimes_R R' \tilde{\to} Y' \otimes X'$ s'écrit $\partial = \partial' + \partial''$ où, pour tout $y_p \otimes x_q$, $y_p \in Y_p \otimes_R R'$ et $x_q \in X'_q$

$$\partial'(y_p \otimes x_q) = (d'y_p) \otimes x_q$$

et $$\partial''(y_p \otimes x_q) = (-1)^p y_p \otimes (d''x_q) \ ;$$

Remarquons que $\partial'\partial''(y_p \otimes x_q) = d'y_p \otimes d''x_q$, et $\partial'^2 = \partial''^2 = 0$.

4.1. <u>Lemme</u> - <u>Soit</u> $\xi \in Y'_p \otimes X'_q$ <u>un élément de bidegré</u> (p,q) <u>de</u> $X \otimes_R R'$, <u>avec</u> $q > 0$; <u>s'il existe</u> $\xi' \in Y'_{p+1} \otimes X'_{q-1}$ <u>tel que</u> $\partial'\xi' + \partial''\xi = 0$, <u>alors il existe</u> $\xi'' \in Y'_{p-1} \otimes X'_{q+1}$ <u>tel que</u> $\partial'\xi + \partial''\xi'' = 0$.

De l'égalité $\partial'\xi' + \partial''\xi = 0$ on tire $\partial'\partial''\xi = 0 = \partial''\partial'\xi$. Posons $\xi = \sum_\alpha V_\alpha \otimes v_\alpha$ où les V_α forment une base de Y'_p ; alors

$$\partial'\xi = \sum_\alpha d'\,V_\alpha \otimes v_\alpha ,$$

et $$\partial''\partial'\xi = (-1)^{p-1} \sum_\alpha d'\,V_\alpha \otimes d''v_\alpha = 0.$$

Décomposons $d'V_\alpha$ sur une base W_γ de Y'_{p-1}, il vient

$$\partial'\xi = \sum_\gamma \sum_\alpha W_\gamma\, w_{\alpha\gamma} \otimes v_\alpha \quad (\text{où } w_{\alpha\gamma} \in R', \ \forall \alpha,\gamma)$$
$$= \sum_\gamma \sum_\alpha W_\gamma \otimes w_{\alpha\gamma}\, v_\alpha ,$$

d'où $\partial''\partial'\xi = (-1)^{p-1} \sum_\gamma [W_\gamma \otimes \sum_\alpha d''(w_{\alpha\gamma}\, v_\alpha)] = 0$; on en déduit que $\sum_\alpha w_{\alpha\gamma}\, v_\alpha$ est un cycle de degré q pour tout γ. Comme X' est exacte en degrés non nuls, il existe, pour tout γ, un élément $w_\gamma \in X'_{q+1}$ tel que

$$d''w_\gamma = \sum_\alpha w_{\alpha\gamma}\, v_\alpha .$$

On posera $\xi'' = (-1)^{p-1} \sum_\gamma W_\gamma \otimes w_\gamma$.

4.2. <u>Lemme</u> - <u>Pour tout</u> $p \in \mathbb{N}^*$, <u>et tout</u> $U \in Y'_p$ <u>il existe une famille</u> $(\xi_i \ ; \ i = 1,\ldots,p)$ <u>d'éléments de</u> $Y \otimes_R X'$, ξ_i <u>de bidegré</u> $(p-i,i)$, <u>tels que</u>

$$\partial'U \otimes 1 + \partial''\xi_1 = 0 \ ; \ \partial'\xi_1 + \partial''\xi_2 = 0,\ldots,\partial'\xi_{p-1} + \partial''\xi_p = 0.$$

Montrons d'abord l'existence de ξ_1 : comme $d'U \in \underline{m}'Y_{p-1}$ (Y est minimale) on l'écrit $d'U = \Sigma a'_\beta V_\beta$ où les V_β parcourent une base du R'-module libre Y'_{p-1} et $a'_\beta \in \underline{m}'$; en posant $a'_\beta = \sum_{i=1}^{r} a'_{i\beta}\, x'_i$ on a

$$\partial'(U \otimes 1) = \sum_{\beta,i} a'_{i\beta}\, V_\beta \otimes x'_i$$
$$= \sum_\beta \sum_{i=1}^{r} a'_{i\beta}\, V_\beta \otimes d''T_i$$
$$= (-1)^{p-1}\, \partial''\Big(\sum_{i,\beta} a'_{i\beta}\, V_\beta \otimes T_i\Big).$$

On posera donc $$\xi_1 = (-1)^{p-1} \sum_{i,\beta} a'_{i\beta}\, V_\beta \otimes T_i \ .$$

Supposons maintenant construits $\xi_1,\xi_2,\ldots,\xi_{q-1}$ vérifiant les conditions du lemme ; comme $\partial'\xi_{q-2}+\partial''\xi_{q-1}=0$ le lemme 4.1. s'applique à ξ_{q-1} et il existe ξ_q vérifiant $\partial'\xi_{q-1}+\partial''\xi_q=0$, ce qui achève la démonstration.

4.3. Reprenons le complexe $X \otimes_R M \overset{\sim}{\to} Y \otimes_R (\tilde{X} \otimes_R M) \overset{\sim}{\to} Y' \otimes_R (X' \otimes_R M)$. Soit $\overline{d}''$ la différentielle de $X' \otimes_R M$ et $\overline{\partial}$ celle de $X \otimes_R M$, on a encore

$$\overline{\partial} = \overline{\partial}' + \overline{\partial}''$$

avec, pour tout $x_{p,q}$ de la forme $y_p \otimes \xi_q$, $y_p \in Y'_p$, $\xi_q \in X'_q \otimes M$,

$$\overline{\partial}'(x_{p,q}) = d'y_p \otimes \xi_q$$
$$\overline{\partial}''(x_{p,q}) = (-1)^p y_p \otimes \overline{d}''\xi_q .$$

Rappelons que, si l'on pose, pour tout $r \in \mathbb{N}$,

$$Z^r_{p,q} = \{z \in F_p(X_{p+q} \otimes M) \; ; \; \overline{\partial} z \in F_{p-r}(X_{p+q-1} \otimes M)\},$$

le terme d'ordre $r \geq 1$ de la suite spectrale associée à la filtration F de $X \otimes M$ est le module bigradué $E^r = \bigoplus_{p,q} E^r_{p,q}$, où

$$E^r_{p,q} = Z^r_{p,q} + F_{p-1}(X_{p+q} \otimes M) / \overline{\partial} Z^{r-1}_{p+r-1,q-r+2} + F_{p-1}(X_{p+q} \otimes M).$$

Naturellement, on a le résultat classique

$$E^1_{p,q} \overset{\sim}{\to} Y_q \otimes H_p(X' \otimes_R M)$$

On montre que $E^r = E^1$ pour tout r, en prouvant que la différentielle d^r de E^r est nulle pour $r \geq 1$.

Tout d'abord on vérifie que

$$Z^r_{p,q} + F_{p-1}(X_{p+q} \otimes M) = Z^1_{p,q} + F_{p-1}(X_{p+q} \otimes M).$$

Le membre de gauche est inclus dans celui de droite. Réciproquement si $z' \in Z^1_{p,q}$ on peut écrire

$$z' \equiv x_{p,q} \bmod F_{p-1}$$

où $\qquad x_{p,q} \in Y'_p \otimes (X'_q \otimes M)$ et $\bar{\partial}'' x_{p,q} = 0.$

Si l'on décompose $x_{p,q}$ sur une base (U_α) de Y'_p (comme R'-module libre), on a

$$x_{p,q} = \sum_\alpha U_\alpha \otimes z_\alpha$$

et $\qquad \bar{\partial}'' x_{p,q} = 0 \iff \bar{d}'' z_\alpha = 0$ pour tout α.

Alors, d'après le lemme 4.2. il existe des $\xi_i^\alpha \in Y'_{p-i} \otimes X'_i$, $i = 1,\dots,r-1$. tels que $\bar{\partial}(U^\alpha \otimes z_\alpha + \xi_1^\alpha.(1 \otimes z_\alpha) + \dots + \xi_{r-1}^\alpha.(1 \otimes z_\alpha)) \in F_{p-r}(X_{p+q-1} \otimes M)$ (rappelons que $\bar{\partial}''(\xi_1^\alpha.(1 \otimes z_\alpha)) = (\bar{\partial}'' \xi_1^\alpha).(1 \otimes z_\alpha)$ puisque $\bar{d}'' z_\alpha = 0$.) Ceci étant vrai pour tout α on en déduit que z' est congru modulo F_{p-1} à l'élément $z = x_{p,q} + \sum_\alpha \sum_{i=1}^{r-1} \xi_i^\alpha.(1 \otimes z_\alpha)$ de $Z_{p,q}^r$. D'où l'égalité cherchée.

On montre que d^r est nulle : d^r est induite par $\bar{\partial}$. Donc, si $z \in Z_{p,q}^r$ est un représentant de $\bar{z} \in E_{p,q}^r$, $d^r(\bar{z})$ est la classe dans $E_{p-r,q+r-1}^r$ de $\bar{\partial} z$. On vient de voir qu'on peut choisir z de la forme

$$z = x_{p,q} + \sum_\alpha \sum_{i=1}^{r-1} \xi_i^\alpha (1 \otimes z_\alpha).$$

Alors $\qquad \bar{\partial} z = \sum_\alpha \bar{\partial}' \, \xi_{r-1}^\alpha.(1 \otimes z_\alpha).$

D'après le lemme 4.1., comme $\bar{\partial}' \, \xi_{r-2}^\alpha + \bar{\partial}'' \, \xi_{r-1}^\alpha = 0$ pour tout α, il existe des $\xi_r^\alpha \in Y'_{p-r} \otimes X'_r$ tels que

$$\bar{\partial}' \, \xi_{r-1}^\alpha + \partial'' \, \xi_r^\alpha = 0, \quad \forall \alpha.$$

On en déduit que

$$\bar{\partial} z \equiv \sum_\alpha \bar{\partial}(\xi_r^\alpha.(1 \otimes z_\alpha)) \bmod F_{p-r-1}.$$

Ainsi, l'image canonique de $\bar{\partial} z$ dans $E_{p-r,q+r-1}^1$ est nulle, et a fortiori son image dans $E_{p-r,q+r-1}^r$ est nulle. Donc $d^r = 0$.

Il en résulte que l'on a, pour tout p,q, un isomorphisme

$$E_{p,q}^1 \xrightarrow{\sim} F_q(H_{p+q}(X \otimes_R M))/F_{p-1}(H_{p+q}(X \otimes_R M)).$$

Comme $H(X \otimes_R M)$ est un espace vectoriel sur k et que la filtration F induite par celle de $X \otimes_R M$ est compatible avec cette structure on a, pour tout m,

$$H_m(X \otimes_R M) \overset{\sim}{\to} \sum_{p+q=m} E^1_{p,q}$$

et $\quad H(X \otimes_R M) \overset{\sim}{\to} E^1$, d'où le théorème 4.

5 - Théorème

Soit $(R,\underline{m},k)$ un anneau local nœthérien, s'il existe un élément x de $\underline{m}\setminus\underline{m}^2$ tel que $R' = R/xR$ soit une intersection complète, alors, pour tout R'-module M nœthérien, la série $\mathcal{B}^R(M)$ est une fraction rationnelle.

D'après le théorème 4 les séries $\mathcal{B}^R(M)$ et $\mathcal{B}^{R'}(M)$ sont liées par la relation

5.1. $$\mathcal{B}^R(M) = \mathcal{B}^R(R').\mathcal{B}^{R'}(M).$$

Comme R' est une intersection complète, le théorème suivant (dû à Gulliksen (3) et dont on trouvera une autre démonstration en II) s'applique :

5.2. Théorème - Si R' est une intersection complète, pour tout R'-module M nœthérien la série $\mathcal{B}^{R'}(M)$ est une fraction rationnelle.

Ainsi $\mathcal{B}^R(M)$ est une fraction rationnelle ssi $\mathcal{B}^R(R')$ en est une. Rappelons la formule 3.1.

$$\mathcal{B}^R(R') = 1 + b_1 z + z^2\mathcal{B}^R(\text{ann } x)$$

dans laquelle ann x est en fait un R'-module. Appliquons 5.1 à $M = \text{ann } x$, il vient alors $\mathcal{B}^R(\text{ann } x) = (1 + b_1 z + z^2\mathcal{B}^R(\text{ann } x))\mathcal{B}^{R'}(\text{ann } x)$, relation dans laquelle $\mathcal{B}^{R'}(\text{ann } x)$ est une fraction rationnelle (théorème 5.2.). Par suite, $\mathcal{B}^R(\text{ann } x)$ est rationnelle et, par la formule 5,1, $\mathcal{B}^R(R')$ aussi, ce qui achève la démonstration du théorème 5.

5.3. Corollaire - Soit $(R,\underline{m},k)$ un anneau local nœthérien de dimension d'immersion $2 = \dim \underline{m}/\underline{m}^2$. Pour tout R-module M nœthérien, la série $\mathcal{B}^R(M)$ est une fraction rationnelle.

En effet, soit (x_1, x_2) un système minimal de générateurs pour $\underline{m}$, $R' = R/x_2R$ est soit régulier, soit une intersection complète. Rappelons que, lorsque $M = k$, la rationalité a été prouvée par Scheja (5).

II

Dans cette partie, $(R,\underline{m},k)$ est un anneau local nœthérien quelconque et M un R-module nœthérien.

Théorème - Soient $(R,\underline{m},k)$ un anneau local nœthérien, E le complexe de Koszul de R, $(\tau_1,\ldots,\tau_s)$ un relèvement dans $Z_1(E)$ d'une famille libre de $H_1(E)$ et $\mathfrak{X}^s = E<S_1,\ldots,S_s>$, $dS_i = \tau_i$, $\partial^o S_i = 2$, l'algèbre de Tate construite à partir de E par adjonction de variables en degré 2 pour "tuer" les cycles τ_i. Alors, pour tout R-module M nœthérien, la série $\mathcal{B}_M(z) = \sum_{m\in\mathbb{N}} b_m z^m$, où $b_m = \dim_k H_m(\mathfrak{X}^s \otimes M)$, est une fraction rationnelle de la forme

$$\mathcal{B}_M(z) = P(z)/(1-z^2)^r ,$$

$P(z)$ étant un polynôme et r un entier inférieur ou égal à s.

Corollaire - Si $(R,\underline{m},k)$ est une intersection complète, pour tout R-module M nœthérien, la série de Betti $\mathcal{B}^R(M)$ est une fraction rationnelle du type $P(z)/(1-z^2)^r$, le maximum de r étant obtenu lorsque $M = k$.

On sait en effet que lorsque R est une intersection complète la construction de Tate de la résolution de k s'arrête au deuxième pas, de sorte que cette résolution est du type $E<S_1,\ldots,S_r>$. D'où le corollaire.

Toute cette partie est consacrée à la démonstration du théorème. On procède par récurrence sur le nombre s des variables introduites en degré 2.

1 - Etude du cas $s = 1$

On utilise la suite spectrale $(\mathcal{E}_p^r, d^r)$ associée à la filtration F de $\mathfrak{X}^1 \otimes M$ par les puissances (divisées) de S_1 :

$$F_p = F_p(\mathfrak{X}^1 \otimes M) = \sum_{i \leq p} S_1^{(i)} \otimes M.$$

Pour $x = S_1^{(r)}\xi$, avec $\xi \in E \otimes M$, on pose

$$d'x = S_1^{(r-1)}\tau_1\xi \qquad \text{(remarquer que } \tau_1\xi \in E \otimes M)$$

$$d''x = S_1^{(r)}\partial\xi \qquad (\partial \text{ est la différentielle de } E \otimes M).$$

Alors, la différentielle d de $\mathfrak{X}^1 \otimes M$ s'écrit $d = d' + d''$.
Par définition de la suite spectrale $(\mathcal{E}^r, d^r)$ on a, pour tous $p \in \mathbb{N}$, $r \in \mathbb{N}$,

$$\mathcal{E}_p^r = Z_p^r + F_{p-1} / dZ_{p+r-1}^{r-1} + F_{p-1},$$

avec

$$Z_p^r = \{x \ ; \ x \in F_p \ , \ dx \in F_{p-r}\}.$$

Ainsi $x \in Z_p^r$ si et seulement si $x = \sum_{q=0}^{p} S^{p-q}\xi_q$ avec $d\xi_o = 0$ et $d\xi_q + \tau_1\xi_{q-1} = 0$, $\forall q = 1,2,\ldots,r-1$. Pour tout $q \in \mathbb{N}^*$, on définit la translation $\theta^q : \mathfrak{X}^1 \otimes M \to \mathfrak{X}^1 \otimes M$:

- si $x \in F_q$ avec $p < q$, on pose $\theta^q(x) = 0$,

- si $x \in F_p$ avec $p \geq q$, on a $x = \sum_{r \leq p} S_1^{(r)}\xi_r$ avec $\xi_r \in E \otimes M$, et l'on pose $\theta^q(x) = \sum_{q \leq r \leq p} S_1^{(r-q)}\xi_r$.

On a donc $\theta^q(F_p) \subset F_{p-q}$ pour tout p.

Il est clair que θ^q est compatible avec la différentielle, et qu'elle induit pour tout p, un homomorphisme

$$\bar{\theta}_p^q : \mathcal{E}_p^r \to \mathcal{E}_{p-q}^r .$$

Remarquons que, pour $p' \geq q+r-1$, l'application $\theta^q : Z_{p'}^r \to Z_{p'-q}^r$ est surjective (la condition $x \in Z_p^r$ ne fait intervenir que les termes de degré $\geq p-r+1$ en S_1). Utilisant alors le diagramme commutatif et exact

$$\begin{array}{ccccc} 0 \to dZ^{r-1}_{p-q+r-1} + F_{p-q-1} & \to & Z^r_{p-q} + F_{p-q-1} & \to & \mathcal{E}^r_{p-q} \to 0 \\ \theta^q \uparrow & & \theta^q \uparrow & & \bar{\theta}^q_p \uparrow \\ 0 \to dZ^{r-1}_{p+r-1} + F_{p-1} & \to & Z^r_p + F_{p-1} & \to & \mathcal{E}^r_p \to 0 \end{array}$$

on vérifie aisément que $\bar{\theta}^q_p$ est injective pour tout $p \geqslant q$, bijective pour tout $p \geqslant q+r-1$, et nulle pour $p < q$.

Si l'on pose $W^r = \mathcal{E}^r_{r-1}$, $\mathcal{E}^r_p$ est donc isomorphe à W^r pour $p \geqslant r-1$. Il est clair que, pour tout p, on a un isomorphisme $\mathcal{E}^1_p \overset{\sim}{\to} S^{(p)}H(E \otimes M)$. D'un autre côté, si $d^r_p : \mathcal{E}^r_p \to \mathcal{E}^r_{p-r}$ désigne la restriction de d^r à $\mathcal{E}^r_p$, on a un isomorphisme canonique

$$\mathcal{E}^{r+1}_p \overset{\sim}{\to} \operatorname{Ker} d^r_p \,/\, \operatorname{Im} d^r_{p+r} .$$

Comme $H(E \otimes M)$ est un espace vectoriel de dimension finie, on en déduit que, pour p fixé, la suite $(\mathcal{E}^r)_{r\in\mathbb{N}^*}$ de sous-quotients successifs, est stationnaire. Ainsi, pour tout p, il existe $r(p)$ et des isomorphismes

1.1. $$\alpha^r_p : \mathcal{E}^r_p \overset{\sim}{\to} \mathcal{E}^{r(p)}_p \qquad \text{pour } r \geqslant r(p).$$

Comme, pour tout r, W^{r+1} est un sous-quotient de W^r, la suite $(W^r)_{r\in\mathbb{N}^*}$, est stationnaire ; il existe donc $r_o \in \mathbb{N}^*$ et des isomorphismes

1.2. $$\beta^r_p : \mathcal{E}^r_p \overset{\sim}{\to} W^{r_o} \qquad \text{pour } r \geqslant r_o \text{ et } p \geqslant r-1.$$

Dans ces conditions, pour $p \geqslant r_o$, on peut prendre $r(p) = r_o$: en effet, pour tout $r \geqslant r_o$, choisissons $p' > \sup\{p,r\}$; utilisant la propriété 1.2., on obtient un isomorphisme de $\mathcal{E}^{r_o}_p$ sur $\mathcal{E}^r_{p'}$. En le composant avec $\theta^{p'-p}_{p'} : \mathcal{E}^r_{p'} \to \mathcal{E}^r_p$, on obtient une injection de $\mathcal{E}^{r_o}_p$ dans $\mathcal{E}^r_p$. Comme $\mathcal{E}^r_p$ est un sous-quotient de $\mathcal{E}^{r_o}_p$ cette injection est un isomorphisme (à cause des dimensions).

Alors, pour chaque $p < r_o$ on choisit un $r(p)$ vérifiant 1.1., et l'on pose $r_1 = \sup\{r_o, r(p), p < r_o\}$, de sorte que

$$\mathcal{E}^r_p \overset{\sim}{\to} \mathcal{E}^{r_1}_p \qquad \forall p, \quad \forall r \geq r_1 .$$

Ainsi, la suite spectrale $(\mathcal{E}^r, d^r)$ est stationnaire et l'on a prouvé le lemme ci-dessous.

1.3. Lemme - Il existe deux entiers r_1 et π_1 positifs, tels que

a) $H(\mathfrak{X}^1 \otimes M)$ soit naturellement isomorphe à $\mathcal{E}^{r_1}$;

b) pour tout $p \in \mathbb{N}$, $H_p(\mathfrak{X}^1 \otimes M)$ est un sous-quotient de $H(E \otimes M)$, indépendant de p pour $p \geq \pi_1$.

2 - Une hypothèse pour le calcul de $\mathcal{B}_M(z)$

2.1. Nous nous proposons de généraliser le lemme 1.3. et de montrer que pour tout $s \geq 1$, la $\mathbb{N}^s$-graduation naturelle de $\mathfrak{X}^s \otimes M = E<S_1,\dots,S_s> \otimes M$ par les puissances des S_i, induit sur $H(\mathfrak{X}^s \otimes M)$ une $\mathbb{N}^s$-graduation telle que

a) $H(\mathfrak{X}^s \otimes M) = \sum_{P \in \mathbb{N}^s} gr_P \, H(\mathfrak{X}^s \otimes M)$;

b) pour tout $P = (p_s, p_{s-1}, \dots, p_1) \in \mathbb{N}^s$, $W_P = gr_P \, H(\mathfrak{X}^s \otimes M)$ est un sous-quotient de $H(E \otimes M)$ muni d'une graduation induite par celle de $E \otimes M$;

c) il existe un entier positif π_s tel que W_P est indépendant de p_i pour $p_i > \pi_s$, $i = 1,2,\dots,s$ (cf. 4.3).

2.2. Vérifions d'abord que ces propriétés suffisent pour prouver le théorème annoncé. En effet, on peut alors calculer "explicitement" la série $\mathcal{B}_M(z)$ associée à $H(\mathfrak{X}^s \otimes M)$ comme suit. On posera $\pi_s = \pi$.

Notations - A toute partie ordonnée $I = \{i_1 < i_2 < \dots < i_m\}$, non vide, de $\{1,2,\dots,s\}$, on associe l'ensemble

$A(I) = \{Q = (q_{i_1}, \dots, q_{i_m}) ; 0 \leq q_{i_j} \leq \pi , \forall j = 1,2,\dots,m\}$. Cet ensemble est fini.

Si $Q \in A(I)$, on lui associe un espace vectoriel W_Q de dimension finie tel que W_P soit isomorphe à W_Q lorsque $P = (p_s,\dots,p_1)$ vérifie $p_i = q_i$ pour $i \in I$, et $p_i > \pi$ si $i \notin I$. A W_Q correspond le polynôme

$$\rho_Q(z) = \Sigma a_k \, z^k$$

où a_k est la dimension de la partie homogène de degré k de W_Q. Si P vérifie $p_i > \pi \ \forall i$, on a $W_P \overset{\sim}{\to} W$ et on note $\rho(z)$ le polynôme associé à W.

Alors la série $\mathcal{B}_M(z)$ a la forme suivante :

2.3. $$\mathcal{B}_M(z) = \left(\frac{1}{1-z^2} - 1 - z^2 - \ldots - z^{2\pi}\right)^s \rho(z) +$$
$$+ \sum_{m=1}^{m=s} \sum_{\substack{I \subset \{1,\ldots,s\} \\ \text{card } I = m}} \sum_{Q \in A(I)} \left(\frac{1}{1-z^2} - 1 - z^2 - \ldots - z^{2\pi}\right)^{s-m} \rho_Q(z).$$

C'est bien une fraction rationnelle de dénominateur $(1-z^2)^r$ avec $r \leq s$. Il reste à prouver que notre hypothèse est la bonne !

3 - Notations et Définitions

3.1. Filtrations et graduations

Pour calculer $H(\mathfrak{X}^s \otimes M)$ nous utiliserons plusieurs filtrations. On notera $P = (p_s,\ldots,p_1)$, $p_i \in \mathbb{Z}$, les éléments du groupe produit $\mathbb{Z}^s$.

Pour tout $\rho \in \mathbb{Z}$ on convient de poser

$$P + \rho = P + (0,\ldots,0,\rho) = (p_s,\ldots,p_2,p_1+\rho).$$

On met sur $\mathbb{Z}^s$ une structure de groupe ordonné au moyen de l'ordre lexicographique : $P = (p_s,\ldots,p_1) < Q = (q_s,\ldots,q_1)$ si et seulement si il existe $i \in \{1,2,\ldots,s\}$ avec $p_i < q_i$ et $p_j = q_j$ pour $j > i$.

On sera amené à utiliser, pour tout i, la somme $\mathbb{Z}^{s-i+1}$ des (s-i+1)-"premiers" facteurs de $\mathbb{Z}^s$, comme ensemble des (s-i+1)-uplets notés $P(i) = (p_s,\ldots,p_i)$. Cet ensemble sera muni de la structure de groupe ordonné induite par celle de $\mathbb{Z}^s$.

De la sorte, si $P = (p_s,\ldots,p_1) \in \mathbb{Z}^s$, $P(i) = (p_s,\ldots,p_i)$ désignera sa projection canonique sur $\mathbb{Z}^{s-i+1}$ (on aura alors $P(1) = P$).

Pour tout $\rho \in \mathbb{Z}$, on convient de poser

$$P(i) + \rho = (p_s,\ldots,p_{i+1}, p_i + \rho).$$

Pour $i > 1$ et $\rho \neq 0$, si P a pour projection $P(i)$, $P+\rho$ aura donc pour projection $P(i)$ (et non $P(i)+\rho$!).

Ces ensembles permettent de définir sur $\mathfrak{X}^s \otimes M$ plusieurs filtrations et graduations associées. Pour $P = (p_s,\ldots,p_1) \in \mathbb{N}^s \subset \mathbb{Z}^s$, nous notons $\mathfrak{S}^P$ le monôme $S_s^{(p_s)} S_{s-1}^{(p_{s-1})} \ldots S_1^{(p_1)}$, de sorte que l'on a

$$\mathfrak{X}^s \otimes M \overset{\sim}{\to} \sum_{P \in \mathbb{N}^s} \mathfrak{S}^P E \otimes M$$

Posons

$$\mathrm{gr}_P\, \mathfrak{X}^s \otimes M = \mathfrak{S}^P E \otimes M \quad , \quad \text{si} \quad P \in \mathbb{N}^s \subset \mathbb{Z}^s ,$$

$$\mathrm{gr}_P\, \mathfrak{X}^s \otimes M = 0 \quad , \quad \text{si} \quad P \in \mathbb{Z}^s ,\ P \notin \mathbb{N}^s ,$$

et définissons sur $\mathfrak{X}^s \otimes M$ la $\mathbb{Z}^s$-filtration $\{F_P \ ; \ P \in \mathbb{Z}^s\}$ par

$$F_P = \sum_{Q \leq P} \mathrm{gr}_Q\, \mathfrak{X}^s \otimes M .$$

Par construction, on a alors, pour tout $P \in \mathbb{Z}^s$,

$$\mathrm{gr}_P\, \mathfrak{X}^s \otimes M \overset{\sim}{\to} F_P / F_{P-1} ,$$

et le gradué associé à cette filtration, qui sera noté $\mathrm{gr}\, \mathfrak{X}^s \otimes M$, est isomorphe à $\mathfrak{X}^s \otimes M$.

De manière analogue, pour tout $j = 1,2,\ldots,s$ on définira sur $\mathfrak{X}^s \otimes M$ une $\mathbb{Z}^{s-j+1}$-graduation et une $\mathbb{Z}^{s-j+1}$-filtration $\{F_{P(j)} \ ; \ P(j) \in \mathbb{Z}^{s-j+1}\}$, appelées respectivement <u>$j^{\text{ième}}$ graduation</u> et <u>$j^{\text{ième}}$ filtration</u>, en posant

$$\mathrm{gr}_{P(j)}\, \mathfrak{X}^s \otimes M = \sum_{\substack{Q \in \mathbb{Z}^s \\ Q(j) = P(j)}} \mathrm{gr}_Q\, \mathfrak{X}^s \otimes M,$$

et

$$F_{P(j)} = \sum_{Q(j) \leq P(j)} \mathrm{gr}_{P(j)}\, \mathfrak{X}^s \otimes M .$$

On note $\mathrm{gr}^{(j)}(\mathfrak{X}^s \otimes M) = \sum_{P(j)} \mathrm{gr}_{P(j)}\, \mathfrak{X}^s \otimes M$ le gradué associé. Il est isomorphe à $\mathfrak{X}^s \otimes M$.

Ces filtrations et graduations sont évidemment compatibles avec la graduation $\mathfrak{X}^s \otimes M = \sum_{n\in\mathbb{N}} \mathfrak{X}^s_n \otimes M$, que nous appellerons <u>graduation naturelle</u>.

Remarquons que, pour $P=(p_s,\ldots,p_1)$, on a $F_p=0$ si $p_s=\ldots=p_{i+1}=0$ et $p_i \nless 0$; on a aussi $F_P=F_{P(i)-1}$ s'il existe $j\in\{1,2,\ldots,i\}$ tel que $p_m \geqslant 0$ pour $m>i$, $p_i>0$, $p_m=0$ pour $j<m<i$ et $p_j<0$.

3.2. <u>Les translations</u> - Pour tout $i=1,2,\ldots,s$, et tout $q\in\mathbb{N}$, on définit un endomorphisme $\theta_{i,q}$ du module $\mathfrak{X}^s\otimes M$, appelé <u>translation</u>, comme suit. Pour tout $P=(p_s,\ldots,p_1)\in\mathbb{N}^s$, tout $q\in\mathbb{N}^*$ et tout $i\leqslant s$, on pose $p'_i=p_i-q_i$, $p'_j=p_j$ si $j\neq i$ et $P'=(p'_s,\ldots,p'_1)$; alors, pour tout $\xi\in E\otimes M$ et $x=\mathfrak{S}^P\xi\in gr_P\,\mathfrak{X}^s\otimes M$, on définit $\theta_{i,q}(x)$ par

$$\theta_{i,q}(x)=\mathfrak{S}^{P'}\xi \quad \text{si} \quad P'\in\mathbb{N}^s \quad (\text{i.e. } p_i-q\geqslant 0).$$

$$\text{et} \quad \theta_{i,q}(x)=0 \quad \text{sinon.}$$

On vérifie aisément que $\theta_{i,q}$ est compatible avec la graduation totale ($\theta_{i,q}$ est de degré $-2q$), avec les filtrations définies ci-dessus, et avec la différentielle d.

On notera $\theta_P^{P'} : gr_P\,\mathfrak{X}^s\otimes M \to gr_{P'}\,\mathfrak{X}^s\otimes M$ la restriction de $\theta_{i,q}$ à $gr_P\,\mathfrak{X}^s\otimes M$.

3.3. <u>Définition de E^T et $E^{T(i)}$</u>.

Etant donnés $i\in\{1,2,\ldots,s\}$, $P(i)=(p_s,\ldots,p_i)\in\mathbb{N}^{s-i+1}$ et $T(i)=(t_s,\ldots,t_i)\in\mathbb{Z}^s$ on pose, par analogie avec les suites spectrales ordinaires :

$$Z^{T(i)}_{P(i)}=\{x\ ;\ x\in F_{P(i)}\ ,\ dx\in F_{P(i)-T(i)}\}.$$

On a donc, pour tout $T'(i)<T(i)$ les inclusions ci-dessous

3.3.1 $$dZ^{T'(i)-1}_{P(i)+T'(i)-1}\subset dZ^{T(i)-1}_{P(i)+T(i)-1}\subset Z^{T(i)}_{P(i)}\subset Z^{T'(i)}_{P(i)}\ .$$

De plus, Z désignant l'ensemble des cycles de $\mathfrak{X}^s\otimes M$, si l'on pose $Z_{P(i)}=Z\cap F_{P(i)}$, on a $Z_{P(i)}\subset Z^{T(i)}_{P(i)}$ pour tout $T(i)$.

On définit alors :

$$E^{T(i)}_{P(i)} = Z^{T(i)}_{P(i)} + F_{P(i)-1} \,/\, dZ^{T(i)-1}_{P(i)+T(i)-1} + F_{P(i)-1}$$

et $$E^{T(i)} = \sum_{P(i)\in \mathbb{Z}^{s-i+1}} E^{T(i)}_{P(i)} \quad (\text{On a } E^{T(i)}_{P(i)} = 0 \text{ si } P(i)\notin \mathbb{N}^s).$$

Lorsque $i = 1$ on simplifie les notations en posant $P(i) = P$ et $T(i) = T$.

3.3.2. <u>Remarque</u> : Le module $E^{T(i)}$ est naturellement $\mathbb{N}^{s-i+1}$-gradué, donc filtré. La graduation naturelle de $\mathfrak{X}^s \otimes M$ induit sur $E^{T(i)}$ une graduation naturelle compatible avec la précédente. Pour tout j, la j-ième filtration de $\mathfrak{X}^s \otimes M$ induit une j-ième filtration $\{F_{P(j)}(E^{T(i)})\ ;\ P(j)\in \mathbb{Z}^{s-j+1}\}$ sur $E^{T(i)}$. D'où un gradué associé $\sum_{P(j)} gr_{P(j)} E^{T(i)} = gr^{(j)}\, E^{T(i)}$.

Pour les valeurs utilisées $E^{T(i)}$ sera un k-espace vectoriel, donc isomorphe comme espace vectoriel à ce gradué associé.

3.3.3. <u>Remarque</u> : Pour $i = s$, $P(s) = (p_s)$, $T(s) = (t_s)$, et $(E^{(t_s)}, \delta^{(t_s)})$ n'est autre que la suite spectrale associée à la filtration de $\mathfrak{X}^s \otimes M$ par les puissances de S_s (Voir en 3.4. la définition de $\delta^{(t_s)}$).

3.3.4. <u>Remarque</u> : soit $i = 1$, $T = (0,\dots,0,r)$ avec $r > 0$, alors pour tout P, $E^T_P \overset{\sim}{\to} S_s^{P_s} \dots S_2^{P_2}\, \mathfrak{C}^r_{P_1}$ avec les notations du § 1.

3.4. - La différentielle d de $\mathfrak{X}^s \otimes M$ induit sur $E^{T(i)}$ un endomorphisme $\delta^{T(i)}$ de module $\mathbb{Z}^{s-i+1}$-gradué de degré $(-T(i))$: si $\overline{x}\in E^{T(i)}_{P(i)}$ se relève en $x\in Z^{T(i)}_{P(i)}$ on a $dx \in Z^{T(i)}_{P(i)-T(i)}$ et $\delta^{T(i)}(\overline{x})$ est la classe de dx dans $E^{T(i)}_{P(i)-T(i)}$. Lorsqu'il n'y aura pas d'ambiguïté, on écrira δ au lieu de $\delta^{T(i)}$. Naturellement, $\delta^{T(i)}$ reste de degré -1 pour la graduation naturelle.

3.4.1. <u>Lemme</u> - <u>Soit</u> $i\in\{1,2,\dots,s\}$ <u>et</u> $T(i) = (t_s,\dots,t_i) \in \mathbb{Z}^{s-i+1}$; <u>on pose</u> $E^r = E^{T(i)+r}$ <u>et</u> $\delta^r = \delta^{T(i)+r}$. <u>Alors, pour tout</u> $r\in\mathbb{N}$, <u>l'inclusion</u>

$Z^{T(i)+r+1} \hookrightarrow Z^{T(i)+r}$ induit un isomorphisme

$$\beta : E^{r+1} \xrightarrow{\sim} H(E^r,\delta^r) ;$$

On a ainsi une suite spectrale $(E^r,\delta^r,\ r\in\mathbb{N}^*)$.

Nous nous contentons de décrire l'inverse β^{-1} de β : soit $\bar{x}\in E^r_{P(i)}$ un cycle pour δ^r et x un relèvement de $\bar{x}$ dans $Z^{T(i)+r}_{P(i)}$; comme $\delta^r(\bar{x}) = 0$, il existe $y\in Z^{T(i)+r-1}_{P(i)-1}$ tel que $d(x-y)\in F_{P(i)-T(i)-r-1}$; ainsi $x' = x-y$ est un relèvement de $\bar{x}$ et il est dans $Z^{T(i)+r+1}_{P(i)}$. Alors β^{-1} associe à la classe d'homologie de $\bar{x}$ la classe de x' dans $E^{T(i)+r+1}_{P(i)}$.

3.4.2. Lemme - On reprend les hypothèses de 3.4.1 avec $i \geq 2$; si, de plus, il existe T' vérifiant $T'(i) = T(i)+1$ et tel que pour tout $j < i$ la différentielle δ' induite par d sur $E^{T(i)+1}$ muni de la j-ième filtration soit un endomorphisme filtré de degré $-T'(j)$, alors, pour tout $P\in\mathbb{N}^s$, l'inclusion

$$Z^{T'(j)+1}_{P(j)} \hookrightarrow Z^{T(i)+1}_{P(i)} \cap F_{P(j)}$$

induit un isomorphisme

$$E^{T'(j)+1}_{P(j)} \xrightarrow{\sim} H_{P(j)}(gr^{(j)}E^{T(i)+1}\ ,\ \delta^{T'(j)}),$$

où $\delta^{T'(j)} = gr^{(j)}(\delta)$.

De plus, la suite spectrale $(E^{T'(j)+\rho},\delta^{T'(j)+\rho}\ ;\ \rho\in\mathbb{N}^*)$ converge vers $E^{T'(j+1)+1}$.

Si $x\in Z^{T'(j)+1}_{P(j)}$ est un représentant d'un élément $\bar{x}$ de $E^{T'(j)+1}_{P(j)}$ on appelle $\tilde{x}$ sa classe dans $gr^{(j)}E^{T(i)+1}$; il est clair que $\tilde{x}$ est un cycle pour $\delta^{T'(j)}$ puisque $\delta^{T'(j)}$ est de degré $-T'(j)$ et $dx\in F_{P(j)-T'(j)-1}$. Si x' est un autre représentant de $\bar{x}$, il existe $u\in Z^{T'(j)}_{P(j)+T'(j)}$ avec $x-x'+du\in F_{P(j)-1}$. Remarquant que $Z^{T'(j)}_{P(j)+T'(j)}$ est inclus dans

$Z^{T(i)+1}_{P(i)+T(i)+1} \cap F_{P(j)+T'(j)}$, on appelle $\tilde{u}$ la classe de u dans $gr_{P(j)+T'(j)}E^{T(i)+1}$; alors $\delta^{T'(j)}(\tilde{u})$ est la classe de du dans $gr_{P(j)}E^{T(i)+1}$, par définition. On en déduit que $\tilde{x}-\tilde{x}' = \delta^{T'(j)}(\tilde{u})$.

Par conséquent, on définit une application

$$\alpha : E^{T'(j)+1}_{P(j)} \longrightarrow H_{P(j)}(gr^{(j)}E^{T(i)+1},\delta)$$

en associant à $\overline{x}$ la classe d'homologie de $\tilde{x}$.

L'application inverse se décrit de manière analogue : si $\hat{x}$ est une classe d'homologie du membre de droite on la relève en un cycle $\tilde{x}$ de degré $P(j)$; on choisit un représentant $x \in Z^{T(i)+1}_{P(i)} \cap F_{P(j)}$ de $\tilde{x}$; tel que $dx \in F_{P(j)-T'(j)}$ (ce qui est possible puisque δ' est induite par d et de degré $-T'(j)$). Dire que $\delta^{T'(j)}(\tilde{x}) = 0$ c'est dire que la classe de dx dans $gr_{P(j)-T'(j)}E^{T(i)+1}$ est nulle, ou encore qu'il existe $u \in Z^{T'(i)}_{P(i)-1}$ avec $d(x+u) \in F_{P(j)-T'(j)-1}$. Alors $\alpha^{-1}(\hat{x})$ sera la classe de $x+u$ dans $E^{T'(j)+1}_{P(j)}$.

Pour prouver la deuxième assertion du lemme on note (N,δ) le module différentiel sous-jacent à $(gr^{(j+1)}E^{T(i)+1},\delta^{T'(j+1)})$ (on "oublie" la $(j+1)$-ième graduation). Considérons sur N la filtration $(F_pN)_{p\in\mathbb{Z}}$, où

$$F_pN = \sum_{\substack{P(j+1)\in\mathbb{N}^{s-j} \\ p_j \leq p}} gr_{P(j)}E^{T(i)} .$$

Soit $gr\,N = \sum_{p\in\mathbb{Z}} N_p$ le gradué associé à cette filtration, on a

$$N_p \simeq \sum_{(p_s,\ldots,p_{j+1})\in\mathbb{N}^{s-j}} gr_{(p_s,\ldots,p_{j+1},p)} E^{T(i)} .$$

Par hypothèse δ est compatible avec cette filtration, et de degré $-t'_j$. Alors, la suite spectrale $(\mathcal{E}^\rho,\delta^\rho)_{\rho\in\mathbb{N}^*}$ associée à cette filtration (cf lemme 3.4.3. ci-dessous) converge vers $H(N,\delta)$.

On achève la démonstration en prouvant que les deux suites spectrales $(\mathcal{E}^\rho,\delta^\rho)_{\rho\in\mathbb{N}^*}$ et $(E^{T'(j)+\rho},\delta^{T'(j)+\rho})_{\rho\in\mathbb{N}^*}$ sont isomorphes. On sait que $\mathcal{E}^{\rho+1}$ est l'homologie de $(\mathcal{E}^\rho,\delta^\rho)$, et que $\delta^{\rho+1}$ est induite par $\delta^{T'(j+1)}$; de même $E^{T'(j)+\rho+1}$ est l'homologie de $(E^{T'(j)+\rho},\delta^{T'(j)+\rho})$, et $\delta^{T'(j)+\rho+1}$ est induite par d donc par $\delta^{T'(j)+1} = \delta$ (puisque $\delta^{T'(j)+1}$ reste de degré $-T'(j+1)$ pour la $(j+1)$-ième graduation). Les deux suites spectrales sont alors isomorphes car leurs premiers termes le sont (utiliser le lemme 3.4.3. et l'isomorphisme
$\mathcal{E}^1 \cong H(\mathrm{gr}\, N, \mathrm{gr}\,\delta) = H(\mathrm{gr}^{(j)} E^{T(i)+1}, \mathrm{gr}^{(j)} \delta^{T(i)+1}))$.

3.4.3. <u>Lemme</u> - <u>Soit</u> $(F_p N)_{p\in\mathbb{Z}}$ <u>une filtration sur un module différentiel</u> (N,δ) ; <u>on suppose</u> δ <u>compatible avec la filtration et de degré</u> r, $r\in\mathbb{Z}$, <u>pour cette filtration</u> ; <u>on définit une suite spectrale</u> $(\mathcal{E}^\rho,\partial^\rho)_{\rho\in\mathbb{N}^*}$ <u>associée à cette filtration en posant</u> :

$$Z_p^\rho = \{z \; ; \; z\in F_p(N) \; , \; \delta z\in F_{p+r-\rho}(N)\}, \quad p\in\mathbb{N} \, ,$$

$$\mathcal{E}_p^\rho = Z_p^\rho + F_{p-1}(N) \,/\, \delta Z_{p+r-\rho+1}^{\rho-1} + F_{p-1}(N), \quad p\in\mathbb{N}^*,$$

et
$$\mathcal{E}^\rho = \sum_{p\in\mathbb{N}} \mathcal{E}_p^\rho \, , \quad \partial^\rho \text{ étant induite par } \delta .$$

<u>Si la filtration</u> F <u>est bornée, la suite spectrale</u> $(\mathcal{E}^\rho,\partial^\rho)$ <u>converge vers</u> <u>$H(N)$</u>.

La démonstration classique (4) s'adapte immédiatement par une simple "translation" des degrés de r. En particulier, pour tout $p\in\mathbb{Z}$, on a un isomorphisme canonique entre $\mathrm{gr}_p N$ et $\mathcal{E}_p^0 = Z_p^0 + F_{p-1}(N) \,/\, F_{p-1}(N)$.

3.5. Pour prouver le théorème (§4) on calculera $H(\mathfrak{X}^s \otimes M)$ au moyen d'une cascade de telles suites spectrales qui seront toutes stationnaires. Par un raisonnement par récurrence sur $R = (r_s,\dots,r_1)\in\mathbb{N}^s$, ordonné lexicographiquement <u>de droite à gauche</u>, on associera à chaque R un élément $T^R = (t_s^R,\dots,t_1^R)$ de $\mathbb{Z}^s$, avec $t_s^R = r_s$, de sorte que les propriétés ci-dessous seront réalisées :

(i) $T^R(i)$ ne dépend que de $R(i)$,

(ii) si $R^o = (r_s,\dots,r_i,0,\dots,0)$, alors la différentielle $\delta^{T^{R^o}(i)}$ de $E^{T^{R^o}(i)}$ est un homomorphisme filtré de degré $-T^{R^o}(i-1)$ pour la (i-1)-ième filtration.

(iii) La suite spectrale $(E^{T^{R^o}(i-1)+\rho}, \rho \in \mathbb{N}^*)$ est stationnaire, de sorte que, d'après le lemme 3.4.2., à $R^o(i)$ sera associé un élément r_{i-1} de $\mathbb{N}^*$, un prolongement $R(i-1) = (r_s,\dots,r_i,r_{i-1})$ de $R^o(i)$ et des isomorphismes

$$gr^{(i-1)} E^{T^{R^o}(i)+1} \simeq E^{T^R(i-1)+\rho}, \quad \forall \rho \in \mathbb{N}^*,$$

où $$T^R(i-1) = (t_s^{R^o},\dots,t_i^{R^o},t_{i-1}^{R^o}+r_{i-1}) = T^{R^o}(i-1) + r_{i-1}.$$

(iv) Pour tout $R \in \mathbb{N}^s - \{0\}$, $E_P^{T^R}$ est un espace vectoriel de dimension finie indépendant de p_i pour p_i assez grand.

Ainsi, de proche en proche, on associera à $R^o(i)$ un prolongement $R = (r_s,\dots,r_1)$ et des isomorphismes

$$gr\, E^{T^{R^o}(i)+1} \simeq E^{T^R+\rho}, \qquad \forall \rho \in \mathbb{N}^*$$

En particulier, on calculera ainsi les termes de la suite spectrale $E^{(r_s)}$ qui converge vers $H(\mathcal{X}^s \otimes M)$. On achèvera en prouvant que cette suite est stationnaire et en utilisant (iv). (cf § 2).

La difficulté principale sera de définir T^R à partir de R, c.à.d. de trouver le point de départ de la suite spectrale $E^{T^{R^o}(i-1)+\rho}$, $\rho \in \mathbb{N}^*$ aboutissant à $E^{T^{R^o}(i)+1}$. Remarquons que, pour prouver (ii), il suffit de démontrer que, pour tout $P(i-1) \in \mathbb{N}^{s-i+2}$ et tout $\bar{z} \in gr_{P(i-1)}^{T^{R^o}(i)}$ il existe un représentant z de $\bar{z}$ dans $Z_{P(i)}^{T^{R^o}(i)} \cap F_{P(i-1)}$ tel que $dz \in F_{P(i-1)-T^{R^o}(i-1)}$

On le fera en utilisant des représentants dont les degrés en $S_s,\dots,S_{i-1}$, vérifieront certaines "conditions de majorations" qui sont introduites dans le paragraphe suivant.

3.6. Majorations : fonction φ_R et f_R.

A chaque $R = (r_s,\dots,r_1) \in \mathbb{N}^s$ nous associerons deux familles de nombres entiers positifs ou nuls :

$$C_R = \{C^m_{R(k+m)} \ ; \ k = 1,\dots,s-1 \ ; \ m = 1,\dots,s-k\},$$

et $$\Gamma_R = \{\Gamma^m_{R(k+m)-r} ; \ k = 1,\dots,s-1 \ ; \ m = 1,\dots,s-k \ ; \ r = 0,\dots,r_{k+m}-1\},$$

qui permettront les définitions ci-dessous.

Comme le suggèrent les notations, si R et R' vérifient $R(k+m) = R'(k+m)$ on aura $C^m_{R(k+m)} = C^m_{R'(k+m)}$ et $\Gamma^m_{R(k+m)-r} = \Gamma^m_{R'(k+m)-r}$, $\forall r$.

Si $r_{k+m} = 0$ on conviendra de poser $\Gamma^m_{R(k+m)} = 0$.

Dans les trois définitions suivantes on suppose que l'on a associé à R deux familles C_R et Γ_R ; au § 4 on donne une construction de C_R et Γ_R par "récurrence" sur R.

3.6.1. Définition : Soit $R \in \mathbb{N}^s$, pour tout (k,m) avec $k = 1,\dots,s-1$, $m = 1,\dots,s-k$, on définit la fonction

$$\varphi^m_{R(k+m)} : \mathbb{N} \to \mathbb{N}$$

par récurrence sur r_{k+m}, au moyen des formules :

lorsque $r_{k+m} = 0$, $\varphi^m_{R(k+m)}(x) = 0 \qquad \forall x \in \mathbb{N}$,

lorsque $r_{k+m} > 0$, $$\varphi^m_{R(k+m)}(x) = \begin{cases} 0 & , \text{ si } x = 0 \\ \varphi^m_{R(k+m)-1}(x-1) + \Gamma^m_{R(k+m)} & , \text{ si } x > 0 \end{cases}$$

Remarquons que, pour $x \geq r_{k+m}$, $\varphi^m_{R(k+m)}(x) = \sum_{\rho=o}^{r_{k+m}-1} \Gamma^m_{R(k+m)-\rho} = \sum_{\rho=o}^{r_{k+m}-1} \Gamma^m_{R(k+m)-\rho}$,

puisque $R(k+m) - r_{k+m} = (r_s,\dots,r_{k+m+1},o)$.

3.6.2. Définition : Pour R et P dans $\mathbb{N}^s$, on dit que Q satisfait la majoration $(*)_P^R$ si :

$$(*)_P^R \qquad \begin{cases} q_s \leq p_s \\ q_k \leq p_k + f_{R(k+1)}(P(k+1)-Q(k+1)) \quad \text{pour } k < s, \end{cases}$$

Les fonctions $f_{R(k+1)}$ étant définies par récurrence décroissante sur k par

$$f_{R(k+1)}(P(k+1)-Q(k+1)) = \sum_{m=1}^{s-k} \{C^m_{R(k+m)} \cdot x_{k+m} + \varphi^m_{R(k+m)}(x_{k+m})\}$$

avec $x_i = p_i + f_{R(i+1)}(P(i+1)-Q(i+1)) - q_i$ pour $i = 2,\ldots,s$ (par convention $f_{R(s+1)} = 0$).

Ainsi, dans cette définition, x_i mesure la différence entre q_i et sa valeur maximum possible compte tenu des valeurs des q_j pour $j > i$.

3.6.3. Définition : Pour R et P dans $\mathbb{N}^s$, on dit que

$$x = \sum_{Q \in \mathbb{N}^s} \xi_Q \mathfrak{S}^Q ,$$

où les $\xi_Q \in E \otimes M$ sont presque tous nuls, appartient à $\mathfrak{M}^R(P)$ ssi $\xi_Q \neq 0$ implique Q vérifie $(*)_P^R$

Remarque 1 - Si $x \in \mathfrak{M}^R(P)$ alors $x \in F_P$.

Remarque 2 - Si $x \in \mathfrak{M}^R(P)$ alors $dx \in \mathfrak{M}^R(P)$. Il suffit en effet de le vérifier lorsque $x = \xi^Q \mathfrak{S}^Q$; alors dx est somme de monômes de degrés Q et $\hat{Q}^i = (q_s,\ldots,q_{i+1},q_i-1,q_{i-1},\ldots,q_1)$ pour $i = 1,2,\ldots,s$, si $q_i > 0$. Il est facile de voir que, si Q vérifie $(*)_P^R$, alors $\hat{Q}^i$ aussi.

Remarque 3 - $\mathfrak{M}^R(P) = \mathfrak{M}^{R+\rho}(P)$ pour tout $\rho \in \mathbb{N}$ puisque les formules de majoration ne dépendent que de $R(2)$.

3.6.4. <u>Définition</u> - <u>Soit</u> $R \in \mathbb{N}^s$, <u>et</u> $T = T^R$, <u>on pose</u>

$$* Z_P^{T+1} = Z_P^{T+1} \cap \mathfrak{M}^R(P)$$

$$* Z_P^{T} = Z_P^{T} \cap \mathfrak{M}^R(P)$$

et $$* E_P^{T+1} = * Z_P^{T+1} + F_{P-1} / d(* Z_{P+T}^{T}) + F_{P-1} .$$

<u>Alors on définit</u> $* E^{T+1} = \sum_P * E_P^{T+1}$.

De façon analogue, on définira $\mathfrak{M}_{P(i)}^R = \mathfrak{M}_{P(i)}^{R(i)}$ pour $i = 2,\ldots,s$ au moyen des conditions $(*)_P^R$ limitées aux valeurs de $k \geqslant i$, et l'on définira $* Z_{P(i)}^{T(i)}$ et $* E_{P(i)}^{T(i)}$ comme $* Z_P^T$ et $* E_P^T$.

4 - <u>Récurrence</u>

4.1. <u>La propriété</u> $\mathcal{P}(i)$ - Soit $R(i) = (r_s,\ldots,r_i) \in \mathbb{N}^{s-i+1}$; on dit que la propriété $\mathcal{P}(i)$ est réalisée pour $R(i)$ s'il existe $(r_{i-1},\ldots,r_1) \in \mathbb{N}^{i-1}$, $T = T^R \in \mathbb{Z}^s$, un entier π positif, et deux familles $C = \{C_{R(k+m)}^m$; $k = 1,\ldots,s-1$; $m = 1,\ldots,s-k\}$ et $\Gamma = \{\Gamma_{R(k+m)-r}^m$; $k = 1,\ldots,s-1$; $m = 1,\ldots,s-k$; $r = 0,\ldots,r_{k+m}-1\}$ telles que :

(i) - pour tout $k < i$ les inclusions $Z_{P(i)}^{T(i)+1} \cap F_{P(k)} \hookrightarrow Z_{P(k)}^{T(k)+1}$, $P(k) \in \mathbb{N}^{s-k}$ induisent un isomorphisme :

$$gr^{(k)} E^{T(i)+1} \overset{\sim}{\to} E^{T(k)+1} ;$$

(ii) - pour la majoration $(*)_P^R$ associée aux constantes C et Γ (cf. 3.6.3. et 3.6.4.) et pour tout $k \leqslant i$, les inclusions $* Z_{P(k)}^{T(k)+1} \hookrightarrow Z_{P(k)}^{T(k)+1}$ induisent un isomorphisme

$$* E^{T(k)+1} \overset{\sim}{\to} E^{T(k)+1} ;$$

(iii) - Si $i \neq 1$, l'hypothèse de majoration asymptotique est réalisée (cf 4.4.).

(iv) E_P^{T+1} est un k-espace vectoriel sous-quotient de $H(E \otimes M)$ et la famille $\{E_P^{T+1}, P \in \mathbb{N}^s\}$ est π-stable (cf. définition ci-dessous).

<u>Valeurs initiales</u> : les quantités T, C et Γ seront de plus assujetties aux "conditions initiales" suivantes : si $R(K+1) = (0,\ldots,0)$ et $r_K > 0$, alors :

$$T(K+1) = 0 \quad \text{et} \quad t_K = r_K ;$$

$$C^m_{R(K+m)} = \Gamma^m_{R(K+m)} = 0 \text{ pour tout } m \geqslant 1 ;$$

$$\Gamma^m_{R(K)} \neq 0 \text{ pour } m < K.$$

4.1.1. <u>Définition</u> : <u>On dit que</u> $\{E_P^{T+1}, P \in \mathbb{N}^s\}$ <u>est</u> π<u>-stable si pour tout</u> $m = 1,2,\ldots,s$, <u>et tout</u> $P = (p_s,\ldots,p_1)$ <u>avec</u> $p_m > \pi$, <u>ayant posé</u> $P^o = (p_s,\ldots,p_{m+1}, \pi, p_{m-1},\ldots,p_1)$, <u>la translation</u>

$$\theta_P^{P^o} : E_P^{T+1} \to E_{P^o}^{T+1}$$

<u>est un isomorphisme</u>.

En particulier E_P^{T+1} est alors indépendant de p_m pour $p_m \geqslant \pi$.

4.1.2. <u>Exemple</u> : Prenons $i = 1$, $R(1) = (0,\ldots,0)$, $T^R(1) = (0,\ldots,0)$, et attribuons la valeur 0 à toutes les constantes C, Γ et π, alors, pour ces valeurs, la propriété $\mathcal{P}(1)$ est réalisée : en effet, on vérifie aisément que, pour tout $P \in \mathbb{N}^s$, on a

$$E_P^{(0,\ldots,0,1)} \xrightarrow{\sim} \mathfrak{S}^P\, H(E \otimes M).$$

De même, pour $i = 1$, $R(1) = (0,\ldots,0,\rho)$, $T^R(1) = (0,\ldots,0,\rho)$, les constantes C et Γ restant nulles, la propriété $\mathcal{P}(1)$ est réalisée si l'on attribue à π la valeur ρ, car on a

$$E_P^{(0,\ldots,0,\rho+1)} \xrightarrow{\sim} S_s^{(p_s)} \ldots S_2^{(p_2)} \mathcal{E}_{p_1}^{\rho+1}$$

où $\mathcal{E}_{p_1}^{\rho+1}$ a la même signification qu'au paragraphe I.

On sait que la suite spectrale $(E^{(0,\ldots,0,r_1)}, r_1 \in \mathbb{N})$ converge vers $\mathrm{gr}\, E^{R(2)+1}$; avec $R(2) = (0,\ldots,0)$ (cf. 3.4.2.) ; alors d'après le § 1,

$\mathcal{P}(2)$ est réalisée pour $R(2)$ à condition de poser $R = (0,\dots,0,r_1)$ (où r_1 est donné par (1.3)), $T = (0,\dots,0,r_1)$, les constantes C et Γ étant toujours nulles et π prenant la valeur π_1 de 1.3..

4.2. Proposition - Si $\mathcal{P}(i)$ est réalisée pour $R(i)$ alors

a) $\mathcal{P}(i)$ est réalisée pour $R(i) + 1$;

b) La suite spectrale $E^{T(i)+\rho}$, $\rho \in \mathbb{N}^*$, est stationnaire ;

c) $\mathcal{P}(i+1)$ est réalisée pour $R(i+1)$.

La démonstration de cette proposition fait l'objet du paragraphe 5.

4.3. Corollaire - Il existe $\overline{R} = (\overline{r}_s,\dots,\overline{r}_1) \in \mathbb{N}^s$, $\overline{\pi} \in \mathbb{N}$ et un isomorphisme

$$H(\mathfrak{X}^s \otimes M) \overset{\sim}{\to} E^{\overline{T}+1} ,$$

où $\overline{T} = T^{\overline{R}}$; de plus $E_p^{\overline{T}+1}$ est un k-espace vectoriel de dimension finie indépendant de p_m pour $p_m \geq \overline{\pi}$, $m = 1,2,\dots,s$.

Ce corollaire contient la propriété demandée au § 2 et permet d'affirmer que $\mathcal{B}_M(z)$ est une fraction rationnelle.

Démontrons le corollaire : on a vu que $\mathcal{P}(1)$ était réalisée pour $R = (0,\dots,0,1)$, donc $\mathcal{P}(2)$ l'est pour $R(2) = (0,\dots,0,1)$ et en appliquant la proposition 4.2. autant de fois que nécessaire, $\mathcal{P}(s)$ est réalisée pour $R(s) = (1)$, donc pour $R(s) = r_s$ quel que soit r_s. On en conclut que la suite spectrale $E^{(r_s)}$ est stationnaire. Comme elle converge vers $H(\mathfrak{X}^s \otimes M)$ (3.3.3.) il existe $\overline{r}_s$ tel que $H(\mathfrak{X}^s \otimes M) \overset{\sim}{\to} E^{(\overline{r}_s)+1}$; comme $\mathcal{P}(s)$ est vraie pour $R(s) = (\overline{r}_s)$ le corollaire s'ensuit.

4.4. Hypothèse de majoration asymptotique

Rappelons que, en ordre k, la formule de majoration $(*)_P^R$ (cf. 3.6.2.) s'écrit

$$q_k \leq p_k + f_{R(k+1)}(P(k+1) - Q(k+1))$$

avec

$$\begin{cases} f_{R(k+1)}(P(k+1)-Q(k+1)) = \sum_{m=1}^{s-k} (C^m_{R(k+m)} x_{k+m} + \varphi^m_{R(k+m)}(x_{k+m})) \\ \text{où} \quad x_m = p_m + f_{R(m+1)}\ (P(m+1) - Q(m+1)) - q_m . \end{cases}$$

Les termes $C^m_{R(k+m)}\ x_{k+m} + \varphi^m_{R(k+m)}(x_{k+m})$ seront dits d'ordre (k+m).
Lorsque $R(k+m) = R'(k+m)$, les termes d'ordre $k' \geqslant k+m$ seront les mêmes dans $f_{R(k+1)}$ et $f_{R'(k+1)}$ (cf. 3.6.2.).

Puisque (i) est réalisée, la suite spectrale $E^{(i-1)+\rho}_{T^{R^o}}$ (notations de 3.5.) est stationnaire à partir de $\rho = r_{i-1} + 1$ et l'on a (cf. 1.4) :

$$gr_{P(i-1)} E^{T(i)+1} \overset{\sim}{\to} Z^{T(i-1)+\rho}_{P(i-1)} + F_{P(i-1)-1} / dZ^{T(i-1)}_{P(i-1)+T(i-1)} + F_{P(i-1)-1}$$

de sorte que pour tout $\bar{z} \in gr_P\ E^{T(i)+1}$ et tout $\rho \in \mathbb{N}$, il existe un représentant z^ρ dans $Z^{T(i-1)+\rho}_{P(i-1)}$.

L'hypothèse de majoration asymptotique sera alors ainsi formulée :

- il existe des constantes $\bar{\Gamma}^m_{R(k+m)} \geqslant \Gamma^m_{R(k+m)}$ pour $m+k<i$, telles que pour tout P, et tout $\rho \in \mathbb{N}^*$, chaque $\bar{z} \in gr_P\ E^{T(i)+1}$ admet un représentant $z^\rho \in Z^{T(i-1)+\rho}_{P(i-1)}$ formé de monômes dont les degrés Q vérifient, en ordre $k \geqslant i$ les conditions de majoration $(*)^{R(i)}_{P(i)}$, et, en ordre $k<i$, les conditions :

$$(\bar{*})^R_P \qquad q_k \leqslant p_k + \bar{f}_{R(k+1)}\ (P(k+1) - Q(k+1))$$

$$\text{où } \bar{f}_{R(k+1)}(P(k+1)-Q(k+1)) = \sum_{m=1}^{i-k-1} \bar{C}^m_{R(k+m)} x_{k+m} + \sum_{m=i-k}^{s-k} (C^m_{R(k+m)} x_{k+m} + \varphi^m_{R(k+m)}(x_{k+m}$$

$$\text{avec} \qquad \bar{C}^m_{R(k+m)} = C^m_{R(k+m)} + \bar{\Gamma}^m_{R(k+m)} .$$

5 - Démonstration de la proposition 4.2

Pour $i=1$, $\mathcal{P}(i)$ se réduit à (ii) et (iv). Si $\mathcal{P}(1)$ est réalisée pour $R=(r_s,\dots,r_2,r_1)$ alors $\mathcal{P}(1)$ est réalisée pour $R+1$, et plus généralement pour $R+\rho$, $\rho\in\mathbb{N}$, les formules de majoration $(*)_p^{R+\rho}$ et $(*)_p^R$ étant les mêmes (la partie (iv) de $\mathcal{P}(1)$ pour $R+1$ se démontre au moyen du lemme 4.1.1.). Il en résulte (cf. 5.3) que la suite spectrale $(E^{T+\rho},\ \rho\in\mathbb{N}^*)$ est stationnaire, et qu'il existe un entier ρ^o et des isomorphismes :

$$gr_p\ E^{T(2)+1} \overset{\sim}{\to} E_p^{T+\rho}\ ,\quad \forall\rho>\rho^o\ ,$$

$$*E_p^{T+\rho} \overset{\sim}{\to} E_p^{T+\rho}\ ,\quad \forall\rho\in\mathbb{N}^*\ .$$

On peut alors associer à $R(2)$ un entier r_1^o (par exemple $r_1^o=r_1+\rho^o$) - de sorte que $\mathcal{P}(2)$ se trouve vérifiée pour $R(2)$. La proposition 4.2. est donc vraie pour $i=1$.

La démonstration pour $i>1$ se fera par récurrence sur i ; les lemmes 5.1, 5.2, 5.3, 5.4 en constituent les étapes successives.

5.1. Lemme - Si $\mathcal{P}(i)$ est réalisée pour $R(i)$ alors

a) la différentielle $\delta^{T(i)+1}$ induite sur le module $E^{T(i)+1}$ muni de la première filtration est un endomorphisme filtré de degré

$$-T'=-(t_s,\dots,t_{i+1},t_i+1,t'_{i-1},\dots,t'_1)$$

avec, pour $j<i$, $t'_j=-f_{R(j+1)}(\hat{T}(j+1))$, où $\hat{T}(j+1)=(t_s,\dots,t_i,t'_{i-1},\dots,t'_{j+1})$. On posera $R'=(r_s,\dots,r_{i+1},r_i+1,0,\dots,0)$ et $T'=T^{R'}$.

b) Soit $\delta^{T'}$ la différentielle induite par $\delta^{T(i)+1}$ sur $gr\ E^{T(i)+1}$; on définit la majoration $(*)_p^{R'+1}$ en posant :

$$C^m_{R'(k+m)} = C^m_{R(k+m)} \quad \text{pour } k+m\geqslant i,$$

$$\Gamma^m_{R'(k+m)-r} = \Gamma^m_{R(k+m)-r} \quad \text{pour } k+m>i \text{ et } r=0,\dots,r_{k+m}-1,$$

$$C^m_{R'(k+m)} = \bar{C}^m_{R(k+m)} \qquad \underline{\text{pour}} \quad k+m<i,$$

$$\Gamma^m_{R'(i)} = \sup\{\Gamma^m_{R(i)} \; ; \; t_k - t'_k - C^m_{R(i)}\} \quad \underline{\text{pour}} \quad k+m=i,$$

$$\text{et} \quad \Gamma^m_{R'(i)-r} = \Gamma^m_{R(i)-r+1} \qquad \underline{\text{pour}} \quad r=1,\ldots,r_i-1.$$

Alors l'inclusion $\quad {}^*Z_P^{T'+1} \hookrightarrow Z_P^{T'+1}$ induit un isomorphisme

$${}^*E_P^{T'+1} \overset{\sim}{\to} E_P^{T'+1} \qquad \forall P \in \mathbb{N}^s.$$

c) il existe un entier π' tel que $E_P^{T'+1}$ est π'-stable.

Ainsi, compte tenu de l'isomorphisme $E_P^{T'+1} \overset{\sim}{\to} H_P(\mathrm{gr}\, E^{T(i)+1}, \delta^{T'})$ (3.4.2.), la propriété (ii) de $\mathcal{P}(1)$ se trouve réalisée pour $R'+1$. Remarquons que, si $R(i) = 0$ les "conditions initiales" $C^m_{R'(k+m)} = 0$ pour $k+m \geqslant i$ et $\Gamma^m_{R'(k+m)-r} = 0$ pour $k+m>i$ sont réalisées.

5.1.1. Démonstration de 5.1. a)

D'après l'hypothèse de majoration asymptotique (4.4.), si $\bar{z} \in \mathrm{gr}_P\, E^{T(i)+1}$ il existe, pour tout ρ, un représentant $z^\rho \in Z^{T(i-1)+\rho}_{P(i-1)} \cap F_P$ satisfaisant la majoration $(*)^R_P$. Si P est fixé, il suffit de prendre $\rho > p_{i-1} - t_{i-1}$ pour avoir $dz^\rho \in F_{P(i)-T(i)-1}$. Posons alors $z = z^\rho$; sachant que z vérifie les conditions $(*)^R_P$ on prouve que la classe $\overline{dz}$ de dz dans $E^{T(i)+1}_{P(i)-T(i)-1}$ est dans $F_{P-T'}(E^{T(i)+1}_{P(i)-T(i)-1})$.

Remarquons d'abord que, pour le calcul de $\overline{dz}$ on peut tronquer z modulo $F_{P(i)-T(i)-1}$. En effet $z = \Sigma\, \xi_Q \mathfrak{S}^Q$ avec $\xi_Q \in E \otimes M$, s'écrit $z = z' + z''$ où $z'' \in F_{P(i)-T(i)-1}$ et z' est la somme des termes de degrés Q tel que $Q(i) \geqslant P(i) - T(i)$. On a $dz = dz' + dz''$, et comme $z'' \in F_{P(i)-T(i)-1}$, on a a fortiori $z'' \in F_{P(i)-1}$ et $dz'' \in F_{P(i)-T(i)-1}$; donc $dz'' \in d(Z^{T(i)}_{P(i)-1})$ et, par suite, sa classe dans $E^{T(i)+1}_{P(i)-T(i)-1}$ est nulle. Ainsi $\overline{dz} = \overline{dz'}$ dans $E^{T(i)+1}_{P(i)-T(i)-1}$, et il en est de même des classes de dz et dz' dans ${}^*E^{T(i)+1}_{P(i)-T(i)-1}$ à cause de l'hypothèse (ii).

Nous supposons désormais que z n'a pas de terme dans $F_{P(i)-T(i)-1}$. Alors les termes de dz de degré Q tel que $Q(i) = P(i)-T(i)-1$ proviennent de termes de z de degrés $\hat{Q}^j$, $j \geqslant i$, tels que $\hat{Q}^j(i) = (q_s,\ldots,q_{j+1},q_j+1,q_{j-1},\ldots,q_i)$. Soit Q' la valeur maximum possible pour $\hat{Q}^i$ et Q'' la valeur maximum possible pour $\hat{Q}^j$ pour un $j > i$.

5.1.2. <u>Lemme</u> - <u>On a</u> $(q'_{i-1},\ldots q'_1) \geqslant (q''_{i-1},\ldots,q''_1)$.

La démonstration est donnée en 5.1.3.

On déduit de ce lemme, que la différentielle de $E^{T(i)+1}$ est un endomorphisme filtré de degré $-T' = -(t_s,\ldots,t_{i+1},t_i+1,t'_{i-1},\ldots,t'_1)$ avec $t'_k = p_k - q'_k$. D'où

$$t'_{i-1} = -f_{R(i)}(T(i)),$$

et, par récurrence décroissante sur k,

$$t'_k = -\overline{f}_{R(k+1)}(\hat{T}(k+1)) \quad \text{avec } \hat{T}(k+1) = (t_s,\ldots,t_i,t'_{i-1},\ldots,t'_{k+1})\ ;$$

on remarque que, dans ces formules, pour $k < i$ on a

$$x_{k+m} = t'_{k+m} + \overline{f}_{R(k+m)}(\hat{T}(k+m)) = 0, \quad \text{si } k+m \leqslant i\ ;$$

elle se réduisent donc à

$$t'_k = -\sum_{m=i-k}^{s-k} C^m_{R(k+m)} \cdot \xi_{k+m} + \varphi^m_{R(k+m)}(\xi_{k+m})$$

avec $$\xi_{k+m} = t_{k+m} + f_{R(k+m)}(T(k+m)), \quad k+m \geqslant i.$$

On a donc, pour tout $k < i$,

$$t'_k = -f_{R(k+1)}(\hat{T}(k+1)). \qquad \text{C.Q.F.D.}$$

5.1.3. <u>Démonstration du lemme 5.1.2.</u>

Remarquons d'abord que, si $r_j = r_{j+1} = \ldots = r_s = 0$ alors on a $Q'' > P$ donc z ne comporte pas de terme de degré Q''. On supposera donc $j \leqslant K$ avec $r_K > 0$ et $r_{K+1} = \ldots = r_s = 0$.

On a $q'_{i-1} = p_{i-1} + f_{R(i)}(T(i))$,

et $q''_{i-1} = p_{i-1} + f_{R(i)}(\hat{T}^j(i)+1)$ avec $\hat{T}^j(i) = (t_s,\ldots,t_{j+1},t_j-1,t_{j-1},\ldots,t_i)$.

Pour $k \geqslant i$ posons

$$x'_k = p_k - q'_k + f_{R(k+1)}(T(k+1)) = t_k + f_{R(k+1)}(T(k+1)),$$

$$\text{et} \quad x''_k = p_k - q''_k + f_{R(k+1)}(\hat{T}^j(k+1)) = \hat{t}^j_k + f_{R(k+1)}(\hat{T}^j(k+1)).$$

Alors $x'_k = x''_k$ pour $k > j$,

et $x'_j = x''_j + 1$.

Il est facile de vérifier, par récurrence décroissante sur k que l'on a alors $x'_k - x''_k \geqslant 0$ pour $k = j,\ldots,i+1$ et $x'_i - x''_i \geqslant -1$.
Lorsque $j = K$, on a $r_j > 0$ et $x'_j = r_j$; revenant à la définition des fonctions φ on trouve :

$$\varphi^m_{R(j)}(x) = \varphi^m_{R(j)}(r_j) \quad \text{pour} \quad x \geqslant r_j \qquad \text{(cf. 3.6.1.)},$$

$$\varphi^m_{R(j)}(r_j) - \varphi^m_{R(j)}(r_j-1) = \varphi^m_{R(j)-r_j+1}(1) - \varphi^m_{R(j)-r_j+1}(0) = \Gamma^m_{R(j)-r_j+1}.$$

Comme $R(j)-r_j+1 = (r_s,\ldots,r_{j+1},1)$, on a $\Gamma^m_{R(j)-r_j+1} > 0$ (cf. valeurs initiales de 4.1.). Le calcul de la différence $x'_i - x''_i$ donne alors

$$x'_i - x''_i \geqslant \varphi^{j-i-1}_{R(j)}(x'_j) - \varphi^{j-i-1}_{R(j)}(x''_j) - 1,$$

d'où l'on conclut $x'_i - x''_i \geqslant 0$.

D'où les inégalités :

$$q'_{i-1} - q''_{i-1} \geqslant \varphi^{j-i}_{R(j)}(x'_j) - \varphi^{j-i}_{R(j)}(x''_j) > 0,$$

et le lemme est démontré dans ce cas.

Lorsque $j < K$, alors $C^m_{T(j)}$ est strictement positif pour tout m, on a toujours $x'_k - x''_k \geqslant 0$ pour $k > i$, d'où

$$x_i' - x_i'' \geqslant C_{T(j)}^{j-i-1} - 1 \ ,$$

et par suite $x_i' - x_i'' \geqslant 0$. Il en résulte $q_{i-1}' - q_{i-1}'' \geqslant C_{T(j)}^{j-i} > 0$, et le lemme est démontré.

Remarque - Nous aurons besoin plus loin (cf. 5.4.6.) du résultat plus précis suivant : Soit $B^i(\overline{q}_{i-1},\ldots,\overline{q}_m)$ l'ensemble des $\hat{Q}^i \in \mathbb{N}$ de la forme $\hat{Q}^i = (q_s,\ldots,q_{i+1},q_i+1,\overline{q}_{i-1},\ldots,\overline{q}_m,q_{m-1},\ldots,q_1)$ et $B^j(\overline{q}_{i-1},\ldots,\overline{q}_m)$ celui des $\hat{Q}^j = (q_s,\ldots,q_{j+1},q_j+1,q_{j-1},\ldots,q_i,\overline{q}_{i-1},\ldots,\overline{q}_m,q_{m-1}',\ldots,q_1')$ où $\overline{q}_{i-1},\ldots,\overline{q}_m$ sont choisis de manière à ce que $\hat{Q}^i$ et $\hat{Q}^j$ satisfassent $(*)_P^R$ jusqu'à l'ordre m. On pose

$$\overline{Q}' = \sup B^i(\overline{q}_{i-1},\ldots,\overline{q}_m)$$
$$\text{et} \quad \overline{Q}'' = \sup B^j(\overline{q}_{i-1},\ldots,\overline{q}_m),$$

alors on a $\qquad (\overline{q}_{m-1}',\ldots,\overline{q}_1') \geqslant (\overline{q}_{m-1}'',\ldots,\overline{q}_1'')$.

Dans le cas où $m = i - 1$, on prouve que $\overline{q}_{m-1}'$ est supérieur à $\overline{q}_{m-1}''$ par des arguments analogues aux précédents : si l'on pose

$$\overline{x}_k' = p_k - \overline{q}_k' + f_{R(k+1)}(P(k+1) - \overline{Q}'(k+1))$$
$$\text{et} \quad \overline{x}_k'' = p_k - \overline{q}_k'' + f_{R(k+1)}(P(k+1) - \overline{Q}''(k+1))$$

on a $\overline{x}_k' - \overline{x}_k'' \geqslant 0$ pour $k \geqslant i$ d'après la démonstration précédente.

Comme $q_{i-1}' - q_{i-1}'' > 0$, $\overline{x}_{i-1}' = q_{i-1}' - \overline{q}_{i-1}$, et $\overline{x}_{i-1}'' = q_{i-1}'' - \overline{q}_{i-1}$ on a $x_{i-1}' - x_{i-1}'' > 0$.

D'où $q_{i-2}' - q_{i-2}'' > 0$. C.Q.F.D.

Pour les valeurs de m inférieures à $i - 1$ on raisonne par récurrence décroissante sur m.

5.1.4. Démonstration de 5.1.b.

Soit $\delta^{T'}$ la différentielle induite par d sur $\mathrm{gr}\, E^{T(i)+1}$;

calculons l'homologie de $(\text{gr } E^{T(i)+1}, \delta^{T'})$. On a évidemment $H_P(\text{gr } E^{T(i)+1}) \overset{\sim}{\to} E_P^{T'+1}$. On cherche s'il existe une formule de majoration $(*)_P^{R'+1}$ telle que l'inclusion $* Z_P^{T'+1} \to Z_P^{T'+1}$ induise un isomorphisme $* E_P^{T'+1} \overset{\sim}{\to} E_P^{T'+1}$. Pour celà, on trouve d'abord des représentants convenables des cycles de $\text{gr}_P E^{T(i)+1}$.

Soit $\bar{z} \in \text{gr}_P (E^{T(i)+1})$; $\bar{z}$ est un cycle pour $\delta^{T'}$ si la classe de dz est nulle dans $\text{gr}_{P-T'} (E^{T(i)+1}) \overset{\sim}{\to} * Z_{P-T'}^{T+1} + F_{P-T'-1} / d * Z_{P-T'+T}^{T} + F_{P-T'-1}$. Donc $\bar{z}$ est un cycle ssi il existe $y \in * Z_{P+T-T'}^{T+1}$ tel que $d(y+z) \in F_{P-T'-1}$. On montre qu'il existe une formule de majoration $(*)_P^{R'}$ qui convient à la fois pour les termes de y et de z.

Etudions la majoration de y : $y \in \mathfrak{m}^R(P-T'+T)$. Posons $P' = P - T' + T$, $P' = (p_s, \ldots, p_{i+1}, p_i - 1, p'_{i-1}, \ldots, p'_1)$ avec $p'_j = p_j + t_j - t'_j$.
D'où les formules de majoration pour les monômes de degré Q figurant dans y :

- en ordre $> i$, on a les mêmes formules que pour les termes de z ;
- en ordre i on a

$$q_i \leq p_i - 1 + f_{R(i+1)}(P(i+1)) - Q(i+1))$$

- en ordre $j \leq i$,

$$q_j \leq p_j + t_j - t'_j + f_{R(j+1)}(P'(j+1) - Q(j+1))$$

Posons $x'_j = p'_j - q_j + f_{R(j+1)}(P'(j+1) - Q(j+1))$ pour $j \leq i$,

et $x_i = p_i - q_i + f_{R(i+1)} P(i+1) - Q(i+1))$,

de sorte que $x'_i = x_i - 1$. Alors, la majoration pour y en ordre $i-1$ s'écrit

$$(1) \qquad q_{i-1} \leq p_{i-1} + t_{i-1} - t'_{i-1} + C^1_{R(i)}\, x'_i + \varphi^1_{R(i)}(x'_i) + \sigma_{i-1}(i+1)$$

où $\sigma_{i-1}(i+1)$ représente les termes d'ordre $> i$ dans $f_{R(i)}(P(i+1) - Q(i+1))$

Posons :

$$\Gamma^1_{R'(i)} = \sup \{\Gamma^1_{R(i)} \ ; \ t_{i-1} - t'_{i-1} - C^1_{R(i)}\}$$

et
$$\varphi^1_{R'(i)}(x) = \begin{cases} \varphi^1_{R(i)}(x-1) + \Gamma^1_{R'(i)} & \text{si} \quad x > 0 \\ 0 & \text{si} \quad x = 0 \ ; \end{cases}$$

On peut alors remplacer la majoration (1) par la majoration plus large :

$$q_{i-1} \leqslant p_{i-1} + \tilde{f}_{R'(i)}(P(i) - Q(i))$$

avec
$$\tilde{f}_{R'(i)}(P(i) - Q(i)) = C^1_{R(i)} x_i + \varphi^1_{R'(i)}(x_i) + \sigma(i+1).$$

Remarquons que l'on a $\varphi^1_{R'(i)}(x) \geqslant \varphi^1_{R(i)}(x)$ dès que $\varphi^1_{R(i)}(x-1) \geqslant \varphi^1_{R(i)-1}(x-1)$, puisque $\Gamma^1_{R'(i)} \geqslant \Gamma^1_{R(i)}$.

De façon générale, on montre que, en ordre $k < i$, on a

$$(2) \qquad p_k - q_k + f_{R(k+1)}(P'(k+1) - Q(k+1)) \leqslant p_k + \tilde{f}_{R'(k+1)}(P(k+1) - Q(k+1))$$

à condition de prendre

$$\tilde{f}_{R'(k+1)}(P(k+1) - Q(k+1)) = \sum_{m=1}^{i-k-1} \{C^m_{R(k+m)} \tilde{x}_{k+m} + \varphi^m_{R(k+m)}(\tilde{x}_{k+m})\} + $$
$$+ C^{i-k}_{R(i)} \tilde{x}_i + \varphi^{i-k}_{R'(i)}(\tilde{x}_i) + \sigma_k(i+1),$$

où a) $\sigma_k(i+1)$ est la somme des termes d'ordres supérieurs à i dans $f_{R(k+1)}(P(k+1) - Q(k+1))$;

b) $\tilde{x}_m = p_m - q_m + \tilde{f}_{R'(k+1)}(P(k+1) - Q(k+1))$;

c) $$\tilde{\varphi}^{i-k}_{R'(i)}(x) = \begin{cases} 0 & \text{si} \quad x = 0 \\ \varphi^{i-k}_{R(i)}(x-1) + \Gamma^{i-k}_{R'(i)} & \end{cases} \quad ;$$

d) $\Gamma^{i-k}_{R'(i)} = \sup\{\Gamma^{i-k}_{R(i)} \; ; \; t_k - t'_k - C^{i-k}_{R(i)}\}$.

En particulier, $\tilde{f}_{R'(i)} = f_{R(i)}$.

En effet, si l'on suppose cette propriété vraie pour tout $j > k$, on a, en posant $x'_j = p'_j - q_j + f_{R(j+1)}(P'(j+1) - Q(j+1))$ pour $j > k$,

$$x'_j \leqslant \tilde{x}_j \quad \text{pour} \quad j < i ,$$

$$\text{et} \qquad x'_i = \tilde{x}_i - 1 \; ;$$

La majoration en ordre k s'écrit alors :

$$q_k \leqslant p_k + t_k - t'_k + \sum_{m=1}^{s-k} (C^m_{T(k+m)} x'_{k+m} + \varphi^m_{T(k+m)}(x'_{k+m}))$$

$$\leqslant p_k + t_k - t'_k + \sum_{m=1}^{i-k-1} (C^m_{R(k+m)} \tilde{x}_{k+m} + \varphi^m_{R(k+m)}(\tilde{x}_{k+m})) + C^{i-k}_{R(i)}(\tilde{x}_i - 1)$$

$$+ \varphi^{i-k}_{R(i)}(\tilde{x}_i - 1) + \sigma_k(i+1)$$

En modifiant uniquement la présentation des termes en $\tilde{x}_i$ on trouve bien $p_k + \tilde{f}_{R'(k+1)}(P(k+1) - Q(k+1))$ sous la forme annoncée (remarquer que, dans y, on a toujours $\tilde{x}_i \geqslant 1$).

Ainsi la majoration pour y se met sous une forme $(\tilde{*})^{R'}_P$ qui ne diffère de $(*)^R_P$ que par les fonctions $\tilde{\varphi}^{i-k}_{R'(i)}$, pour $k = 1,2,\ldots,i-1$.

Associons maintenant à $R' = (r_s,\ldots,r_{i+1},r_i+1,0,\ldots,0)$

$$T^{R'} = T' = (t_s,\ldots,t_{i+1},t_i+1,t'_{i-1},\ldots,t'_1)$$

et les familles de constantes $C^m_{R'(k+m)}$ et $\Gamma^m_{R'(k+m)}$ telles qu'elles sont données dans le lemme. On définit ainsi une majoration $(*)^{R'}_P$ par

$$f_{R'(k+1)}(P(k+1)-Q(k+1)) = \sum_{m=1}^{i-k} C^m_{R'(k+m)} x'_{k+m} + \varphi^{i-k}_{R'(i)}(x'_i) + \sigma_k(i+1)$$

où $x'_m = p_m - q_m + f_{R'(m+1)}(P(m+1)-Q(m+1))$.

<u>Il est facile de vérifier que</u> y <u>et</u> z <u>sont dans</u> $\mathfrak{M}_P^{R'}$: en particulier, pour y, un raisonnement par récurrence décroissante sur $k < i$ utilisant la propriété

$$\bar{C}^m_{R(k+m)} \geqslant C^m_{R(k+m)} + \Gamma^m_{R(k+m)} \qquad \text{(cf. § 4.4)}$$

donne $\quad \tilde{f}_{R'(k+1)}(P(k+1) - Q(k+1)) \leq f_{R'(k+1)}(P(k+1) - Q(k+1))$.

On a donc prouvé que tout cycle $\bar{z}$ de $gr_P\, E^{T(i)+1}$ admet un représentant $z' = z+y$ dans $_*Z_P^{T'+1}$ (car la majoration $(*)_P^{R'+\rho}$ est la même que $(*)_P^{R'}$).

Alors, en utilisant l'isomorphisme

$$H_P(gr_P\, E^{T(i)+1}, \delta^{T'+1}) \overset{\sim}{\to} E_P^{T'+1} \overset{\sim}{\to} Z_P^{T'+1} + F_{P-1} \,/\, dZ^{T'}_{P+T'} + F_{P-1}\,,$$

et l'inclusion $\quad {}_*Z^{T'}_{P+T'} \hookrightarrow Z^{T'}_{P+T'}$,

on voit que l'inclusion naturelle $_*Z_P^{T'+1} \hookrightarrow Z_P^{T'+1}$ induit une surjection

$$\psi : {}_*E_P^{T'+1} \longrightarrow E_P^{T'+1} .$$

Montrons que ψ est injective : soit $z \in {}_*Z_P^{T'+1}$ ayant pour image canonique un bord $\bar{z}$ de $(gr_P\, E^{T(i)+1}, \delta^{T'})$. Il existe $\bar{u} \in gr_{P+T'}(E^{T(i)+1})$ tel que $\delta^{T'}\bar{u} = \bar{z}$; d'où un $u \in {}_*Z^{T^\rho}_{P+T'}$ tel que $\overline{du} = \bar{z}$. Cette dernière égalité se traduit par l'existence d'un $y \in {}_*Z^T_{P+T}$ tel que $du+dy = z (\mathrm{mod}\, F_{P-1})$. Quitte à effectuer une translation de T' sur les degrés dans la démonstion précédente on en déduit que $u+y \in \mathfrak{M}^{R'}_{P+T'}$. On a donc un élément $u' = u+y$ vérifiant $u' \in {}_*Z^{T'}_{P+T'}$ et $du' = z (\mathrm{mod}\, F_{P-1})$. Ainsi ψ est injective donc bijective ce qui achève la démonstration de la partie b) du lemme 5.1.

5.1.5. <u>Démonstration de 5.1.c.</u>

Rappelons que $E^{T'+1}$ est l'homologie de $gr\, E^{T(i)+1} \overset{\sim}{\to} E^{T+1}$ pour la différentielle $\delta^{T'}$, et que $\{E_P^{T+1}, P\in\mathbb{N}^s\}$ est π-stable (4.1.1.). Fixons $m\in\{1,2,\dots,s\}$ et posons $\pi_m = \sup\{\pi,\pi-t'_m,\pi+t'_m\}$. Alors pour tout $P=(p_s,\dots,p_1)$ avec $p_m > \pi_m$ on pose $P^\circ=(p_s,\dots,p_{m+1},\pi_m,p_{m-1},\dots,p_1)$, et l'on a le diagramme commutatif :

$$\begin{array}{ccccc}
E_{P+T'}^{T+1} & \xrightarrow{\delta^{T'}} & E_P^{T+1} & \xrightarrow{\delta^{T'}} & E_{P-T'}^{T+1} \\
\wr\downarrow\theta & & \wr\downarrow\theta & & \wr\downarrow\theta \\
E_{(P+T')^\circ}^{T+1} & \xrightarrow{\delta^{T'}} & E_{P^\circ}^{T+1} & \xrightarrow{\delta^{T'}} & E_{(P-T')^\circ}^{T+1}
\end{array}$$

dans lequel les translations θ sont des isomorphismes. Il en résulte que la translation $\theta_P^{P^\circ}$ (3.2.) induit un isomorphisme de $E_P^{T'+1}$ sur $E_{P^\circ}^{T'+1}$. Ainsi $\{E_P^{T'+1}, P\in\mathbb{N}^s\}$ est π'-stable pour $\pi' = \sup\{\pi_m\ ;\ m=1,2,\dots,s\}$.

5.2. <u>Lemme</u> - <u>Si</u> $\mathcal{P}(i)$ <u>est réalisée pour</u> $R(i)$ <u>et si</u> 4.2. <u>est vraie pour tout</u> $j<i$, <u>alors</u> $\mathcal{P}(i)$ <u>est réalisée pour</u> $R(i)+1$, <u>et</u>, <u>plus généralement, pour</u> $R(i)+\rho$, $\rho\in\mathbb{N}$.

En effet, d'après le lemme 5.1., $\mathcal{P}(1)$ est réalisée pour $R'(1) = (r_s,\dots,r_{i+1},r_i+1,0,\dots,0)$. A cause de l'hypothèse de récurrence on en déduit que $\mathcal{P}(2)$ est réalisée pour $R'(2)$ donc pour $R'(2)+\rho$, $\rho\in\mathbb{N}$, et, de proche en proche, pour $j<i$, $\mathcal{P}(j)$ sera réalisée pour $R'(j)$ donc $\mathcal{P}(j+1)$ sera réalisée pour $R'(j+1)$. En particulier $\mathcal{P}(i)$ sera réalisée pour $R'(i)=R(i)$. En appliquant à nouveau le lemme 5.1. et ce raisonnement on voit que $\mathcal{P}(i)$ sera réalisée pour $R(i)+\rho$, $\forall\rho\in\mathbb{N}$.

5.3. <u>Lemme</u> - <u>Si</u> $\mathcal{P}(i)$ <u>est réalisée pour</u> $R(i)+\rho$, $\forall\rho\in\mathbb{N}$, <u>alors la suite spectrale</u> $(E^{T(i)+\rho},\rho\in\mathbb{N})$ <u>est stationnaire</u>.

On sait que, P étant fixé, la suite $(\mathrm{gr}_P\, E^{T(i)+\rho},\rho\in\mathbb{N}^*)$ est stationnaire puisque $\mathrm{gr}_P\, E^{T(i)+\rho+1}$ est un sous-quotient de $\mathrm{gr}_P\, E^{T(i)+\rho}$, lequel est un k-espace vectoriel de dimension finie. On a donc, pour tout P, un entier ρ_P et des isomorphismes canoniques

$$\alpha_P : gr_P\, E^{T(i)+\rho} \overset{\sim}{\to} gr_P\, E^{T(i)+\rho_P}$$

pour $\rho > \rho_P$ (α_P est induit par l'inclusion $Z_{P(i)}^{T(i)+\rho} \hookrightarrow Z_{P(i)}^{T(i)+\rho_P}$).
Il s'agit de trouver un majorant pour ρ_P lorsque P parcourt $\mathbb{N}^s$.

Soit K un entier, $1 \leqslant K \leqslant s$, et $\{i_1,\ldots,i_K\}$ vérifiant $1 \leqslant i_1 < i_2 < \ldots < i_K < s$, une partie ordonnée de $\{1,2,\ldots,s\}$; à $Q = (q_{i_1},\ldots,q_{i_K}) \in \mathbb{N}^K$, on associe $A(Q) = \{P = (p_s,\ldots,p_1) \in \mathbb{N}^s \; ; \; p_{i_m} = q_{i_m}$ pour $m = 1,2,\ldots,K\}$.
Pour un tel Q on posera $I(Q) = \{1,2,\ldots,s\} - \{i_1,\ldots,i_K\}$.

Par hypothèse, pour tout $\rho \in \mathbb{N}^*$, il existe $\pi^\rho \in \mathbb{N}$ tel que si $P^\rho = (p_s^\rho,\ldots,p_1^\rho)$ est l'élément de $A(Q)$ vérifiant $p_m^\rho = \pi^\rho$ $\forall m \in I(Q)$, et si $P = (p_s,\ldots,p_1) \in A(Q)$ vérifie $p_m \geqslant \pi^\rho$, $\forall m \in I(Q)$, alors la translation

$$\theta : gr_P\, E^{T(i)+\rho} \longrightarrow gr_{P^\rho}\, E^{T(i)+\rho}$$

induite par $\theta_P^{P^\rho}$ est un isomorphisme.

Quitte à augmenter $\pi^{\rho'}$ on peut supposer que $\rho' > \rho$ implique $\pi^{\rho'} \geqslant \pi^\rho$.

Posons $n(P,\rho) = \dim_k gr_P\, E^{T(i)+\rho}$. D'après les hypothèses on a

$$n(P,\rho') \leqslant n(P,\rho), \quad \text{si } \rho' \geqslant \rho$$

$$\text{et} \quad n(P,\rho) = n(P^\rho,\rho), \text{ si } P \in A(Q) \text{ et } p_m \geqslant \pi^\rho \quad \forall m \in I(Q)$$

Alors, pour $\rho' \geqslant \rho$ on a

$$n(P^{\rho'},\rho') \leqslant n(P^{\rho'},\rho) = n(P^\rho,\rho).$$

Ainsi, la suite des entiers $n_\rho = n(P^\rho,\rho)$, $\rho \in \mathbb{N}^*$, est décroissante, donc stationnaire. Donc il existe deux entiers $\rho(Q)$ et $\pi(Q)$, ne dépendant que de Q, tels que, pour $\rho > \rho(Q)$, $gr_{P^\rho}\, E^{T(i)+\rho}$ ait même dimension que $gr_{P^{\rho(Q)}}\, E^{T(i)+\rho(Q)}$ pour tout $P \in A(Q)$ vérifiant $p_m \geqslant \pi(Q)$ pour $m \in I(Q)$.

On est dans la situation schématisée ci-dessous :

$$\begin{array}{ccc}
gr_{P^\rho} E^{T(i)+\rho} & \xrightarrow{\text{sous-quotient}} & gr_{P^\rho} E^{T(i)+\rho(Q)} \\
\downarrow \theta & & \wr \downarrow \theta \\
gr_{P^{\rho}(Q)} E^{T(i)+\rho} & \xrightarrow{\sim} & gr_{P^{\rho}(Q)} E^{T(i)+\rho(Q)}
\end{array}$$

A cause de l'égalité des dimensions, on en déduit que l'inclusion $Z_{P(i)}^{T(i)+\rho} \cap F_P \hookrightarrow Z_{P(i)}^{T(i)+\rho(Q)} \cap F_P$ induit un isomorphisme de $gr_{P^\rho} E^{T(i)+\rho}$ sur $gr_{P^\rho} E^{T(i)+\rho(Q)}$, donc que la flèche θ de gauche est elle aussi un isomorphisme. Alors, pour tout $P \in A(Q)$ tel que $p_m \geqslant \pi(Q)$ pour $m \in I(Q)$, la suite $gr_P E^{T(i)+\rho}$ est stationnaire à partir de la valeur $\rho(Q)$.

Pour $K = 0,1,\ldots,s$, appelons $\Pi(K)$ la propriété : il existe deux entiers ρ_K et π_K tels que a) si $K \neq 0$, pour tout $Q \in \mathbb{N}^k$, $k \leqslant K$, la suite $(gr_P E^{T(i)+\rho}, \rho \in \mathbb{N}^*)$ est stationnaire à partir de $\rho = \rho_K$ pour tout $P \in A(Q)$ vérifiant $p_m > \pi_K$ si $m \in I(Q)$, b) si $K = 0$, cette suite est stationnaire à partir de ρ_o pour tout P vérifiant $p_m > \pi_o$ $\forall m$. Le lemme sera démontré si l'on prouve que $\Pi(s)$ est vraie.

Par une adaptation simple de la démonstration ci-dessus on prouve que $\Pi(0)$ est vraie. Il reste donc à prouver que si $\Pi(K-1)$ est vraie alors $\Pi(K)$ l'est aussi. Soit $Q = (q_{i_1},\ldots,q_{i_K})$: s'il existe m tel que $q_{i_m} \geqslant \pi_{K-1}$, on voit aisément, en utilisant $\Pi(K-1)$, que l'on peut choisir $\rho(Q) = \rho_{K-1}$ et $\pi(Q) = \pi_{K-1}$. Soit alors $\mathcal{S}$ l'ensemble des suites $Q = (q_{i_1},\ldots,q_{i_K})$ de K nombres compris entre 0 et π_K lorsque $(i_1,\ldots,i_K)$ parcourt l'ensemble des parties ordonnées de $\{1,2,\ldots,s\}$ de cardinal K ; $\mathcal{S}$ est un ensemble fini. Alors, la démonstration faite ci dessus par un élément Q de $\mathcal{S}$, prouve que $\Pi(K)$ est vraie pour

$$\rho_K = \sup \{\rho_{K-1} ; \rho(Q), Q \in \mathbf{S}\}$$

$$\pi_K = \sup \{\pi_{K-1} ; \pi(Q), Q \in \mathbf{S}\}.$$

D'où le lemme.

5.4. D'après le lemme 5.3., il existe une constante $r''_i = r_i + \rho_s - 1$, telle que l'inclusion $Z^{T(i+1)+1}_{P(i+1)} \cap F_{P(i)} \hookrightarrow Z^{T''(i)+1}_{P(i)}$ induise un isomorphisme :

$$gr^{(i)}\, E^{T(i+1)+1} \overset{\sim}{\to} E^{T''(i)+1}$$

avec $\qquad T''(i) = T(i) + \rho_s$

Alors, en appliquant 5.2. à $\rho_s - 1$, on trouve $(r''_{i-1}, \dots, r''_1)$, deux familles $C'' = \{C^m_{R''(k+m)}, k=1,\dots,s-1 ; m=1,\dots,s-k\}$ et $\Gamma'' = \{\Gamma^m_{R''(k+m)} ; k=1,\dots,s-1 ; m=1,\dots,s-k\}$ de constantes positives et un entier π_s tels que les assertions (i), (ii) et (iv) de $\mathbf{P}(i+1)$ sont vraies pour $R(i+1)$.

Il reste à prouver que (iii) est aussi réalisée.

5.4.1. <u>Nous supposerons désormais que la suite</u> $\{E^{T(i)+\rho}, \rho \in \mathbb{N}^*\}$ <u>est stationnaire dès la valeur</u> $\rho = 1$, et que, de plus, $r_k > 0$ pour $k \leq i$ (cette hypothèse peut être faite puisque les suites spectrales $E^{T(k)+\rho}$ sont toutes stationnaires). On prendra alors $R'' = R$, $C'' = C$ et $\Gamma'' = \Gamma$.

<u>Remarque sur la valeur de</u> $\Gamma^{i-k}_{R'(i)}$ pour $k < i$.

D'après 5.1.b), on a

$$\Gamma^{i-k}_{R'(k)} = \sup \{\Gamma^{i-k}_{R(k)} ; t_k - t'_k - C^{i-k}_{R(i)}\}.$$

Comme on a supposé $r_{k+1} > 0$, on peut supposer

$$t_k = - f_{R(k+1)-1}(T(k+1)-1) + r_k, \quad \text{pour } k < i ;$$

de plus

$$t'_k = - f_{R(k+1)}(\hat{T}(k+1)) \qquad \text{(cf. 5.1.a.)}$$

On en déduit par un calcul simple, lorsque $k = i-1$, l'égalité

$$t_{i-1} - t'_{i-1} - C^{1}_{R(i)} = \Gamma^{1}_{R(i)} + r_{i-1} > \Gamma^{1}_{R(i)},$$

donc $$\Gamma^{1}_{R'(i)} = t_{i-1} - t'_{i-1} - C^{1}_{R(i)}.$$

Pour le calcul de $\Gamma^{i-k}_{R'(i)}$ lorsque $k < i-1$ on pose :

$$\hat{\xi}_i = \hat{t}_i + f_{R(i)-1}(T(i)-1),$$

$$\xi_i = t_i + f_{R(i)-1}(T(i)-1),$$

et $$\hat{\xi}_m = \hat{t}_m + f_{R(m+1)}(\hat{T}(m+1)),$$

on a $\hat{\xi}_i = \xi_i+1$ et $\hat{\xi}_m = 0$ pour $m < i$, d'où

$$t_k - t'_k - C^{i-k}_{R(i)} = \varphi^{i-k}_{R(i)}(\xi_i+1) + \varphi^{i-k}_{R(i)}(\xi_i) + r_k - A_k$$

$$= \Gamma^{i-k}_{R(i)} + r_k - A_k,$$

où A_k représente la somme des termes d'ordres $k+1$ à $i-1$ de $f_{R(k+1)-1}(T(k+1)-1)$.

Alors, $R(i-1)$ étant fixé, on peut prendre $r_{i-2} \geqslant A_{i-2}$ de sorte que $\Gamma^{2}_{R'(i)} = t_{i-2} - t'_{i-2} - C^{2}_{R(i)}$.

Et, de proche en proche, on pourra, ayant fixé $R(k+1)$, choisir $r_k > A_k$ de sorte que l'hypothèse (H1) ci-dessous est vérifiée :

(H1) $$\Gamma^{i-k}_{R'(i)} = t_k - t'_k - C^{i-k}_{R(i)} > 0, \quad \forall k < i.$$

En particulier, pour $R(i) = 0$, on retrouvera la propriété $\Gamma^{i-k}_{R'(i)} \neq 0$ imposée comme condition initiale.

Nous supposerons désormais que l'hypothèse (H1) est réalisée. Alors, dans le calcul de $\tilde{f}_{R'(k+1)}$ donné en 5.1., on a exactement

(H2) $$t_k - t'_k + f_{R(k+1)}(P'(k+1) - Q(k+1)) = \tilde{f}_{R'(k+1)}(P(k+1) - Q(k+1)).$$

Au cours d'une démonstration (fin du § 5.4.6.) nous aurons besoin d'une hypothèse supplémentaire sur les constantes associées à R, à savoir :

(H3) $$\bar{C}^{1}_{R(j)} = t_{j-1} + f_{R(j)}(T(j)) + 1, \quad \forall j < i.$$

Cette hypothèse sera justifiée, par récurrence à la fin du paragraphe 5.4.4.

Notations : Pour tout $\alpha = (\alpha_s,\dots,\alpha_1)$ tel que $\alpha(i+1) = R(i+1)$, $\alpha_i > r_i$ et $\alpha_j = 0$ pour $j < i$, on pose :

pour $k+m > i$: $C^{m}_{\alpha(k+m)} = C^{m}_{R(k+m)}$, et $\Gamma^{m}_{\alpha(k+m)} = \Gamma^{m}_{R(k+m)}$,

pour $k+m < i$: $C^{m}_{\alpha(k+m)} = \bar{C}^{m}_{R(k+m)}$, et $\Gamma^{m}_{\alpha(k+m)} = 0$,

pour $k+m = i$: $C^{m}_{\alpha(i)} = C^{m}_{R(i)}$, et $\Gamma^{m}_{\alpha(i)} = \Gamma^{m}_{R'(i)}$ (cf. 5.1.)

de sorte que les formules de majorations $(*)^{\alpha}_{P}$ coïncident avec $(*)^{R}_{P}$ en ordres $k \geq i$, et, en ordre $k < i$, sont de la forme :

$$q_k \leq p_k + f_{\alpha(k+1)}(P(k+1) - Q(k+1)),$$

les fonctions f_α étant définies par :

$$f_{\alpha(k+1)}(P(k+1)-Q(k+1)) = \sum_{m=1}^{i-k-1} \bar{C}^{m}_{R(k+m)} x_{k+m} + C^{i-k}_{R(i)} x_i + \varphi^{i-k}_{\alpha(i)}(x_i) + \sigma(i+1),$$

avec $$x_m = p_m - q_m + f_{\alpha(m+1)}(P(m+1) - Q(m+1)),$$

et $$\varphi^{i-k}_{\alpha(i)}(x) = \begin{cases} \varphi^{i-k}_{\alpha(i)-1}(x-1) + \Gamma^{i-k}_{R'(i)} & \text{pour } x > 0 \\ 0 & \text{pour } x = 0 . \end{cases}$$

Remarquons que $\varphi^{i-k}_{\alpha(i)}$ est définie à partir de $\varphi^{i-k}_{R(i)}$ par récurrence sur α_i, et, en particulier, on a la relation :

$$\varphi^{i-k}_{\alpha(i)}(x+\alpha_i-r_i) = \varphi^{i-k}_{R(i)}(x) + (\alpha_i-r_i)\Gamma^{i-k}_{R'(i)}, \quad \forall x \geq 0.$$

Alors, pour tout $\beta = (\beta_s,\ldots,\beta_1) \in \mathbb{N}^s$ tel que $\beta(i) = \alpha(i)$, on pose $\alpha'(i) = \alpha(i)-1$ et l'on définit $T^\beta = (t_s^\beta,\ldots,t_1^\beta)$ par

$$\text{(H4)} \quad \begin{cases} T^\beta(i) = T^{\hat{\alpha}}(i) = T(i) + \alpha_i - r_i . \\ t_k^\beta = -f_{\alpha'(k+1)}(\hat{T}^\beta(k+1)) + \beta_k \ , \quad \text{pour} \quad k < i, \\ \text{avec} \quad \hat{T}^\beta(k+1) = (t_s,\ldots,t_{i+1},t_i+\beta_i-r_i-1,t_{i-1}^\beta,\ldots,t_{k+1}^\beta). \end{cases}$$

Enfin, on définit la majoration $(\tilde{*})_p^\beta$ par les formules :

$$q_k \leqslant p_k + \tilde{f}_{\beta(k+1)}(P(k+1) - Q(k+1)) \ ;$$

dans ces formules,

si $k \geqslant i$, on a

$$\tilde{f}_{\beta(k+1)} = f_{R(k+1)} \ ,$$

si $k < i$,

$$\tilde{f}_{\beta(k+1)}(P(k+1)-Q(k+1)) = \sum_{m=1}^{i-k} \left[C^m_{R(k+m)} \tilde{x}_{k+m} + \varphi^m_{\beta(k+m)}(\tilde{x}_{k+m}) \right] + \sigma(i+1)$$

où $\sigma(i+1)$ s'identifie aux termes d'ordre supérieur à i de $f_{R(k+1)}$,

$$\tilde{x}_m = p_m - q_m + \tilde{f}_{\beta(m+1)}(P(m+1) - Q(m+1))$$

et $\varphi^m_{\beta(k+m)}$ est défini par récurrence sur β_{k+m} par

$$\varphi^m_{\beta(k+m)} = \varphi^m_{R(k+m)} \quad \text{si} \quad \beta_{k+m} = 0 \ ,$$

et
$$\varphi^m_{\beta(k+m)}(x) = \begin{cases} \varphi^m_{\beta(k+m)-1}(x-1) + \bar{C}^m_{R(k+m)} - C^m_{R(k+m)} , & \text{si} \quad x \geqslant 1, \\ 0 & , \text{si} \quad x = 0. \end{cases}$$

Alors l'assertion (iii) de $\mathcal{P}(i+1)$ pour $R(i+1)$ résultera des deux lemme ci-dessous.

5.4.2. Lemme - Soit $P \in \mathbb{N}^s$; pour tous $\bar{z} \in gr_P\, E^{T(i+1)+1}$, $\alpha_i > r_i$ et $\beta \in \mathbb{N}^s$ tel que $\beta(i) = \alpha(i)$, il existe un représentant z^β de $\bar{z}$ dans $Z_P^{T^\beta}$ de la forme

$$z^\beta = z + \sum_{\substack{\beta' < \beta \\ \beta'(i) = \alpha(i)}} y^{\beta'} ,$$

où z est un représentant de $\bar{z}$ dans ${}_*Z_P^{T+1}$ et $y^{\beta'} \in {}_*Z^T_{P-T^{\beta'}+T}$ pour tout $\beta' < \beta$ avec $\beta'(i) = \alpha(i)$.

Remarquons ici que la somme écrite a un sens puisqu'il n'y a qu'un nombre fini de valeurs de β' pour lesquelles, P étant fixé, $P-T^\beta+T$ est dans $\mathbb{N}^s$. La démonstration sera donnée en 5.4.6.

5.4.3. Lemme - Pour tout β tel que $\beta(i) = \alpha(i)$ on pose $P^\beta = P-T^\beta+T$ et l'on a les relations

$$\tilde{f}_{\beta(k+1)}(P(k+1)-Q(k+1)) = t_k - t_k^\beta + f_{R(k+1)}(P^\beta(k+1)-Q(k+1)), \quad \forall k < i.$$

La démonstration de ce lemme technique est donnée en 5.4.5.

5.4.4. Il est facile de voir que si Q vérifie $(\tilde{*})_P^\beta$ alors il vérifie $(*)_P^\alpha$. Il résulte donc des deux lemmes ci-dessus que, pour tout β vérifiant $\beta(i) = \alpha(i)$, le représentant z^β satisfait $(*)_P^\alpha$, puisqu'il en est ainsi de chacune de ses composantes. Par suite, l'hypothèse de majoration asymptotique (cf. 4.4.) se trouve réalisée pour $R(i+1)$ en posant, par exemple,

$$\bar{\Gamma}^1_{R(i)} = \Gamma^1_{R'(i)+1} \quad \text{et} \quad \bar{\Gamma}^m_{R(i)} = \Gamma^m_{R'(i)} \quad \text{pour} \quad 1 < m < i,$$

de sorte que

$$\bar{C}^1_{R(i)} = C^1_{R(i)} + \Gamma^1_{R'(i)} + 1 = t_{i-1} - t'_{i-1} + 1$$

(ce qui donne une valeur conforme à l'hypothèse H3),

$$\text{et} \quad \bar{C}^m_{R(i)} = C^m_{R(i)} + \bar{\Gamma}^m_{R(i)} = t_{i-m} - t'_{i-m} ,$$

les autres valeurs $\bar{C}^m_{R(k)}$ étant celles figurant dans $(*)_P^\alpha$.

Comme $R'(i) = R(i)+1$, on retrouve bien les conditions imposées aux constantes $\overline{C}$ pour $\mathcal{P}(i+1)$ appliquée à $R(i+1)$.

Alors la partie c) de la proposition 4.2. est vraie et le théorème est démontré.

5.4.5. Démonstration du lemme 5.4.3.

On procède par récurrence décroissante sur l'entier K tel que $\beta_j = 0$ si $j < K$ et $\beta_K \neq 0$.

Pour $K = i$ on a $\beta = \alpha$. D'après la relation H2 de 5.4.1. le lemme 5.4.3. est vrai pour $K = i$ et $\alpha_i = r_i+1$. On procède alors par récurrence sur α_i à partir de la valeur r_i+1 pour prouver le lemme dans le cas où $K = i$.

Soit $\alpha = (r_s,\dots,r_{i+1}, \alpha_i,0,\dots,0)$ avec $\alpha_i > r_i$.

Supposons la formule vraie pour α et montrons la pour $\alpha' = (r_s,\dots,r_{i+1},\alpha_i+1,0,\dots,0)$. On pose, pour $k < i$,

$$\begin{aligned} A_k^{\alpha'} &= t_k - t_k^{\alpha'} + f_{R(k+1)}(P^{\alpha'}(k+1)-Q(k+1)) \\ &= t_k - t_k^{\alpha} + f_{R(k+1)}(P^{\alpha}(k+1)-Q(k+1)) + t_k^{\alpha} - t_k^{\alpha'} + f_{R(k+1)}(P^{\alpha'}(k+1)-Q(k+1)) \\ &\quad - f_{R(k+1)}(P^{\alpha}(k+1)-Q(k+1)). \end{aligned}$$

Des formules (H4) et (H1) de 5.4.1. on déduit :

$$t_k^{\alpha} - t_k^{\alpha'} = C_{R(i)}^{i-k} + \Gamma_{R'(i)}^{i-k} = t_k - t_k'.$$

Par ailleurs, si l'on pose

$$x_m^{\alpha} = p_m^{\alpha} - q_m + f_{R(m+1)}(P^{\alpha}(m+1) - Q(m+1))$$

et $$x_m^{\alpha'} = p_m^{\alpha'} - q_m + f_{R(m+1)}(P^{\alpha'}(m+1) - Q(m+1)) \quad \text{pour } m \leqslant i,$$

on a, puisque les termes d'ordres supérieurs à i sont les mêmes :

$$\begin{aligned} & f_{R(k+1)}(P^{\alpha'}(k+1)-Q(k+1)) - f_{R(k+1)}(P^{\alpha}(k+1)-Q(k+1)) = \\ &= \sum_{m=1}^{i-k} \{C_{R(k+m)}^{m}(x_{k+m}^{\alpha'} - x_{k+m}^{\alpha}) + \varphi_{R(k+m)}^{m}(x_{k+m}^{\alpha'}) - \varphi_{R(k+m)}^{m}(x_{k+m}^{\alpha})\} \end{aligned}$$

Définissons $\tilde{x}_m$ par la formule

$$\tilde{x}_m = p_m - q_m + \tilde{f}_{\alpha(m+1)}(P(m+1)-Q(m+1)) \quad \forall m.$$

On définit $\tilde{x}'_m$ de manière analogue à partir de $\tilde{f}_{\alpha'}$. Alors on a :

(i) $\tilde{x}_m = x^\alpha_m$ pour $m < i$, puisque le lemme est vrai pour α ;

(ii) $\tilde{x}_i = x^\alpha_i + \alpha_i - r_i$ et $\tilde{x}'_i = x^{\alpha'}_i + \alpha_i + 1 - r_i$;

(iii) $\tilde{x}_m = \tilde{x}'_m$ pour $m \geqslant i$ et $x^\alpha_m = x^{\alpha'}_m$ pour $m > i$.

Pour démontrer la formule du lemme pour α', au rang k, on va supposer prouvé que : $x^{\alpha'}_m = \tilde{x}'_m = p_m - q_m + \tilde{f}_{\alpha(m+1)}(P(m+1) - Q(m+1))$, pour $k < m < i$.

Compte tenu de ces remarques et hypothèses il vient

$$t_k - t^{\alpha'}_k + f_{R(k+1)}(P^{\alpha'}(k+1)-Q(k+1)) = \tilde{f}_{\alpha(k+1}(P(k+1))-Q(k+1)) -$$

$$-f_{R(k+1)}(P^\alpha(k+1)-Q(k+1)) + t_k - t'_k + f_{R(k+1)}(P^{\alpha'}(k+1)-Q(k+1))$$

et $$A^{\alpha'}_k = \tilde{f}_{\alpha(k+1)}(P(k+1)-Q(k+1)) - f_{R(k+1)}(P^\alpha(k+1) - Q(k+1)) +$$

$$+ t_k - t'_k + f_{R(k+1)}(P^{\alpha'}(k+1) - Q(k+1)).$$

La différence $\tilde{f}_{\alpha(k+1)}(P(k+1)-Q(k+1)) - f_{R(k+1)}(P^\alpha(k+1)-Q(k+1))$ se réduit à

$$C^{i-k}_{R(i)}(\tilde{x}_i - x^\alpha_i) + \varphi^{i-k}_{\alpha(i)}(\tilde{x}_i) - \varphi^{i-k}_{R(i)}(x^\alpha_i).$$

Comme $\alpha(i) = R(i) + \alpha_i - r_i$, on a :

$$\varphi^{i-k}_{\alpha(i)}(x+\alpha_i-r_i) = \varphi^{i-k}_{R(i)}(x) + (\alpha_i - r_i).\Gamma^{i-k}_{R'(i)}, \quad \forall x \in \mathbb{N}.$$

D'où l'égalité :

$$A_k^{\alpha'} = (\alpha_i - r_i)(C_{R(i)}^{i-k} + \Gamma_{R'(i)}^{i-k}) + t_k - t'_k + \sum_{m=1}^{i-k-1} \{C_{R(k+m)}^{m} \tilde{x}'_{k+m} + \varphi_{R(k+m)}^{m}(\tilde{x}'_{k+m})\}$$

$$+ C_{R(i)}^{i-k} x_i^{\alpha'} + \varphi_{R(i)}^{i-k}(x_i^{\alpha'}) + \mathcal{O}(i+1)$$

où $\mathcal{O}(i+1)$ représente les termes d'ordre supérieur à i qui sont les mêmes dans $A_k^{\alpha'}$ et dans $\tilde{f}_{\alpha(k+1)}$.

A cause des relations $\tilde{x}'_i = x_i^{\alpha'} + \alpha_i + 1 - r_i$ et $t_k - t'_k - C_{R(i)}^{i-k} = \Gamma_{R'(i)}^{i-k}$ on a encore :

$$A_k^{\alpha'} = \sum_{m=1}^{i-k+1} \{C_{R(k+m)}^{m} \tilde{x}'_{k+m} + \varphi_{R(k+m)}^{m}(\tilde{x}'_{k+m})\} + (\alpha_i + 1 - r_i)\Gamma_{R'(i)}^{i-k} + \varphi_{R(i)}^{i-k}(x_i^{\alpha'}) + \mathcal{O}(i+1)$$

Utilisant la relation

$$\varphi_{\alpha'(i)}^{i-k}(x + \alpha_i + 1 - r_i) = \varphi_{R(i)}^{i-k}(x) + (\alpha_i + 1 - r_i)\Gamma_{R'(i)}^{i-k}, \quad \forall x \in \mathbb{N},$$

on en déduit que

$$A_k^{\alpha'} = \tilde{f}_{\alpha'(k+1)}(P(k+1) - Q(k+1)).$$

Ainsi le lemme est vrai pour $K = i$.

Supposons maintenant $K < i$ et la formule du lemme vraie pour tout β' tel que $\beta'_1 = \beta'_2 = \ldots = \beta'_K = 0$ et prouvons la pour $\beta = (\beta_s, \ldots, \beta_K, 0, \ldots, 0)$ avec $\beta_K > 0$.

On définit β' par $\beta'(K+1) = \beta(K+1)$ et $\beta'_j = 0$ si $j \leqslant K$. Le calcul se déroule alors de façon analogue à ce qui a été vu ci-dessus. On pose, pour $k \leqslant s$,

$$A_k^{\beta} = t_k - t_k^{\beta} + f_{R(k+1)}(P^{\beta}(k+1) - Q(k+1)),$$

$$x_k^{\beta} = p_k - q_k + A_k^{\beta},$$

$$\tilde{x}_k = p_k - q_k + \tilde{f}_{\beta(k+1)}(P(k+1) - Q(k+1)),$$

et l'on définit de façon analogue $A_k^{\beta'}$, $x_k^{\beta'}$, $\tilde{x}_k'$, de sorte que

$$x_K^\beta = x_K^{\beta'} - \beta_K \quad \text{et} \quad \tilde{x}_K = \tilde{x}_K',$$

$$x_m^\beta = x_m^{\beta'} \quad \text{pour} \quad m > K,$$

et $$x_m^{\beta'} = \tilde{x}_m' \quad \text{pour} \quad m \leq K \text{ (hypothèse de récurrence sur } \beta').$$

Enfin, on suppose prouvé que

$$x_m^\beta = \tilde{x}_m \quad \text{pour} \quad k < m < i.$$

Alors on écrit A_k^β sous la forme

$$A_k^\beta = t_k - t_k^{\beta'} + f_{R(k+1)}(P^{\beta'}(k+1) - Q(k+1)) + t_k^{\beta'} - t_k^\beta + f_{R(k+1)}(P^\beta(k+1) - Q(k+1)) - $$
$$- f_{R(k+1)}(P^{\beta'}(k+1) - Q(k+1)),$$
$$= \tilde{f}_{\beta'(k+1)}(P(k+1) - Q(k+1)) + t_k^{\beta'} - t_k^\beta + f_{R(k+1)}(P^\beta(k+1) - Q(k+1)) -$$
$$- f_{R(k+1)}(P^{\beta'}(k+1) - Q(k+1)).$$

Comme les termes d'ordre supérieur à K de $f_{R(k+1)}(P^\beta(k+1)-Q(k+1))$ et de $f_{R(k+1)}(P^{\beta'}(k+1)-Q(k+1))$ sont les mêmes on a :

$$A_k^\beta = \sum_{m=1}^{K-k-1} \{C_{R(k+m)}^m \tilde{x}_{k+m}' + \varphi_{R(k+m)}^m(\tilde{x}_{k+m}')\} + C_{R(K)}^{K-k} \tilde{x}_K' + \varphi_{R(K)}^{K-k}(\tilde{x}_K') +$$
$$+ \mathcal{O}(K+1) + t_k^{\beta'} - t_k^\beta + \sum_{m=1}^{K-k} \{C_{R(k+m)}^m x_{k+m}^\beta + \varphi_{R(k+m)}^m(x_{k+m}^\beta)\}$$
$$- \sum_{m=1}^{K-k} \{C_{R(k+m)}^m x_{k+m}^{\beta'} + \varphi_{R(k+m)}^m(x_{k+m}^{\beta'})\},$$

où $\mathcal{O}(K+1)$ désigne les termes d'ordre supérieur à K de $\tilde{f}_{\beta'(k+1)}$ (donc aussi de $\tilde{f}_{\beta(k+1)}$).

Les termes d'ordre $k+m<K$ de la dernière somme et ceux de la première sont les mêmes. On retrouve donc dans A_k^β, compte tenu des égalités $x_m^\beta = \tilde{x}_m$ pour $m = k+1,\dots,K-1$, tous les termes d'ordre différent de K de

$\tilde{f}_{\beta(k+1)}(P(k+1)-Q(k+1))$, il reste une somme

$$s = C^{K-k}_{R(K)}\tilde{x}'_K + \varphi^{K-k}_{R(K)}(\tilde{x}'_K) + t^{\beta}_K - t^{\beta'}_K + C^{K-k}_{R(K)}(x^{\beta}_K - x^{\beta'}_K) + \varphi^{K-k}_{R(K)}(x^{\beta}_K) - \varphi^{K-k}_{R(K)}(x^{\beta'}_K).$$

Pour prouver la formule 5.4.3. il suffit donc de montrer que cette somme est égale au terme d'ordre K de $\tilde{f}_{\beta(k+1)}(P(k+1)-Q(k+1))$, à savoir

$$s' = C^{K-k}_{R(K)}\tilde{x}_K + \varphi^{K-k}_{\beta(K)}(\tilde{x}_K).$$

On vérifie immédiatement que $t^{\beta'}_K - t^{\beta}_K = \bar{C}^{K-k}_{R(K)}\beta_K$. Compte tenu des relations entre $\tilde{x}_K$, $\tilde{x}'_K$, x^{β}_K et $x^{\beta'}_K$, il vient

$$s = C^{K-k}_{R(X)}\tilde{x}_K + \left[\bar{C}^{K-k}_{R(X)} - C^{K-k}_{R(K)}\right]\beta_K + \varphi^{K-k}_{R(K)}(x^{\beta}_K)$$

A cause de la définition de $\varphi_{\beta(K)}$ on a

$$\varphi^{K-k}_{\beta(K)}(x+\beta_K) = \varphi^{K-k}_{R(X)}(x) + \beta_K(\bar{C}^{K-k}_{R(X)} - C^{K-k}_{R(X)}) \quad \forall x > 0,$$

et comme $\tilde{x}_K = \tilde{x}^{\beta}_K + \beta_K$, on a bien $s = s'$. D'où le lemme.

5.4.6. Démonstration du lemme 5.4.2.

On cherche donc à prolonger pas à pas un représentant z de $\bar{z}$. D'après le lemme 5.1, pour le premier pas, on choisit un représentant $z = z^{\rho} \in Z^{T(i-1)+\rho}_{P(i-1)}$, $\rho = p_{i-1} - t_{i-1} + 1$, satisfaisant $(*)^R_P$, et tronqué modulo $F_{P(i)-T(i)-1}$. Alors $dz \in F_{P-T'}$ et, puisque la différentielle induite sur $E^{T(i)+1}$ est nulle, il existe $y^{(o)} \in {}_*Z^{T'}_{P+T-T'}$ tel que $z + y^{(o)} \in Z^{T'+1}_P$ (cf. 5.1.4.) ; cet élément y' n'est autre que le terme y^{β} correspondant à $\beta = (r_s,\ldots,r_i+1,0,\ldots,0,1)$.

Puisque $\delta^{T'}$ est nulle, gr $\delta^{T(i)+1}$ est en fait un homomorphisme filtré de degré $-(T'+1)$.

On itère le procédé : $z + y^{(o)}$ sert à trouver la classe de $\delta^{T(i)+1}(\bar{z}$ dans $gr_{P-T'-1}\,E^{T(i)+1}$, on peut donc tronquer $y^{(o)}$ modulo $F_{P-T'-1}$ et le représentant $z + y^{(o)}$ de $\bar{z}$ est bien tel que $\delta^{T(i)+1}(\bar{z})$ soit la classe de $d(z+y^{(o)})$ dans $gr_{P-T'-1}\ E^{T(i)+1}$. Comme $\delta^{T(i)+1}$ est nulle, il existe $y^{(1)} \in {}_*Z^T_{P+T-T'-1}$ tel que $z+y^{(o)}+y^{(1)} \in Z_P^{T'+2}$; $y^{(1)}$ est donc la valeur de y^β correspondant à $\beta = (r_s,\dots,r_{i+1},r_i+1,0,\dots,0,2)$, et l'on pourra supposer $y^{(1)}$ tronqué modulo $F_{P-T'-2}$.

On en arrive ainsi, au bout d'un nombre fini de pas (à savoir $p_i-t_i'+1$) à un représentant de $\overline{z}$ de la forme $z+\Sigma y^{(m)}$ et tel que $z+\Sigma y^{(m)} \in Z_{P(2)}^{T'(2)+1}$. Ce représentant n'est autre que le z^β du lemme pour $\beta = (r_s,\dots,r_{i+1},r_i+1,0,\dots,0,1,0)$.

On vérifie aisément que $d(z+\Sigma y^{(m)}) \in F_{P-T^\beta}$ pour cette valeur de β. Comme $gr\ \delta^{T(i)+1}$ est nulle, il existe $y^\beta \in {}^*Z^{T^\beta}_{P+T-T^\beta}$ tel que $d(z+\Sigma y^{(m)}+y^\beta) \in F_{P-T^\beta-1}$; cet élément sera le représentant du lemme pour la valeur $\beta^1 = (r_s,\dots,r_{i+1},r_i+1,0,\dots,0,1,1)$. On continuera le calcul comme ci-dessus en remarquant que, à chaque pas, on peut tronquer y^β modulo $F_{P-T^\beta-1}$.

La démonstration du lemme se ramène donc à prouver que, étant donné $\gamma = (\gamma_s,\dots,\gamma_1)$ avec $\gamma(i) = \alpha(i) = R(i)+\alpha_i-r_i$, s'il existe un représentant $z^\gamma = z + \sum_{\beta<\gamma} y^\beta$ de la forme voulue, dans lequel, de plus, z est tronqué modulo $F_{P(i)-T(i)-1}$, y^β tronqué modulo $F_{P-T^\beta-1}$, pour tout β, et $z^\beta = z + \sum_{\beta'<\beta} y^{\beta'} \in Z_P^{T^\beta+1}$, alors

(i) $z^\gamma \in Z_P^{T^\gamma}$

(ii) il existe $y^\gamma \in {}^*Z^T_{P+T-T^\gamma}$ tel que $z^\gamma+y^\gamma \in Z_P^{T^\gamma+1}$;

(iii) on peut tronquer y^γ modulo $F_{P-T^\gamma-1}$ sans changer la classe de $d(z^\gamma+y^\gamma)$ dans $gr_{P-T^\gamma-1}\ E^{T(i)+\alpha_i-r_i}$, de sorte que l'on pourra poser $z^{\gamma+1} = z^\gamma+y^\gamma$, y^γ étant tronqué modulo $F_{P-T^\gamma-1}$.

La seule difficulté consiste à prouver (i) ; en effet (ii) provient de la nullité de $\delta^{T(i)+\alpha_i-r_i}$, puisque la suite $E^{T(i)+\rho}$ est stationnaire à partir de $\rho = 1$. Pour (iii) on voit que si y est la somme des termes de y^γ situés dans $F_{P-T^\gamma-1}$, on a $dy' \in dZ^T_{P-T^\gamma-1+T}$; donc la classe de $d(z^\gamma+y^\gamma)$ est la même que celle de $d(z^\gamma+y^\gamma-y)$ dans

$$gr_{P-T^\gamma-1}\, E^{T(i)+\alpha_i-r_i} \overset{\sim}{\to} gr_{P-T^\gamma-1}\, E^{T(i)+1} \overset{\sim}{\to} Z^{T+1}_{P-T^\gamma-1} + F_{P-T^\gamma-2} / dZ^T_{P-T^\gamma-1+T} + F_{P-T^\gamma-2}.$$

Pour (i) on sait que $z^\gamma \in Z^{T^\beta}_P$ pour tout $\beta < \gamma$. Par suite, si j est l'entier tel que $\gamma_m = 0$ pour $m < j$ et $\gamma_j \neq 0$, (on a évidemment $j \leqslant i$), alors

$$dz^\gamma \in F_{P(j)-T^\gamma(j)}$$

(car $z^\gamma \in F_{P(j)-T^\beta(j)}$ pour tout β tel que $\beta(j) = \gamma(j)-1$).

On recherche donc les termes de dz^γ de degrés Q tels que $Q(j) = P(j) - T^\gamma(j)$ et l'on prouve que Q est majoré par $P-T^\gamma$. Comme z est tronqué modulo $F_{P(i)-T(i)-1}$ on voit qu'il ne peut y avoir dans dz des termes de degré Q tel que $Q(j) = P(j) - T^\gamma(j)$ que si $\gamma(i) = R'(i)$. Alors, à cause de la remarque du § 5.1.3., le maximum de Q est donné par les termes de dz qui proviennent de termes de z dont le degré $\hat{Q} = (\hat{q}_s,\ldots,\hat{q}_1)$ vérifie

$$\hat{q}_m = p_m - t^\gamma_m \quad \text{pour } m \geqslant j,\ m \neq i$$

$$\text{et} \qquad \hat{q}_i = p_i - t^\gamma_i + 1 = p_i - \hat{t}^\gamma_i = p_i - t_i\ .$$

On vérifie enfin, puisque $z \in \mathfrak{M}^R(P)$, que la valeur maximum de $\hat{Q}$ est $(\hat{q}_s,\ldots,\hat{q}_m, p_{m-1}-t^\gamma_{m-1},\ldots,p_1-t^\gamma_1)$ où $t^\gamma_k = -f_{R(k+1)}(\hat{T}^\gamma(k+1))$ comme on le voulait.

On achève la démonstration en prouvant que les termes de dy^β de degré Q tel que $Q(j) = P(j) - T^\gamma(j)$ vérifient l'inégalité $Q \leqslant P-T^\gamma$.

Soit $\beta < \gamma$, il existe m tel que $\beta(m) = \gamma(m)$ et $\gamma_{m-1} > \beta_{m-1}$. On définit aussi K par $\beta_K \neq 0$, et $\beta_k = 0$ pour $k < K$. On a évidemment la relation $m-1 \geqslant j$.

Compte tenu des contraintes imposées à y^β, on appelle B^β l'ensemble des degrés possibles pour les termes de dy^β de degré Q vérifiant

$Q(j) = P(j) - T^{\gamma}(j)$. Comme y^{β} est tronqué modulo $F_{P-T^{\beta}-1}$ il l'est, a fortiori, modulo $F_{P(j)-T^{\gamma}(j)}$. Par un raisonnement analogue à celui de 5.1.3. on prouve que le maximum de B^{β} est obtenu par différentiation de termes de y^{β} de degré $\hat{Q}$ maximum parmi ceux qui vérifient $\hat{Q}(j) = P(j) - T^{\gamma}(j)+1$ et satisfont les relations $(*)^{R}_{P+T-T^{\beta}}$ (démonstration en 5.4.7.).

On cherche alors s'il existe, dans y^{β}, des termes dont le degré $\hat{Q}$ vérifie $\hat{Q}(j) = P(j) - T^{\gamma}(j)+1$. Comme y^{β} est tronqué modulo $F_{P(j)-T^{\beta}(j)-1}$ ce ne sera possible que si

$$P(j) - T^{\gamma}(j) - 1 \geqslant P(j) - T^{\beta}(j),$$

soit encore si $T^{\gamma}(j) - 1 \leqslant T^{\beta}(j)$. Or $\gamma(j) > \beta(j)$ implique $T^{\gamma}(j) > T^{\beta}(j)$.

Le seul cas où l'on aura de tels termes est celui où $\gamma(j) = \beta(j)+1$, et dans ce cas $j = m-1$ et $K < j$.

Sous ces dernières hypothèses on a

$$T(j) - T^{\beta}(j) + T^{\gamma}(j) - 1 = T(j)$$

Les termes de y^{β} de degré $\hat{Q}$ tel que $\hat{Q}(j) = P(j) - T^{\gamma}(j)+1$ vérifient en ordre $j-1$ la relation

$$\hat{q}_{j-1} \leqslant p_{j-1} + t_{j-1} - t^{\beta}_{j-1} + f_{R(j)}(T(j)-T^{\beta}(j) + T^{\gamma}(j) - 1).$$

On se propose de prouver que la valeur maximum de $\hat{q}_{j-1}$ est strictement inférieure à $p_{j-1} - t^{\gamma}_{j-1}$ ce qui achèvera la démonstration du lemme 5.4.2.

On veut donc prouver l'inégalité

$$t_{j-1} - t^{\beta}_{j-1} + f_{R(j)}(T(j)) < - t^{\gamma}_{j-1},$$

soit encore

$$t_{j-1} + f_{R(j)}(T(j)) < t^{\beta}_{j-1} - t^{\gamma}_{j-1} = f_{\alpha'(j)}(T^{\gamma}(j)) - f_{\alpha'(j)}(T^{\beta}(j)) + \beta_{j-1}$$

avec $\alpha' = (\alpha_s,\ldots,\alpha_{i+1},\alpha_i-1,0,\ldots,0)$.

Comme $T^{\gamma}(j) = T^{\beta}(j)+1$, on est réduit à prouver l'inégalité :

$$t_{j-1} + f_{R(j)}(T(j)) < \bar{C}^{1}_{R(j)} + \beta_{j-1}, \text{ avec } \beta_{j-1} \geqslant 0 ;$$

elle résulte de l'hypothèse (H3) de 5.4.1. D'où le lemme.

5.4.7. Lemme - Avec les notations ci-dessus, on pose $Q(j) = P(j) - T^{\gamma}(j)$; pour tout $\mu \geqslant j$, et tout $\hat{Q}^{\mu} = (q_s,\dots,q_{\mu+1},q_{\mu}+1,q_{\mu-1},\dots,q_j,q^{\mu}_{j-1},\dots,q^{\mu}_1) \in (*)^{R}_{P^{\beta}}$ on pose $Q^{\mu} = (q_s,\dots,q_{\mu},\dots,q_j,q^{\mu}_{j-1},\dots,q^{\mu}_1)$. On désigne par $Q' = (q_s,\dots,q_j,q'_{j-1},\dots,q'_1)$ la valeur maximum possible de Q^j et par $Q'' = (q_s,\dots,q_j,q''_{j-1},\dots,q''_1)$ la valeur maximum possible de Q^{μ} pour un $\mu > j$. Alors on a $Q'' \leqslant Q'$.

On compare d'abord q'_{j-1} et q''_{j-1} ; on a

$$q'_{j-1} = p_{j-1} + t_{j-1} - t^{\beta}_{j-1} + f_{R(j)}(T(j) - T^{\beta}(j) + T^{\gamma}(j) - 1)$$

$$q''_{j-1} = p_{j-1} + t_{j-1} - t^{\beta}_{j-1} + f_{R(j)}(T(j) - T^{\beta}(j) + \tilde{T}^{\gamma}(j))$$

avec $\tilde{T}^{\gamma}(j) = (t^{\gamma}_s,\dots,t^{\gamma}_{\mu+1},\ t^{\gamma}_{\mu}-1,t^{\gamma}_{\mu-1},\dots,t^{\gamma}_j)$.

Posons $x'_k = p_k - \hat{q}^{j}_k + t_k - t^{\beta}_k + f_{R(k+1)}(T(k+1) - T^{\beta}(k+1) + T^{\gamma}(k+1))$

$$x''_k = p_k - \hat{q}^{m}_k + t_k - t^{\beta}_k + f_{R(k+1)}(T(k+1) - T^{\beta}(k+1) + \tilde{T}^{\gamma}(k+1))$$

de sorte que $x'_k = x''_k$ pour $k>\mu$,

$$x'_{\mu} = x''_{\mu}+1 \text{ (car } \hat{q}_{\mu} = \hat{q}^{j}_{\mu}+1),$$

et $$x'_{\mu-1} - x''_{\mu-1} = C^{1}_{R(\mu)} + \varphi^{1}_{R(\mu)}(x''_{\mu}+1) - \varphi^{1}_{R(\mu)}(x''_{\mu}) \geqslant 0 ;$$

(la dernière relation est vraie parce que $\varphi^{1}_{R(\mu)}$ est une fonction croissante).

Plus généralement, pour $j<k<\mu$, si l'on suppose $x'_{\ell} - x''_{\ell} \geqslant 0$ pour $\ell = k+1,\dots,\mu-1$, on a

$$x'_k - x''_k \geqslant C^{\mu-k}_{R(\mu)} + \varphi^{\mu-k}_{R(\mu)}(x''_{\mu}+1) - \varphi^{\mu-k}_{R(\mu)}(x''_{\mu}) \geqslant C^{\mu-k}_{R(\mu)} \geqslant 0.$$

Dans ces conditions, la différence $x'_j - x''_j$ vérifie la relation

$$(**) \qquad x'_j - x''_j \geqslant C^{\mu-j}_{R(\mu)} + \varphi^{\mu-j}_{R(\mu)}(x''_\mu+1) - \varphi^{\mu-j}_{R(\mu)}(x''_\mu) - 1.$$

Elle sera positive ou nulle si il existe $k' > \mu$ tel que $r'_k \neq 0$: en effet on sait que, dans ce cas, $C^{\mu-k}_{R(\mu)} > 0$ pour tout k, en particulier pour $k = j$. Alors on a évidemment $q'_{j-1} - q''_{j-1} \geqslant 0$. Si $q'_{j-1} - q''_{j-1} > 0$ le lemme est prouvé dans ce cas, sinon on compare q'_{j-2} et q''_{j-2}. On a alors la propriété supplémentaire $x'_{j-1} = x''_{j-1}$ puisque $q'_{j-1} = q''_{j-1}$; il n'y a plus, dans $q'_{j-2} - q''_{j-2}$ que des termes d'ordre $\geqslant j$, d'où l'inégalité $q'_{j-2} - q''_{j-2} \geqslant 0$, et, de proche en proche on voit que Q' est bien supérieur à Q''.

Il reste à examiner le cas où l'on aurait $R(\mu+1) = 0$, ou bien $\mu = s$. On a $R(\mu) = (0,\ldots,0,r_\mu)$, $T(\mu+1) = 0$, $t_\mu = r_\mu$, $T^\beta(\mu) = (0,\ldots,0,t^\beta_\mu)$ avec $t^\beta_\mu \leqslant r_\mu$. Comme on a supposé $\hat{Q}^\mu \leqslant P-T^\beta+T$, on voit que l'on doit prendre $r_\mu > 0$. On sait alors que, pour $k < \mu$,

$$x'_\mu = p_\mu - q_\mu = r_\mu ,$$

$$x''_\mu = p_\mu - q_\mu - 1 = r_\mu - 1 ,$$

$$\varphi^{s-k}_{R(\mu)}(r_\mu) = \varphi^{s-k}_{R(\mu)}(r_\mu - 1) + \Gamma^{s-k}_{R(\mu)} = \ldots = \sum_{r=0}^{r_\mu-1} \Gamma^{s-k}_{R(\mu)-r}$$

$$\text{et} \qquad \varphi^{s-k}_{R(\mu)}(r_\mu - 1) = \sum_{r=0}^{r_\mu-2} \Gamma^{s-k}_{R(\mu)-r}.$$

La formule (**) devient ainsi

$$x'_j - x''_j \geqslant \Gamma^{s-j}_{R(\mu)-r_\mu+1} - 1$$

Comme on a imposé $\Gamma^{s-j}_{R(\mu)-r_\mu+1} > 0$ (valeurs initiales de 4.1) on a $x'_j - x''_j \geqslant 0$. C.Q.F.D.

Bibliographie

[1] E.F. ASSMUS Jr - On the homology of local rings - Ill. J. of Math. 3 (1959) p. 187-199

[2] T.H. GULLIKSEN - A proof of the existence of minimal R-algebra resolutions - Acta Math. 120 (1968) p. 53-58

[3] T.H. GULLIKSEN - A change of ring theorem with applications to Poincaré series - Math. Scand. 34 (1974) p. 167-183

[4] S. MAC LANE - Homology - Springer-Verlag

[5] G. SCHEJA - Über die Bettizahlen lokaler ringe - Math. Ann. 155 (1964) p. 155-172

[6] C. SCHOELLER - Γ-H-algèbres sur un corps - C.R. Acad. Sc. Paris 265 (1967) p. 655-658

[7] C. SCHOELLER - Homologie des anneaux locaux nœthériens - C.R. Acad. Sc. Paris 265 (1967) p. 768-771

[8] J.P. SERRE - Algèbre locale et multiplicités - (rédigé par P. Gabriel) Springer-Verlag

[9] J. SHAMASH - The Poincaré serie of local ring - II J. of Algebra 17 (1971) p. 1-18

[10] J. TATE - Homology of nœtherian rings and local rings - Ill. J. of Math. 1 (1957) p. 14-27

C. SCHOELLER
Université des Sciences et
Techniques du Languedoc
Institut de Mathématiques
Place Eugène Bataillon

34060 MONTPELLIER CEDEX

Généralisation d'un critère de Pontryagin concernant les groupes sans torsion dénombrables à des modules sans torsion sur des anneaux de Dedekind. Conditions de rang, de type, de chaînes ascendantes.

par

Anne-Marie NICOLAS

INTRODUCTION

Les questions étudiées ici concernent des modules sans torsion sur des anneaux commutatifs, unitaires, intègres. On y parle beaucoup de modules k-acc, k étant un entier positif.

Rappelons qu'un module M est dit k-acc si toute suite croissante $(M_n)_{n\in\mathbb{N}}$ de sous-modules de M, telle que chaque module M_n possède un système de k générateurs, est stationnaire. Si M est k-acc, il est évidemment s-acc pour tout entier $s \leqslant k$.

La notion de groupe n-acc pour tout n figurait déjà dans un critère de Pontryagin qui disait que, si G était un groupe dénombrable alors les conditions suivantes étaient équivalentes :

$$G \text{ libre} \iff G \text{ n-acc pour tout entier } n.$$

Baumslag ((1)) avait montré que tout module libre sur un anneau nœthérien était n-acc pour tout n. Dans (11), je m'étais aussi intéressée à cette question. Je donne ici une généralisation du critère de Pontryagin sur les groupes, aux modules sur les anneaux de Dedekind (théorème 1.3).

Au paragraphe 2, j'aborde des questions de suites croissantes de modules k-acc sur les anneaux de Dedekind, en relation avec un travail de P. Hill ((7)) sur des suites croissantes de groupes libres.

Dans les généralisations faites, la notion de groupe dénombrable se trouve remplacée par une notion de module de rang dénombrable (dénombrable voudra dire équipotent à une partie de $\mathbb{N}$, c'est-à-dire qu'un ensemble dénombrable pourra être fini). Rappelons que le rang d'un module M sans torsion sur un anneau A, est la dimension du K espace vectoriel $K \otimes_A M$, K étant le corps des fractions de A (cf (2)). Nous abordons au paragraphe 3 les relations entre les notions "type dénombrable" (c'est-à-dire existence d'un système dénombrable de générateurs) et "rang dénombrable".

I CRITERE DE PONTRYAGIN

Rappelons le critère de Pontryagin pour un groupe G sans torsion ((6) §19 et (13)).

Si G est un groupe sans torsion, dénombrable, les conditions suivantes sont équivalentes :

(i) G est libre.

(ii) Tout sous-groupe de G de rang fini est libre.

(iii) Toute suite croissante de sous-groupes de rang $\leq n$ est stationnaire.

(iv) G est n-acc pour tout n.

Ce critère a pu être généralisé aux A-modules de type dénombrable sur un anneau A principal (cf (5) et (12)).

Nous nous proposons d'exposer une généralisation de ces résultats dans plusieurs directions possibles. D'une part la condition de dénombrabilité peut être remplacée par une condition "rang dénombrable" (en ce qui concerne les groupes, P. Hill a donné un résultat en ce sens (7)). D'autre part, certaines implications ou équivalences sont vraies plus généralement si l'anneau A est un anneau de Prüfer, ou un anneau nœthérien, ou un anneau de Dedekind.

Théorème 1.1 - Soit A un anneau (n-acc pour tout n) et M un A-module sans torsion. Considérons pour M les conditions suivantes :

b) Tout sous-module de rang fini est de type fini.

c) Toute suite croissante de sous-modules de M de rang $\leq n$ est stationnaire quel que soit n.

d) M est n-acc pour tout n.

Alors on a : c) $\Rightarrow$ b), c) $\Rightarrow$ d)

Si A est un anneau tel que tout A-module libre soit n-acc pour tout n, alors c) $\Rightarrow$ b) $\Rightarrow$ d).

Si A est nœthérien, c) $\Leftrightarrow$ b).

Pour la démonstration, cf (12).

La condition (ii) du critère de Pontryagin, se généralise par la condition b) : tout sous-module de rang fini est de type fini ; elle impliquait dans le cas d'un groupe dénombrable, que ce groupe était libre. Je généralise ce résultat de la façon suivante :

Théorème 1.2 - Soit A un anneau de Prüfer (semi-héréditaire, commutatif, intègre) et soit M un A-module sans torsion. Les conditions suivantes sont équivalentes :

a) Tout sous-module de rang dénombrable est projectif.

b) Tout sous-module de rang fini est de type fini.

Le fait que a) $\Rightarrow$ b) résulte de ce que si A est de Prüfer, tout A-module projectif de rang fini est de type fini. (cf. (15)) chapitre 6, et (12)).

Pour montrer que b) $\Rightarrow$ a), on remarque d'abord que : si M est un A-module réunion d'une chaîne croissante de sous modules $(M_n)_{n\geq 0}$ tels que $M_o = \{0\}$ et M_{k+1}/M_k soit projectif pour tout $k \geq 0$, alors M est projectif. En effet, la suite exacte :

$$0 \longrightarrow M_{n-1} \longrightarrow M_n \longrightarrow M_n/M_{n-1} \longrightarrow 0$$

est une suite exacte scindée. Le module M_n est donc isomorphe à $M_{n-1} \oplus \mathcal{J}_n$, où $\mathcal{J}_n$ est un module projectif. Le module M_1 est projectif ; on pose $\mathcal{J}_1 = M_1$. Par récurrence, on construit donc une suite de modules projectifs $(\mathcal{J}_k)_{k\in\mathbb{N}}$ tels que $M_n = \bigoplus_{k=1}^{n} \mathcal{J}_k$. Le module M, réunion des $(M_n)_{n\in\mathbb{N}}$, est égal à la somme directe des $(\mathcal{J}_k)_{k\in\mathbb{N}}$; il est somme directe de modules projectifs ; il est donc projectif.

Supposons que M vérifie b), et soit P un sous-module de M, de rang dénombrable. L'espace vectoriel $K \otimes_A P$ (K étant le corps des fractions de A) admet une base $(e_n)_{n\in\mathbb{N}}$, où $e_n \in P$. Posons $P_n = (Ke_1 \oplus \ldots \oplus Ke_n) \cap P$. Le module P est réunion des P_n, et chaque module P_n, étant de rang fini, est de type fini (hypothèse b)). Donc P_n/P_{n-1} est aussi de type fini ; mais P_n/P_{n-1} est aussi sans torsion. A étant un anneau de Prüfer,

P_n/P_{n-1} est projectif. Remarquons aussi que $P_1 = Ke_1 \cap P$, est sans torsion et de type fini par hypothèse b). On peut donc appliquer le résultat précédent au module P, et P est projectif.

Le théorème 1.2 constitue une généralisation du critère de Pontryagin en ce qui concerne les propriétés (i) et (ii) et l'hypothèse de dénombrabilité. Nous allons maintenant nous tourner vers la propriété (iv) c'est-à-dire la condition "n-acc pour tout n". L'existence de modules n-acc pour tout n implique que l'anneau est n-acc pour tout n ((11)).

Si A est un anneau de Prüfer n-acc pour tout n, alors A est un anneau cohérent n-acc pour tout n, et tout A-module libre est n-acc pour tout n ((12) §1). D'après le théorème 1.1, si M vérifie les conditions a) ou b), alors M est n-acc pour tout n.

Le problème se pose de savoir s'il existe un anneau de Prüfer n-acc pour tout n, qui ne soit pas nœthérien (c'est-à-dire qui ne soit pas un anneau de Dedekind).

En effet dans le cas où A est de Dedekind, je démontre ((12)) le théorème suivant, qui est une généralisation du critère de Pontryagin.

<u>Théorème 1.3</u> - <u>Pour un module</u> M <u>sans torsion sur un anneau de Dedekind, les conditions suivantes sont équivalentes</u> :

a) <u>Tout sous-module de</u> M <u>de rang dénombrable est projectif.</u>

α) <u>Tout sous-module de</u> M <u>de type dénombrable est projectif</u>.

b) <u>Tout sous-module de</u> M <u>de rang fini est de type fini.</u>

c) <u>Toute suite croissante de sous-modules de rang</u> $\leqslant$ n <u>est stationnaire quel que soit</u> n.

d) M <u>est</u> n-acc <u>pour tout</u> n.

La démonstration (cf (12)) repose essentiellement sur la structure des modules sans torsion de type fini sur les anneaux de Dedekind ((3)) et sur le fait que les idéaux d'un anneau de Dedekind admettent un système de 2 générateurs ((4)).

Remarque - Supposons que A est un anneau (n-acc pour tout n) tel que pour un A-module M les conditions a), α), b), c), d) du théorème précédent soient équivalentes ; alors tout idéal de A est projectif d'après a) ; A est donc héréditaire, commutatif, intègre ; c'est donc un anneau de Dedekind.

Si A est un anneau de Dedekind, tout sous-module d'un module projectif est projectif. On a donc :

Corollaire 1.4 - Pour un module M de rang dénombrable sur un anneau de Dedekind, les conditions suivantes sont équivalentes :

(i) M est projectif.

(ii) Tout sous-module de M de rang fini est de type fini.

(iii) M est n-acc pour tout n.

On obtient aussi le résultat suivant :

Corollaire 1.5 - Pour un module M de rang fini k sur un anneau de Dedekind, les conditions suivantes sont équivalentes :

(i) M est projectif.

(ii) M est de type fini.

(iii) M est n-acc pour tout n.

(iv) M est (k+1)-acc.

En effet (i) $\Leftrightarrow$ (ii) $\Leftrightarrow$ (iii), d'après le corollaire 1.4

(iii) $\Rightarrow$ (iv).

Supposons que M soit de rang k, et (k+1)-acc ; si M n'était pas de type fini, il existerait une suite strictement croissante de sous-modules M_i, de type fini, de rang $r_i \leqslant k$. Chaque module M_i serait isomorphe à $A^{r_i-1} \oplus J_i$ (où J_i serait de type 2) et par conséquent serait de type k+1, ce qui est impossible.

Si A est principal, alors : M de rang k et k-acc $\Rightarrow$ M de type fini ((11)). Le module $M = \sum_{n=0}^{+\infty} A \frac{X^n}{Y^n}$ où $A = k[X,Y]$, est de rang 1 et 1-acc et n'est pas de type fini. Mais k[X,Y] n'est pas un anneau de Dedekind.

Existe-t-il un anneau de Dedekind A, et un A-module M tel que M soit de rang k, k-acc, et ne soit pas de type fini?

II CHAINES ASCENDANTES DE MODULES n-acc

La réunion d'une chaîne croissante de modules n-acc n'est pas nécessairement n-acc. Il existe un groupe qui est réunion d'une suite strictement croissante de sous groupes libres de rang 2 ((10) exemple 6.3) ; ce groupe n'est pas 2-acc et il est cependant réunion d'une suite de sous-groupes k-acc pour tout k.

Par ailleurs, Paul Hill, en relation avec le critère de Pontryagin sur les groupes, a démontré le résultat suivant ((7)).

Si un groupe abélien sans torsion G est réunion d'une suite croissante $(G_n)_{n\in\mathbb{N}}$ de sous-groupes purs dans G, et libres, alors G est un groupe libre.

Or nous venons de voir qu'il y a des relations entre les conditions n-acc et les conditions de liberté, de projectivité etc ... D'où l'idée de s'intéresser aux chaînes ascendantes de modules n-acc.

Théorème 2.1 - Soit A un anneau intègre et M un A-module sans torsion, qui est réunion d'une chaîne croissante de sous modules $(M_n)_{n\in\mathbb{N}}$. On suppose que, pour un entier donné $k > 0$, chaque module M_n est k-acc, et que le module M/M_n est sans torsion.

Alors le module M est k-acc.

On considère une suite croissante $(P_h)_{h\in\mathbb{N}}$ de sous modules de M, de type k. Le module $\bigcup_{h\in\mathbb{N}} P_h$ est un sous module de M, de rang $\leqslant k$. Il existe ℓ tel que $\bigcup_{h\in\mathbb{N}} P_h \subset M_\ell$ (on prend pour M_ℓ un module qui contienne un système maximal d'éléments linéairement indépendants de $\bigcup_{h\in\mathbb{N}} P_h$ et on utilise le fait que M/M_ℓ est sans torsion). Le module M_ℓ étant k-acc, la suite $(P_h)_{h\in\mathbb{N}}$ est stationnaire.

Dans le cas où $A = \mathbb{Z}$, c'est-à-dire le cas des groupes, je peux déduire le théorème précédent du critère de P. Hill et d'un critère que j'ai donné dans (11) : Si A est principal, et si M est un A-module sans torsion les conditions suivantes sont équivalentes :

M est k-acc.

Tout sous-module P de M, de rang $\leqslant k$, est libre.

Supposons que A soit un anneau de Dedekind. Alors tout module projectif est k-acc pour tout k ((1)). Considérons donc une suite croissante $(M_n)_{n\in\mathbb{N}}$ de modules projectifs, de réunion M, et supposons que les modules M/M_n soient sans torsion. D'après le théorème 2.1, M est k-acc pour tout k. Si, de plus M est de rang dénombrable, M est projectif (théorème 1.3).

<u>Corollaire 2.2 - Soit A un anneau de Dedekind et M un A-module sans torsion de rang dénombrable. On suppose que M est réunion d'une chaîne croissante de sous modules $(M_n)_{n\in\mathbb{N}}$, telle que, pour tout entier n, M_n soit projectif et M/M_n sans torsion.</u>

<u>Alors M est projectif.</u>

Le problème se pose de savoir si ce résultat reste vrai si on ne suppose plus M de rang dénombrable. La réponse est oui si $A = \mathbb{Z}$ (cas des groupes) d'après le résultat de P. Hill cité ci-dessus.

On va maintenant considérer une chaîne croissante $(M_n)_{n\in\mathbb{N}}$ de modules qui sont k-acc quel que soit k. A étant un anneau de Dedekind, tout sous-module de M_n de rang fini est de type fini (théorème 1.3) quel que soit n. On se propose de montrer que le module $M = \bigcup_{n=1}^{\infty} M_n$ est k-acc pour tout k, moyennant l'hypothèse supplémentaire "M_{n+1}/M_n sans torsion quel que soit n". En effet, soit H un sous-module de rang fini de M : $H = H\cap M = H\cap(\bigcup_{n=1}^{\infty} M_n) = \bigcup_{n=1}^{\infty}(H\cap M_n)$; posons $H_n = H\cap M_n$. Le sous-module H_n est sans torsion, de rang fini dans M_n (k-acc pour tout k), donc de type fini ; H_n/H_{n-1} est aussi de type fini, et sans torsion, et par conséquent projectif, puisque A est de Dedekind ; H_1 est sans torsion de type fini donc projectif. Le module H est donc projectif (cf §1). Tout module projectif de rang fini sur un anneau de Dedekind est de type fini, et H est donc de type fini. D'après le théorème 1.3, M est k-acc pour tout k.

<u>Théorème 2.3 - Soit A un anneau de Dedekind et M un A-module sans torsion. On suppose que M est réunion d'une chaîne croissante $(M_n)_{n\geq 1}$ de sous-modules vérifiant :</u>

- <u>M_n k-acc pour tout k, quel que soit n.</u>
- <u>M_{n+1}/M_n sans torsion, quel que soit n.</u>

<u>Alors le module M est k-acc pour tout k.</u>

Remarque - Le théorème précédent généralise le corollaire 2.2 qui pourrait aussi bien être démontré comme conséquence du théorème 2.3. En effet si M est de rang dénombrable, M_n aussi, et il est équivalent de dire que M_n est projectif ou que M_n est k-acc pour tout k.

III RANG ET TYPE DENOMBRABLE

Nous avons vu au §1 que le critère de Pontryagin qui concernait des groupes dénombrables pouvait se généraliser ; la notion de groupe dénombrable pouvait se généraliser en une notion de module de type dénombrable, et même de rang dénombrable.

Si un A-module M sans torsion est de type dénombrable, il est évidemment de rang dénombrable. Mais un module de rang dénombrable n'est pas nécessairement de type dénombrable : le corps des fractions K d'un anneau intègre A est un A-module de rang 1 qui n'est pas toujours de type dénombrable. Kaplansky dans (9) étudie ce problème.

On dira que l'anneau A vérifie la condition (D) si et seulement si tout A-module de rang dénombrable est de type dénombrable.

On dira que l'anneau A vérifie la condition (D_c) si et seulement si son corps des fractions K est un A-module de type dénombrable.

On dira que l'anneau A vérifie la condition (D_i) si et seulement si tout idéal de A est un A-module de type dénombrable.

On a évidemment : $(D) \Rightarrow (D_c)$ et (D_i).

Pour montrer que (D_c) et (D_i) impliquent (D), on va d'abord montrer que (D_c) et (D_i) impliquent (D_1) où la condition (D_1) est ainsi définie :

A vérifie (D_1) si et seulement si tout A-module de rang 1 est de type dénombrable.

Supposons que A vérifie (D_c) et (D_i) ; alors K est de type dénombrable et on peut écrire $K = \bigcup_{n=1}^{\infty} A \frac{1}{d_n}$ où $d_n \in A$ et $d_n \mid d_{n+1}$.

Soit P un module sans torsion de rang 1 ; on peut supposer que P est un sous-A-module de K.

$$P \cap K = P \cap (\bigcup_n A \frac{1}{d_n}) = \bigcup_n (P \cap A \frac{1}{d_n})$$

$\{a \in A \mid \frac{a}{d_n} \in P\}$ est un idéal $\mathfrak{I}_n$ de A, et $P \cap A \frac{1}{d_n} = \mathfrak{I}_n \frac{1}{d_n}$.

Pour tout n, l'idéal $\mathfrak{I}_n$ est de type dénombrable, donc le A-module $\mathfrak{I}_n \frac{1}{d_n}$ aussi, et P, qui égal à $\bigcup_{n=1}^{\infty} \mathfrak{I}_n \frac{1}{d_n}$ est aussi de type dénombrable.

Il en résulte que tout module de rang fini est aussi de type dénombrable. (On fait un raisonnement par récurrence sur le rang : si M est de rang n, $K \otimes_A M = (Ke_1 \oplus \ldots \oplus Ke_n)$, où $e_i \in M$; le module P égal à $(Ke_1 \oplus \ldots \oplus Ke_{n-1}) \cap M$, est de rang (n-1), et tel que $M/_P$ est sans torsion et de rang 1 ; puisque P et $M/_P$ sont de type dénombrable, M est aussi de type dénombrable, (2) chapitre 2).

Or un module de rang dénombrable M peut s'écrire $\bigcup_{n\in\mathbb{N}} M_n$, où chaque M_n est de rang fini ($K \otimes_A M = \bigoplus_{n=1}^{\infty} Ke_n$, et $M_n = (Ke_1 \oplus \ldots \oplus Ke_n) \cap M$).

Finalement on obtient le théorème suivant :

Théorème 3.1 - Pour un anneau A intègre, de corps des fractions K, les conditions suivantes sont équivalentes :

(D) Tout A-module sans torsion de rang dénombrable est de type dénombrable.

(D_1) Tout A-module sans torsion de rang 1 est de type dénombrable.

(D_c et D_i) K est un A-module de type dénombrable, et tout idéal de A est un A-module de type dénombrable.

Si A est un anneau nœthérien, la condition (D_i) est satisfaite. On a donc :

Corollaire 3.2 - Si A est un anneau nœthérien intègre, de corps des fractions K, les conditions suivantes sont équivalentes :

(D) Tout A-module sans torsion de rang dénombrable est de type dénombrable.

(D_c) K est un A-module de type dénombrable.

Nous noterons d(K) la dimension homologique de K considéré comme A-module (c'est-à-dire la longueur minimale d'une résolution projective).

Kaplansky a démontré que :

- Si K est de type dénombrable, alors $d(K) \leq 1$.

- Si A est un anneau de valuation et si $d(K) \leq 1$, alors K est de type dénombrable.

- Si A est un anneau local (non nécessairement nœthérien) et si $d(K) \leq 1$, alors K est de type dénombrable.

En particulier, dans le cas où l'anneau A est un anneau de valuation discrète, alors tout A-module de rang dénombrable est de type dénombrable.

Il existe des anneaux nœthériens A (où la condition D_i est donc satisfaite) tels que K ne soit pas un A-module de type dénombrable. Si k est un corps non dénombrable, l'anneau $A = k[X_1, \ldots X_n]$ $(n \geq 2)$ est tel que son corps des fractions vérifie $d(K) \geq 2$ ((9)) et par conséquent K n'est pas de type dénombrable.

Exemple 3.3 - Si k est un corps non dénombrable, le corps des fractions $k(X)$ de l'anneau $A = k[X]$ n'est pas un A-module de type dénombrable.

Si $k(X)$ était de type dénombrable on aurait $k(X) = \bigcup_n A \frac{1}{d_n}$ où $d_n | d_{n+1}$, et $d_n \in k[X]$.

D'autre part l'ensemble $\{(x-\xi) \in k[X] \mid \xi \in k\}$ est un ensemble non dénombrable d'éléments irréductibles de $k[X]$, non associés deux à deux.

Pour tout $\xi \in k$, il existerait $\alpha_\xi \in k[X]$ tel que $\frac{1}{x-\xi} = \frac{\alpha_\xi}{d_n}$, $d_n = \alpha_\xi(x-\xi)$, et $x-\xi$ serait facteur irréductible d'un des d_n.

L'ensemble des facteurs irréductibles de tous les $d_n (n \in \mathbb{N})$ est un ensemble dénombrable (car $k[X]$ est factoriel) ; il devrait contenir $\{(x-\xi) \mid \xi \in k\}$ qui est non dénombrable.

La démonstration précédente s'étend immédiatement au cas d'un anneau factoriel possédant un système non dénombrable d'éléments irréductibles (non associés deux à deux).

Réciproquement, si A est un anneau factoriel possédant un système représentatif dénombrable d'éléments irréductibles $(p_i)_{i\in\mathbb{N}}$, alors l'ensemble des éléments de la forme $p_1^{\alpha_1} p_2^{\alpha_2} \dots p_k^{\alpha_k}$ (où α_i entier positif ou nul) est dénombrable, et K est de type dénombrable.

On a vu que la condition (D_i) n'implique pas la condition (D_c). Le problème se pose de savoir si la condition (D_c) implique la condition (D_i).

Existe-t-il un anneau de valuation A tel que $d(K) = 1$ et qui possède un idéal qui n'est pas de type dénombrable ?

Existe-t-il un anneau local A (non nœthérien) tel que $d(K) = 1$ et tel que son idéal maximal ne soit pas de type dénombrable ?

Bibliographie

(1) B. and G. BAUMSLAG - On ascending chain conditions - Proc. London Math. Soc. 22 (3) (1971) p. 681-704.

(2) N. BOURBAKI - Algèbre - Hermann Paris (1962) - Troisième édition

(3) N. BOURBAKI - Algèbre commutative - Hermann Paris (1965)

(4) I.S. COHEN - Commutative rings with restricted minimum conditions - Duke Math. Journal 17 (1950) p. 27-42.

(5) P.M. COHN - Free rings and their relations - Academic Press (1971)

(6) L. FUCHS - Infinite Abelian groups - Vol. 1, Vol. 2 Academic Press New York and London (1970-1973)

(7) P. HILL - Criteria for freeness in groups and valuated vector spaces. Abelian Group Theory (2nd New Mexico State University Conference) - Lecture Notes in Mathematics n° 616 Springer-Verlag (1977) p. 140-157

(8) I. KAPLANSKY - Infinite abelian groups - Ann. Arbor, the University of Michigan Press (1969)

(9) I. KAPLANSKY - The homological dimension of a quotient field - Nagoya Math. Journal 27-1 (1966) p. 139-142

(10) A.M. NICOLAS - Extensions factorielles et modules factorables - Bull. Sc. Math. (2) 98 (1974) p. 117-143

(11) A.M. NICOLAS - Sur certaines conditions de chaines ascendantes dans les groupes abéliens et les modules sans torsion - Communications in Algebra 5 (2) (1977) p. 171-191

(12) A.M. NICOLAS - Sur les modules tels que toute suite croissante de sous-modules engendrés par n générateurs soit stationnaire (à paraître)

(13) L. PONTRYAGIN - Topological Groups - Gordon and Breach (1966)

(14) G. RENAULT - Sur des conditions de chaines ascendantes dans des modules libres - Journal of Algebra 47 (1977) p. 268-275

(15) G. RENAULT - Algèbre non commutative - Gauthier Villars (1975)

Anne-Marie NICOLAS
Département de Mathématiques
Université de Limoges
Domaine de la Borie
123, rue Albert Thomas
87100 LIMOGES

Idéaux bilatères et centre des anneaux de polynômes de Ore sur les anneaux quasi-simples

par

Gérard CAUCHON

Introduction et notations

Soit A un anneau, σ un endomorphisme de A tel que $\sigma(1) = 1$ et δ une σ-dérivation de A c'est-à-dire une application de A dans A telle que

$$\forall a,b \in A \; ; \quad \delta(a+b) = \delta(a) + \delta(b) \quad \text{et} \quad \delta(ab) = \delta(a)b + \sigma(a)\delta(b).$$

X étant une indéterminée sur A, on définit l'anneau de polynômes de Ore $R = A[X,\sigma,\delta]$ comme le groupe additif usuel de tous les polynômes $a_o + a_1X + \ldots + a_nX^n$ $(a_i \in A)$ muni de l'unique multiplication $\times$ telle que :

1°) $(R,+,\times)$ soit un sur-anneau de A

2°) $\forall a \in A \; ; \; Xa = \sigma(a)X + \delta(a)$.

- Rappelons que, dire que R est un sur-anneau de A, signifie en particulier que R et A ont même élément unité.

Si $\delta = 0$, R se note $A[X,\sigma]$, on dit que cest un anneau de polynômes tordus.

Si $\sigma = Id_A$, δ est une véritable dérivation de A, R se note $A[X,\delta]$, on dit que c'est un anneau de polynômes différentiels.

Si P est un polynôme non nul de $R = A[X,\sigma,\delta]$, on définit son degré de la manière habituelle et on appelle coefficient dominant de P, le coefficient de son monôme de plus haut degré. On dit que P est unitaire si son coefficient dominant est égal à 1.

On a alors les propriétés suivantes : Supposons σ injectif et soit P un polynôme non nul dont le coefficient dominant est inversible. Alors

1) P est régulier dans R. De plus, si Q est un polynôme non nul de R, on a $d°PQ = d°QP = d°P + d°Q$.

2) Si Q est un polynôme quelconque de R, on peut diviser Q par P à gauche ; c'est-à-dire qu'on peut écrire, d'une manière unique, $Q = BP + C$ avec $C = 0$ ou $d°C < d°P$.

Dans cet exposé, on suppose que l'anneau A est quasi-simple et que σ est un automorphisme de A. On détermine dans ce cas, les idéaux bilatères et le centre de $R = A[X,\sigma,\delta]$. On donne de plus des conditions suffisantes pour que R ne soit pas quasi-simple et également, pour que son centre (noté $Z(R)$) soit non trivial. Les résultats que nous obtenons généralisent ceux de S.A. Amitsur (1) qui suppose que $\sigma = Id_A$ et ceux de N. Jacobson (3) et de P.M. Cohn (2) qui supposent que $\delta = 0$ et que A est un corps gauche.

Nous utiliserons dans cet exposé, les conventions et notations suivantes :

. $Aut(A)$ désigne le groupe des automorphismes de A.

. $Int(A)$ désigne le sous-groupe normal des automorphismes intérieurs de A. Si α est un élément inversible de A, on note τ_α l'automorphisme intérieur $a \longmapsto \tau_\alpha(a) = \alpha a \alpha^{-1}$.

. On pose $K = Z(A)$ et $k = \{a \in K | \sigma(a) = a$ et $\delta(a) = 0\}$. Si A est quasi-simple, K est un corps commutatif et k est un sous-corps de K.

. Si $\sigma_1 \in Aut(A)$, on note $\overline{\sigma}_1$ la classe de σ_1 dans $Aut(A)/Int(A)$.

1 - Idéaux bilatères de $R = A[X,\sigma,\delta]$

Rappelons que, conformément à ce qui est précisé dans l'introduction, nous supposons dans tout ce qui suit que A est un anneau quasi-simple et que $\sigma \in Aut(A)$.

Lemme 1.1 - Soit P un polynôme non nul de R. Supposons qu'il existe $\sigma' \in \mathrm{Aut}(A)$ tel que

$$\forall a \in A \ ; \ Pa = \sigma'(a)\, P.$$

Alors, le coefficient dominant de P est inversible.

Démonstration - Posons $P = a_o + a_1X + \ldots + a_nX^n$ $(a_n \neq 0)$. Pour tout $a \in A$, on a $a_n\sigma^n(a) = \sigma'(a)a_n$.

σ^n et σ' étant des automorphismes, on en déduit :

$a_nA = A\,a_n = A\,a_n\,A = A$, d'où le résultat.

Remarquons que, par le même raisonnement, on a :

Lemme 1.2 - Soit P un polynôme de R satisfaisant aux hypothèses du lemme 1.1. Supposons de plus que $\delta = 0$.

Alors, tous les coefficients non nuls de P sont inversibles dans A.

Soit maintenant $\mathcal{B}$ un idéal bilatère non nul de R et soit $P = a_o + a_1X + \ldots + a_nX^n$ un polynôme de $\mathcal{B}$ de degré n minimal $(a_n \neq 0)$.

$$\forall a,\ b \in A \ ; \ aPb = \alpha_o + \alpha_1 X + \ldots + a\,a_n\,\sigma^n(b)X^n \in \mathcal{B}.$$

On en déduit, par addition d'une somme finie d'expressions de ce type, que $\mathcal{B}$ contient un polynôme unitaire de degré n, soit Q. On voit alors facilement, grâce à la division euclidienne par Q, que $\mathcal{B} = RQ$. D'où :

Proposition 1.3 - Tout idéal bilatère non nul $\mathcal{B}$ de R peut s'écrire $\mathcal{B} = RQ$ où Q est un polynôme unitaire.

D'autre part, si Q est un polynôme unitaire de degré n, le lecteur vérifiera facilement l'équivalence suivante :

$$(RQ \text{ est un idéal bilatère de } R) \iff \begin{cases} \forall a \in A \ ; \ Qa = \sigma^n(a)Q \quad \text{et} \\ \exists \alpha \in A \ ; \ QX = (X+\alpha)Q \end{cases}$$

et, lorsque $\delta = 0$:

$$(RQ \text{ est un idéal bilatère de } R) \iff \begin{cases} \forall a \in A \ ; \ Qa = \sigma^n(a)Q \quad \text{et} \\ \qquad\qquad QX = XQ. \end{cases}$$

Remarque - Il résulte de la proposition 1.3 que l'anneau R est premier.

Lorsque l'anneau $R = A(X,\sigma,\delta)$ n'est pas quasi-simple, ses idéaux bilatères sont décrits par le théorème suivant :

Théorème 1.4 - Supposons R non quasi-simple et soit P un polynôme unitaire, non constant, de degré minimal tel que $\mathcal{P} = RP$ soit un idéal bilatère de R.

Alors les idéaux bilatères de R sont les idéaux de la forme

$$\mathcal{B} = R\omega P^m \quad (m \in \mathbb{N},\ \omega \in Z(R) \text{ le centre de } R).$$

Démonstration - Il est clair que, si $\omega \in Z(R)$ et $m \in \mathbb{N}$, $R\omega P^m$ est un idéal bilatère de R.

Inversement, soit $\mathcal{B} = RQ$ un idéal bilatère non nul de R, où Q est un polynôme unitaire. On peut écrire $Q = Q_1 P^m$ avec $Q_1 \notin RP$.

Alors, $\mathcal{B}_1 = RQ_1$ est aussi un idéal bilatère, non contenu dans $\mathcal{P}$. Nous voyons donc que, pour démontrer le théorème, il nous suffit de démontrer que :

Si $\mathcal{B}$ est un idéal bilatère non contenu dans $\mathcal{P}$, alors $\mathcal{B} = R\omega$ avec $\omega \in Z(R)$.

1er cas - $\delta = 0$. RX étant bilatère, on a $P = X+u$ $(u \in A)$.

Supposons $P = X$ et soit $\mathcal{B} = RQ$ un idéal bilatère non contenu dans RX, avec $Q = a_o + a_1 X + \ldots + X^n$ $(a_o \neq 0)$.

Compte tenu du lemme 1.2, a_o est inversible, et il est immédiat que $\omega = a_o^{-1} Q = 1 + a_o^{-1} a_1 X + \ldots + a_o^{-1} X^n$ est tel que $\mathcal{B} = R\omega$ et que ω est central.

Supposons $P = X+u$ $(u \neq 0)$.

Alors, comme ci-dessus, u est inversible et $Y = u^{-1}P = u^{-1}X+1$ est central. On a alors $R = A(Y)$ et il est clair que les idéaux bilatères de R sont alors du type $\mathcal{B} = R\omega$ avec $\omega \in Z(R)$.

2ème cas - $\delta \neq 0$. Soit $\mathcal{B} = RQ$ un idéal bilatère de R non contenu dans $\mathcal{P}$ où Q est un polynôme unitaire de R.

Divisons Q à gauche par P ; il vient :

$$Q = BP + C \quad \text{avec} \quad C \neq 0 \quad \text{et} \quad d^\circ C < d^\circ P. \tag{1}$$

Posons $n = d^\circ P$, $m = d^\circ Q$.

Puisque $\mathcal{B}$ et $\mathcal{P}$ sont des idéaux bilatères, on a :

$$\begin{cases} \forall a \in A \; ; \; Pa = \sigma^n(a)P \quad \text{et} \quad Qa = \sigma^m(a)Q & (2) \\ \exists \alpha, \beta \in A \; ; \; PX = (X+\alpha)P \quad \text{et} \quad QX = (X+\beta)Q & (3) \end{cases}$$

(1) et (2) entraînent

$$\forall a \in A \; ; \; Ca = \sigma^m(a)C \tag{4}$$

Par suite, le coefficient dominant de C est inversible.

<u>Si</u> $d^\circ C < d^\circ P-1$, on déduit de (1) et (3) que $CX = (X+\beta)C$ (5)
de sorte que RC est un idéal bilatère.

Compte tenu de la minimalité du degré de P, $C \in A$ et est inversible. Il résulte alors de (4) et (5) que $\omega = C^{-1}Q$ est central ; comme $\mathcal{B} = R\omega$, la démonstration est alors terminée.

<u>Si</u> $d^\circ C = d^\circ P-1$, divisons P par C :

$$P = (uX+v)C + D \qquad (D = 0 \text{ ou } d^\circ D < d^\circ C)$$

u et v sont des éléments de A et u est inversible.

De (2) et (4), on déduit, en posant $Y = uX+v$:

$$\forall a \in A, \quad Y\sigma^m(a) = \sigma^n(a)Y \quad \text{soit}$$
$$Ya = \sigma'(a)Y \quad \text{où} \quad \sigma' = \sigma^{n-m} \in \mathrm{Aut}(A).$$

Alors $R = A[Y, \sigma']$ et on est ramené au cas où $\delta = 0$, ce qui achève la démonstration.

2 - <u>Le centre de</u> R

1) <u>Sa structure</u>

Si on note, comme précédemment, $Z(R)$ le centre de R, on a clairement $Z(R) \cap A = k$.

Nous dirons que $Z(R)$ <u>est trivial</u> s'il est réduit à k.

Si $Z(R)$ est non trivial, sa structure est décrite par le théorème suivant :

<u>Théorème</u> 2.1 - <u>Supposons</u> $Z(R)$ <u>non trivial et soit</u> T <u>un polynôme central, non constant, de degré minimal</u>.

<u>Alors</u>, $Z(R) = k(T)$.

<u>Démonstration</u> - Il suffit de montrer que $Z(R) \subseteq k(T)$.

Soit P un polynôme central non nul.

Si $d^\circ P = 0$, $P \in Z(R) \cap A = k$.

Raisonnons alors par récurrence sur $d^\circ P$:

Supposons $d^\circ P = n > 0$ et que tout polynôme central Q de degré inférieur à n appartienne à $k(T)$.

Compte tenu du lemme 1.1, on peut diviser P par T :

$$P = BT + C \qquad (C = 0 \text{ ou } d^\circ C < d^\circ T).$$

P et T commutant avec les constantes, on a

$$\forall a \in A \; ; \; Ba = aB \text{ et } Ca = aC \tag{1}$$

<u>Supposons</u> $d^\circ C < d^\circ T - 1$:

P et T commutant avec X, on voit facilement que B et C commutent avec X. Donc B et $C \in Z(R)$.

Donc $C \in k$ (d'après la minimalité de $d^\circ T$) et, si $B \neq 0$, $d^\circ B = d^\circ P - d^\circ T < d^\circ P$, donc $B \in k(T)$, donc $P \in k(T)$.

<u>Supposons</u> $d^\circ C = d^\circ T - 1$.

Il résulte de (1) que le coefficient dominant de C est inversible. On peut donc diviser T par C ; il vient :

$$T = (uX + v)C + D \qquad (D = 0 \text{ ou } d^\circ D < d^\circ C)$$

avec $u, v \in A$, u inversible.

On déduit alors de (1) que $Y = uX + v$ commute avec les constantes.

Donc $R = A[Y]$ et le théorème est évident dans ce cas particulier.

2) <u>Relations entre</u> T <u>et</u> P.

Si $Z(R)$ est non trivial, R n'est pas quasi-simple et le théorème suivant montre comment sont liés les polynômes T et P des deux théorèmes précédents :

Théorème 2.2 - Supposons $Z(R)$ non trivial et choisissons les polynômes T et P comme dans les théorèmes 1.4 et 2.1 respectivement.

Alors, on peut écrire $T = \lambda P^{\ell} + \mu$ avec $\lambda \in A$, inversible et $\mu \in k$.

En particulier, on peut toujours choisir T sous la forme λP^{ℓ}.

Démonstration -

1er cas - $\delta = 0$.

Si $P = X+u$ avec $u \neq 0$, alors comme nous l'avons déjà constaté, u est inversible et $u^{-1}P$ est central de degré 1. Donc $Z(R) = k(u^{-1}P)$. Donc

$$T = \alpha u^{-1}P + \beta \qquad (\alpha,\beta \in k\ ;\ \alpha \neq 0)$$

$$= \lambda P + \beta \qquad (\lambda \text{ inversible, } \beta \in k).$$

Si $P = X$ et si $T = a_o + a_1X + \ldots + a_nX^n$ $(a_n \neq 0)$, il est clair que a_nX^n est central, donc $T' = a_nX^n$ est aussi un polynôme central non constant de degré minimal.

Donc $T = \alpha a_nX^n + \beta \quad (\alpha,\beta \in k,\ \alpha \neq 0)$

$$= \lambda P^n + \beta \qquad (\lambda \text{ inversible, } \beta \in k).$$

2ème cas - $\delta \neq 0$. Divisons alors T par P :

(1) $\qquad T = BP + C \qquad (C = 0$ ou $d°C < d°P)$.

Si n est le degré de P, on a

$$\forall a \in A\ ;\ Pa = \sigma^n(a)P \tag{2}$$

et

$$\exists \alpha \in A\ ;\ PX = (X+\alpha)P \tag{3}$$

De (1) et (2), on déduit :

$$\forall a \in A\ ;\ Ca = aC \quad \text{et} \quad Ba = \sigma^{-n}(a)B. \tag{4}$$

Supposons $d°C < d°P - 1$. Alors, de (1) et (3), on déduit :

$$CX = XC \quad \text{et} \quad B(X+\alpha) = XB. \tag{5}$$

Il résulte de (4) et (5) que C est central, donc que $C \in k$ puisque $d°C < d°P$.

Il résulte également de (4) et (5) que RB est un idéal bilatère de R. (Remarquons que $B \neq 0$ puisqu'on a clairement $d°T \geqslant d°P$).

Par suite, $RB = R\omega P^m$ où ω est un élément central (non nul) de R. Les coefficients dominants de B et de ωP^m étant inversibles, on déduit de ceci : $B = u\omega P^m$ où u est un élément inversible de A. Il en résulte $d°\omega \leqslant d°B < d°T$, donc $\omega \in k$, donc $B = \lambda P^m$ avec $\lambda \in A$, inversible ; donc $T = \lambda P^m + \mu$ ($\lambda \in A$, inversible ; $\mu \in k$).

Supposons $d°C = d°P-1$ et divisons P par C (le coefficient dominant de C est inversible d'après (4)).

Il vient $P = (uX+v)C + D$ $(D = 0$ ou $d°D < d°C)$; $u, v \in A$ et u inversible.

Posant $Y = uX+v$, on déduit de (2) et (4) que :

$$\forall a \in A \ ; \quad Ya = \sigma^n(a)Y.$$

Donc $R = A(Y,\sigma^n)$. Nous sommes alors ramenés au cas où $\delta = 0$, ce qui achève la démonstration.

3 - Une condition suffisante pour que R ne soit pas quasi-simple

Nous ne savons pas donner de condition nécessaire et suffisante pour que R ne soit pas quasi-simple dans le cas général, cependant nous avons :

Théorème 3.1 - Supposons que l'anneau A soit algébrique sur son centre K et que $\overline{\sigma}$ soit d'ordre fini dans $Aut(A)/Int(A)$.

Alors, les propriétés suivantes sont équivalentes :

i) R est non quasi-simple.

ii) δ est algébrique sur A : c'est-à-dire qu'il existe $a_1,\ldots,a_n \in A$ avec $a_n \neq 0$ tels que $a_1\delta + a_2\delta^2 + \ldots + a_n\delta^n = 0$.

iii) δ est entière sur A : c'est-à-dire qu'il existe $a_1,\ldots,a_{n-1} \in A$ tels que $a_1\delta + a_2\delta^2 + \ldots + a_{n-1}\delta^{n-1} + \delta^n = 0$.

Démonstration - On a clairement iii) $\Longrightarrow$ ii).

Montrons que ii) $\Longrightarrow$ i):

Dans l'anneau $\mathcal{A}$ des endomorphismes du groupe abélien (A,+), soit H le sous-anneau des homothéties aI ($a \in A$, I = l'application identique de A dans lui-même).

H est évidemment un anneau isomorphe à A par

$$\lambda : A \xrightarrow{\sim} H$$
$$a \longrightarrow aI.$$

Naturellement, $\delta \in \mathcal{A}$ et, pour tout $a \in A$, on a :

$$\delta \circ aI = \sigma(a)I \circ \delta + \delta(a)I.$$

Par conséquent, si S est le sous-anneau de $\mathcal{A}$ engendré par H et δ, λ se prolonge en un homomorphisme d'anneaux surjectif $\varphi : R = A[X,\sigma,\delta] \to S$ défini par

$$a_o + a_1 X + \ldots + a_n X^n \mapsto a_o I + a_1 \delta + \ldots + a_n \delta^n.$$

Il résulte de ii) que Ker φ est un idéal bilatère propre, non nul de R, donc que R n'est pas quasi-simple.

Montrons pour terminer que i) $\Longrightarrow$ iii).

Par hypothèse, il existe un idéal bilatère propre, non nul, $\mathcal{B} = RP$ avec $P = a_o + a_1 X + \ldots + X^n$ $(n \geqslant 1)$.

De $Pa = \sigma^n(a)P$ pour tout $a \in A$, on déduit, en identifiant les termes constants :

$$\forall a \in A \; ; \quad a_o a + a_1 \delta(a) + \ldots + \delta^n(a) = \sigma^n(a) a_o.$$

Donc $\omega = \varphi(P)$ est l'application $a \mapsto \sigma^n(a) a_o$ (où φ désigne l'homomorphisme d'anneaux défini ci-dessus).

Par suite, pour tout entier $m > 0$, ω^m est l'application

$$a \mapsto \sigma^{nm}(a) u_m \quad \text{où} \quad u_m = \sigma^{n(m-1)}(a_o)\sigma^{n(m-2)}(a_o) \ldots \sigma^n(a_o) a_o.$$

Choisissons alors $m > 0$ tel que σ^{nm} soit un automorphisme intérieur de A. Il existe donc un élément inversible α de A tel que

$$\omega^m(a) = \alpha^{-1} a \alpha u \quad \text{pour tout } a \in A \quad (u = u_m \in A).$$

Alors, $\omega^{2m}(a) = \alpha^{-1}(\alpha^{-1}a\alpha u)\alpha u = \alpha^{-2}a(\alpha u)^2$ et, d'une manière générale

$$\forall a \in A \; ; \quad \omega^{\ell m}(a) = \alpha^{-\ell}a(\alpha u)^{\ell}.$$

Donc $\alpha^{\ell}I \circ \omega^{\ell m}(a) = a(\alpha u)^{\ell}$ pour tout $a \in A$.

Par hypothèse, αu est algébrique sur $K = Z(A)$. Il existe donc $\varepsilon_o, \varepsilon_1, \ldots, \varepsilon_s \in K$ tels que :

$$\varepsilon_o I + \varepsilon_1 \alpha I \circ \omega^m + \ldots + \varepsilon_s \alpha^s I \circ \omega^{ms} = 0 \qquad (\varepsilon_s \neq 0).$$

Donc $\qquad \varphi(\varepsilon_o + \varepsilon_1 \alpha P^m + \ldots + \varepsilon_s \alpha^s P^{ms}) = 0$

Posons $\qquad Q = \varepsilon_o + \varepsilon_1 \alpha P^m + \ldots + \varepsilon_s \alpha^s P^{ms}$

$$= b_o + b_1 X + \ldots + b_q X^q \qquad (q = nms \; ; \; b_q = \varepsilon_s \alpha^s)$$

α et ε_s étant inversibles, b_q est inversible.

Puisque $\varphi(Q) = 0$, on a $b_o I + b_1 \delta + \ldots + b_q \delta^q = 0$ et, en multipliant à gauche par b_q^{-1}, on voit que δ est entière sur A.

4 - Une condition nécessaire et suffisante pour que $Z(R)$ soit non trivial dans le cas où $\delta = 0$

Théorème 4.1 - Supposons $\delta = 0$.

Alors, une condition nécessaire et suffisante pour que $Z(R)$ soit non trivial est que $\bar{\sigma}$ soit d'ordre fini dans $Aut(A)/int(A)$.

Démonstration - Supposons $Z(R)$ non trivial et soit $T = a_o + a_1 X + \ldots + a_n X^n$ un polynôme central, non constant ($n \geq 1$, $a_n \neq 0$).

Son coefficient dominant a_n est inversible et l'égalité $Ta = aT$ entraîne, pour tout $a \in A$, $\sigma^n(a) = a_n^{-1} a \, a_n$.

Inversement, supposons qu'il existe un entier $n > 0$ tel que $\sigma^n \in Int(A)$.

On a donc $\sigma^n = \tau_\alpha$ où τ_α est l'automorphisme intérieur $a \mapsto \alpha a \alpha^{-1}$ ($\alpha \in A$, inversible).

Je dis qu'on peut écrire $\sigma^{n^2} = \tau_\beta$ où β est un élément inversible de A, invariant par σ.

D'abord, il est clair que, pour tout entier i,

$$\sigma^n = \sigma^i \circ \sigma^n \circ \sigma^{-i} = \tau_{\sigma^i(\alpha)}$$

Donc $$\sigma^{n^2} = \tau_{\sigma^{n-1}(\alpha)} \circ \tau_{\sigma^{n-2}(\alpha)} \circ \dots \circ \tau_\alpha = \tau_\beta \quad \text{où}$$

$$\beta = \sigma^{n-1}(\alpha)\sigma^{n-2}(\alpha) \dots \sigma(\alpha)\alpha.$$

Alors, $\sigma(\beta) = \sigma^n(\alpha)\sigma^{n-1}(\alpha) \dots \sigma^2(\alpha)\sigma(\alpha) = \alpha\beta\alpha^{-1}$ puisque $\sigma^n(\alpha) = \alpha$.

Donc $\sigma(\beta) = \sigma^n(\beta) = \beta$ (α étant invariant par σ^n, il en est de même pour β).

Il est clair alors que $\beta^{-1} X^{n^2}$ est un élément central non constant de R, ce qui achève la démonstration.

Bibliographie

(1) S.A. AMITSUR - Derivation in simple rings - Proc. Lond. Math. Soc. 7 (1957), p. 87-112

(2) P.M. COHN - Free rings and their relations - Academic Press London and New York (1971)

(3) N. JACOBSON - Pseudo-linear transformations - Ann. of Math. 38 (1937), p. 484-507

Gérard CAUCHON

Mathématique - Bâtiment 425

Université de Paris-Sud

Centre d'Orsay

91405 ORSAY CEDEX

Caténarité et théorème d'intersection en algèbre non commutative

par

Marie-Paule MALLIAVIN

Soit $\mathfrak{g}$ une algèbre de Lie de dimension finie sur un corps k de caractéristique 0 ; on note $U(\mathfrak{g})$ l'algèbre enveloppante de $\mathfrak{g}$. Lorsque $\mathfrak{g}$ est abélienne, il est bien connu (et ceci sans hypothèse sur la caractéristique du corps de base) que l'anneau de polynômes $U(\mathfrak{g})$ est caténaire (i.e. toutes les chaînes saturées d'idéaux premiers entre deux idéaux premiers donnés $\mathfrak{p}, \mathfrak{q}, \mathfrak{p} \subseteq \mathfrak{q}$, ont la même longueur) et qu'il vérifie le théorème d'intersection (i.e. si $\mathfrak{p}$ et $\mathfrak{q}$ sont deux idéaux premiers et si $\mathfrak{m}$ est un idéal premier minimal pour $\mathfrak{p} + \mathfrak{q} \subseteq \mathfrak{m}$, alors $\mathrm{ht}\,\mathfrak{m} \leq \mathrm{ht}\,\mathfrak{p} + \mathrm{ht}\,\mathfrak{q}$). Nous généralisons ici ces deux propriétés dans des cas d'algèbres de Lie résolubles. Signalons que la caténarité a été d'autre part obtenue pour des algèbres à identités polynômiales par W. Schelter [14]. Dans le cas des algèbres de Lie nilpotentes, nous donnons deux démonstrations de la caténarité ; l'une est due à R. Rentschler et M. Lorenz : elle repose sur le fait que lorsque $\mathfrak{g}$ est nilpotente et k est algébriquement clos, l'application de Dixmier est un homéomorphisme. On en déduit un théorème de Macaulay pour les algèbres de Lie nilpotentes.

Rappelons que si $\mathfrak{g}$ est une algèbre de Lie, $U(\mathfrak{g})$ est une k-algèbre intègre noethérienne à droite et à gauche dont tout idéal premier est complètement premier, si $\mathfrak{g}$ est résoluble. De plus, [10], si $\mathfrak{g}$ est nilpotente chaque idéal bilatère de $U(\mathfrak{g})$ peut être engendré par un système centralisant c'est-à-dire par des éléments $x_1,\dots,x_n$ tels que x_1 appartient au centre de $U(\mathfrak{g})$, x_2 appartient au centre de $U(\mathfrak{g})$ modulo x_1, etc ... Enfin lorsque $\mathfrak{g}$ est nilpotente chaque idéal premier $\mathfrak{p}$ de $U(\mathfrak{g})$

est <u>localisable</u>, (10) (15), au sens que $S = U(\mathfrak{g}) - \mathfrak{p}$ est un <u>système de Ore</u> à droite et à gauche. On peut alors construire l'anneau des fractions (à droite ou à gauche, ils coïncident) de $U(\mathfrak{g})$ à dénominateurs dans S. L'algèbre obtenue, notée $U(\mathfrak{g})_{\mathfrak{p}}$ est un anneau <u>local</u>, i.e. possède un unique idéal maximal à gauche (resp. à droite) $\mathfrak{m} = \mathfrak{p}\, U(\mathfrak{g})_{\mathfrak{p}}$, qui est donc le radical de Jacobson de $U(\mathfrak{g})_{\mathfrak{p}}$. De plus l'anneau local $U(\mathfrak{g})_{\mathfrak{p}}$ possède les mêmes propriétés que $U(\mathfrak{g})$, à savoir : il est noethérien à droite et à gauche, il est intègre, chacun de ses idéaux premiers est complètement premier et chacun de ses idéaux bilatères est engendré par un système centralisant.

En outre (16), l'anneau $R = U(\mathfrak{g})_{\mathfrak{p}}$ est <u>régulier</u> au sens suivant : le radical $\mathfrak{m}$ de R possède un système de générateurs centralisant : $x_1, x_2, \ldots, x_t$ qui est <u>régulier</u>, i.e. x_1 est un élément du centre de R non diviseur de zéro dans R, x_2 est, modulo x_1, un élément du centre de $R/(x_1)$ non diviseur de zéro dans $R/(x_1)$ etc... Il résulte, (18), de cette propriété de régularité que la dimension homologique globale (à droite ou à gauche - c'est la même), notée $g\ell \dim R$, est égale à t et aussi à la dimension homologique (à droite ou à gauche) du R-module $R/\mathfrak{m}$, notée $dh_R R/\mathfrak{m}$; l'entier t est aussi égal à la <u>dimension de Krull classique</u> de R, notée $C\ell \dim R$, i.e. au supremum des longueurs des chaînes d'idéaux premiers de R ; enfin t est égal à la <u>dimension de Krull</u>, au sens de Gabriel-Rentschler de R, considéré comme R-module à droite ou à gauche et notée K-dim R. Rappelons que si M est un module à gauche sur un anneau quelconque, K-dim M est défini par induction en posant : $\text{K-dim}(0) = -\infty$, K-dim M = 0 si M est artinien non nul, K-dim M = n si K-dim M $\neq 0, 1, \ldots, n-1$ et si, pour toute suite infinie strictement décroissante de sous-modules de M, soit $M_1 \supset M_2 \supset \ldots \supset M_s \supset M_{s+1} \supset \ldots$, il existe i_o tel que $\text{K-dim } M_i/M_{i+1} \leq n-1$ lorsque $i \geq i_o$; enfin on pose $\text{K-dim } M = \infty$ si K-dim M $\neq$ n pour chaque n.

En fait, le résultat K-dim R = $C\ell \dim R$ a été amélioré par T. Levasseur (9) :

<u>Proposition</u> 1 - <u>Soit</u> $\mathfrak{p}$ <u>un idéal premier d'un anneau local régulier</u> R, <u>alors on a l'égalité</u> : $\text{K-dim } R/\mathfrak{p} = C\ell \dim R/\mathfrak{p}$.

Je remercie T. Levasseur et P. Tauvel de leurs critiques et suggestions.

Pour démontrer certains des résultats décrits, on aura à se ramener au cas où le corps de base est algébriquement clos. Pour cela on utilisera certains des résultats de [19] résumés dans la proposition suivante :

Proposition 2 - Soit $\mathfrak{g}$ une algèbre de Lie résoluble sur un corps k de caractéristique 0. Soit $\tilde{k}$ une clôture algébrique de k, $\tilde{g} = \tilde{k} \otimes_k g$, $U(\tilde{g}) = \tilde{k} \otimes_k U(g)$. Alors si $\mathfrak{p}$ est un idéal premier de $U(g)$, il existe des idéaux premiers $\tilde{\mathfrak{p}}$ de $U(\tilde{g})$ tels que $\tilde{\mathfrak{p}} \cap U(g) = \mathfrak{p}$, les $\tilde{\mathfrak{p}}$ ont même hauteur que $\mathfrak{p}$ et si $\tilde{\mathfrak{p}}_1 \subsetneq \tilde{\mathfrak{p}}_2$ sont deux idéaux premiers de $U(\tilde{g})$ on a $\mathfrak{p}_1 \cap U(g) \subsetneq \mathfrak{p}_2 \cap U(g)$.

§.1. Première démonstration de la caténarité.

On utilisera le résultat suivant de G. Barou [1]. Appelons profondeur d'un module à gauche M sur un anneau local R et notons $\mathrm{prof}_R M$, le plus petit entier i (ou $+\infty$) pour lequel on a : $\mathrm{Ext}^i_R(R/\mathfrak{m}, M) \neq 0$, $\mathfrak{m}$ étant le radical de R. On a alors :

Proposition 1.1. Si R est un anneau régulier et si M est un R-module de type fini, alors la profondeur de M est finie (et inférieure à $K\text{-}\dim M$) et on a l'égalité : $\mathrm{dh}_R M + \mathrm{prof}_R M = K\text{-}\dim_R M$.

On utilisera aussi les lemmes :

Lemme 1.2 - Soient A un anneau noethérien à gauche, M un A-module à gauche de type fini, S un système de dénominateurs à droite et à gauche dans A. Alors pour tout i, les $S^{-1}A$ ($= A[S^{-1}]$)-modules à droite : $\mathrm{Ext}^i_{S^{-1}A}(S^{-1}M, S^{-1}A)$ et $\mathrm{Ext}^i_A(M,A)[S^{-1}]$ sont isomorphes. On met sur $\mathrm{Ext}^i_{S^{-1}A}(S^{-1}M, S^{-1}A)$ (resp. $\mathrm{Ext}^i_A(M,A)$) la structure de $S^{-1}A$ (resp. A)-module à droite qui provient de celle de $S^{-1}A$ (resp. A).

On pourra trouver une démonstration du lemme 4 en ([2]7-14) où l'hypothèse "$S^{-1}A$ local" est superflue.

Lemme 1.3 - Soient A un anneau noethérien à droite et à gauche et M un A-module à gauche de type fini. Alors pour tout i le A-module à droite $\mathrm{Ext}^i_A(M,A)$ est de type fini.

Lemme 1.4 - Soit A un anneau, Z son centre, M un A-module à gauche et i un entier ≥ 0. Alors pour tout élément x du Z-Z-bimodule $\mathrm{Ext}^i_A(M,A)$ et tout $z \in Z$, on a : $xz = zx$.

Par hauteur d'un idéal premier $\mathfrak{p}$ d'un anneau, on entendra toujours sa hauteur au sens classique et on la notera $\mathrm{ht}\,\mathfrak{p}$.

Proposition 1.5 - Soit R un anneau local régulier de radical $\mathfrak{m} = (z_1, z_2, \dots, z_n)$, $\mathfrak{p}$ un idéal complètement premier de R. On suppose les hypothèses suivantes satisfaites :

1°) l'idéal $\mathfrak{p}$ est localisable et l'anneau local $R_{\mathfrak{p}}$ est régulier.

2°) $\mathrm{ht}(\mathfrak{m}/\mathfrak{p}) = 1$.

Alors on a l'égalité : $\mathrm{ht}\,\mathfrak{m} = 1 + \mathrm{ht}\,\mathfrak{p}$.

Remarque - Si l'on savait démontrer le résultat suivant :

(*) Si R est un anneau local régulier dont tout idéal premier $\mathfrak{p}$ est complètement premier et localisable, alors, pour tout idéal premier $\mathfrak{p}$, l'anneau local $R_{\mathfrak{p}}$ est aussi régulier ;

il en résulterait, par la proposition 1.5 et une récurrence sur la K-dimension, la caténarité de R. Il suffirait d'ailleurs de connaître (*) lorsque R est le quotient de $U(\mathfrak{g})_{\mathfrak{q}}$ (où $\mathfrak{g}$ est une algèbre de Lie nilpotente, $\mathfrak{q}$ un idéal premier de $U(\mathfrak{g})$) par un idéal $(z_1, \dots, z_s)$ où $(z_1, \dots, z_s, z_{s+1}, \dots, z_r)$ est le radical de $U(\mathfrak{g})_{\mathfrak{q}}$. T. Levasseur a un résultat dans cette direction :

(*) est vrai pour $R = \dfrac{U(\mathfrak{g})_{\mathfrak{q}}}{(z_1)}$.

Preuve de la proposition 7 : Supposons que $z_1, \dots, z_t \in \mathfrak{p}$, $z_{t+1}, \dots, z_n \notin \mathfrak{p}$ avec $o \leq t < n$. Alors, [18], l'anneau $\bar{R} = R/(z_1, \dots, z_t)$ est régulier local d'idéal maximal $\bar{\mathfrak{m}} = \dfrac{\mathfrak{m}}{(z_1, \dots, z_t)} = (\bar{z}_{t+1}, \dots, \bar{z}_n)$ où $\bar{z}_i$ représente la classe de z_i modulo $(z_1, \dots, z_t)$, $(\bar{z}_{t+1}, \dots, \bar{z}_n)$ est un système centralisant régulier de $\bar{R}$ et $\text{K-dim}\,\bar{R} = n-t$. Alors $\bar{\mathfrak{p}} = \dfrac{\mathfrak{p}}{(z_1, \dots, z_t)}$ est un idéal complètement premier localisable de $\bar{R}$

et $\bar{R}_{\bar{\mathfrak{p}}} = \frac{R_{\mathfrak{p}}}{(z_1,\dots,z_t)}$. On a K-dim $\frac{R}{\mathfrak{p}}$ = Cℓ dim $\frac{R}{\mathfrak{p}}$ = K-dim $\frac{\bar{R}}{\bar{\mathfrak{p}}}$ = Cℓ dim $\frac{\bar{R}}{\bar{\mathfrak{p}}} = 1$; ceci se déduit de la proposition 1 et même, ici, se vérifie facilement de façon directe, puisque, [11], l'on a : K-dim $\frac{\bar{R}}{\bar{\mathfrak{p}}} = 1 +$ K-dim $\frac{\bar{R}}{\bar{\mathfrak{p}} + \bar{R}\bar{z}_{t+1}}$, l'élément $\bar{z}_{t+1}$ du centre de $\bar{R}$ étant non diviseur de zéro dans $\frac{\bar{R}}{\bar{\mathfrak{p}}}$; l'anneau $\frac{\bar{R}}{\bar{\mathfrak{p}} + \bar{R}\bar{z}_{t+1}}$ est artinien (à droite et à gauche), d'où K-dim $\frac{\bar{R}}{\bar{\mathfrak{p}}} = 1 =$ Cℓ dim $\frac{\bar{R}}{\bar{\mathfrak{p}}}$. D'autre part, on a : $\mathrm{prof}_{\bar{R}}\,(\bar{R}/\bar{\mathfrak{p}}) \leq 1$ et, puisque l'idéal $\bar{\mathfrak{p}}$ est complètement premier et que $\bar{z}_{t+1} \notin \bar{\mathfrak{p}}$, on a : $\mathrm{Hom}_{\bar{R}}\,(\frac{\bar{R}}{\bar{\mathfrak{m}}}, \bar{R}/\bar{\mathfrak{p}}) = 0$. Donc $\mathrm{prof}_{\bar{R}}\,(\bar{R}/\bar{\mathfrak{p}}) = 1$, et, d'après la proposition 1-1, on a : $1 + \mathrm{dh}_{\bar{R}}\,(\frac{\bar{R}}{\bar{\mathfrak{p}}}) = \mathrm{ht}\,\mathfrak{m} = n-t$. D'où $\mathrm{dh}_{\bar{R}}\,(\frac{\bar{R}}{\bar{\mathfrak{p}}}) = n-t-1$. Supposons démontré que l'on a : $\mathrm{Ext}_{\bar{R}}^{n-t-i}\,(\frac{\bar{R}}{\bar{\mathfrak{p}}}, \bar{R}) = 0$ pour tout $i > 1$; il résultera du lemme 1.2 que l'on a aussi : $\mathrm{Ext}_{\bar{R}_{\bar{\mathfrak{p}}}}^{n-t-i}\,(\frac{\bar{R}_{\bar{\mathfrak{p}}}}{\bar{\mathfrak{p}}\bar{R}_{\bar{\mathfrak{p}}}}, \bar{R}_{\bar{\mathfrak{p}}}) = 0$ pour tout $i > 1$. Mais de l'égalité $\mathrm{dh}_{\bar{R}}\,(\bar{R}/\bar{\mathfrak{p}}) = n-t-1$, il résulte que $\mathrm{dh}_{\bar{R}_{\bar{\mathfrak{p}}}}\,(\bar{R}_{\bar{\mathfrak{p}}}/\bar{\mathfrak{p}}\bar{R}_{\bar{\mathfrak{p}}}) \leq n-t-1$. Mais puisque $\mathrm{Ext}_{\bar{R}_{\bar{\mathfrak{p}}}}^{n-t-i}\,(\frac{\bar{R}_{\bar{\mathfrak{p}}}}{\bar{\mathfrak{p}}\bar{R}_{\bar{\mathfrak{p}}}}, \bar{R}_{\bar{\mathfrak{p}}}) = 0$ si $i > 1$, deux cas peuvent se produire : ou bien $\mathrm{Ext}_{\bar{R}_{\bar{\mathfrak{p}}}}^{n-t-1}\,(\frac{\bar{R}_{\bar{\mathfrak{p}}}}{\bar{\mathfrak{p}}\bar{R}_{\bar{\mathfrak{p}}}}, \bar{R}_{\bar{\mathfrak{p}}}) \neq 0$ et alors $\mathrm{dh}_{\bar{R}_{\bar{\mathfrak{p}}}}\,(\frac{\bar{R}_{\bar{\mathfrak{p}}}}{\bar{\mathfrak{p}}\bar{R}_{\bar{\mathfrak{p}}}}) = n-t-1$ d'où $\mathrm{dh}_{R_{\mathfrak{p}}}\,(\frac{R_{\mathfrak{p}}}{\mathfrak{p}R_{\mathfrak{p}}}) = n-t-1+t = n-1$ et, puisque $R_{\mathfrak{p}}$ est régulier on a : $\mathrm{ht}\,\mathfrak{p} = n-1$ d'où l'égalité : $\mathrm{ht}\,\mathfrak{m} = 1 + \mathrm{ht}\,\mathfrak{p}$. Sinon on a :

$\mathrm{Ext}_{\bar{R}_{\bar{\mathfrak{p}}}}^{u}\,(\frac{\bar{R}_{\bar{\mathfrak{p}}}}{\bar{\mathfrak{p}}\bar{R}_{\bar{\mathfrak{p}}}}, \bar{R}_{\bar{\mathfrak{p}}}) = 0$ pour tout entier u. Il en résulte alors que

$\mathrm{Ext}_{R_{\mathfrak{p}}}^{v}\,(\frac{R_{\mathfrak{p}}}{\mathfrak{p}R_{\mathfrak{p}}}, R_{\mathfrak{p}}) = 0$ pour tout entier v, ce qui est impossible puisque $R_{\mathfrak{p}}$ est régulier. Pour terminer la démonstration, il suffit donc de vérifier que $\mathrm{Ext}_{\bar{R}}^{j}\,(\frac{\bar{R}}{\bar{\mathfrak{p}}}, \bar{R}) = 0$ pour $j < n-t-1$. On peut évidemment supposer que $n > t+1$. On a alors $\bar{\mathfrak{p}} \neq (0)$ et, puisque $\bar{R}$ est intègre $\mathrm{Hom}_{\bar{R}}(\frac{\bar{R}}{\bar{\mathfrak{p}}}, \bar{R}) = 0$. Supposons prouvé que $\mathrm{Ext}_{\bar{R}}^{j}\,(\bar{R}/\bar{\mathfrak{p}}, \bar{R}) = 0$ si $j \leq s$ où s est strictement inférieur à n-t-2 et montrons que $\operatorname{Ext}^{s+1}_{\overline{R}}(\frac{\overline{R}}{\overline{\mathfrak{p}}}, \overline{R}) = 0$. On peut, d'après ce qui précède supposer que $s \geq 1$. On utilise la suite spectrale :

(✱) $$E_2^{j,i} = \operatorname{Ext}^j_{\overline{R}/\overline{\mathfrak{p}}}(\overline{R}/\overline{\mathfrak{m}}, \operatorname{Ext}^i_{\overline{R}}(\overline{R}/\overline{\mathfrak{p}}, \overline{R})) \Longrightarrow \operatorname{Ext}^{i+j}_{\overline{R}}(\overline{R}/\overline{\mathfrak{m}}, \overline{R}).$$

Puisque $E_2^{j,i} = 0$ pour $o \leq i < s+1$, il existe (cf. [5] Th. 5.12) un isomorphisme : $\operatorname{Ext}^{s+1}_{\overline{R}}(\overline{R}/\overline{\mathfrak{m}}, \overline{R}) \simeq E_2^{o,s+1}$. Mais on a $\operatorname{Ext}^{s+1}_{\overline{R}}(\overline{R}/\overline{\mathfrak{m}}, \overline{R}) = 0$ car $s+1 \lneq n-t$; en effet $\overline{R}$ étant régulier de dimension n-t, il existe un isomorphisme ([11]), $\operatorname{Ext}^{s+1}_{\overline{R}}(\overline{R}/\overline{\mathfrak{m}}, \overline{R}) \simeq \operatorname{Tor}^{\overline{R}}_{n-t-(s+1)}(\frac{\overline{R}}{\overline{\mathfrak{m}}}, \overline{R})$. Par suite on a :

(✱✱) $$\operatorname{Hom}_{\overline{R}/\overline{\mathfrak{p}}}(\overline{R}/\overline{\mathfrak{m}}, \operatorname{Ext}^{s+1}_{\overline{R}}(\overline{R}/\overline{\mathfrak{p}}, \overline{R})) = 0.$$

D'autre part, on a : $E_2^{j,i} = 0$ pour $i+j = s+3$ et $j \geq 3$, pour $j+i = s+2$ et $2 \leq j$ et pour $j+i = s+1$ et $j \leq -1$. D'où, d'après [5] (Prop. 5a) une suite exacte :

$$0 = E_2^{-1,s+2} \longrightarrow E_2^{1,s+1} \longrightarrow H^{s+2} = \operatorname{Ext}^{s+2}_{\overline{R}}(\overline{R}/\overline{\mathfrak{m}}, \overline{R}),$$

et comme précédemment, on vérifie que $H^{s+2} = 0$, car $s+2 \lneq n-t$. On en déduit donc :

(✱✱✱) $$\operatorname{Ext}^1_{\overline{R}/\overline{\mathfrak{p}}}(\overline{R}/\overline{\mathfrak{m}}, \operatorname{Ext}^{s+1}_{\overline{R}}(\overline{R}/\overline{\mathfrak{p}}, \overline{R})) = 0.$$

Posons $M = \operatorname{Ext}^{s+1}_{\overline{R}}(\overline{R}/\overline{\mathfrak{p}}, \overline{R})$; alors M est un $\overline{R}$-bimodule et c'est, par le lemme 5, un $\overline{R}$-module à droite de type fini. D'autre part, d'après le lemme 6, on a : $\overline{z}_{t+1}.m = m.\overline{z}_{t+1}$ pour tout $m \in M$. Nous allons vérifier que les égalités :

(✱✱) $$\operatorname{Hom}_{\overline{R}/\overline{\mathfrak{p}}}(\overline{R}/\overline{\mathfrak{m}}, M) = 0$$

et

(✱✱✱) $$\operatorname{Ext}^1_{\overline{R}/\overline{\mathfrak{p}}}(\overline{R}/\overline{\mathfrak{m}}, M) = 0$$

entraînent que la multiplication par $\overline{z}_{t+1}$ dans M est bijective : il résultera du lemme de Nakayama appliqué au R-module à droite M, que $M = (0)$.

Pour cela posons $A = \overline{R}/\overline{\mathfrak{p}}$ et désignons par $\tilde{z}_{t+1}$ l'image de $\overline{z}_{t+1}$ dans l'anneau intègre A. Posons $\mathfrak{m} = \frac{\overline{\mathfrak{m}}}{\mathfrak{p}}$. Il résulte de (**) , l'égalité :

$$\mathrm{Hom}_{A/\tilde{z}_{t+1}A}(A/\tilde{\mathfrak{m}}, \mathrm{Hom}_A(\frac{A}{\tilde{z}_{t+1}A}, M)) = 0.$$

Alors le module $\mathrm{Hom}_A(A/\tilde{z}_{t+1}A,M) = \{m \in M \;\; \overline{z}_{t+1}m = 0\}$ est nécessairement nul, sinon, il existerait $m \in M$, $m \neq 0$, $\overline{z}_{t+1}m = 0$; le module engendré par m sur l'anneau artinien $A/\tilde{z}_{t+1}A$ posséderait un socle non nul ce qui contredirait : $\mathrm{Hom}_{A/\tilde{z}_{t+1}A}(A/\tilde{\mathfrak{m}}, \frac{A}{\tilde{z}_{t+1}A} m) = 0$. D'autre part on a aussi, à l'aide de (***) et de la suite spectrale de changement d'anneaux : $A \longrightarrow \frac{A}{\tilde{z}_{t+1}A}$, l'égalité :

$$\mathrm{Hom}_{A/\tilde{z}_{t+1}A}(A/\tilde{\mathfrak{m}}, \frac{M}{\overline{z}_{t+1}M}) = \mathrm{Ext}^1_A(A/\tilde{\mathfrak{m}}, M) = 0$$

et par le même raisonnement que précédemment on a : $M/\overline{z}_{t+1}M = 0$ c'est-à-dire $M = \overline{z}_{t+1}M$. c.q.f.d.

Corollaire 1.6 - Soit R un anneau local régulier. Soit $\mathfrak{p} \subsetneq \mathfrak{q}$ deux idéaux complètement premiers localisables de R tels que $R_{\mathfrak{p}}$ et $R_{\mathfrak{q}}$ soient réguliers. Soit $m = \mathrm{ht}\,\frac{\mathfrak{q}}{\mathfrak{p}}$. S'il existe une chaîne saturée de longueur m d'idéaux complètement premiers localisables de R entre $\mathfrak{p}$ et $\mathfrak{q}$ et tels que le localisé de R en chacun de ces idéaux premiers soit régulier on a alors $\mathrm{ht}\,\mathfrak{p} + \mathrm{ht}\,\frac{\mathfrak{q}}{\mathfrak{p}} = \mathrm{ht}\,\mathfrak{q}$.

Proposition 1.7 - Soit $\mathfrak{g}$ une algèbre de Lie nilpotente de dimension finie sur un corps k de caractéristique 0. Alors si $\mathfrak{p}$ et $\mathfrak{q}$ sont deux idéaux premiers de $U(\mathfrak{g})$ tels que $\mathfrak{p} \subsetneq \mathfrak{q}$ alors on a $\mathrm{ht}\,\mathfrak{q} = \mathrm{ht}\,\mathfrak{p} + \mathrm{ht}\,\mathfrak{q}/\mathfrak{p}$

Preuve : La proposition 1.7 résulte du corollaire 1.6 appliquée à $U(\mathfrak{g})_{\mathfrak{q}}$.

On peut aussi dire que, entre deux idéaux premiers emboîtés de $U(\mathfrak{g})$, toutes les chaînes saturées d'idéaux premiers ont même longueur. On déduit alors de cela que si $\mathfrak{p} \subsetneq \mathfrak{q}$ sont des idéaux premiers de $U(\mathfrak{g})$

alors on a :

$$\text{GK. dim}_k \frac{U(\mathfrak{g})}{\mathfrak{p}} = \text{GK.dim}_k \frac{U(\mathfrak{g})}{\mathfrak{q}} + \text{ht} \frac{\mathfrak{q}}{\mathfrak{p}}.$$

ce qui améliore le résultat de [12] où l'égalité précédente avait été obtenue pour $\mathfrak{p} = (0)$. L'égalité sur les GK-dim, et pour $\mathfrak{p} = (0)$, a été généralisée au cas résoluble, sur un corps algébriquement clos de caractéristique 0, par P. Tauvel [17] puis, sur un corps de caractéristique 0 quelconque par S. Yammine [19].

Corollaire 1.8 - Soit $\mathfrak{g}$ une algèbre de Lie nilpotente de dimension finie sur corps k de caractéristique 0. Soit $\mathfrak{p}$ un idéal premier de $U(\mathfrak{g})$ et z un élément de $U(\mathfrak{g})$, $z \notin \mathfrak{p}$, appartenant au centre de $U(\mathfrak{g})$ modulo $\mathfrak{p}$. Si $\mathfrak{q}$ est un idéal premier minimal de $U(\mathfrak{g})$ tel que $\mathfrak{p} + (z) \subsetneq \mathfrak{q}$ on a $\text{ht}\, \mathfrak{q} = \text{ht}\, \mathfrak{p} + 1$.

Preuve : D'après [15], on a : $\text{ht} \frac{\mathfrak{q}}{\mathfrak{p}} = 1$ et il suffit d'appliquer la proposition 1.7.

Corollaire 1.9 - Soit $\mathfrak{g}$ une algèbre de Lie nilpotente de dimension finie sur un corps k de caractéristique 0. Soit $\mathfrak{p}$ un idéal premier de $U(\mathfrak{g})$ et $B = U(\mathfrak{g})/\mathfrak{p}$. Si $\bar{z}$ est un élément central non nul et non inversible de B on a : $\text{GK-dim}_k \frac{B}{\bar{z}B} = \text{GK-dim}\, B - 1$.

Preuve : D'après le corollaire 10, on a, pour tout idéal premier $\mathfrak{q}$ de $U(\mathfrak{g})$ minimal pour $\mathfrak{p} + (z) \subsetneq \mathfrak{q}$, l'égalité $\text{ht}\, \mathfrak{q} = \text{ht}\, \mathfrak{p} + 1$. Donc $\mathfrak{q}$ est de hauteur minimale pour $\mathfrak{p} + (z) \subsetneq \mathfrak{q}$. D'après [12], on a

$\text{GK-dim}_k B = \text{GK-dim}_k \frac{U(\mathfrak{g})}{\mathfrak{q}} + 1$. Il suffit de vérifier que

$\text{GK-dim}_k \frac{U(\mathfrak{g})}{\mathfrak{q}} = \text{GK-dim}_k \frac{U(\mathfrak{g})}{\mathfrak{p}+(z)}$. Notant $\sqrt{\mathfrak{p}+(z)}$ la racine de l'idéal $\mathfrak{p} + (z)$, on a ([4] et [3] lemme 4.7.) : $\text{GK-dim}_k \frac{U(\mathfrak{g})}{\mathfrak{p}+(z)} = \text{GK-dim}_k \frac{U(\mathfrak{g})}{\sqrt{\mathfrak{p}+(z)}}$

$= \text{Sup} \{\text{GK-dim}_k \frac{U(\mathfrak{g})}{\mathfrak{q}'} ; \mathfrak{q}' \text{ premier, } (z) + \mathfrak{p} \subsetneq \mathfrak{q}'\}$

$= \text{GK-dim}_k U(\mathfrak{g}) - \text{Inf} \{\text{ht}\, \mathfrak{q}', \mathfrak{q}' \supset \mathfrak{p} + (z)\}$

$= \text{GK-dim}_k U(\mathfrak{g}) - \text{ht}\, \mathfrak{q} = \text{GK-dim}_k A/\mathfrak{q}$.

La proposition 1.5 peut être appliquée à des cas d'algèbres de Lie non nilpotentes. En effet, d'après un résultat récent de Melle Möglin, si

$\mathfrak{g}$ est une algèbre de Lie de dimension finie sur un corps k algébriquement clos, de caractéristique 0, tel que le centre de $U(\mathfrak{g})$ coïncide avec le semi-centre de $U(\mathfrak{g})$ (ceci est le cas pour les algèbres de Lie à radical nilpotent et pour certaines algèbres résolubles) il existe une partie maigre T du spectre premier de $U(\mathfrak{g})$ telle que pour chaque $\mathfrak{p} \notin T$, et après localisation par un élément du centre de $U(\mathfrak{g})$, l'idéal image de $\mathfrak{p}$ soit engendré par le centre de l'algèbre localisée Par suite, si l'on suppose de plus l'idéal $\mathfrak{p}$ complètement premier, il est facile de vérifier - ce que nous ferons en 1.10 - que $\mathfrak{p}$ est localisable et que l'anneau $U(\mathfrak{g})_{\mathfrak{p}}$ est régulier ; il en résulte que si $\mathfrak{p} \subset \mathfrak{q}$, où $\mathfrak{p}$ et $\mathfrak{q}$ sont des idéaux complètement premiers, n'appartenant pas à la partie maigre T et tels que ht $\mathfrak{q}/\mathfrak{p} = 1$, on a alors ht $\mathfrak{q} = 1 +$ ht $\mathfrak{p}$.

Proposition 1.10 - Soit $\mathfrak{p}$ un idéal complètement premier de l'algèbre enveloppante d'une algèbre de Lie $\mathfrak{g}$; on suppose, qu'après localisation par un élément central z de $U(\mathfrak{g})$, l'idéal induit par $\mathfrak{p}$ est engendré par le centre de l'algèbre localisée Alors $U(\mathfrak{g})_{\mathfrak{p}}$ existe et est local régulier.

Preuve. Soit $S = \{1,z,z^2,\ldots\}$ la partie multiplicative engendrée par z. Alors $S^{-1}U(\mathfrak{g})$ est noethérien à droite et à gauche, $S^{-1}\mathfrak{p}$ est un idéal complètement premier de $S^{-1}U(\mathfrak{g})$ engendré par le centre de $S^{-1}U(\mathfrak{g})$. Il résulte du théorème 2.4. de [15] que $S^{-1}\mathfrak{p}$ est localisable dans $S^{-1}U(\mathfrak{g})$. Il en résulte de façon évidente que $\mathfrak{p}$ est localisable, que $U(\mathfrak{g})_{\mathfrak{p}}$ coïncide avec $(S^{-1}U(\mathfrak{g}))_{S^{-1}\mathfrak{p}}$ et que, par suite, le radical de $U(\mathfrak{g})_{\mathfrak{p}}$ est engendré par le centre de $U(\mathfrak{g})_{\mathfrak{p}}$. En tant que localisé d'une algèbre enveloppante d'une algèbre de Lie, $U(\mathfrak{g})_{\mathfrak{p}}$ est de dimension homologique globale, à droite ou à gauche, finie. Pour terminer la démonstration il suffit de démontrer le lemme suivant :

Lemme 1.11 - Soit R un anneau de dimension homologique globable (à droite et à gauche) finie. On suppose que R est noethérien à droite et à gauche, local et que le radical de $\mathfrak{m}$ est engendré par le centre de R. Alors $\mathfrak{m} = (z_1,\ldots,z_n)$ où $z_1,\ldots,z_n$ est une suite centrale régulière, $n = dh_R\, R/\mathfrak{m} = g\ell \dim R = K\text{-}\dim R$ et, par suite, R est régulier.

Preuve Remarquons que sous les seules hypothèses que $R/\mathfrak{m}$ est un corps, que R est noethérien à droite et à gauche et que les dimensions homologiques globales à droite et à gauche de R sont finies, on peut prouver par un raisonnement analogue à celui du lemme 3 de (12) que $\ell\,g\ell\dim R = r\,g\ell\dim R$ est égale à la dimension homologique du R-module (à droite ou à gauche - c'est la même) $R/\mathfrak{m}$. Ensuite, en raisonnant par récurrence et sous l'hypothèse que $\mathfrak{m}$ est engendré par le centre de R, on va prouver que : (H) dans tout système fini de générateurs centraux de $\mathfrak{m}$, on peut trouver un système de générateurs qui est aussi une suite régulière. Evidemment si $\mathfrak{m} = (0)$ il n'y a rien à démontrer. On suppose donc que R n'est pas un corps et par la propriété d'Artin-Rees, on a $\mathfrak{m} \neq \mathfrak{m}^2$. Par suite il existe un élément a du centre de R, $a \in \mathfrak{m}$ et $a \notin \mathfrak{m}^2$. Comme en algèbre commutative, on démontre que la suite exacte

(*) $0 \to \frac{Ra}{\mathfrak{m}a} \to \frac{\mathfrak{m}}{\mathfrak{m}a} \to \frac{\mathfrak{m}}{Ra} \to 0$ de R-modules (à gauche par exemple) est scindée. Pour cela, on note d la dimension sur $R/\mathfrak{m}$ de l'espace vectoriel à gauche $\mathfrak{m}/\mathfrak{m}^2$ et on considère des éléments $a_2,\dots,a_d$ du centre de R tels que les classes de $a, a_2,\dots,a_d$ forment une base de $\mathfrak{m}/\mathfrak{m}^2$ sur $R/\mathfrak{m}$. Alors $\{a,a_2,\dots,a_d\}$ est un système de générateurs minimal de $\mathfrak{m}$. On note I l'idéal (bilatère) engendré par $a_2,\dots,a_d$. On a $\mathfrak{m} = Aa + I$ et on vérifie, puisque $\mathfrak{m}$ est l'unique idéal maximal à droite ou à gauche de R, que $\mathfrak{m}a \cap I = Ra \cap I$, d'où le fait que (*) est scindée. Il en résulte, comme dans le cas commutatif, que si a n'est pas diviseur de zéro dans R alors $dh_{R/Ra} \frac{\mathfrak{m}}{\mathfrak{m}a}$ est fini, car $dh_R \mathfrak{m} < \infty$, et par la suite scindée (*), que $dh_{R/Ra} (\mathfrak{m}/Ra) < \infty$. Donc d'après la première partie de la démonstration, on a que $g\ell\dim R/Ra = dh_{R/Ra}(R/\mathfrak{m}) < \infty$. En raisonnant par récurrence sur le nombre minimum de générateurs de $\mathfrak{m}$, on va appliquer l'hypothèse de récurrence à R/Ra. Il existe donc $b_1,b_2,\dots,b_s$ dans le centre de R (dont les classes modulo aR sont évidemment dans le centre de R/aR) tel que les classes des b_i modulo Ra engendrent $\mathfrak{m}/Ra$ et forment une suite régulière. Donc $\mathfrak{m} = Ra + Rb_1 + \dots + Rb_s$ et la suite $a,b_1,\dots,b_s$ est régulière. Pour terminer la démonstration, il suffit de prouver qu'il existe sous les hypothèses précédentes, un élément a du centre de R qui appartient à $\mathfrak{m}$, $a \notin \mathfrak{m}^2$ et a est non diviseur de zéro dans R. On va supposer le contraire et arriver à une impossibilité. Le centre Z(R) de R est un anneau local d'idéal maximal $\mathfrak{n} = \mathfrak{m} \cap Z(R)$. On a $\mathfrak{n}^i \subseteq \mathfrak{m}^i$ pour tout entier $i \geqslant 1$; donc $\bigcap_{i\geqslant 1} \mathfrak{n}^i = (0)$, même si Z(R) n'est pas noethérien. Par suite $\mathfrak{n}$ est différent de $\mathfrak{n}^2$, sinon on aurait $\mathfrak{n} = (0)$ et, puisque $\mathfrak{n}$ engendre $\mathfrak{m}$, on aurait $\mathfrak{m} = (0)$ ce qui a été exclu. Si tout élément de $(\mathfrak{m} - \mathfrak{m}^2) \cap Z(R)$ était diviseur de zéro dans R, on aurait :

$$\mathfrak{m} \subseteq \mathfrak{m}^2 \cup \bigcup_{I \in C\text{-}Ass_R R} I$$

où $C\text{-}Ass_R(R)$ désigne l'ensemble des idéaux centraux premiers associés au R-module à gauche R. (Cf [2]). On a donc :

$$\mathfrak{n} \subseteq (Z(R) \cap \mathfrak{m}^2) \cup \bigcup_{I \in C\text{-}Ass_R(R)} (Z(R) \cap I).$$

D'autre part ([2] ch. I lemme 1.9), les idéaux premiers de Z(R), $Z(R) \cap I$, sont, lorsque I parcourt $C\text{-}Ass_R(R)$, en nombre fini. Donc en appliquant le lemme d'évitemment, on a, puisque $\mathfrak{n} \neq \mathfrak{n}^2$, l'inclusion $\mathfrak{n} \subseteq Z(R) \cap I$, pour un $I \in C\text{-}Ass_R(R)$. Ceci entraîne que $\mathfrak{m} = I \in C\text{-}Ass_R(R)$. Par suite il existe un idéal à gauche de R isomorphe à $R/\mathfrak{m}$ et une suite exacte : $0 \longrightarrow R/\mathfrak{m} \xrightarrow{i} R \longrightarrow \text{Coker } i \longrightarrow 0$ et on termine la démonstration comme dans le cas commutatif : si M est un R-module à droite, si $n = dh_R M = g\ell \dim R$ la suite exacte :

$$0 = Tor^R_{n+1}(M, \text{coker } i) \to Tor^R_n(M, R/\mathfrak{m}) \longrightarrow Tor^R_n(M,R)$$

implique n = 0 et R est un corps. Donc, comme on a supposé $\mathfrak{m}$ non nul, il existe bien $a \in Z(R)$, $a \in \mathfrak{m} - \mathfrak{m}^2$, a non diviseur de zéro dans R.

<u>Remarque</u> J.E. Rosenblade (Prime ideals in group rings of polycyclic groups - Proc.London Math J. 1978 (3) 385-447) a démontré la caténarité des algèbres, sur un corps k, de groupes qui possèdent un sous-groupe polycyclique normal d'indice fini ; rappelons qu'un groupe G est polycyclique si c'est un groupe résoluble vérifiant la condition maximale sur les

sous-groupes. Utilisant le théorème B de (16) on peut donner au moyen d'un résultat analogue à la proposition 1.5. une démonstration de la caténarité de : 1) k(G) lorsque le groupe G est de type fini et possède un sous-groupe normal fini H, d'ordre inversible dans k tel que $G/_H$ soit nilpotent sans torsion. 2) $U(\mathfrak{g})$ lorsque $\mathfrak{g}$ est une algèbre de Lie nilpotente de dimension finie sur un corps k de caractéristique arbitraire.

§.2. Un théorème de Macaulay pour les algèbres enveloppantes d'algèbre de Lie nilpotente.

Soit R un anneau local régulier du type $U(\mathfrak{g})_{\mathfrak{m}}$, où $\mathfrak{g}$ est une algèbre de Lie nilpotente et $\mathfrak{m}$ un idéal premier de $U(\mathfrak{g})$. Par hauteur d'un idéal (bilatère) I de R (ou de $U(\mathfrak{g})$) on entendra l'infimum des hauteurs des idéaux premiers de R (resp. de $U(\mathfrak{g})$) qui contiennent I. D'autre part, si I est un idéal (bilatère) de R (ou de $U(\mathfrak{g})$) il s'écrit (cf. (19)) comme intersection $\mathfrak{q}_1 \cap \ldots \cap \mathfrak{q}_n$, d'idéaux bilatères primaires (à gauche) ; l'ensemble des radicaux $\mathfrak{p}_i$ des $\mathfrak{q}_i$ est uniquement déterminé par I. D'autre part il est immédiat que si I est un idéal de $U(\mathfrak{g})$, les associés (cf. (19)) dans R de l'idéal IR = RI induit par I dans R, sont les $P_iR = RP_i$, où P_i sont les associés de I dans $U(\mathfrak{g})$ contenus dans $\mathfrak{m}$. En conservant ces notations on a :

Proposition 2.1 - Soit $x_1,\ldots,x_r$ une suite centralisante de R telle que la hauteur de l'idéal I engendré par les x_i soit égale à R. Alors $x_1,\ldots,x_r$ est une R-suite, $dh_R\, R/(x_1,\ldots,x_r) = r$, les idéaux premiers associés à I ont tous même hauteur r et les composantes primaires de I sont irréductibles.

Preuve : On procède par récurrence sur r, partant de r = o où il n'y a rien à démontrer. D'après (15), on a $ht(x_1,\ldots,x_{r-1}) \leqslant r-1$. Vérifions que $htI \leqslant 1 + ht(x_1,\ldots,x_{r-1})$. Soit $s = ht(x_1,\ldots,x_{r-1})$ et soit $\mathfrak{p}$ un idéal premier de R de hauteur s, $ht\,\mathfrak{p} = s$. Toujours par (15) la hauteur de l'idéal $(\mathfrak{p},x_r)/\mathfrak{p}$ dans $R/\mathfrak{p}$ est $\leqslant 1$. Vu la caténarité on a : $ht(\mathfrak{p},x_r) \leqslant s+1$. Puisque $I \subseteq (\mathfrak{p},x_r)$ on a $r = htI \leqslant s+1$. D'après l'hypothèse de récurrence on a : $(x_1,\ldots,x_{r-1}) = \mathfrak{q}_1 \cap \ldots \cap \mathfrak{q}_s$ où les $\mathfrak{q}_i$ sont des idéaux bilatères primaires (à gauche) de radicaux $\mathfrak{p}_i$ et

$ht(\mathfrak{p}_i) = r-1$, $i = 1,\dots,s$ et $x_1,\dots,x_{r-1}$ est une R-suite. Par suite $x_r \notin \mathfrak{p}_i$ pour tout $i = 1,\dots,s$. Il en résulte que x_r est non diviseur de zéro modulo $(x_1,\dots,x_{r-1})$. En effet si $a\, x_r \in (x_1,\dots,x_{r-1})$, $a \in R$, on aurait $a\, x_r$ et $x_r\, a \in \mathfrak{q}_i$ pour $i = 1,\dots,s$. Puisque $(x_r)^n \notin \mathfrak{q}_i$ pour tout $n \geq 0$, on a $a \in \mathfrak{q}_i$. Donc $a \in (x_1,\dots,x_r)$. Il en résulte facilement que $dh_R \frac{R}{(x_1,\dots,x_r)} = r$ et que les idéaux premiers associés à I sont tous de hauteur r. En localisant en un idéal premier associé à I, on est ramené au cas où R est de dimension r et I est engendré par une R-suite centralisante régulière de longueur r. La dimension injective de $R/_I$ sur $R/_I$ est nulle (cf. [2] bis th. 2.2) et une démonstration identique à celle du cas commutatif (cf. [2 bis] Prop 6.2) prouve que le socle de $R/_I$ est de dimension 1 sur $R/_{rad\ R}$; donc I est inter-irréductible.

Corollaire 2.2 - Soit $\mathfrak{g}$ une algèbre de Lie nilpotente. Soit $I = (x_1,\dots,x_r)$ un idéal de $U(\mathfrak{g})$ engendré par une suite centralisante. Si $\text{GK-dim } U(\mathfrak{g})/_{(x_1,\dots,x_r)} = \dim \mathfrak{g} - r$, alors les idéaux premiers associés à $(x_1,\dots,x_r)$ ont tous même hauteur r et les composantes primaires de I sont inter-irréductibles.

Preuve On a, d'après [3] et [4] :

$$\text{GK-dim } U(\mathfrak{g}) / (x_1,\dots,x_r) =$$
$$= \dim_k \mathfrak{g} - \text{Inf}\{ht\ \mathfrak{p} \mid (x_1,\dots,x_r) \subseteq \mathfrak{p}\}$$
$$= \dim_k \mathfrak{g} - ht\ (x_1,\dots,x_r).$$

Donc $r = ht(x_1,\dots,x_r)$. Si $\mathfrak{p}_i$ est associé à $(x_1,\dots,x_r)$ on obtient, en localisant en $\mathfrak{p}_i$ et en utilisant 2.1, que $ht\ \mathfrak{p}_i = r$. De même la fin de 2.2 résulte de 2.1.

Remarque 1 Il ne semble pas connu de résultat analogue à 2.2 ni pour les algèbres à identités polynômiales ni pour les algèbres de groupes nilpotents.

Remarque 2. Dans les hypothèses de 2.1 ou de 2.2, il doit être vrai que la décomposition de I comme intersection d'idéaux bilatères primaires à gauche coïncide avec la décomposition de I comme intersection d'idéaux bilatères primaires à droite.

§.3. Seconde démonstration de la caténarité.

La démonstration 5.3. de la caténarité dans le cas nilpotent sur un corps algébriquement clos m'a été communiquée par M. Lorenz et R. Rentschler :

Lemme 3.1 - (M. Lorenz et R. Rentschler). Soit k un corps algébriquement clos de caractéristique 0 ; soit G un groupe algébrique linéaire et connexe défini sur k : soit A une k-algèbre commutative noethérienne et caténaire sur laquelle G opère par k-automorphismes d'algèbre de façon rationnelle. On note $\mathrm{Spec}(A)^G$ l'ensemble des idéaux premiers de A globalement G-invariants et on suppose la condition suivante satisfaite :

(*) Si J est un idéal G-invariant de A et si $J \subsetneq I$, où I est un idéal G-invariant de A, il existe $c \in I$, $c \notin J$, c est G-semi-invariant. (i.e. il existe une forme linéaire λ sur l'algèbre de Lie $\mathfrak{g}$ de G tel que $g.\bar{c} = \lambda(g)\,\bar{c}$ pour $g \in \mathfrak{g}$, où $\bar{c}$ désigne la classe de c modulo J). Alors l'ensemble ordonné $\mathrm{Spec}\,(A)^G$ est caténaire.

Preuve : On a à démontrer que, étant donnés deux idéaux premiers G-stables de A, $P \subset Q$, toutes les chaînes saturées d'idéaux premiers G-stables entre P et Q ont la même longueur. Puisque, par hypothèse, l'anneau A est caténaire, il suffit de prouver que si $P \subset Q$ sont deux idéaux premiers G-stables de A tels que la hauteur, relativement à $\mathrm{Spec}\,(A)^G$, de $\frac{Q}{P}$ est égale à 1, alors $\mathrm{ht}\,\frac{Q}{P} = 1$. Soit $c \in Q$, $c \notin P$ un élément semi-invariant. On va montrer que Q est minimal dans Spec (A) sur l'idéal $(c) + P$. En appliquant le "Hauptidealsatz" à l'anneau A/P, on en déduira que $\mathrm{ht}\,\frac{Q}{P} = 1$. Supposons qu'il existe un idéal premier I de A, tel que $P \subset I \subset Q$ et $c \in I$. Le sous-k-espace vectoriel de A/P engendré par $\bar{c}$ est invariant par G ; par suite il est contenu dans $\bar{I}/P$ où l'on pose $\bar{I} = \bigcap_{x \in G} x(I)$. L'idéal I est évidemment G-stable et on a : $P \subsetneq \bar{I} \subset Q$. On va montrer que $\bar{I}$ est premier. Il en résultera du choix de P et Q que $\bar{I} = Q$; d'où $I = Q$. Il est clair que $\bar{I}$, intersection d'idéaux premiers, est semi-premier. L'anneau A étant noethérien, on a donc : $\overline{I} = P_1 \cap \ldots \cap P_s$, décomposition de $\overline{I}$ en intersection d'idéaux premiers P_i dont aucun n'est superflu. Evidemment le groupe G permute les P_i. Montrons que G permute transitivement les P_i. En effet, soit $\{P_1,\ldots,P_{u_1}\},\{P_{u_1+1},\ldots,P_{u_2}\},\ldots,\{P_{u_{r-1}+1},\ldots,P_{u_r}\}$ les orbites de l'ensemble $\{P_1,\ldots,P_s\}$ sous l'action de G. Posons $Q_i = \bigcap_{j=n_{i-1}+1}^{n_i} P_j$ pour $i = 1,\ldots,r$. Alors les idéaux Q_i sont G-stables et leur produit est contenu dans $\overline{I}$ donc dans I. Comme l'idéal I est premier, un idéal Q_i est contenu dans I. On a alors :

$\overline{I} \subseteq Q_i = \bigcap_{x\in G} x(Q_i) \subseteq \bigcap_{x\in G} x(I) = \overline{I}$; d'où l'égalité $\overline{I} = Q_i$. Comme le groupe connexe G permute transitivement un nombre fini de sous-espaces $P_1,\ldots,P_s$, chaque P_i est stable ((8) Lemme 10.3). Pour cela, on choisit $v_i \in P_i$, $v_i \notin \bigcup_{j\neq i} P_i$ et on considère un G-sous-module de dimension finie V' de A contenant tous les v_i. On pose $V'_i = V' \cap P_i$. Alors $\{V'_i\}_{i=1,\ldots,s}$ correspond à une orbite finie de G sous l'action induite de G sur la Grassmannienne des r-sous-espaces de V' où r est la dimension commune des V'_i et, puisque G est connexe, cette orbite doit être réduite à un point.

Soit $\mathfrak{g}$ une k-algèbre de Lie résoluble de dimension finie sur un corps algébriquement clos de caractéristique O et soit G le groupe adjoint de $\mathfrak{g}$; G est un groupe algébrique connexe et il opère sur $\mathfrak{g}^* = \mathrm{Hom}_k(\mathfrak{g},k)$ par la contragrédiente de l'action adjointe.
J. Dixmier (6) a construit une application de $\mathfrak{g}^*/G$ dans l'ensemble Prim $U(\mathfrak{g})$ des idéaux primitifs de $U(\mathfrak{g})$ qui est continue et bijective, d'après J. Dixmier, Duflo et R. Rentschler, lorsque l'on munit Prim $U(\mathfrak{g})$ de la topologie de Jacobson et $\mathfrak{g}^*$ de la topologie de Zariski. L'idée de la construction est d'associer à $f \in \mathfrak{g}^*$ une polarisation $\mathfrak{g}$ (c'est en particulier une sous-algèbre de Lie vérifiant $f([\mathfrak{h},\mathfrak{h}]) = 0$) et d'induire de façon tordue à $U(\mathfrak{g})$ la représentation de dimension 1 de $\mathfrak{h}$ déterminée par f. On obtient ainsi un $U(\mathfrak{g})$-module simple dont l'idéal primitif associé, soit J(f), ne dépend que du choix de f modulo G.

La bijectivité de l'application de Dixmier permet ([13]) de prolonger cette application en une application continue et bijective β de $\mathrm{Spec}\,(S(\mathfrak{g}))^G$ dans $\mathrm{Spec}\,(U(\mathfrak{g}))$, où $\mathrm{Spec}\,(U(\mathfrak{g}))$ désigne l'ensemble des idéaux premiers de $U(\mathfrak{g})$ muni de la topologie de Zariski et $\mathrm{Spec}\,(S(\mathfrak{g}))^G$ l'ensemble, aussi muni de la topologie de Zariski, des idéaux premiers G-invariants de $S(\mathfrak{g})$, l'algèbre symétrique de $\mathfrak{g}$. L'application β fait correspondre à $\mathfrak{q} \in \mathrm{Spec}\,(S(\mathfrak{g}))^G$ l'idéal premier $\beta(\mathfrak{q}) = \bigcap_{f \in V(\mathfrak{q})} J(f)$, où $J(f)$ a été précédemment défini et où $V(\mathfrak{q})$ désigne la variété des zéros de $\mathfrak{q}$ c'est-à-dire l'ensemble des $f \in \mathfrak{g}^*$ tels que $\mathfrak{q} \subseteq \ker \hat{f}$ où $\hat{f} : S(\mathfrak{g}) \longrightarrow k$ est l'homomorphisme qui prolonge f. Le fait que β est continue s'exprime par la condition : "Si $\mathfrak{q}_1 \subset \mathfrak{q}_2$, où $\mathfrak{q}_1$ et $\mathfrak{q}_2 \in \mathrm{Spec}\, S(\mathfrak{g})^G$ alors $\beta(\mathfrak{q}_1) \subset \beta(\mathfrak{q}_2)$".

Pour prouver la bicontinuité de β, il suffirait de prouver que si $\mathfrak{q}'_1$ et $\mathfrak{q}'_2$ sont deux idéaux premiers de $U(\mathfrak{g})$ tels que $\mathfrak{q}'_1 \subset \mathfrak{q}'_2$ alors $\beta^{-1}(\mathfrak{q}'_1) \subset \beta^{-1}(\mathfrak{q}'_2)$.

Proposition 3.2 - (M. Lorenz et R. Rentschler). Si $\mathfrak{g}$ est une algèbre de Lie résoluble de dimension finie sur un corps k algébriquement clos de caractéristique 0 dont l'application de Dixmier associée est bicontinue alors, l'algèbre enveloppante de $\mathfrak{g}$ est caténaire.

Preuve : Il suffit d'appliquer le lemme 3.1 à l'algèbre $A = S(\mathfrak{g})$, au groupe adjoint G de $\mathfrak{g}$. La condition (*) est alors vérifiée [6] et on en déduit le résultat par l'hypothèse faite sur β.

Corollaire 3.3 - Soit $\mathfrak{g}$ une algèbre de Lie résoluble de dimension finie sur un corps k de caractéristique 0. Soit $\tilde{k}$ une clôture algébrique de k et $\tilde{\mathfrak{g}} = \tilde{k} \otimes_k \mathfrak{g}$. Si l'application de Dixmier associée à $\tilde{\mathfrak{g}}$ est bicontinue, alors l'algèbre enveloppante de $\mathfrak{g}$ est caténaire.

Preuve : Ceci résulte des propositions 3.2 et 2.

En particulier, il résulte du corollaire 3.3 et, puisque N. Conze a prouvé que l'application de Dixmier était bicontinue pour une algèbre de Lie nilpotente, que l'algèbre enveloppante d'une algèbre de Lie nilpotente est caténaire.

§.4. Théorème d' Intersection

Proposition 4.1 - Soit $\mathfrak{g}$ une algèbre de Lie résoluble de dimension finie sur un corps k de caractéristique 0. Si $\tilde{k}$ est une clôture algébrique de k, on suppose que l'application de Dixmier relative à $\tilde{\mathfrak{g}} = \tilde{k} \otimes_k \mathfrak{g}$ est bicontinue. Si $\mathfrak{p}$ et $\mathfrak{q}$ sont deux idéaux premiers de $U(\mathfrak{g})$ et si $\mathfrak{m}$ est un idéal premier minimal tel que $\mathfrak{p} + \mathfrak{q} \subseteq \mathfrak{m}$, alors on a : $\text{ht}\, \mathfrak{m} \leq \text{ht}\, \mathfrak{p} + \text{ht}\, \mathfrak{q}$.

Preuve : On peut supposer $\mathfrak{m} \neq \mathfrak{p}$ et $\mathfrak{m} \neq \mathfrak{q}$. Il suffit de prouver le théorème d'intersection pour $\tilde{\mathfrak{g}}$; en effet, il existe, d'après la proposition 2, des idéaux premiers $\tilde{\mathfrak{p}}$ et $\tilde{\mathfrak{m}}$ de $U(\tilde{\mathfrak{g}})$ tels que $\tilde{\mathfrak{p}} \subsetneq \tilde{\mathfrak{m}}$, $\mathfrak{p} = \tilde{\mathfrak{p}} \cap U(\mathfrak{g})$, $\mathfrak{m} = \tilde{\mathfrak{m}} \cap U(\mathfrak{g})$, $\text{ht}\, \mathfrak{p} = \text{ht}\, \tilde{\mathfrak{p}}$ et $\text{ht}\, \mathfrak{m} = \text{ht}\, \tilde{\mathfrak{m}}$. Il existe alors (Proposition 2) un idéal premier $\tilde{\mathfrak{q}}$ de $U(\tilde{\mathfrak{g}})$ tel que $\tilde{\mathfrak{q}} \subsetneq \tilde{\mathfrak{m}}$, $\mathfrak{q} = U(\mathfrak{g}) \cap \tilde{\mathfrak{q}}$ et on a $\text{ht}\, \mathfrak{q} = \text{ht}\, \tilde{\mathfrak{q}}$. Enfin il est évident que $\tilde{\mathfrak{m}}$ est un idéal premier minimal pour : $\tilde{\mathfrak{p}} + \tilde{\mathfrak{q}} \subseteq \tilde{\mathfrak{m}}$, d'après la proposition 2. On peut donc supposer $\mathfrak{g} = \tilde{\mathfrak{g}}$. Soit β l'application de Dixmier relative à $\mathfrak{g}$. D'après l'hypothèse faite sur β, on a :

$$\beta^{-1}(\mathfrak{p}) + \beta^{-1}(\mathfrak{q}) \subseteq \beta^{-1}(\mathfrak{m})$$

et d'après [17] β respecte les hauteurs. Il est bien connu que $S(\mathfrak{g})$ satisfait le théorème d'intersection. Pour terminer la démonstration, il suffit de vérifier que $\beta^{-1}(\mathfrak{m})$ est un idéal premier minimal pour : $\beta^{-1}(\mathfrak{p}) + \beta^{-1}(\mathfrak{q}) \subset \beta^{-1}(\mathfrak{m})$, sachant que c'est un idéal premier $\mathfrak{g}$-invariant minimal pour la précédente inclusion. Pour cela il suffit d'appliquer le lemme suivant :

Lemme 4.2 - Soit k un corps algébriquement clos de caractéristique 0, G un groupe algébrique linéaire et connexe défini sur k, A une k-algèbre noethérienne sur laquelle G opère par k-automorphismes d'algèbre de façon rationnelle. On note $\text{Spec}(A)^G$ l'ensemble des idéaux premiers globalement G-invariants de A. Soit J un idéal globalement G-invariant de A et Γ un idéal de $\text{Spec}(A)^G$ minimal pour $J \subset \Gamma$; alors $\text{ht}\, \frac{\Gamma}{J} = 0$.

Preuve : On peut supposer $J \neq \Gamma$, i.e. $J \notin \text{Spec}(A)^G$. Soit I un idéal premier de A tel que $J \subset I \subsetneq \Gamma$. Alors l'idéal $\bar{I} = \bigcap_{g \in G} g(I)$ est semi-premier et on a : $J \subseteq \bar{I} \subset I \subsetneq \Gamma$. Puisque A est noethérien, $\bar{I} = P_1 \cap \ldots \cap P_s$, décomposition sans élément superflus comme intersection d'idéaux premiers. Alors le groupe G permute les P_i, $i = 1,\ldots,s$; comme G est connexe chaque orbite de l'action de G sur $\{P_1,\ldots,P_s\}$ n'aura qu'un élément et donc les P_i appartiennent à $\mathrm{Spec}(A)^G$. Puisque I est premier l'un d'eux, par exemple P_1 est contenu dans I et on a $J \subset P_1 \subset I \subsetneq \Gamma$; d'où la contradiction.

§.5. Corps des coefficients

Soit A un anneau local régulier et $\hat{A} = \varprojlim_n A/\mathfrak{m}^n$ le complété de A pour la topologie $\mathfrak{m}$-adique. L'anneau $\hat{A}$ est encore local régulier (cf [9] et [20]). D'autre part, [21], le A-module, à droite et à gauche, $\hat{A}$ est plat, l'idéal $\mathfrak{m}\hat{A} = \hat{A}\mathfrak{m}$ de $\hat{A}$ coïncide avec le radical de Jacobson de $\hat{A}$ et $A/\mathfrak{m} \cong \hat{A}/\mathfrak{m}\hat{A}$. Il est facile de vérifier que le centre de A est contenu dans le centre de $\hat{A}$, que $Z(\hat{A})$ est complet pour la topologie radical-adique et que toute suite centralisante d'éléments de A est une suite centralisante de $\hat{A}$.

Lemme 5.1. Soit A un anneau local régulier. Si $\hat{A}$ est isomorphe à un anneau de séries formelles $K[[X_1,\ldots,X_n]]$ (en indéterminées "commutatives" $X_1,\ldots,X_n$, sur un corps gauche K nécessairement isomorphe à $A/\mathfrak{m}$) et si le centre de $\hat{A}$ coïncide avec le complété radical-adique du centre de A, alors, $\hat{A}$ et A sont fidèlement plat sur le centre $Z(A)$ de A ; l'anneau local $Z(A)$ est noethérien régulier ; le radical $\mathfrak{m}(A)$ de A est engendré par l'idéal maximal du centre de A. Enfin si A est le localisé de l'algèbre enveloppante d'une algèbre de Lie nilpotente en un idéal premier $\mathfrak{p}$, le poids de $\mathfrak{p}$ est égal au poids de (0).

Preuve. Si $\hat{A} = K[[X_1,\ldots,X_n]]$ et si F est le centre de K, le centre $Z(\hat{A})$ de $\hat{A}$ coïncide avec $F[[X_1,\ldots,X_n]]$ et, en procédant par récurrence sur n, on voit que $\hat{A}$ est plat, et donc fidèlement plat, sur son centre $Z(\hat{A})$. Puisque $Z(\hat{A}) = \widehat{Z(A)}$, $\hat{A}$ est fidèlement plat sur $Z(A)$ et on en déduit la fidèle platitude de A sur $Z(A)$. Par suite l'anneau $Z(A)$ est noethérien et comme, par hypothèse, son complété est régulier, $Z(A)$ est local régulier. Il résulte des hypothèses faites que $\mathfrak{m}(\hat{A}) = \mathfrak{m}(Z(A))\hat{A}$. D'où $\mathfrak{m}(A) = \mathfrak{m}(\hat{A}) \cap A = \mathfrak{m}(Z(A))A$, par platitude. Enfin supposons que : $A = U(\mathfrak{g})_{\mathfrak{p}}$ où $\mathfrak{g}$ est une algèbre de Lie nilpotente de dimension finie sur un corps k de caractéristique 0. On a alors, puisque $\hat{A} = K[[X_1,\ldots,X_n]]$, l'égalité : K-dim A = n = ht $\mathfrak{p}$. D'où :

$$\text{poids } \mathfrak{p} + \deg \mathrm{tr}_k \, (Z(U(\mathfrak{g})/\mathfrak{p})) = \text{poids } (0) + \deg \mathrm{tr}_k \, Z(U(\mathfrak{g}))-n.$$

Mais le corps des fractions de $Z\,U(\mathfrak{g})$ et celui de $Z(A)$ coïncident. Donc $\deg \mathrm{tr}_k \, Z\,U(\mathfrak{g}) = \deg \mathrm{tr}_k \, Z(A)$.

D'autre part $\deg \mathrm{tr}_k \, Z(U(\mathfrak{g})/\mathfrak{p})$ est $\leqslant \deg \mathrm{tr}_k F$ où F désigne le centre de K. D'où :

$$\text{poids } (0) + \deg \mathrm{tr}_k \, Z(A) - n \leqslant \text{poids } \mathfrak{p} + \deg \mathrm{tr}_k \, F.$$

De l'inégalité :

$$\text{K-dim } Z(A) + \deg \mathrm{tr}_k \, \frac{Z(A)}{\mathfrak{m}(Z(A))} \leqslant \deg \mathrm{tr}_k \, Z(A)$$

résulte, puisque $n = \text{K-dim } Z(A)$, que poids $(0) \leqslant$ poids $\mathfrak{p}$. Comme on a toujours l'autre inégalité, le résultat est démontré.

Lemme 5.2. - Soit $\mathfrak{g}$ une algèbre de Lie nilpotente de dimension finie sur un corps de caractéristique 0. Soit P un idéal premier de $U(\mathfrak{g})$ et $A = U(\mathfrak{g})_P$. On suppose que le poids de P est égal au poids de (0) et que le centre Z(A) de A est factoriel et noethérien. Alors, si r est le poids de (0), A est le localisé, par rapport à l'idéal engendré par l'idéal maximal de Z(A), d'une algèbre de Weyl de rang r sur Z(A). De plus Z(A) est un anneau régulier, $\hat{A}$ est un anneau de séries formelles (en indéterminées commutatives) sur un sous-corps (gauche) de A isomorphe à $A/_{\text{rad } A}$; enfin le centre de $\hat{A}$ coïncide avec le complété (-adique) du centre de A.

Preuve. Le centre de $U(\mathfrak{g})$, $Z(U(\mathfrak{g}))$, est contenu dans Z(A) et ils ont même corps de fractions, à savoir le centre du corps des fractions de $U(\mathfrak{g})$. D'autre part si S est l'ensemble des éléments non nuls de $Z(U(\mathfrak{g}))$, $S^{-1}U(\mathfrak{g})$ est une algèbre de Weyl de rang r sur le corps des fractions de $ZU(\mathfrak{g})$, où r est le poids de (0) Il existe donc $p_1,q_1,\ldots,p_r,q_r \in A$ et $s_1,\ldots,s_r \in S$ tels que $p_iq_i - q_ip_i = s_i$ et les p_i,p_j d'une part, les q_i,q_j d'autre part, enfin les p_i,q_j, $j \neq i$, commutent entre eux. Si tous les s_i sont inversibles dans l'anneau local A, le lemme est démontré. En raisonnant par l'absurde, on arrive à la conclusion que l'un des s_i, par exemple s_1, n'est pas inversible dans A. Comme $s_1 \in Z(U(\mathfrak{g})) \subset Z(A)$, on est ramené au fait que l'un des facteurs irréductibles u_1 de s_1, appartient à P et que p_1 et q_1 n'appartiennent pas à l'idéal de A engendré par u_1 et enfin que $p_1 q_1 - q_1 p_1 = v u_1^s$, $v \in Z(A)$, v non divisible par u_1 et s entier $\geqslant 1$. On montre que ceci n'est pas possible ; en effet $u_1 A$ est un idéal premier de A, de hauteur 1. Posons $\mathfrak{p}_1 = u_1 U(\mathfrak{g})$. On a (T. Levasseur) poids $\mathfrak{p}_1$ = poids (O) car $(0) \subset \mathfrak{p}_1 \subseteq P$ et poids P = poids (O). Le localisé en (u_1) de A est un anneau de valuation et si V est son centre, $A_{(u_1)}$ contient l'algèbre $V[p_1,\ldots,q_r]$ engendrée par V, les p_i et les q_j. Puisque V est un anneau de valuation discrète, $B = V[p_1,\ldots,q_r]$ est noethérien à droite et à gauche et l'idéal de B engendré par u_1 est complètement premier. Cet idéal est localisable et $B_{(u_1)}$ est un anneau de valuation du corps des fractions de A. On a donc $A = B_{(u_1)}$ et modulo (u_1), p_1 et q_1 commutent, ce qui contredit l'hypothèse sur le poids. On a donc finalement $Z(A)[p_1,\ldots,q_r] = A_r(Z(A)) \subseteq A$ où $p_1,\ldots,q_r$ sont inversibles dans A. Soit C le localisé de $A_r(Z(A))$ en l'idéal engendré par l'idéal maximal de Z(A). On vérifie facilement que C a pour centre Z(A) ; donc le centre de C est factoriel ; de plus chaque idéal premier de hauteur 1 de C est engendré par un élément irréductible de Z(A), car cette propriété est vraie pour $A_r(Z(A))$. Il résulte du lemme 5.3 que l'on a alors :

$$(*) \qquad C = \bigcap_{\mathrm{ht}\,\mathfrak{q} = 1} C_{\mathfrak{q}} \cap S^{-1}C$$

où S est l'ensemble des éléments non nuls du centre de C, et :

$$(*) \qquad A = \bigcap_{\mathrm{ht}\,\mathfrak{p} = 1} A_{\mathfrak{p}} \cap S^{-1}A.$$

D'autre part $S^{-1}A = A_r(Fr(Z(A)) \subseteq S^{-1}B$; d'où l'égalité : $S^{-1}A = S^{-1}B$. Enfin les idéaux premiers de hauteur 1 de C (resp. de A) sont engendrés par des éléments irréductibles de Z(A). Donc si $\mathfrak{q}$ est un idéal premier de hauteur 1 de C, on a $\mathfrak{q} = Cs$, $s \in Z(A)$, s irréductible et As est un idéal premier de hauteur 1 de A. On a : $C_{\mathfrak{q}} \subsetneq A_{(s)}$ car $Cs = C \cap As$, ceci parce que tout idéal de C est engendré par le centre de C, c'est-à-dire par un idéal de Z(A). Puisque $C_{\mathfrak{q}}$ et $A_{(As)}$ sont deux idéaux de valuation du corps des fractions de A, il y a égalité : $C_{\mathfrak{q}} = A_{(As)}$. Inversement si $\mathfrak{G}$ est un idéal premier de hauteur 1 de A, alors $A_{\mathfrak{G}} = C_{Cs}$ où s est le générateur (dans Z(A)) de $\mathfrak{G}$. Il résulte de (*) que A = C. La démonstration résulte du lemme suivant, dû à T. Levasseur.

Lemme 5.3 - *Soit B un anneau intègre, noethérien à droite et à gauche dont tout idéal premier est complètement premier et est localisable. On suppose que le centre Z(B) de B est factoriel, que tout idéal premier de hauteur 1 de B est engendré par un élément (irréductible) de Z(B) et que tout élément irréductible de Z(B) engendre un idéal premier de hauteur 1 de B. Alors $B = \cap B_{\mathfrak{p}} \cap S^{-1}B$ où $S = Z(B) \setminus (0)$, et où $\mathfrak{p}$ parcourt les idéaux premiers de hauteur 1 de B.*

Proposition 5.4 - *Soit $\mathfrak{g}$ une algèbre de Lie nilpotente de dimension finie sur un corps de caractéristique 0. Soit $\mathfrak{p}$ un idéal premier de U(g) et $A = U(g)_{\mathfrak{p}}$ alors les conditions suivantes sont équivalentes :*

1) *Le complété $\hat{A}$ de A pour la topologie rad(A)-adique est un anneau de séries formelles et le centre de $\hat{A}$ est le complété du centre de A.*

2) *Le centre de A est un anneau local noethérien régulier et le poids de P est égal au poids de (0).*

3) *Le centre Z(A) de A est un anneau local noethérien régulier et A est le localisé en l'idéal engendré par l'idéal maximal de Z(A) d'une algèbre de Weyl sur Z(A).*

De plus, lorsque ces conditions sont satisfaites, le centre Z(A) de A est le localisé du centre $ZU(\mathfrak{g})$ de $U(\mathfrak{g})$ en l'idéal premier $\mathfrak{p} \cap ZU(\mathfrak{g})$.

Preuve - (1) $\Rightarrow$ (2) résulte de 5.1 ; (2) $\Rightarrow$ (3) et (3) $\Rightarrow$ (1) résultent de 5.2. L'inclusion $ZU(\mathfrak{g})_{P \cap ZU(\mathfrak{g})} \subseteq Z(A)$ est toujours satisfaite et ces deux anneaux factoriels ont même corps des fractions ;

pour prouver l'égalité, il suffit de prouver que tout élément irréductible de Z(A) appartient à $ZU(\mathfrak{g})$. Mais un élément irréductible de Z(A) engendre, par (3), un idéal premier de hauteur 1 de A, lequel est, d'après [22], engendré par un élément irréductible de $ZU(\mathfrak{g})$.

Rappelons (cf [3] qu'un idéal premier P de l'algèbre enveloppante d'une algèbre de Lie nilpotente $\mathfrak{g}$ est <u>régulier</u> si $T^{-1}U(\mathfrak{g})$ est une algèbre de Weyl sur $ZU(\mathfrak{g})_{P\cap ZU(\mathfrak{g})}$, où $T = ZU(\mathfrak{g}) \setminus P\cap ZU(\mathfrak{g})$. En [9]. T. Levasseur a donné deux exemples d'idéaux premiers, non réguliers, qui sont de même poids que (o). Cependant l'un de ces exemples (§(e) - [9]) satisfait à 5.2, tandis que (§(f) - [9]) n'y satisfait pas.

Bibliographie

[1] G. Barou - Cohomologie locale d'algèbres enveloppantes d'algèbres de Lie nilpotentes - Séminaire d'Algèbre Paul Dubreil 1976/77. Springer-Verlag. Lecture Notes n° 641.

[2] G. Barou - Cohomologie locale d'algèbres de Lie nilpotentes. Thèse de 3ème cycle - Université Pierre et Marie Curie.

[2 bis] H. Bass - Injective dimension in noetherian rings - Trans Amer Math. Soc. 102 - 1962 - 18-29.

[3] W. Bohro - Berechnung der Gelfand-Kirillov Dimension bei induzierten Darstellungen. Math. Ann. 225 (1977) p. 177-194.

[4] W. Bohro et H. Kraft - Über die Gelfand-Kirillov Dimension.Math. Annalen 220 (1976) p. 1-24.

[5] H. Cartan et S. Eilenberg - Homological Algebra - University Press 1956.

[6] J. Dixmier - Algèbres Enveloppantes - Gauthier-Villars. Paris 1974.

[7] P. Gabriel et R. Rentschler - Sur la dimension des anneaux et ensembles ordonnés C.R.A.S. 165 Série A, 1967, p. 712-715.

[8] M. Hochster et J.L. Roberts - Rings of invariants of reductive groups acting on regular rings are Cohen-Macaulay. Advances in Mathematics 13, 1974, p. 115-175.

[9] T. Levasseur - Dimension dans les anneaux réguliers non commutatifs. C.R.A.S. (à paraître).

[10] J.C. Mc Connel - Localisation in enveloping rings .J. London Math. Soc., 43, 1968, p. 421-428 et 3, 1971, p. 409-410.

[11] M.P. Malliavin - Caractéristiques d'Euler-Poincaré d'algèbres de Lie nilpotentes. Bull. Sc. Math. 100, 1976, p. 269-287.

[12] M.P. Malliavin - Dimension d'idéaux dans des algèbres universelles - Communications in Algebra - Vol 6 - 1978 - 223-235.

[13] R. Rentschler - L'injectivité de l'application de Dixmier pour les algèbres de Lie résolubles. Inv. Math., 23, 1974, p. 49-71.

[14] W. Schelter - Non commutative affine P.I. rings are catenary. J. of Algebra 51, 1978, p. 12-18.

[15] P.S. Smith - Localization and the A.R. property - Proc. London Math. Soc. (3) 22 (1971) p. 39-68.

[16] P.S. Smith - On non-commutative regular local rings. Glasgow Math.J., 1976, p. 98-102.

[17] P. Tauvel - Sur les quotients premiers de l'algèbre enveloppante d'une algèbre de Lie résoluble - Bull. Soc. Math. 106, 1978, p.29.

[18] R. Walker - Local rings and normalizing sets of elements - Proc. London Math. Soc. (3) 24 (1972) p. 27-45.

[19] S. Yammine - Théorèmes de Cohen-Seidenberg en Algèbre non commutative - Séminaire d'Algèbre Paul Dubreil 1977/1978.

[20] J. Alev - Dualité dans les algèbres enveloppantes et les anneaux de groupes - C.R.A.S. (à paraître).

[21] K.S. Brown - E. Dror. - The A.R - theorem and homology. Israel J. Math. 22, n°2, 1975, p.93.

[22] C. Moeglin - Factorialité dans les algèbres enveloppantes . C.R. Acad. Sci. Paris. Série A, t. 282, p. 1269-1272.

[23] P. Gabriel et Y. Nouazé - Idéaux premiers de l'algèbre enveloppante d'une algèbre de Lie nilpotente. J. of Algebra, 6, 1967, p. 77-99.

M.P. MALLIAVIN
10, rue Saint Louis en l'Ile
75004 PARIS

Sur les anneaux de groupe héréditaires

par

J.M. GOURSAUD et J. VALETTE

En utilisant la théorie des bouts, J.R. Stallings (68) a démontré que si KG, l'algèbre de groupe d'un groupe G de type fini sans torsion est un anneau héréditaire alors G est un groupe libre, puis R. Swan (69) a montré que l'hypothèse de type fini pouvait être supprimée.

Dans cet article nous nous proposons de caractériser les groupes localement résolubles G pour lesquels l'algèbre de groupe KG est un anneau héréditaire, le résultat principal étant : si K est un corps de caractéristique $p \geq 0$ et G un groupe résoluble alors KG est héréditaire si, et seulement si, soit G est un groupe sans p-éléments, extension d'un groupe isomorphe à $\mathbb{Z}$, soit G est un groupe localement fini dénombrable sans p-éléments.

Le premier auteur tient à remercier Monsieur J.E. BERTIN pour son accueil.

1 - Rappels et préliminaires.

<u>Définition</u> 1.1 - Un anneau A est dit <u>héréditaire à gauche</u> si tout idéal à gauche est projectif.

<u>Lemme</u> 1.2. - Soient A un anneau héréditaire à gauche, x un élément régulier de A tel que Ax = xA. L'anneau A/Ax est noethérien à gauche.

Il suffit de montrer que tout idéal à gauche I de A contenant x est de type fini. I étant projectif, il existe une famille (x_j), $j \in J$, d'éléments de I et des morphismes (ϕ_j), $j \in J$, de I dans A tels que :

$$\forall y \in I \qquad y = \Sigma\, \phi_j(y)x_j, \text{ les éléments } \phi_j(y) \text{ étant}$$

presque tous nuls.

D'où : $x = \sum_{j=1}^{n} \phi_j(x)x_j$.

Montrons que les éléments x_j, $j = 1,\dots,n$, engendrent I. En effet, si a est un élément de I, il existe un élément a' de A tel que $a'x = xa$, et :

$$xa = a'x = \sum_{j=1}^{n} \phi_j(a'x)x_j = \sum_{j=1}^{n} \phi_j(xa)x_j = x \sum_{j=1}^{n} \phi_j(a)x_j$$

x étant un élément régulier, il vient que : $a = \sum_{j=1}^{n} \phi_j(a)\,x_j$.

<u>Théorème</u> 1.3 - (I.G. Connell (63), O.E. Villamayor (59)) : A(G) est un anneau régulier si et seulement si A est un anneau régulier et l'ordre de tout élément de torsion de G est inversible dans A.

Rappelons la :

<u>Définition</u> 1.4 - Soit G un groupe. On note :

$$\Delta G = \{g/g \in G\ ,\ (G : C_G(g)) < \infty\}$$

où $C_G(g)$ désigne le centralisateur de g dans G,

$$\Delta^+ G = \{g/g \in \Delta G,\ \exists\, n\ g^n = 1\}$$

<u>Théorème</u> 1.5. - (B.H. Neumann (51)) : Soit G un groupe. Alors :

a) ΔG est un sous-groupe normal de G.

b) $\Delta^+ G$ est un sous-groupe invariant de ΔG.

c) $\Delta G/\Delta^+ G$ est un groupe abélien sans torsion.

Théorème 1.6 - (I.G. Connell (63)) : Soit K un corps, G un groupe. Alors KG est premier si, et seulement si, $\Delta^{+}G = <1>$.

Soit R un sous-anneau d'un anneau S , on dit que S est R-projectif s'il vérifie la propriété :

Si N est un sous S-module d'un S-module M, alors N est facteur direct de M en tant que S-module si et seulement s'il l'est en tant que R-module.

Lemme 1.7. - (D.G. Higman (40)) : Soit K un corps, G un groupe, H un sous-groupe de G d'indice fini. Si $(G : H) = n$ est inversible dans K, alors K(G) est K(H)-projectif.

2. Anneaux de groupe héréditaires

Dans tout ce paragraphe, A désigne un anneau, K un corps, G un groupe.

Lemme 2.1 - Si A(G) est un anneau héréditaire à gauche (resp. semi-héréditaire à gauche), alors pour tout sous-groupe H de G , l'anneau de groupe A(H) est héréditaire à gauche (resp. semi-héréditaire à gauche).

Soit I un idéal à gauche de KH , alors KGI est un KG-module projectif. Soit (g_j) , $j \in J$, un système de représentants des classes à gauche de G modulo H avec $g_o = 1$, en tant que KH-module on a :

$$KGI = I \oplus \sum_{j \neq o} g_j I.$$

Donc I est un KH-module projectif.

Lemme 2.2 - Soit H un sous-groupe fini de G. On a alors :

$$\ell r \omega(H) = \omega(H) \quad \text{dans} \quad A(G).$$

On a évidemment $\ell r(\omega(H)) \supset \omega(H)$. Soient (g_i) , $i \in I$ un système de représentants des classes à gauche de G modulo H et

$x = \sum_{i \in I} g_i a_i$, $a_i \in A(H)$, un élément de $A(G)$ appartenant à $\ell r(\omega(H))$.

On a :

$$0 = x \sum_{h \in H} h = \sum_{i \in I} g_i (a_i \sum_{h \in H} h)$$

$A(G)$ étant un $A(H)$-module à droite libre de base $\{g_i , i \in I\}$, il vient que : $0 = a_i \sum_{h \in H} h$ pour tout $i \in I$.

Or a_i s'écrit : $a_i = \alpha_o^i + \ldots + \alpha_n^i h_n$, $h_j \in H$, $\alpha_j^i \in A$, $\forall 1 \leq j \leq n$.

D'où $a_i \sum_{h \in H} h = (\sum_{j=1}^{n} \alpha_j^i)(\sum_{h \in H} h) = 0$ par conséquent $\sum_{j=1}^{n} \alpha_j^i = 0$ et a_i appartient à $\omega(H)$.

Lemme 2.3 - Si $A(G)$ est semi-héréditaire à gauche, alors l'ordre de tout élément de torsion de G est inversible dans A.

Soit h un élément de torsion de G et H le groupe cyclique engendré par h . $A(G)$ étant semi-héréditaire à gauche $\ell_{A(G)}(1-h)$ est engendré par un idempotent e , par conséquent on a :

$$r\ell(\omega'(H)) = (1-e)A(G)$$

d'après le lemme 2.2. (où $\omega'(H)$ désigne l'idéal à droite $(1-h)A(G)$), on en déduit d'après le lemme 1.8 que l'ordre de H est inversible dans A.

Lemme 2.4 - Soit G un groupe fini. $A(G)$ est un anneau héréditaire à gauche (resp. semi-héréditaire à gauche) si et seulement si A est héréditaire à gauche et l'ordre de G est inversible dans A.

Les lemmes 2.1 et 2.2 montrent respectivement que si $A(G)$ est héréditaire à gauche (resp. semi-héréditaire à gauche), alors A est héréditaire à gauche (resp. semi-héréditaire à gauche) et l'ordre de G est inversible dans A. Pour obtenir la réciproque il suffit d'appliquer le lemme 1.7.

<u>Proposition 2.5</u> - Soit $\mathbb{Z}$ le groupe additif des entiers relatifs. Alors on a :

a) si $A(\mathbb{Z})$ est semi-héréditaire à gauche, alors A est régulier.

b) $A(\mathbb{Z})$ est héréditaire à gauche si et seulement si A est semi-simple.

Le lemme 1 de [2] montre en remplaçant X par $1-z$ (où z désigne un générateur de $\mathbb{Z}$) que l'assertion a) est vraie. Pour obtenir b) il suffit d'appliquer le lemme 1.2 puis le lemme 1.7.

<u>Lemme</u> 2.6 - Soit K un corps. $K(G)$ est héréditaire à gauche si et seulement si $\omega(G)$ est projectif.

Considérons la suite exacte :

$$0 \to \omega(G) \to KG \to K \to 0.$$

Si M est un $K(G)$-module à gauche, la suite :

$$0 \to \omega(G) \otimes_K M \to KG \otimes_K M \longrightarrow K \otimes_K M \to 0$$

est exacte. Or ${}_{K(G)}(K \otimes_K M) \simeq {}_{K(G)}M$, $\omega(G)$ étant projectif $\omega(G) \otimes_K M$ est projectif.

<u>Lemme</u> 2.7 - Si $A(G)$ est semi-héréditaire à gauche et si G contient un sous-groupe normal isomorphe à $\mathbb{Z}$, alors G/H est un groupe de torsion.

Sinon G/H contiendrait un sous-groupe isomorphe à $\mathbb{Z}$, par conséquent G contiendrait un sous-groupe isomorphe à $\mathbb{Z}^2$; or $A(\mathbb{Z}^2)$ n'est jamais semi-héréditaire à gauche d'après la proposition 2.5.

<u>Lemme</u> 2.8 - Soit I un idéal bilatère d'un anneau A, engendré en tant qu'idéal à droite par des idempotents qui commutent deux à deux. Si A est semi-héréditaire à gauche (resp. héréditaire à gauche), alors A/I est semi-héréditaire à gauche (resp. héréditaire à gauche).

Soit J un idéal à gauche de A. I étant engendré par des idempotents (e_t), $t \in T$, on a : $J \cap I = IJ$. En effet, IJ est contenu dans $I \cap J$; d'autre part, si x est un élément de $J \cap I$ alors :

$$x = \sum_{t=1}^{n} e_t a_t .$$

Il existe donc un idempotent e de I tel que

$$x = ex.$$

D'où $x \in IJ$.

Si A est semi-héréditaire à gauche (resp. héréditaire à gauche) alors si J est un idéal à gauche de type fini (resp. quelconque), $J/I \cap J$ est égal à J/IJ qui est un A/I-module projectif. Par conséquent A/I est semi-héréditaire à gauche (resp. héréditaire à gauche).

Lemme 2.9 - Soit e un idempotent d'un anneau commutatif A, σ un automorphisme de A. Alors si $I = \ell_{A[X,\sigma]}(Xe+e)$, on a :

$$C_n(I) = \bigoplus_{j=o}^{n} A(1-e)\sigma(e)\ldots\sigma^j(e)(1-\sigma^{j+1}(e)).$$

Si e et f sont deux idempotents de A, on a :

$$(e : f) = \{x/xe \in Af\} = A(1-e) \oplus Aef.$$

D'autre part, si on pose :

$$L_o(I) = (\sigma(e) : o), \quad L_n(I) = (\sigma(e) : \sigma(L_{n-1}e))$$

on a : $$C_n(I) = L_n(I) \cap (e : o).$$

Par conséquent $L_o(I) = A(1-\sigma(e))$ d'où $C_o(I) = A(1-e)(1-\sigma(e))$.

Montrons par récurrence sur n que :

$$L_n(I) = A(1-\sigma(e) \bigoplus_{j=1}^{n} A(1-\sigma^j(e))\sigma^{j-1}(e)\ldots\sigma(e).$$

Supposons donc que $L_n(I)$ s'écrive comme précédemment. On a alors :

$$L_{n+1}(I) = (\sigma(e) : \bigoplus_{j=2}^{n+1} A(1-\sigma^j)\sigma^{j-1}(e)\ldots\sigma(e)).$$

D'où :

$$L_{n+1}(I) = A(1-\sigma(e)) \oplus L_n\sigma(e) = A(1-\sigma(e) \oplus (\bigoplus_{j=1}^{n+1} A(1-\sigma^j(e))\sigma^{j-1}(e)\ldots\sigma(e)$$

ce qui donne le résultat pour $C_n(I)$.

Définition 2.10 - Soit G un groupe abélien de torsion somme directe de groupes cycliques $(t_j), j \in J$, K un corps. Dans $K[\bigoplus_{j\in J} t_j]$ on définit le support d'un élément x par :

$$\text{Supp } x = \{j \in J \ / \ x \notin K[\bigoplus_{i\neq j} t_i]\}.$$

On vérifie facilement que :

$$\text{Supp } x \cap \text{Supp } y = \emptyset \Rightarrow xy \neq 0.$$

Nous dirons par la suite qu'un groupe est mixte s'il n'est pas de torsion.

Théorème 2.11 - Soit K un corps, G un groupe mixte résoluble. Les assertions suivantes sont équivalentes :

a) $K[G]$ est héréditaire à gauche.

b) G est extension finie d'un sous-groupe isomorphe à $\mathbb{Z}$ et l'ordre de tout élément de torsion de G est inversible dans K.

a) $\Rightarrow$ b) Soit $G = D^oG \triangleright D^1G \triangleright \ldots \triangleright D^nG = \langle 1\rangle$ la suite dérivée du groupe G, soit p le plus grand entier tel que $D^pG/D^{p+1}G$ soit un groupe mixte. Alors $D^{p+1}G$ est un groupe localement fini et d'après le lemme 2.1 $K[D^{p+1}G]$ est héréditaire à gauche, donc le lemme 2.3 montre que l'ordre de tout élément de $D^{p+1}G$ est inversible dans K. Par conséquent l'idéal $\omega(D^{p+1}G)$ est engendré par des idempotents et $K[D^pG/D^{p+1}G]$ est héréditaire à gauche (lemme 2.8), la proposition 2.5 montre alors que $D^pG/D^{p+1}G \simeq \mathbb{Z} \times T$ où T est un groupe fini. Montrons que $D^{p+1}G$ est un groupe fini. Sinon il existe un entier $j \geqslant p+1$ tel que $D^jG/D^{j+1}G$ soit un groupe abélien de torsion infini, par conséquent $G/D^{j+1}G$ contient un sous-groupe H tel que $H \supset D^jG/D^{j+1}G$ et $H/(D^j\ G/D^{j+1}G) \simeq \mathbb{Z}$. Posons $H' = D^jG/D^{j+1}G$. KH est alors isomorphe $K(H')[X,X^{-1},\sigma]$ où σ est l'automorphisme de $K(H')$ induit par un générateur de H/H' sur H'. $K(H)$ étant héréditaire à gauche, $K(H')[X,\sigma]$ est semi-héréditaire à gauche. Soit $h \neq 1$ un élément du socle de H', montrons que le sous-groupe de H' engendré par les transformés de h par σ est fini. Sinon les groupes cycliques engendrés par les éléments $\sigma^n(h)$, $n \in \mathbb{N}$ sont en somme directe. Soit e l'idempotent qui engendre l'idéal $\omega(\langle h\rangle)$ dans $K(H')$, si $I = \ell_{K(H')[X,\sigma]}(Xe+e)$, on a alors

$$\forall n \in \mathbb{N} \qquad C_n(I) \subsetneqq C_{n+1}(I)$$

car d'après la définition 2.10. en prenant $\langle t_n\rangle = \langle\sigma^n(h)\rangle$ on a $\mathrm{Supp}(1-e)\sigma(e)\ldots\sigma^n(e) \cap \mathrm{Supp}(1-\sigma^{n+1}(e)) = \emptyset$, d'où l'assertion cherchée. Par conséquent l'idéal engendré par $Xe + e$ dans $K(H')[X,\sigma]$ n'est pas projectif, ce qui contredit notre hypothèse. On a donc montré que le sous-groupe engendré par les conjugués de h est un sous-groupe normal fini de H. D'autre part si $N(h)$ désigne le sous-groupe normal engendré par h, $K(H/N(h))$ est un anneau semi-héréditaire à gauche, il existe donc un sous-groupe normal fini H_1 de H contenant strictement $N(h) = H_o$; on construit aussi une suite strictement croissante de sous-groupes normaux finis (H_n), $n \in \mathbb{N}$ contenus dans H. Posons $K(H)e'_n = \omega(H_n)$, avec $e'_n = e'^2_n$. Alors les e'_n, $n \in \mathbb{N}$ sont des idempotents centraux de $K(H)$. On pose alors : $e_n = e'_n - e'_{n-1}$, $n \in \mathbb{N}^*$ avec $e_o = e'_o$. Soit I l'idéal à gauche de $K(H)$ engendré par les éléments e'_n, $n \in \mathbb{N}$ et $(1-z)$. I étant projectif, il existe des formes linéaires (ϕ_n), $n \in \mathbb{N}$ telles que

$$\forall y \in I \quad \exists n_y, \quad y = \phi_o(y)(1-z) + \phi_1(y)e_o + \ldots + \phi_{n_y}(y)e_{n_y-1}.$$

Par conséquent on a :

$$(1-z) = \phi_o(1-z)(1-z) + \phi_1(1-z)e_o + \ldots + \phi_p(1-z)e_{p-1}$$

et $\quad e_p(1-z) = e_p\phi_o(1-z)\,(1-z) + e_p(\phi_1(1-z)e_o + \ldots + \phi_p\,(1-z)e_{p-1}).$

D'où $e_p(1-z) = e_p\phi_o(1-z)(1-z) = (1-z)\phi_o(e_p)(1-z)$.

$(1-z)$ étant un élément régulier on en déduit

$$e_p = (1-z)\phi_o(e_p).$$

Or $\phi_o(e_p) = \sum_{i=-k}^{n} e_p a_i z^i$, d'où

si $n \geqslant o$, $e_p a_n = 0$ et si $k \geqslant o$, $e_p a_{-k} = 0$.

On en déduit donc que $e_p = o$, c'est-à-dire que $D^{p+1}G$ est un groupe fini.

D'autre part $G/D^{p+1}G$ contient un sous-groupe normal isomorphe à $\mathbb{Z}$, $K(G/D^{p+1}G)$ étant héréditaire à gauche d'après le lemme 1.2, $G/D^{p+1}G$ est une extension finie de $\mathbb{Z}$.

b) $\Rightarrow$ a) Réciproquement, si G est un groupe extension finie d'un sous-groupe isomorphe à $\mathbb{Z}$, alors Δ^+G est un groupe fini d'ordre inversible dans K par hypothèse et $\Delta^+(G/\Delta^+G) = \langle 1 \rangle$. Montrons que $K\, G/\Delta^+G$ est héréditaire à gauche. Posons $H = G/\Delta^+G$, alors ΔH est un sous-groupe de H d'indice fini isomorphe à $\mathbb{Z}$ et $H/\Delta H$ est d'ordre inversible dans K. En effet si $\bar{x} \in H/\Delta H$, il existe un entier n tel que $x^n \in \Delta H$, c'est-à-dire $x^n = z^p$; par conséquent, si $p \neq o$, le groupe cyclique engendré par x contient le sous-groupe engendré par z^p qui est d'indice fini dans H donc $x \in \Delta H$ et $\bar{x} = 1$, il vient que $\bar{x}^n = 1$ si $\bar{x} \neq 1$ avec n inversible dans K . Le lemme 1.7. montre que KH est héréditaire à gauche. Comme $K(G) \simeq K(H) \oplus \omega\,(\Delta^+G)$ on en déduit que $\omega(G) = \omega(H) \oplus \omega(\Delta^+G)$ est projectif et d'après le lemme 2.6 , $K(G)$ est héréditaire à gauche.

Le théorème précédent se généralise par le :

<u>Théorème</u> 2.12 - Soit G un groupe localement résoluble mixte. $K(G)$ est héréditaire à gauche si et seulement si a) G est un groupe résoluble extension finie d'un sous-groupe isomorphe à $\mathbb{Z}$ et b) G ne contient pas d'élément de torsion d'ordre non inversible dans K.

Soit G un groupe localement résoluble, alors tout sous-groupe mixte de type fini de G est d'après le théorème précédent extension finie d'un sous-groupe isomorphe à $\mathbb{Z}$. Soit H un sous-groupe mixte de type fini de G. Δ^+H est un sous-groupe normal fini de G et $\Delta H/\Delta^+H$ est isomorphe à $\mathbb{Z}$, de plus si $H \subset H_1$ où H_1 est de type fini alors $[H_1:H] < \infty$, car si z est un élément d'ordre infini de ΔH alors $\langle z\rangle$ est d'indice fini dans H_1. On a donc par conséquent si :

$$H_1 \supset H \ :$$

$$\Delta H_1 \supset \Delta H$$

et $\Delta^+H_1 \supset \Delta^+H$.

Soit F l'ensemble des sous-groupes mixtes de type fini de G, posons :

$$\Delta^+ = \bigcup_{H\in F} \Delta^+H \ , \qquad \Delta = \bigcup_{H\in F} \Delta H.$$

Δ^+ est un sous-groupe localement fini de G et Δ est un sous-groupe normal de G tel que Δ/Δ^+ est abélien et G/Δ est localement fini. Supposons que G ne soit pas de type fini, et soit H_o un sous-groupe mixte fixé de G, alors il existe une suite dénombrable de sous-groupes emboîtés (H_n), $n \in \mathbb{N}$. De plus on peut supposer que $G = \bigcup_{n\in\mathbb{N}} H_n$, alors les idéaux $\omega(\Delta^+H_n)$ sont engendrés par des idempotents (h_n), $n \in \mathbb{N}$ qui commutent deux à deux car $\omega(\Delta^+H_n) \subset \omega(\Delta^+H_{n+1})$ et h_{n+1} est central dans $K[H_{n+1}]$. Il suffit alors de reprendre la démonstration du théorème précédent pour montrer que Δ^+ est un sous-groupe fini et par conséquent G est extension finie d'un sous-groupe isomorphe à $\mathbb{Z}$.

Un groupe localement résoluble de torsion étant localement fini, il reste à étudier le cas où G est un groupe localement fini. Si $K(G)$ est héréditaire à gauche, alors d'après le lemme 2.3, tout élément de G est d'ordre inversible dans K, par conséquent $K(G)$ est un anneau régulier, d'après le théorème 1.3. Dans ce cas $K(G)$ est muni d'une fonction de rang R, et G est dénombrable.

<u>Lemme</u> 2.13 - Soit G un groupe localement fini infini, H un sous-groupe infini dénombrable de G. Alors $\omega(H)$ est un idéal à gauche essentiel de K(G).

Soit $H = \bigcup_{n \in \mathbb{N}} H_n$ où H_n, $n \in \mathbb{N}$ désigne un groupe fini, R la fonction de rang de K(G). Alors $\omega(H) = \bigcup_{n \in \mathbb{N}} \omega(H_n)$, or $R(\omega(H_n)) \geqslant 1 - \frac{1}{n}$ car on peut supposer $|H_n| \geqslant n$, d'où $R(\omega(H)) = 1$ et $\omega(H)$ est essentiel dans K(G).

<u>Corollaire</u> 2.14 - Soit G un groupe localement fini. Alors K(G) est héréditaire à gauche si et seulement si, G est de type dénombrable et l'ordre de tout élément de G est inversible dans K.

Si K(G) est héréditaire à gauche, $\omega(G)$ est projectif et K(G) étant régulier $\omega(G)$ est somme directe d'idéaux monogènes, si H est un sous-groupe infini dénombrable de G (dans le cas où G est infini) alors, d'après le lemme 2.13, $\omega(H)$ est essentiel dans $\omega(G)$ et, comme $\omega(H)$ est somme directe dénombrable d'idéaux monogènes $\omega(G)$ l'est aussi et par conséquent G est de type dénombrable. Réciproquement si G est de type dénombrable, K(G) est un K-espace vectoriel de type dénombrable. Par conséquent tout idéal à gauche de K(G) est de type dénombrable et il est bien connu que dans un anneau régulier tout idéal de type dénombrable est projectif.

Références

(1) I.G. Connell - On group rings - Canad. J. Math, 15, (1963) p.650-685.

(2) J.M. Goursaud, J.L. Pascaud - Anneaux de polynômes semi-héréditaires (à paraître).

(3) D.G. Higman - Modules with a group of operators - Duke Math. J. 21 (1954) 369-376.

(4) B.H. Neumann - Groups with finite classes of conjugate elements - Proc. Lond. Math. Soc 3, n°1 (1951).

[5] J.R. Stallings - On torsion free groups with infinctely mary ends - Ann Math 88 (1968) 312-334.

[6] R.G. Swan - Groups of cohomological dimension one - J. of Algebra 12 n°4 (1969) 585-610.

J.M. GOURSAUD
J. VALETTE
Université de Poitiers
Département de Mathématiques
40, avenue du Dr Pineau
86022 POITIERS

Torsion et localisation de
groupes arbitraires

par

P. RIBENBOIM

Introduction

Le but de ce travail est de montrer comment définir la localisation d'un groupe arbitraire en un ensemble de nombres premiers. A vrai dire, l'existence de la localisation avait déjà été démontrée par Baumslag, toutefois son procédé ne permettait pas d'étudier les propriétés de la localisation. Nous avons réussi à construire la localisation, pas à pas, par un procédé inductif.

Il a été essentiel, au préalable, de définir la notion de torsion d'un groupe quelconque.

Comme il se doit, nous obtenons comme cas particulier, et par une autre voie, les résultats connus sur la localisation des groupes nilpotents.

Les démonstrations des résultats devront paraître ailleurs.

§1 - Le sous-groupe de torsion

Notations - Π : un ensemble de nombres premiers (peut-être vide).

$\Pi^{\times}$: l'ensemble des Π-nombres, c'est-à-dire les produits finis des premiers $p \in \Pi$.

$H < G$: H est un sous-groupe du groupe G.

$H \triangleleft G$: H est un sous-groupe distingué (= normal) de G.

<u>Définition</u> - Etant donnés un groupe G, $H < G$ et Π, un élément $x \in G$ est de type (T) (relativement à Π et H) lorsqu'il s'écrit sous la forme :

$$\text{(T)} \qquad x = g_k^{s_k} \dots g_2^{s_2} g_1^{s_1} g'^{-s'_1}_1 g'^{-s'_2}_2 \dots g'^{-s'_k}_k$$

de façon que pour tout $i = 1,2,\dots,k$: g_i, $g'_i \in G$, il existe $m_i \geq 1$ tel que $s_i = r_{i1} r_{i2} \dots r_{im_i}$, $s'_i = r'_{i1} r'_{i2} \dots r'_{im_i}$ avec r_{ij}, $r'_{ij} \in \Pi^\times$ et il existe $\ell_{ij} \in \Pi^\times$, multiple de r_{ij}, r'_{ij} (pour chaque j) et des éléments h_{ij}, h'_{ij}, $\bar{h}_{ij}$, $\bar{h}'_{ij} \in H$, de façon que :

$$(*) \quad \dots \quad h_{i3}(h_{i2}(h_{i1}g_i^{\ell_{i1}/r'_{i1}}\bar{h}_{i1})^{\ell_{i2}/r'_{i2}}\bar{h}_{i2})^{\ell_{i3}/r'_{i3}}\bar{h}_{i3} \dots =$$

$$= \dots \quad h'_{i3}(h'_{i2}(h'_{i1}g'^{\ell_{i1}/r_{i1}}_i\bar{h}'_{i1})^{\ell_{i2}/r_{i2}}\bar{h}'_{i2})^{\ell_{i3}/r_{i3}}\bar{h}'_{i3} \dots$$

(pour $i = 1,2,\dots,k$).

Si $H \triangleleft G$ la définition précédente devient :

$$x = g_k^{s_k} \dots g_2^{s_2} g_1^{s_1} g'^{-s'_1}_1 g'^{-s'_2}_2 \dots g'^{-s_k}_k \text{ (avec } s_i, s'_i \in \Pi^\times)$$

est de type (T) lorsque, pour tout $i = 1,2,\dots,k$, il existe $\ell_i \in \Pi^\times$ et h_i, $h'_i \in H$ tels que :

$$(*) \qquad g_i^{s_i\ell_i} h_i = h'_i \, g'^{s'_i\ell_i}_i$$

pour $i = 1,\dots,k$.

En particulier, si $H = \{1\}$, cette condition devient :

$$(*) \qquad g_i^{s_i\ell_i} = g'^{s'_i\ell_i}_i \quad \text{pour } i = 1,2,\dots,k.$$

Soit $T_{\Pi,1}(G,H)$ l'ensemble des produits finis d'éléments de type (T) de G, relativement à H et à Π. C'est un sous-groupe de G.

<u>Définition</u> - Le sous-groupe de Π-torsion de G relatif à H est

$$T_\Pi(G,H) = \bigcup_{i=0}^{\infty} T_{\Pi,i}(G,H)$$

où $\quad T_{\Pi,0}(G,H) = H \quad$ et $\quad T_{\Pi,i}(G,H) = T_{\Pi,1}(G,T_{\Pi,i-1}(G,H))$.

<u>Notations</u> - $T_{\Pi,i}(G) = T_{\Pi,i}(G,\{1\})$, $T_{\Pi}(G) = T_{\Pi}(G,\{1\})$. S'il n'y a pas ambiguïté, nous notons aussi $T_i(G,H) = T_{\Pi,i}(G,H)$, $T(G,H) = T_{\Pi}(G,H)$.

Nous disons que G est <u>sans</u> <u>Π-torsion</u> lorsque $T_{\Pi}(G) = \{1\}$ et que H est <u>clos par Π -torsion</u> dans G lorsque $T_{\Pi}(G,H) = H$.

La proposition suivante se démontre sans difficulté :

<u>Proposition</u> 1 - Etant donnés Π, $H < G$, on a :

1) Si $H' = T(G,H)$ alors $H' = T_1(G,H') = T(G,H')$.

2) Si $\alpha : G \to G'$ est un homomorphisme et $\alpha(H) \subset H' < G'$ alors $\alpha(T_i(G,H)) \subset T_i(G',H')$ pour $i \geqslant 0$, $\alpha(T(G,H)) \subset T(G',H')$.

3) Si $H \triangleleft G$ alors $T_i(G,H) \triangleleft G$ pour $i \geqslant 0$, et $T(G,H) \triangleleft G$. Dans ce cas, $T_1(G,H)$ est l'ensemble des produits finis d'éléments gg'^{-1} tels qu'il existe $n \in \Pi^{\times}$ et $h,h' \in H$ satisfaisant $g^n h = h' g'^n$.

4) Si H est un sous-groupe caractéristique de G alors $T_i(G,H)$ et $T(G,H)$ sont aussi des sous-groupes caractéristiques. En particulier, $T_i(G)$, $T(G)$ sont des sous-groupes caractéristiques.

5) Si $H \triangleleft G$ alors $T(G/T(G,H)) = \{1\}$.

6) Si $G = \prod_{i=1}^{m} G_i$, si chaque H_i est un sous-groupe de G_i et $H = \prod_{i=1}^{m} H_i$ alors :

$$T_j(G,H) \subset \prod_{i=1}^{m} T_j(G_i,H_i) \qquad (\text{pour } j \geqslant 0)$$

et

$$T(G,H) \subset \prod_{i=1}^{m} T(G_i, H_i).$$

7)

$$T_{\Pi}(G,H) = \bigcup_{\substack{\Lambda \text{ fini} \\ \Lambda \subset \Pi}} T_{\Lambda}(G,H).$$

8) Si $\alpha : G \rightarrow G'$ est un homomorphisme surjectif, si $H' < G'$ et $H = \alpha^{-1}(H')$ alors

$$\alpha^{-1}(T_i(G',H')) = T_i(G,H) \quad \text{pour } i \geqslant 0 \qquad \text{et}$$

$$\alpha^{-1}(T(G',H')) = T(G,H).$$

§2 - l'isolateur

Etant donnés Π, $H < G$, soit $I_{\Pi,0}(G,H) = H$ et $I_{\Pi,1}(G,H) = \{g \in G \mid$ il existe $n \in \Pi^{\times}$ tel que $g^n \in H\}$. En général, $I_{\Pi,1}(G,H)$ n'est pas un sous-groupe de G. Soit $\langle I_{\Pi,1}(G,H)\rangle$ le sous-groupe de G engendré par $I_{\Pi,1}(G,H)$; il se compose des produits finis d'éléments de $I_{\Pi,1}(G,H)$.

Définition - Le Π-isolateur de H dans G est

$$I_{\Pi}(G,H) = \bigcup_{i=0}^{\infty} \langle I_{\Pi,i}(G,H)\rangle$$

où

$$I_{\Pi,i}(G,H) = I_{\Pi,1}(G, \langle I_{\Pi,i-1}(G,H)\rangle)$$

et $\langle I_{\Pi,i}(G,H)\rangle$ est le sous-groupe engendré par $I_{\Pi,i}(G,H)$.

Notation - $I_{\Pi}(G) = I_{\Pi}(G, \{1\})$ (appelé le Π-isolateur de G) et s'il n'y a pas d'ambiguïté, $I(G,H) = I_{\Pi}(G,H)$.

Si $I_{\Pi}(G,H) = H$ alors H s'appelle un sous-groupe Π-isolé de G.

On a toujours $I_{\Pi,i}(G,H) \subset T_{\Pi,i}(G,H)$ pour $i \geqslant 0$, $I_{\Pi}(G,H) \subset T_{\Pi}(G,H)$.

La proposition suivante est immédiate :

Proposition 2 - Etant donnés Π, $H < G$, on a :

1) $I_1(G, I(G,H)) = I(G, I(G,H)) = I(G,H)$.

2) Si $\alpha : G \rightarrow G'$ est un homomorphisme et $\alpha(H) \subset H' < G'$ alors $\alpha(I_i(G,H)) \subset I_i(G',H')$ pour $i \geqslant 0$, et $\alpha(I(G,H)) \subset I(G',H')$.

3) Si $H \triangleleft G$ alors $\langle I_i(G,H)\rangle \triangleleft G$ pour $i \geqslant 0$ et $I(G,H) \triangleleft G$.

4) Si H est un sous-groupe caractéristique de G alors $\langle I_i(G,H)\rangle$, pour $i \geq 0$, et $I(G,H)$ sont des sous-groupes caractéristiques de G. En particulier, $I_i(G)$ et $I(G)$ sont des sous-groupes caractéristiques de G.

5) Si $H \triangleleft G$ alors $I(G/I(G,H)) = \{1\}$.

6) Si $G = \prod_{i=1}^{m} G_i$, si chaque H_i est un sous-groupe de G_i $(i = 1,\ldots,m)$ et $H = \prod_{i=1}^{m} H_i$ alors $I_j(G,H) = \prod_{i=1}^{m} I_j(G_i,H_i)$ pour $j \geq 0$ et $I(G,H) = \prod_{i=1}^{m} I(G_i,H_i)$.

7) $$I_\Pi(G,H) = \bigcup_{\substack{\Lambda \text{ fini} \\ \Lambda \subset \Pi}} I_\Lambda(G,H).$$

8) Si $\alpha : G \to G'$ est un homomorphisme, si

$H' < G'$ et $H = \alpha^{-1}(H')$ alors

$\alpha^{-1}(I_i(G',H')) = I_i(G,H)$ pour $i \geq 0$ et

$\alpha^{-1}(I(G',H')) = I(G,H)$.

§3 - La localisation

Soit Π un ensemble de nombres premiers, soit Π' l'ensemble des nombres premiers n'appartenant pas à Π.

Définition - Le groupe G est Π-local lorsqu'il satisfait la condition suivante : si $g \in G$ et $p \in \Pi'$ alors il existe un élément unique $h \in G$ tel que $h^p = g$.

Cette notion a été considérée par Malcev en 1949, pour le cas où $\Pi = \emptyset$, sous le nom de groupe rationnel. En 1954, Lazard a considéré le cas où $\Pi' = \{p\}$ (p premier fixe).

La notion générale de groupe Π-local a été étudiée d'abord par Baumslag en 1960.

Tout p-groupe fini est $\{p\}$-local.

<u>Proposition</u> 3 - Si G est un groupe Π-local alors $T_{\Pi'}(G) = \{1\}$.

Démonstration :

Cela résulte de la proposition 1, partie (3).

<u>Proposition</u> 4 - Soit G un groupe Π-local.

1) L'intersection d'une famille quelconque de sous-groupes de G qui sont Π-locaux est un groupe Π-local.

2) Si $K < G$ alors $I_{\Pi'}(G,K)$ est le plus petit sous-groupe de G qui est Π-local et contient K.

3) Si H est un groupe Π-local, si α, β sont des homomorphismes de G dans H, qui coïncident sur le sous-groupe $K<G$, alors ils coïncident sur $I_{\Pi'}(G,K)$.

4) Si $\alpha : G \longrightarrow G'$ est un homomorphisme et G' est aussi un groupe Π-local alors $\alpha(G) = I_{\Pi'}(G',\alpha(G))$, c'est-à-dire, $\alpha(G)$ est un sous-groupe de G' qui est Π-local.

5) Si $H \triangleleft G$ alors $G/T_{\Pi'}(G,H)$ est un groupe Π-local.

Démonstration :

Toutes les affirmations résultent sans difficulté des définitions ou des propositions précédentes.

Si G est un groupe Π-local, si $K<G$ et si $I_{\Pi'}(G,K) = G$ alors nous disons que G est Π-<u>localement engendré par</u> K.

Nous introduisons la définition suivante (Baumslag) :

<u>Définition</u> - Une Π-<u>localisation</u> d'un groupe G est un couple (G_Π, φ_Π) où :

1) G_Π est un groupe Π-local, $\varphi_\Pi : G \longrightarrow G_\Pi$ est un homomorphisme.

2) Si H est un groupe Π-local, si $\psi : G \longrightarrow H$ est un homomorphisme, il existe un homomorphisme unique $\psi_\Pi : G_\Pi \longrightarrow H$ tel que $\psi_\Pi \circ \varphi_\Pi = \psi$.

Si $\Pi = \emptyset$ ceci s'appelle la <u>rationalisation</u> de G. Si $\Pi = \{p\}'$, il s'agit de la p-<u>localisation</u>.

Il est évident que si la Π-localisation existe, elle est unique, à un isomorphisme unique près.

Barmslag a montré l'existence de la Π-localisation en se basant sur un théorème de Birkhoff (1937) sur les algèbres abstraites. En 1976 Warfield a suggéré une autre démonstration, en utilisant des arguments généraux de théorie de catégories. Nous en donnons une démonstration constructive.

Proposition 5 - Tout groupe G a une Π-localisation.

Démonstration :

1ère partie - Nous montrons l'existence d'un groupe Λ_G et d'un homomorphisme $\lambda = \lambda_G : G \longrightarrow \Lambda_G$ avec les propriétés suivantes :

1) pour tout $g \in G$, pour tout $p \in \Pi'$, il existe un élément unique $h \in \Lambda_G$ tel que $\lambda(g) = h^p$.

2) si H est un groupe Π-local, si $\psi : G \longrightarrow H$ est un homomorphisme, il existe un homomorphisme unique $\psi^1 : \Lambda_G \longrightarrow H$ tel que $\psi^1 \circ \lambda = \psi$.

Λ_G est construit de la façon suivante :

Pour tout $g \in G$, $p \in \Pi'$ soit $X_{g,p}$ un symbole et $X = \{X_{g,p} \mid g \in G,\ p \in \Pi'\}$.

Soit $S = G \cup X$ et F le groupe libre engendré par S. Soit $i : S \to F$ l'application canonique et notons $i(s) = [s]$ pour tout $s \in S$.

Soit R_o le sous-groupe normal de F engendré par les mots des types suivants :

(1) $\qquad [f]\,[g]\,[(fg)^{-1}], \qquad [X_{g,p}]^p\,[g^{-1}]$

pour tout $f, g \in G$, $X_{g,p} \in X$.

Soit $R = T_{\Pi'}(F,R_o)$, donc $R \triangleleft F$, et soit $\Lambda_G = F/R$, $\rho : F \longrightarrow \Lambda_G$ l'homomorphisme canonique et $\lambda = \rho \circ i_{|G}$.

On peut vérifier sans difficulté que les conditions (1) et (2) sont satisfaites.

$2^{\text{ème}}$ partie - Définissons inductivement $G^o = G$, $G^m = \Lambda_{G^{m-1}}$ et si $m < m'$ soit $\varphi_{m,m'} : G^m \longrightarrow G^{m'}$ défini par

$\varphi_{m,m'} = \varphi_{m'-1,m'} \circ \cdots \circ \varphi_{m,m+1}$ où $\varphi_{m-1,m} = \lambda_{G^{m-1}}$ (pour chaque m) ;

enfin, soit $\varphi_{m,m}$ l'application identique.

Le système direct de groupes et homomorphismes $\{G^m, \varphi_{m,m'}\}$ a limite directe $G^\infty = \varinjlim G^m$.

Si on pose $G_\Pi = G^\infty$, $\varphi_\Pi = \varphi_{0,\infty}$ alors il est facile de montrer que (G_Π, φ_Π) est la Π-localisation de G.

§4 - Quelques propriétés de la localisation

Proposition 6 - G_Π est Π-localement engendré par $\varphi_\Pi(G)$.

Démonstration :

Ceci résulte sans difficulté de la propriété universelle.

Proposition 7 - La Π-localisation est un foncteur covariant.

Démonstration :

C'est trivial.

Notons $\alpha_\Pi : G_\Pi \to H_\Pi$ l'homomorphisme correspondant à $\alpha : G \to H$.

Nous omettons les démonstrations des propositions suivantes :

Proposition 8 - Si $\alpha : H \to G$ est un homomorphisme alors $\alpha_\Pi(H_\Pi) = I_\Pi, (G_\Pi, \varphi_\Pi^G(\alpha(H)))$, c'est-à-dire $\alpha_\Pi(H_\Pi)$ est le sous-groupe Π-local de G_Π engendré par $\varphi_\Pi^G(\alpha(H))$.

En particulier, si $\alpha(h) = 1$ pour tout $h \in H$ alors $\alpha_\Pi(x) = 1$ pour tout $x \in H_\Pi$.

Si $H < G$ soit $N_G(H)$ le normalisateur de H dans G.

Proposition 9 - Si $\alpha : H \longrightarrow G$ est un homomorphisme et si $L = I_{\Pi'}(G, N_G(\alpha(H)))$ alors :

$$I_{\Pi'}(G_\Pi , \varphi(L)) \subset I_{\Pi'}(G_\Pi, N_{G_\Pi}(\alpha_\Pi(H_\Pi))).$$

En particulier, si $I_{\Pi'}(G, N_G(\alpha(H))) = G$ (par exemple, lorsque $\alpha(H) \triangleleft G$) alors :

$$I_{\Pi'}(G_\Pi , N_{G_\Pi}(\alpha_\Pi(H_\Pi))) = G_\Pi.$$

Proposition 10 - Si $\beta : G \to K$ est un homomorphisme surjectif, alors $\beta_\Pi : G_\Pi \to K_\Pi$ est surjectif.

Proposition 11 - Si $\beta : G \to K$ est un homomorphisme alors :

$$\mathrm{Ker}(\beta_\Pi) = T_{\Pi'}(G_\Pi , \mathrm{Ker}(\beta_\Pi))$$

c'est-à-dire $\mathrm{Ker}(\beta_\Pi)$ est un sous-groupe de G_Π clos par Π'-torsion. En particulier, $\mathrm{Ker}(\beta_\Pi)$ est un sous-groupe Π'-local.

Comme corollaire, si

$$H \xrightarrow{\alpha} G \xrightarrow{\beta} K$$

sont des homomorphismes et $\beta \circ \alpha = 1$ alors :

$$T_{\Pi'}(G_\Pi , \alpha_\Pi(H_\Pi)) \subset \mathrm{Ker}(\beta_\Pi).$$

§ 5 - Groupes nilpotents

Notations - $Z(G)$ = centre du groupe G. Notons

$$\{1\} = Z_0(G) \subset Z_1(G) \subset Z_2(G) \subset \dots$$

la suite centrale ascendante de G ; notons aussi $Z_i = Z_i(G)$ et

$$G = \Gamma_1(G) \supset \Gamma_2(G) \supset \Gamma_3(G) \supset \quad \dots$$

la suite centrale descendante de G ; notons aussi $\Gamma_i = \Gamma_i(G)$.

Rappelons que G est <u>nilpotent de classe</u> c $(1 \leq c < \infty)$ lorsque $Z_{c-1} \neq G$, $Z_c = G$; Ceci est équivalent à $\Gamma_c \neq \{1\}$, $\Gamma_{c+1} = \{1\}$.

Pour les groupes nilpotents G, il est vrai que si $H < G$ alors $I_{\Pi,1}$ (G,H) est un sous-groupe de G. Il en résulte que $I_{\Pi}(G,H) = I_{\Pi,i}(G,H)$ pour tout $i \geqslant 1$.

Un autre fait important est le suivant (la démonstration se trouve, par exemple, chez Warfield, page 15) :

Si G est un groupe nilpotent et sans Π-torsion, si H est un sous-groupe nilpotent de classe c de G alors $I_{\Pi}(G,H)$ est aussi nilpotent de classe c.

Nous allons comparer $T_{\Pi}(G)$ et $I_{\Pi}(G)$ lorsque G est un groupe nilpotent.

<u>Proposition</u> 12 - Soit G un p-groupe fini.

1) Si $p \in \Pi$ alors $I_{\Pi}(G) = T_{\Pi,i}(G) = T_{\Pi}(G) = G$ (pour $i \geqslant 1$).

2) Si $p \notin \Pi$ alors $I_{\Pi}(G) = T_{\Pi,i}(G) = T_{\Pi}(G) = \{1\}$.

Démonstration

1) C'est trivial

2) Par induction sur la classe de nilpotence du groupe G.

Plus généralement :

<u>Proposition</u> 13 - Soit G un groupe fini nilpotent.
Alors :

$$I_{\Pi}(G) = T_{\Pi,i}(G) = T_{\Pi}(G) \qquad \text{(pour tout } i \geqslant 1\text{)}.$$

Nous allons maintenant considérer la localisation d'un groupe nilpotent à l'intérieur de la classe $\mathcal{N}$ de tous les groupes nilpotents, resp. $\mathcal{N}_c$ de tous les groupes nilpotents de classe au plus égale à c. Cette question a été résolue (voir Hilton (1973) et Hilton, Mislin et Roitberg (1975)).

Nous indiquerons à nouveau la solution comme conséquence de notre méthode générale.

Rappelons que si G est un groupe, $c \geq 1$ alors $\mathcal{N}_c(G) = G/\Gamma_{c+1}(G)$ est le groupe nilpotent de classe c canoniquement associé à G. Il satisfait une propriété universelle évidente.

Proposition 14 - Soit $G \in \mathcal{N}_c$, $\varphi_\Pi : G \longrightarrow G_\Pi$ la Π-localisation de G. Alors la Π-localisation de G à l'intérieur de $\mathcal{N}_c$ est : $\varphi_{\Pi,c} : G \rightarrow G_{\Pi,c}$ où $\rho : G_\Pi \rightarrow G_{\Pi,c} = G_\Pi / T_{\Pi'}(G_\Pi, \Gamma_{c+1}(G_\Pi))$ est l'homomorphisme canonique et $\varphi_{\Pi,c} = \rho \circ \varphi_\Pi$.

De même :

Proposition 15 - Si $G \in \mathcal{N}_c$ alors $\varphi_{\Pi,c} : G \rightarrow G_{\Pi,c}$ est aussi la localisation de G à l'intérieur de la classe de tous les groupes nilpotents.

Proposition 16 - Si $G \in \mathcal{N}_c$ alors :

1) $\mathrm{Ker}\,(\varphi_{\Pi,c}) = I_{\Pi'}(G) = T_{\Pi',j}(G) = T_{\Pi'}(G) = \mathrm{Ker}\,(\varphi_\Pi)$ (pour $j \geq 1$).

2) $\varphi_\Pi(G) \cap T_{\Pi'}(G_\Pi, \Gamma_{c+1}(G_\Pi)) = \{1\}$.

3) $G_{\Pi,c} = I_{\Pi',1}(G_{\Pi,c}, \varphi_{\Pi,c}(G))$.

4) $T_\Pi(G, Z_i(G)) = T_{\Pi,j}(G, Z_i(G)) = I_\Pi(G, Z_i(G))$
(pour $i = 0,1,\ldots,c-1$, $j \geq 1$).

5) $T_\Pi(G, \Gamma_i(G)) = T_{\Pi,j}(G, \Gamma_i(G)) = I_\Pi(G, \Gamma_i(G))$
(pour $i = 1,\ldots,c+1$, $j \geq 1$).

A propos des suites exactes, nous avons :

Proposition 17 -

Si $K, G, H \in \mathcal{N}_c$ et si $K \xrightarrow{\gamma} G \xrightarrow{\alpha} H$ sont des homomorphismes tels que $\mathrm{Ker}\,(\alpha) \subset \mathrm{Im}(\gamma)$ alors $\mathrm{Ker}\,(\alpha_{\Pi,c}) \subset \mathrm{Im}(\gamma_{\Pi,c})$.

En particulier, si $G,H \in \mathcal{N}_c$, si $\alpha : G \longrightarrow H$ est un homomorphisme injectif alors $\alpha_{\Pi,c}$ est aussi injectif.

Comme corollaire :

Proposition 18 - Si $H,G,K \in \mathcal{N}_c$, si

$$1 \longrightarrow H \xrightarrow{\alpha} G \xrightarrow{\beta} K \longrightarrow 1$$

est une suite exacte alors :

1) $$1 \longrightarrow H_{\Pi,c} \xrightarrow{\alpha_{\Pi,c}} G_{\Pi,c} \xrightarrow{\beta_{\Pi,c}} K_{\Pi,c} \longrightarrow 1$$

est une suite exacte.

2) si $\alpha(H) \subset Z(G)$ alors $\alpha_{\Pi,c}(H_{\Pi,c}) \subset Z(G_{\Pi,c})$.

3) si la suite donnée est scindée, la suite Π-localisée l'est aussi.

4) Il y a une immersion naturelle du groupe des extensions centrales

$$C\ \mathrm{Ext}\ (K,H) \hookrightarrow C\ \mathrm{Ext}\ (K_{\Pi,c}\ ,\ H_{\Pi,c}).$$

Bibliographie

(1) G. Baumslag - Some aspects of groups with unique roots. Acta Math. 104 (1960), 217-303.

(2) G. Birkhoff - Representability of Lie algebras and Lie groups by matrices - Ann. Math., 38 (1937), 526-532.

(3) P. Hilton - Localization and cohomology of nilpotent groups. Math. Zeits., 132 (1973), 263-286.

(4) P. Hilton, G. Mislin and J. Roitberg - Localization of nilpotent groups and spaces - North Holland, Publ Co, Amsterdam, 1975.

[5] M. Lazard - Sur les groupes nilpotents et les anneaux de Lie - Annales Sci. Ec. Norm. Sup., (3), 71 (1954), 101-190.

[6] A.I. Mal'cev - On a class of homogeneous spaces - Izvestia Akad. Nank SSR, Ser. Mat. 13 (1949), 9-32.

[7] R.B. Warfield Jr - Nilpotent groups - Lecture Notes in Mathematics, 513, 1976 - Springer-Verlag, Berlin, 1976.

Paulo RIBENBOIM
Queen's Univ.
Dept. of Math.
Kingston, Ont.
K7L 3N6 (Canada)